机械制造基础实训教程

第2版

主　编　吴　文
副主编　刘海明　聂阳文
参　编　张翼飞　霍亚光　邵雨虹　张富强
主　审　惠记庄

机 械 工 业 出 版 社

本书依据机械制造实习教学基本要求编写，主要介绍了机械加工过程的基本知识和基本方法。本书注重理论与应用相结合，侧重于对学生应用能力的培养。全书共分为 14 章，包括铸造、焊接、热处理、车削加工、铣削加工、钳工、数控车削加工、数控铣削加工、加工中心、数控电火花线切割加工、柔性制造系统（FMS）、制造执行系统（MES）、慧鱼创意机器人模型初探及其控制系统设计。本书的教学内容可结合学校金工实习的具体内容和要求进行合理安排。

本书既可作为高等学校机械类或近机械类专业金工实习的教材，也可供相关专业的工程技术人员参考。

图书在版编目（CIP）数据

机械制造基础实训教程/吴文主编. —2 版. —北京：机械工业出版社，2022. 12

ISBN 978-7-111-71724-9

Ⅰ. ①机…　Ⅱ. ①吴…　Ⅲ. ①机械制造－高等学校－教材　Ⅳ. ①TH16

中国版本图书馆 CIP 数据核字（2022）第 184950 号

机械工业出版社（北京市百万庄大街 22 号　邮政编码 100037）
策划编辑：张秀恩　　　　责任编辑：王春雨
责任校对：郑　婕　张　薇　封面设计：马精明
责任印制：任维东
北京富博印刷有限公司印刷
2023 年 2 月第 2 版第 1 次印刷
169mm×239mm · 33.75 印张 · 654 千字
标准书号：ISBN 978-7-111-71724-9
定价：85.00 元

电话服务	网络服务
客服电话：010-88361066	机　工　官　网：www.cmpbook.com
010-88379833	机　工　官　博：weibo.com/cmp1952
010-68326294	金　　书　　网：www.golden-book.com
封底无防伪标均为盗版	机工教育服务网：www.cmpedu.com

前　言

本书是依据教育部高等学校机械基础课程教学指导分委员会工程材料及机械制造基础（金工）课程指导小组2009年修订的《机械制造实习教学基本要求》的精神，结合教学改革的需要及高等学校工科金工实习实际，并考虑更好地适应新世纪智能制造产业对高等学校机械类专业人才的创新意识、创新思维和综合运用知识的能力培养需求而编写的。

“机械制造技术基础”是一门重要的技术基础课，而“机械制造基础实训”是机械类和近机械类有关专业教学计划中重要的实践教学环节之一。学生通过实训，了解机械制造的一般过程，熟悉机械零件的常用加工方法及其所用主要设备的工作原理及典型结构、工夹量具的使用方法；培养一定的操作技能；在劳动观点、质量和经济观念、理论联系实际和科学作风等工程技术人员应具有的基本素质方面受到培养和锻炼，为后续课程的学习和今后的工作打下一定的实践基础。为了进一步激发学生的创新思维和能力，相比于第1版，本书增加了柔性制造系统（FMS）、制造执行系统（MES）等围绕智能制造产线的认知实习，同时增加了慧鱼创意机器人控制系统设计的相关内容。

全书共分14章，主要介绍铸造、焊接、热处理、车削加工、铣削加工、钳工、数控车削加工、数控铣削加工、加工中心、柔性制造系统、慧鱼创意机器人模型初探及其控制系统设计等内容。本书的特点主要体现在以下几个方面。

1. 实用性强。充分考虑实训的要求和设备实际情况，注重对学生实际操作技能和工程素养的培养。

2. 目标明确。本书主要适用于高等工科院校学生，也可作为相关工程技术人员的参考书籍。

3. 图文并茂。书中使用了大量的图片和表格，以期为学生提供直观、形象的感性知识，方便学生融会贯通。

4. 传统加工方法与现代加工技术相结合。本书包含了传统加工中冷、热加工方法，同时也涵盖了现代加工中的数控加工、特种加工、智能制造等技术，使学生对传统加工和现代加工技术有全面的认识。

全书名词术语和计量单位尽可能采用最新国家标准。

本书是长安大学规划出版教材，编者都是从事理论与实践教学的一线教师，经验丰富。本书由长安大学吴文任主编，刘海明、聂阳文任副主编，惠记庄教授任主审。参加编写的人员有刘海明（第1、2章）、吴文（第3、4、6章）、张翼飞（第5、7章）、霍亚光（第8、9章）、邵雨虹（第10章）、张富强（第11、

12章)，西安建筑科技大学工程综合实训中心聂阳文（第13、14章)，全书由吴文统稿。

在本书的编写过程中，得到长安大学教务处、工程机械学院以及现代工程训练中心的大力支持和热忱帮助，也得到机械工业出版社有关同志的大力支持，特此致谢！特别要感谢付昌会主任的无私帮助！本书参阅了大量文献，在此向各位作者表示由衷的感谢！

由于编者水平有限，书中难免有欠妥或错误之处，敬请批评指正。

编　　者

2022年12月

目　录

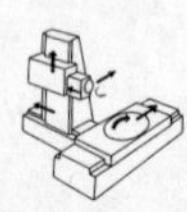

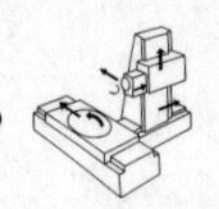

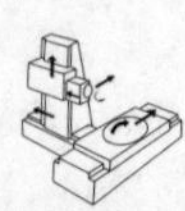

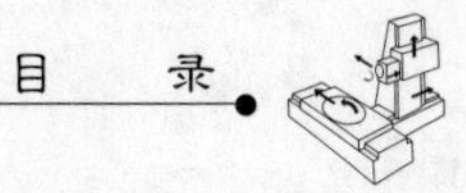

第1章　铸　　造

1.1　概述

1.1.1　铸造的定义及其应用范围

1. 什么是铸造

铸造是将金属熔炼成符合一定要求的液体并浇进铸型里，经冷却凝固、清整处理后得到有预定形状、尺寸和性能的铸件的工艺过程。铸造的成型原理如图1-1所示，采用这种方法生产出的毛坯与零件统称为铸件。

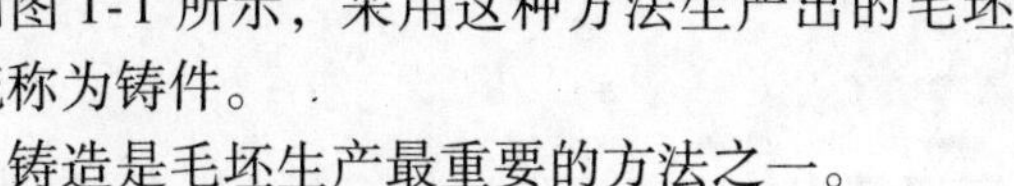

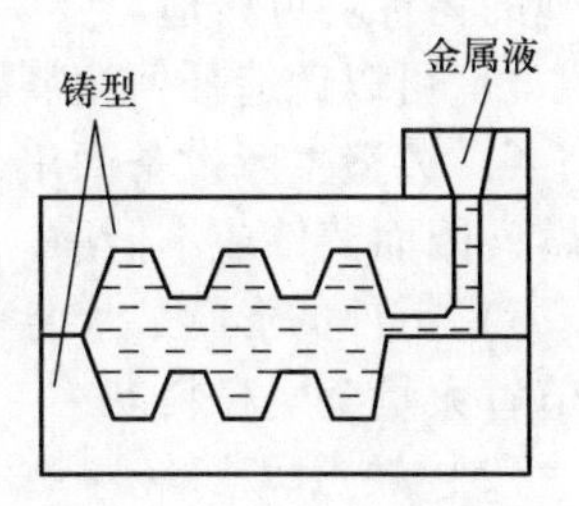

图1-1　铸造的成型原理

铸造是毛坯生产最重要的方法之一。

2. 铸造的应用范围

铸造是比较经济的毛坯成型方法，对于形状复杂的零件更能显示出它的经济性。铸造毛坯已近乎成形，达到了免机械加工或少量加工的目的，降低了成本，并在一定程度上减少了制作时间，因此铸造是现代机械制造工业的基础工艺之一。铸造业的发展水平标志着一个国家的生产实力。

铸件广泛应用于机床，动力、交通运输、轻纺机械和冶金机械等设备。在各种机械和设备中，铸件在质量上占有很大的比例，汽车的零部件中50%～60%采用铸件，金属切削机床、内燃机达70%～80%，重型机械设备则可高达90%。但由于铸造工艺环节多，易发生多种铸造缺陷，且一般铸件的晶粒粗，力学性能不如锻件，因此铸件一般不适宜制作受力复杂和受力大的重要零件，而主要用于受力不大或受简单静载荷的零件，如箱体、床身、支架、机座以及精致的艺术品等。图1-2所示为一些常见铸件。

图1-2　铸件

随着铸造合金、铸造工艺技术的发展，特别是精密铸造的发展和新型铸造合金的成功应用，铸件的表面质量、力学性能都有显著提高，铸件的应用范围日益扩大。

1.1.2　铸造的特点及分类

1. 铸造的特点

（1）优点

1）可以制成外形和内腔十分复杂的铸件，如箱体、机架、床身和气缸体等。

2）铸件的尺寸与重量几乎不受限制，小至几毫米、几克，大至十几米、数百吨的铸件均可铸造。

3）可以铸造任何金属和合金铸件。

4）铸造生产设备简单，投资少，铸造用原材料来源广泛，价格低并可回炉重熔，因而铸件成本低廉。

5）铸件的形状、尺寸与成品零件较接近，因此减少了切削加工的工作量，可节省大量金属材料。

（2）缺点

1）铸造生产工艺过程复杂，工序繁多，工艺过程较难控制，因此铸件易产生缺陷，如气孔、缩孔、夹渣和砂眼等。

2）铸件的尺寸均一性差，尺寸精度低。

3）与相同形状、尺寸的锻件相比，铸件的力学性能比锻件差，承载能力不及锻件。

4）铸造生产的工作环境差，特别是砂型铸造，温度高，粉尘多，劳动强度大。

2. 铸造方法分类

铸造生产方法很多，按造型方法可分为两大类：

（1）砂型铸造　其是用型砂紧实成型的铸造方法，包括湿砂型、干砂型和化学硬化砂型三类。型砂来源广泛，价格低廉，且砂型铸造方法适应性强，因而是目前生产中用得最多、最基本的铸造方法。

（2）特种铸造　其是与砂型铸造不同的其他铸造方法，如熔模铸造、金属型铸造、消失模铸造、陶瓷型铸造、压力铸造和离心铸造等。

1.2　砂型铸造

1.2.1　砂型铸造典型工艺过程

砂型铸造是指将固态金属熔化成具有一定温度、一定化学成分的金属液浇注

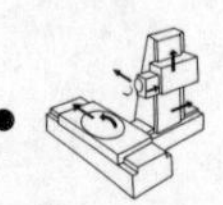

到与零件形状相适应的铸型型腔中，待其凝固成型后，获得具有一定形状和性能的毛坯与零件的方法。因为砂型铸造利用砂作为铸型材料，所以又称砂铸、翻砂。

砂型铸造工艺过程主要包括铸型准备（制造模样和芯盒、制备型砂和芯砂、制造砂型、制造型芯）、铸造金属准备（熔炼金属、合型为铸型、浇注）和铸件处理（落砂、清砂、检验等），如图 1-3 所示。

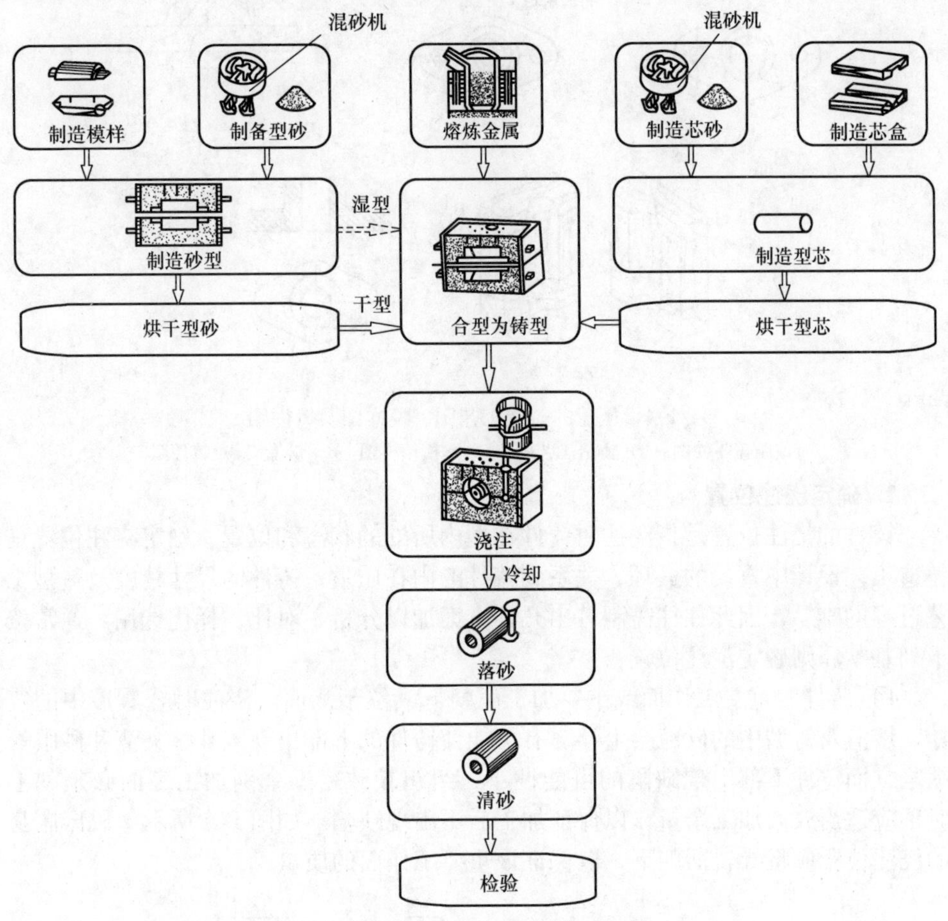

图 1-3　砂型铸造工艺过程

1.2.2　铸造工艺方案的确定

生产时，首先要根据铸件的结构特征、技术要求、生产批量和生产条件等因素，确定铸造工艺方案。其主要内容包括铸件的浇注位置，分型面，型芯的数量、形状、尺寸及其固定方式，机械加工余量，起模斜度，收缩率，铸造圆角，浇冒口系统，冷铁的尺寸与安放位置等，以及用规定的工艺符号或文字绘制成的铸造工艺图。铸造工艺图是制造模样、铸型、生产准备和验收的最基本的工艺文件，也是大批量生产中绘制铸件图、模样图及铸型装配图的主要依据。图1-4所示为压盖的铸造工艺图、模样图及铸件图。

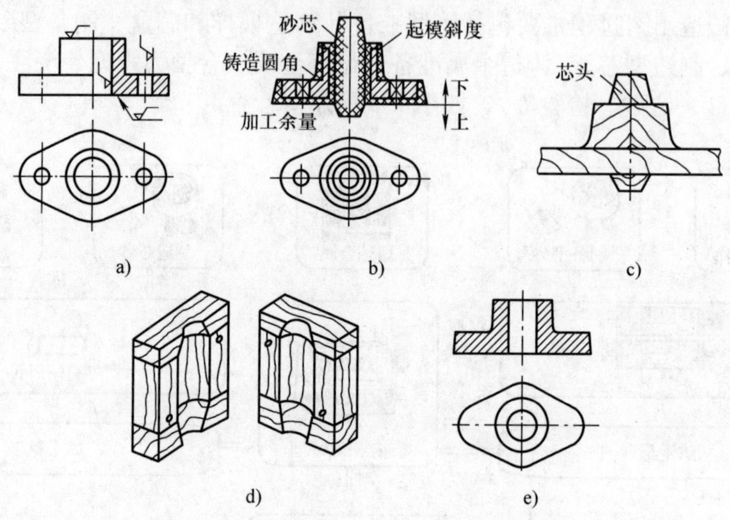

图1-4　压盖的铸造工艺图、模样图及铸件图

a）压盖零件图　b）铸造工艺图　c）木模模样图　d）芯盒　e）铸件图

1. 确定浇注位置

铸件的浇注位置是指浇注时铸件在型内所处的状态和位置。确定浇注位置是铸造工艺设计中重要的一环，关系到铸件的内在质量、铸件的尺寸精度及造型工艺过程的难易，因此往往需制订出几种方案加以分析、对比，择优选用。通常按下列基本原则确定浇注位置：

1）铸件的重要工作面或主要加工面朝下或位于侧面。浇注时金属液中的气体、熔渣及铸型中的砂粒会上浮，有可能使铸件的上部出现气孔、夹渣和砂眼等缺陷，而铸件下部出现缺陷的可能性小，组织较致密。个别加工表面必须朝上时，应适当放大加工余量，以保证加工后不出现缺陷。如图1-5所示，机床床身的浇注位置应将导轨面朝下，以保证该重要工作面的质量。

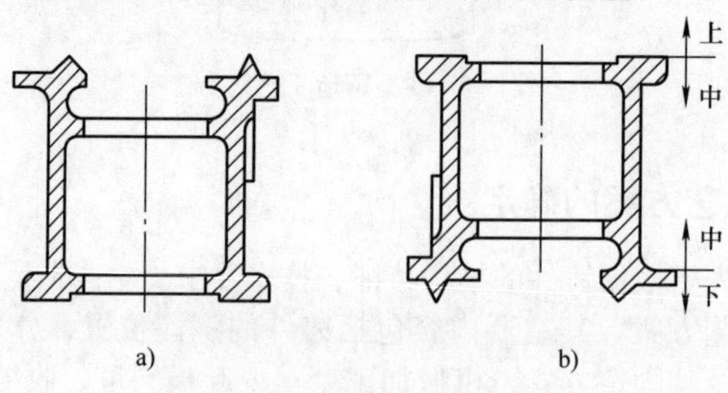

图1-5　铸铁床身的正确浇注位置

a）不合理　b）合理

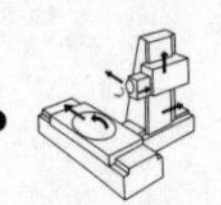

缸筒和卷筒等圆筒形铸件的重要表面是内、外圆柱面，要求加工后金相组织均匀、无缺陷，其最佳浇注位置应是内、外圆柱面呈直立状态，如起重机卷筒的浇注位置（见图 1-6）。

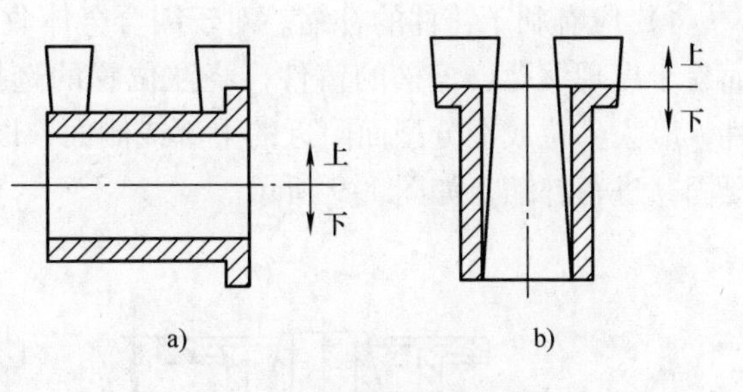

图 1-6 起重机卷筒的浇注位置

a）不合理 b）合理

2）铸件的大平面朝下或倾斜浇注，以避免夹砂、结疤类缺陷。由于浇注时炽热的金属液对铸型的上部有强烈的热辐射，引起顶面型砂膨胀拱起甚至开裂，故易使大平面出现夹砂、砂眼等缺陷。大平面朝下的方法可避免大平面产生铸造缺陷。图 1-7a 所示为大的平板类铸件的浇注位置。

对于大的平板类铸件，也可采用倾斜浇注的方式，以便增大金属液面的上升速度，防止夹砂、结疤类缺陷，如图 1-7b 所示。倾斜浇注时，依砂箱大小，H 值一般控制在 200 ~ 400mm 范围内。

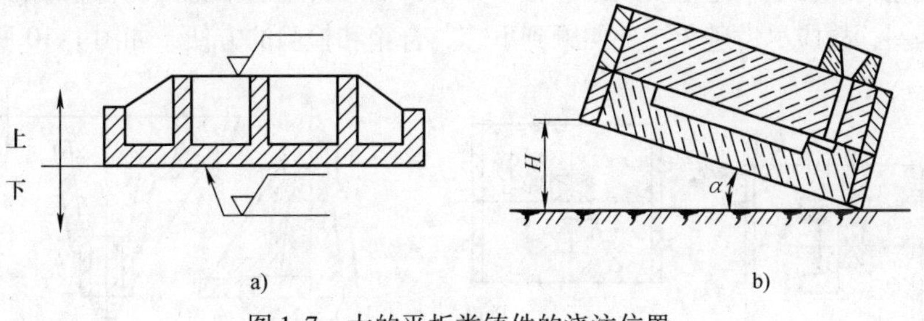

图 1-7 大的平板类铸件的浇注位置

a）铸件的大平面朝下 b）倾斜浇注

3）铸件的薄壁朝下、侧立或倾斜。为防止铸件薄壁部分产生浇不足或冷隔现象，应将面积较大的薄壁部分置于铸型下部或使其处于垂直、倾斜位置，如图 1-8所示。

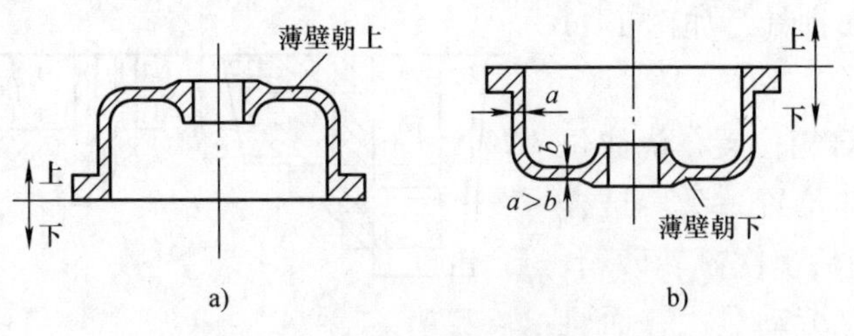

图 1-8 面积大的薄壁部分朝下

a）不合理 b）合理

4）应有利于铸件的补缩。对于因合金体收缩率大或铸件结构上厚薄不均匀而易于出现缩孔、缩松的铸件，浇注位置的选择应优先考虑实现顺序凝固的条件，厚大部位放在分型面附近的上部或侧面，以便于安放冒口、冷铁，实现定向凝固，进行补缩，如图1-9所示。

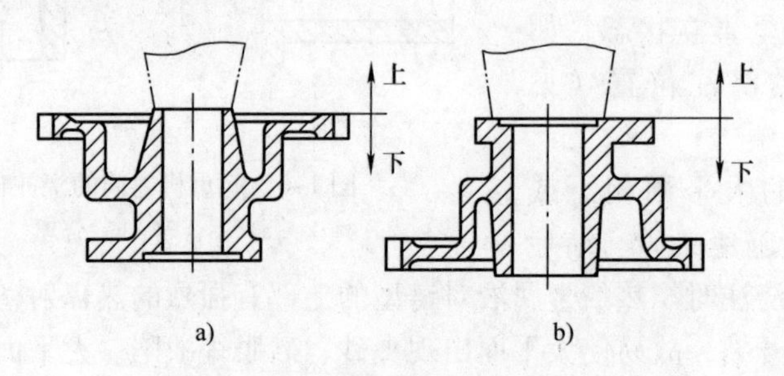

图1-9　收缩率大的钢铸件的浇注位置选择

a）不利于补缩　b）有利于补缩

5）尽可能避免使用吊砂、吊芯或悬臂式型芯。经验表明，吊砂在合箱、浇注时容易塌箱。在上半型上安放吊芯很不方便，而悬臂型芯不稳固，在金属浮力作用下易偏斜，故应尽力避免。要照顾到下芯、合箱和检验的方便，如图1-10所示。

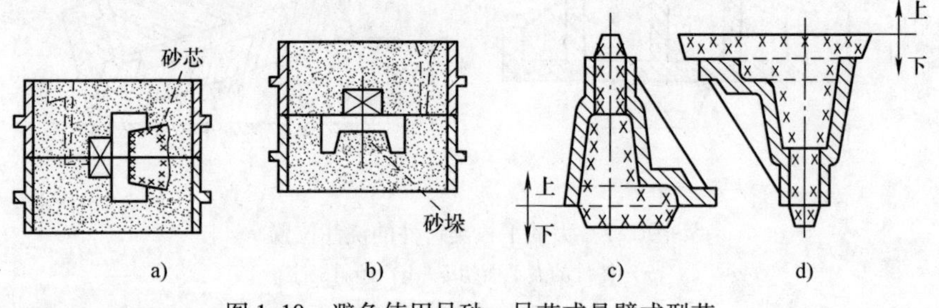

图1-10　避免使用吊砂、吊芯或悬臂式型芯

a）不合理　b）合理　c）不合理　d）合理

6）应减少型芯的数量，便于型芯固定和排气，如图1-11所示。

7）应使合箱位置、浇注位置和铸件冷却位置一致。这样可避免在合箱后多次翻转砂箱。翻转铸型不仅劳动量大，而且易引起型芯移动、掉砂，甚至跑火等缺陷。

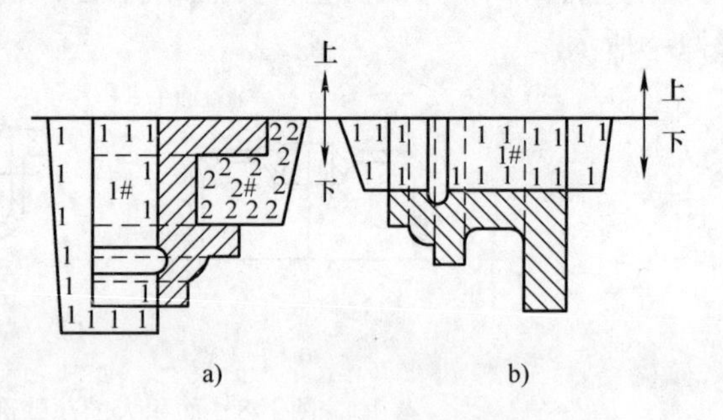

图1-11　应减少型芯的数量

a）不合理　b）合理

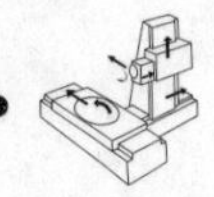

2. 确定分型面的位置

分型面是指上、下砂型的分界面。分型面的位置在铸造工艺图上用线条标出，并加箭头表示上型和下型。选择分型面时必须使模样能从型砂中取出，并使造型方便及有利于保证铸件的质量。

铸件分型面设计应遵循的一般原则是：

1）分型面应在铸件最大截面处，以简化模具制造和造型工艺，便于取模，如图 1-12 所示。

2）应尽可能使铸件的全部或大部分置于同一个砂箱内，以防止错型和飞边等缺陷，保证铸件的精度，如图 1-13 所示。

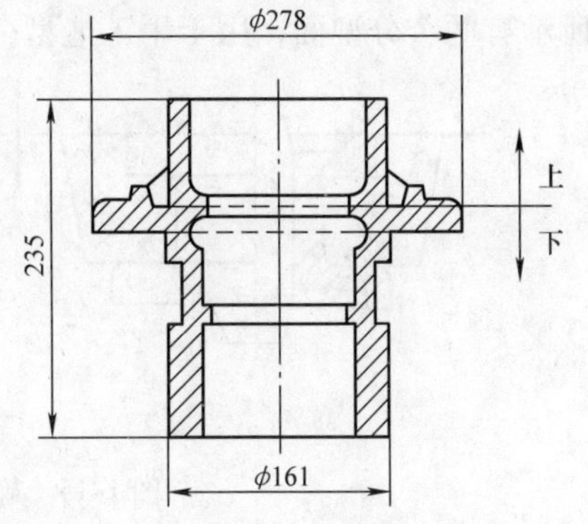

图 1-12　分型面应在铸件最大截面处

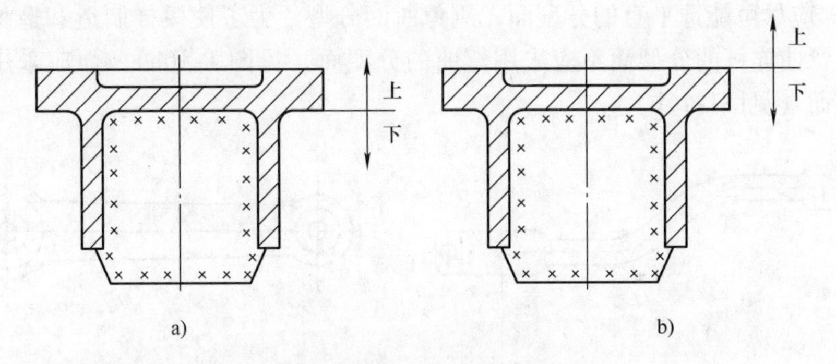

图 1-13　应尽可能使铸件的全部或大部分置于同一个砂箱内
a）不合理　b）合理

3）应使铸件的加工面和基准面位于分型面同侧（见图 1-14），这样既便于合型，又可避免错型，还有利于保证铸件的精度。

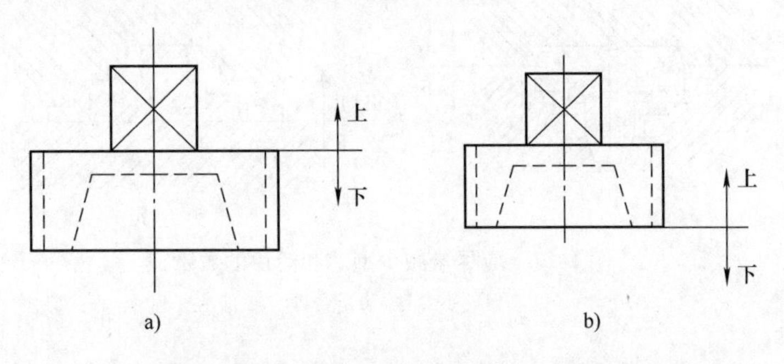

图 1-14　应使铸件的加工面和基准面位于分型面同侧
a）不合理　b）合理

4）应尽量减少分型面的数目，尤其是对机器造型，只能有一个分型面，如图1-15所示。其中图1-15a所示只有一个分型面，主要用于机器造型；图1-15b所示有两个分型面，用于手工造型。

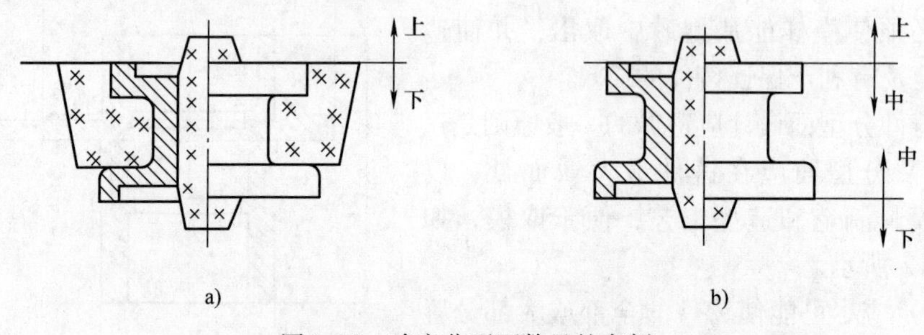

图1-15　确定分型面数目的实例

a）一个分型面用于机器造型　b）两个分型面用于手工造型

5）应尽可能选平直的分型面，避免曲面分型。为了使模样制造和造型工艺简便，弯曲连杆的分型面不应采用弯曲的分型面（见图1-16a），而应采用平直的分型面（见图1-16b）。

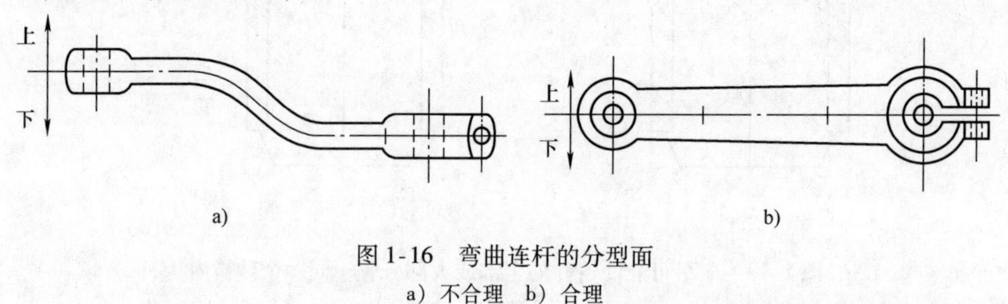

图1-16　弯曲连杆的分型面

a）不合理　b）合理

6）应尽量减少型芯和活块的数量，尽量采用砂胎代替型芯，以节省造芯操作和芯盒的费用，简化制模、造型、合型等工序，如图1-17所示。

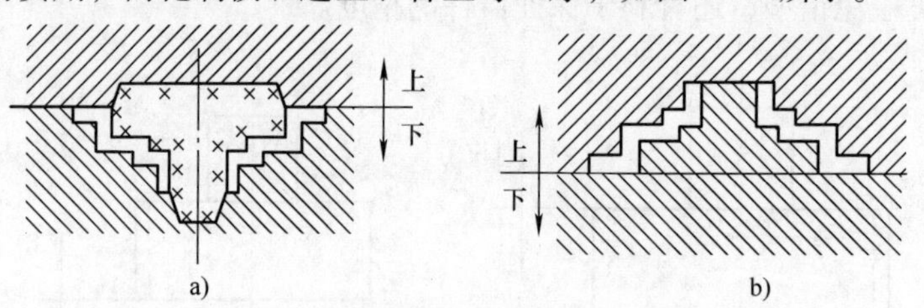

图1-17　应尽量减少型芯和活块的数量

a）不合理　b）合理

7）受力件的分型面不应削弱铸件的结构强度。图1-18a所示的工字梁分型面，合箱时若产生微小偏差，会改变工字梁的截面积分布，因而有一边的刚度会

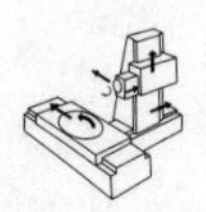

削弱，是不合理的；而图1-18b所示分型面则没有这种缺点，是合理的。

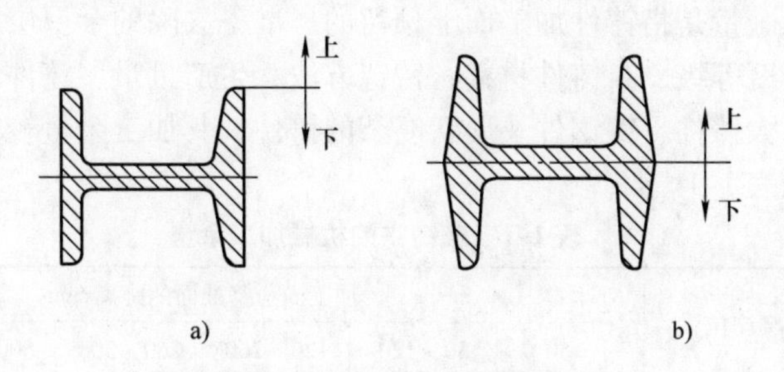

图1-18 工字梁的分型面
a）不合理 b）合理

8）为便于造型、下芯、合箱、检验及检查，尽量将型腔置于下箱，这样可简化造型工艺，方便下芯和合型，便于起模和修型。图1-19所示的减速器箱盖的手工造型工艺方案采用两个分型面，目的就是便于起模、下芯、合型以及合箱时检查尺寸。

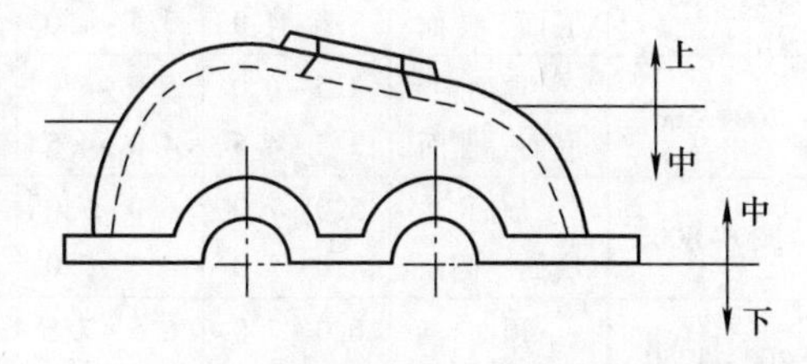

图1-19 减速器箱盖手工造型的分型面

9）应注意减轻铸件清理和机械加工量。图1-20所示为考虑打磨飞边的难易而选用分型面的实例。摇臂是小型铸件，当砂轮厚度大时，图1-20a所示方案铸件的中部飞边将无法打磨，即使改用薄砂轮，也会因飞边的周长较大而不方便打磨。图1-20b所示方案则不存在这个问题。

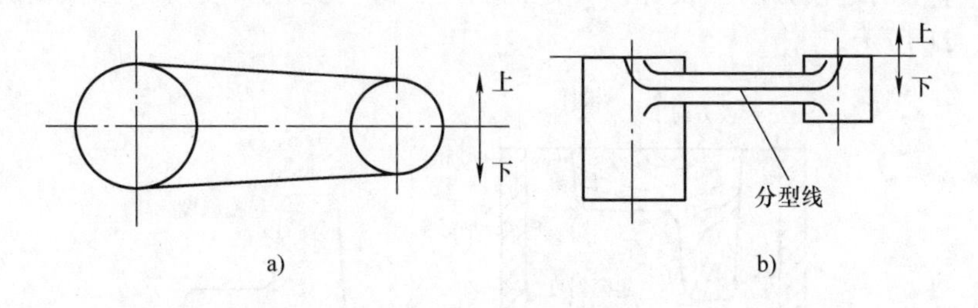

图1-20 摇臂的分型面
a）不合理 b）合理

以上介绍的分型面的选择原则之间有的可能是相互矛盾或相互制约的，一个铸件应以哪几项原则为主来选择分型面，这需要进行多个方案的对比，还需根据实际生产条件，并结合经验做出正确的判断，最后选出最佳方案。

3. 机械加工余量和最小铸出孔

机械加工余量是指铸件加工面上预留的、准备去除的金属层厚度，其大小取决于铸件的精度等级，与铸件材料、铸造方法、生产批量、铸件尺寸、浇注位置等因素有关。大铸件、铸钢件及形状复杂的铸件，其加工余量较大。灰铸铁的机械加工余量见表1-1。

表1-1　灰铸铁的机械加工余量

铸件最大尺寸/mm	浇注位置	加工面与基准面的距离/mm					
		<50	50~120	120~260	260~500	500~800	800~1250
<120	顶面	3.5~4.5	4.0~4.5				
	底面、侧面	2.5~3.5	3.0~3.5				
120~260	顶面	4.0~5.0	4.5~5.0	5.0~5.5			
	底面、侧面	3.0~4.0	3.5~4.0	4.0~4.5			
260~500	顶面	4.5~6.0	5.0~6.0	6.0~7.0	6.5~7.0		
	底面、侧面	3.5~4.5	4.0~4.5	4.5~5.0	5.0~6.0		
500~800	顶面	5.0~7.0	6.0~7.0	6.5~7.0	7.0~8.0	7.5~9.0	
	底面、侧面	4.0~5.0	4.5~5.0	4.5~5.5	5.0~6.0	6.5~7.0	
800~1250	顶面	6.0~7.0	6.5~7.5	7.0~8.0	7.5~8.0	8.0~9.0	8.5~10.0
	底面、侧面	4.0~5.5	5.0~5.5	5.0~6.0	5.5~6.0	5.5~7.0	6.5~7.5

注：加工余量数值下限用于大批量生产，上限用于单件或小批量生产。

为简化铸造工艺，铸件上的小孔和槽可以不铸出，而采用机械加工。一般铸铁件上直径<30mm、铸钢件上直径<40mm的孔可以不铸出。

4. 起模斜度

造型时，为了便于从型砂中取出模样或由型芯盒中取出型芯，在模样或芯盒的内外壁上沿起模方向常设计出一定的斜度，称为起模斜度（旧称拔模斜度），如图1-21所示。

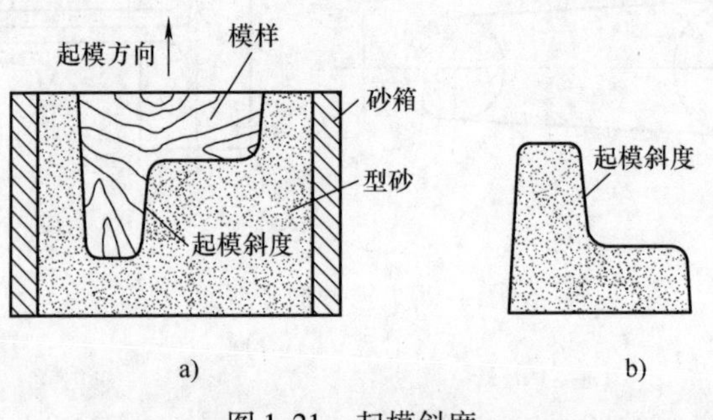

图1-21　起模斜度

a）起模斜度便于起模　b）铸件上的起模斜度

模样的起模斜度可采用增加铸件壁厚、加减铸件壁厚、减小铸件壁厚三种取

法，如图1-22所示。对于需要机械加工的壁必须采用增加壁厚法。

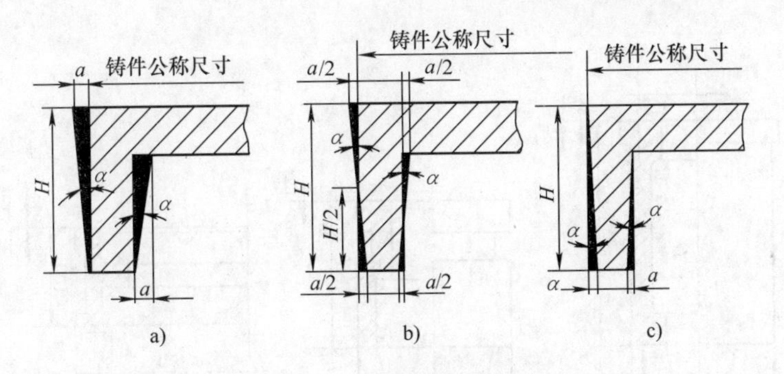

图 1-22　起模斜度的设置

a）增加铸件厚度（壁厚 <8mm）　b）加减铸件厚度（壁厚 =8mm ~ 12mm）

c）减小铸件厚度（壁厚 >12mm）

起模斜度需要增减的数值可按有关标准选取。一般木模的斜度 $\alpha=0.3°\sim3°$，$a=0.6\sim3.0$mm；金属型的斜度 $\alpha=0.2°\sim2°$，$a=0.4\sim2.4$mm。模样越高，斜度越小。当铸件上的孔高度与直径之比（H/D）小于 1 时，可用自带型芯的方法铸孔，用自带型芯的起模斜度一般应大于外壁斜度。

5. 铸造圆角

模样壁与壁的连接和转角处要做成圆弧过渡，称为铸造圆角。铸造圆角可减少或避免砂型尖角损坏，防止产生粘砂、缩孔和裂纹。但铸件分型面的转角处不能有圆角。一般铸造内圆角半径 $R=(1/5\sim1/3)(a+b)/2$，其中 a、b 如图 1-23所示。外圆角的半径取内圆角半径的一半。

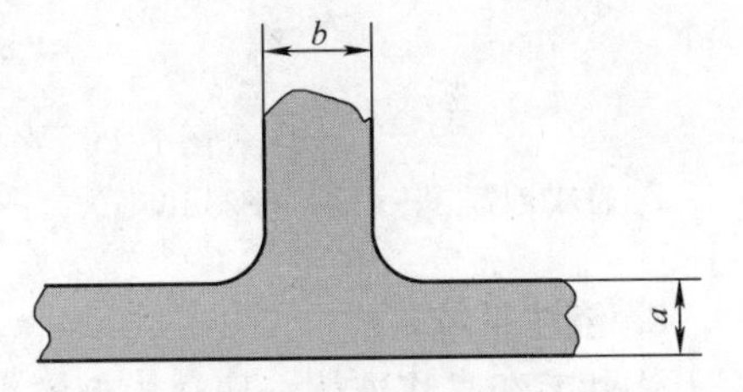

图 1-23　设置铸造圆角

6. 收缩率

液态金属冷却凝固过程中会产生收缩，为补偿铸件收缩，使冷却后的铸件符合图样的要求，需要放大模样的尺寸，放大量取决于铸件的尺寸和该合金的线收缩率。一般中小型灰铸铁件的线收缩率约取 1%，非铁金属的铸造收缩率约取 1.5%，铸钢件的铸造收缩率约取 2%。

7. 型芯设计

型芯设计的内容主要包括型芯的数量及形状、型芯头结构、下芯顺序等，也要考虑型芯的加强（芯骨）和通气等问题。

芯头是指型芯的外伸部分，是型芯的重要组成部分，起定位、支撑型芯和排除型芯气体的作用。芯头有垂直芯头（见图 1-24）和水平芯头（见图 1-25）两种形式。芯座是指铸型中专为放置型芯头的空腔。芯头和芯座之间应有1~4mm的间隙。

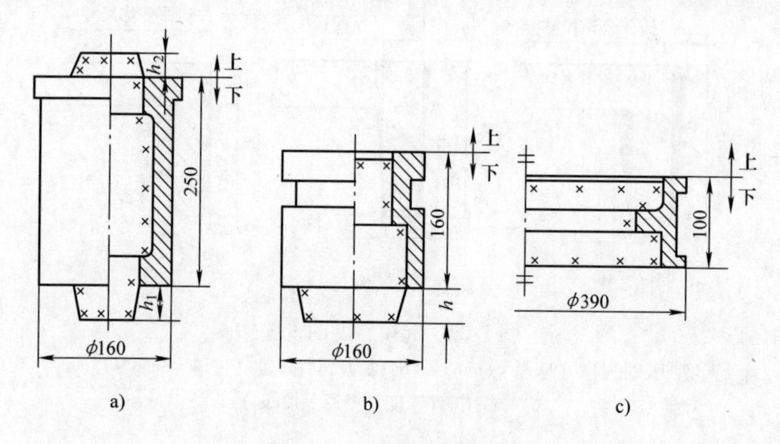

图1-24　垂直芯头的形式

a）一般形式　b）只有下芯头　c）无芯头

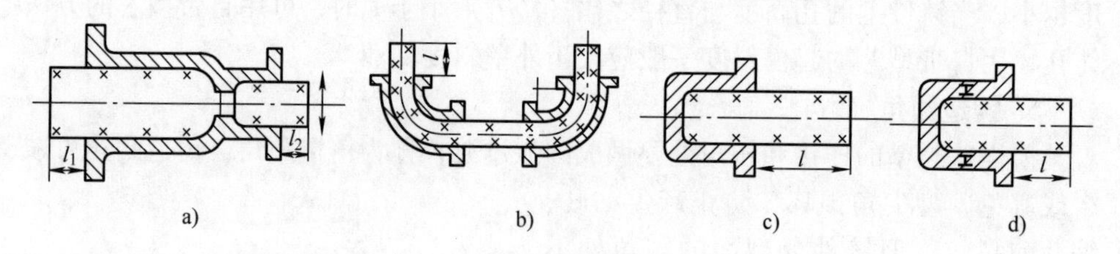

图1-25　水平芯头的四种形式

a）特殊定位芯头一　b）特殊定位芯头二　c）悬臂芯头（无芯撑）　d）悬臂芯头（带芯撑）

8. 浇注系统

浇注系统是将液体金属浇入型腔中所经过的一系列通道，它的作用是：使液体金属平稳地充满铸型型腔，避免冲坏铸型；控制金属液的流动方向和速度；调节铸件上各部分的温度，控制冷却凝固顺序；防止熔渣、砂粒等杂物进入型腔。对尺寸较大的铸件或体收缩率较大的金属，要加设冒口，用于排除型腔中的气体、砂粒和熔渣等夹杂物以及起补缩作用。冒口一般设在铸件的厚部或上部。

典型的浇注系统由外浇道、直浇道、横浇道和内浇道四部分组成，如图1-26所示。

（1）外浇道　外浇道的作用是：接纳来自浇包的金属液，防止浇注时飞溅或外溢；可储存一定量的金属液，防止熔渣和气体卷入型腔，起到集渣作用；能减轻金属液对砂型的冲击；增加静压头高度，提高金属液的充型能力。小型铸件的外浇口通常呈漏斗状，称浇口杯；大型铸件的外浇道通常呈盆状，称浇口盆。

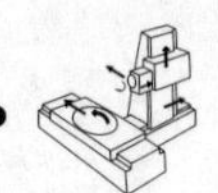

（2）直浇道　直浇道是浇注系统中的垂直通道，连接外浇道与横浇道，提供充型静压。改变直浇道的高度可以改变金属液的静压力大小和改变金属液的流动速度，从而改变金属液的冲型能力。为了便于取出直浇道棒，其形状一般为上大下小的圆台形。

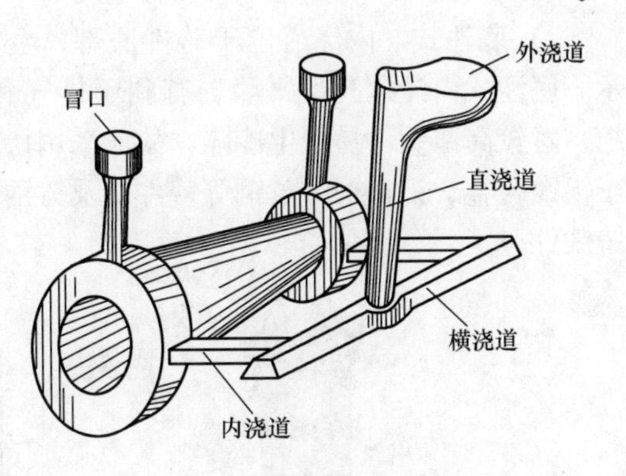

图1-26　浇注系统

（3）横浇道　横浇道是连接直浇道与内浇道的水平通道，主要作用是分配金属液进入内浇道，也是阻挡熔渣进入型腔的最后一道关口，一般设在内浇道上方，截面形状做成高梯形，浇注时要始终充满，以免浮到横浇道顶面的熔渣被吸入内浇道。

（4）内浇道　内浇道是引导金属液直接流入型腔的通道，与铸件直接相连，作用是控制金属液的充型速度和方向，调节铸件各部分的冷却速度，控制铸件凝固顺序。它对铸件质量有较大影响，应注意不能开设在直浇道的正下方，也不能顺着横浇道内金属液的流动方向开设。内浇道的截面形状一般采用长方形、浅圆形及三角形等，与铸件相连处应薄而宽，以便于清除及防止损坏铸件。

按内浇道在铸件上的开设位置不同，浇注系统可分为顶注式、底注式、中间注入式、阶梯式和复合式五种类型。

1）顶注式。将内浇道开设在铸件的顶部，金属液由顶部流入型腔，如图1-27所示。顶注式内浇道的优点是易于充满，有利于铸件形成自下而上的定向凝固和冒口的补缩，简单易做，冒口尺寸小，节约金属，结构简单，易于清除。缺点是对型腔底部冲击较大，金属液下落过程中接触空气，出现飞溅、氧化、卷入空气等现象，使充型不平稳，易产生砂孔、铁豆、气孔和氧化夹杂物缺陷。另外，横浇道阻渣条件相对较差。顶注式适用于重量小、高度低和形状简单的铸件。

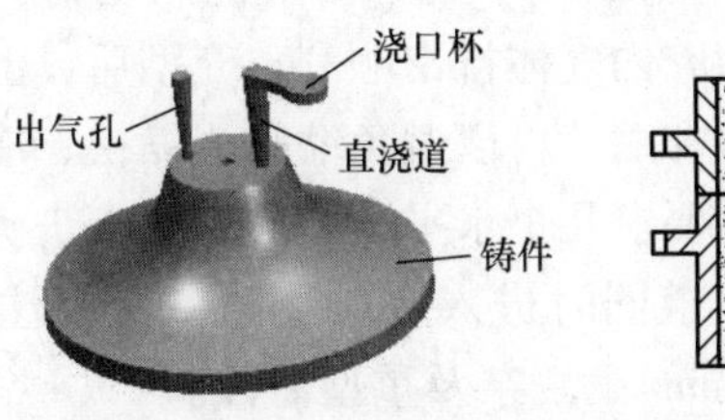

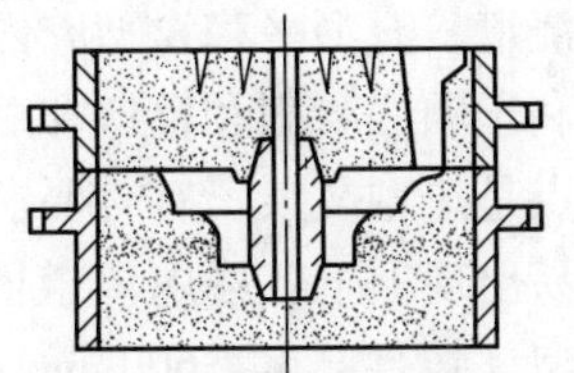

图1-27　顶注式

2）底注式。内浇道位于铸件底部，金属液从铸件底部注入，如图1-28所示。底注式内浇道充型平稳，有利于排气和浮渣，不易产生冲刷，但不利于补缩，对较高薄壁件易产生冷隔，故应采用快浇和多而分散的内浇道。底注式适用于铝镁合金、铝青铜、黄铜等铸件以及铸钢件，也应用于高度较大、结构复杂的铸铁件。

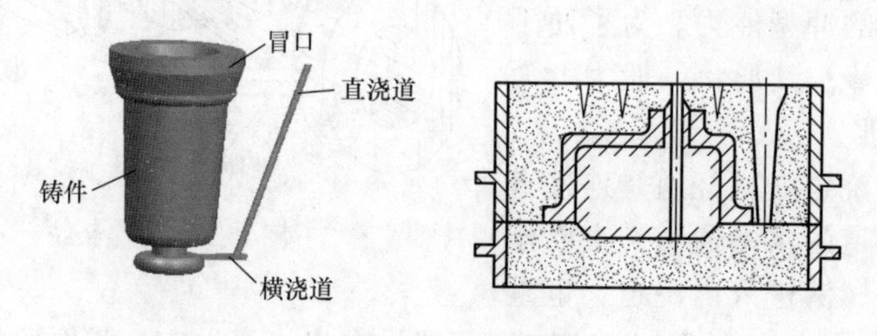

图1-28　底注式

3）中间注入式。内浇道开设在铸件中部某一高度上，一般从分型面注入，如图1-29所示。中间注入式内浇道造型较为方便，对于铸件在分型面以下的部分是顶注，对上半部分则是底注，故兼有顶注式和底注式浇注系统的优缺点。中间注入式主要用于中等壁厚、高度不大、水平方向尺寸较大的各类中小型铸件。

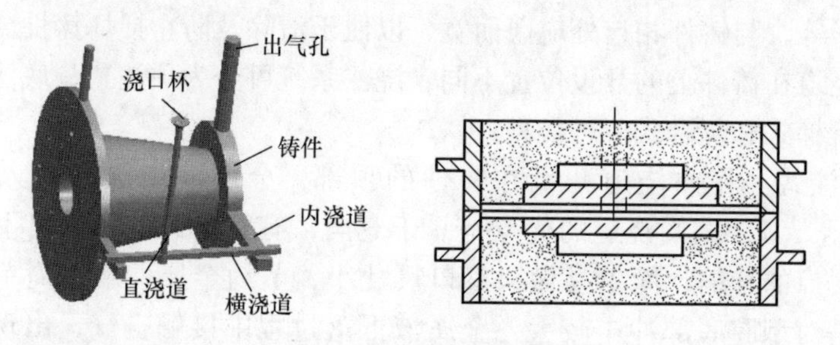

图1-29　中间注入式

4）阶梯式。在铸型的高度方向上开设多层内浇道，使金属液从底部开始，逐层地从若干不同高度引入型腔，如图1-30所示。其优点是金属液自下而上顺序流经各层内浇道，充型平稳，型腔内气体排出顺利；充型后，上部金属液温度高于下部，有利于顺序凝固和冒口补缩，可以避免缩孔、缩松、冷隔及浇不到等铸造缺陷。缺点是造型复杂，有时要求几个水平分型面，要求正确的计算和设计结构，否则容易出现上下各层内浇道同时进入金属液的“乱浇注”现象。阶梯式主要用于大型（铸件高度≥600mm）、复杂及重型铸件。

5）复合式。复合式内浇道是将几种浇注系统联合使用，组成复合式浇注系统。

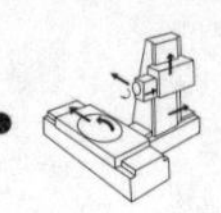

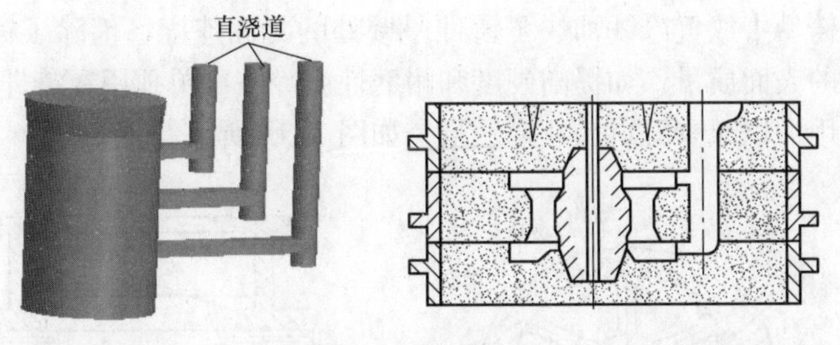

图 1-30　阶梯式

9. 冒口

冒口一般有补缩冒口和出气冒口两种，如图 1-31 所示。为防止缩孔和缩松，往往在铸件的顶部或厚大部位设置补缩冒口。补缩冒口中的金属液可不断地补充铸件的收缩，从而使铸件避免出现缩孔、缩松。补缩冒口除了具有补缩作用外，还有排气和集渣作用。当铸件较大时，为使铸型中的气体在浇注过程中能及时排出，应在铸件最高处开设与大气相通的出气冒口。冒口是铸件上的多余部分，清理时应切除。

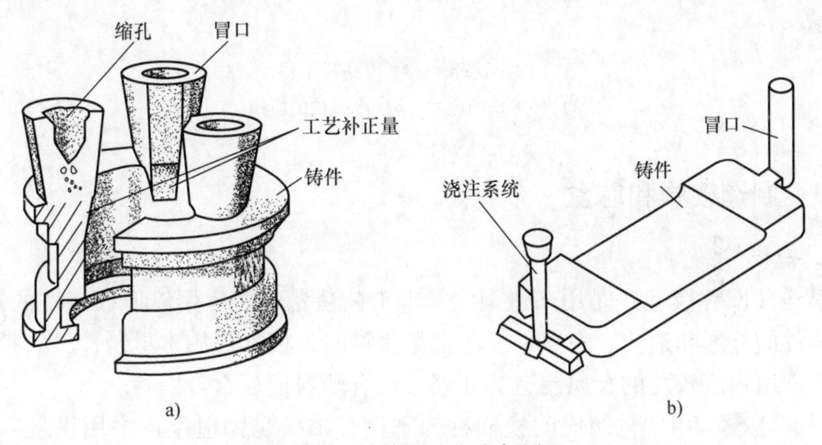

图 1-31　补缩冒口和出气冒口

a）以补缩为主的冒口　b）以出气为主的冒口

通常冒口应设在铸件厚壁处、最后凝固的部位，而且应比铸件晚凝固。冒口形状多为圆杆形或球形。常用的冒口分为明冒口和暗冒口两类，如图 1-32所示。

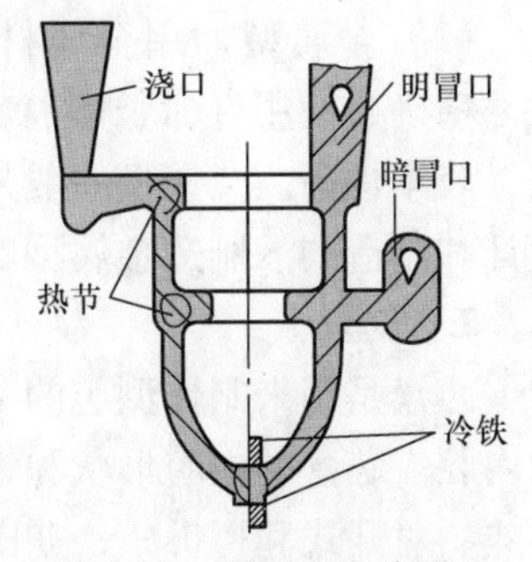

图 1-32　明冒口和暗冒口

10. 冷铁

在造型中，为了防止缩孔等铸造缺陷的发生，还可以采用放置冷铁的方法来使铸件顺序凝固。冷铁是用来控制铸件凝固的激冷金属，常用钢和铸铁作为冷铁。铸型中放置冷铁加快了铸件厚壁处的凝固速度，消除了铸件的缩孔，提高了铸件的表面质量，如提高硬度和耐磨性。冷铁可单独用在铸件上，也可与冒口配合使用，以减少冒口尺寸或数目，如图1-33所示。

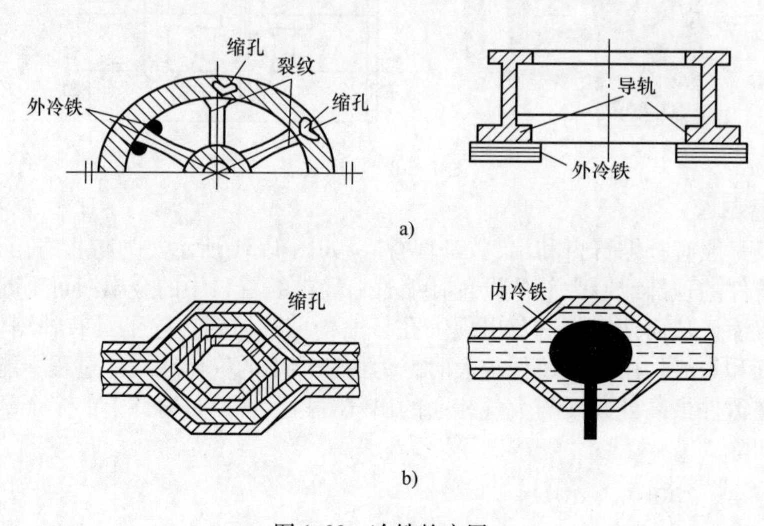

图1-33　冷铁的应用

a）外冷铁的应用　b）内冷铁的应用

1.2.3　制造模样和芯盒

1. 模样

模样（旧称模型）是用来造型的基本工艺装备。模样用以形成铸件的外形，它和铸件的外形相适应。在单件或小批量生产时，模样可用木材制作，大批量生产时，常用强度较高的金属制造。此外，还有塑料模、石膏模等。

（1）木模　用木材制成的模样称为木模。木模是铸造生产中用得最广泛的一种模样，具有价廉、质轻和易于加工成形等优点。其缺点是强度和硬度较低，容易变形和损坏，使用寿命短。木模一般适用于单件或小批量生产。

（2）金属型　用金属材料制造的模样，具有强度高、刚性大、表面光洁、尺寸精确、使用寿命长等特点，适用于大批量生产。但它的制造难度大、周期长，成本也高。金属型一般是在工艺方案确定后，并在试验成熟的情况下再进行设计和制造的。制造金属型的常用材料是铝合金、铜合金、铸铁和铸钢等。

2. 芯盒

芯盒是用来制作型芯的工艺装备。芯盒用于制造型芯（芯子），以形成铸件的内腔。芯盒的内腔形状和铸件内腔相似。根据型芯的复杂程度，芯盒可制成整体式、对开式和可拆式，如图1-34所示。

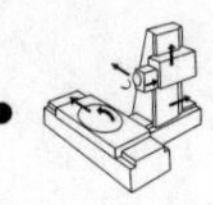

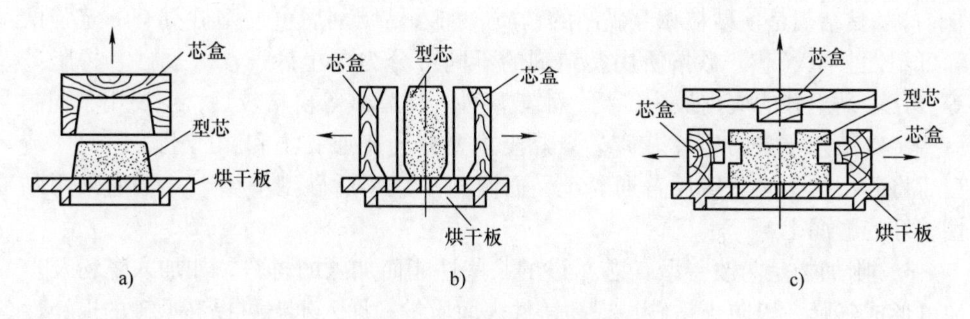

图1-34 芯盒的种类

a）整体式 b）对开式 c）可拆式

3. 木模制作

木材坯料通常是用几块木材按纹路的不同方向交错粘合起来，以提高木模强度，减少翘曲变形。制作时用手工工具或木工机器对坯料进行加工，各部分加工完成后进行装配，然后在模样表面涂酒精漆片（虫胶）以使表面光滑，不易吸潮。此外，需要用线条或颜色标出芯头和活块部分，以与木模本体加以区别，避免造型时出错。

1.2.4 制备型砂和芯砂

用于制造砂型的砂称为型砂，用于制造型芯的砂称为芯砂。型砂和芯砂的成分和性能对铸件质量有很大影响，因此对型砂和芯砂的质量要严格控制。当温度很高的液态金属浇入型腔后，因其与型砂接触，故要求铸造使用的型砂耐火性好，在高温下几乎不分解、不变质。

1. 型砂和芯砂的分类

铸造用砂可分为山砂和硅砂。黏土含量（质量分数）为2% ~40%的型砂为山砂，而黏土含量（质量分数）小于2%且二氧化硅（SiO_2）含量（质量分数）大于85%的型砂为硅砂。硅砂分为天然硅砂和人工硅砂。天然硅砂是自然形成的，需经过精加工才能使用，人工硅砂则是由耐热岩石经过人工破碎筛选而成的。

2. 型砂和芯砂的组成

型砂一般由原砂、黏结剂、附加物和水按一定比例混合而成。芯砂所处的环境恶劣，其性能要求比型砂高，同时，芯砂的黏结剂比型砂中的黏结剂比例大一些，导致其透气性不如型砂，所以制造型芯时要做出透气道（孔）。

1）原砂即为新砂，主要成分是二氧化硅，其颗粒坚硬，耐火度可达1700℃左右。铸造用砂要求二氧化硅的质量分数为85% ~97%。原砂中二氧化硅含量越高则耐火度越高，颗粒形状为圆形、大小均匀则透气性好。

2）黏结剂是使砂粒相互黏结的物质。加入黏结剂后可使型砂具有一定强度和可塑性。型（芯）砂按所用黏结剂的不同可分为黏土砂、水玻璃砂、树脂砂等。其中黏土砂的应用最为广泛，水玻璃砂、树脂砂等价格较贵，主要用于配制一些特殊工艺要求的型（芯）砂。黏土主要分为普通黏土和膨润土。干型（造型后将砂型烘干）一般用普通黏土，而湿型（造型后砂型不烘干）普遍采用黏性较好的膨润土。

3）附加物是为改善型（芯）砂的某些性能而加入的材料，如加入煤粉及重油可形成气膜，以防止粘砂，提高铸件表面质量；加入木屑可提高型砂的退让性和透气性。

4）水分对型砂的性能和铸件的质量影响很大。水分过多，则型砂湿度过大，强度低，造型时易粘模；水分过少，则型砂干而脆，造型起模困难。因此，水分含量要适当。通常黏土与水分的重量比为3∶1时，型砂的强度可达最大值。

型砂一般由原砂、黏土和水按一定比例混合而成，其中黏土的质量分数约为9%，水的质量分数约为6%，其余为原砂。有时还加入少量煤粉、植物油、木屑等附加物，来提高型砂和芯砂的某些性能。

3. 型（芯）砂的基本性能

型砂和芯砂的质量直接影响铸件的质量，品质不好的型砂会使铸件产生气孔、砂眼、粘砂、夹砂等缺陷。良好的型砂应具备下列性能：

（1）强度　强度是指型（芯）砂抵抗外力破坏的能力。型砂必须具备足够高的强度才能在造型、搬运、合箱过程中不易造成塌箱、掉砂，浇注时也不会破坏铸型表面。但型砂的强度也不宜过高，否则会引起透气性、退让性的下降，使铸件产生缺陷。型砂的强度随黏土的含量和砂型紧实度的增加而增加。砂子的粒度越细，则强度越高。而含水量过多或过少均会使强度降低。

（2）透气性　透气性是指型（芯）砂间气体透过的能力。透气性差将会使铸件产生气孔、浇不足等缺陷，甚至导致金属液喷溅，造成人身事故。铸型的透气性受砂的粒度、黏土含量、水分含量及砂型紧实度等因素的影响。型砂的颗粒粗大、均匀，黏土含量少，水分适当，舂砂紧实度合适，则透气性较好；砂的粒度细、黏土及水分含量高，砂型紧实度高，则透气性差。

（3）可塑性　可塑性是指型（芯）砂在外力作用下产生的变形，在外力去除后仍能完整地保持已有形状和清晰轮廓的能力。可塑性好的型砂容易变形，易于起模、修型，造型操作方便，制成的砂型形状准确、轮廓清晰，适合制作形状复杂的砂型。

（4）耐火性　耐火性是指型（芯）砂在高温作用下不软化、不变形的性能。如果造型材料的耐火性差，则铸件易产生粘砂。型砂中 SiO_2 的含量是影响耐火性的主要因素，SiO_2 含量越多，型砂颗粒越大，耐火性越好。耐火性差的型

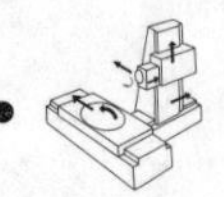

（芯）砂将粘在铸件表面，使铸件清理和切削加工困难。

（5）退让性　退让性是指型（芯）砂随铸件冷却收缩的性能。浇注后，型砂的高温强度越低，退让性越好。退让性差的型砂，会使铸件冷却收缩受到阻碍，在铸件内部产生较大内应力，严重时会引起铸件的变形甚至开裂。型砂越紧实，退让性越差。在型砂中加入木屑等物可以提高退让性。

（6）紧实率　紧实率是指型砂在一定紧实力的作用下其体积变化的百分率，用试样紧实前后高度变化的百分数来表示。

4. 型（芯）砂的制备

型（芯）砂的混制在混砂机中进行。混砂机可将各种成分混合均匀，不但使水均匀地润湿所有物料，而且使黏土膜均匀地包覆在砂粒表面，同时还有松砂的作用，可将混砂过程中产生的黏土团破碎，使型砂松散，提高流动性。

混砂机种类繁多，结构各异，按工作方式可分为间歇式和连续式两种。

混砂机按混砂工艺特征可以分为辗轮式、叶片式、逆流转子式和摆轮式混砂机等。

（1）辗轮式混砂机　以辗压、搓研作用为主，主要用于铸造车间混制面砂和单一砂，也可用于大型铸造车间混制芯砂和自硬砂等，如图 1-35 所示。

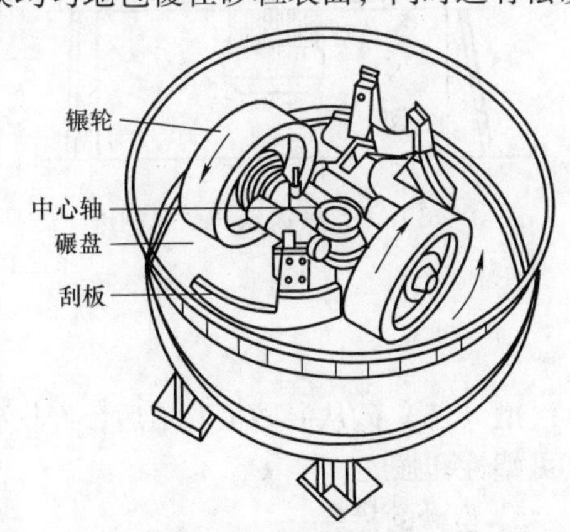

图 1-35　辗轮式混砂机

（2）叶片式混砂机　以混合作用为主，主要用以混制树脂自硬砂，如图1-36所示。

（3）逆流式转子混砂机　兼有搓研、混合作用，主要用于铸造车间型砂的混制，既可混制机器造型用的单一砂，又可混制干膜砂、自硬砂、面砂和背砂，也可以用于玻璃、陶瓷、耐火材料等行业混制各种粉粒状物料，如图 1-37 所示。

（4）摆轮式混砂机　兼有辗压、混合作用，结构如图 1-38 所示。在主轴的转架上，用摇臂悬挂着两个水平摆轮，主轴旋转使摆轮因受离心力作用而压向底盘的侧

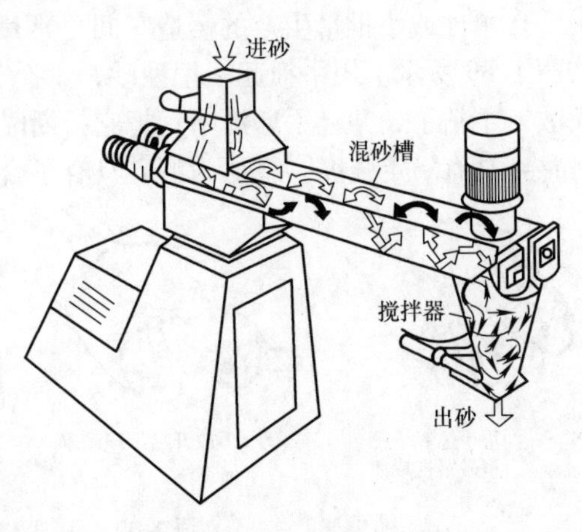

图 1-36　叶片式混砂机

壁。工作时，装在转架上的刮板把要混合的材料向上翻起，在混合的同时把材料送到摆轮的前面，由摆轮把材料压在盘壁上，进行挤压和搓揉，并将团块辗碎。

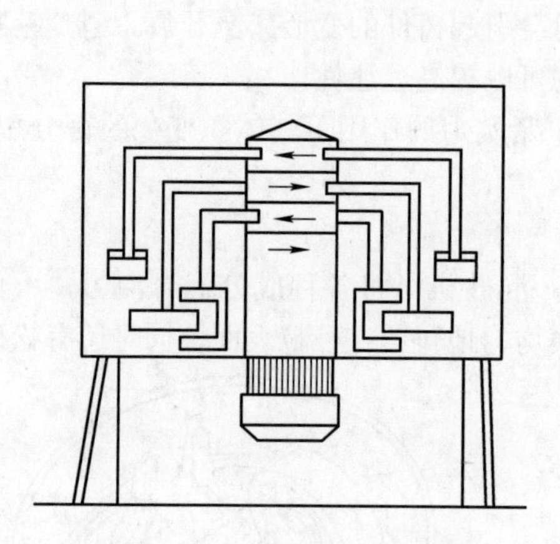

图1-37　逆流式转子混砂机

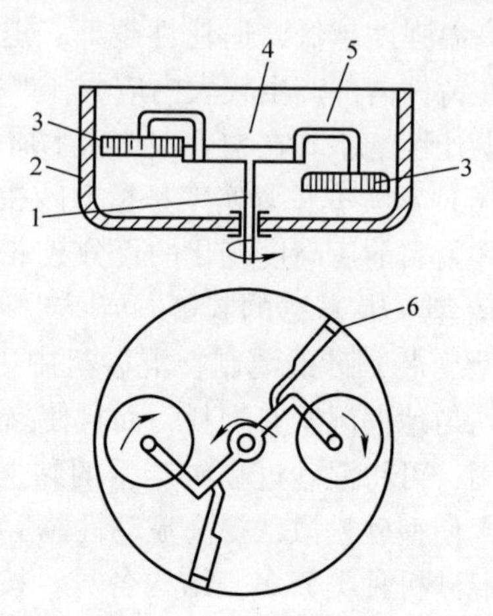

图1-38　摆轮式混砂机
1—主轴　2—围圈　3—摆轮
4—转架　5—偏心轴　6—刮板

型（芯）砂从混砂机取出后，经松砂机松砂及放置4h调匀或回性，可提高其可塑性和强度。

5. 型砂的检验

型砂制备完成后，需要对型砂性能进行检验。专业的铸造生产厂常使用相应的仪器设备检测型（芯）砂的各项性能，如用型砂透气测定仪测定透气性，用型砂强度试验机测试强度等。

在单件或小批量生产的铸造车间，常用手捏法来粗略判断型砂的某些性能，如图1-39所示。用手抓起一把型砂，紧捏时感到柔软容易变形；放开后砂团不松散、不粘手，并且手印清晰；把它折断时，断面平整均匀并没有碎裂现象，同时感到具有一定强度，就认为型砂具有了合适的性能要求。

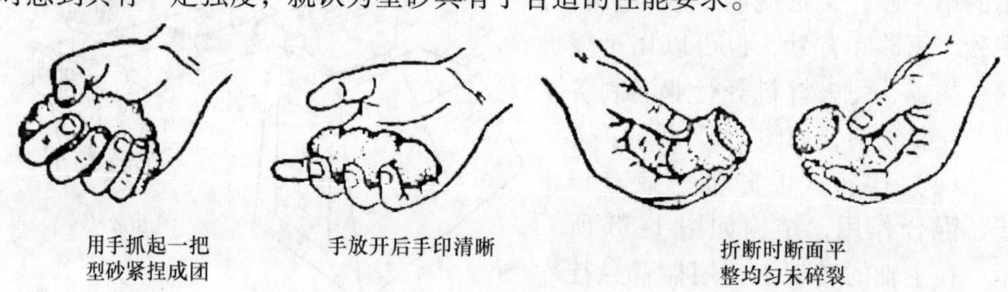

图1-39　手捏法检验型砂

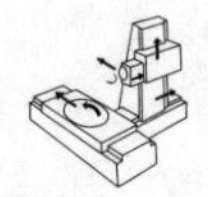

1.2.5 制造砂型

1. 砂型的组成

砂型是由型砂（芯砂）等造型材料制成的。如图1-40所示，砂型主要由上砂型、下砂型、浇注系统、型腔、型芯和出气孔等组成。分型面是铸型上下砂型的接触面，一般也是模样的分模面。浇注系统是将金属液导入型腔的通道，并兼有挡渣作用，对铸件质量影响很大。型腔是用模样在砂型中形成的铸件的外形。型芯主要是用来形成铸件上的孔和内腔形状。出气孔、型芯通气孔是用来将浇注过程中型腔和型芯所产生的气体排出铸型外，防止铸件产生气孔等缺陷。

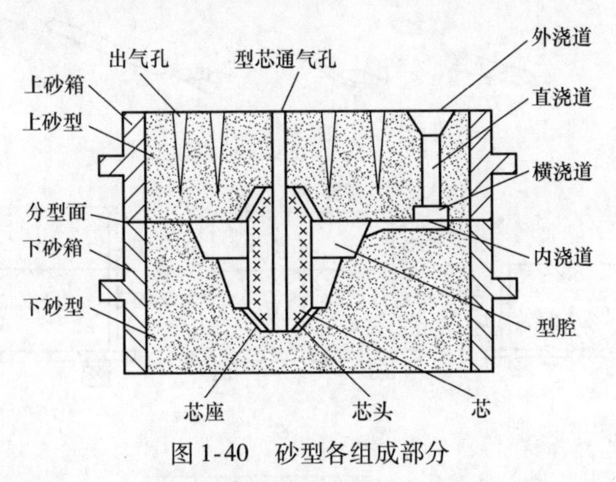

图1-40 砂型各组成部分

制造砂型简称造型，是指制备砂型的过程，其应保证铸件的形状完整、轮廓清晰。造型方法分为手工造型和机器造型。

2. 手工造型

手工造型是全部用手工或手动工具完成的造型工序，操作灵活，工艺装备简单，成本低，大小铸件均可适应，特别是能铸造出形状复杂、难以起模的铸件。但是手工造型铸件质量较差，生产效率低，劳动强度大，要求工人技术水平高，适用于单件、小批量生产。

常用的手工造型工具如图1-41所示。

手工造型的方法很多，根据铸件的形状特点，可采用整模两箱造型、两箱分模造型、挖砂造型、活块模造型、刮板造型、三箱造型、假箱造型和地坑造型方法。

（1）整模两箱造型　对于形状简单，端部为平面且又是最大截面的铸件应采用整模两箱造型。整模两箱造型操作简便，造型时整个模样全部置于一个砂箱内，避免出现错箱缺陷，铸件形状、尺寸精度较高。整模两箱造型适用于形状简单、最大截面在端部的铸件，如齿轮坯、轴承座、罩和壳等。整模两箱造型步骤如图1-42所示。

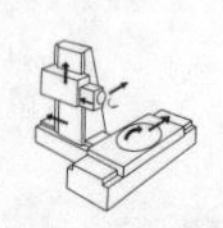

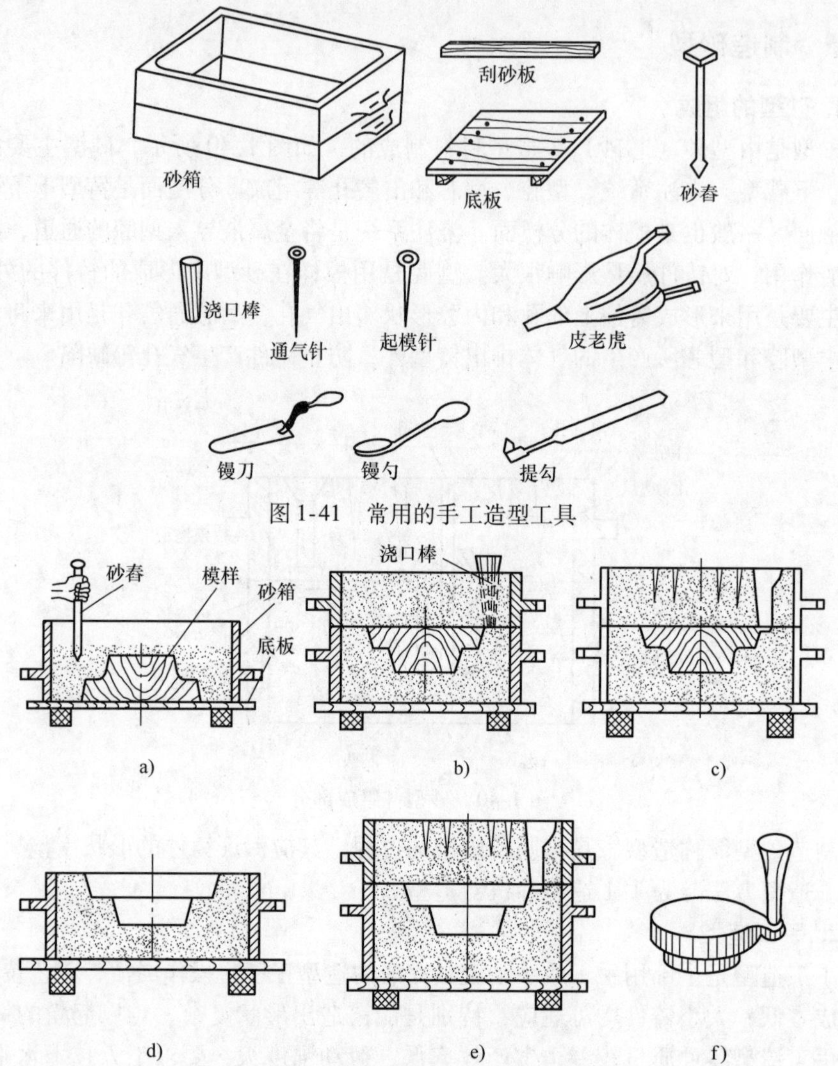

图 1-41　常用的手工造型工具

图 1-42　整模两箱造型步骤

a）造下砂型　b）造上砂型　c）开设浇口、扎通气孔　d）起出模样　e）合型　f）落砂后带浇口的铸件

（2）两箱分模造型　当铸件的最大截面在铸件的中间时，应采用两箱分模造型，模样从最大截面处分为两半部分，用销钉定位。造型时模样分别置于上、下砂箱中，分模面（模样与模样间的接合面）与分型面（砂型与砂型间的接合面）位置相重合。两箱分模造型方法简单，应用较广，主要用于形状比较复杂的铸件生产，如水管、轴套和阀体等有孔铸件。两箱分模造型步骤如图 1-43 所示。

两箱分模造型时，若砂箱定位不准，夹持不牢，易产生错箱，影响铸件精

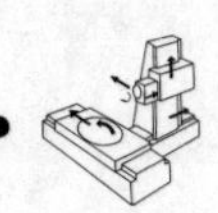

度，铸件沿分型面还会产生披缝，影响铸件表面质量，清理也费时。

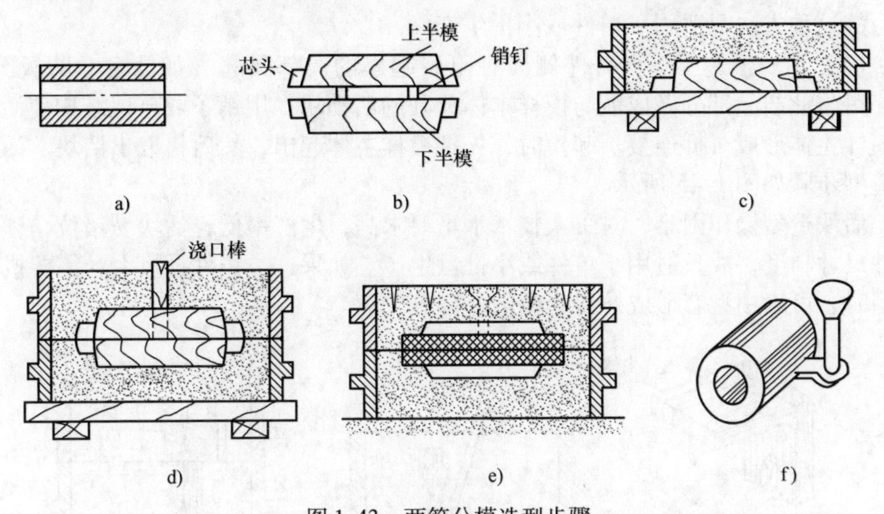

图 1-43　两箱分模造型步骤

a）零件　b）分模　c）用下半模造下砂型　d）用上半模造上砂型

e）起模、合型　f）落砂后带浇口的铸件

（3）挖砂造型　当铸件的外部轮廓为曲面（如手轮等），其最大截面不在端部，且模样又不宜分成两半时，应将模样做成整体，造型时需挖掉妨碍取出模样的那部分型砂，这种造型方法称为挖砂造型。挖砂造型的分型面为曲面，造型时为了保证顺利起模，必须把砂挖到模样最大截面处。挖砂造型步骤如图 1-44 所示。

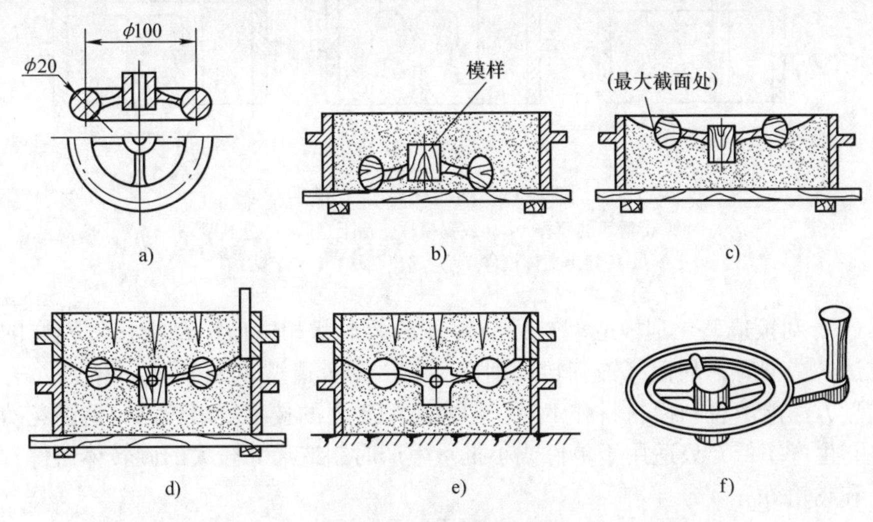

图 1-44　挖砂造型步骤

a）零件　b）放置模样，造下型　c）反转，挖出分型面

d）造上砂型　e）起模、合型　f）落砂后带浇口的铸件

由于要准确挖出分型面，操作较麻烦，要求操作技术水平较高，生产效率低，故这种方法只适用于单件或小批生产。

（4）活块模造型　当铸件侧面有阻碍起模的局部凸起（如凸台、肋板等）时，可将此凸起部分做成能与模样本体分开的活动块，用销子或燕尾结构使活块与模样主体形成可拆连接。起模时，先把模样主体起出，然后再取出活块。活块模造型步骤如图1-45所示。

活块造型操作困难，对工人技术水平要求高，生产率低，活块易错位，影响铸件尺寸精度，故只适用于单件或小批量生产。如果这类铸件批量大，需要机器造型时，可以用型芯形成妨碍起模的那部分轮廓。

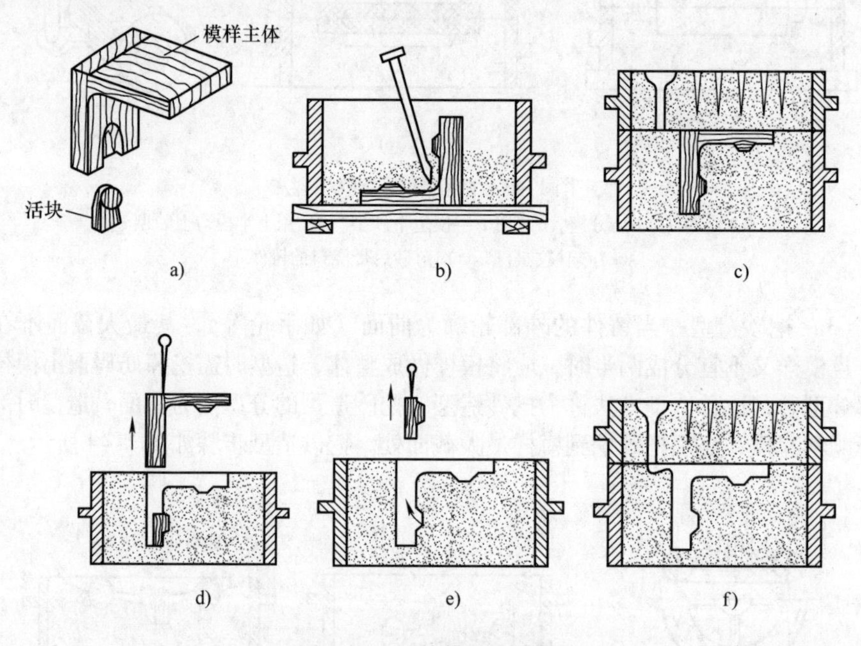

图1-45　活块模造型步骤
a）带活块的模样　b）放置模样，造下型　c）造上型
d）起出主体模样　e）起出活块　f）合型

（5）刮板造型　刮板造型是用与铸件截面形状相适应的刮板代替模样的造型方法。造型时，刮板绕轴旋转，刮出型腔。刮板造型步骤如图1-46所示。这种造型方法能节省制模材料和工时，但对造型工人的技术要求较高，造型花费工时多，生产率低，只适用于单件或小批量生产时制造尺寸较大的旋转体铸件，如带轮和飞轮等。

（6）三箱造型　铸件形状为两端截面大、中间截面小，如带轮、槽轮和车床四方刀架等时，为保证顺利起模，应采用三箱分模造型，从两个方向分别起模。模样必须是分开的，以便于从中型内起出模样。分模面应选在模样的最小截

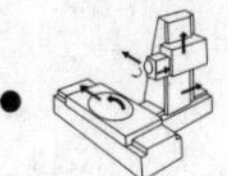

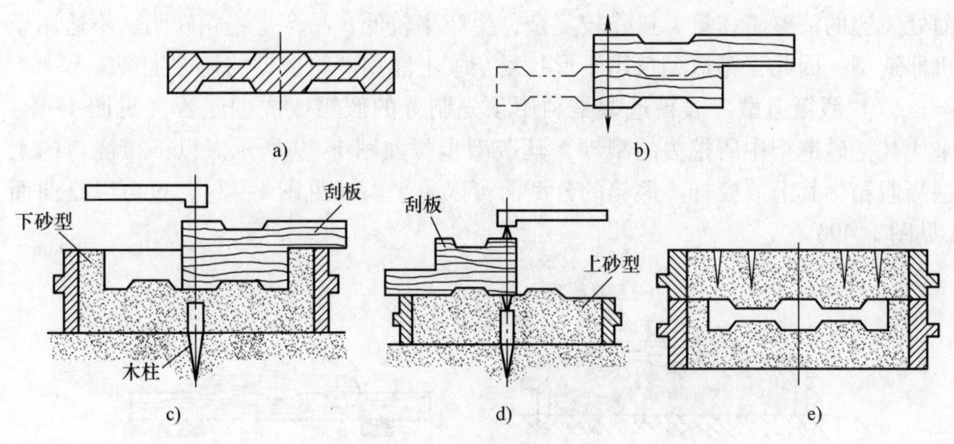

图1-46 刮板造型步骤

a）带轮 b）刮板 c）刮制下型 d）刮制上型 e）合型

面处，而分型面应选在铸件两端的最大截面处。三箱造型步骤如图1-47所示。

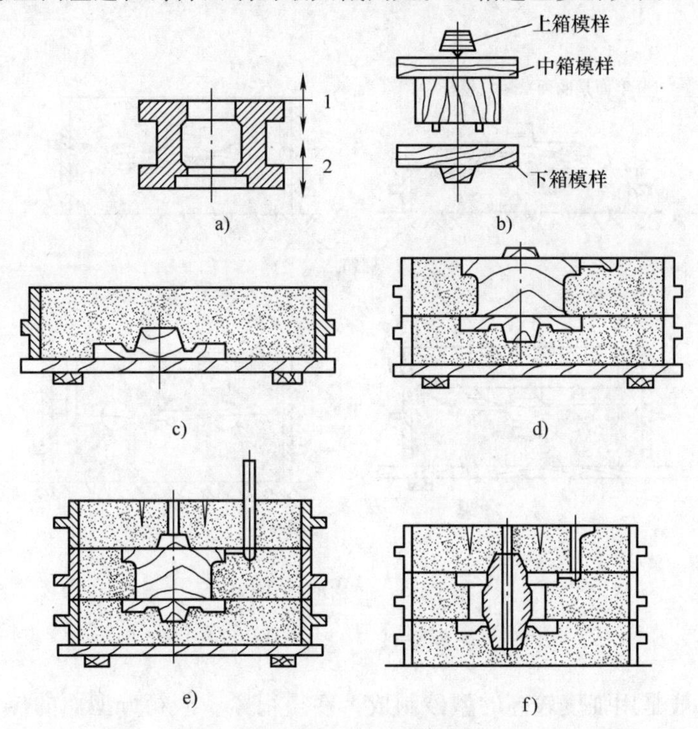

图1-47 三箱造型步骤

a）铸件 b）模样 c）造下型 d）造中型 e）造上型 f）起模、放型芯、合型

由于三箱造型有两个分型面，降低了铸件高度方向的尺寸精度，增加了分型

面处飞边的清整工作量，操作较复杂，生产率较低，易产生错箱缺陷，不适用于机器造型，因此三箱造型仅用于形状复杂、不能用两箱造型的铸件生产。

（7）假箱造型　假箱造型是利用预先制好的假箱或成型底板（见图1-48）来代替挖砂造型中所挖去的型砂，其造型步骤如图1-49所示。以不带浇口的上型当假箱，其上放模样。假箱的分型面可以是平面（见图1-48），也可以是曲面（见图1-49）。

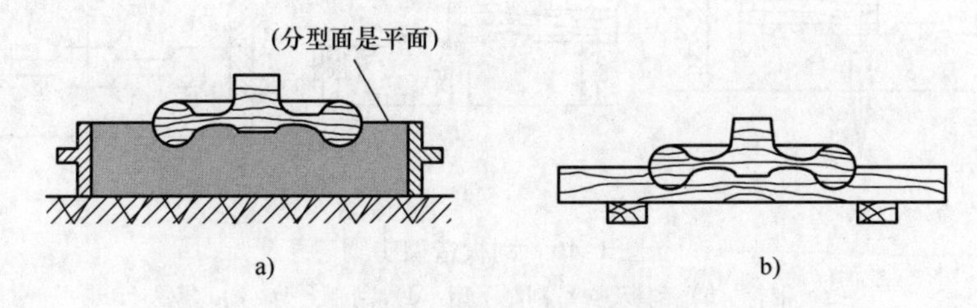

图1-48　假箱和成型底板

a）假箱　b）成型底板

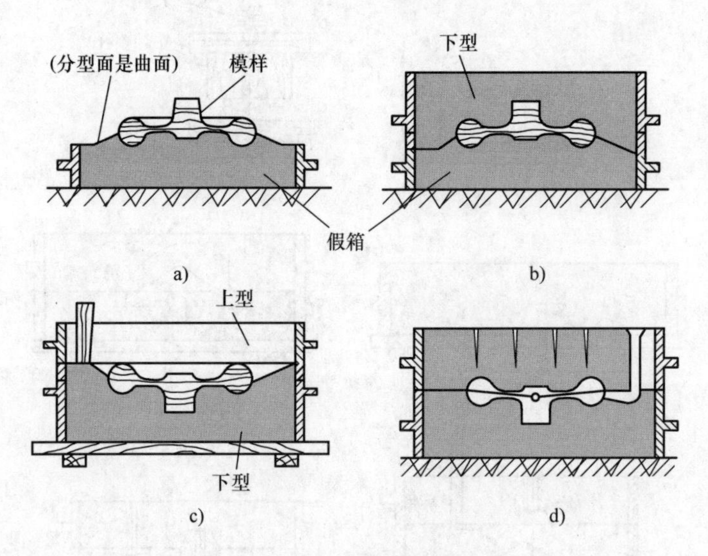

图1-49　假箱造型步骤

a）模样放在假箱上　b）造下型　c）翻转，待造上型　d）合型

假箱一般是用强度较高的型砂制成，舂得很紧。假箱分型面的位置应准确，表面应光滑平整。假箱造型可免去挖砂操作，提高造型效率，适用于形状较复杂铸件的小批量生产。当生产批量更大时，可用木料制成成型底板。

（8）地坑造型　直接在铸造车间的砂地上或砂坑内造型的方法称为地坑造型。大型铸件单件生产时，为了节省砂箱，降低铸件高度，便于浇注操作，多采

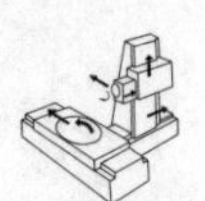

用地坑造型。图 1-50 所示为地坑造型结构。造型时先在挖好的地坑内填入型砂，再用锤敲打模样使之卧入砂床中，继续填砂并舂实模样周围的型砂，刮平分型面后进行上型等后续工序的操作。

造型时需考虑浇注时能顺利地将地坑中的气体引出地面，常以焦炭、炉渣等透气物料垫底，并用铁管引出气体。

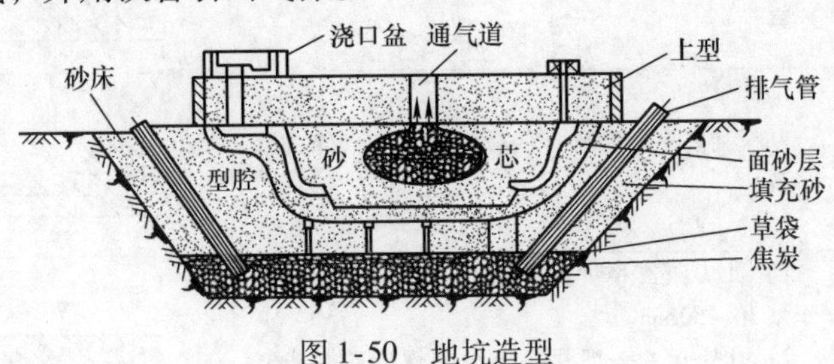

图 1-50　地坑造型

3. 手工造型基本步骤

手工造型主要包括舂砂、起模、修型和合箱等工序，其造型的基本过程见表 1-2。

表 1-2　手工造型的基本过程

序号	工序名称	工序要求	图示
1	造型前的准备	1）配制好型砂 2）准备底板、砂箱及造型工具 3）准备模样，表面涂抹防粘模材料	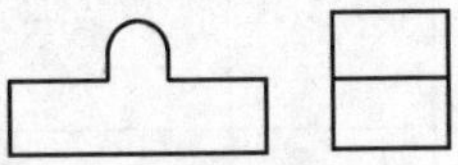
2	模样放在平板上	1）模样放置在平板中央位置 2）注意起模方向，要大端面向下	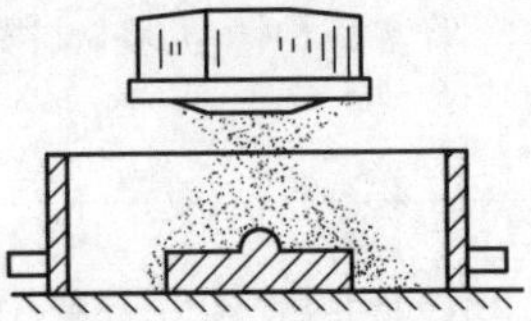
3	放下砂箱	1）保持模样与砂箱壁间有合适的吃砂量，两者之间必须留有 30 ~ 100mm 的距离 2）砂箱大小合适	
4	加面砂	1）面砂性能符合要求 2）加砂量使舂实厚度为 20 ~ 60mm	
5	加背砂	1）背砂性能符合要求 2）逐层加入	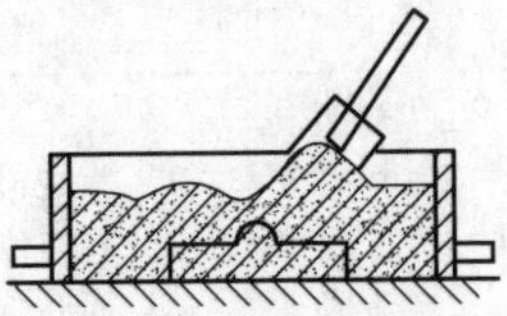
6	紧实型砂	1）逐层加砂，逐层紧实 2）舂砂用力大小要适当 3）紧实度符合要求，靠近砂箱内壁应舂紧以防塌箱，靠近型腔部分应较紧，其余部分不宜过紧以利于透气 4）舂砂路线应从砂型边上开始，从外向内顺序地靠近模样，砂舂扁头不能离模样太近	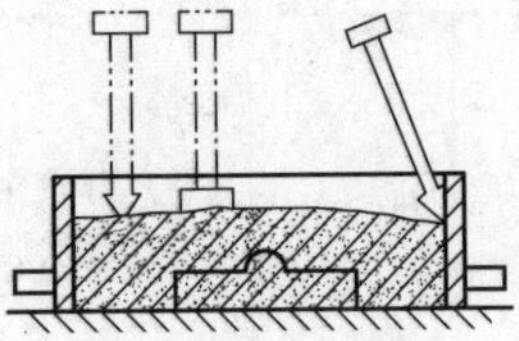

（续）

序号	工序名称	工序要求	图示
7	紧实背砂	1）用砂舂平头舂实 2）紧实度符合要求	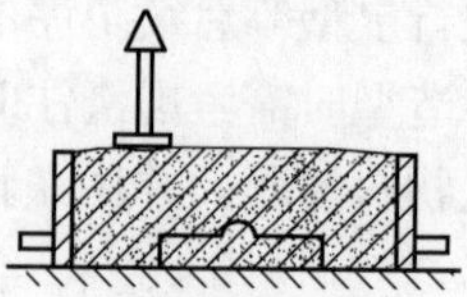
8	刮砂板刮砂	刮板刮去多余型砂，使砂型表面和砂箱边缘平齐	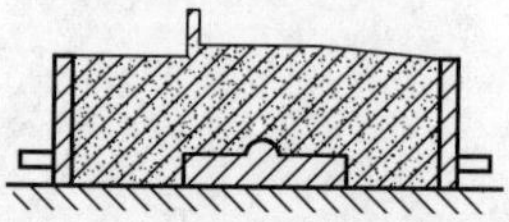
9	扎出气孔	1）针尖距离模样孔深度：湿型10~15mm，干型30~50mm 2）孔密度：一般每平方分米保持四个或五个孔 3）上下砂型均要扎出气孔	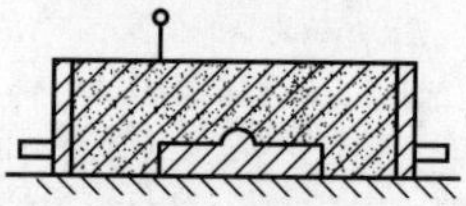
10	修分型面	1）先修没有舂实的部分 2）保持分型面的平整度	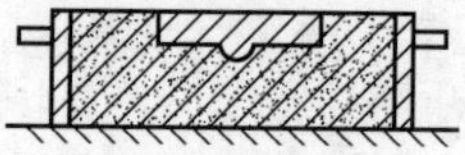
11	撒分型砂	1）撒砂均匀 2）尽量只撒在砂面上	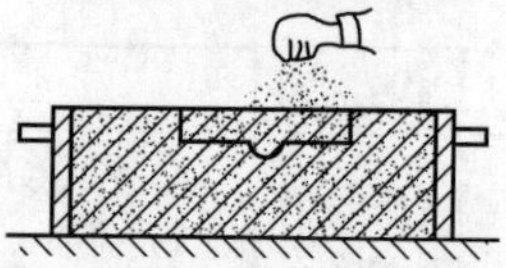
12	吹去模样表面的分型砂	应将撒在模样上的分型砂轻轻吹去或扫掉	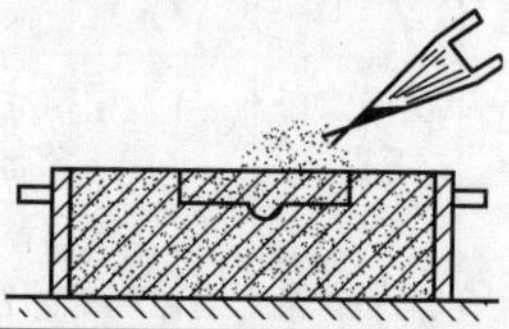
13	放置上砂箱并撒防粘模材料	1）注意上砂箱位置 2）模样表面均匀地撒上一层防粘模材料	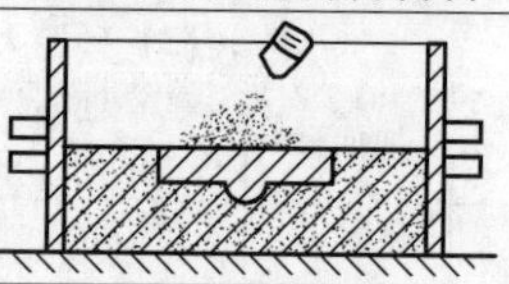
14	放直浇道棒和冒口，在模样上撒面砂	1）直浇道棒小头向下，位置合适 2）冒口位置符合要求 3）面砂量符合要求	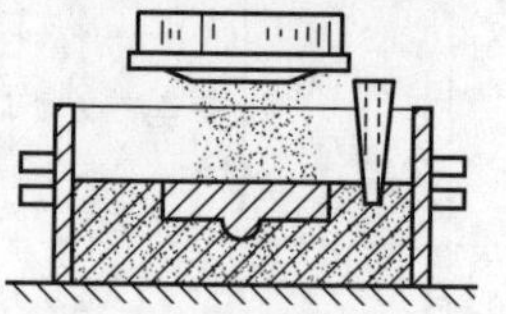
15	加背砂	1）背砂性能符合要求 2）逐层加入	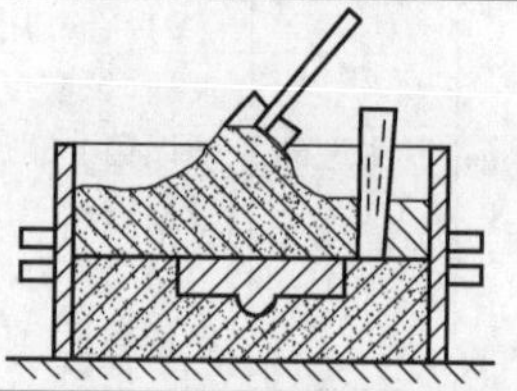

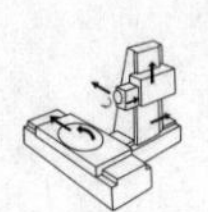

（续）

序号	工序名称	工序要求	图示
16	紧实型砂	1）逐层加砂，逐层紧实 2）紧实度符合要求 3）砂舂扁头不能离模样太近 4）舂砂路线应从砂型边儿开始，从外向内顺序地靠近模样	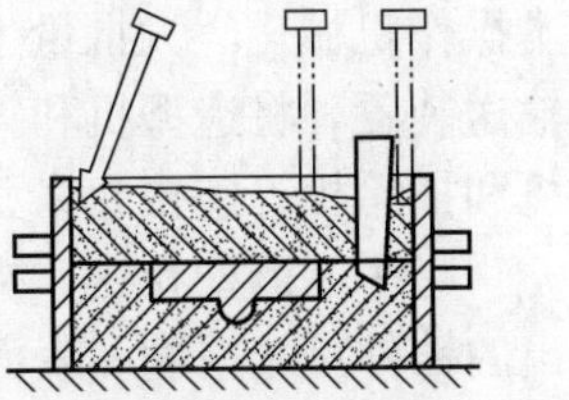
17	紧实背砂	1）砂舂平头舂实 2）紧实度符合要求	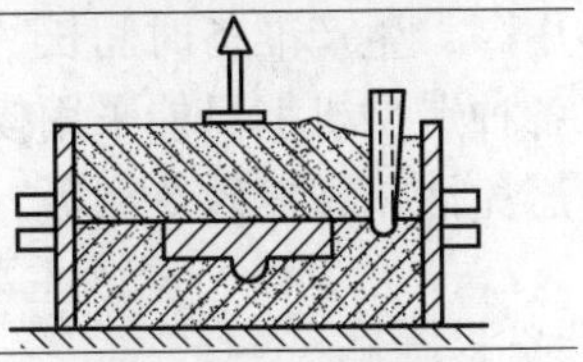
18	刮砂板刮砂	使砂型表面和砂箱边缘平齐	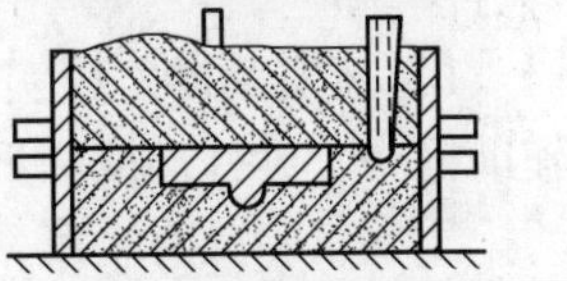
19	扎出气孔，取直浇道棒，挖外浇口，砂箱定位	1）用通气针扎出通气孔，通气孔的深度距模样10～15mm，分布要均匀 2）挖外浇口 3）做泥号使砂箱定位，防止错箱	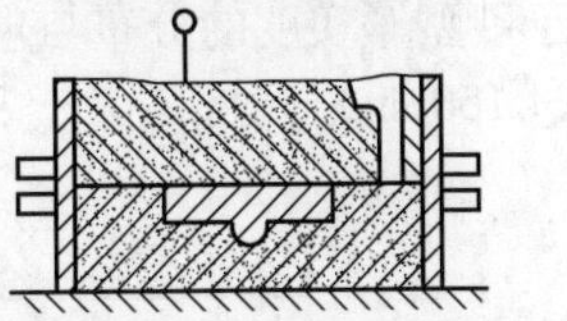
20	开型	1）垂直向上提起上型 2）将上型翻转并放好	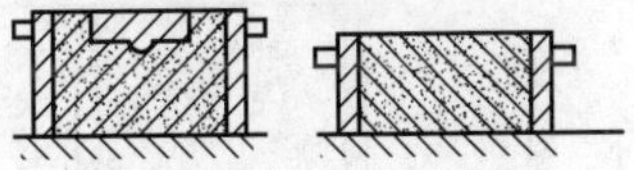
21	修整分型面，扫分型砂，挖内浇道	1）分型面应修平整 2）扫净模样上的分型砂 3）注意内浇道的位置、尺寸及形状	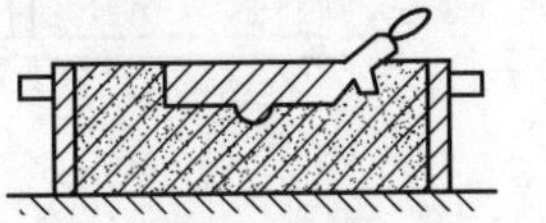
22	用水润湿模样周围的型砂	刷水量合适	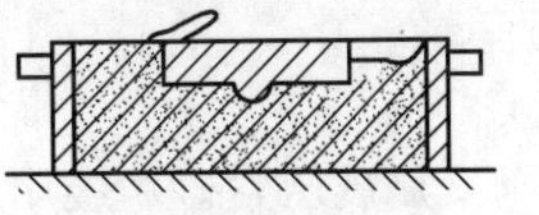
23	松模，修型，刷涂料或敷料	1）用起模针或起模钉起出模样 2）损坏的砂型必须修好，否则直接影响铸件形状及尺寸	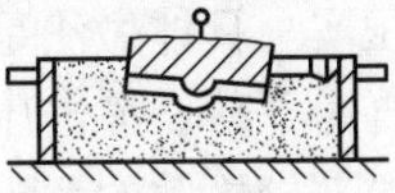
24	若技术要求是表干型或干型，则需烘干		
25	若技术要求有型芯，则进行下芯		
26	合型，放置压铁；抹好箱缝；等待浇注	1）严格按泥号或其他定位位置合箱 2）压铁位置合适	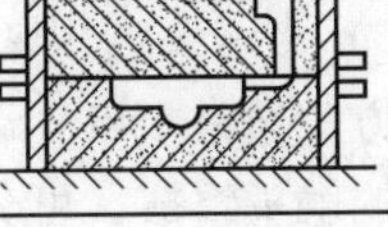

4. 机器造型

机器造型就是用金属模板在造型机上造型的方法。它是将紧砂和起模两个基本操作机械化。大批量生产时，为充分发挥造型机的生产率，一般采用各种铸型输送装置，将造型机和铸造工艺过程中各种辅助设备，如翻箱机、落箱机、合箱机和捅箱机等连接起来，组成机械化或自动化的造型系统（称为造型生产线）。

与手工造型相比，机器造型生产率高，可改善劳动强度，对环境污染小，制出的铸件尺寸精度和表面质量高，加工余量小，但设备和砂箱、模具投资大，费用高，生产准备时间长，所以适用于中、小型铸件成批或大批量生产。同时，在各种造型机上只能采用模板进行两箱造型或类似于两箱造型的其他方法，并尽量避免活块和挖砂造型等，以提高造型机的生产率。

（1）紧砂　紧砂主要有压实、震压、高压、射砂、抛砂、射压和微震压实等方法。

1）压实紧砂。压实紧砂就是用直接加压的方法紧实型砂。压实时压板压入辅助框中，砂柱高度降低，型砂紧实，其原理示意图如图1-51所示。

压实紧砂具有生产率高、机器结构简单、消耗动力少和噪声小等优点，但由于砂型紧实度的分布与理想要求相差较大，因此压实紧砂只适用于砂箱高度不超过150mm、尺寸不大于800mm×600mm的砂箱造型。

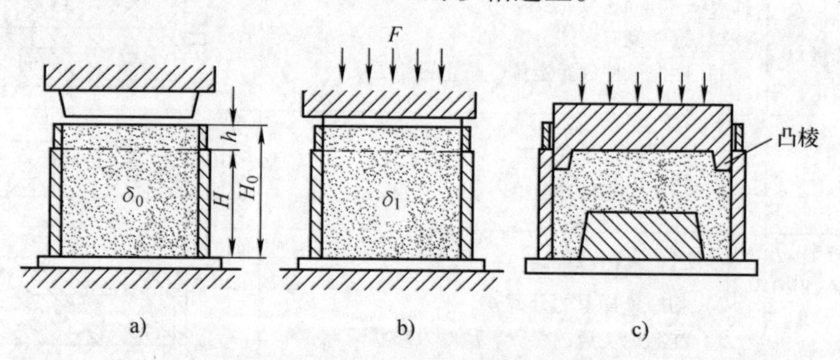

图1-51　压实紧砂原理示意图

a）用平压头压实前　b）用平压头压实后　c）用带凸棱的压板压实

2）震压紧砂。震压紧砂顾名思义就是先以机械震击紧实型砂，再用较低的比压压实。具体做法是：多次使充满型砂的砂箱、震击活塞、气缸等抬起几十毫米后自由下落，撞击压实气缸，多次震击后砂箱下部型砂由于惯性力的作用而紧实，上部较松散的型砂再用压头压实，其原理示意图如图1-52所示。

这种方法所用机械结构简单，价格低廉，效率较高，紧实度较均匀，应用较普遍，但紧实度较低，噪声大。该方法适用于大批量生产中、小型铸件。

3）多触头高压紧砂。多触头高压紧砂是近年来发展起来的紧砂方法。这种紧砂方法通常配备气动微振装置，以便增加工作适应能力。多触头由许多可单独动作的触头组成，可分为主动伸缩的主动式触头和浮动式触头，使用较多的是浮

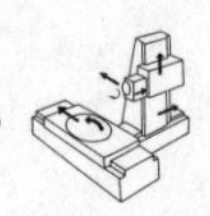

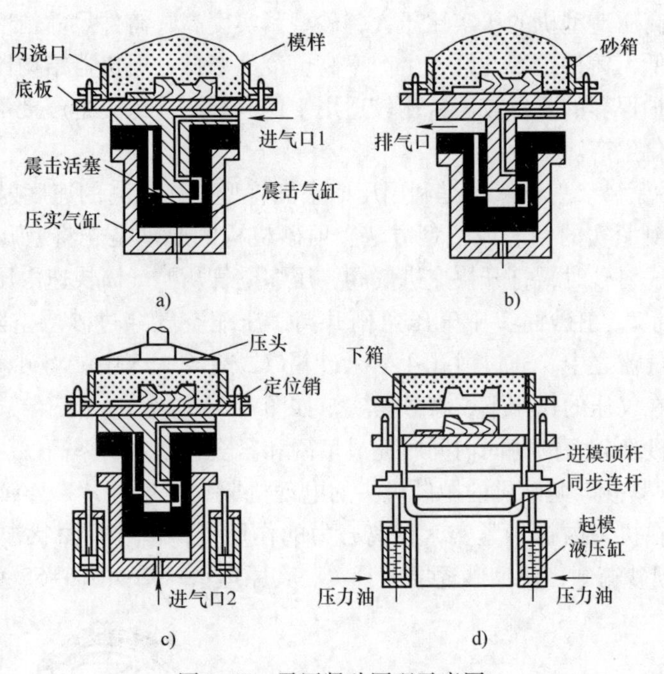

图 1-52　震压紧砂原理示意图

a）填砂　b）震击紧砂　c）辅助压实　d）起模

动式多触头，如图 1-53 所示。压实时，举升台面上升，使多触头由砂箱上方将型砂从辅助框压入砂箱进行紧实，此时多触头本身并未用液压缸驱动，但每一个触头的上面都连着一个活塞。压实时，活塞可以在相互连通的油腔内浮动，所以称为浮动触头。由于各个活塞大小相等，在压实过程中施加给型砂的压实比压相同，所以砂型各部分能较均匀地被压实到很高的紧实度。

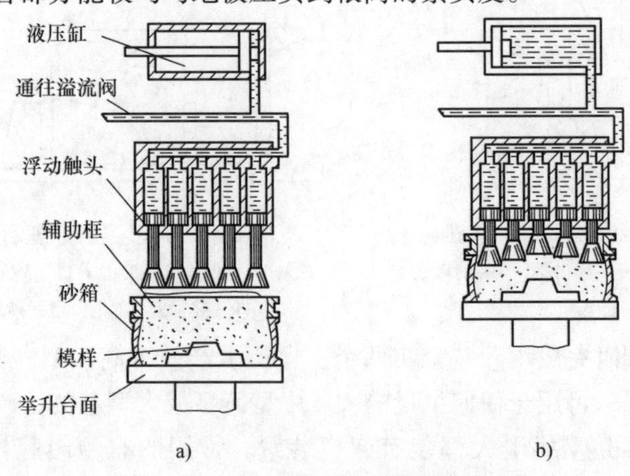

图 1-53　多触头高压紧砂原理示意图

a）原始位置　b）压实位置

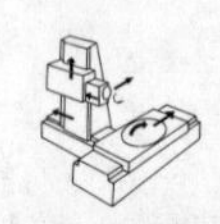

多触头高压造型机的压实比压大，砂型紧实度高，铸件尺寸精度较高，铸件表面粗糙度低，铸件致密性好，生产率高，废品率低，但机器结构比较复杂，设备成本和维护保养的要求较高，比较适用于像汽车制造这类生产批量大、质量要求高的现代化生产。

4）射砂紧砂。射砂紧砂是利用压缩空气将型砂以很高的速度射入砂箱（或芯盒）而得到紧实的制芯或造型方法。射砂机构的原理是先将型砂或芯砂装在射砂筒2中，射砂时，打开快速进气阀，压缩空气从贮气筒快速由压缩空气进口1进入射砂筒2，射砂筒2中气压急剧升高，压缩空气穿过砂层空隙推动砂粒，将砂粒夹在气流之中，通过射孔4射入砂箱（或芯盒）5中，将砂箱（或芯盒）填满，同时在气压的作用下，将砂紧实，如图1-54所示。

射砂紧砂在较短的时间内同时完成填砂和紧实，故生产率高。

5）抛砂紧砂。抛砂机的抛砂机头的电动机驱动高速叶片，连续地将传送带运来的型砂在机头内初步紧实，在离心力的作用下，型砂呈团状被高速（30～60m/s）抛到砂箱中，使型砂逐层地紧实。其原理示意图如图1-55所示。

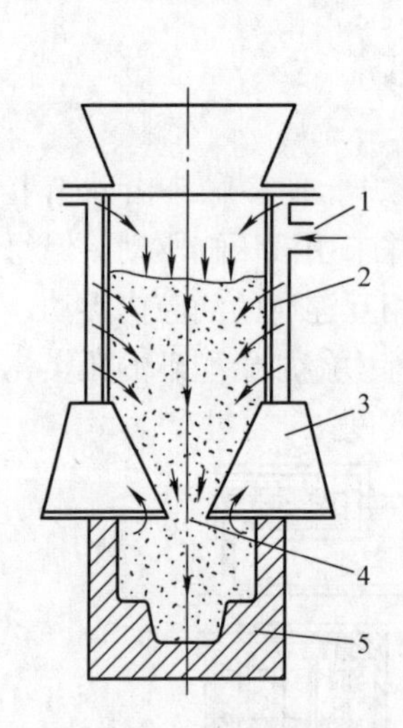

图1-54　射砂紧砂原理示意图
1—压缩空气进口　2—射砂筒　3—射砂头
4—射孔　5—砂箱（或芯盒）

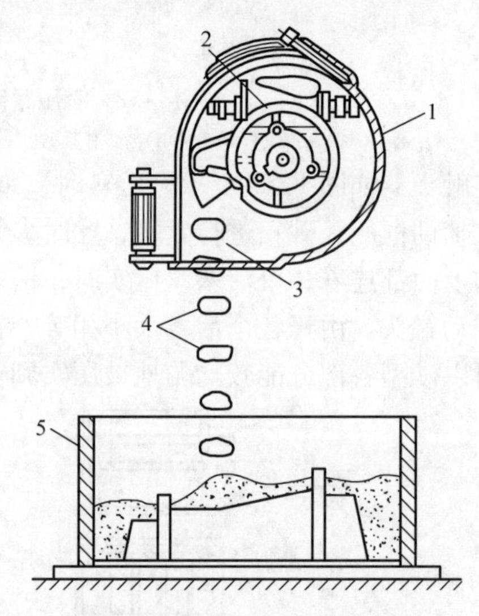

图1-55　抛砂紧砂原理示意图
1—机头外壳　2—型砂入口　3—砂团出口
4—被紧实的砂团　5—砂箱

抛砂紧实同时完成填砂与紧实两个工序，生产效率高、型砂紧实密度均匀。抛砂机适应性强，可用于任何批量的大、中型铸型或大型芯的生产。

（2）起模　造型机上大都装有起模装置，常用的有顶箱起模、落模起模、漏模起模和翻转起模等四种方法。

1）顶箱起模。图1-56所示为顶箱起模原理示意图。当砂型紧实后，开动顶箱机构，造型机的四根顶杆同时垂直向上将砂箱顶起而完成起模。顶箱起模的造型机构比较简单，但起模时易漏砂，因此只适用于型腔简单且高度较小的铸型，多用于制造上箱，可省去翻箱工序。

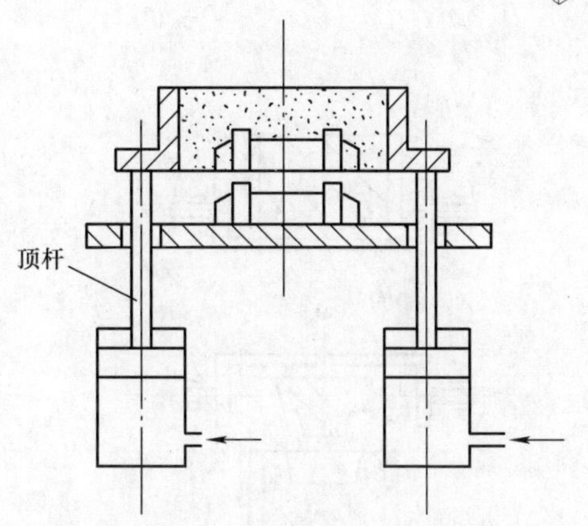

图 1-56 顶箱起模原理示意图

2）落模起模。图 1-57 所示为落模起模示意图。起模时将砂箱托住，模样下落，与砂箱分离。该方法适用于形状简单、高度较小的模样起模。

3）漏模起模。为了避免起模时掉砂，可采用漏模起模方法，其原理示意图如图 1-58 所示。该方法是将模样上难以起模部分做成可以从漏板的孔中漏下，即将模样分成两部分，模样本身的平面部分固定在模板上，模样上的各凸起部分可向下抽出。在起模过程中由于模板托住型砂，因而可以避免掉砂。漏模起模机构一般用于形状复杂或高度较大的铸型。

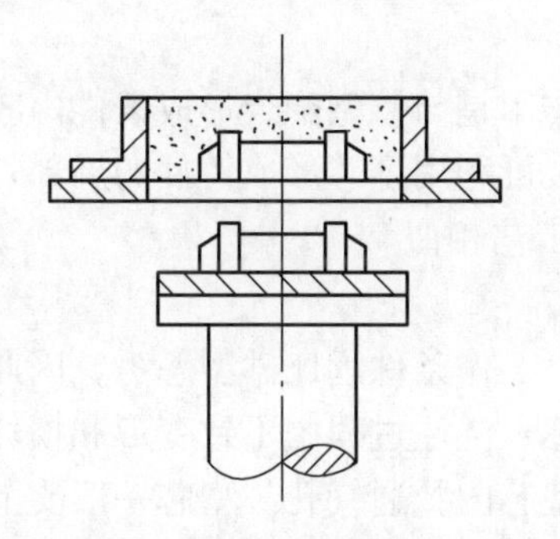
图 1-57 落模起模原理示意图

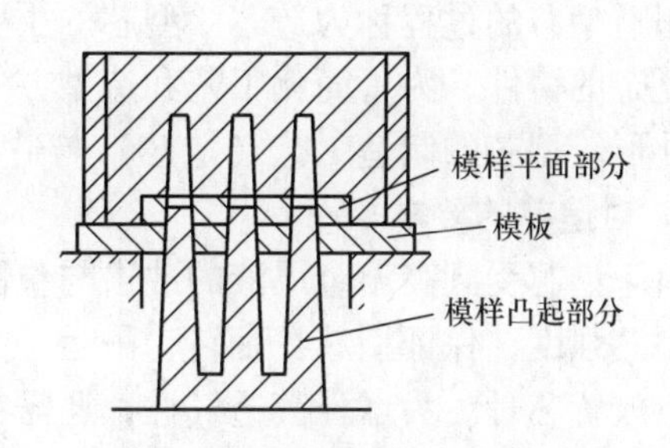

图 1-58 漏模起模原理示意图

4）翻转起模。翻转起模分为转台起模和翻台起模两种。

① 转台起模原理示意图如图 1-59 所示。型砂紧实后，砂箱夹持器将砂箱夹持在造型机转台上，在翻转气缸推动下，砂箱随同模板、模样一起翻转 180°，使砂箱位于下方，然后工作台上升，接住砂箱后，夹持器打开，砂箱随工作台下降与模板脱离，实现起模。

② 翻台起模原理示意图如图 1-60 所示。其原理同转台起模，区别是铸型随翻台绕水平轴翻转 180°，铸型从轴的左侧翻到右侧。

翻转起模多用来制造下箱，不易掉砂，一般用于大、中型铸型，尤其适用于型腔较深、形状复杂的铸型。

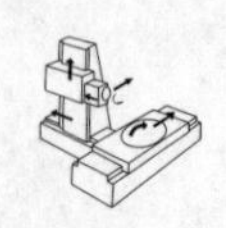

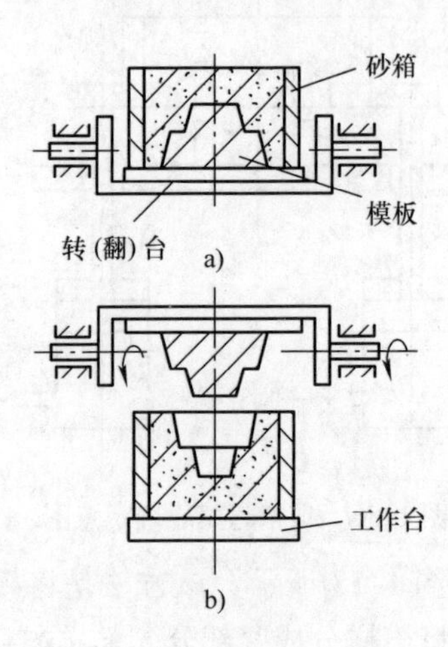

图1-59　转台起模原理示意图

a）紧实　b）起模

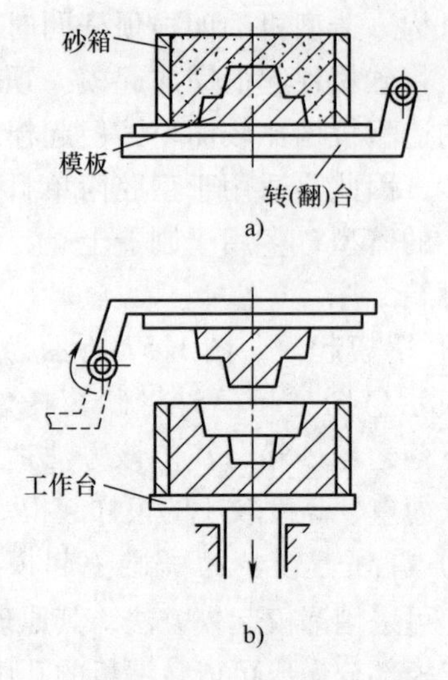

图1-60　翻台起模原理示意图

a）紧实　b）起模

1.2.6　制造型芯

制造型芯的过程称为造芯。型芯的主要作用是与铸型配合形成铸件内腔。对形状复杂的铸件，为了简化工艺和造型方便，可利用型芯形成铸件的局部外形或全部外形。型芯的制造工艺（造芯）与造型工艺相似。

1. 对造芯的要求

由于型芯受到高温金属液的冲击与包围，工作条件远比砂型恶劣，因此为了增加型芯强度，保证型芯在翻转、吊运、下芯、浇注过程中不致变形和损坏，型芯中应放置芯骨。为增强其透气性，还需在型芯内扎通气孔。型芯一般要上涂料或烘干，以提高它的耐火性、强度和透气性。

（1）放置芯骨　型芯中放入芯骨不仅可提高其整体强度和刚度，而且便于吊运及下芯，有时还有固定型芯的作用。小的简单型芯常用钢丝、铁条芯骨，大中型芯常用备有吊环的铸铁插齿式芯骨或圆钢焊接芯骨。铁条芯骨及铸铁插齿式芯骨结构如图1-61所示。

（2）型芯通气　通气孔道的作用是使型芯中的气体能顺利排出。形状简单的型芯一般在造芯时用通气针扎通气孔，如图1-62a所示；形状复杂或弯曲的型芯可在造芯时埋入蜡线或草绳，蜡线、草绳在烘干型芯时被燃烧掉而留下通气孔道，如图1-62b所示；用对开芯盒制芯时，可先分成两半舂砂后再黏合，在黏合前可用墁刀挖出排气孔道，如图1-62c所示；截面厚大的型芯，只做通气道是不够的，还需在型芯内放入焦炭或炉渣等加强通气的材料，如图1-62d所示。

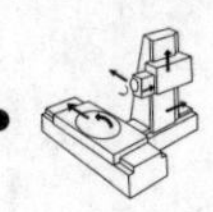

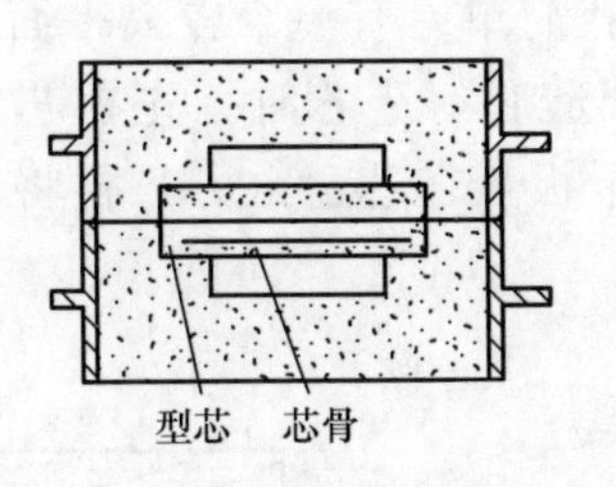

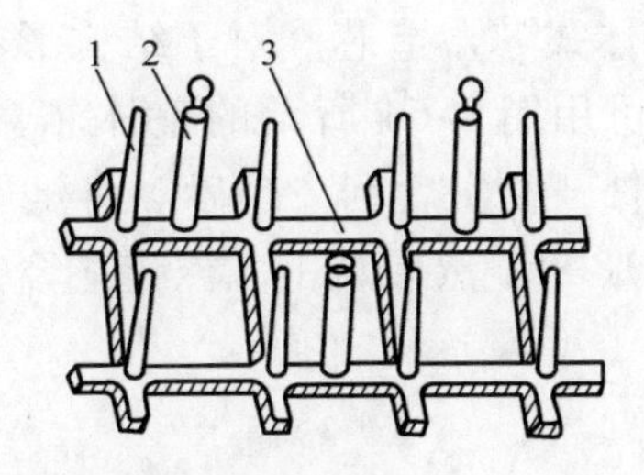

图 1-61 铁条芯骨及铸铁插齿式芯骨结构

1—芯骨齿 2—吊环 3—框架（骨架）

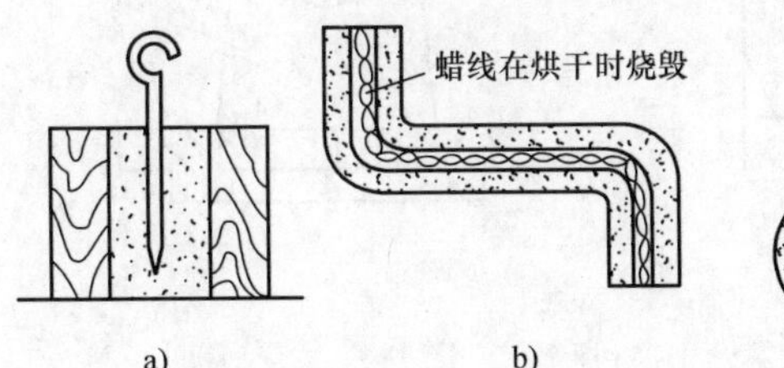

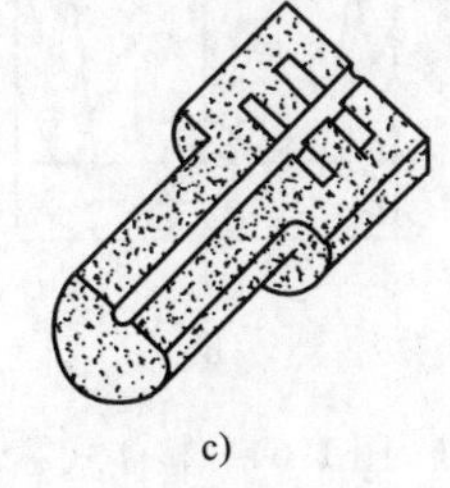

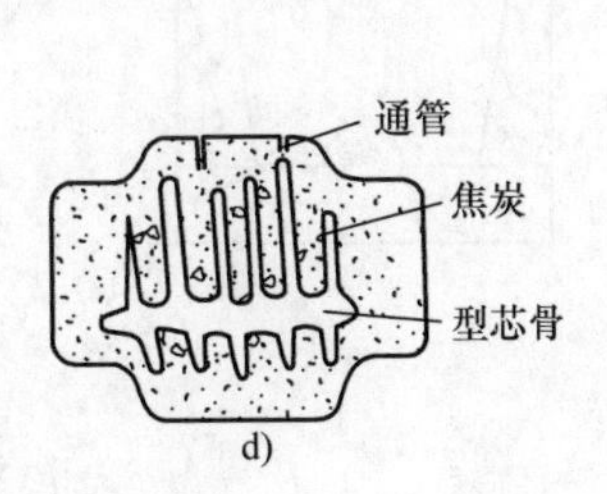

图 1-62 型芯的通气孔

a）用通气针扎通气孔 b）埋蜡线 c）挖通气道 d）放焦炭与钢管

（3）型芯烘干 型芯烘干后强度和透气性都能提高，黏土型芯烘干温度为 250～350℃，保温 3～6h 后缓慢冷却。

2. 造芯方法

根据型芯的尺寸、形状、生产批量以及技术要求等的不同，采用的造芯方法不同，通常有手工造芯和机器造芯两大类。

（1）手工造芯 根据造芯的方法不同，手工造芯可分为刮板造芯和芯盒造芯。手工造芯无需制芯设备，工艺装备简单，使用很普遍。

1）刮板造芯。刮板造芯即型芯用刮板制造。尺寸较大且截面为圆形或回转体的型芯在单件生产时，为了节省制造芯盒所用的材料和工时，一般采用刮板造芯。刮板造芯如图 1-63 所示。

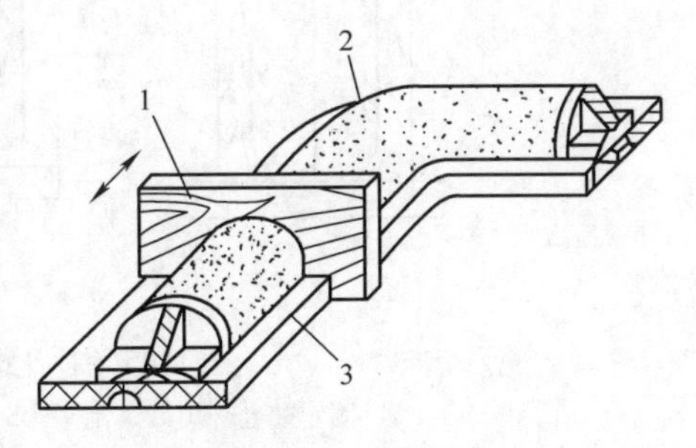

图 1-63 刮板造芯

1—刮板 2—型芯 3—导向基准面

2）芯盒造芯。大多数型芯都是在芯盒中制造的。根据型芯的大小和复杂程度，手工造芯用的芯盒有整体式芯盒、对开式芯盒和可拆式芯盒。

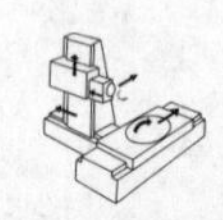

① 用整体式芯盒造芯。对于结构形状简单、有一个较大平面、自身带有斜度的型芯可用图1-64所示的整体芯盒造芯。造芯时，先在芯盒内填入芯砂并安放芯骨，舂实后刮去余砂。将烘干板盖在芯盒上方，再将芯盒与烘干板一起翻转180°，然后从上方取走芯盒。

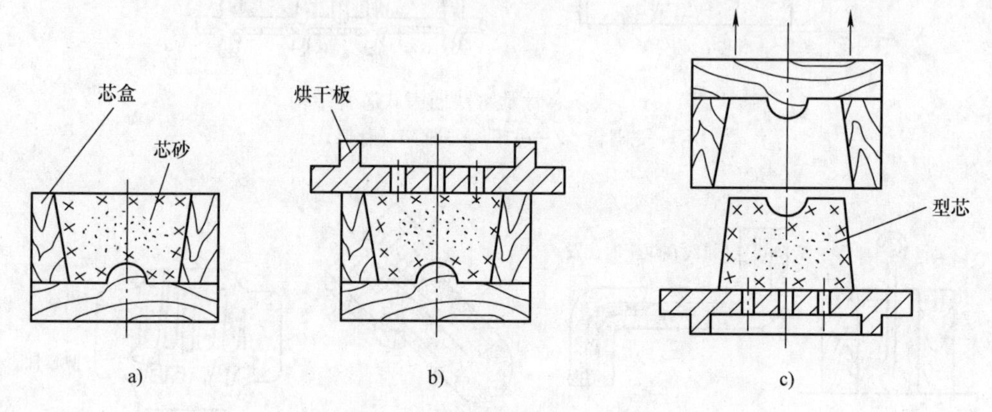

图1-64　整体式芯盒造芯过程

a）填砂、舂实、刮平　b）盖烘干板　c）翻转后取走芯盒

② 用对开式芯盒造芯。圆柱形或结构对称的型芯可用图1-65所示的对开式芯盒造芯。造芯时，用卡子锁紧两半芯盒，然后填砂、舂实和刮平。盖上烘干板后连同芯盒一起翻转180°，从两侧取开芯盒。也可将两半型芯分开制造，然后黏合在一起。

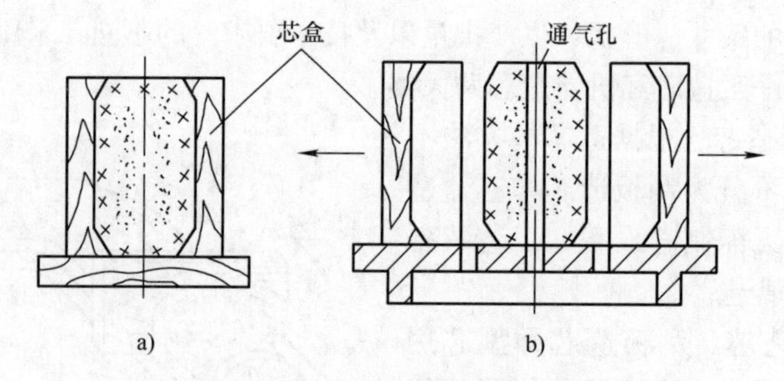

图1-65　对开式芯盒造芯过程

a）固定芯盒、填砂、刮平　b）扎通气孔，从两侧取开芯盒

③ 用可拆式芯盒造芯。对于形状复杂的大、中型芯通常采用图1-66所示的可拆式芯盒造芯。

（2）机器造芯　在大批量生产中，一般型芯可用震击造芯机和普通射芯机等制造。由于树脂砂的应用，使得造芯机械化和自动化迅速发展到新阶段，出现

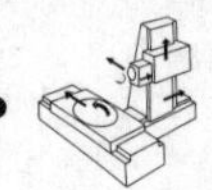

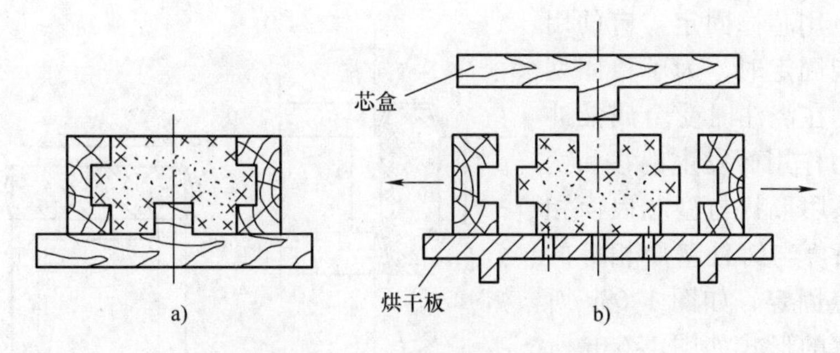

图 1-66　可拆式芯盒造芯过程

a）卡紧芯盒、填砂、舂实　b）在烘干板上取出芯盒

了热芯盒、冷芯盒和壳芯机造芯等制芯方法。机器造芯的生产率高，紧实均匀，型芯质量好，适用于大批量生产。

1）热芯盒法制芯。热芯盒法制芯是将液态热固性树脂黏结剂和催化剂配制成的芯砂，填入加热到一定温度的芯盒内，贴近芯盒表面的型芯由于受热，使其黏结剂在很短时间内缩聚而硬化，从而使芯硬化的一种制芯方法。

热芯盒法制芯适用于呋喃树脂砂和酚醛树脂砂，采用射砂方式填砂和紧砂。其型芯质量好、强度高、尺寸精确、表面光洁，可以省去很多制芯用辅助设备及工具，如烘芯炉、烘干器、芯骨和蜡线等，且生产率高，劳动强度低。

2）冷芯盒法制芯。冷芯盒法制芯是将原砂与冷芯盒树脂混合后射入芯盒中，无需加热，然后吹入气体固化，再通过吹干燥清洁的压缩空气冲洗，净化型芯中的残余固化剂后即可在常温下取芯的制芯方法。

冷芯盒法制芯的型芯尺寸精度很高，生产率高，节约能源，适用于精度要求高的复杂铸件型芯，还可以用来组芯造芯造型，装配成精确的砂型，特别适用于铝合金复杂铸件的生产。缺点是硬化剂会散发出有毒气体，因此需注意密封及通风。

3）壳芯机制芯。壳芯机是采用热芯盒工艺制作覆膜砂壳芯的设备。其工作过程是填砂与紧实同时完成的，并立即在热的芯盒中硬化。制作的型芯尺寸精确，表面光洁，生产率高，一个循环周期仅需十几秒至几十秒便可生产出型芯，同时减轻了劳动强度，操作灵活轻便。该方法常用于汽车缸体的缸筒，进、排气管和滤清器等复杂型芯上。

3. 型芯在铸型中的固定方法

（1）用型芯头固定　型芯在铸型中主要靠芯头来支承和固定，芯头必须有足够的尺寸和合适的形状，使型芯牢固地固定在铸型中，以防止型芯在浇注时漂浮、偏斜或移动。该方法按芯头在铸型中所处的位置特点，可分为垂直式和水平式，如图 1-67 所示。

（2）用芯撑固定 有的用芯头不能固定时，为了稳固型芯，防止在浇注时受金属液冲力和浮力作用而发生偏移和变形，可采用形状与型芯表面相适应、高度与铸件壁厚相等的芯撑予以固定，如图1-68a所示。芯撑的形式如图1-68b所示。芯撑的材料与铸件材料相同或接近。为防锈和更好地与金属液熔接，芯撑表面应清洁并镀锡，以免芯撑与铸件熔焊不良或产生气孔缺陷。在保证砂芯稳固的情况下，芯撑应尽量放在铸件的非加工面或不重要部位。对气密性要求高的铸件应尽可能不用芯撑。

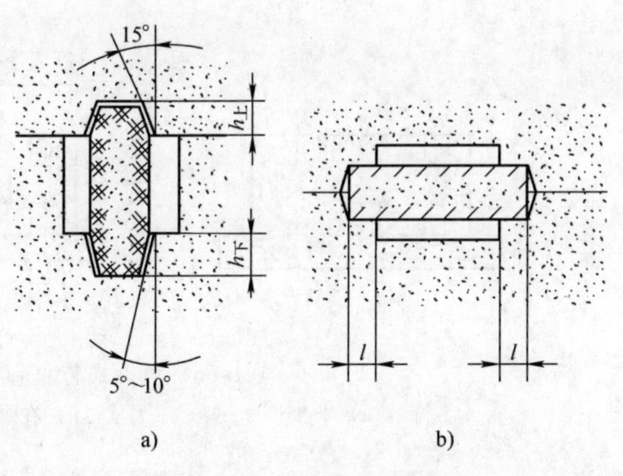

图1-67 型芯的固定方式

a）垂直式 b）水平式

图1-68 芯撑

a）用芯撑固定 b）芯撑的形式

1.2.7 砂型（芯）的烘干

砂型及砂芯经过烘干，可以增加其强度及透气性，减少浇注过程中的发气量，保证铸件质量。造型、制芯所用材料不同以及尺寸大小各异，其烘干工艺也有所不同。用黏土砂制造的砂型、砂芯都在烘干炉内烘干；地坑内制作的黏土砂型用移动式烘干炉烘干；用水玻璃制造的砂型、砂芯大部分用二氧化碳气体硬化，也有采用加热罩或进远红外线炉中进行表面烘干的。

1.2.8 合型为铸型

合型（又称合箱）是将铸型的各个组成部分组装成一个完整的砂型的操作

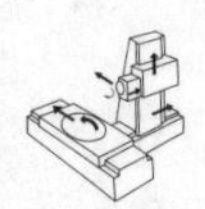

过程。合型是制造砂型的最后一道工序，若合型操作不当，铸件形状、尺寸和表面质量就得不到保证，甚至会因偏芯、错箱、抬箱跑火等原因而使铸件报废。合型一般按以下步骤进行。

1. 砂型的检验和装配

下芯前，应先清除型腔、浇注系统和砂芯表面的浮砂，并检查其形状、尺寸和排气道是否通畅。下芯应平稳、准确；导通砂芯和砂型的排气道；固定砂芯、无牢固支撑的砂芯，要用芯撑在上下和四周加固，防止砂芯在浇注时移动、漂浮；在芯头与砂型芯座的间隙处填满泥条或干砂，防止浇注时金属液钻入芯头间隙而堵死排气道。还要注意检查砂芯的烘干程度，不符合要求者应进行返工。最后平稳、准确地合上上型。

2. 砂型的紧固

在浇注时，由于金属液具有很大的浮力（又称抬箱力），会把上铸型抬起而出现金属液泄漏现象。为避免由于抬箱力而造成的缺陷，装配好的铸型需要紧固，紧固方法如图1-69所示。小型铸件的抬箱力不大，可使用压铁压牢，压铁重量一般为铸件重量的3～5倍。中、大型铸件的抬箱力较大，可用螺栓或箱卡固定。

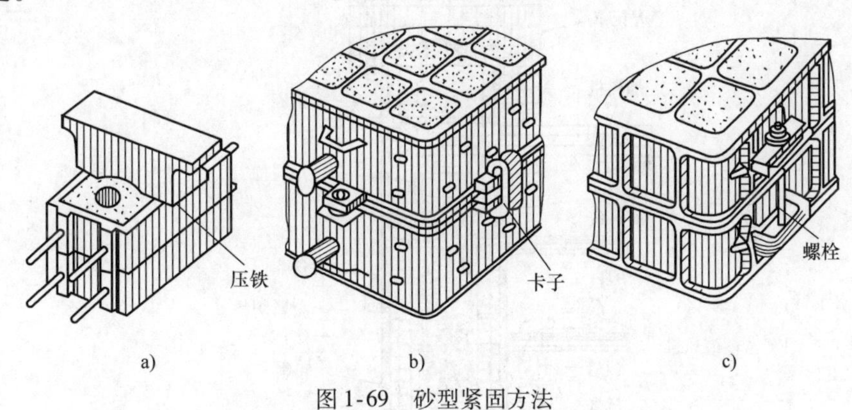

图1-69　砂型紧固方法

a）压铁紧固　b）卡子紧固　c）螺栓紧固

3. 放置浇口杯、冒口圈

放好浇口杯、冒口圈，在分型面四周接缝处抹上砂泥，防止跑火。最后全面清理场地，以便安全方便地浇注。

1.2.9　熔炼金属

熔炼是铸造生产工艺之一，其是将金属材料及其他辅助材料投入加热炉熔化并调质，炉料在高温（1300～1600℃）炉内发生一定的物理、化学变化，产出粗金属或金属富集物和炉渣的火法冶金过程。

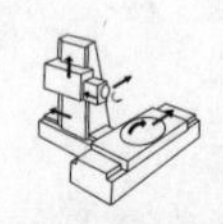

常用的铸造合金有铸铁、铸钢和铸造非铁合金等。熔炼铸铁的设备有冲天炉和感应电炉等，熔炼铸钢的设备有电弧炉及感应电炉等，铸造非铁合金的熔炼设备主要是坩埚炉及感应电炉等。

1. 铸铁的熔炼

在铸造生产中，铸铁的应用十分广泛，铸铁常用冲天炉或感应电炉来熔炼。冲天炉的热能来自燃料（焦炭）的燃烧热，而感应电炉是以电能作为热源。下面对冲天炉和感应电炉的熔炼原理进行简单介绍。

（1）冲天炉　冲天炉是铸造生产中熔化铸铁的重要设备，因炉顶开口向上，故称冲天炉。将铸铁块熔化成铁液后浇注到砂型中，待冷却后开箱即可得到铸件。冲天炉的大小是以每小时的出铁液量多少来衡量的，常用的冲天炉为1.5～10t/h，主要用于铸铁件生产，也用以配合转炉炼钢。

1）冲天炉的构造。冲天炉是一种以生铁和废钢铁为金属炉料的竖式圆筒形化铁炉，金属与燃料直接接触，从风口鼓风助燃，能连续熔化。冲天炉的构造如图1-70所示，其主要由下面几部分组成：

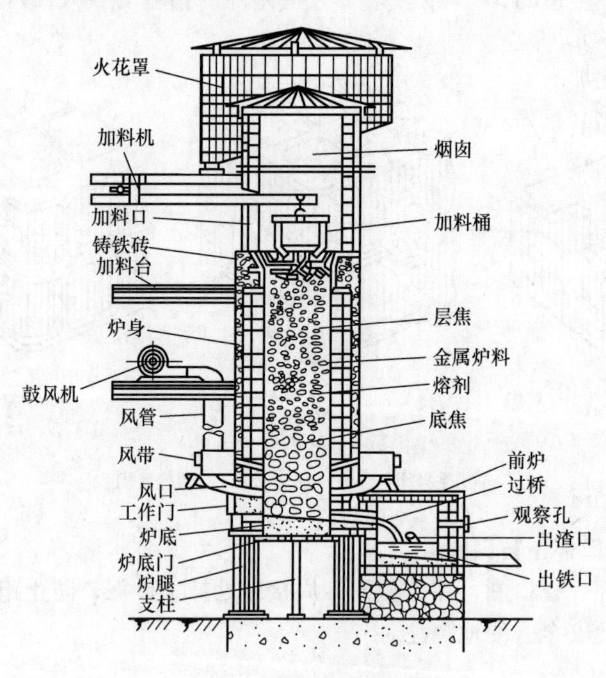

图1-70　冲天炉的结构

① 前炉。前炉用于储存从炉缸中流出的铁液和排渣。过热的铁液通过过桥进入前炉。前炉包括出铁口、出渣口、观察孔和过桥。

② 炉身。炉身是冲天炉的主体，炉身外部用钢板制成圆桶形炉壳，其内砌

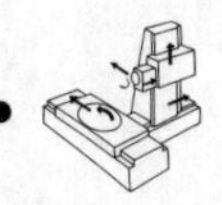

上耐火砖炉衬。它的主要作用是完成炉料的预热、熔化和过热铁液。

③ 后炉。包括烟囱、火花罩、加料口、炉底、炉腿和支柱等部分。

④ 加料系统。加料系统包括加料吊车、加料机和加料桶。其作用是将炉料按一定配比和重量，按批次分别从加料口加入炉内。

⑤ 送风系统。它包括鼓风机、风管、风带和风口。鼓风机鼓出的风经风管、风带、风口进入炉内，使焦炭充分燃烧。

⑥ 检测系统。检测系统包括风量计、风压计和料位计。它们与计算机相连可对熔炼状况进行监控。

2）炉料。冲天炉的炉料包括金属炉料、燃料和熔剂三部分。

① 金属炉料。金属炉料包括新生铁、回炉铁（浇冒口、废铸件和废铁等)、废钢和铁合金（硅铁、锰铁和铬铁等)。新生铁又叫高炉小铁，是炉料的主要成分。利用回炉铁可以降低铸件成本，加入废钢可以降低铁液中的含碳量。各种铁合金的作用是调整铁液的化学成分或配制合金铸铁。

② 燃料。燃料主要是焦炭，它是化铁所需热量的主要来源，同时支撑炉料。熔化前，炉内应先加入一定高度的焦炭称为底焦。在熔化过程中底焦的高度要求保持不变，因此加入每批炉料时，需先加入层焦补充底焦的烧损。每批金属炉料和焦炭重量的比（即铁焦比）通常为8∶1～12∶1。

③ 熔剂。熔剂的作用是降低炉渣熔点，稀释炉渣，使熔渣与铁液易于分离，便于从出渣口排出，保证铁液的质量。常用的熔剂有石灰石（$CaCO_3$）或萤石（CaF_2，又称氟石)，块度为15～50mm左右，加入量为焦炭质量的25%～30%。

3）冲天炉的工作过程。冲天炉熔炼的基本过程包括炉料的预热、熔化、过热及储存，这些均在冲天炉的炉身内完成。

① 预热阶段。空气经鼓风机升压后送入风箱，然后均匀地由各风口进入炉内，与底焦层中的焦炭进行燃烧产生大量的热量和气体产物——炉气（如CO_2、CO、N_2)。这些热量通过炉气和炽热的焦炭传给金属和炉料，达到熔炼的目的，另外还有60%左右的热量传给炉衬、炉渣或由炉气带入大气。料柱中的炉料（金属炉料、焦炭、熔剂等）被上升的热炉气加热，温度由室温逐渐升高到1200℃左右，即完成了预热阶段。

② 熔化阶段。金属炉料被炉气继续加热，由固体块料熔化成为同温度的液滴，即为熔化阶段。1200℃左右的液滴在下落过程中继续从炉气和炽热的焦炭表面吸收热量，温度上升到1500℃以上，称为过热阶段。高温的液滴在炉底汇集然后分离，炉渣与铁液分别由出渣口和出铁口放出，即完成金属炉料由固体到一定温度铁液的熔化过程。

③ 冶金反应过程。在熔化过程中，金属与炉气、焦炭、炉渣之间发生了一系列的化学反应，致使铁液成分与入炉金属炉料有显著的区别，这个过程称为冶

金反应过程。

总之，冲天炉熔炼过程主要包括燃烧过程、热交换过程和冶金反应过程三个部分，此外还有气体运动、炉渣形成及炉衬侵蚀。上述这些过程都是在高温下连续进行的，而且各过程之间又相互影响和制约。

冲天炉结构简单，操作方便，可连续熔炼，生产率高，成本低，其熔炼成本仅为电炉的1/10，但熔炼过程中合金元素烧损较多，铁液质量不稳定，劳动条件较差。随着我国电力工业的发展，目前在铸铁熔炼上越来越多地采用感应电炉。

（2）感应电炉　感应电炉如图1-71所示。在炉体中坩埚的周围是由纯铜管制成的感应线圈，当线圈中通入交变电流时，坩埚内的金属炉料便处在交变磁场中，从而产生感应电流，感应电流在金属炉料内汇集出强大的涡流，释放出大量的热，从而使金属熔化。这就是感应电炉冶炼金属的原理。

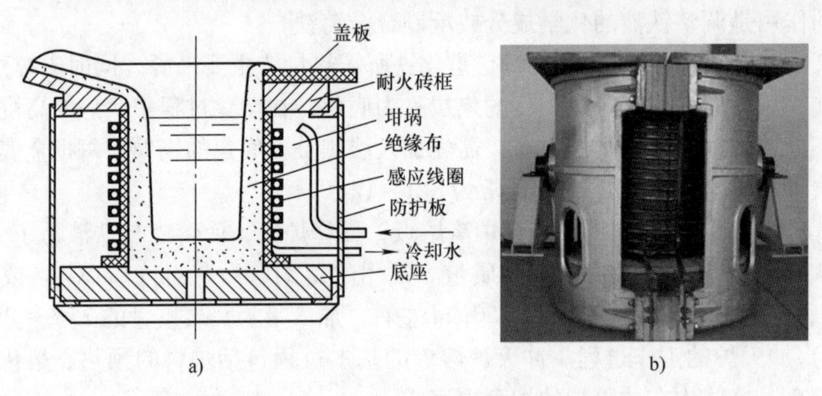

图1-71　感应电炉
a）感应电炉的结构　b）感应电炉的外观

感应电炉采用的交流电源有工频（50Hz或60Hz）、中频（150～10000Hz）和高频（高于10000Hz）3种。感应电炉通常分为感应加热炉和熔炼炉。熔炼炉分为有芯感应炉和无芯感应炉两类。有芯感应炉主要用于各种铸铁等金属的熔炼和保温，能利用废炉料，熔炼成本低。无芯感应炉分为工频感应炉、三倍频感应炉、发电机组中频感应炉、可控硅中频感应炉和高频感应炉。

感应电炉熔炼加热快，热量散失少，热效率高，冶炼出来的钢液比电弧炉好，铸件质量高，因此得到广泛的应用。但感应电炉耗电量大，容量小，去除硫、磷等有害元素较难，所以主要适用于中小型碳素结构钢、合金钢铸件的生产。

2. 铸钢的熔炼

铸钢生产中的熔炼设备主要是电弧炉和感应电炉。

（1）电弧炉炼钢的特点和应用　电弧炉炼钢是利用电弧产生的高温来熔化

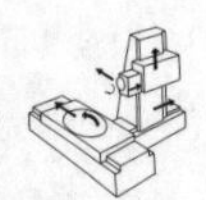

炉料和提高钢液过热温度。由于其不用燃料燃烧的方法加热，故容易控制炉气的性质，可按照冶炼的要求，使之成为氧化性气氛或还原性气氛。炉料熔化以后的炼钢过程是在炉渣的覆盖下进行的。由于电弧的高温是通过炉渣传给钢液的，炉渣的温度很高，具有高的化学活泼性，因而有利于炼钢过程中冶金反应的进行。

电弧炉依照所采用炉渣和炉衬耐火材料的性质而分为碱性电弧炉和酸性电弧炉。碱性电弧炉具有较强的脱磷和脱硫的能力，对炉料的适应能力强，因此目前大多数采用碱性电弧炉。电弧炉的热效率高，特别是在熔化炉料时，其热效率高达75%。基于上述这些优点，电弧炉成为在铸钢生产中应用最普通的炼钢炉。

（2）电弧炉结构　电弧炉炼钢通常采用三相电弧炉，如图1-72所示。三相电弧炉由炉体、炉盖、装料机构、电极升降与夹持机构、倾炉机构、炉体开出机构或炉盖旋转机构、电气装置和水冷装置等构成。

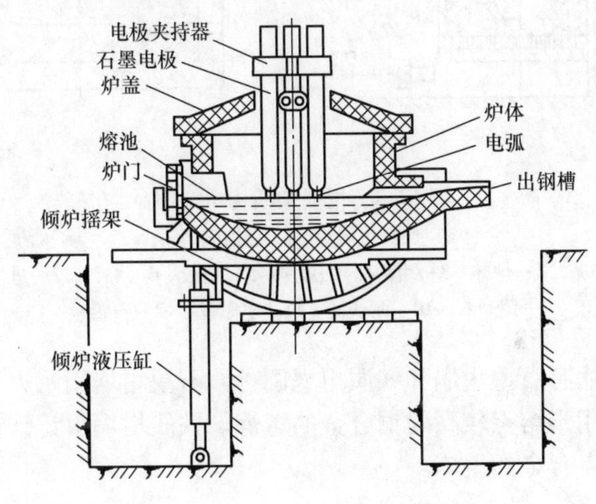

图1-72　三相电弧炉的结构简图

炉体分为炉底、炉墙和炉顶三部分。整个炉体的外部由钢板制成，在钢板内是耐火材料。除炉底的一部分由耐火材料打结而成外，其余是用耐火砖砌成的。炉体上装有炉门和出钢槽，3根石墨电极用电极夹持器夹住，借助一套液压升降装置可上下移动，以调节电极的高度。炉用变压器和塞流线圈用来供给电弧炉足够的电能。

（3）电弧炉氧化法炼钢工艺过程　炉体内的耐火材料按其化学性质可分为碱性和酸性。碱性耐火材料通常是镁砖和铬镁砖，其主要成分为MgO；酸性耐火材料通常是硅砖、半硅砖，主要成分为SiO_2。炉体内由碱性耐火材料筑成的电弧炉称为碱性电弧炉。

3. 铸造非铁合金的熔炼

铸造非铁合金也称铸造有色合金，主要包括铝合金、铜合金、镁合金、锌合金等材料，其熔炼特点是金属炉料不与燃料直接接触，以减少金属的损耗，保持金属液的纯净，一般多采用坩埚炉熔炼。坩埚炉根据所用热源不同，有焦炭坩埚炉（见图1-73a）、电阻坩埚炉（见图1-73b）等不同形式。焦炭坩埚炉利用焦炭燃烧产生的高温熔炼金属，电阻坩埚炉利用电流通过电热元件产生的热量熔炼金属。

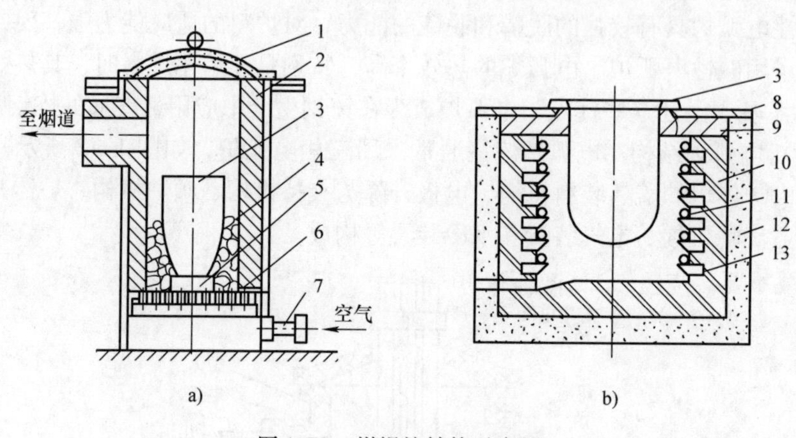

图1-73　坩埚炉结构示意图

a）焦炭坩埚炉　b）电阻坩埚炉

1—炉盖　2—炉体　3—坩埚　4—焦炭　5—垫板　6—炉箅　7—进气管

8—托板　9—耐热板　10—耐火砖　11—电阻丝　12—石棉板　13—托砖

通常用的坩埚有石墨坩埚和铁质坩埚两种。石墨坩埚用耐火材料和石墨混合并烧制而成，可用于熔点较高的铜合金的熔炼。铁质坩埚由铸铁铸造而成，可用于铝合金等低熔点合金的熔炼。

1.2.10　浇注

将金属液浇入铸型的过程称为浇注。如果浇注操作不当，将使铸件产生浇不足、冷隔、跑火、夹渣和缩孔等缺陷。

1. 浇注前准备工作

浇包是用来盛接金属液进行浇注的工具。图1-74所示为几种浇包结构示意图。应根据铸件的大小、批量等选择合适的浇包。常用的浇包有：握包，容量15~20kg，适用于浇注小件；抬包，容量25~100kg，适用于浇注中小件；吊包，容量在200kg以上，由吊车吊运浇注，适用于浇注较大的铸件。浇包在使用前要求修平整、烘干并预热。

2. 浇注主要工艺参数

（1）浇注温度　浇注温度过低，金属液黏度大，流动性不好，充型能力差，铸件易产生冷隔、浇不足、气孔、夹渣等缺陷；而浇注温度过高，则会使铸件产

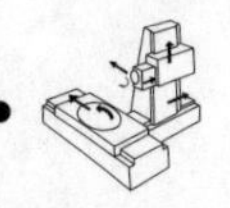

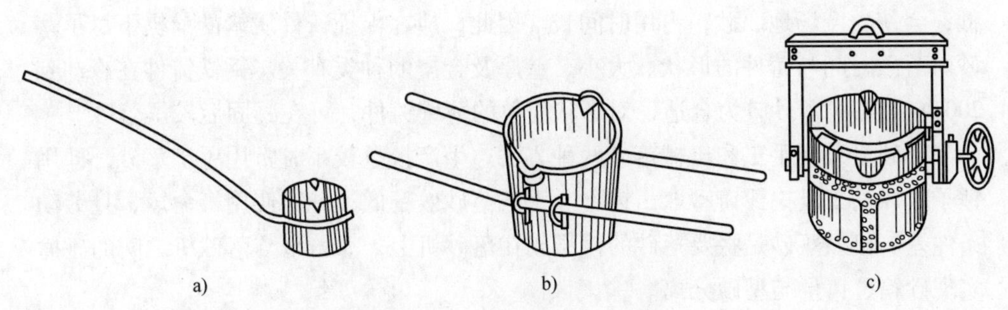

图1-74 几种浇包结构示意图

a）握包 b）抬包 c）吊包

生粘砂、缩孔、裂纹及晶粒粗大等缺陷。因此，合理选择浇注温度，对保证铸件质量至关重要。浇注温度与金属种类、铸件大小和壁厚有关，一般中小型灰铸铁件的浇注温度为1260～1350℃，形状复杂和薄壁铸件的浇注温度为1350～1400℃，而碳素结构钢铸件的浇注温度则为1520～1620℃，铸铝合金的浇注温度为700～750℃。

（2）浇注速度 浇注速度太快，对铸型冲击力大，易冲砂造成砂眼，型内气体来不及析出而产生气孔。浇注速度太慢，则金属液降温过多，铸型烘烤时间过长，易产生夹砂、冷隔、浇不足等缺陷。对薄壁件、形状复杂和平板类铸件，应快速浇注；厚壁铸件可适当放慢浇注速度，以消除铸件缩孔。

3. 浇注操作过程

（1）扒渣 金属液出炉后，需在包内静置片刻，使气体与熔渣上浮，再在液面上撒一些稻草灰或集渣材料，以使熔渣易于聚集，浇注前从包嘴侧面或后面将熔渣扒除干净。

（2）测温 出炉时与浇注前均应对金属液测温，可用插入式热电偶直接测温，或用光电高温计不接触金属液进行测温。

（3）浇注、挡渣 浇注开始先对准并靠近浇口杯缓慢给流，并用挡渣钩放在浇包嘴附近的金属液面上，以阻止浇包中的熔渣进入浇口杯；随后全速浇注，始终充满浇口杯，不得中断，以防止浇口杯中的熔渣进入型腔；当铸型将要浇满时，应适当降低浇注速度，以便于型内气体排除。

（4）去压铁载荷 铸型浇注后，应及时去除压铁载荷或松开锁紧螺栓，以便于铸件自由收缩。

1.2.11 落砂

将铸件从浇注过的铸型中取出来的过程，称为落砂。需要严格控制落砂温度，落砂温度过高会使铸件产生表面硬化、白口，出现变形和裂纹；落砂温度过低，会使生产场地、砂箱占用时间长。因此，应在保证铸件质量的前提下尽早落砂。落砂时间与铸件的形状、大小、壁厚及金属的种类有关。钢铁铸件在冷却到200～400℃时落砂较为合适，对形状简单的薄壁铸件，可在凝固后较早落砂。

落砂可采用手工和机械落砂两种方法。生产批量较小时常用手工落砂，即用锤子或风动工具捣毁铸型取出铸件。手工落砂效率低，砂箱使用寿命短，且劳动条件差。机械落砂是将要落砂的铸型放在落砂机上，靠铸型与落砂机之间的碰撞实现砂箱、铸件与型砂分离。

1.2.12　清砂

铸件自浇注冷却的铸型中取出后，带有浇口、冒口、金属飞边、披缝，砂型铸造的铸件还黏附着砂子，因此必须经过清理工序。

铸件的清理包括去除浇冒口、清除型芯、清整表面和修整缺陷等。

1. 去除浇冒口

灰铸铁件的浇冒口用锤击方法去除，锤击时应注意部位和方向，以免损坏铸件造成废品。对于铸钢件，一般采用气割和电弧切割法去除浇冒口。非铁合金铸件的浇冒口用手锯或砂轮片切除。

2. 清除型芯

单件小批量生产的铸件可采用手工除芯，用钢钎、风铲、铁锤来清除型芯，但劳动强度大，生产率低。大批量生产时可用其他清砂方法除芯，如使用气动除芯机、水力清砂、水爆清砂等。

3. 清整表面

铸件的表面清整是清除表面的粘砂、飞边和浇冒口残根等，以保证铸件形状、尺寸精度和表面粗糙度符合设计要求。一般可用钢丝刷、錾子和风錾等手工工具进行手工清整，也可采用机械方法。常用的清理机械有清理滚筒、磨光机、抛丸机和砂轮机等。

砂型铸件落砂清理是劳动条件较差的一道工序，所以在选择造型方法时，应尽量考虑到为落砂清理创造方便条件。有些铸件因特殊要求，还要进行铸件后处理，如热处理、整形、防锈处理及粗加工等。

1.2.13　检验

铸件质量检验是铸件生产过程中不可缺少的环节。为了检查铸件是否合格，生产中需对铸件进行外观、尺寸、重量、力学性能、化学成分、金相组织以及内部缺陷等方面的检验。铸件的检验主要包括以下几个方面：

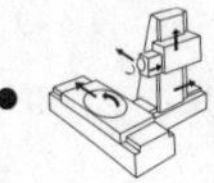

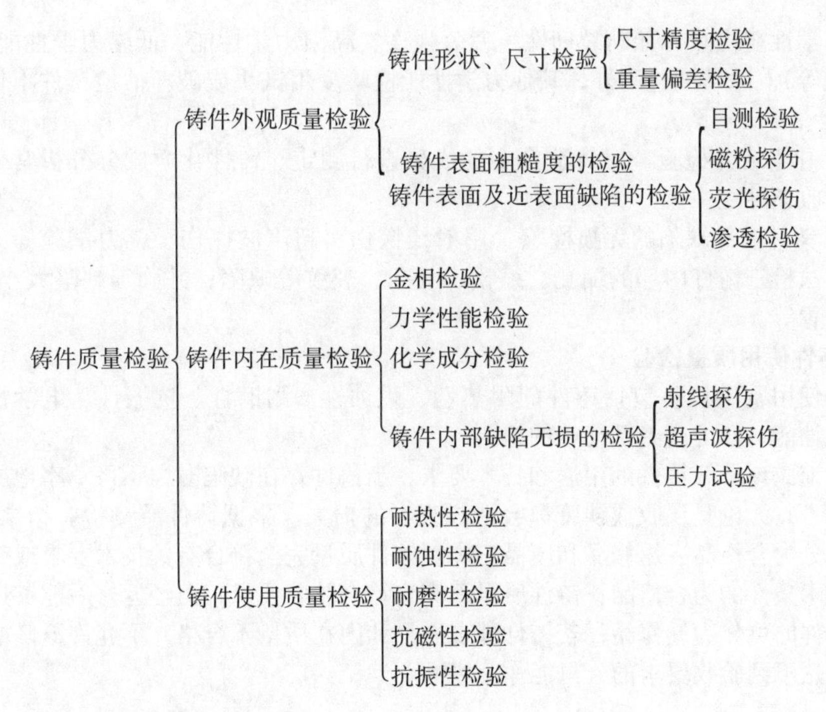

1. 铸件外观质量检验

铸件外观质量检验是最普通、最常用的方法。

（1）铸件形状、尺寸检验　利用工具、夹具、量具或划线检测等手段检查铸件实际形状、尺寸是否满足铸件图样的要求；若图样上对铸件重量有要求，还应使用称量器具对铸件重量偏差进行检验。

（2）铸件表面粗糙度的检验　利用铸件表面粗糙度比较样块评定铸件实际表面粗糙度是否满足铸件图样的要求。

（3）铸件表面及近表面缺陷的检验　铸件表面的缺陷，有些通过肉眼或借助于低倍放大镜检查外观就可发现，如铸件表面上的粘砂、飞边、夹砂、冷隔、错箱、偏芯、表面裂纹、浇不足等。对于铸件表皮下的缺陷，可用尖头小锤敲击来进行表面检查；也可以通过敲击铸件，听其发出的声音是否清脆，判断铸件有无裂纹；还可以利用磁粉检测、荧光检测和渗透检验等无损检验方法检查铸件表面及近表面的缺陷。

2. 铸件内在质量检验

（1）金相检验　对铸件及铸件断口进行低倍、高倍金相观察，以确定其内部组织结构、晶粒大小以及内部夹杂物、裂纹、缩松、偏析等。铸件金相检验往往是用户提出要求时才进行。

（2）力学性能检验　铸件力学性能检验包括常规力学性能检验（如测定铸件抗拉强度、屈服强度、伸长率、断面收缩率、挠度、冲击韧性、硬度等）和非常规力学性能检验（如断裂韧性、疲劳强度、高温力学性能、低温力学性能、蠕变性能等）。除硬度检测外，其他力学性能检验多用试块或破坏抽检铸件本体来进行。

（3）化学成分检验　对铸造合金的成分进行测定。铸件化学成分分析常作为铸件验收条件之一。

（4）铸件内部缺陷的无损检验　用射线探伤、超声波探伤、压力试验等无损检验方法检查铸件内部的缩孔、缩松、气孔、裂纹等缺陷，并确定缺陷大小、形状、位置等。

3. 铸件使用质量检验

铸件使用质量检验包括铸件的耐热性、耐蚀性、耐磨性、抗振性、电学性能、磁学性能、压力密封性能等的检测。

检验前应该了解铸件的用途和技术要求，当铸件存在缺陷时，不可草率地决定报废与否，无论是误收或误废都会造成很大的损失。根据铸件质量检验结果，可将铸件分为合格品、返修品和废品三类。铸件质量完全符合有关技术要求或交货验收技术条件的为合格品；铸件质量不完全符合验收要求，但经返修后能够达到验收条件的可作为返修品；若铸件外观质量和内在质量不合格，不允许返修或返修后仍达不到验收要求的，只能作为废品。

1.2.14　铸件的热处理

铸件经清理并检验为合格品后，有的需要进行热处理，这主要是根据其成品的性能来决定的，如电厂锅炉、汽轮机、发电机、辅机，以及工具、模具、刃具、轴承等。铸件热处理一般有淬火、退火、正火、铸态调质、人工时效、消除应力、软化和石墨化处理等。

随着科技的快速发展，热处理工艺也在不断地更新。目前，较为成熟的几种热处理工艺得到了广泛应用，其中以整体热处理、表面热处理、真空热处理、化学热处理应用最多。

1. 整体热处理

整体热处理是对铸件整体加热，然后以适当的速度冷却，改变铸件整体力学性能的金属热处理工艺。整体热处理大致有退火、正火、淬火和回火四种基本工艺。

2. 表面热处理

表面热处理即使用具有高能量密度的热源，只加热铸件表层而不使过多的热量传入铸件内部，使铸件表层或局部短时达到高温，以改变其表层力学性能。表面热处理工艺的主要方法有火焰淬火和感应加热热处理，常用的热源有氧乙炔或氧丙烷等火焰、感应电流、激光和电子束等。

3. 真空热处理

真空热处理指热处理工艺在真空状态下进行，同时可实现无氧化、无脱碳、

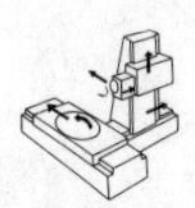

无渗碳，还可去掉铸件表面的杂物，脱脂除气，从而达到表面光亮净化的效果。此工艺是真空技术与热处理技术相结合的新型热处理技术。

4. 化学热处理

化学热处理是将铸件放于含碳、氮、硼、铬或其他合金元素的介质（气体、液体、固体）中加热，通过较长的保温时间，使元素渗入铸件表层，从而改变铸件表层化学成分、组织和性能的金属热处理工艺。化学热处理的主要方法有渗碳、渗氮、渗金属等。

1.2.15 铸件的缺陷分析

影响铸件质量的因素很多，应根据具体条件，分析产生缺陷的主要原因，采取相应措施防止和消除缺陷。对已产生缺陷的铸件，在保证质量的前提下，应尽量修复使用，减少浪费。

1. 常见铸件缺陷及产生原因

表1-3列出了常见铸件缺陷特征及产生原因。

表1-3 常见铸件缺陷特征及产生原因

类别	缺陷	缺陷特征	示例	产生原因
孔眼	气孔	铸件内部出现孔洞，大孔孤立存在，小孔成群出现，孔的内壁较光滑	气孔	1）砂型紧实度过高，透气性差 2）砂型太湿，起模、修型时刷水过多 3）型芯、浇包未烘干，型砂含水过多或通气孔堵塞 4）铁液温度过低或浇注速度太快
	缩孔	铸件厚截面处出现的形状不规则的孔洞，孔的内壁极粗糙	补缩冒口 缩孔	1）铸件结构设计不合理，有热节，补缩不足 2）浇冒口布置不对或冒口太小，或冷铁位置不对 3）浇注温度太高或铁液成分不对，金属液态收缩太大
	砂眼	铸件内部或表面带有砂粒的孔洞	砂眼	1）局部没舂紧，型砂强度不够，造型合箱时散砂落入型腔或未吹净 2）浇注系统不合理，致铁液冲坏铸型和型芯 3）合箱时砂型局部挤坏，掉砂
	渣眼	在铸件内部或表面形状不规则的孔眼。孔眼不光滑，里面全部或部分充塞着熔渣	渣眼	1）浇注时挡渣不良 2）浇口不能起挡渣作用 3）浇注温度太低，渣子不易上浮

（续）

类别	缺陷	缺陷特征	示例	产生原因
表面缺陷	冷隔	铸件上有未完全融合的缝隙或凹坑，其交接处是圆滑的	冷隔	1）浇注温度过低 2）浇注时断流或浇注速度太慢 3）浇注系统位置不当或浇口太小
	粘砂	铸件表面粗糙，粘有砂粒	粘砂	1）砂型舂得太松 2）浇注温度过高 3）型砂耐火性差 4）未刷涂料或涂料太薄
	夹渣	铸件的内部或表面存在着固态的和基体金属成分不同的熔渣或金属氧化物		1）浇注前金属液上面的浮渣没有扒干净，浇注时挡渣不好，浮渣随着金属液进入铸型 2）浇注系统设计不合理，挡渣效果差，进入浇注系统的渣子直接进入型腔而没有被排出
裂纹	裂纹	在铸件转角处或厚薄交接处开裂	裂纹	1）铸件壁厚设计不合理，厚薄相差太大，收缩不一致 2）浇注温度太高，致使冷却不均匀 3）浇口位置不当，冷却顺序不对 4）砂型（芯）退让性差 5）合金含硫、磷过高
形状尺寸不足	错箱	铸件的一部分与另一部分在分型面处发生错移	错箱	1）合型时定位销或记号定位不准 2）合型时上、下型错位 3）上、下型未夹紧 4）型芯没固定好，浇注时被冲偏
	偏芯	铸件内腔和局部形状位置偏错		1）型芯变形或放置偏位，芯撑太少或位置不对 2）型芯尺寸不准，或型芯固定不稳 3）浇口位置不对，铁液冲走型芯
	浇不足	铸件残缺或轮廓不完整，边角圆且光亮		1）合金流动性差，浇注温度太低 2）浇注时断流或浇注速度过慢 3）浇注系统截面过小 4）没开出气口 5）远离浇口的铸件壁太薄

2. 铸造缺陷的修复

铸造缺陷往往会造成产品的报废，从而大大地增加生产成本，所以常常通过修复的方法来减少废品率，降低生产费用。铸件能否进行修复，通常是根据零部件的使用要求来确定的。对于材质不合格或主要部位存在缺陷的铸件，一般定为不可修复类；对于铸件的非加工面或加工面上外露的气孔、夹渣、缩孔、缩松、砂眼、加工超差等缺陷均定为可修复类。

目前修复铸件缺陷的方法较多，通常采用焊补，也采用填补、镶嵌和浸渗等机械的修补方法。随着科学技术的高速发展，对于铸造缺陷的修复范围也在不断拓宽，从而进一步降低了铸造产品的废品率。

用下述几种工艺，可完成某些缺陷的修复，实现金属再生。

(1) 焊补　90%以上的铸造厂家都选择焊补来解决生产中遇到的铸造缺陷。焊补修复因采用了金属填充料（焊材一般与铸件材质相匹配），故焊补处性能基本可以达到母材的标准，且操作简单，焊补效率高，受到许多厂家的认可和信赖。目前应用在铸件缺陷修复上的焊补主要有电焊、氩弧焊、冷焊、电火花堆焊和火焰喷焊等。

(2) 填补法　对直径为0.5~50mm的砂眼和气孔，可采用填补法，直接把配制好的修补剂填入孔洞内，固化后打磨平整即可。

(3) 镶嵌法　对直径大于50mm的大孔洞修补，可用修补剂粘镶适当金属块（柱），这样既提高了强度，又节省了修补费用。

(4) 浸渗法　对于铸件疏松、微孔（<0.1mm），可用渗透剂浸渗处理。若是试压前，可直接将渗透剂滴入疏松处，无需加温加压，其可自动渗入孔内并迅速固化。

1.3 铸造生产安全知识

在铸造生产中，对人身危害的主要因素有烧烫伤害、喷溅伤害、机械伤害和碰砸伤害等。除要严格遵守各工种的操作规程外，还应注意以下问题：

1）工作时要穿工作服、劳保鞋，戴安全帽、防护眼镜等。

2）砂箱摆放要平稳，不要过高，模样和工具不得随意堆放，应放在指定位置。

3）造型时不可用嘴吹型（芯）砂。

4）浇注前，浇注所用与金属液接触的工具、浇包必须干燥。浇注时，浇包中的金属液不得超过浇包总容积的80%，不参与浇注的人员要远离浇包和铸型。

5）不要用手直接拿取热的铸件及浇注工具。

6）清理铸件浇冒口时要注意周围环境，以防飞出物伤人。

7）做好铸造车间的通风换气工作，清除车间里的易燃、易爆物品。

第 2 章　焊　　接

2.1　概述

2.1.1　焊接的定义

焊接是指通过加热或加压等手段，使焊件达到原子（分子）间结合，形成永久性连接的一种加工工艺方法。焊接具有节省金属、生产率高、致密性好、操作条件好、易于实现机械化和自动化等优点，其属于不可拆卸的连接方式。

在近代的金属加工中，焊接比铸造、锻压工艺发展较晚，但发展速度很快，应用于现代一切机器制造行业，如汽车、船舰、飞机、航天、原子能、石油化工、电子等行业，连接的物体包括金属（钢铁材料、非铁金属）和非金属（石墨、陶瓷、玻璃、塑料等）。

2.1.2　焊接的分类及特点

焊接方法根据焊接过程中的物理特点不同，分为熔化焊、压焊和钎焊三大类，如图 2-1 所示。

1. 熔化焊

熔化焊（又称熔焊）是不加压力将焊接接头处加热到熔化状态，并加入填充金属，经冷却结晶后将两部分被焊金属连接成为一个整体的焊接方法。它适用于各种常用金属材料的焊接，是现代工业生产中主要的焊接方法。由于在焊接过程中固有的高温相变过程，故在焊接区域会产生热影响区。在熔焊过程中，如果大气与高温的熔池直接接触，则大气中的氧就会氧化金属和各种合金元素，大气中的氮、水蒸气等进入熔池，焊缝在冷却过程中就会形成气孔、夹渣、裂纹等缺陷，恶化焊缝的质量和性能。

熔焊的特点：

1）焊接时母材局部在不承受外加压力的情况下被加热熔化。

2）焊接时必须采取有效的隔离空气的措施。

3）两种材料之间需具有必要的冶金相容性。

4）焊接时焊接接头经历了更为复杂的冶金过程。

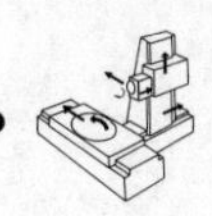

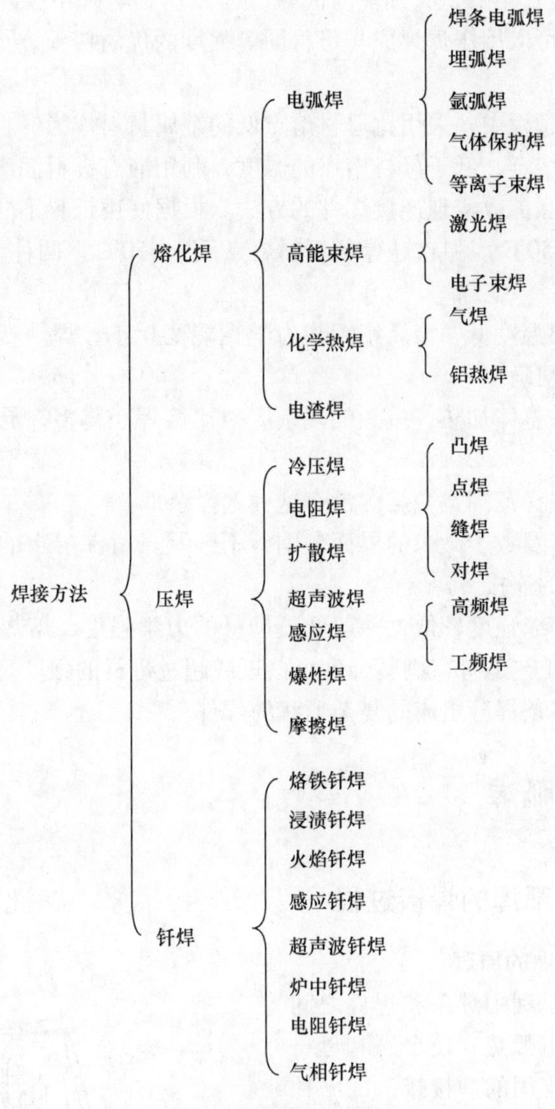

图 2-1　焊接方法分类

2. 压焊

压焊是在焊接过程中，工件在压力及加热作用下，金属接触部位产生局部熔化，通过原子扩散，使两部分被焊金属连接成一个整体的焊接方法。

压焊的特点：

1）施加压力而不加填充材料。

2）多数压焊（如冷压焊、扩散焊、高频焊等）都没有熔化过程，因而没有像熔焊那样的有益合金元素烧损及有害元素侵入焊缝。

3）加热温度比熔焊低，加热时间短，因而热影响区小。许多难以用熔化焊焊接的材料往往可以用压焊焊成与母材同等强度的优质接头。

3. 钎焊

钎焊是焊接过程中，采用比母材熔点低的金属材料作为钎料，将焊件和钎料加热到高于钎料熔点、低于母材熔点的温度，利用液态钎料润湿母材，填充接头间隙并与母材相互扩散实现连接焊件的方法。根据使用钎料不同，钎焊有硬钎焊（钎料熔点高于450℃）和软钎焊（钎料熔点低于450℃）两种。

钎焊的特点：

1）焊件加热温度低，金属组织和力学性能变化小，焊件变形小，接头光滑平整，焊件尺寸精确。

2）钎焊常被整体加热，接头的残余应力比熔焊小得多，易于保持工件的精密尺寸。

3）钎料的选择范围宽，熔焊没有这种选择余地。

4）钎焊只涉及数十微米的界面范围，不涉及母材深层次的结构，因此特别有利于异种金属的连接。

5）钎焊的焊缝强度较低，一般低于母材的力学强度，熔焊只要焊丝成分得当，焊后热处理工艺适合，则其强度可接近或超过母材的强度。

6）可焊由多条焊缝组成的复杂形状的焊件。

2.2　焊条电弧焊

2.2.1　焊条电弧焊的焊接过程

1. 焊条电弧焊的原理

焊条电弧焊是利用焊条和焊件之间稳定燃烧产生的电弧热，使金属和母材熔化凝固后形成牢固的焊接接头的一种焊接方法。焊条电弧焊是熔化焊中最基本的焊接方法，在生产中被广泛应用。

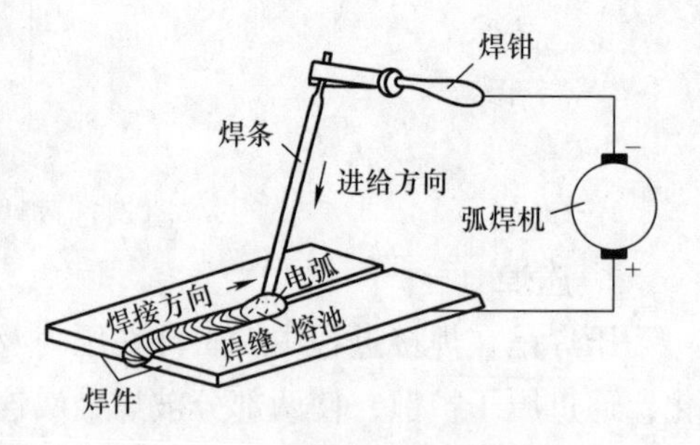

图2-2　焊条电弧焊的焊接原理

焊条电弧焊的焊接原理如图2-2所示。焊条与焊件分别接至弧焊机电源的两个输出端上，用手工操纵焊条使其与工件瞬时接触，产生电弧，在电弧热的作用下，药皮、焊芯和焊件熔化，药皮熔化过程中产生的气体和熔渣不仅使熔池和电弧周围的空气隔绝，而且和熔化了的焊芯、母材发生一系列冶金反应，使熔

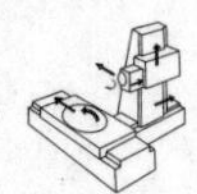

池金属冷却结晶后形成符合要求的焊缝，如图2-3所示。

2. 焊接电弧

焊接电弧是指由焊接电源供给的，具有一定电压的两电极间或电极与焊件间，在气体介质中产生的强烈而持久的放电现象，如图2-4所示。当焊条的一端与焊件接触时，造成短路，产生高温，使相接触的金属很快熔化并产生金属蒸气。当焊条迅速提起2～4mm时，在电场的作用下，阴极表面开始产生电子发射，这些电子在向阳级高速运动的过程中，与气体分子、金属蒸气中的原子相互碰撞，造成介质和金属的电离，由电离产生的自由电子和负离子奔向阳极，正离子则奔向阴极，在它们运动过程中和到达两极时不断碰撞和复合，使动能变为热能，产生了大量的光和热，其宏观表现是强烈而持久的放电现象，即电弧。

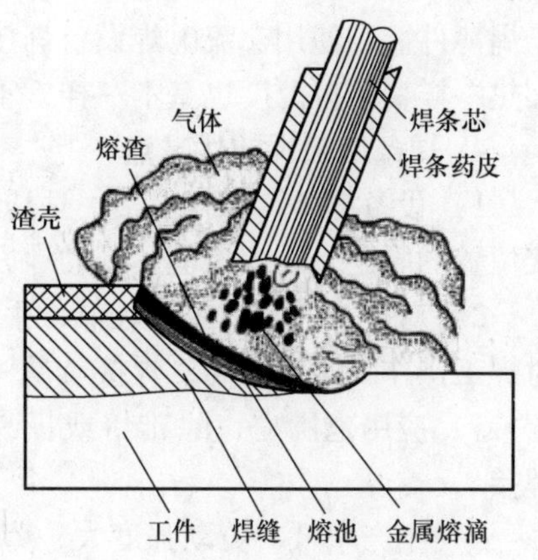

图2-3 焊条电弧焊焊接过程

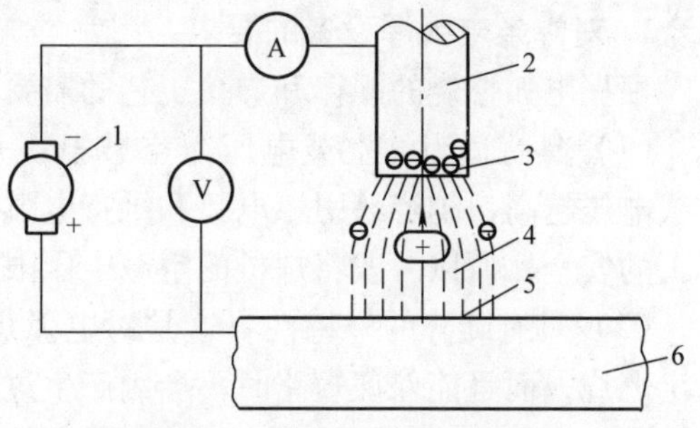

图2-4 焊接电弧结构示意图

1—弧焊机 2—焊条 3—阴极区 4—弧柱区 5—阳极区 6—工件

焊接电弧由阴极区、阳极区和弧柱区三部分组成。

（1）阴极区 阴极区在阴极的端部，是向外发射电子的部分。发射电子需消耗一定的能量，因此阴极区产生的热量不多，放出热量占电弧总热量的36%左右。

（2）阳极区 阳极区在阳极的端部，是接收电子的部分。由于阳极受电子轰击和吸入电子，获得很大能量，因此阳极区的温度和放出的热量比阴极高些，占电弧总热量的43%左右。

（3）弧柱区 弧柱区是位于阳极区和阴极区之间的气体空间区域，长度相当于整个电弧长度。它由电子、正负离子组成，产生的热量占电弧总热量的21%左右。弧柱区的热量大部分通过对流、辐射散失到周围的空气中。

3. 焊接电弧的极性及应用

由于直流电焊时，焊接电弧正、负极上热量不同，所以采用直流电源时有正接和反接之分。所谓正接是指焊件接电源正极，焊条接电源负极，此时焊件获得热量多，温度高，熔池深，易焊透，适于焊厚件；所谓反接是指焊件接电源负极，焊条接电源正极，此时焊件获得的热量少，温度低，熔池浅，不易焊透，适

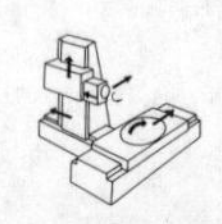

于焊薄件。当使用交流电焊设备焊接时，由于电弧极性瞬时交替变化，所以两极加热一样，两极温度也基本一样，不存在正接和反接的问题。

4. 焊条电弧焊的优缺点

1）设备简单，操作灵活，适应性强，可达性好，维护方便，不受场地和焊接位置的限制，在焊条能达到的地方一般都能施焊。

2）对接头的装配要求较低，手工操作控制弧长、焊条角度及焊接速度，但对焊工操作技术要求高，焊接质量一定程度上取决于焊工的操作水平。

3）应用范围广，除难熔或极易氧化的金属外，大部分工业用的金属均能焊接。

4）生产率低，劳动强度大，劳动条件差。

2.2.2　焊条电弧焊机

1. 对焊条电弧焊设备的要求

根据电弧燃烧的规律和焊接工艺的需要，对焊条电弧焊机提出下列要求：

（1）具有适当的空载电压　空载电压是焊接前焊机的两个输出端的电压。空载电压越高，越容易引燃电弧和维持电弧的稳定燃烧，但是过高的电压不利于焊工的安全，所以一般将焊机的空载电压限制在90V以下。

（2）具有陡降的外特性　这是对电弧焊机重要的要求，它不但能保证电弧稳定燃烧，而且能保证短路时不会因产生过大电流而将电焊机烧毁。一般电弧焊机的短路电流不超过焊接电流的3.5倍。

（3）具有良好的动特性　在焊接过程中，经常会发生焊接回路的短路情况。焊机的端电压从短路时的零值恢复到工作值（引弧电压）的时间间隔不应过长（电压恢复一般不大于0.05s）。使用动特性良好的电弧焊机焊接容易引弧，且焊接过程中电弧长度变化时也不容易熄弧，飞溅也少，施焊者明显感到焊接过程很“平静”，电弧很“柔软”。若使用动特性不好的电弧焊机焊接，则情况恰恰相反。

（4）具有良好的调节电流特性　焊接前，一般根据焊件材料、厚度、施焊位置和焊接方法来确定焊接电流。从使用要求的角度来说，调节电流的范围越宽越好，并且能够灵活均匀地调节，以保证焊接质量。

（5）焊机结构　焊机结构简单、使用可靠、耗能少、维护方便。焊机的各部分连接牢靠，没有大的振动和噪声，能在电弧焊机温升允许的条件下连续工作。同时，还应保证使用者的安全，不致引起触电事故。

2. 焊条电弧焊机的分类

焊条电弧焊机分交流弧焊机和直流弧焊机两类。

（1）交流弧焊机　交流弧焊机又称弧焊变压器，是一种特殊的降压变压器，

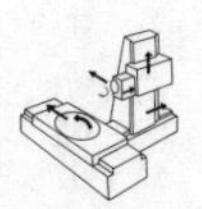

它把电网输出的交流电（220V 或 380V）转变成适宜弧焊的低压交流电。交流弧焊机主要有动铁式、动圈式和同体式三种。图 2-5 所示为一种动铁式交流弧焊机。

交流弧焊机能够满足焊接电源的各项要求，结构简单，价格便宜，维修方便，适应性强，效率高，但是焊接电弧稳定性不如直流弧焊机好。交流弧焊机适用于焊接钢铁材料（如优质碳素结构钢），是目前应用最广泛的焊接设备。

（2）直流弧焊机　常见的直流弧焊机有整流式直流弧焊机和逆变式直流弧焊机。

1）整流式直流弧焊机。它使用大功率硅整流元件，将交流电转变成直流电供焊接使用。整流式直流弧焊机结构简单，维修方便，噪声小，空载损失小，电弧稳定性好，焊缝质量较好，目前应用广泛。图 2-6 所示为一款整流式直流弧焊机。

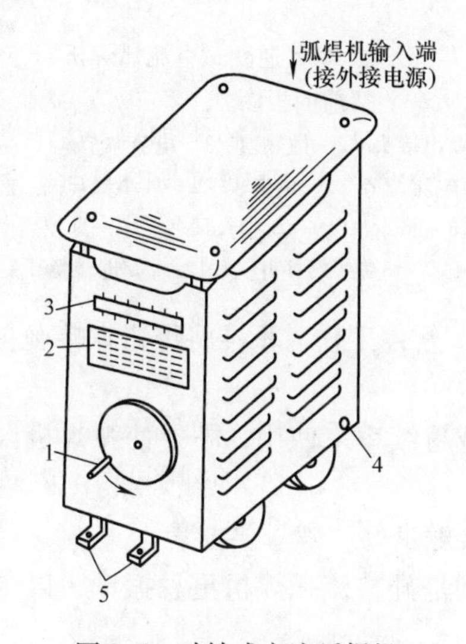

图 2-5　动铁式交流弧焊机

1—调节手柄　2—焊机铭牌

3—电流指示盘　4—接地螺栓

5—焊接电源两极（分别接焊件和焊条）

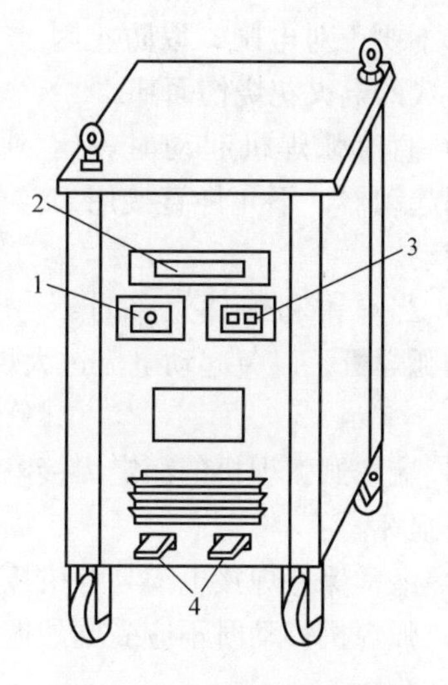

图 2-6　整流式直流弧焊机

1—电流调节器　2—电流指示盘

3—电源开关　4—焊接电源两极

2）逆变式直流弧焊机。逆变式直流弧焊机又称弧焊逆变器，是一种新型的焊机。它是将电网三相 50Hz 交流电经整流、滤波，使之变为直流电，再通过大功率开关电子元件将整流后的直流逆变为几百至几万赫兹的中频交流电，并经变压器降至适合于焊接的几十伏电压，然后再次整流、滤波，输出相当平稳的直流焊接电流。图 2-7 所示为一种逆变式直流弧焊机。

逆变式直流弧焊机体积小，重量轻，焊接电流控制精度高，电效率高，起弧性能好，抗干扰性强，可连续工作，稳定性强，是今后逐步取代传统弧焊机的理想产品。

3. 弧焊机的正确使用

在使用弧焊机过程中要注意保证操作者的安全，避免发生人身触电事故。同时，要保证弧焊机的正常运行，防止弧焊机损坏。为了正确地使用弧焊机，应注意以下几点：

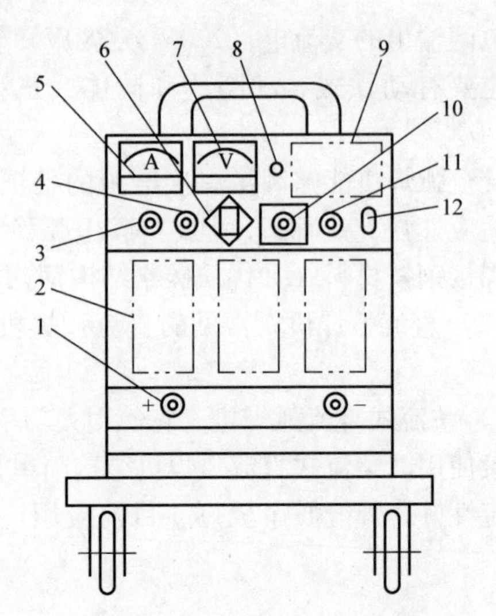

图2-7　ZX7－400Z逆变式直流弧焊机（前面板图）

1—输出接头　2—散热窗　3—电流调节　4—起弧电流调节　5—电流表　6—大小档开关　7—电压表　8—指示灯　9—机型及厂名　10—远控插座　11—焊条电弧焊/氩弧焊转换开关　12—远/近转换开关

1）弧焊机的接线和安装应由专门的电工负责，焊工不应自行动手。

2）焊工合上或拉断刀开关时头部不要正对电闸，以防止因短路造成的电火花烧伤面部。

3）直流弧焊机起动时一定要使用起动器，不允许直接用刀开关起动。

4）当焊钳和焊件短路时不得起动弧焊机，以免起动电流过大烧坏焊机。暂停工作时不准将焊钳直接搁在焊件上。

5）应按照弧焊机的额定焊接电流和负载持续率来使用，不要使弧焊机因过载而被损坏。

6）经常保持焊接电缆与焊机接线柱的接触良好，螺母要拧紧。

7）弧焊机移动时不应受剧烈振动，特别是硅整流弧焊机更忌振动，以免影响工作性能。

8）要保持弧焊机的清洁，特别是硅整流弧焊机，应定期用干燥的压缩空气吹净内部的灰尘。

9）当弧焊机发生故障时，应立即将弧焊机的电源切断，然后及时进行检查和修理。

10）工作完毕或临时离开工作场地时，必须拉断弧焊机的电源。

2.2.3　焊条

1. 焊条的组成及其作用

涂有药皮的供弧焊用的熔化电极称为焊条。焊条由焊芯和药皮（涂层）组成，如图2-8所示。通常焊条引弧端有倒角，药皮被除去一部分，露出焊芯端

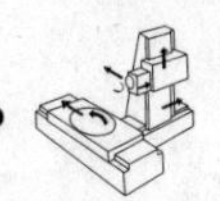

头，有的焊条引弧端涂有引弧剂，使引弧更容易。在靠近夹持端的药皮上印有焊条牌号。

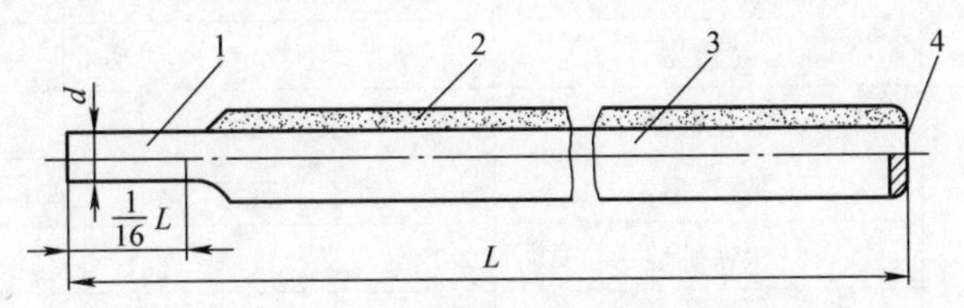

图2-8　焊条的组成

1—夹持端　2—药皮　3—焊芯　4—引弧端

（1）焊芯　焊条中被药皮包覆的金属芯称焊芯。焊条电弧焊时，焊芯与焊件之间产生电弧并熔化为焊缝的填充金属。焊芯既是电极，又是填充金属。焊芯的成分将直接影响熔敷金属的成分和性能，用于焊芯的专用金属丝（称焊丝）分为碳素结构钢、低合金结构钢和不锈钢三类。

（2）药皮　涂敷在焊芯表面的有效成分称为药皮，也称涂层。焊条药皮是矿石粉末、铁合金粉、有机物和化工制品等原料按一定比例配制后压涂在焊芯表面上的一层涂料。药皮的作用是：

1）机械保护。焊条药皮熔化或分解后产生气体和熔渣，隔绝空气，可防止熔滴和熔池金属与空气接触。熔渣凝固后的渣壳覆盖在焊缝表面，可防止高温的焊缝金属被氧化和氮化，并可减慢焊缝金属的冷却速度。

2）冶金处理。通过熔渣和铁合金进行脱氧、去硫、去磷、去氢和渗合金等焊接冶金反应，可去除有害元素，增添有用元素，使焊缝具备良好的力学性能。

3）改善焊接工艺性能。药皮可保证电弧容易引燃并稳定地连续燃烧，同时减少飞溅，增大熔深，保证焊缝成形等。

4）满足某些专用焊条的特殊功能。焊条药皮中含有的合金元素熔化后过渡到熔池中，可改善焊缝金属的性能。

2. 焊条种类、型号和牌号

焊条种类繁多，国产焊条有300多种。同一类型的焊条根据不同特性又分成不同的型号。某一型号的焊条可能有一个或几个品种。同一型号的焊条在不同的焊条制造厂往往有不同的牌号。

（1）焊条种类　弧焊焊条的分类方法很多，从不同角度的分类见表2-1。

（2）焊条型号　焊条型号按熔敷金属的力学性能、药皮类型、焊接位置、焊接电流类型、熔敷金属化学成分和焊后状态等进行划分。

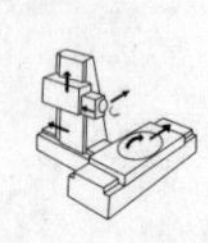

表2-1　弧焊焊条的分类

分类方法	类别名称	电源种类	特征字母及表示法
按药皮成分分类	特殊型	不规定	
	氧化钛型	交、直流	
	钛钙型	交、直流	
	钛铁矿型	交、直流	
	氧化铁型	交、直流	
	纤维素型	交、直流	
	低氯钾型	交、直流	
	低氯钠型	直流	
	石墨型	交、直流	
	盐基型	直流	
按熔渣酸碱性分类	酸性焊条		
	碱性焊条		
按焊条用途分类	结构钢焊条		J×××
	钼和铬钼耐热钢焊条		R×××
	不锈钢焊条		G×××
			A×××
	堆焊焊条		D×××
	低温钢焊条		W×××
	铸铁焊条		Z×××
	镍和镍合金焊条		Ni×××
	铜和铜合金焊条		T×××
	铝和铝合金焊条		L×××
	特殊用途焊条		TS×××
按焊条性能分类	超低氯焊条		
	低尘低毒焊条		
	向下立焊条		
	底层焊条		
	铁粉高效焊条		
	抗潮焊条		
	水下焊条		
	重力焊条		
	躺焊焊条		

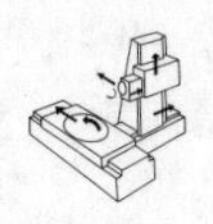

GB/T 5117—2012《非合金钢及细晶粒钢焊条》中焊条型号编制方法如下：

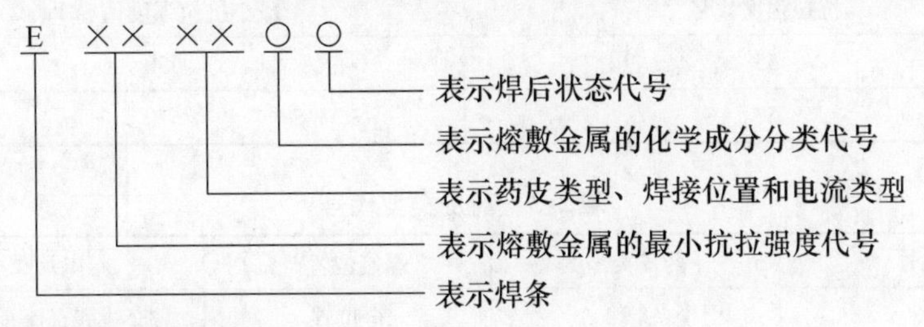

焊条型号由五部分组成：

1）第一部分用字母“E”表示焊条。

2）第二部分为字母“E”后面的紧邻两位数字，表示熔敷金属的最小抗拉强度代号，见表2-2。

3）第三部分为字母“E”后面的第三和第四两位数字，表示药皮类型、焊接位置和电流类型，见表2-3。

4）第四部分为熔敷金属的化学成分分类代号，可为“无标记”或短划“-”后的字母、数字或字母和数字的组合。

5）第五部分为熔敷金属的化学成分代号之后的焊后状态代号，其中“无标记”表示焊态，“P”表示热处理状态，“AP”表示焊态和焊后热处理两种状态均可。

除以上强制分类代号外，还可在型号后依次附加可选代号：

1）字母“U”表示在规定试验温度下，冲击吸收能量可以达到47J以上。

2）扩散氢代号“HX”，其中X代表15、10或5，分别表示每100g熔敷金属中扩散氢含量的最大值（mL）。

型号示例：

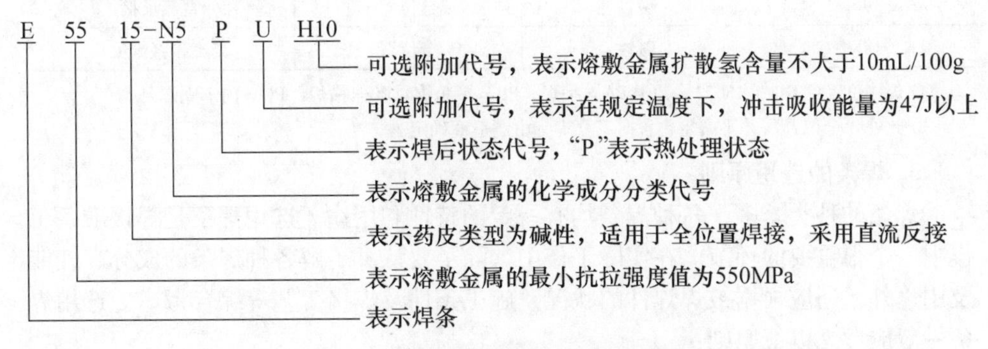

表2-2　熔敷金属的最小抗拉强度代号

抗拉强度代号	最小抗拉强度值/MPa
43	430
50	500

（续）

抗拉强度代号	最小抗拉强度值/MPa
55	550
57	570

表2-3　药皮类型代号

代号	药皮类型	焊接位置①	电流类型
03	钛型	全位置	交流和直流正、反接
10	纤维素	全位置	直流反接
11	纤维素	全位置	交流和直流反接
12	金红石	全位置	交流和直流正接
13	金红石	全位置②	交流和直流正、反接
14	金红石+铁粉	全位置②	交流和直流正、反接
15	碱性	全位置②	直流反接
16	碱性	全位置②	交流和直流反接
18	碱性+铁粉	全位置②	交流和直流反接
19	钛铁矿	全位置②	交流和直流正、反接
20	氧化铁	PA、PB	交流和直流正接
24	金红石+铁粉	PA、PB	交流和直流正、反接
27	氧化铁+铁粉	PA、PB	交流和直流正、反接
28	碱性+铁粉	PA、PB、PC	交流和直流反接
40	不做规定	由制造商确定	
45	碱性	全位置	直流反接
48	碱性	全位置	交流和直流反接

① 焊接位置见GB/T 16672，其中PA=平焊、PB=平角焊、PC=横焊、PG=向下立焊。

② 此处“全位置”并不一定包含向下立焊，由制造商确定。

3. 焊条的选用原则

焊条的种类繁多，每种焊条均有一定的特性和用途。选用焊条是焊接准备工作中一个很重要的环节。在实际工作中，除了要认真了解各种焊条的成分、性能及用途外，还应根据被焊焊件的状况、施工条件及焊接工艺等综合考虑。选用焊条一般应考虑以下原则：

（1）焊接材料的力学性能和化学成分

1）对于普通结构钢，通常要求焊缝金属与母材等强度，应选用抗拉强度等于或稍高于母材的焊条。

2）对于合金结构钢，通常要求焊缝金属的主要合金成分与母材金属相同或

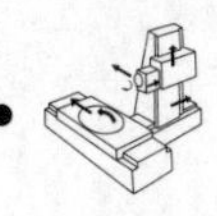

相近。

3）在被焊结构刚性大、接头应力高、焊缝容易产生裂纹的情况下，可以考虑选用比母材强度低一级的焊条。

4）当母材中C及S、P等元素含量偏高时，焊缝容易产生裂纹，应选用抗裂性能好的低氢型焊条。

（2）焊件的使用性能和工作条件

1）对承受动载荷和冲击载荷的焊件，除满足强度要求外，还要保证焊缝具有较高的韧性和塑性，应选用塑性和韧性指标较高的低氢型焊条。

2）接触腐蚀介质的焊件，应根据介质的性质及腐蚀特征，选用不锈钢焊条或其他耐腐蚀焊条。

3）在高温或低温条件下工作的焊件，应选用相应的耐热钢或低温钢焊条。

（3）焊件的结构特点和受力状态

1）对结构形状复杂、刚性大及大厚度焊件，由于焊接过程中产生很大的应力，容易使焊缝产生裂纹，应选用抗裂性能好的低氢型焊条。

2）对焊接部位难以清理干净的焊件，应选用氧化性强，对铁锈、氧化层、油污不敏感的酸性焊条。

3）对受条件限制不能翻转的焊件，有些焊缝处于非平焊位置，应选用全位置焊接的焊条。

（4）施工条件及设备

1）在没有直流电源，而焊接结构又要求必须使用低氢型焊条的场合，应选用交、直流两用低氢型焊条。

2）在狭小或通风条件差的场所，应选用酸性焊条或低尘焊条。

（5）改善操作工艺性能　在满足产品性能要求的条件下，尽量选用电弧稳定、飞溅少、焊缝成形均匀整齐、容易脱渣的工艺性能好的酸性焊条。焊条工艺性能要满足施焊操作需要。如果在非水平位置施焊，应选用适于各种位置焊接的焊条。如果是向下立焊、管道焊接、底层焊接、盖面焊、重力焊，则可选用相应的专用焊条。

（6）合理的经济效益　在满足使用性能和操作工艺性的条件下，尽量选用成本低、效率高的焊条。对于焊接工作量大的结构，应尽量采用高效率焊条，如铁粉焊条、高效率不锈钢焊条及重力焊条等，以提高焊接生产率。

2.2.4　焊条电弧焊的辅助工具

1. 焊钳

焊钳是用来夹持焊条进行焊接的工具，主要作用是使焊工能夹住和控制焊条，同时也起着从焊接电缆向焊条传导焊接电流的作用。焊钳应具有良好的导电性、不易发热、重量轻、夹持焊条牢固及更换焊条方便等特性。

焊钳的外形如图2-9所示，主要是由上下钳口、弯臂、弹簧、直柄、胶木手柄及固定销等组成。焊钳分为多种规格，以适应各种规格的焊条直径。每种规格焊钳都是按所要夹持的最大直径焊条所需的电流设计的。常用的市售焊钳有300A和500A两种，使用时应根据焊接电流来选择焊钳规格。

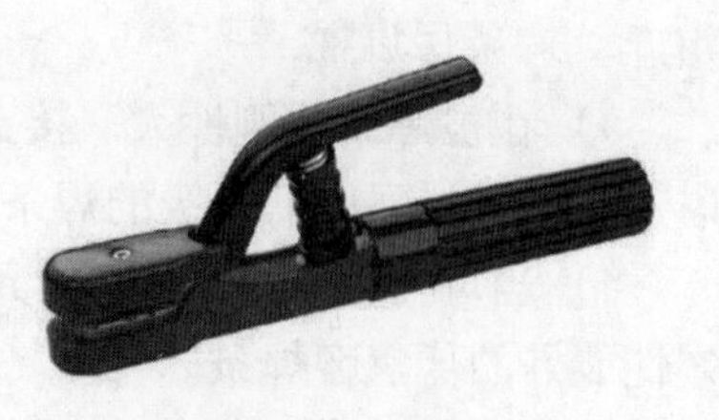

图2-9　焊钳

2. 焊接面罩

焊接面罩是保护操作者的眼睛和面部不受电弧直接辐射与飞溅物伤害的防护罩，操作者通过面罩上的滤光镜能清楚地观察焊接熔池。焊接面罩由观察窗、滤光片、保护片和面罩等组成。有手持面罩、头戴式面罩、安全帽面罩和安全帽前挂眼镜面罩等类型，如图2-10所示。面罩通常用暗色的压缩纤维或玻璃纤维绝缘材料制成。

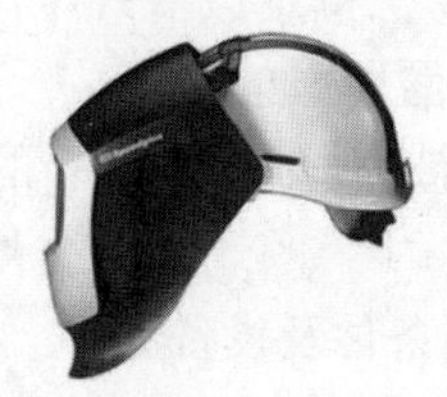

图2-10　焊接面罩

焊接面罩上有一放置滤光片的“窗口”，其标准尺寸为51mm×130mm，也可用大一些的开口。滤光片应能吸收由电弧发射的红外线、紫外线以及大多数可见光线。目前使用的滤光片可吸收由电弧发射的99%以上的红外线和紫外线。

3. 接地夹钳和挡板

接地夹钳是将焊接导线或接地电缆接到工件上的一种夹持装置，如图2-11所示。接地夹钳必须能形成牢固的连接，又能快速方便地夹到工件上。挡板用于将焊接区与外界隔离开，防止焊接弧光影响他人工作，避免火花飞溅引起火灾。在室外工作时，设置挡板还可防止风吹而引起的偏弧。

4. 防护手套和防护服

焊接时会飞溅火花或熔滴，特别是在非平焊位置或大电流焊接时，飞溅问题更为突出。为了防止焊接时被弧光和飞溅物伤害，操作者必须戴皮革防护手套，穿护裙或工作服。为了防止操作者的踝关节和脚被熔渣和飞溅物烧伤，建议穿平脚裤、带护脚套或穿防护皮鞋。另外，操作者敲焊渣时应戴平光眼镜。

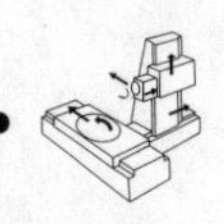

5. 焊条保温桶

焊条保温桶是焊接操作现场必备的辅具。将已烘干的焊条放置在保温桶内供现场使用，可起到干燥、防潮、防雨淋等作用，能够避免使用中焊条药皮的含水率上升，这对于低氢型焊条的施焊尤为重要。焊条从烘干箱取出后，应立即放入焊条保温桶内送到施工现场。

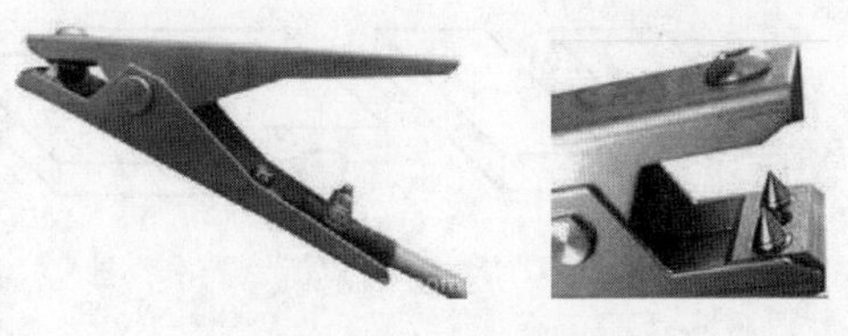

图 2-11　接地夹钳

6. 其他工具

其他工具包括尖锤、钢丝刷、扁錾和锤子等，主要用来清理焊接工件上的焊渣、锈蚀和氧化物等，常用的有尖形锤和钳工锤。扁錾用以开小坡口及清除焊瘤等缺陷。另外，在排烟情况不好的场所焊接时，还应配备烟雾吸尘器或排风扇等辅助器具。

2.2.5　焊条电弧焊工艺

1. 焊接位置

熔焊时，被焊焊件接缝所处的空间位置，称为焊接位置，有平焊、立焊、横焊和仰焊四种，如图 2-12 所示。其中平焊生产率最高，劳动条件最好，焊接质量最易保证，而仰焊则最差。应尽可能设法使工件处于平焊位置。

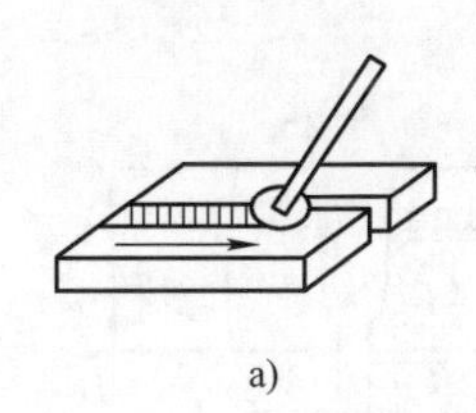

a)

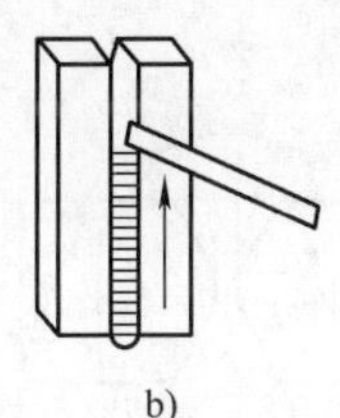

b)

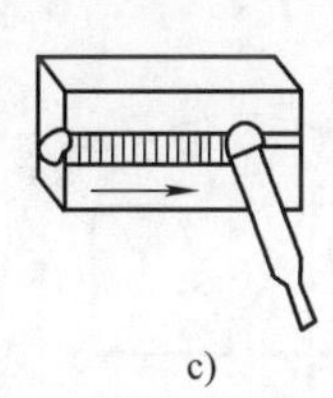

c)

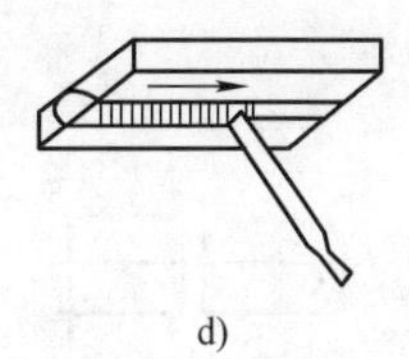

d)

图 2-12　焊条电弧焊焊接位置

a）平焊　b）立焊　c）横焊　d）仰焊

2. 焊接接头

用焊接方法连接的接头称为焊接接头。它由焊缝、熔合区、热影响区及其邻近的母材组成。在焊接结构中焊接接头起两方面的作用：一是连接作用，即把两焊件连接成一个整体；二是传力作用，即传递焊件所承受的载荷。根据 GB/T 3375—1994《焊接术语》中的规定，焊接接头可分为 10 种类型，即对接接头、T 形接头、十字接头、搭接接头、角接接头、端接接头、套管接头、斜对接接头、卷边接头和锁底接头。焊条电弧焊常用的接头有对接接头、搭接接头、角接接头和 T 形接头，如图 2-13 所示。

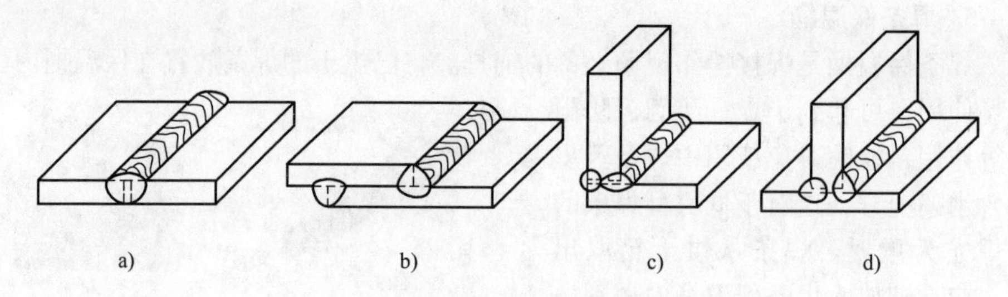

图2-13　焊条电弧焊常用焊接接头形式

a）对接接头　b）搭接接头　c）角接接头　d）T形接头

3. 坡口形式

在焊接前应把焊件待焊处预制成特定几何形状的坡口。不同的焊接接头以及不同板厚应加工成不同的坡口形式。坡口的作用是使焊条、焊丝或焊炬能直接伸入坡口底部以保证焊透，并有利于脱渣和便于焊条在坡口内做必要的摆动，以获得良好的熔合。坡口的形状和尺寸主要取决于被焊材料及其规格（主要是厚度）以及采取的焊接方法、焊缝形式等。

坡口的形式是由GB/T 985.1—2008《气焊、焊条电弧焊、气体保护焊和高能束焊的推荐坡口》、GB/T 985.2—2008《埋弧焊的推荐坡口》标准制定的。常用的坡口形式有I形坡口、Y形坡口、双Y形坡口、带钝边U形坡口等，可采用单面焊或双面焊，如图2-14所示。

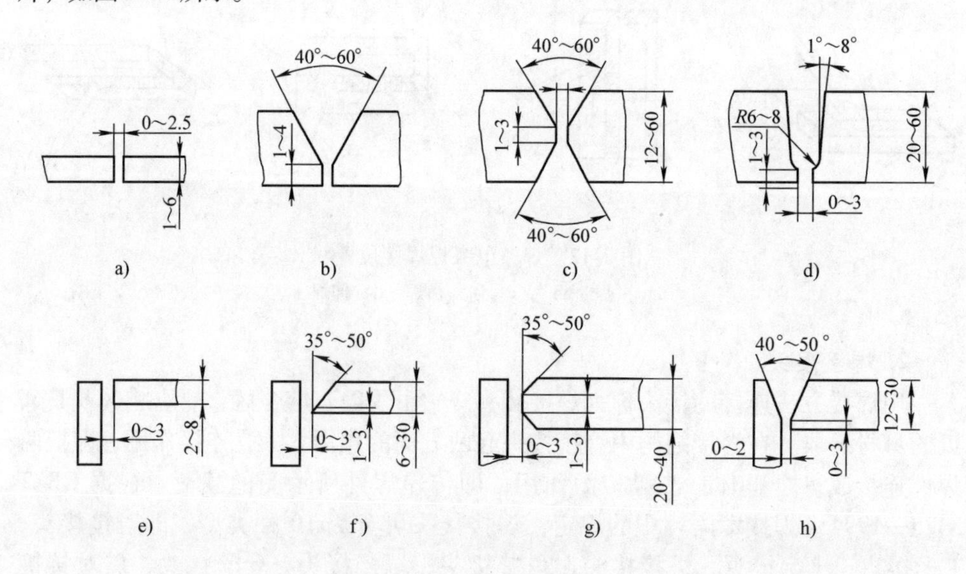

图2-14　坡口形式

a）、e）I形坡口　b）、h）Y形坡口　c）双Y形坡口

d）带钝边U形坡口　f）带钝边单边V形坡口　g）带钝边双边V形坡口

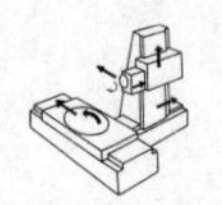

板厚1~6mm时，用I形坡口，板厚增加时可选用Y形、双Y形和U形等各种形式的坡口。

2.2.6 焊条电弧焊焊接参数的选择

焊条电弧焊焊接参数包括：焊条种类、牌号和直径，焊接电流的种类、极性和大小，电弧电压，焊道层次等。选择合适的焊接参数，对提高焊接质量和生产率是十分重要的，下面分别讲述选择这些焊接参数的原则及它们对焊缝成形的影响。

1. 焊条种类和牌号的选择

实际工作中主要根据母材的性能、接头的刚性和工作条件来选择焊条，焊接碳素结构钢和低合金结构钢主要是按等强度原则选择焊条的强度级别，一般选用酸性焊条，重要结构选用碱性焊条。

2. 焊接电源种类和极性的选择

焊条电弧焊时，焊接电流的种类是根据焊条的性质来选择的。酸性焊条（如E4303）是交流、直流两用焊条，但通常采用交流电源进行焊接，因为交流弧焊电源价格便宜。而碱性焊条中的低氢钠型焊条（如E5015）由于药皮中含有一定量的氟石（CaF_2），所以电弧稳定性差，因此必须采用直流弧焊电源进行焊接；碱性焊条中的低氢钾型焊条（如E5016）由于药皮的黏结剂采用钾水玻璃，含有一定量的稳弧剂钾，电弧的稳定性比低氢钠型焊条好，可以选用交流电源进行焊接。

此外，焊接薄板时，应采用小电流进行焊接，但因为交流电小电流的电弧稳定性差，引弧比较困难，所以应选用直流反接电源进行焊接。

3. 焊条直径的选择

焊条直径一般为3~6mm，长度为350~400mm。常见金属芯直径（单位为mm）为ϕ1.5、ϕ2、ϕ2.5、ϕ3.2、ϕ4、ϕ5等。为提高生产率，应尽可能地选用直径较大的焊条。但用直径过大的焊条焊接，容易造成未焊透或焊缝成形不良等缺陷。

焊条直径的选择原则：

1）对根部不要求均匀焊透的I形坡口角接、T形接、搭接焊缝和背面清根封底焊的对接焊缝，焊条直径可根据焊件厚度进行选用。

2）当焊件厚度相同但所处焊接位置不同时，应选用不同直径的焊条，如在横焊、立焊位置焊接时，很少使用直径5mm的焊条。

3）不同的接头形式应选用不同直径的焊条，如T形接头和搭接接头，由于其散热条件比对接接头好，所以可选用较粗直径的焊条。

4）开坡口的接头第一层打底焊时应选用直径较细的焊条，如对接接头打底焊时可选用直径为3.2mm的焊条，其余各层可选用直径为4mm的焊条。

焊条直径与板厚关系见表2-4。

表2-4　焊条直径与板厚关系

焊件厚度/mm	<4	4~8	>8~12	>12
焊条直径/mm	≤3.5	3~4	4~5	5~6

4. 焊接电流的选择

焊接电流的大小，主要根据焊条类型、焊条直径、焊件厚度以及接头形式、焊缝位置及层次等因素来选择。结构钢焊条平焊位置时，焊接电流可根据下列经验公式来初选：

$$I = Kd$$

式中　I——焊接电流（A）；

K——经验系数（A/mm）；

d——焊条直径（mm）。

平焊时电流经验系数与焊条直径的关系见表2-5。

表2-5　平焊时电流经验系数与焊条直径的关系

焊条直径/mm	1.6	2~2.5	3.3	4~6
电流经验系数/(A/mm)	20~25	25~30	30~40	40~50

立焊、横焊、仰焊时焊接电流应比平焊时电流小10%~20%，角焊时焊接电流应比平焊位置时大10%~20%。合金钢焊条和不锈钢焊条由于电阻大、线胀系数高，若电流大则焊接过程中焊条容易发红，造成药皮脱落，影响焊接质量，因此电流要适当减小。

5. 电弧电压

电弧电压主要影响焊缝的宽窄，即电弧电压越高，焊缝越宽。但焊条电弧焊时，因为焊缝宽度主要靠焊条的横向摆动幅度来控制，因此电弧电压的影响不明显。

6. 焊接速度

焊接速度是指单位时间内完成焊缝的长度。焊条电弧焊时，在保证焊缝具有所要求的尺寸和外形，保证熔合良好的原则下，焊接速度可由焊工根据具体情况灵活掌握。

7. 焊接层数的选择

在厚板焊接时，必须采用多层焊或多层多道焊。多层焊的前一条焊道对后一条焊道起预热作用，而后一条焊道对前一条焊道起热处理作用（退火和缓冷），有利于提高焊缝金属的塑性和韧性。每层焊道厚度为4~5mm。

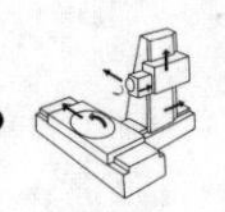

2.2.7　焊接前准备及操作技术

1. 焊接前准备

1）焊条电弧焊焊接设备的空载电压一般为 50～90V，而人体所能承受的安全电压为30～45V，由此可见，焊条电弧焊焊接设备可能会对人体造成触电伤害。除此之外，焊接给人体还可能造成烧伤、视力损害、吸入有毒气体、弧光辐射等伤害，所以在进行焊接时必须采取适当的防护措施。

2）焊接前应清理焊接表面，以免影响电弧引燃和焊缝的质量。

3）确定好接头形式和坡口形式，提前加工坡口。

2. 焊条电弧焊的基本操作技术

（1）引弧　焊条电弧焊开始时，引燃焊接电弧的过程叫引弧。引弧的方法包括以下两类：

1）不接触引弧。这种方法是利用高频高压使电极末端与工件间的气体导电产生电弧。用这种方法引弧时，电极端部与工件不发生短路就能引燃电弧，其优点是安全可靠，引弧时不会烧伤工件表面，但需要另外增加小功率高频高压电源或同步脉冲电源。焊条电弧焊很少采用这种引弧方法。

2）接触引弧。这种方法是先使电极与工件短路，再拉开电极引燃电弧。这是焊条电弧焊时最常用的引弧方法，根据操作手法不同又可分为敲击法和划擦法，如图 2-15 所示。

① 敲击法：这种方法是使焊条与焊件表面垂直地接触，当焊条的末端与焊件表面轻轻一碰后便迅速提起焊条，并保持一定距离，电弧便可立即引燃。操作时必须掌握好手腕的上下动作的时间和距离。

② 划擦法：这种方法与擦火柴有些相似，先将焊条末端对准焊件，然后将焊条在焊件表面划擦一下，当电弧引燃后趁金属还没有开始大量熔化的一瞬间，立即使焊条末端与被焊表面的距离维持在 2～4mm 的距离，电弧就能稳定地燃烧。操作时手腕沿顺时针方向旋转，使焊条端头与工件接触后再离开。

以上两种方法相比，划擦法比较容易掌握，但是在狭小工作面上或不允许烧伤焊件表面时，应采用敲击法。敲击法对初学者较难掌握，一般容易发生电弧熄灭或造成短路现象，这是没有掌握好离开焊件时的速度和保持一定距离的原因。如果操作时焊条上拉太快或提得太高，都不能引燃电弧或电弧只燃烧一瞬间就熄灭。相反，动作太慢则可能使焊条与焊件粘在一起，造成焊接回路短路。引弧时，如果发生焊条和焊件粘在一起，只要将焊条左右摇动几下就可脱离焊件，如果这时还不能脱离焊件，就应立即将焊钳放松，使焊接回路断开，待焊条稍冷后再拆下。如果焊条粘住焊件的时间过长，则因短路电流过大可能会使电焊机烧坏，所以引弧时，手腕动作必须灵活和准确，而且要选择好引弧起始点的位置。

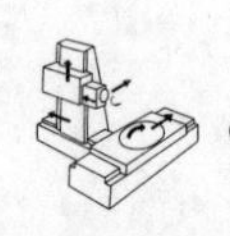

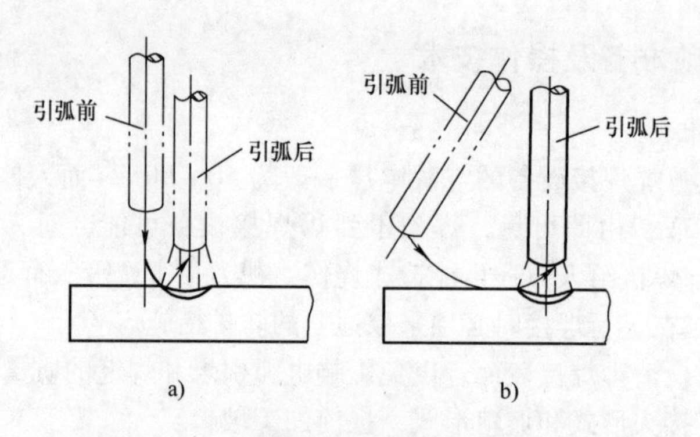

图 2-15　接触引弧

a）敲击法　b）划擦法

（2）运条　焊接过程中，焊条相对焊缝所做的各种动作的总称叫作运条。正确运条是保证焊缝质量的基本要素之一，因此每个焊工都必须掌握好运条这项基本功。运条由三个基本运动合成，分别是焊条的送进运动、焊条的横向摆动运动和焊条的沿焊缝移动运动，如图 2-16所示。

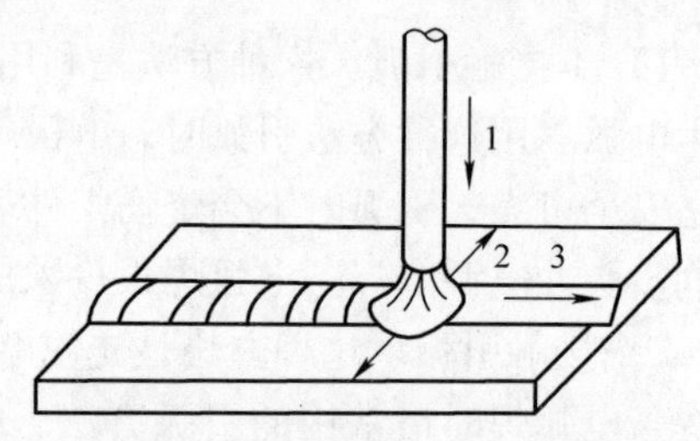

图 2-16　运条的三个基本运动

1—焊条送进　2—焊条横向摆动　3—沿焊缝移动

1）焊条送进。引弧使焊条熔化后，需继续保持电弧的长度不变，因此要求焊条向熔池方向送进的速度与焊条熔化的速度相等。如果焊条送进的速度小于焊条熔化的速度，则电弧的长度将逐渐增加，导致断弧；如果焊条送进速度太快，则电弧长度迅速缩短，使焊条末端与焊件接触发生短路，同样会使电弧熄灭。

2）焊条横向摆动。横向摆动的作用是为获得一定宽度的焊缝，并保证焊缝两侧熔合良好。其摆动幅度应根据焊缝宽度与焊条直径决定。只有横向摆动的幅度均匀一致，才能获得宽度整齐的焊缝。正常的焊缝宽度一般为焊条直径的 2 ~ 5 倍。

3）焊条沿焊缝移动。此动作使焊条熔敷金属与熔化的母材金属形成焊缝。焊条移动速度对焊缝质量、焊接生产率有很大影响，如图 2-17 所示。若焊条移动速度太慢，则会造成焊缝过高、过宽、外形不整齐，在焊较薄焊件时甚至容易焊穿，如图 2-17a 所示；如果焊条移动速度太快，则电弧来不及熔化足够的焊条与母材金属，会导致未焊透或焊缝较窄，如图 2-17b 所示；移动速度必须适当才能使焊缝均匀，如图 2-17c 所示。

（3）运条手法　运条的手法很多，选用时应根据接头形式、装配间隙、焊

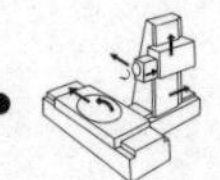

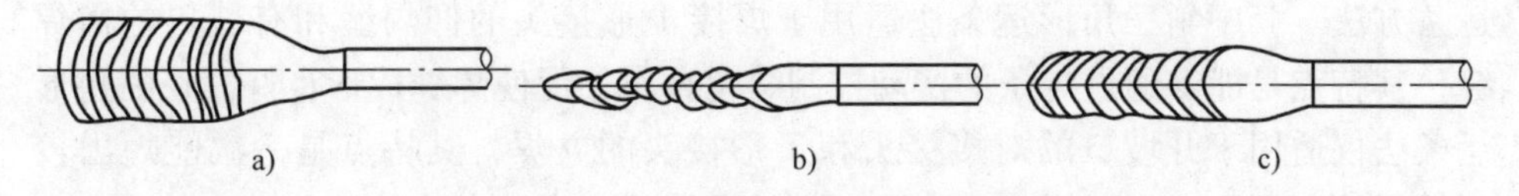

图2-17 焊接速度对焊缝质量的影响

a）太慢 b）太快 c）适中

缝的空间位置、焊条直径与性能、焊接电流及焊工技术水平等来定。为了控制熔池温度，使焊缝具有一定的宽度和高度，在生产中经常采用下面几种运条手法：

1）直线形运条法。采用直线形运条法焊接时，应保持一定的弧长，焊条不摆动并沿焊接方向移动。由于此时焊条不做横向摆动，所以熔深较大，且焊缝宽度较窄，在正常的焊接速度下焊波饱满平整。此法适用于板厚3～5mm的不开坡口的对接平焊、多层焊的第一层焊道和多层多道焊。

2）直线往返形运条法。此法是焊条末端沿焊缝的纵向做来回直线形摆动（见图2-18），主要适用于薄板焊接和接头间隙较大的焊缝。其特点是焊接速度快，焊缝窄，散热快。

3）锯齿形运条法。此法是将焊条末端做锯齿形连续摆动并向前移动，如图2-19所示。操作时需在两边稍停片刻，以防产生咬边缺陷。这种手法操作容易，应用较广，多用于比较厚的钢板的焊接，适用于平焊、立焊、仰焊的对接接头和立焊的角接接头。

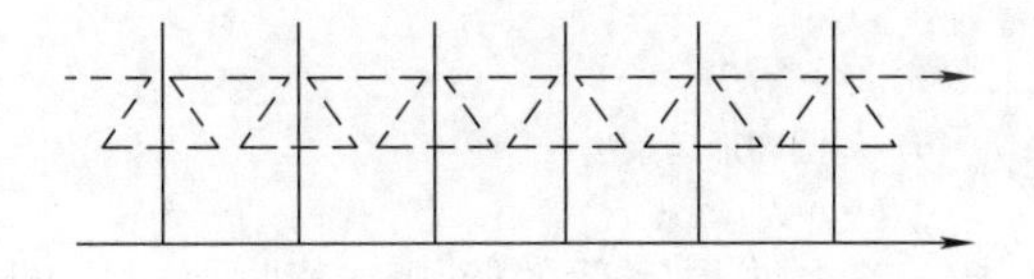

图2-18 直线往返形运条法

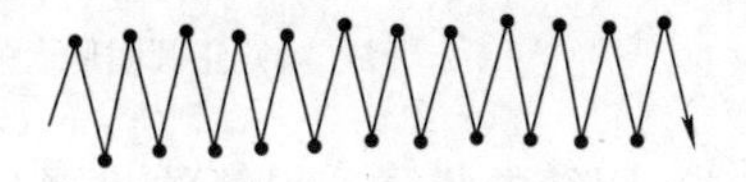

图2-19 锯齿形运条法

4）月牙形运条法。此法是使焊条末端沿着焊接方向做月牙形的左右摆动（见图2-20），并在两边的适当位置做片刻停留，以使焊缝边缘有足够的熔深，防止产生咬边缺陷。此法适用于仰、立、平焊位置以及需要比较饱满焊缝的地方。其适用范围和锯齿形运条法基本相同，但用此法焊出来的焊缝余高较大。其优点是能使金属熔化良好，而且有较长的保温时间，熔池中的气体和熔渣容易上浮到焊缝表面，有利于获得高质量的焊缝。

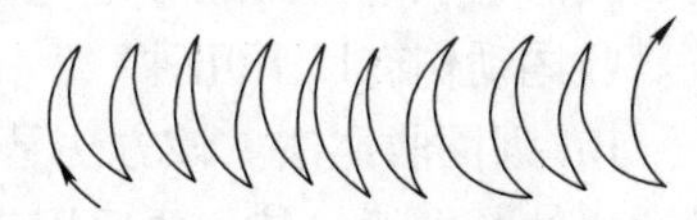

图2-20 月牙形运条法

5）三角形运条法。此法是使焊条末端做连续三角形运动，并不断向前移动，如图2-21所示。按适用范围不同，该方法可分为斜三角形和正三角形两种运条方法。其中斜三角形运条法适用于焊接T形接头的仰焊缝和有坡口的横焊缝，其特点是能够通过焊条的摆动控制熔化金属，促使焊缝成形良好。正三角形运条法仅适用于开坡口的对接接头和T形接头的立焊，其特点是一次能焊出较厚的焊缝断面，有利于提高生产率，而且焊缝不易产生夹渣等缺陷。

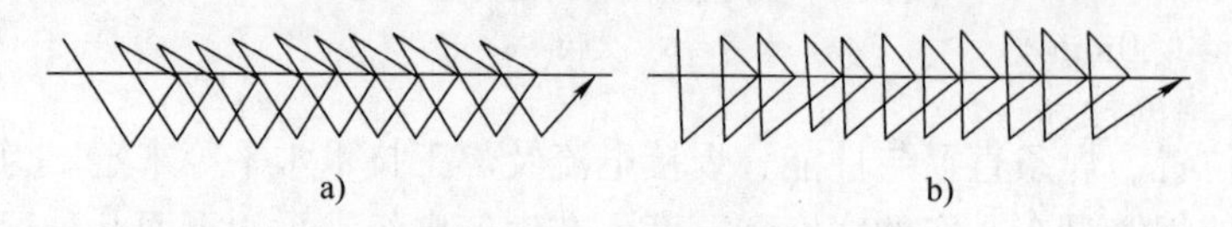

图2-21　三角形运条法
a）斜三角形运条法　b）正三角形运条法

6）圆圈形运条法。此法是将焊条末端连续做圆圈运动，并不断前进，如图2-22所示。这种运条方法又分正圆圈和斜圆圈两种。正圆圈运条法只适用于焊接较厚工件的平焊缝，其优点是能使熔化金属有足够高的温度，有利于气体从熔池中逸出，可防止焊缝产生气孔。斜圆圈运条法适用于T形接头的横焊（平角焊）和仰焊以及对接接头的横焊缝，其特点是可控制熔化金属不受重力影响，能防止金属液体下淌，有助于焊缝成形。

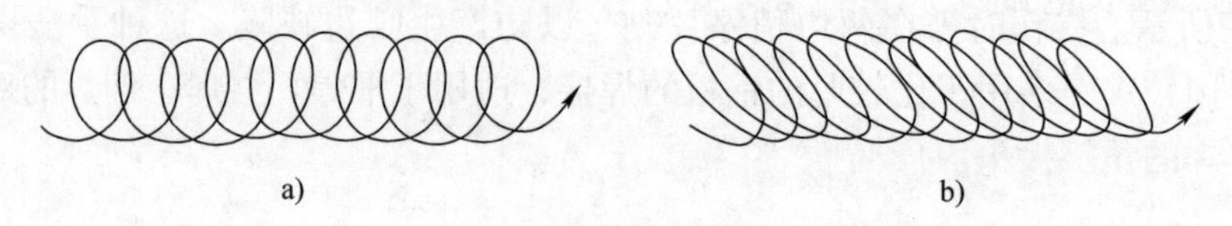

图2-22　圆圈形运条法
a）正圆圈形运条法　b）斜圆圈形运条法

（4）焊缝的收尾　焊缝的收尾是指一条焊缝焊完后的收弧。若收尾时立即拉断电弧，则会形成比焊件表面低的弧坑，且在弧坑处常出现疏松、裂纹、气孔、夹渣等缺陷，因此焊缝完成时的收尾动作不仅是熄灭电弧，而且要填满弧坑。收尾动作有以下几种：

1）划圈收尾法。该方法是在焊条移至焊缝终点时，做圆圈运动，直到填满弧坑再拉断电弧。其主要适用于厚板焊接的收尾。

2）反复断弧收尾法。该方法是在收尾时，焊条在弧坑处反复熄弧、引弧数次，直到填满弧坑为止。此法一般适用于薄板和大电流焊接，但碱性焊条不宜采用，因其容易产生气孔。

3）回焊收尾法。该方法是在焊条移至焊缝收尾处立即停止，并改变焊条角度回焊一小段。此法适用于碱性焊条。当换焊条或临时停弧时，应将电弧逐渐引向坡口的斜前方，同时慢慢抬高焊条，使得熔池逐渐缩小。此法当液体金属凝固后，一般不会出现缺陷。

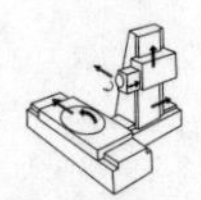

（5）焊缝接头 后焊焊缝与先焊焊缝的连接处称为焊缝接头。由于受焊条长度限制，焊缝前后两段出现接头是不可避免的，但焊缝接头应力求均匀，防止产生过高、脱节、宽窄不一致等缺陷。

1）中间接头。中间接头即后焊的焊缝从先焊的焊缝尾部开始焊接。它要求在弧坑前约10mm处引弧，电弧长度比正常焊接时略长些，然后回移到弧坑，压低电弧，稍做摆动，再向前正常焊接。这种接头方法是使用最多的一种，适用于单层焊及多层焊的表层接头。

2）相背接头。相背接头即两焊缝的起头相接。它要求先焊的焊缝的起头处略低些，后焊的焊缝必须在前条焊缝始端稍前处起弧，然后稍拉长电弧将电弧逐渐引向前条焊缝的始端，并覆盖前焊缝的端头，待焊平后，再向焊接方向移动。

3）相向接头。相向接头即两条焊缝的收尾相接。当后焊的焊缝焊到先焊的焊缝收弧处时，焊接速度应稍慢些，填满先焊焊缝的弧坑后，以较快的速度再略向前焊一段，然后熄弧。

4）分段退焊接头。分段退焊接头即先焊焊缝的起头和后焊的收尾相接。它要求后焊的焊缝焊至靠近前焊的焊缝始端时，改变焊条角度，使焊条指向前焊缝的始端，拉长电弧，待形成熔池后，再压低电弧，往回移动，最后返回原来熔池处收弧。

2.2.8 常见缺陷的产生原因及防止措施

1. 焊接变形

（1）焊接变形的基本形式 焊接变形基本形式有收缩变形、角变形、弯曲变形、扭曲变形和波浪变形等，如图2-23所示。

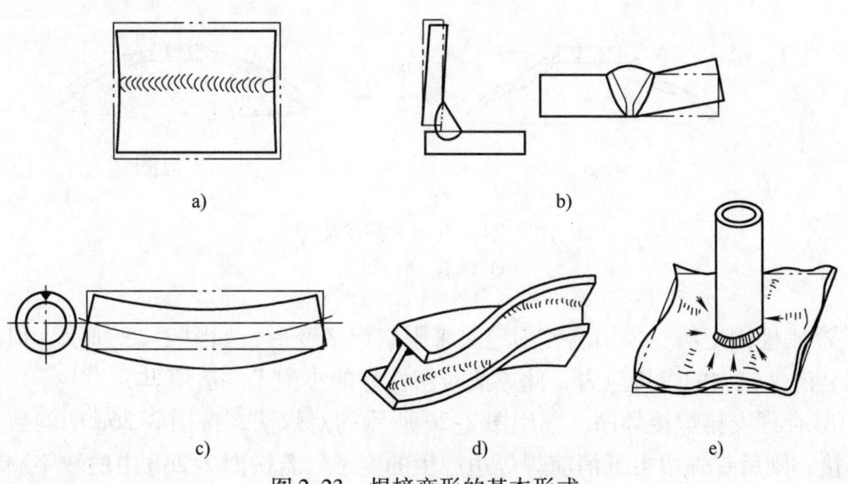

图2-23 焊接变形的基本形式

a）收缩变形 b）角变形 c）弯曲变形 d）扭曲变形 e）波浪变形

1）收缩变形：收缩变形即工件整体尺寸减小，它包括焊缝的纵向和横向收缩变形。

2）角变形：当焊缝截面上下不对称或受热不均匀时，焊缝因横向收缩上下不均匀，引起角变形。V形坡口的对接接头和角接接头易出现角变形。

3）弯曲变形：由于焊缝在结构上不对称分布，焊缝的纵向收缩不对称，引起工件向一侧弯曲，形成弯曲变形。

4）扭曲变形：多焊缝和长焊缝结构因焊缝在横截面上的分布不对称或焊接顺序和焊接方向不合理等，工件易出现扭曲变形。

5）波浪变形：焊接薄板结构时，因焊接应力使薄板失去稳定性，易引起不规则的波浪变形。

实际焊接结构的真正变形往往很复杂，可同时存在几种变形形式。

（2）焊接变形的预防与矫正

1）在结构设计方面的措施包括：

① 焊缝的位置应尽量对称于结构中心轴。

② 尽量减少焊缝的长度和数量。

2）在焊接工艺方面的措施包括：

① 反变形法。焊前组装时，按测定和经验估计的焊接变形方向和大小，在组装时使工件反向变形，以抵消焊接变形，如图2-24所示。同样，也可采用预留收缩余量来抵消尺寸收缩，即根据理论计算和实践经验，在焊件备料及加工时预先考虑收缩余量，以便焊后工件达到所要求的形状、尺寸。

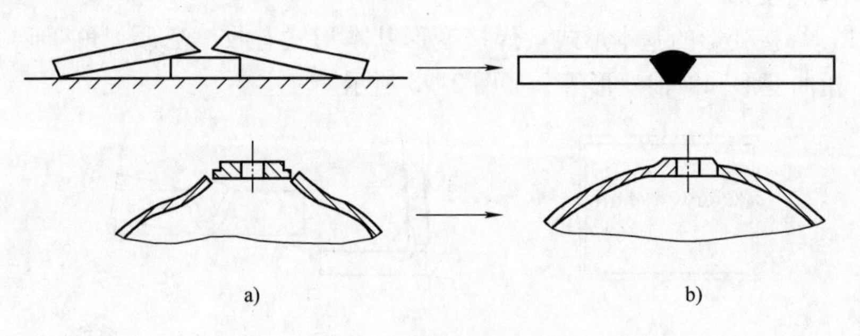

图2-24　钢板对接反变形
a）焊前　b）焊后

② 刚性固定法。采用刚性固定法来限制焊接变形，如图2-25所示。但刚性固定会产生较大的焊接应力，此方法对塑性好的小型工件适用。

③ 合理安排焊接顺序。采用图2-26所示的对焊法，按图2-26a中的数字顺序焊接，则后焊焊边可抵消前焊焊边产生的变形。若按图2-26b中的数字顺序焊接，则会产生翘曲变形。

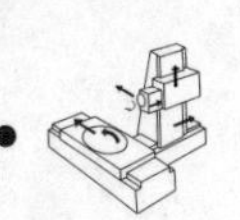

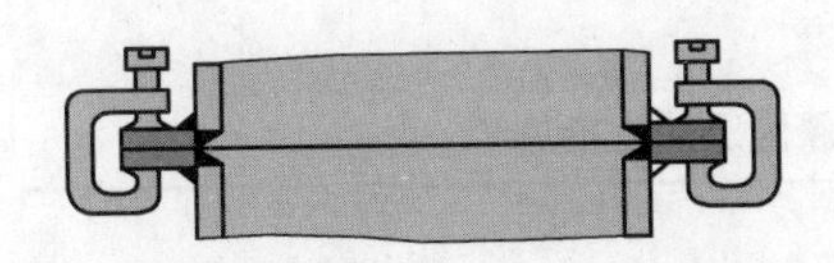

图 2-25　刚性固定法焊接法兰盘

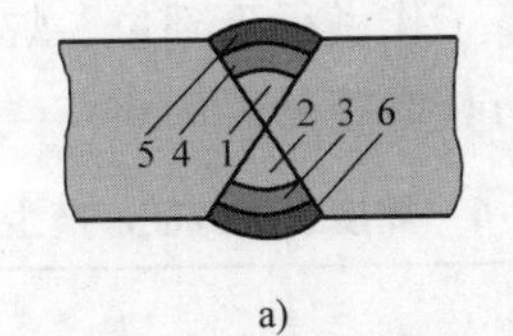

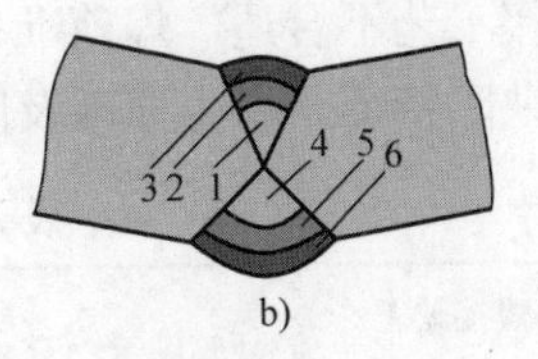

图 2-26　X 形坡口焊接顺序

a）合理　b）不合理

④ 预热与缓冷。减小焊缝区与其他部分的温差，使工件较均匀地冷却，可减少焊接应力和变形。通常在焊前将工件预热到300℃以上再进行焊接，焊后要缓冷。

⑤ 焊后热处理。对重要结构件焊后应进行去应力退火，以降低应力，减少变形，提高承载能力。小型工件可整体退火，大型工件可进行局部退火。

3）焊后矫形处理的措施包括：

① 机械矫形。利用压力机、碾压机、矫直机或手工等方法，在机械外力的作用下，使变形工件恢复到原形状和尺寸。机械矫形可利用机械外力所产生的变形，抵消焊接变形并降低内应力。对塑性差的材料不宜采用机械矫形。

② 火焰矫形。采用氧乙炔焰在被焊工件的适当部位加热，利用冷却收缩产生的新应力造成新变形，来克服和抵消原变形。火焰矫形可使工件的形状恢复，但矫形后的工件应力并未消失。对易淬硬材料和脆性材料不宜采用火焰矫形。

2. 焊接缺陷

焊接缺陷是指焊接过程中焊接接头中产生的金属不连接、不致密或连接不良的现象。熔化焊常见的焊接缺陷有未熔合、咬边、焊瘤、夹渣、未焊透、气孔和裂纹等，如图 2-27 所示。产生焊接缺陷的原因很多，主要有材料选择不当、焊

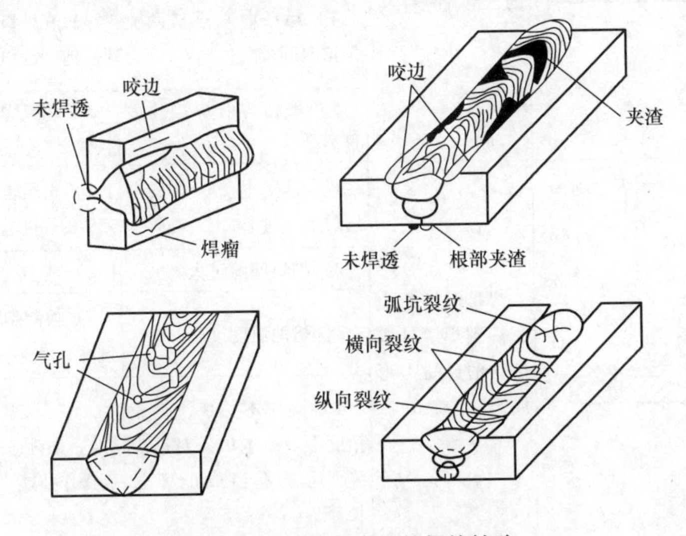

图 2-27　熔化焊常见的焊接缺陷

接工艺不合适、焊前准备工作做得不到位、焊接参数不合适和操作不当等。焊接缺陷特征、产生原因及防止措施见表2-6。

表2-6　焊接缺陷特征、产生原因及防止措施

焊接缺陷名称	缺陷图示	缺陷特征	产生原因	防止措施
未熔合		焊缝金属和母材之间或焊道金属和焊道金属之间未完全熔合	1）电流过小，焊速过高，热量不够或焊条偏于坡口一侧	1）稍减焊接速度，略增焊接电流，焊条角度及运条应适当
			2）母材坡口未清除干净	2）将焊渣、脏物等清理干净
			3）起焊温度低	3）提高起焊温度
			4）运条时偏离焊缝中心	4）焊条有偏心时应调整角度，使电弧处于正确方向
			5）焊接坡口太小，焊根间隙太窄	5）加大焊接坡口，加宽焊根间隙
咬边		焊趾区域或根部区域形成沟槽或凹陷，有连续的，也有间断的	1）焊接电流过大或焊接速度过慢	1）选用合适电流，避免电流过大；控制焊接速度
			2）焊接电弧过长	2）尽量采用短弧焊
			3）焊条角度和摆动不正确	3）焊条角度应合适，保持一定电弧长度，运条应均匀
			4）运条时在坡口两侧停留时间较短	4）在坡口边缘运条稍慢些，应做短时停顿
			5）埋弧焊时焊接速度过高	5）埋弧焊时正确选择焊接速度
焊瘤		焊接时熔化金属淌到焊缝外未熔化的母材上形成的金属瘤	1）焊接电流、电弧电压过大或过小	1）选用较平焊小10%～15%的焊接电流
			2）坡口间隙过大	2）减小坡口间隙
			3）熔池温度过高	3）控制熔池温度，防止过高
			4）操作不熟练，焊条角度不对或电极未对准焊缝，运条不当或电弧过长等	4）加强基本功训练，提高操作技能

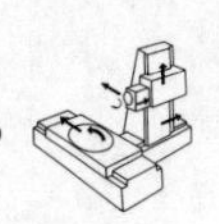

（续）

焊接缺陷名称	缺陷图示	缺陷特征	产生原因	防止措施
夹渣		焊缝表面和内部残留有焊渣	1）焊接电流过小，焊缝金属冷却凝固过快	1）选择合适焊接电流
			2）焊缝清理不彻底	2）彻底清理焊缝
			3）焊接材料成分不当	3）选择合适的焊接材料成分
			4）运条方法或焊接角度不当	4）调整运条方法和焊接角度
未焊透		基本金属之间或基本金属与熔敷金属之间局部未熔合	1）坡口尺寸不正确，如坡口角度偏小、间隙太窄、钝边过大等	1）正确选择坡口形式和装配间隙
			2）焊接电流过小或焊接速度太快	2）正确选择焊接电流大小，放慢焊接速度
			3）焊条偏离坡口中心，或焊条角度不正确，或电弧太长，或电弧偏吹	3）随时调整运条角度，认真操作，防止焊偏
			4）焊件有氧化层及焊渣等	4）注意坡口两侧及焊层之间的清理
气孔		焊缝凝固时，表面和内部留有由气体造成的孔洞	1）焊接材料不干净	1）焊前做好焊接材料的清理工作
			2）焊接电流过大，焊接速度过快	2）正确选择电流种类、大小和极性
			3）电弧过长	3）正确选择焊接参数
			4）焊条使用前未烘干	4）烘干焊条
裂纹		焊缝及附近区域的表层和内部产生的缝隙	1）焊接材料或工件材料选择不当	1）正确选择焊接材料或工件材料
			2）未进行预热处理	2）正确选择预热温度和焊后热处理
			3）焊缝金属冷却凝固过快	3）选用低氢焊条
			4）焊接结构设计不合理	4）确定正确的接头形式，合理安排焊接顺序
			5）坡口清理不彻底	5）做好坡口的清理工作

（续）

焊接缺陷名称	缺陷图示	缺陷特征	产生原因	防止措施
弧坑		在焊缝末端形成的凹陷，常出现在焊缝尾部或接头处	1）操作时收弧或接头焊接技术不熟练，断弧过早	1）采用断续灭弧法或用引出板，将弧坑引至焊件外面
			2）薄板焊使用的电流过大	2）正确地选择焊接电流
烧穿		焊接过程中，熔化金属自坡口背面流出，形成穿孔缺陷	1）焊接电流太大	1）减小焊接电流
			2）装配间隙过大	2）严格控制焊件间隙，并保证间隙的一致性
			3）焊接速度过慢，电弧在焊缝某处停留时间过长	3）适当增加焊接速度，保持焊接速度均匀
			4）垫板托力不足	4）提高垫板托力

2.2.9　焊条电弧焊的安全操作规程

1）工作前要穿戴好个人防护用品，且工作服、手套、绝缘鞋应保持干燥。

2）工作前应认真检查护目镜是否夹紧和漏光；认真检查焊接电缆是否完好，有无破损、裸露，无问题才能使用，不可将电缆放置在焊接电弧附近或炽热的金属上，以免高温烧坏绝缘层，同时，也应避免碰撞磨损。

3）焊钳应有可靠的绝缘，中断工作时，焊钳要放在安全的地方，防止焊钳与焊体之间产生短路而烧坏弧焊机。

4）更换焊条或焊丝时，应戴好手套，且应避免身体与焊件接触。

5）弧焊设备的初接接线、修理和检查应由电工进行，不得私自随便拆修。

6）弧焊设备的外壳必须接地，而且接线应牢靠，以免由于漏电而造成触电事故，接地线不得裸露。

7）推拉电源闸刀时应戴好干燥的手套，面部不要面对闸刀，以免推拉时可能发生电火花而灼伤脸部。

8）在潮湿的地方工作时，应用干燥的木板或橡胶片等绝缘物作垫板，阴雨天严禁室外作业。

9）工作地周围应放置挡板，以免扰乱及损伤周围其他工作人员。

10）焊接区10m内不得堆放易燃、易爆物，注意红热焊条头的堆放。

11）焊接完毕后应关掉焊弧机，当焊机温度过高时应开风扇冷却，但下班前必须关掉焊机及各级电源。

12）设备维修必须在断电条件下进行。

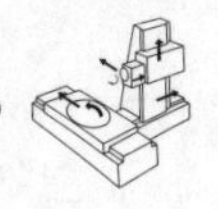

2.3 气体保护焊

气体保护焊是在电弧周围由喷嘴喷出氩气或二氧化碳气体作为保护气体，以使熔池金属与空气隔离，防止有害气体的影响，从而获得高质量焊缝的一种焊接方法。气体保护焊根据保护气体不同，常用的有氩弧焊和二氧化碳气体保护焊。

氩弧焊是用氩气作为保护气体的一种焊接方法。二氧化碳气体保护焊是用连续送进的焊丝作为电极、二氧化碳作为保护气体的焊接方法。

2.3.1 氩弧焊

1. 氩弧焊原理

氩弧焊是钨极氩弧焊和熔化极氩弧焊的统称。

（1）钨极氩弧焊 钨极氩弧焊是采用高熔点的钨棒作为电极，在氩气流保护下利用钨棒与焊件之间的电弧热量，来熔化填充焊丝和母材，冷却后形成焊缝，而电极本身不熔化，只起发射电子发生电弧的作用。钨极氩弧焊的原理如图2-28a所示。

优点：钨极不熔化，弧长稳定，易实现机械化；焊接过程中无飞溅、无焊渣，易清理；保护效果好，焊缝质量高；明弧施焊，便于观察熔池；能进行全位置焊和焊薄板。

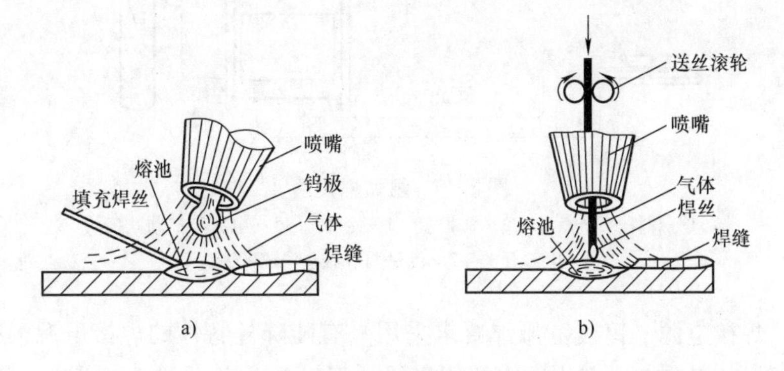

图2-28 氩弧焊原理
a）钨极氩弧焊 b）熔化极氩弧焊

缺点：熔敷效率低，焊接速度较慢；焊接过程的保护效果受风影响，需采取防风措施；惰性气体较贵，焊接成本高；操作不当时，易造成焊缝夹钨，降低接头的力学性能，特别是降低塑性和冲击吸收能量，这是钨极氩弧焊特有的缺陷。

（2）熔化极氩弧焊 熔化极氩弧焊是用焊丝作为熔化电极，氩气作为保护气体的电弧焊。熔化极氩弧焊的原理如图2-28b所示。焊接时，焊丝通过丝轮送进，导电嘴导电，在母材与焊丝之间产生电弧，使焊丝和母材熔化，并用氩气保护电弧和熔融金属来进行焊接。

优点：电流密度大，热量集中，熔敷率高，焊接速度快、效率高；容易引弧；焊接过程中不产生熔渣，可以采用与母材同等成分的焊丝进行焊接；焊缝成形美观。

缺点：成本较高；弧光强烈，烟气大，要加强防护。

2. 氩弧焊分类

根据所用的电极材料可分为：钨极氩弧焊（不熔化极氩弧焊）和熔化极氩弧焊。

根据操作方式可分为：手工氩弧焊、半自动氩弧焊、自动氩弧焊。

根据采用的电源的种类可分为：交流氩弧焊和直流氩弧焊。

3. 氩弧焊设备

手工钨极氩弧焊设备由焊接电源、焊枪、供气系统、控制系统和冷却系统等部分组成，如图2-29所示。

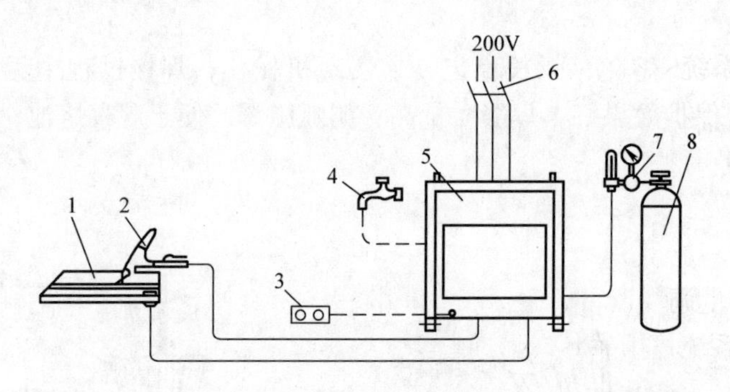

图2-29　氩弧焊设备

1—焊件　2—焊枪　3—遥控盒　4—冷却水　5—电源与控制系统　6—电源开关　7—流量调节器　8—氩气瓶

（1）焊接电源　钨极氩弧焊要求采用具有陡降外特性的焊接电源，有直流电源和交流电源两种。常用的直流钨极氩弧焊机有WS－250型、WS－400型等焊接电源；交流钨极氩弧焊机有WSJ－150型、WSJ－500型等焊接电源；交直流钨极氩弧焊机有WSE－150型、WSE－400型等焊接电源。

（2）控制系统　控制系统是通过控制线路，对供电、供气与稳弧等各个阶段的动作进行控制的系统。

（3）焊枪　焊枪的作用是装夹钨极、传导焊接电流、输出氩气流和起动或停止亚弧焊机的工作系统。焊枪分为大、中、小三种，按冷却方式又可分为气冷

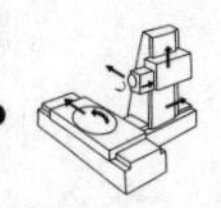

式和水冷式。当所用焊接电流小于150A时，可选择气冷式焊枪，如图2-30所示；当焊接电流大于150A时，必须采用水冷式焊枪，如图2-31所示。

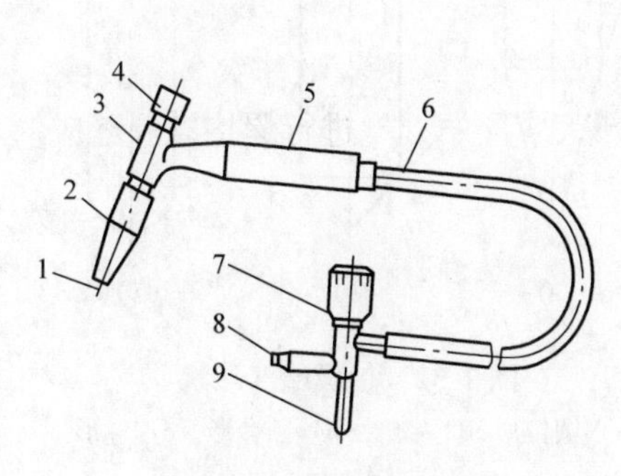

图2-30 气冷式焊枪

1—钨极 2—陶瓷喷嘴 3—枪体 4—短帽 5—手把 6—电缆 7—气体开关手轮 8—通气接头 9—通电接头

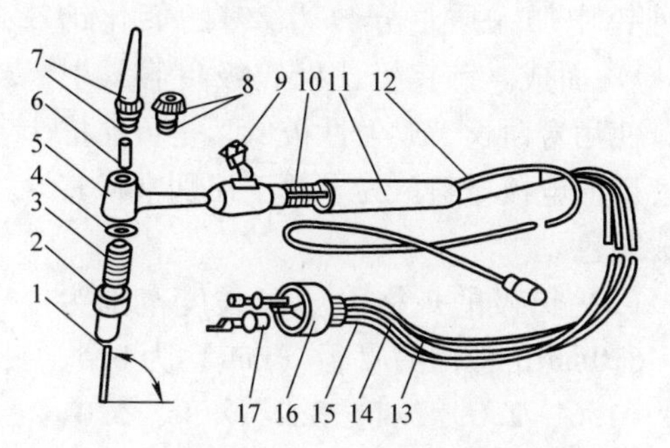

图2-31 水冷式焊枪

1—钨极 2—陶瓷喷嘴 3—导流件 4、8—密封圈 5—枪体 6—钨极夹头 7—盖帽 9—船形开关 10—扎线 11—手把 12—插圈 13—进气橡胶管 14—出水橡胶管 15—水冷缆管 16—活动接头 17—水电接头

(4) 供气系统 供气系统由氩气瓶、氩气流量调节器及电磁气阀组成。

1) 氩气瓶：外表涂灰色，并用绿漆标以“氩气”字样。氩气瓶最大压力为15MPa，容积为40L。

2) 电磁气阀：开闭气路的装置，由延时继电器控制，可起到提前供气和滞后停气的作用。

3) 氩气流量调节器：起降压和稳压的作用及调节氩气流量的大小。

(5) 冷却系统 用来冷却焊接电缆、焊枪和钨极。如果焊接电流小于150A可以不用水冷却。使用的焊接电流超过150A时，必须通水冷却，并以开关控制水压。

4. 钨极氩弧焊用焊接材料

钨极氩弧焊用焊接材料主要有钨极、氩气和焊丝。

(1) 钨极 氩弧焊时钨极作为电极起传导电流、引燃电弧和维持电弧正常燃烧的作用。目前所用的钨极材料主要有以下几种：

1) 纯钨极：其牌号是W1、W2，纯度99.85%以上。纯钨极要求亚弧焊机空载电压较高，使用交流电时，承载电流能力较差，故目前很少采用。为了便于识别常将其涂成绿色。

2) 钍钨极：其牌号是WTh-10、WTh-15，是在纯钨中加入质量分数为1%~2%的氧化钍（ThO_2）而成。钍钨极电子发射率较高，增大了许用电流范围，降低了空载电压，改善了引弧和稳弧性能，但是具有微量放射性。为了便于

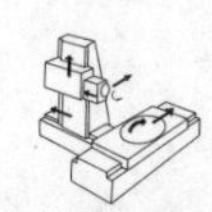

识别常将其涂成红色。

3）铈钨极：其牌号是Wce-20，是在纯钨中加入质量分数为2%的氧化铈（CeO）而成。铈钨极比钍钨极更容易引弧，使用寿命长，放射性极低，是目前推荐使用的电极材料。为了便于识别常将其涂成灰色。

（2）钨极的规格　钨极长度范围为76～610mm，常用的直径（mm）为0.5、1.0、1.6、2.0、2.4、3.2、4.0、5.0、6.3、8.0、10。钨极端部的形状如图2-32所示。

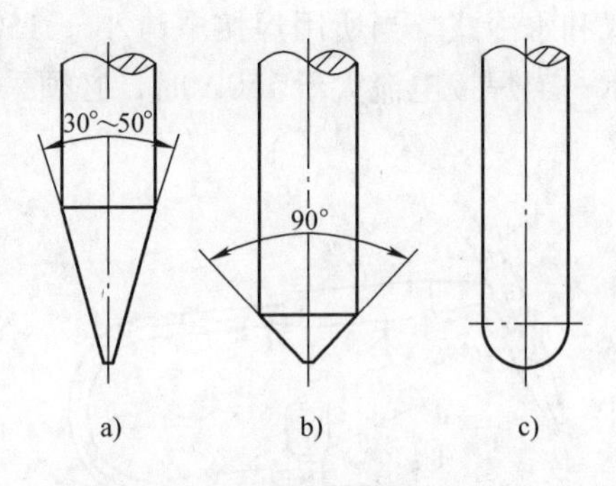

图2-32　钨极端部形状

a）圆锥形30°～50°　b）圆台形　c）球形

（3）氩气

1）氩气易引弧，电弧稳定。

2）氩气的密度大，可形成良好的保护罩，获得较好的保护效果。

3）氩气的原子质量大，具有很好的阴极清理效果。

4）氩气相对便宜，广泛应用于工业生产中。

（4）焊丝　氩弧焊用焊丝主要分钢焊丝和非铁金属焊丝两大类。焊丝可按GB/T 8110—2020《熔化极气体保护电弧焊用非合金钢及细晶粒实心焊丝》和YB/T 5092—2016《焊接用不锈钢丝》选用。焊接非铁金属一般采用与母材相当的焊丝。氩弧焊用焊丝直径（mm）主要有0.8、2.0、2.4、2.5、3.0、3.2、3.4、3.5、3.6、4.0、5.0、6.0等十余种规格，多选用直径为2.0～4.0mm的焊丝。

5. 钨极氩弧焊焊接参数

（1）焊接电源的种类和极性　钨极氩弧焊可以采用交流或直流两种焊接电源，采用哪种电源与所焊金属或合金种类有关。采用直流电源时还要考虑极性的选择，直流焊接电源分为直流正接与直流反接两种方法，如图2-33所示。

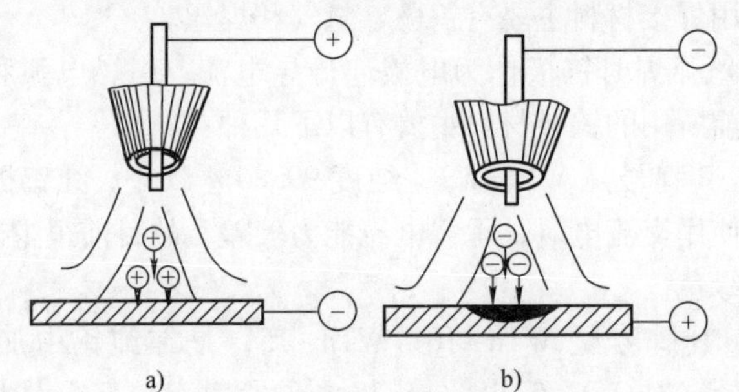

图2-33　直流正接与直流反接

a）直流反接　b）直流正接

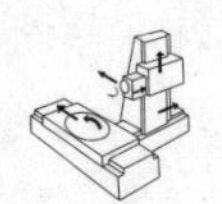

采用直流反接时，焊件是阴极，质量较大的氩正离子流向焊件，撞击金属熔池表面，可将铝、镁等金属表面致密难熔的氧化膜击碎，这种现象称为“阴极破碎”。但是直流反接时，钨极因接正极，因而其温度较高，容易过热或烧损，所以铝、镁及其合金一般不采用直流反接，而应尽可能使用交流电进行焊接。

采用直流正接时，没有“阴极破碎”现象发生，故适用于焊接不锈钢、耐热钢、钛、铜及其合金。电源种类和极性的选择见表2-7。

表2-7 电源种类和极性的选择

电源种类	被焊金属材料
直流正接	低碳钢、低合金钢、不锈钢、耐热钢和铜、钛及其合金
直流反接	适用于各种金属的熔化极氩弧焊，钨极氩弧焊很少采用
交流电源	铝、镁及其合金

（2）钨极直径与焊接电流 钨极直径应根据焊接电流大小而定，焊接电流通常根据焊件的材质、厚度来选择。表2-8为不同电源极性和钨极直径所对应的许用电流。表2-9为不锈钢和耐热钢手工钨极氩弧焊焊丝直径所对应的焊接电流。表2-10为铝合金手工钨极氩弧焊焊丝直径所对应的焊接电流。

表2-8 不同电源极性和钨极直径所对应的许用电流

电源极性	钨极直径/mm				
	1.0	1.6	2.4	3.2	4.0
	许用电流/A				
直流正接	15~80	70~150	150~250	250~400	400~500
直流反接	~	10~20	15~30	25~40	40~55
交流电源	20~60	60~120	100~180	160~250	200~320

表2-9 不锈钢和耐热钢手工钨极氩弧焊焊丝直径所对应的焊接电流

材料厚度/mm	钨极直径/mm	焊丝直径/mm	焊接电流/A
1.0	2	1.6	40~70
1.5	2	1.6	40~85
2.0	2	2.0	80~130
3.0	2~3.2	2.0	120~160

表2-10 铝合金手工钨极氩弧焊焊丝直径所对应的焊接电流

材料厚度/mm	钨极直径/mm	焊丝直径/mm	焊接电流/A
1.5	2	2	70~80
2.0	2~3.2	2	90~120
3.0	3~4	2	120~130
4.0	3~4	2.5~3	120~140

(3) 电弧电压　电弧电压主要由弧长来决定。电弧长度增加，容易产生未焊透的缺陷，并使气体保护效果变差，因此应在电弧不短路的情况下，尽量控制电弧长度。一般弧长近似等于钨极直径。

(4) 焊接速度　焊接速度通常是由焊工根据熔池的大小、形状和焊件熔合情况随时调节。过快的焊接速度会使气体保护氛围受到破坏，焊缝容易产生未焊透和气孔；焊接速度太慢时，焊缝容易烧穿和咬边。

(5) 喷嘴直径与氩气流量　喷嘴直径的大小直接影响保护区的范围，一般根据钨极直径来选择。按生产经验，2倍的钨极直径再加上4mm即为选择的喷嘴直径。

氩气的流量一般可按经验公式确定，即氢气流量（L/min）值应为喷嘴直径（mm）的0.8~3.2倍。流量合适时，熔池平稳，表面明亮无渣，无氧化痕迹，焊缝成形美观；流量不合适时，熔池表面有渣，焊缝表面发黑或有氧化层。

(6) 喷嘴与焊件间的距离　喷嘴与焊件间的距离以8~14mm为宜。距离过大，气体保护效果差；若距离过小，虽对气体保护有利，但能观察的范围和保护区域变小。

(7) 钨极伸出长度　为了防止电弧热烧坏喷嘴，钨极端部应突出喷嘴之外，其伸出长度一般为3~4mm（具体情况视焊接需要而定）。伸出长度过小，焊工不便于观察熔化状况，对操作不利；伸出长度过大，气体保护效果会受到一定的影响。

6. 手工钨极氩弧焊操作要点

(1) 引弧　通常手工钨极氩弧焊机本身具有引弧装置（高压脉冲发生器或高频振荡器），钨极与焊件并不接触，保持一定距离就能在施焊点上直接引燃电弧。如果没有引弧装置，可使用纯铜板或石墨板作为引弧板，在其上引弧，使钨极端头受热到一定温度（约需1s时间），立即移到焊接部位引弧焊接。但这种接触引弧会产生很大的短路电流，很容易烧损钨极端头。

(2) 持枪姿势　平焊时正确的持枪姿势如图2-34所示。

1）身体与焊枪处于自然状态，手腕能灵活带动焊枪平移或转动。

2）焊接过程中软管电缆最小曲率半径应大于300mm，焊接时可任意拖动焊枪。

3）焊接过程中能维持焊枪倾角不变还能清楚方便地观察熔池。

4）保持焊枪匀速向前移动，可根据电流大小、熔池的形状、工件熔和情况调整焊枪前移速度，力求匀速前进。

(3) 焊枪、焊件与焊丝的相对位置　一般焊枪与焊件表面呈70°~80°的夹角，焊丝与表面的夹角为15°~20°，如图2-35所示。

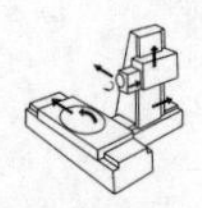

（4）右焊法和左焊法　右焊法适用于厚件的焊接，焊接时焊枪从左向右移动，电弧指向已焊部分，有利于氩气保护焊缝表面不受高温氧化。左焊法适用于薄件的焊接，焊接时焊枪从右向左移动，电弧指向未焊部分起预热作用，容易观察和控制熔池温度，焊缝成形好，操作容易掌握。一般均采用左焊法。

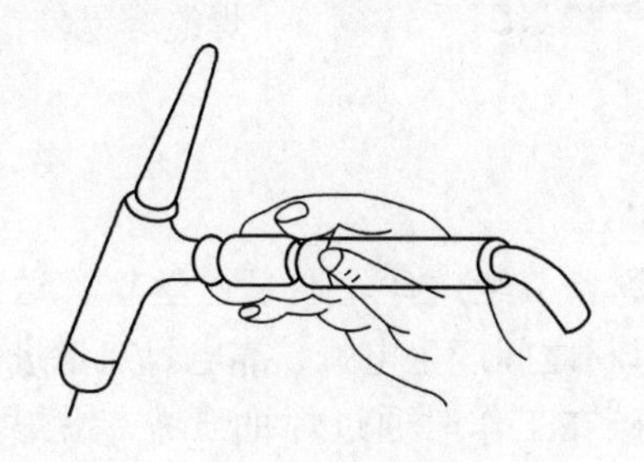

图2-34　平焊时正确的持枪姿势

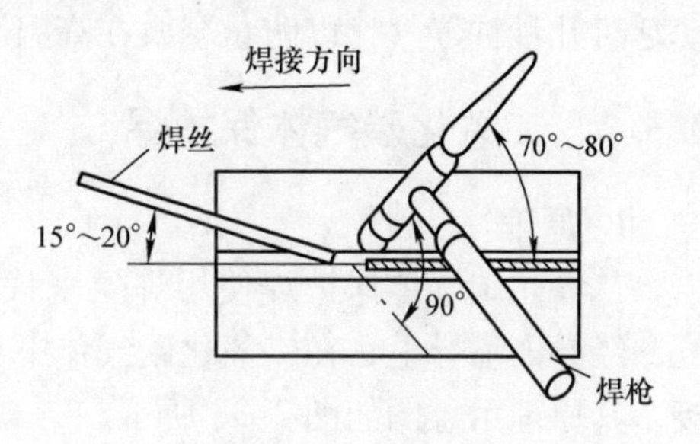

图2-35　焊枪、焊件与焊丝的相对位置

（5）焊丝送进方法

1）送丝方法一：以左手拇指、食指捏住并用中指和虎口配合托住焊丝。需要送丝时，将弯曲的拇指和食指伸直（见图2-36a），即可将焊丝稳稳地送入焊接区，然后借助中指和虎口托住焊丝，迅速弯曲拇指、食指，向上倒换捏住焊丝，如图2-36b所示。如此反复地填充焊丝。

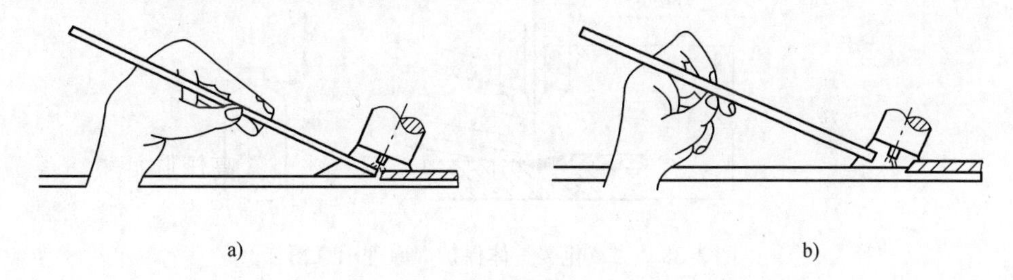

图2-36　焊丝送进方法一

2）送丝方法二：如图2-37所示夹持焊丝，用左手拇指、食指、中指配合送丝，无名指和小手指夹住焊丝控制方向，靠手臂和手腕的上、下反复动作，将焊丝端部的熔滴送入熔池。全位置焊时多用此法。

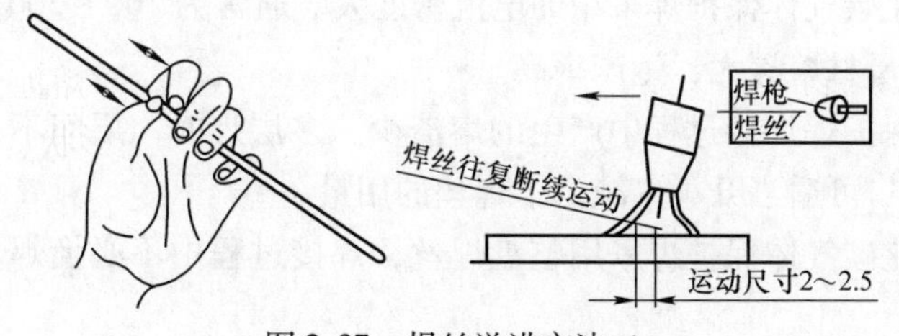

图2-37　焊丝送进方法二

（6）收弧　一般氩弧焊机都配有电流自动衰减装置，收弧时通过焊枪手柄上的按钮断续送电来填满弧坑。若无电流衰减装置，可采用手工操作收弧，其要领是逐渐减少焊件热量，如改变焊枪角度、稍拉长电弧、断续送电等。收弧时，填满弧坑后，应慢慢提起电弧直至熄弧，不要突然拉断电弧。熄弧后，氩气会自动延时几秒钟停气，以防止金属在高温下产生氧化。

2.3.2　二氧化碳气体保护焊

1. 原理

二氧化碳气体保护焊使用焊丝来代替焊条，经送丝轮通过送丝软管送到焊枪，经导电嘴导电，在二氧化碳气体中与母材之间产生电弧，靠电弧热量进行焊接，其原理示意图如图2-38所示。二氧化碳在工作时通过焊枪喷嘴，沿焊丝周围喷射出来，在电弧周围造成局部的气体保护层，使熔滴和熔池与空气机械地隔离开来，从而保护焊接过程稳定持续地进行，并获得优质的焊缝。

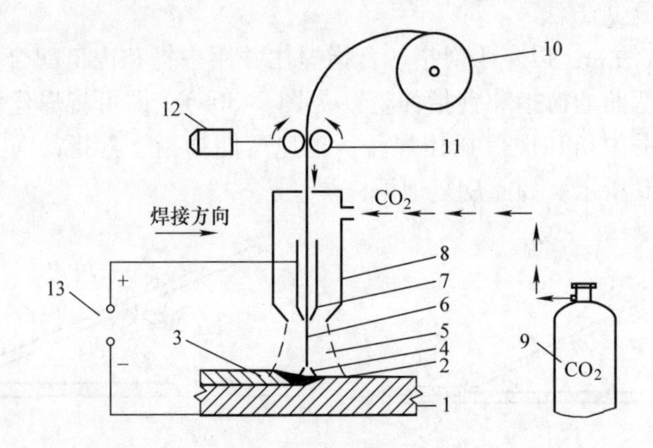

图2-38　二氧化碳气体保护焊原理示意图

1—母材　2—熔池　3—焊缝　4—电弧　5—CO_2保护区　6—焊丝　7—导电嘴　8—喷嘴　9—CO_2气瓶　10—焊丝盘　11—送丝轮　12—送丝电动机　13—直流电源

2. 特点

（1）优点

1）二氧化碳气体保护焊采用的电流密度大，通常为100～300A/mm^2，焊丝熔化速度快，母材熔深大，生产率高。

2）气体保护焊焊接过程中产生的熔渣少，多层焊时，层间不必清渣，焊接可达性好，坡口可适当开小，减少了焊丝的用量。

3）二氧化碳气体保护焊采用整盘焊丝，焊接过程中不必换焊丝，提高了生产率。

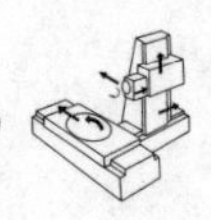

4）对油、锈不敏感，只要工件上没有明显的黄锈，不必清理。

5）焊接变形小，特别适用于薄板的焊接。

6）二氧化碳气体保护焊电弧可见性好，容易对准焊缝、观察并控制熔池。

7）采用自动送丝，操作方便，不必如焊条一样用手工送丝，焊接平稳。

8）成本低。

（2）缺点

1）飞溅大，焊后清理麻烦。

2）弧光强，焊接时要多加防护。

3）抗风力弱，焊接时需采取必要的防风措施。

4）焊枪和送丝软管较重，在小范围内操作不灵活，特别是水冷焊枪。

3. 二氧化碳气体保护焊设备

二氧化碳气体保护焊设备包括供气系统、焊接电源、送丝机构和焊枪等，如图2-39所示。

（1）供气系统　供气系统包括减压阀、流量计和预热器等。

（2）送丝机构　包括机架，送丝电动机，焊丝矫直轮、压紧轮和送丝轮等机构，还有装卡焊丝盘、电缆等。送丝方式有推丝式送丝、拉丝式送丝和推拉式送丝三种方式。

（3）焊枪　焊枪分拉丝式焊枪和推丝式焊枪。常用的焊枪是鹅颈式焊枪，图2-40所示为其结构图。焊接电流小时采用自然冷却，焊接电流较大时采用水冷式。

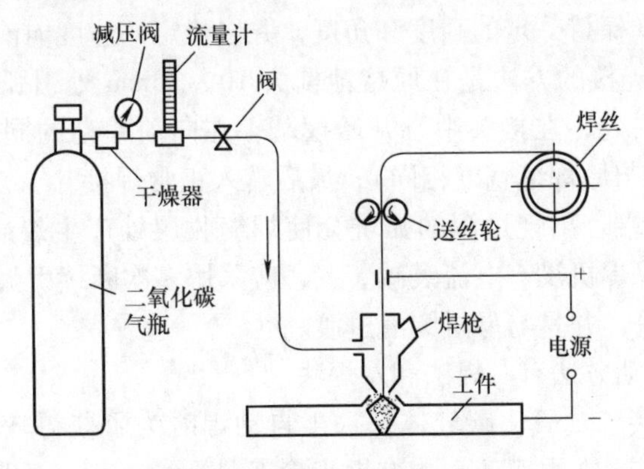

图2-39　二氧化碳气体保护焊设备

4. 二氧化碳气体保护焊操作技术

（1）引弧　采用短路法引弧，引弧前先将焊丝端头较大直径球形剪去使之成锐角，以防产生飞溅，同时保持焊丝端头与焊件相距2~3mm，喷嘴与焊件相距10~15mm。按动焊枪开关，随后自动送气、送电、送丝，直至焊丝与工作表面相碰短路，引燃电弧，此时焊枪有抬起趋势，须控制好焊枪，然后慢慢将其引向待焊处。当焊缝金属融合后，再以正常焊接速度施焊。

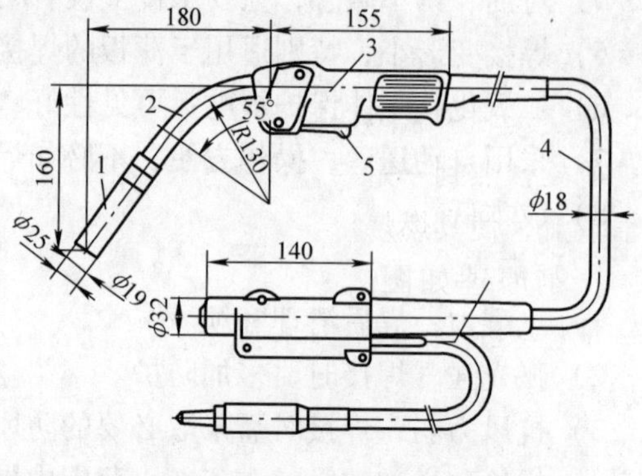

（2）直线焊接　直线无摆动焊接形成的焊缝宽度稍窄，焊缝偏高，熔深较浅。整条焊缝往往在始焊端、焊缝的连接处、终焊端等处最容易产生缺陷，所以应采取特殊处理措施。

图2-40　鹅颈式焊枪的结构图

1—喷嘴　2—鹅颈管　3—焊把　4—电缆　5—扳机开关

1）焊件始焊端温度较低，应在引弧之后先将电弧稍微拉长一些，对焊缝端部适当预热，然后再压低电弧进行起始端焊接，这样可以获得具有一定熔深和成形比较整齐的焊缝。采取过短的电弧起焊会造成焊缝成形不整齐，应当避免。重要构件的焊接，可在焊件端加引弧板，将引弧时容易出现的缺陷留在引弧板上。

2）焊缝接头连接的方法有直线无摆动焊缝连接方法和摆动焊缝连接方法两种。

① 直线无摆动焊缝连接的方法是在原熔池前方10~12mm处引弧，然后迅速将电弧引向原熔池中心，待熔化金属与原熔池边缘吻合填满熔池后，再将电弧引向前方，使焊丝保持一定的高度和角度，并以稳定的速度向前。

② 摆动焊缝连接的方法是在原熔池前方10~20mm处引弧，然后以直线方式将电弧引向接头处，在接头中心开始摆动，在向前移动的同时逐渐加大摆幅（保持形成的焊缝与原焊缝宽度相同），最后转入正常焊接。

3）焊缝终焊端若出现过深的弧坑会使焊缝收尾处产生裂纹和缩孔等缺陷，所以在收弧时如果焊机没有电流衰减装置，应采用多次断续引弧方式，或填充弧坑直至将弧坑填平，并且与母材圆滑过渡。

4）焊枪的运动方法有右焊法和左焊法。

（3）摆动焊接　二氧化碳气体保护半自动焊时为了获得较宽的焊缝，往往采用横向摆动方式。常用摆动方式有锯齿形、月牙形、正三角形、斜圆圈形等。摆动焊接时，横向摆动运丝角度和起始端的运丝要领与直线无摆动焊接一样。

2.4　切割

常用的热加工金属切割的方法有气割和等离子弧切割。

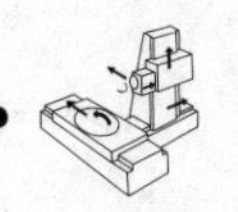

2.4.1 气割

气割是利用氧乙炔焰的热量，将割件待切割处预热到一定温度后，喷出高速切割氧气流，使其燃烧以实现金属切割的方法。气割原理如图 2-41 所示。气割时，先用预热火焰将切割处金属预热至燃点，然后利用切割氧气使预热的金属燃烧，产生的氧化物熔渣被氧气流吹走，形成切口。

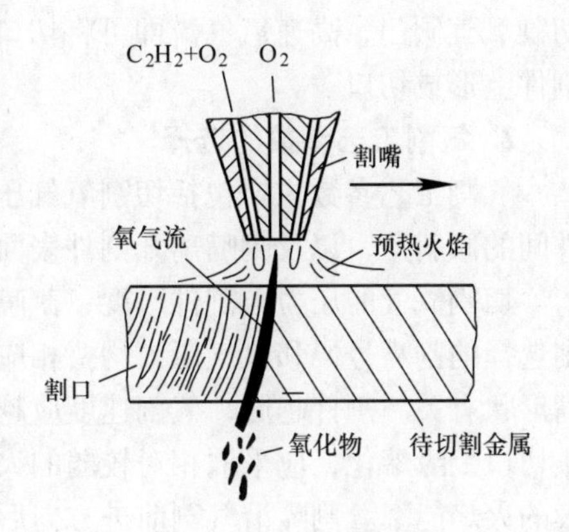

图 2-41 气割原理

碳类结构钢和低合金钢的燃点低于熔点，金属能在固态下燃烧，切口平整，而且形成氧化物的熔点也低于基体熔点，流动性好，易被吹掉，能顺利地进行气割。燃点高于熔点的铸铁、燃点与熔点相近的高碳碳素构钢以及氧化物熔点高的不锈钢、铜及其合金、铝及其合金等，都不易气割，可采用等离子弧切割。

按设备和操作方法不同，气割可分为手工气割和自动气割。手工气割由于灵活性强，设备简单，切割效率高，在各种位置都可进行，因此应用最为广泛。

1. 气割设备

气割设备与气焊相似，只是使用的不是焊炬，而是割炬，其形状结构如图 2-42 所示。割炬分为两部分，一部分为预热部分，具有射吸作用，可使用低压乙炔；另一部分为切割部分，它是由切割氧调节阀、切割氧通道以及割嘴等组成。

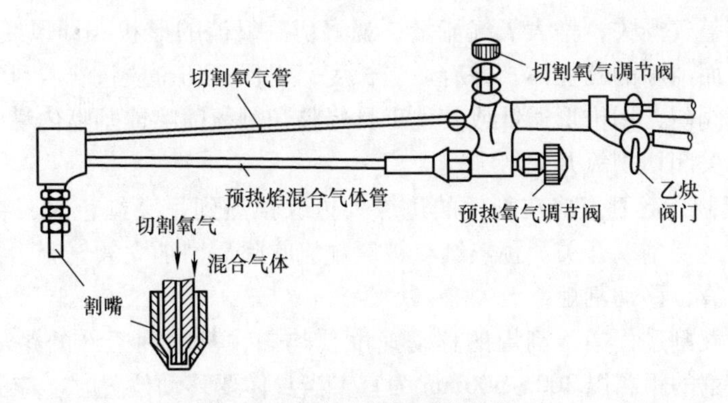

图 2-42 气割割炬形状结构

气割时，先逆时针方向稍微开启预热氧气阀门，再打开乙炔阀门，立即进行

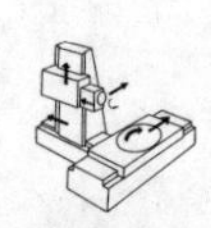

点火，然后增加预热氧气流量，使氧气与乙炔混合后经过混合气体管通道从割嘴喷出产生环形预热火焰，对割件进行预热。割件预热至燃点后，逆时针方向开启切割氧气阀门，高速氧气流即可将切口处的金属氧化并吹除，割炬不断移动则在割件上形成切口。

2. 气割工艺参数的选择

气割工艺参数主要包括切割氧气压力、气割速度、预热火焰能率、割嘴与割件间的倾斜角，以及割嘴离开割件表面的距离。

切割氧气的压力与割件厚度、割嘴号码以及氧气纯度等因素有关。割件厚，则选择的割嘴号码和氧气压力均要相应地增大。气割速度与割件厚度和使用的割嘴形状有关。割件越厚，气割速度应越慢。气割厚板时，因气割速度较慢，为防止切口上缘熔化，应采取相对较弱的火焰能率。在气割薄钢板时，可采用相对较大的火焰能率。割嘴沿气割前进方向后倾一定角度，可将氧化燃烧而产生的熔渣吹向切割线的前缘，以充分利用燃烧产生的热量减少后拖量，促使气割速度提高。割嘴倾斜角的大小，主要根据割件的厚度选择。气割薄板时，割嘴可后倾25°~45°；气割厚板时，割嘴应垂直于割件或向前倾斜20°~30°。割嘴离割件表面的距离，要根据预热火焰的长度及割件的厚度来确定。通常火焰焰心离开割件表面的距离应保持在5mm之内，这样渗碳的可能性最小，加热条件最好。

3. 手工气割基本操作

(1) 准备　将割件表面用钢丝刷仔细地清除掉鳞皮、铁锈和尘垢，以便于火焰直接对钢板预热。割件下面用耐火砖垫空，以便排放熔渣（注意不能把割件直接放在水泥地上进行气割）。检查割炬射吸性是否正常，以及割炬各连接部位及调节手轮的针阀等处是否漏气。

(2) 点火　用点火枪点火，将火焰调节为中性焰。火焰调整好后，打开割炬上的切割氧气开关，增大氧气流量，观察切割氧流的形状（即风线形状）。风线应为笔直而清晰的圆柱体，并有适当长度，以保证切割质量。若风线形状不规则，应关闭阀门，用锥形通针或其他工具修整切割氧喷嘴或割嘴内嘴。预热火焰调整好后，关闭切割氧开关。

(3) 起割　起割点应在割件的边缘。边缘预热到呈亮红色时，将火焰移到边缘外，打开切割氧开关。预热红点被氧气流吹除后，加大氧气流量，割件背面飞出氧化铁渣，移动割炬。

在整个气割过程中，割炬的移动速度要均匀，割嘴到工件的距离应保持一致，一次切割的距离以300~500mm为宜。当身体要移动位置时，应先关闭切割氧阀门，待身体位置移好后，再将割嘴对准割线的接割处加热，然后慢慢打开切割氧阀门，继续向前气割。

气割过程临近尾部时，需将割嘴沿气割方向的反方向倾斜一定角度，以便使

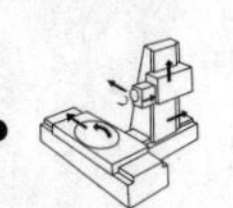

钢板下部割透，使切口在收尾处比较整齐。停割后应仔细清除切口面上的熔渣，以便后序工种的加工。

2.4.2 等离子弧切割

等离子弧切割是利用高速、高温和高能的等离子气流来加热和熔化被切割材料，并利用等离子气流将其吹除进行切割的方法。

等离子弧的温度很高，几乎所有金属及非金属材料都能被等离子弧熔化，因而这种切割方法适用范围很广。其优点是切割质量高，切口窄而平整，工件变形小，热影响区小，切割速度快，生产率高。

1. 等离子弧切割设备

等离子弧切割设备包括切割电源、电器控制箱和割炬等。等离子弧切割电源采用直流电源。电器控制箱主要包括程序控制继电器、接触器、高频振荡器、电磁气阀和水压开关等。

手持式等离子弧割炬如图2-43所示。

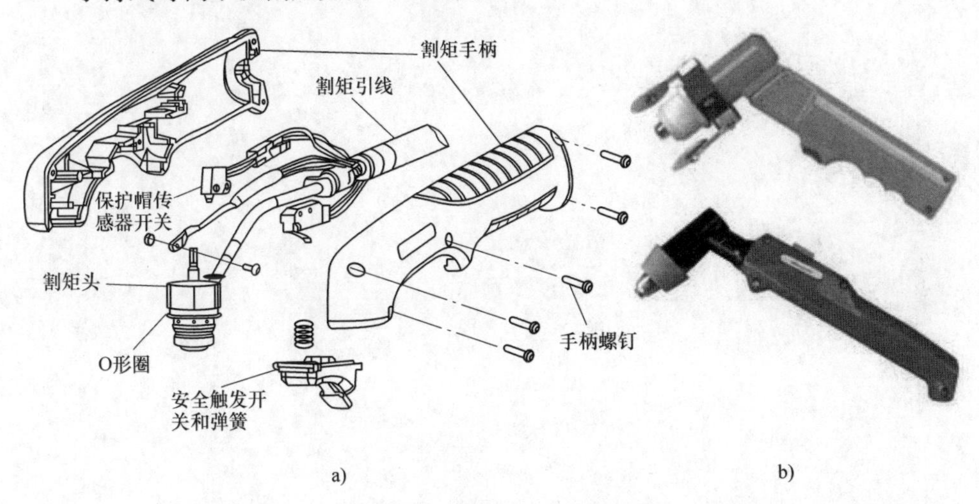

图2-43 手持式等离子弧割炬

a）割炬分解图 b）割炬外形图

2. 等离子弧切割工艺参数

等离子弧切割常用气体有氩气、氮气、氮加氩混合气、氮加氢混合气、氩加氢混合气等，可根据被切割材料及各种工艺条件选用。空气等离子弧切割采用压缩空气或离子气为常用气体，外喷射为压缩空气。气体流量一般依据使用的喷嘴及电流的大小来确定。

切割速度主要取决于材料的板厚、切割电流、切割电压、气体种类及流量、喷嘴结构和合适的后拖量。

3. 等离子弧切割操作技术

（1）准备　切割前，应把被切割工件表面清理干净，使其导电良好，以保证等离子弧的引燃。割件下面用耐火材料垫空，以便熔渣排放。

（2）引弧　将割炬与工件相接触，使割炬与工件构成电回路，按下启动开关引燃电弧，引燃后略微抬起割炬以保持电弧的稳定燃烧。

（3）切割　切割从工件边缘开始或在板上预先钻出直径3.5mm的小孔作为起切点，起切处切穿后移动割炬进行切割。切割过程中应保持合适的切割速度，割炬与工件的距离保持在6mm左右，并且和切口平面保持一致。为了提高生产率和生产质量，可将割炬在切口所在平面向切割的相反方向倾斜0°~45°。

第 3 章 热 处 理

3.1 概述

3.1.1 热处理的定义

金属热处理是将固态金属或合金在一定介质中加热，保温一定时间，然后以适当的速度冷却，以改变其整体或表面组织，从而获得所需要的力学性能的一种工艺方法。

热处理工艺根据加热和冷却方法的不同，大体可分为普通热处理、表面热处理和特殊热处理三大类，如图 3-1 所示。根据加热介质、加热温度和冷却方法的不同，每一大类又可分为若干不同的热处理工艺。同一种金属采用不同的热处理工艺，可获得不同的组织，从而具有不同的性能。钢铁是工业上应用最广的金属，而且钢铁显微组织也最为复杂，因此钢铁热处理工艺种类繁多。本章只介绍钢的热处理。

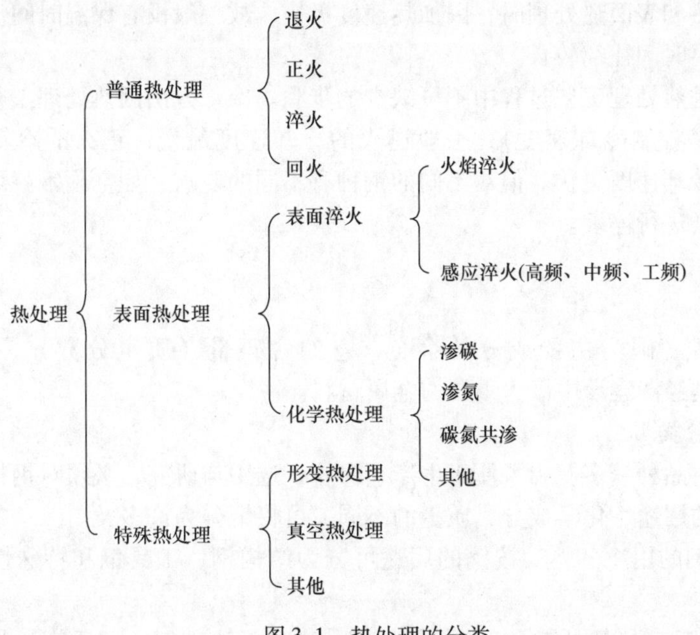

图 3-1　热处理的分类

合理的热处理方法在零件制造过程中，可以消除上一道工序的某些缺陷，也可改善材料的性能，以满足零件的使用要求。

钢铁显微组织复杂，但可以通过热处理予以控制，所以钢铁的热处理是金属热处理的主要内容。另外，铝、铜、镁、钛等及其合金也都可以通过热处理改变其力学、物理和化学性能，以获得不同的使用性能。热处理工艺一般包括加热、保温、冷却三个过程，有时只有加热和冷却两个过程。这些过程互相衔接，不可间断。

加热是热处理的重要工序之一。金属热处理的加热方法很多，最早是采用燃烧木炭和煤作为热源，进而使用液体和气体燃料。电的应用使加热易于控制，且无环境污染，因此目前使用最广泛。利用这些热源可以直接加热，也可以通过熔融的盐或金属，以至浮动粒子进行间接加热。金属加热时，工件暴露在空气中，常常发生氧化、脱碳（即钢铁零件表面碳含量降低），这对于热处理后零件的表面性能有很不利的影响，因而金属通常应在可控气氛或保护气氛中、熔融盐中或真空中加热，也可用涂料或包装方法进行保护加热。

加热温度是热处理工艺的重要工艺参数之一，正确地选择和控制加热温度，是保证热处理质量的前提条件。加热温度随被处理的金属材料和热处理目的的不同而异，但一般都是加热到相变温度以上，以获得高温组织。另外，转变需要一定的时间，因此当金属工件表面达到要求的加热温度时，还需在此温度保持一定时间，使内外温度一致，使显微组织转变完全，这段时间称为保温时间。但采用高能密度加热和表面热处理时，因加热速度极快，故一般没有保温时间。而化学热处理的保温时间往往较长。

冷却也是热处理工艺过程中不可缺少的步骤。冷却方法因热处理工艺不同而不同（主要是控制冷却速度），一般退火的冷却速度最慢，正火的冷却速度较快，淬火的冷却速度更快。但对不同的钢种有不同的要求，如空硬钢就可以用正火的冷却速度进行淬硬。

3.1.2　钢

钢是以铁、碳为主要成分的合金，它的含碳量（质量分数）一般小于2.11%。钢是经济建设中极为重要的金属材料。

1. 钢的分类

由于钢材品种繁多，为了便于生产、保管、选用与研究，必须对钢材加以分类。按钢材的用途、化学成分、质量的不同，可将钢分为许多类。

（1）按钢的用途分类　按钢的用途可分为结构钢、工具钢和特殊性能钢三大类。

1）结构钢：①用作各种机器零件的钢，它包括渗碳钢、调质钢、弹簧钢及

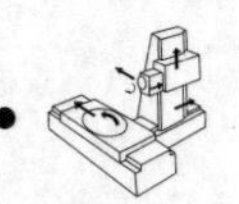

滚动轴承钢。②用作工程结构的钢，它包括碳素钢中的甲、乙、特类钢及普通低合金钢。

2）工具钢：用来制造各种工具的钢。根据工具用途不同可分为刃具钢、模具钢与量具钢。

3）特殊性能钢：具有特殊物理化学性能的钢。可分为不锈钢、耐热钢、耐磨钢和磁钢等。

（2）按化学成分分类　按钢材的化学成分可分为碳素钢和合金钢两大类。

1）碳素钢。碳素钢（简称碳钢）是由生铁冶炼获得的合金，除铁、碳为其主要成分外，通常还含有少量的锰、硅、硫、磷等杂质。碳素钢具有一定的力学性能，良好的工艺性能，且价格低廉，因此获得了广泛的应用。碳素钢按含碳量（质量分数）又可分为低碳钢（含碳量≤0.25%）、中碳钢（0.25%＜含碳量＜0.6%）和高碳钢（含碳量≥0.6%）。

2）合金钢。合金钢是在碳素钢的基础上有目的地加入某些元素（称为合金元素）而得到的多元合金。与碳素钢比，合金钢的性能有显著的提高，故应用日益广泛。合金钢按合金元素含量（质量分数）又可分为低合金钢（合金元素总含量≤5%）、中合金钢（合金元素总含量=5%～10%）和高合金钢（合金元素总含量＞10%）。此外，根据钢中所含主要合金元素种类的不同，合金钢还可分为锰钢、铬钢、铬镍钢和铬锰钛钢等。

（3）按质量分类　按钢材中有害杂质磷、硫的含量（质量分数）可分为普通钢（含磷量≤0.045%、含硫量≤0.055%，或磷、硫含量均≤0.050%），优质钢（磷、硫含量均≤0.040%）和高级优质钢（含磷量≤0.035%、含硫量≤0.030%）。

此外，还有按冶炼炉的种类，将钢分为平炉钢（酸性平炉、碱性平炉）、空气转炉钢（酸性转炉、碱性转炉、氧气顶吹转炉钢）与电炉钢。按冶炼时脱氧程度，将钢分为沸腾钢（脱氧不完全）、镇静钢（脱氧比较完全）及半镇静钢。

在给钢的产品命名时，往往将用途、成分、质量这三种分类方法结合起来，如将钢称为普通碳素结构钢、优质碳素结构钢、碳素工具钢、高级优质碳素工具钢、合金结构钢和合金工具钢等。

2. 力学性能

金属材料的性能一般分为工艺性能和使用性能两类。所谓工艺性能是指机械零件在加工制造过程中，金属材料在给定的冷、热加工条件下表现出来的性能。金属材料工艺性能的好坏，决定了它在制造过程中加工成形的适应能力。由于加工条件不同，要求的工艺性能也就不同，如铸造性能、焊接性、可锻性、热处理性能、切削加工性等。所谓使用性能是指机械零件在使用条件下，金属材料表现出来的性能，它包括力学性能、物理性能和化学性能等。金属材料使用性能的好坏，决定了它的使用范围与使用寿命。

在机械制造业中，一般机械零件都是在常温、常压和非强烈腐蚀性介质中使用的，且在使用过程中各机械零件都将承受不同载荷的作用。金属材料在载荷作用下抵抗破坏的性能，称为力学性能。金属材料的力学性能是零件设计和选材时的主要依据。外加载荷性质不同（如拉伸、压缩、扭转、冲击、循环载荷等），对金属材料要求的力学性能也将不同。常用的力学性能包括强度、塑性、硬度、韧性、多次冲击抗力和疲劳极限等。下面将分别讨论各种力学性能。

（1）强度　强度是指金属材料在静载荷作用下抵抗破坏（过量塑性变形或断裂）的性能。由于载荷的作用方式有拉伸、压缩、弯曲和剪切等形式，所以强度也分为抗拉强度、抗压强度、抗弯强度和抗剪强度等。各种强度间常有一定的联系，使用中一般较多以抗拉强度作为最基本的强度指标。

（2）塑性　塑性是指金属材料在载荷作用下，产生塑性变形（永久变形）而不破坏的能力。

（3）硬度　硬度是衡量金属材料软硬程度的指标。目前生产中测定硬度最常用的方法是压入硬度法，它是用一定几何形状的压头在一定载荷下压入被测试的金属材料表面，根据被压入程度来测定其硬度值的方法，常用的有布氏硬度（HBW）、洛氏硬度（HRA、HRB、HRC）和维氏硬度（HV）等方法。

（4）疲劳强度　强度、塑性、硬度都是金属在静载荷作用下的力学性能指标，而许多机器零件都是在循环载荷下工作的。在交变应力的作用下，零件虽然所承受的应力低于材料的屈服强度，但经过较长时间的工作后会产生裂纹或突然完全断裂，这种现象称为金属的疲劳。

材料在无限多次交变载荷作用下产生破坏的最大应力称为疲劳极限。实际上，金属材料不可能承受无限多次交变载荷试验。一般规定，钢在经受10^7次、非铁（有色）金属材料经受10^8次交变载荷作用时不产生断裂时的最大应力称为疲劳强度。

（5）冲击韧性　以很大速度作用于机件上的载荷称为冲击载荷，金属在冲击载荷作用下抵抗破坏的能力叫作冲击韧性。

3.1.3　热处理设备

常用的热处理设备分为加热设备和冷却设备。

1. 加热设备

热处理加热设备主要为加热炉，按热能来源不同分为电阻炉、燃料炉；按工艺用途不同分为正火炉、退火炉、淬火炉、回火炉、渗碳炉等；按外形和炉膛形状分为箱式炉、井式炉等；按加热介质分为空气炉、浴炉、真空炉等。常用的热处理加热炉主要有电阻炉和浴炉。

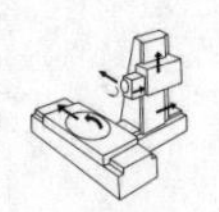

（1）箱式电阻炉　箱式电阻炉炉膛由耐火砖砌成，侧面和底面布置有电热元件，分为低温、中温和高温炉三种，其中中温炉最为常用。图3-2所示为中温箱式电阻炉示意图，其采用电阻丝作为加热元件，最高使用温度为950℃，可用于碳钢、合金钢件的退火、正火、淬火以及固体渗碳等。低温电阻炉温度低于600℃，多用于回火热处理工艺。高温箱式电阻炉采用硅碳棒作为加热元件，温度可达1300℃，用于不锈钢、耐热钢、高合金钢的淬火热处理。

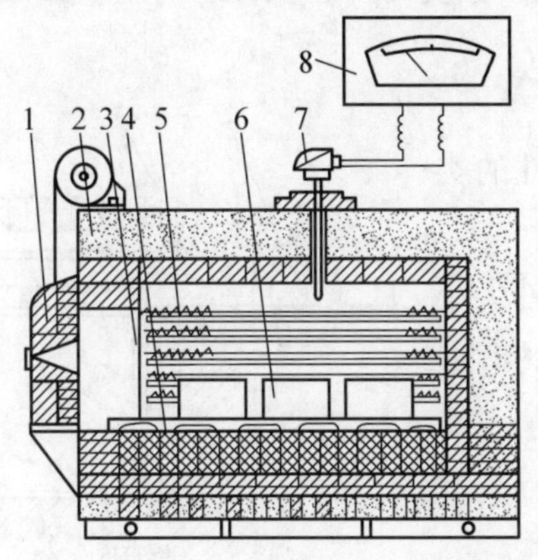

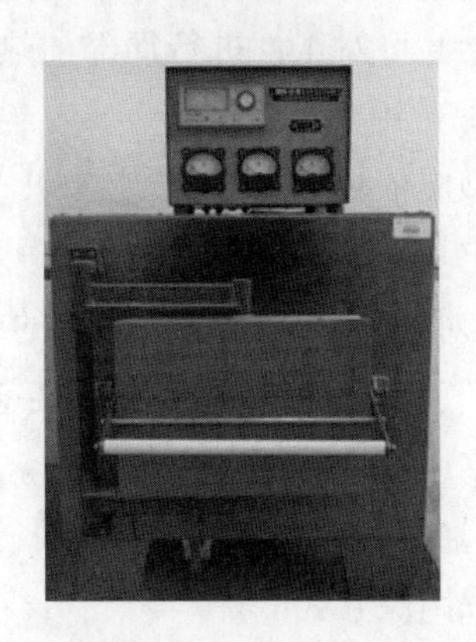

图3-2　中温箱式电阻炉示意图

1—炉门　2—炉体　3—炉膛　4—耐热钢炉底板　5—电热元件
6—工件　7—测温热电偶　8—电子控温仪表

（2）井式电阻炉　井式电阻炉炉口向上，如图3-3所示。对于长轴类工件，可采用起重机悬挂在炉内加热，其他形状的零件可装入料筐中放在炉内加热。井式电阻炉根据工作温度及用途的不同可分为低温、中温和气体渗碳炉三种。其中，低温井式电阻炉主要用于回火加热，中温井式电阻炉主要用于淬火、正火或退火加热。井式气体渗碳炉的结构特点是装料结构采用密封性好的耐热钢制造的耐热炉罐，炉罐内的耐热钢料筐用来装工件，炉盖上有渗碳液滴注孔和废气排出孔以及试样的进出口，主要用于表面渗碳热处理。

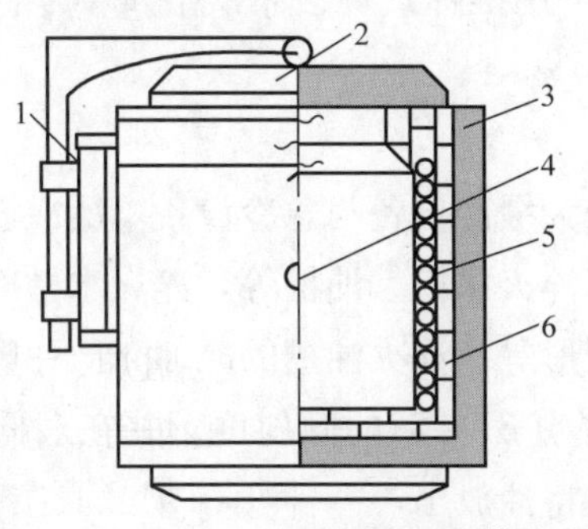

图3-3　井式电阻炉示意图

1—炉盖机构口　2—炉盖　3—保温材料　4—热电偶孔　5—电热元件　6—耐火材料

（3）盐浴炉 热处理浴炉是采用液态的熔盐或油类作为加热介质的热处理设备，按介质不同分为盐浴炉和油浴炉，其中盐浴炉应用较广。盐浴炉根据电极布置方式不同分为插入式和埋入式两种，可进行正火、淬火、化学热处理、局部加热淬火、回火等。插入式电极盐浴炉示意图如图3-4所示。固态盐不导电，必须借助盐浴池内的电阻丝先将电极周围的盐熔化，然后才能利用电极导电加热。盐浴炉的优点是结构简单，加热速度快，温度均匀，工件不与空气接触，氧化、脱碳少，并可对工件进行局部加热。

（4）常用炉型的选择

炉型应依据不同的工艺要求及工件的类型来决定。

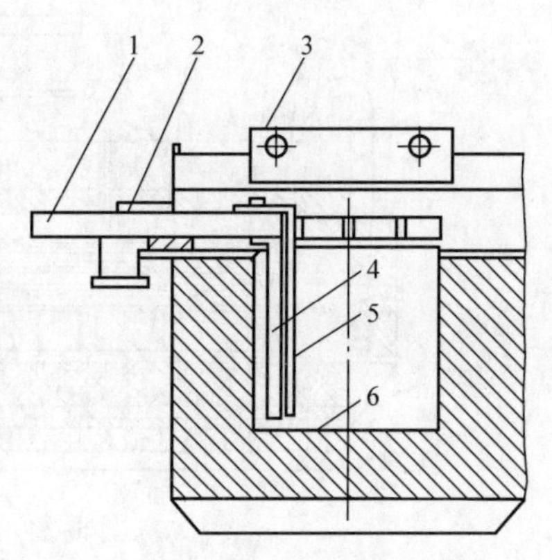

图3-4 插入式电极盐浴炉示意图
1—电极外接板 2—抽气管
3—炉盖 4、5—电极 6—炉膛

1）对于不能成批定型生产的，工件大小不相等的，种类较多的，要求工艺上具有通用性、多用性的，可选用箱式炉。

2）加热长轴类及长的丝杆、管子等工件时，可选用深井式电炉。

3）小批量的渗碳零件，可选用井式气体渗碳炉。

4）对于大批量的汽车、拖拉机齿轮等零件的热处理可选连续式渗碳生产线或箱式多用炉。

5）对大批量冲压件板材坯料的加热，最好选用滚动炉、辊底炉。

6）对成批的定型零件，生产上可选用推杆式或传送带式电阻炉。

7）小型机械零件，如螺钉、螺母等，可选用振底式炉或网带式炉。

8）钢球及滚柱热处理可选用内螺旋的回转管炉。

9）非铁金属锭坯在大批量生产时可用推杆式炉，非铁金属小零件热处理可用空气循环加热炉。

2. 冷却设备

冷却设备根据冷却速度不同，可分为缓冷设备与急冷设备。缓冷设备常用的有浴炉、冷却坑等，急冷设备常用的有淬火水槽、油槽等。淬火水槽冷却介质为水，其结构型式有长方形、正方形和圆形等。淬火油槽的冷却介质一般为机油或柴油，结构与淬火水槽相似，只是槽底有3°~5°的倾斜度，并在最低的一侧壁设一紧急排油阀，当油槽起火时可很快将油放出。

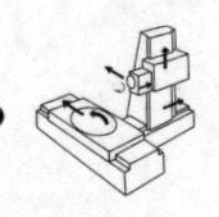

3.1.4 热处理测量工具

1. 温度的测量

为了保证热处理过程中加热温度的准确性，热处理炉温度需要用测温控制仪表来进行测量和控制，常用的有热电偶、毫伏计和电子电位差计。

（1）热电偶　热电偶是根据热电效应测量温度的传感器，是温度测量仪表中常用的测温元件，它可把温度信号转换成热电动势信号，通过电气仪表（二次仪表）转换成被测介质的温度，通常和显示仪表、记录仪表及电子调节器配套使用。热电偶的工作原理如图3-5所示，将不同材料的导体A、B接成闭合回路（见图3-5a），接触点的一端称测量端，另一端称参比端。若测量端和参比端所处温度t和t_0不同，则在回路的A、B之间就会产生一热电势E_{AB}（t、t_0），这种现象称为塞贝克效应，即热电效应。E_{AB}大小随导体A、B的材料和两端温度t和t_0而变，这种回路称为原型热电偶。在实际应用中（见图3-5b），将A、B的一端焊接在一起作为热电偶的测量端放到被测温度t处，而将参比端分开，用导线接入显示仪表，并保持参比端接点温度t_0稳定。显示仪表所测电势只随被测温度t变化。

热电偶结构简单，性能稳定，使用方便，测量精度高，测温范围广，应用十分广泛。

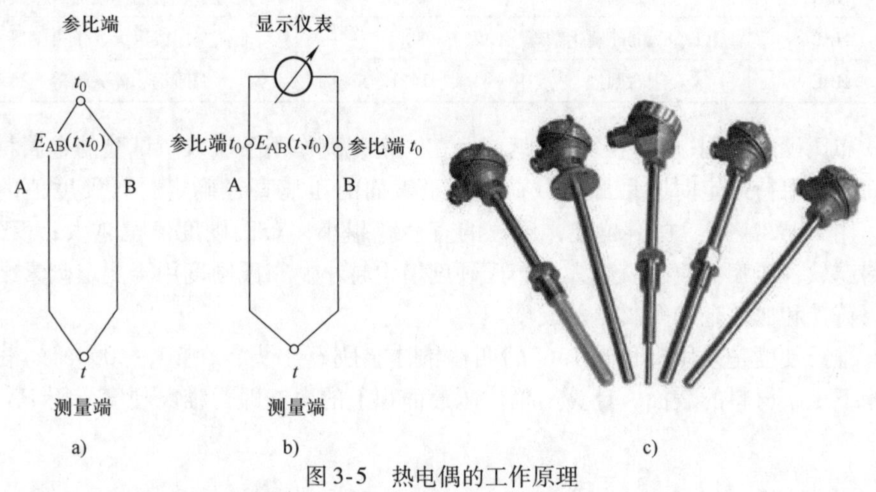

图3-5　热电偶的工作原理

a）原型热电偶　b）实际热电偶　c）热电偶外形

（2）毫伏计　毫伏计是用来直接测量热电势大小的仪表，常用的有指示毫伏计和调节式毫伏计两种。指示毫伏计只有显示热源温度的功能，调节式毫伏计既可指示温度也可控制温度，热处理常用调节式毫伏计。一种毫伏计只能配一种热电偶。

(3) 电子电位差计　电子电位差计是应用最广泛的二次仪表，具有指示温度、记录温度曲线和控制温度三个功能。

2. 硬度的测量

热处理的质量，通常用测量硬度的方法来检验。硬度的表示包括布氏硬度、洛氏硬度和维氏硬度等，其中洛氏硬度应用最广。图3-6所示为硬度测定示意图。

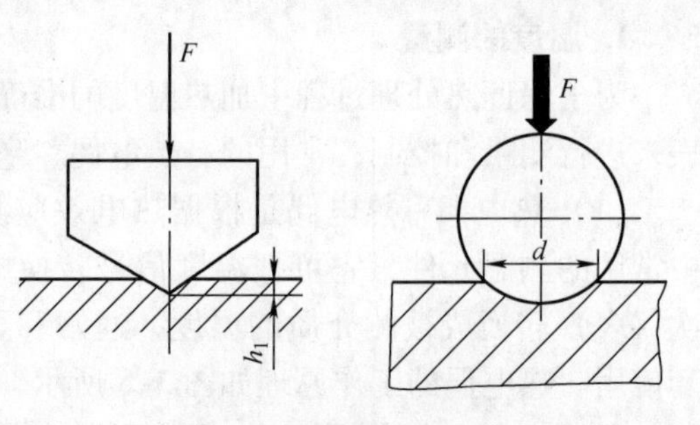

图3-6　硬度测定示意图

洛氏硬度测量方法是用顶角为120°的金刚石圆锥体或直径为1.5875mm的硬化钢球压入被测金属表面，然后根据压痕的深度确定被测金属材料硬度值的方法。根据所加力的大小和压头类型不同，洛氏硬度可分为HRA、HRB、HRC三种（见表3-1），以HRC应用最广泛。洛氏硬度一般采用洛氏硬度机进行测量，刻度盘上的指针直接显示其硬度数值。

表3-1　洛氏硬度类型及应用范围（GB/T 230.1—2018）

符号	压头类型	总力/N	适用的材料
HRA	金刚石圆锥	588.4	硬质合金、表面淬硬层或渗碳层
HRB	直径1.5875mm硬化钢球	980.7	非铁金属或退火、正火钢等
HRC	金刚石圆锥	1471	调质钢、淬火钢等

布氏硬度是用一定直径的硬钢球，在一定载荷作用下压入所试验的金属材料表面，并保持一定时间后卸除载荷，测量表面的压痕直径确定材料硬度值的方法，用HBW表示。材料越硬，压痕的直径就越小，布氏硬度值也越大；反之，材料越软，压痕的直径就越大，布氏硬度值也越小。布氏硬度用于测定碳素结构钢、铸铁和非铁金属等材料的硬度。

维氏硬度是采用夹角为136°的四棱锥体金刚石压头，在10～1000N的载荷作用下压入材料的表面，计算出单位压痕面积上的力，即为维氏硬度，用HV来表示。

3.2　热处理工艺

3.2.1　普通热处理工艺

退火、正火、淬火、回火是整体热处理中的“四把火”，其中的淬火与回火

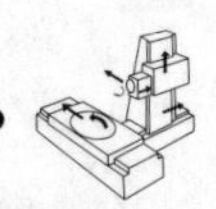

关系密切，常常配合使用，缺一不可。普通热处理工艺过程示意图如图 3-7 所示。

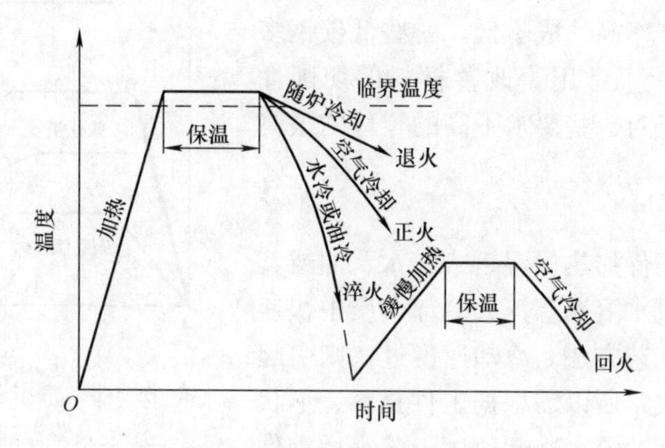

图 3-7 普通热处理工艺过程示意图

1. 退火

退火是将工件加热到适当温度，根据材料和工件尺寸采用不同的保温时间，然后随炉进行缓慢冷却的热处理工艺。退火的目的是降低硬度，改善力学性能和工艺性能，消除组织缺陷，减小内应力，获得良好的工艺性能和使用性能，或者为进一步淬火做组织准备。

根据加热温度、保温时间及冷却速度等参数不同，退火有完全退火、球化退火和去应力退火等几种。图 3-8 所示为常用退火加热温度及降温速度的比较。

（1）完全退火　用以细化中、低碳钢经铸造、锻压和焊接后出现的力学性能不佳的粗大过热组织。将工件加热到铁素体全部转变为奥氏体温度以上 30 ~ 50℃，保温一段时间，然后随炉缓慢冷却，在冷却过程中奥氏体再次发生转变，即可使钢的组织变细。

（2）球化退火　用以降低工具钢和轴承钢锻压后的偏高硬度。将工件加热到钢开始形成奥氏体温度以上 20 ~ 40℃，保温后缓慢冷却，在冷却过程中珠光体中的片层状渗碳体变为球状，从而降低了硬度。

（3）均匀化退火　用以使合金铸件化学成分均匀化，提高其使用性能。方法是在不发生熔化的前提下，将铸件加热到尽可能高的温度，并长时间保温，待合金中各种元素扩散趋于均匀分布后缓冷。

（4）去应力退火　用以消除钢铁铸件和焊接件的内应力。对于钢铁制品，加热到开始形成奥氏体温度以下 100 ~ 200℃，保温后在空气中冷却，即可消除内应力。

2. 正火

正火是将工件加热到适宜的温度后在空气中冷却的热处理工艺方法。正火的

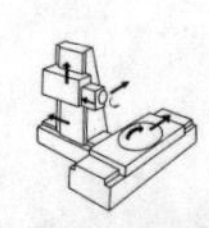

效果同退火相似，但冷却速度较快，因此得到的组织细密，力学性能较好，而且空气冷却不占用设备，生产率高，成本低。一些低碳钢多以正火代替退火，常用于改善材料的切削性能，有时也用于对一些要求不高的零件的最终热处理。

3. 淬火

淬火是将工件加热保温后，在水、油或其他无机盐、有机水溶液等淬火冷却介质中快速冷却的热处理工艺方法。冷却速度过快则引起工件变形及裂纹，所以需根据工件材料、形状及大小确定合理的淬火冷却速度。淬火后钢件变硬，增加耐磨性，但同时变脆。淬火与高温回火配合可获得良好的综合力学性能。

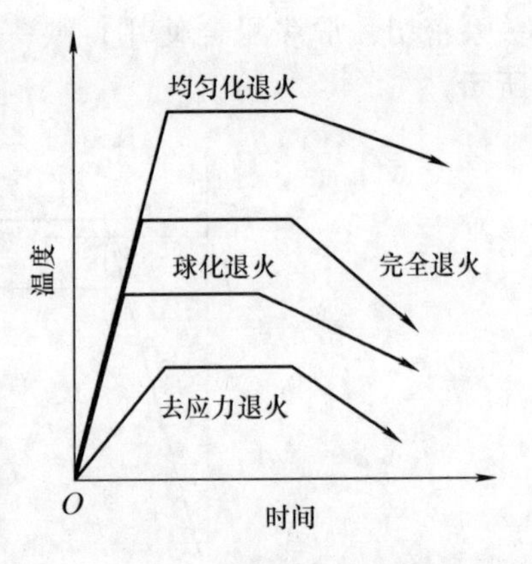

图3-8　常用退火加热温度及降温速度比较

常用的淬火冷却介质有水和油两种。水的来源丰富，价格低廉，可以满足淬火的冷却速度要求，但由于冷却速度较快，工件容易产生裂纹。在淬火过程中，有时在水中加入食盐或碱，以消除蒸汽膜，提高冷却效果，但同时增加成本，且有一定腐蚀性，淬火后需要仔细清洗。一般简单形状的碳素钢工件采用水或盐水作为淬火冷却介质。油是另外一种常用的淬火冷却介质，冷却速度比水低，产生裂纹倾向小。常用的有植物油和矿物油，其中植物油容易老化，矿物油使用更多。但油容易燃烧，使用温度不能过高，常用于合金钢和复杂形状的碳素钢工件。

通常淬火后的工件必须进行回火，目的是保证工件的优良综合力学性能。

4. 回火

回火是淬火热处理后重新加热到规定温度，保温一定时间后在空气或水中冷却的方法。回火可以消除淬火处理后产生的应力，降低脆性，调整性能。按工艺温度不同，回火可分为低温回火、中温回火和高温回火。

（1）低温回火（150～250℃）　低温回火所得组织为回火马氏体。其目的是在保持淬火钢的高硬度和高耐磨性的前提下，降低其淬火内应力和脆性，以免使用时崩裂或过早损坏，并可保持工件高硬度、高强度与高耐磨性。它主要用于各种高碳的切削刃具、量具、冲模、滚动轴承以及渗碳件等，回火后硬度一般为58～64HRC。

（2）中温回火（350～500℃）　中温回火所得组织为回火托氏体。其目的是获得高的屈服强度、弹性极限和较高的韧性，减小内应力，保持工件较高的强度和硬度，并具有很高的弹性和足够的韧性。它主要用于各种弹簧钢和热作模具

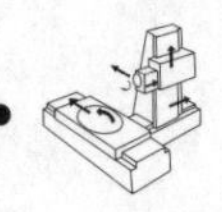

的处理，回火后硬度一般为35～50HRC。

(3) 高温回火（500～650℃） 高温回火所得组织为回火索氏体。其目的是获得强度、硬度和塑性、韧性都较好的综合力学性能。高温回火可消除大部分内应力，获得较高的强度及良好的冲击韧性。习惯上将淬火与高温回火相结合的热处理称为调质处理。该工艺广泛用于汽车、拖拉机和机床等重要结构零件，如连杆、螺栓、齿轮及轴类。回火后硬度一般为200～330HBW。

3.2.2 表面热处理

在扭转和弯曲等交变载荷作用下工作的机械零件，如柴油机的曲轴、活塞销、凸轮轴和齿轮等，不仅承受冲击载荷，表面层还承受磨损。因此，必须提高这些零件表面层的强度、硬度、耐磨性和疲劳强度，并使其心部保持足够的塑性和韧性，以使其能承受冲击载荷。由于仅靠选材和普通热处理无法满足性能要求，因此需要采用表面热处理，即表面淬火和化学热处理。

表面热处理是只加热工件表层，以改变其表层力学性能的金属热处理工艺。为了只加热工件表层而不使过多的热量传入工件内部，使用的热源须具有高的能量密度，即在工件的单位面积上给予较大的热能，使工件表层或局部能短时或瞬时达到高温。表面热处理的主要方法有火焰淬火和感应淬火热处理，常用的热源有氧乙炔焰或氧丙烷焰、感应电流、激光和电子束等。

化学热处理是改变工件表层化学成分、组织和性能的金属热处理工艺。化学热处理与表面热处理不同之处是后者改变了工件表层的化学成分。化学热处理是将工件放在含碳、氮或其他合金元素的介质（气体、液体、固体）中加热，保温较长时间，从而使工件表层渗入碳、氮、硼和铬等元素。工件表层渗入元素后，有时还要对其进行其他热处理工艺，如淬火及回火。化学热处理的主要方法有渗碳、渗氮、渗金属等。

1. 表面淬火

表面淬火是将工件表面快速加热到淬火温度，在心部还未达到淬火温度时就进行快速冷却的方法。该方法可使工件表面淬硬，而心部仍保持原来较高的韧性。表面淬火分为火焰淬火和感应淬火。

(1) 火焰淬火 火焰淬火是利用氧乙炔焰（或其他可燃气体火焰）喷射在工件表面，使之快速加热到淬火温度，然后喷水冷却，达到仅表面硬化的热处理方法，如图3-9所示。这种方法设备简单、操作方便，淬硬深度可达2～6mm，但加热温度不易控制，质量不够稳定，一般用于单件、小批量生产及大件的局部表面淬火。

(2) 感应淬火 感应淬火是利用电磁感应原理，在工件表面产生密度很高的感应电流，并使工件表面迅速加热至奥氏体状态，然后快速冷却获得马氏体组

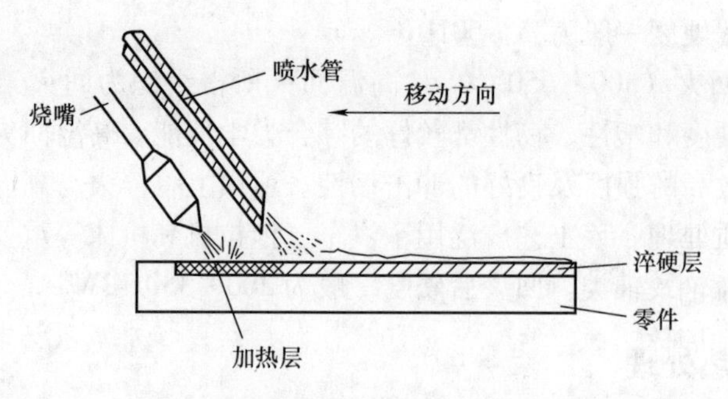

图3-9　火焰淬火示意图

织的淬火方法。图3-10所示为感应淬火示意图。当感应圈中通过一定频率的交流电时，在其内外将产生与电流变化频率相同的交变磁场。感应圈内工件在交变磁场作用下，工件内就会产生与感应圈频率相同而方向相反的感应电流。感应电流沿工件表面形成封闭回路（通常称为涡流），将电能变为热能，使工件加热。涡流在被加热工件中的分布由表面至心部呈现指数规律衰减，因此涡流主要分布于工件表面，工件内部几乎没有电流通过。这种现象叫作趋肤效应，感应加热就是利用趋肤效应，依靠电流热效应把工件表面迅速加热到淬火温度。感应圈用纯铜管制作，内通冷却水。当工件表面在感应圈内加热到相变温度时，立即喷水或浸水冷却，便可实现表面淬火工艺。

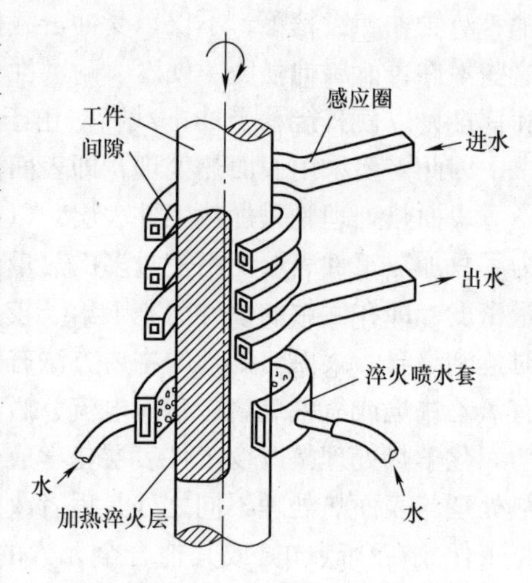

图3-10　感应淬火示意图

工件淬硬层的厚度与电流的频率有关。通过改变线圈电流的频率可控制工件淬硬层深度。感应加热根据电流的频率不同，可分为高频、中频及工频感应加热。感应加热速度快，则淬硬层容易控制，表面硬度高，淬火变形小，氧化脱碳少，生产率高。但感应加热设备复杂，维修、调整较难，投资较大，适合批量生产。

2. 化学热处理

将工件置于一定温度的活性介质中保温，使一种或几种元素渗入它的表层，以改变其化学成分、组织和性能的热处理工艺称为化学热处理。化学热处理可提高钢的表面硬度、耐磨性、耐蚀性、耐热性与疲劳强度，保持心部高的塑性与韧性。根据渗入元素所起的作用，化学热处理可分为提高表面力学性能和提高表面

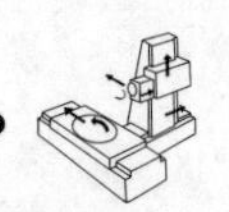

化学稳定性两大基本类型。其中，以提高表面力学性能的化学热处理，如渗氮、渗碳、碳氮共渗等，可以提高工件和刀具表面的疲劳强度、硬度等力学性能；以提高表面化学稳定性的化学热处理，如渗铬、渗铝、渗硅等，可提高表面耐蚀性和表面的化学稳定性。

化学热处理是通过介质的分解、活性原子的吸收、渗入原子的扩散三个基本过程完成的。钢的渗碳应用较广，根据渗碳介质的不同，渗碳方法包括气体渗碳、液体渗碳和固体渗碳三种。生产中常用的是气体渗碳和气体渗氮。

（1）钢的渗碳　钢的淬火硬度是随含碳量的增加而增大的。渗碳是为了增加零件表面含碳量，将零件放在渗碳介质中加热并保温，使碳原子渗入零件表层的热处理工艺。渗碳的目的是使零件获得高的表面硬度（50~62HRC）、高的接触疲劳强度和弯曲疲劳强度，以及高的冲击韧性，从而使工件既满足耐磨性，又有高的塑、韧性的使用要求，并提高使用寿命。一般常用的渗碳钢均为低碳合金钢，常用的有20CrMnTi、20MnVB和17CrNiMo等。

1）钢的渗碳原理。钢的渗碳原理是将工件装入密封的气体渗碳炉中加热，滴入渗剂（如煤油和甲醇），渗剂分解出活性碳原子，吸附在工件表面，并向内扩散。渗碳用于低碳钢和合金渗碳钢工件。渗碳件淬火和回火后，表层具有高硬度和耐磨性，心部具有高韧性，因此适用于承受冲击载荷和有摩擦条件要求的工件，如活塞销和凸轮轴等。

在渗碳温度下（900~950℃），渗碳过程包括三个基本过程，即分解、吸收和扩散。三个过程是同时发生的，且全部过程存在着复杂的物理化学反应。

① 由介质（甲醇、煤油、异丙醇）分解出活性原子，如介质分解产生的一氧化碳和甲烷分解出活性碳原子。

② 活性碳原子被工件表面吸收。

③ 被吸收碳原子向工件内部扩散。

2）气体渗碳工艺。气体渗碳法是将工件放入密封的渗碳炉内，使工件在920℃高温的渗碳气氛中进行渗碳的方法。通入的有机物液体（甲醇、煤油、异丙醇）在高温下分解，产生活性碳原子，并被加热到奥氏体状态的工件表面吸收，而后向钢内部扩散。图3-11所示为气体渗碳法示意图。渗碳时最主要的工艺参数是加热温度和保温时间。加热温度越高，渗碳速度就越快，且扩散层的厚度也越深。

3）工件渗碳后的热处理。工件渗碳的目的在于使表面获得高的硬度和耐磨性，因此渗碳后的工件必须通过热处理使表面获得马氏体组织。渗碳后的热处理方法有三种：

① 直接淬火法：直接淬火法是将工件自渗碳温度炉冷到淬火温度后立即淬火，然后在160~190℃进行低温回火。这种方法不需要重新加热淬火，因而减

小了热处理变形，节省了时间并降低了成本，但由于渗碳温度高，渗碳加热时间长，因而奥氏体晶粒粗大，淬火后残留奥氏体量较多，使工件性能下降，所以直接淬火法只适用于本质细晶粒钢或性能要求较低的工件。这是一般工厂经常采用的工艺。

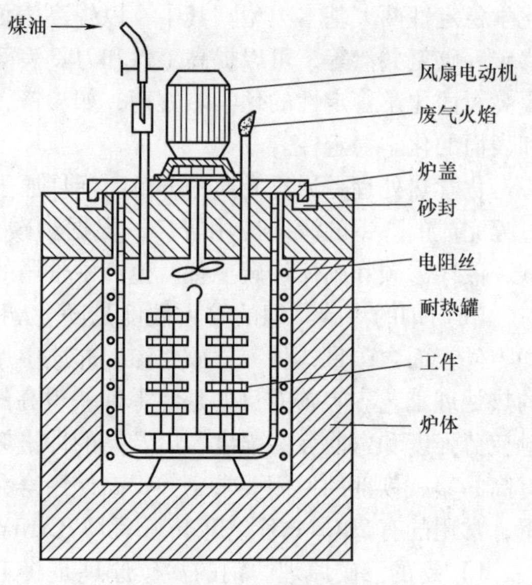

图 3-11　气体渗碳法示意图

② 一次淬火法：一次淬火法是将工件自渗碳后以适当方式冷至室温，然后再重新加热淬火并低温回火。该方法对于要求心部有较高强度和较好韧性的零件，可以细化晶粒。这是大型齿轮、齿轮轴等工件经常采用的方法。

③ 两次淬火法：两次淬火法是将工件自渗碳后冷至室温后再进行两次淬火。第一次淬火的目的是细化心部晶粒，淬火温度较高；第二次淬火的目的是细化表层晶粒，淬火温度较低。这种方法适用于使用性能要求很高的工件，缺点是工艺复杂，生产周期长，工件容易变形。该方法工厂应用较少。

（2）渗氮

1）渗氮原理。渗氮原理是利用氨气在加热时分解出活性氮原子，氮原子被钢吸收后在工件表面形成渗氮层，同时向心部扩散。

2）渗氮的目的。渗氮的目的是为了获得比渗碳还要高的表面硬度（65 ~ 72HRC 或600 ~ 1000HV）、高的耐磨性、高的疲劳强度和热硬性以及高的耐蚀性。由于热处理温度低（520℃左右），故渗氮后的零件不需进行后续热处理，处理后变形很小。

3）渗氮的缺点。渗氮的缺点是渗氮时间长（少则二十多小时，多则五六十小时），生产效率低，氮化层易产生脆性，而且氮化层较浅，硬度高，不能承受大的接触应力和冲击载荷。

4）渗氮处理的特点：

① 渗氮往往是工件加工工艺路线中最后一道工序，渗氮后的工件至多再进行精磨或研磨。为了保证渗氮工件心部具有良好的综合力学性能，在渗氮前有必要将工件进行调质处理。

② 钢在渗氮后无须进行淬火便具有很高的表层硬度（≥550 ~ 900HV）及耐

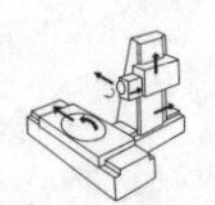

磨性（这是因为渗氮层形成了一层坚硬的氮化物所致），且渗氮层具有高的热硬性（即在600～650℃仍有较高硬度）。但由于渗氮层较浅（0.25～0.6mm），因此渗氮处理后一般不再加工。若需精磨，则余量在直径方向上不应超过0.15mm，否则会磨掉渗氮层而使硬度大大下降。

③ 渗氮后能显著提高钢的疲劳强度，这是因为渗氮层内具有较大的残余压应力，它能部分地抵消在疲劳载荷下产生的拉应力，延缓了疲劳破坏过程。

④ 渗氮后钢具有很高的耐蚀性，这是由于渗氮层表面是由连续分布的、致密的氮化物所组成的缘故。

⑤ 渗氮处理温度低，故工件变形很小。为了减小工件在渗氮处理中的变形，在切削加工后一般需进行消除应力高温回火。

渗氮的最大缺点是周期长，生产率低。气体渗氮时，要达到0.5mm的渗氮层，渗氮速度约为10μm/h；如果采用离子渗氮，则其渗氮速度可比气体渗氮速度快近三分之一；液体渗氮时，速度可更快些。

渗氮广泛应用于各种高速传动精密齿轮、高精度机床主轴（如镗杆、磨床主轴），以及要求变形很小，具有一定抗热、耐蚀和耐磨性的零件。

3.2.3 热处理常见缺陷

热处理过程中，如果工艺参数选择不当，将会使工件产生缺陷。常见的缺陷有以下几种：

1）过热现象。过热是工件加热时，由于温度过高或保温时间过长，导致奥氏体晶粒粗大，使零件的力学性能下降的现象。因此，为避免产生这类缺陷，必须严格控制加热温度及保温时间。

2）过烧现象。过烧是加热温度过高，不仅引起奥氏体晶粒粗大，而且晶界局部出现氧化或熔化，导致晶界弱化的现象。钢过烧后性能严重恶化，淬火时易形成龟裂。过烧组织无法恢复，只能报废，因此在工作中要避免过烧的发生。

3）氧化和脱碳。氧化和脱碳是工件加热时，介质中的氧化性气氛使钢的铁和碳氧化的现象。氧化和脱碳不仅使工件表面产生氧化层，影响工件的尺寸精度，而且表面的碳被脱掉，还会影响工件硬度的分布，降低耐磨性，所以需要严格控制热处理时的加热温度及保温时间。钢脱碳后，表面硬度、疲劳强度及耐磨性降低，而且表面形成残余拉应力，易形成表面网状裂纹。

防止氧化和减少脱碳的措施有：工件用不锈钢箔包装密封加热、采用盐浴炉加热、采用保护气氛加热（如净化后的惰性气体、控制炉内碳势）、使用火焰燃烧炉（使炉气呈还原性）等。

4）变形和开裂。变形和开裂是淬火热处理过程中，由于冷却速度过快，工件内部出现过大的内应力，导致工件形状、尺寸发生变化，甚至产生裂纹的现象。因此，淬火热处理时要合理选择淬火冷却介质及淬火方法。

5）氢脆现象。高强度钢在富氢气氛中加热时出现塑性和韧性降低的现象称为氢脆。出现氢脆的工件通过除氢处理（如回火、时效等）能消除氢脆，采用真空、低氢气氛或惰性气氛加热可避免氢脆。

6）硬度不足。淬火处理时加热温度过低，保温时间不够，会使工件硬度偏低或分布不均。因此，淬火时必须严格按照正确的热处理工艺进行。

3.2.4　热处理生产安全知识

1）热处理实习操作前，应熟悉零件的技术要求及热处理设备的操作规程，严格按照工艺规程操作。

2）为防止烧伤、灼伤、烫伤、碰伤及轧伤等人身事故，操作过程中要坚持正确穿戴个人防护用具，做到安全生产。

3）使用电阻炉加热时，工件的进炉或出炉操作应在切断电源的情况下进行。

4）使用盐浴炉加热时，工件和工具都应烘干，不得将沾有水和油的工件放入炉膛。

5）使用硬度计时，必须按规定的测量硬度范围进行，以免损坏压头。

6）硬度计使用完毕后应将手柄推向后方，压头使用完毕后应用纱布擦拭干净，压头应涂上少许防锈油；硬度计应经常保持清洁，使用完毕盖好防尘罩。

7）不要触摸出炉后尚处高温的热处理工件，以防烫伤。

8）所有电气设备、测温仪表等必须有可靠的绝缘及接地，以防触电。

9）不要随意触摸或乱动实习场地内的化学药品、油类和处理液等。

10）工作完毕应做好场地及设备清扫工作。

第4章　车削加工

4.1　概述

4.1.1　车削加工简介

车削加工是在车床上利用工件相对于刀具旋转对工件进行切削加工的方法。车削加工的切削能主要由工件而不是刀具提供。车削是最基本、最常见的切削加工方法，在生产中占有十分重要的地位。车削加工所用刀具主要是车刀。图4-1所示为车削的零件举例。

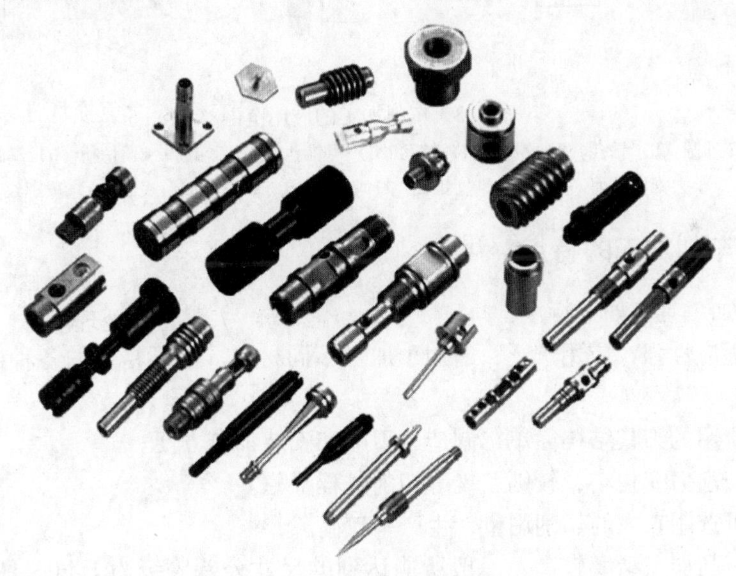

图4-1　车削的零件举例

4.1.2　车削加工的范围

车削加工适用于加工回转表面，大部分具有回转表面的工件都可以用车削的方法加工，如内外圆柱面、内外圆锥面、端面、镗铰孔、沟槽、钻中心孔、内外螺纹、回转成形面及盘绕弹簧等。车削加工的应用范围如图4-2所示。

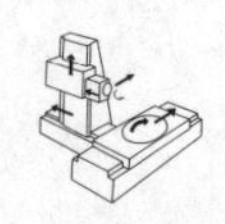

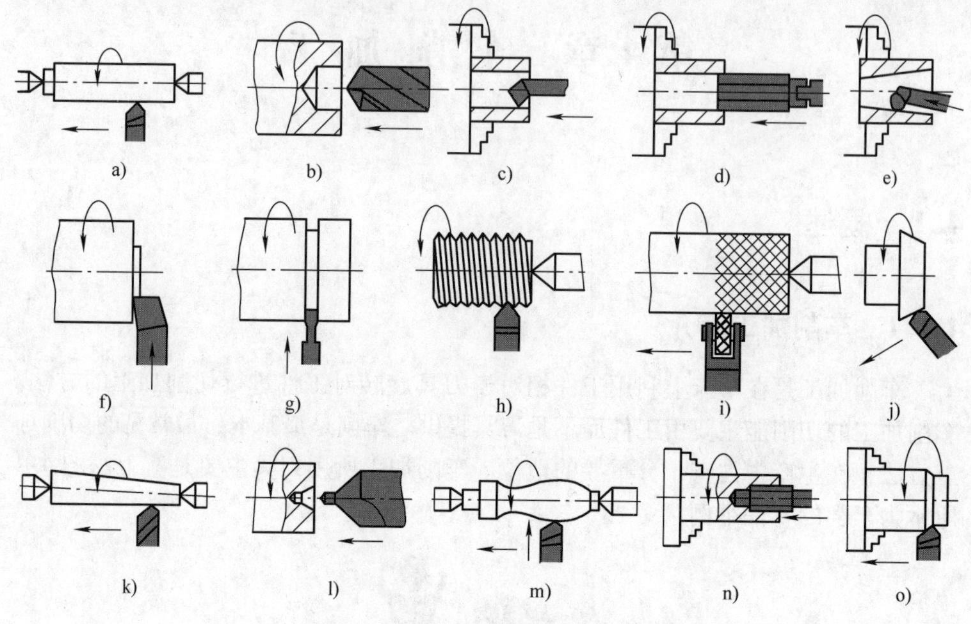

图4-2　车削加工的应用范围

a）车外圆　b）钻孔　c）镗孔　d）铰孔　e）镗锥孔　f）车端面　g）切槽　h）车螺纹　i）滚花　j）车大锥度锥面　k）车小锥度锥面　l）钻中心孔　m）车成形表面　n）攻螺纹　o）倒角

4.1.3　车削加工的特点

车削加工具有如下特点：

1）适应性强，应用广泛，适用于加工不同材质、不同精度的各种回转体类零件。

2）所用的刀具结构简单，制造、刃磨和安装都较方便。

3）切削力变化小，较刨、铣等切削过程平稳。

4）可选用较大的切削用量，生产率较高。

5）车削加工精度较高，一般所能达到的尺寸公差等级为IT11～IT6，表面粗糙度 Ra 值为12.5～0.8μm。

4.2　车床

在各类金属切削机床中，车床是应用最广泛的一类，约占机床总数的50%。车床既可用车刀对工件进行车削加工，又可用钻头、铰刀、丝锥和滚花刀进行钻孔、铰孔、攻螺纹和滚花等操作。

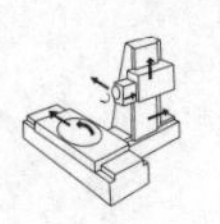

4.2.1　车床的型号

按 GB/T 15375—2008《金属切削机床　型号编制方法》规定，机床编号均采用汉语拼音字母和阿拉伯数字，按一定规则组合编码，以表示机床的类型和主要规格。表 4-1 是该标准的车床类编码规定。

例：

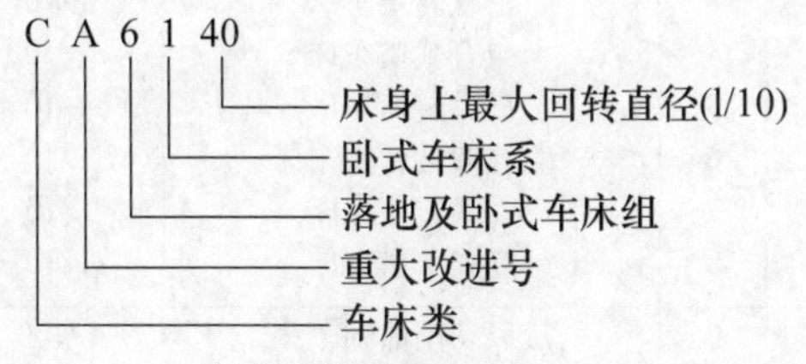

表 4-1　GB/T 15375—2008《金属切削机床　型号编制方法》之车床类（C）

组		系		主参数	
代号	名称	代号	名称	折算系数	名称
0	仪表小型车床	0	仪表台式精整车床	1/10	床身上最大回转直径
		2	小型排刀车床	1	最大棒料直径
		3	仪表转塔车床	1	最大棒料直径
		4	仪表卡盘车床	1/10	床身上最大回转直径
		5	仪表精整车床	1/10	床身上最大回转直径
		6	仪表卧式车床	1/10	床身上最大回转直径
		7	仪表棒料车床	1	最大棒料直径
		8	仪表轴车床	1/10	床身上最大回转直径
		9	仪表卡盘精整车床	1/10	床身上最大回转直径
1	单轴自动车床	0	主轴箱固定型自动车床	1	最大棒料直径
		1	单轴纵切自动车床	1	最大棒料直径
		2	单轴横切自动车床	1	最大棒料直径
		3	单轴转塔自动车床	1	最大棒料直径
		4	单轴卡盘自动车床	1/10	床身上最大回转直径
		6	正面操作自动车床	1	最大车削直径
2	多轴自动、半自动车床	0	多轴平行作业棒料自动车床	1	最大棒料直径
		1	多轴棒料自动车床	1	最大棒料直径
		2	多轴卡盘自动车床	1/10	卡盘直径
		4	多轴可调棒料自动车床	1	最大棒料直径
		5	多轴可调卡盘自动车床	1/10	卡盘直径
		6	立式多轴半自动车床	1/10	最大车削料直径
		7	立式多轴平行作业半自动车床	1/10	最大车削料直径

（续）

组		系		主参数	
代号	名称	代号	名称	折算系数	名称
3	回轮、转塔车床	0	回轮车床	1	最大棒料直径
		1	滑鞍转塔车床	1/10	卡盘直径
		2	棒料滑枕转塔车床	1	最大棒料直径
		3	滑枕转塔车床	1/10	卡盘直径
		4	组合式塔车床	1/10	最大车削直径
		5	横移转塔车床	1/10	最大车削直径
		6	立式双轴转塔车床	1/10	最大车削直径
		7	立式转塔车床	1/10	最大车削直径
		8	立式卡盘车床	1/10	卡盘直径
4	曲轴及凸轮轴车床	0	旋风切削曲轴车床	1/100	转盘内孔直径
		1	曲轴车床	1/10	最大工件回转直径
		2	曲轴主轴颈车床	1/10	最大工件回转直径
		3	曲轴连杆轴颈车床	1/10	最大工件回转直径
		5	多刀凸轮轴车床	1/10	最大工件回转直径
		6	凸轮轴车床	1/10	最大工件回转直径
		7	凸轮轴中轴颈车床	1/10	最大工件回转直径
		8	凸轮轴端轴颈车床	1/10	最大工件回转直径
		9	凸轮轴凸轮车床	1/10	最大工件回转直径
5	立式车床	1	单柱立式车床	1/100	最大车削直径
		2	双柱立式车床	1/100	最大车削直径
		3	单柱移动立式车床	1/100	最大车削直径
		4	双柱移动立式车床	1/100	最大车削直径
		5	工作台移动单柱立式车床	1/100	最大车削直径
		7	定梁单柱立式车床	1/100	最大车削直径
		8	定梁双柱立式车床	1/100	最大车削直径
6	落地及卧式车床	0	落地车床	1/100	最大工件回转直径
		1	卧式车床	1/10	床身上最大回转直径
		2	马鞍车床	1/10	床身上最大回转直径
		3	轴车床	1/10	床身上最大回转直径
		4	卡盘车床	1/10	床身上最大回转直径
		5	球面车床	1/10	刀架上最大回转直径
		6	主轴箱移动型卡盘车床	1/10	床身上最大回转直径
7	仿形及多刀车床	0	转塔仿形车床	1/10	刀架上最大车削直径
		1	仿形车床	1/10	刀架上最大车削直径
		2	卡盘仿形车床	1/10	刀架上最大车削直径
		3	立式仿形车床	1/10	最大车削直径
		4	转塔卡盘多刀车床	1/10	刀架上最大车削直径
		5	多刀车床	1/10	刀架上最大车削直径
		6	卡盘多刀车床	1/10	刀架上最大车削直径
		7	立式多刀车床	1/10	刀架上最大车削直径
		8	异形多刀车床	1/10	刀架上最大车削直径

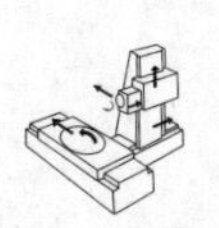

（续）

组		系		主参数	
代号	名称	代号	名称	折算系数	名称
8	轮、轴、辊、锭及铲齿车床	0	车轮车床	1/100	最大工件直径
		1	车轴车床	1/10	最大工件直径
		2	动轮曲拐销车床	1/100	最大工件直径
		3	轴颈车床	1/100	最大工件直径
		4	轧辊车床	1/10	最大工件直径
		5	钢锭车床	1/10	最大工件直径
		7	立式车轮车床	1/100	最大工件直径
		9	铲齿车床	1/10	最大工件直径
9	其他车床	0	落地镗车床	1/10	最大工件回转直径
		2	单能半自动车床	1/10	刀架上最大车削直径
		3	气缸套镗车床	1/10	床身上最大回转直径
		5	活塞车床	1/10	最大车削直径
		6	轴承车床	1/10	最大车削直径
		7	活塞环车床	1/10	最大车削直径
		8	钢锭模车床	1/10	最大车削直径

4.2.2　车床的分类

按用途和结构的不同，车床主要分为卧式车床、落地车床、立式车床、转塔车床、单轴自动车床、多轴自动和半自动车床、仿形车床、多刀车床和各种专门化车床，如凸轮轴车床、曲轴车床、车轮车床、铲齿车床。

1. 卧式车床

卧式车床的主轴平行于水平面，工件装夹在主轴上并随主轴一起回转，刀具装夹在刀架上，随刀架在水平导轨上移动。图4-3、图4-4所示为两种常用卧式车床。

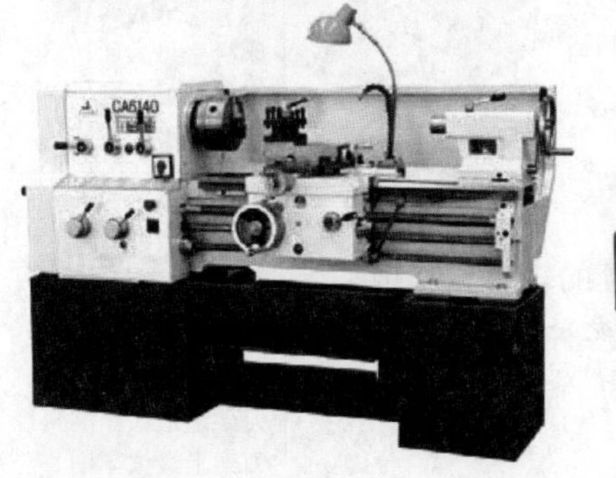

图4-3　CA6140卧式车床

图4-4　重型卧式车床

在所有车床中，卧式车床应用最为广泛。卧式车床加工尺寸公差等级可达IT8～IT7，表面粗糙度 Ra 值可达1.6μm。在实训中主要应用卧式车床。

2. 立式车床

立式车床的主轴垂直于水平面，工件装夹在水平的回转工作台上，刀架在横梁或立柱上移动，适用于加工较大、较重、难以在普通车床上安装的工件，一般分为单柱和双柱两大类，如图4-5、图4-6所示。立式车床的加工精度可达到IT9～IT8，表面粗糙度 Ra 值可达3.2～1.6μm。

图4-5　单柱立式车床

图4-6　双柱立式车床

3. 落地车床

落地车床又叫大头车床，主要适用于车削直径为800～4000mm的直径大、长度短、重量较轻的盘形、环形工件或薄壁筒形等工件，如轮胎模具、大直径法兰管板、汽轮机配件、封头等，广泛应用于石油化工、重型机械、汽车制造、矿山铁路设备及航空部件的加工制造。图4-7、图4-8所示为两种落地车床。

图4-7　分体式落地车床

4. 转塔车床和回转车床

转塔车床和回转车床具有能装多把刀具的转塔刀架或回转刀架，能在工件的一次装夹中由工人依次使用不同刀具完成多种工序，适用于成批生产。图4-9、图4-10所示为转塔车床和多工位回转车床。

5. 自动车床

自动车床能按一定程序自动完成中小型工件的多工序加工，能自动上下料，重复加工一批同样的工件，适用于大批量生产。图4-11、图4-12所示为两种自

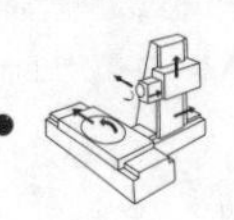

动车床。

图4-8 重型落地车床

图4-9 转塔车床

图4-10 多工位回转车床

6. 多刀半自动车床

多刀半自动车床有单轴、多轴、卧式和立式之分。单轴卧式的布局形式与普通车床相似，但两组刀架分别装在主轴的前后或上下，用于加工盘、环和轴类工件，其生产率比普通车床高3~5倍。图4-13、图4-14所示为两种多刀半自动车床。

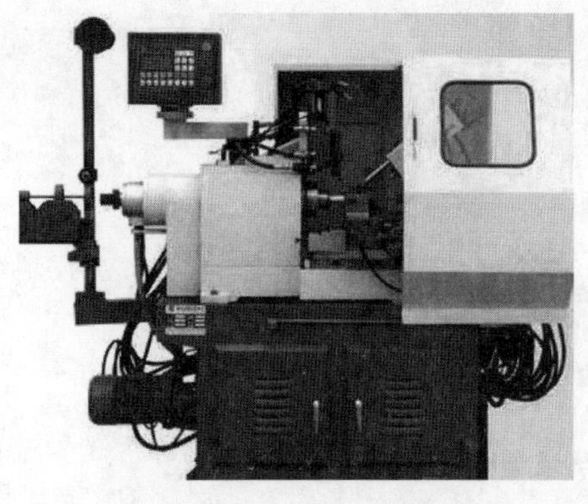

图4-11　液压自动车床

图4-12　凸轮式精密自动车床

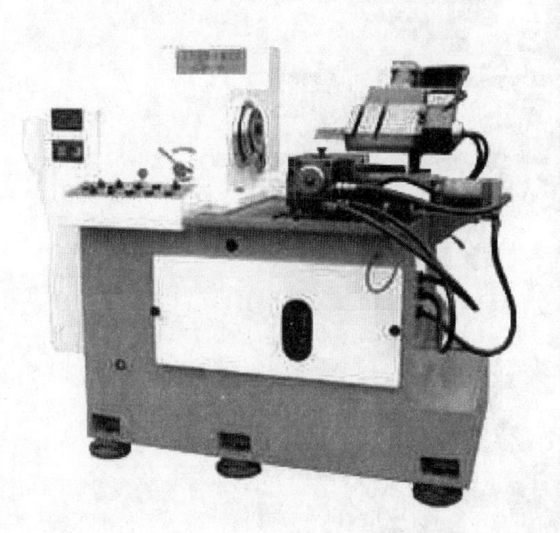

图4-13　CB7620型多刀半自动卧式车床

图4-14　CB7740多刀半自动立式车床

7. 仿形车床

仿形车床能仿照样板或样件的形状尺寸，自动完成工件的加工循环，适用于形状较复杂的工件的批量生产，生产率比普通车床高10～15倍，有多刀架、多轴、卡盘式和立式等类型。图4-15、图4-16所示为两种仿形车床。

图4-15　C7220液压仿形车床

8. 铲齿车床

铲齿车床在车削的同时，刀架周期地做径向往复运动，用于铲车铣刀、滚刀等

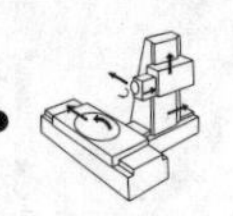

的成形齿面。其通常带有铲磨附件，由单独电动机驱动的小砂轮铲磨齿面。图4-17、图4-18所示为两种铲齿车床。

图4-16 全自动仿形车床

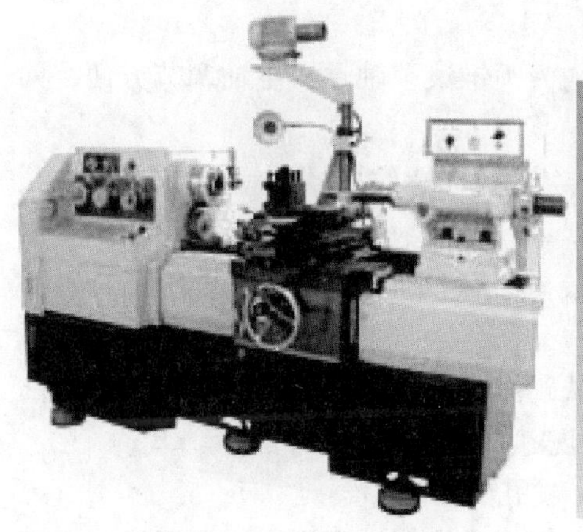

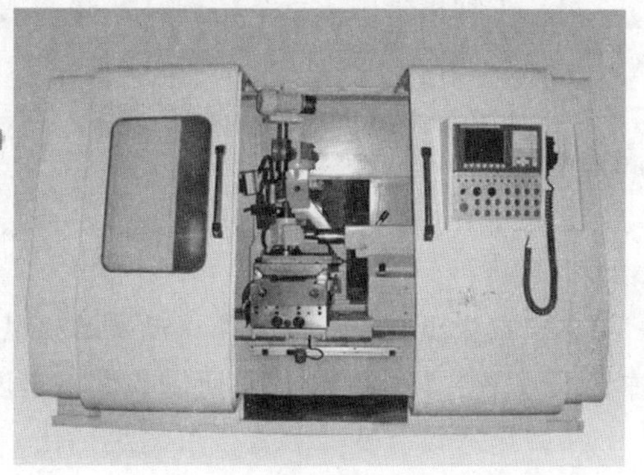

图4-17 CW8925铲齿车床

图4-18 CK8925数控铲齿车床

9. 专门车床

专门车床是用于加工某类工件的特定表面的车床，如曲轴车床、凸轮轴车床、车轮车床、车轴车床、轧辊车床和钢锭车床等。图4-19所示为一种曲轴连杆轴颈车床。

10. 联合车床

联合车床主要用于车削加工，在附加一些特殊部件和附件后，还可进行镗、铣、钻、插、磨等加工，具有“一机多能”的特点，适用于工程车、船舶或移动修理站上的修配工作。

图4-19　CK43125曲轴连杆轴颈车床

4.2.3　卧式车床的特点

1）车床的床身、床脚、油盘等采用整体铸造结构，刚性高，抗振性好，符合高速切削机床的特点。

2）主轴箱采用三支承结构，三支承均为圆锥滚子轴承，主轴调节方便，回转精度高，精度保持性好。

3）进给箱设有米制和寸制螺纹转换机构，螺纹种类的选择转换方便、可靠。

4）溜板箱内设有锥形离合器安全装置，可防止自动走刀过载后的机件损坏。

5）车床纵向设有四工位自动进给机械碰停装置，可通过调节碰停杆上的凸轮纵向位置，设定工件加工所需长度，实现零件的纵向定尺寸加工。

6）尾座设有变速装置，可满足钻孔、铰孔的需要。

7）车床润滑系统设计合理可靠，主轴箱、进给箱、溜板箱均采用体内飞溅润滑，并增设线泵、柱塞泵对特殊部位进行自动强制润滑。

4.2.4　卧式车床的组成

卧式车床主要组成部件有主轴箱、进给箱、溜板箱、刀架、尾座、光杠、丝杠和床身等。卧式车床中，CA6140型卧式车床是最常用的车床，其组成如图4-20所示。

（1）主轴箱　主轴箱用来支撑主轴并带动主轴及卡盘转动。主轴箱采用多级齿轮传动，通过一定的传动系统，经主轴箱内各个位置上的传动齿轮和传动轴，最后把运动传到主轴上，使主轴获得规定的转速和转动方向。主轴部件是车床的关键部分，在工作时承受很大的切削力，工件的精度和表面粗糙度在很大程度上取决于主轴部件的刚度和回转精度。

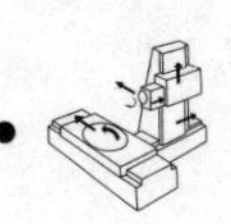

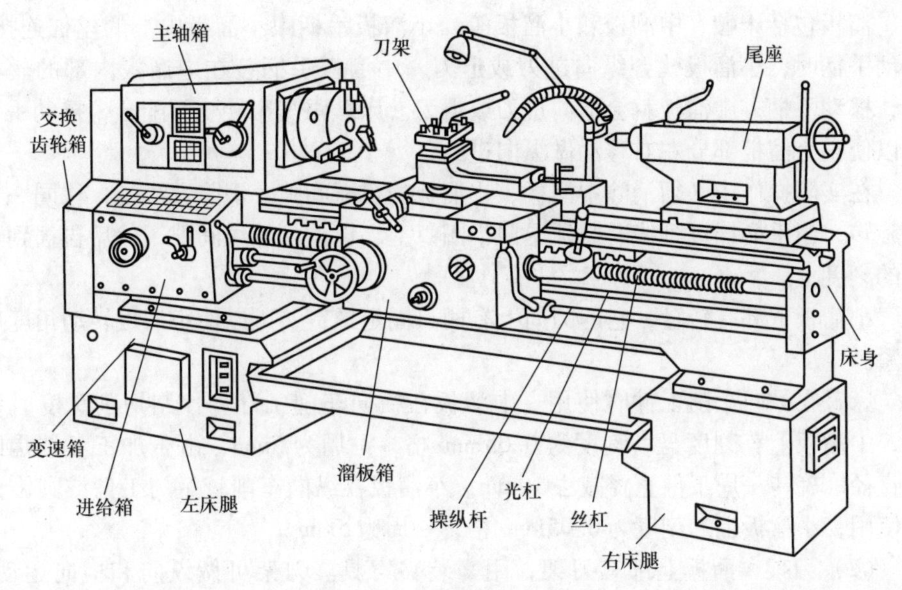

图 4-20　CA6140 型卧式车床

主轴的前端可以利用锥孔安装顶尖，也可以利用主轴前端圆锥面安装卡盘、拨盘或花盘等夹具。

（2）交换齿轮箱　交换齿轮箱装在床身的左侧，其上装有交换齿轮，它把主轴的旋转运动传递给进给箱，调整交换齿轮箱上的齿轮，并与进给箱内的变速机构相配合，可以车削出不同螺距的螺纹，也可以切削左旋螺纹，并满足车削时对不同纵、横向进给量的需求。

（3）进给箱　进给箱固定在床身的左前下侧，是进给传动系统的变速机构，利用它的内部齿轮机构，可以把主轴的旋转运动传给丝杠或光杠。变换进给箱外面的手柄位置，可以使丝杠或光杠得到各种不同的转速，分别实现车削各种螺纹的运动及进给运动。

（4）丝杠　用来车削螺纹。它能通过溜板使车刀按要求的传动比做很精确的直线移动。

（5）光杠　用来把进给箱的运动传给溜板箱，使车刀按要求的速度做直线进给运动。

（6）溜板箱　溜板箱固定在床鞍的前侧，随床鞍一起在床身导轨上做纵向往复运动，是纵向和横向进给运动的操纵箱。通过它可把丝杠或光杠的旋转运动变为床鞍、中滑板的进给运动。变换箱外手柄位置可以控制车刀的纵向或横向运动（运动方向、起动或停止）。当丝杠转动时，可操纵开合螺母，带动刀具进行螺纹加工。

溜板包括床鞍、中溜板和小溜板等。小溜板手柄跟小溜板内部的丝杠连接，摇动手柄时，小溜板就会纵向进刀或退刀。中溜板手柄装在中溜板内部的丝杠上，摇动手柄，中溜板就会横向进刀或退刀。床鞍跟车床导轨面配合，摇动手轮可以使整个溜板部分左右移动做纵向进给。

在实际操作中必须消除中溜板、小溜板的机械间隙。消除方法是，往同一方向旋转，当手柄摇过刻线时必须退回半圈以上，以消除螺纹间隙，然后再摇到正确的刻度上。

小溜板下部有转盘，它的圆周上有两只固定螺钉，可以使小溜板转动角度后锁紧。

床鞍在纵向车削工件时使用。中溜板在横向车削工件和控制切削深度时使用，中溜板上有刻度盘，刻度为0.05mm/格，一周为5mm，由于加工工件是回转直径，旋转一周工件直径减去10mm。小溜板在纵向车削较短的工件或圆锥面时使用，小溜板上的刻度为0.05mm/格，一周为5mm。

（7）刀架　溜板上部有刀架，用来装夹刀具。刀架可做纵向和横向运动，小刀架可微量进刀或转动一个角度加工锥体。刀架由大刀架、中刀架、小刀架、转盘和方刀架五部分组成，如图4-21所示。

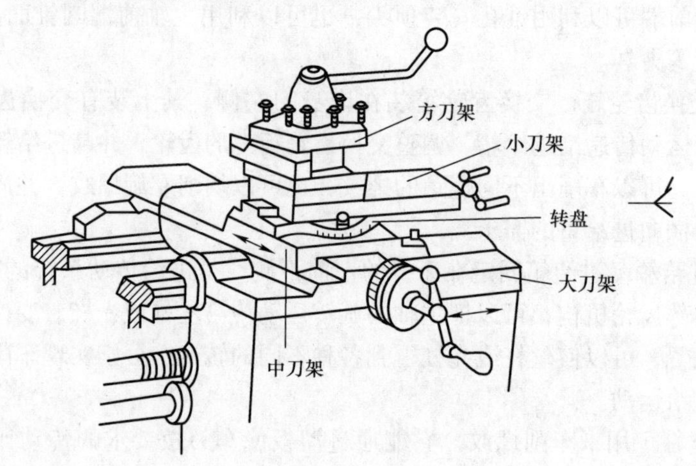

图4-21　刀架

1）大刀架——与溜板箱连接，带动车刀沿床身导轨做纵向移动，又称大拖板、纵溜板或纵拖板。

2）中刀架——带动车刀沿大刀架上导轨做横向移动，又称中拖板、横溜板或横拖板。

3）小刀架——可微量进刀或转动一个角度，手动加工锥体，又称小拖板或小溜板。

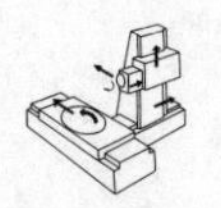

4）方刀架——可同时装夹 4 把车刀，需要时可将所需刀转到工作位置，又称刀座。

5）转盘——与横刀架用螺母紧固，松开螺母，可使小刀架在水平面内转动任意角度。

（8）尾座　尾座用来安装顶尖以支顶较长工件，亦可装钻头、铰刀等刀具。尾座能在床身导轨上纵向移动，并可固定于需要的位置上，它由尾座体、底座、丝杠等组成（见图 4-22）。

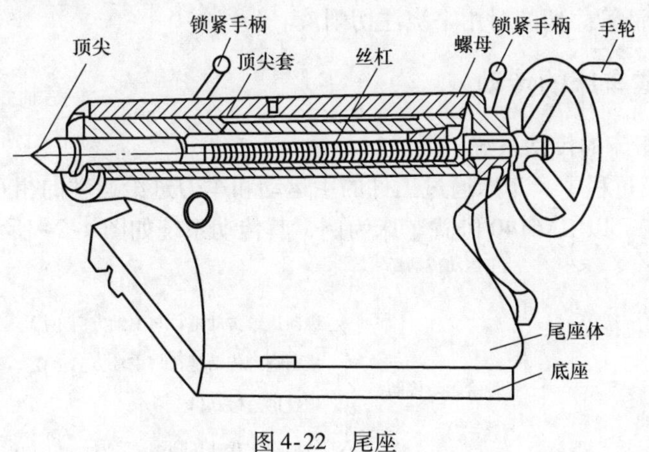

图 4-22　尾座

套筒左端有锥孔，用以安装顶尖或锥柄刀具。套筒在尾座体内的伸出长度可用丝杠调节，并用锁紧手柄锁定。

底座连同尾座体可以沿着床身导轨移动，可根据工件的需要调整主轴箱与尾座之间的纵向距离，也可以用调节螺钉调整的尾座体横向位置（见图 4-23），使尾座顶尖对中或偏置以便车锥面。

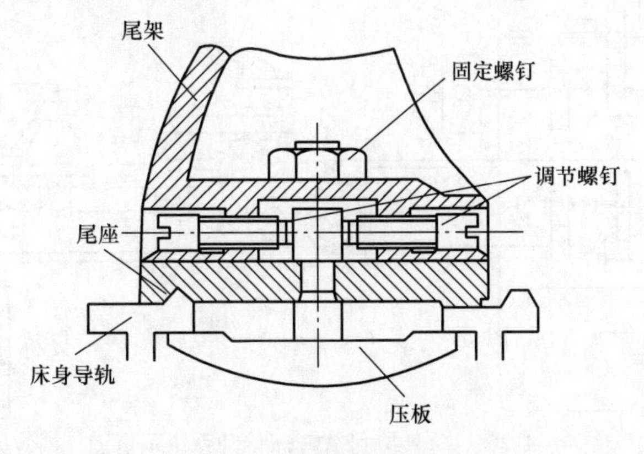

图 4-23　尾座体横向调节

（9）操纵杆　操纵杆是车床的控制机构的主要零件之一。在操纵杆的左端和溜板箱的右侧各装有一个操纵手柄，操作者可方便地操纵手柄以控制车床主轴的正转、反转或停车。

（10）床身部分　床身用来支撑和连接车床的各个部件，并且保持各部件的相对正确位置。床身上有两条精密导轨，分别使溜板箱和尾座沿导轨做精确的直线移动。

（11）附件

1）中心架。车削较长工件时用来支承工件。

2）切削液管。切削时用来浇注切削液。

4.2.5　卧式车床的传动

1. 卧式车床的传动系统

车削加工过程中，车床通过工件的主运动和车刀进给运动的相互配合来完成对工件的加工。以 CA6140 卧式车床为例，其传动系统如图 4-24 所示。

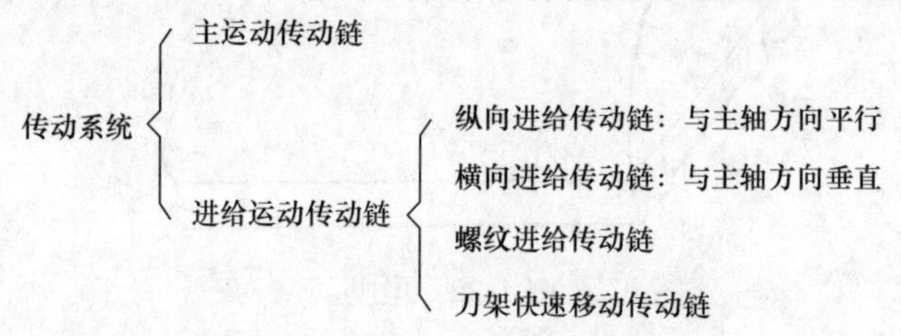

图 4-24　CA6140 卧式车床传动系统

2. 卧式车床的传动路线

CA6140 卧式车床传动系统示意图如图 4-25 所示。

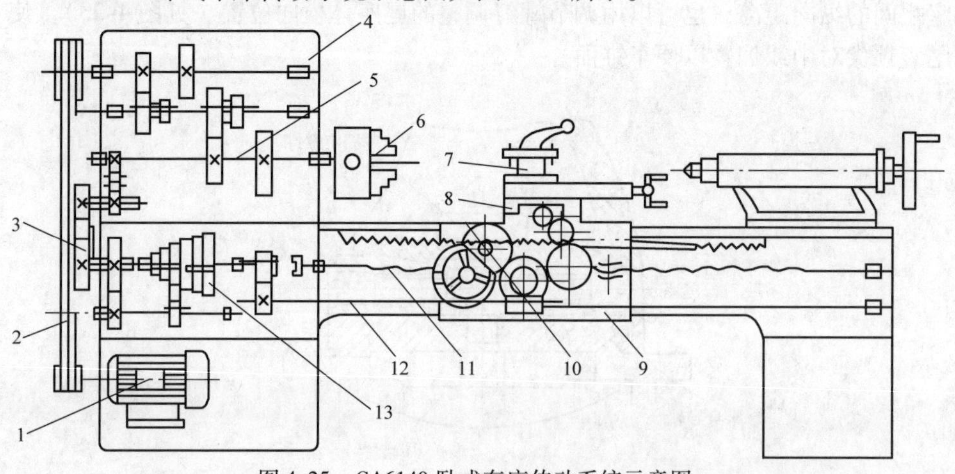

图 4-25　CA6140 卧式车床传动系统示意图

1—电动机　2—传动带　3—交换齿轮箱　4—主轴箱　5—主轴　6—卡盘　7—刀架　8—滑板　9—溜板　10—床鞍　11—丝杠　12—光杠　13—进给箱

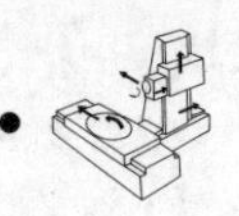

CA6140 卧式车床传动路线图如图 4-26 所示。

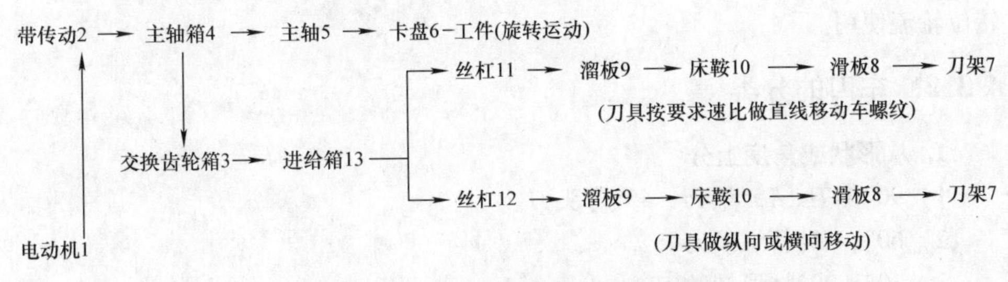

图 4-26　CA6140 卧式车床传动路线图

4.3　车刀

车刀是金属切削中最主要的工具之一。切削时，车刀的切削刃接触工件，以工件旋转、车刀移动来进行车削。因此，希望车刀具有锋利的刃口和长久的寿命。一把刃口锋利的车刀切削起来不但非常省力，而且可以提高工件的加工质量。在切削过程中，刀具的切削性能主要取决于刀具切削部分的材料和几何形状。

4.3.1　车刀的组成及结构型式

车刀由刀头与刀体组成，刀头用来切削，刀体是用来将车刀夹固在刀架上的部分。常用的车刀结构型式有整体式、焊接式和机夹可转位式，如图 4-27 所示。

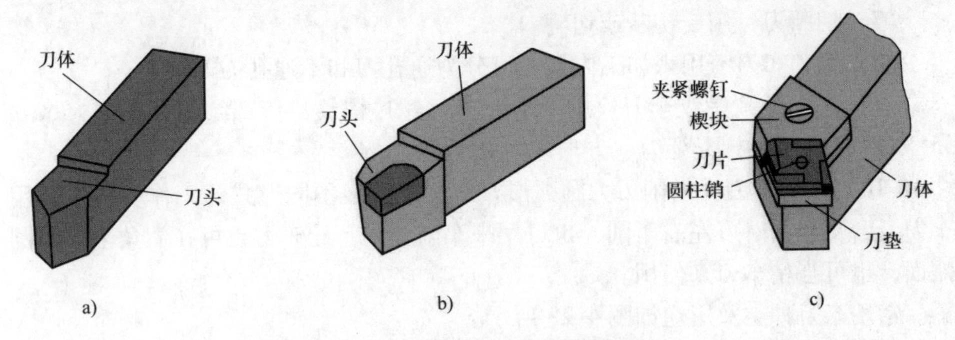

图 4-27　常用的车刀结构型式
a）整体式车刀　b）焊接式车刀　c）机夹可转位式车刀

1）整体式车刀：刀头与刀体为一体，一般采用高速工具钢制造。

2）焊接式车刀：刀头切削部分和刀体用两种材料制造，一般情况下切削部分用硬质合金、刀体用碳素结构钢制造。

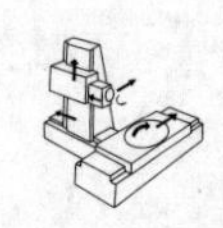

3）机夹可转位式车刀：由刀体、刀片、刀垫和夹固元件组成。刀片各刃可转位轮流使用。

4.3.2　车刀的分类

1. 从形状或角度上分

1）90°偏刀、75°偏刀、45°弯头刀。

2）60°、55°管螺纹刀。

3）30°、29°梯形螺纹刀。

4）40°、29°蜗杆螺纹刀。

5）45°、33°锯齿形螺纹刀。

6）切槽刀、成形面刀、不重磨刀。

2. 按用途分

（1）粗车刀　主要是用来切削大量多余部分使工作物直径接近需要的尺寸。粗车时表面粗糙度不重要，因此车刀尖可研磨成尖锐的刀锋，但是刀锋通常要有微小的圆度以避免断裂。

（2）精车刀　其切削刃可用油石砺光，以便车出非常圆滑的表面。一般来说精车刀之圆鼻比粗车刀大。

（3）右手车刀　由右向左，车削工件外径。

（4）左手车刀　由左向右，车削工件外径。

（5）右侧车刀　精车右侧端面。

（6）左侧车刀　精车肩部的左侧端面。

（7）切断刀　用于切断或切槽。

（8）镗孔车刀　用来加工内孔，可分为通孔刀和不通孔刀两种。

（9）内（外）螺纹车刀　用于车削内（外）螺纹，依螺纹的形式分为60°、55°V形牙刀、29°梯形牙刀、方形牙刀。

（10）圆鼻车刀　切削刃为圆弧形，适用于许多不同形式的工作，属于常用车刀，磨平顶面时可左右车削，也可用来车削黄铜。此车刀也可在肩角上形成圆弧面，也可当精车刀来使用。

常用车刀种类及用途如图4-28所示。

3. 从材料上分

用于制造车刀的材料主要有：碳素工具钢、合金工具钢、高速工具钢、铸造钴基合金、硬质合金、陶瓷、立方氮化硼、金刚石、氮化硅。

4.3.3　车刀切削部分的材料

刀具材料的切削性能直接影响着生产率、工件的加工精度、已加工表面质量

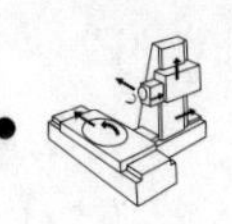

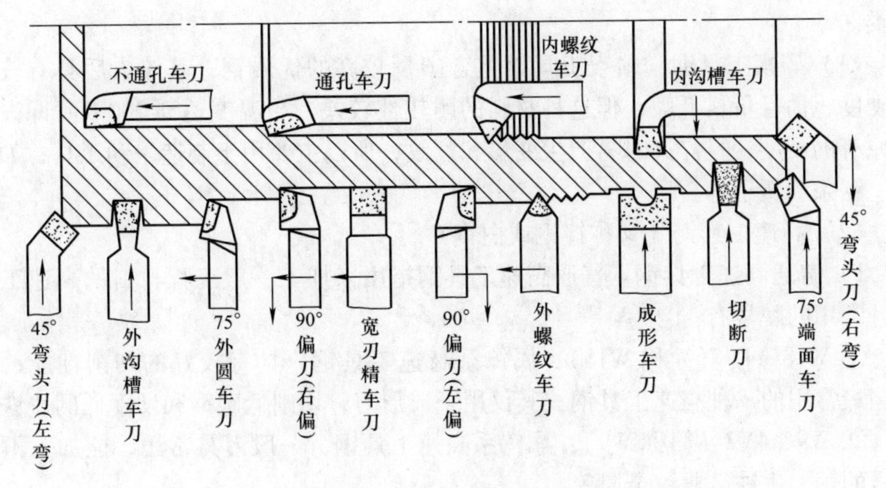

图4-28 常用车刀种类及用途

和加工成本等，所以正确选择刀具材料是设计和选用刀具的重要内容之一。

1. 车刀材料必须具备的性能

金属切削时，刀具切削部分直接和工件及切屑相接触，承受着很大的切削压力和冲击，并受到工件及切屑的剧烈摩擦，产生很高的切削温度，即刀具切削部分是在高温、高压及剧烈摩擦的恶劣条件下工作的。因此，刀具切削部分材料应具备以下基本性能：

（1）高硬度　刀具材料的硬度必须高于被加工材料的硬度。一般要求刀具材料的常温硬度必须在62HRC以上。

（2）足够的强度和韧性　刀具切削部分的材料在切削时承受着很大的切削力和冲击力，因此刀具材料必须要有足够的强度和韧性。

（3）耐磨性和耐热性好　刀具在切削时承受着剧烈的摩擦，因此刀具材料应具有较强的耐磨性。刀具材料的耐磨性和耐热性有着密切的关系，其耐热性通常用它在高温下保持较高硬度的能力来衡量（称热硬性）。耐热性越好，允许的切削速度越高。

（4）导热性好　刀具材料的导热性用热导率表示。热导率大，表示刀具导热性好，切削时产生的热量就容易传散出去，从而降低切削部分的温度，减轻刀具磨损。

（5）具有良好的工艺性和经济性　刀具材料应具有良好的可加工性和热处理性能。可加工性指制造、刃磨方便，热处理性能指淬透性好，淬火变形小，脱碳层浅等。同时要资源丰富，价格低廉。

2. 车刀材料的种类及牌号

刀具材料可分为碳素工具钢、高速钢、硬质合金、陶瓷和超硬材料等五大类。

（1）碳素工具钢　碳素工具钢是含碳量较高的优质钢，其淬火后具有较高的硬度，而且价格低廉，但这种材料的耐热性较差，当温度达到200℃时即失去它原有的硬度，且淬火时易产生变形和裂纹，所以主要用于制造手动工具，如锉刀、锯条和錾子等。

（2）高速工具钢（又称锋钢或白钢）

1）普通高速工具钢。普通高速工具钢指用来加工一般工程材料的高速工具钢，常用的牌号有：

① W18Cr4V（简称W18）：属钨系高速工具钢，具有较好的切削性能，是我国最常用的一种高速工具钢。其仅用于成形刀，切削低碳钢和硬度低的铸铁。

② W9Cr4V2（简称W9）：属钨系高速工具钢，一般刀具常用，能加工不同牌号的钢、生铁、非铁金属等。

③ W6Mo5Cr4V2（简称M2）：属钼系高速工具钢，碳化物分布均匀性、韧性、热硬性和高温塑性均超过W18Cr4V，但易于氧化脱碳，在热加工及热处理时应加以注意。

④ W9Mo3Cr4V（简称W9或9341）：是一种含钨量较多、含钼量较少的钨钼系高速工具钢。其碳化物不均匀性介于W18和M2之间，但抗弯强度和冲击韧度高于M2，具有较好的硬度和韧性，其热塑性也很好。

2）高性能高速工具钢。高性能高速工具钢是在普通高速工具钢的基础上，用调整其基本化学成分和添加一些其他合金元素（如钒、钴、铝、硅、铌等）的办法，着重提高其耐热性和耐磨性而衍生出来的。它主要用来加工不锈钢、耐热钢、高温合金和超高强度钢等难加工材料。

（3）硬质合金　硬质合金是用高硬度、高熔点的金属碳化物（WC、TiC、NbC、TaC等）作硬质相，用钴、钼或镍等作黏结相，研制成粉末，按一定比例混合并压制成型，在高温高压下烧结而成。

硬质合金的常温硬度很高（89～93HRA，相当于78～82HRC），耐熔性好，热硬性可达800～1000℃，允许的切削速度比高速工具钢高4～7倍，刀具寿命高5～8倍，是目前切削加工中用量仅次于高速工具钢的主要刀具材料。但它的抗弯强度和韧性均较低，性脆，怕冲击和振动，工艺性也不如高速工具钢。

按照GB/T 18376.1—2008《硬质合金牌号　第1部分：切削工具用硬质合金牌号》的规定，切削工具用硬质合金牌号按使用领域的不同分为P、M、K、N、S、H六类，各个类别为满足不同的使用要求，以及根据切削工具用硬质合金材料的耐磨性和韧性的不同，分为若干个组，用01，10，20……等两位数字表示组号。必要时，可在两个组号之间插入一个补充组号，用05，15，25……等表示。

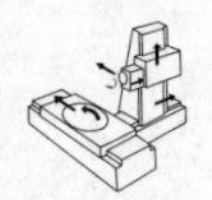

切削工具用硬质合金牌号由类别代号、分组号、细分号（需要时使用）组成，见示例：

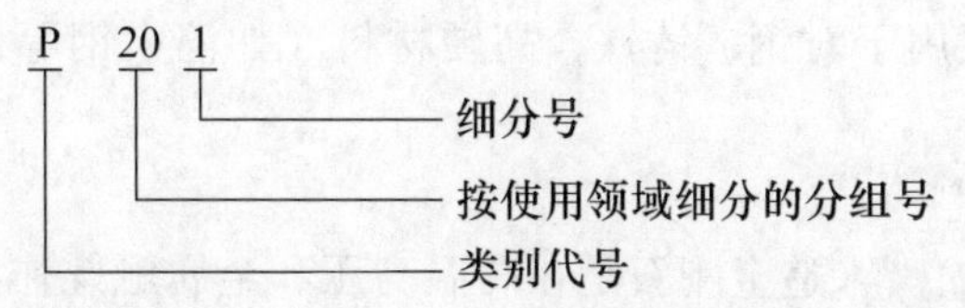

1）P类。由WC、TiC和Co组成。此类硬质合金的常温硬度、耐磨性和耐热性（900～1000℃）均比K类合金高，但抗弯强度和冲击韧度较低，多用于长切屑材料的加工，如钢、铸钢、长切屑可锻铸铁等的加工。

常用牌号为P01、P10、P20、P30、P40。

2）K类。由WC和Co组成。此类硬质合金的常温硬度为89～91HRA，耐热性达800～900℃，多用于短切屑的金属或非金属的加工，如铸铁、冷硬铸铁、青铜等的加工。

常用牌号为K01、K10、K20、K30、K40。

3）M类（又称通用合金）。由WC、TiC、TaC（NbC）和Co组成。此类硬质合金的抗弯强度、疲劳强度、冲击韧性、耐热性、高温硬度和抗氧化能力都有很大提高，多用于不锈钢、铸钢、锰钢、可锻铸铁、合金钢、合金铸铁等的加工。

常用牌号为M01、M10、M20、M30、M40。

4）N类。由WC为基，以Co作黏结剂，或添加少量TaC、NbC或CrC的合金/涂层合金。此类硬质合金具有硬度高、耐磨、强度和韧性较好、耐热、耐腐蚀等一系列优良性能，多用于非铁金属、非金属材料的加工，如铝、镁、塑料、木材等的加工。

常用牌号为N01、N10、N20、N30。

5）S类。由WC为基，以Co作黏结剂，或添加少量TaC、NbC或TiC的合金/涂层合金，多用于耐热和优质合金材料的加工，如耐热钢，含镍、钴、钛的各类合金材料的加工。

常用牌号为S01、S10、S20、S30。

6）H类。由WC为基，以Co作黏结剂，或添加少量TaC、NbC或TiC的合金/涂层合金，多用于硬切削材料的加工，如淬硬钢、冷硬铸铁等材料的加工。

常用牌号为H01、H10、H20、H30。

（4）陶瓷材料　陶瓷刀具材料的主要成分是硬度和熔点都很高的Al_2O_3、Si_3N_4等氧化物、氮化物，再加入少量的金属碳化物、氧化物或纯金属等添加剂。它也是采用粉末冶金工艺方法经制粉、压制、烧结而成。

陶瓷刀具有很高的硬度（91～95HRA）和寿命性，刀具寿命高，有很好的高温性能，化学稳定性好。陶瓷刀具的最大缺点是脆性大，抗弯强度和冲击韧度低，承受冲击载荷的能力差。

陶瓷刀具主要用于对钢、铸铁、高硬材料（如淬火钢等）连续切削的半精加工或精加工。

（5）超硬材料

1）人造金刚石。人造金刚石是在高温高压和金属触媒作用条件下，由石墨转化而成的。

金刚石刀具的性能特点是，有极高的硬度和耐磨性，切削刃非常锋利，有很高的导热性，但耐热性较差，且强度很低。

金刚石刀具主要用于高速条件下精细车削、镗削非铁金属及其合金和非金属材料。但由于金刚石中的碳原子和铁有很强的化学亲和力，故金刚石刀具不适合加工铁族材料。

2）立方氮化硼（简称 CBN）。它是用六方氮化硼（俗称白石墨）作为原料，利用超高温高压技术制成，继人造金刚石之后人工合成的又一种新型无机超硬材料。

其主要性能特点是：硬度高（高达 8000～9000HV），耐磨性好，能在较高切削速度下保持加工精度，热稳定性和化学稳定性好，且有较高的热导率和较小的摩擦因数，但其强度和韧性较差。

它主要用于对高温合金、淬硬钢、冷硬铸铁等材料进行半精加工和精加工。

4.3.4　车刀的几何角度

1. 车刀切削部分的构造

以外圆车刀为例，分析刀具的几何形状。外圆车刀切削部分由 3 面 2 刃 1 尖组成，如图 4-29 所示。

3 面
- 前刀面（前面）：切屑流出所经过的表面。
- 主后刀面（主后面）：与工件上过渡表面相对的表面。
- 副后刀面（副后面）：与工件上已加工表面相对的表面。

2 刃
- 主切削刃：前刀面与主后刀面的交线，承担主要切削工作。
- 副切削刃：前刀面与副后刀面的交线，协同主切削刃完成切削工作。

1 尖　刃尖：主切削刃和副切削刃的交点，可以是一段小的圆弧，也可以是一段直线。

2. 车刀切削部分的主要角度

（1）辅助平面　为了确定刀具的角度，必须引入一个由三个辅助平面组成的空间坐标参考系，以此为基准，反映刀面和切削刃的空间位置。辅助平面包括基面、切削平面和正交平面，如图 4-30 所示。

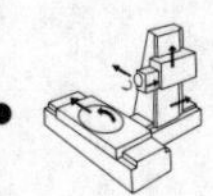

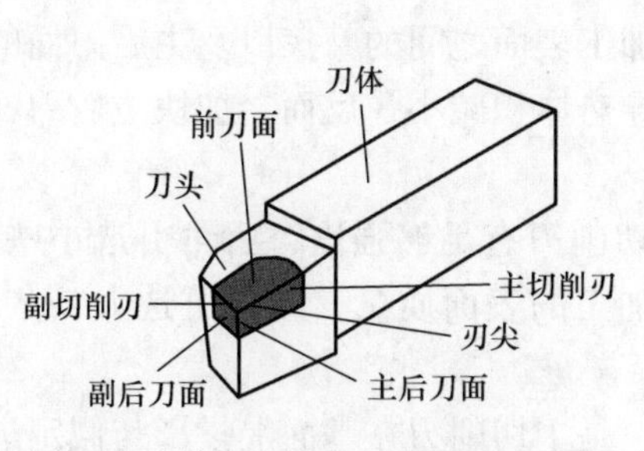

图 4-29 外圆车刀的切削部分的构造

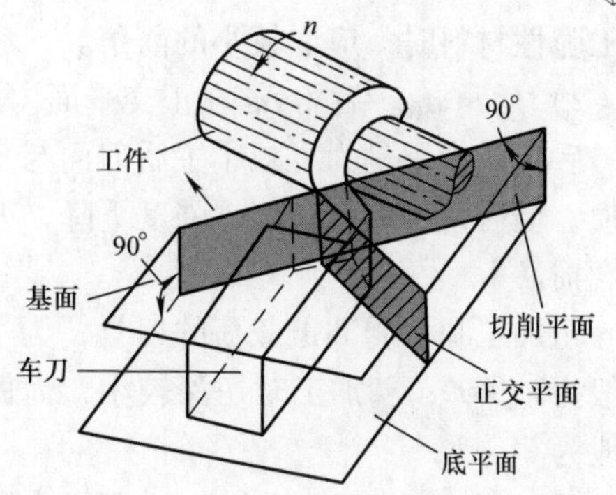

图 4-30 辅助平面

1）基面：通过主切削刃上某一指定点，并与该点切削速度方向相垂直的平面。

2）切削平面：通过主切削刃上某一指定点，与主切削刃相切并垂直于该点基面的平面。

3）正交平面：通过主切削刃上某一指定点，同时垂直于该点基面和切削平面的平面。

三个辅助平面是互相垂直的，由它们组成的刀具标注角度参考系称为正交平面参考系。

（2）车刀标注角度 在刀具标注角度参考系中测得的角度称为刀具的标注角度，它是刀具制造和刃磨的依据。车刀的标注角度见图 4-31 所示。

1）前角 γ_0。前角 γ_0 在正交平面内测量，是前刀面与基面的夹角。前刀面在基面之下时前角为正值，前刀面在基面之上时前角为负值。

γ_0 影响切削难易程度。增大前角可使刀具锋利，切削轻快。但前角过大，切削刃和刀尖强度下降，刀具导热体积减小，影响刀具寿命。

根据前刀面与基面相对位置的不同，前角可分为正前角、零前角和负前角，如图 4-32 所示。一般加工塑性较大的材料时，切削变形大，应取较大的前角。

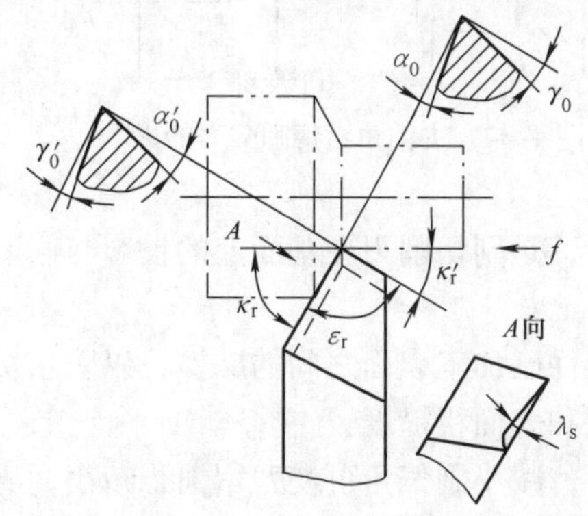

图 4-31 车刀的标注角度

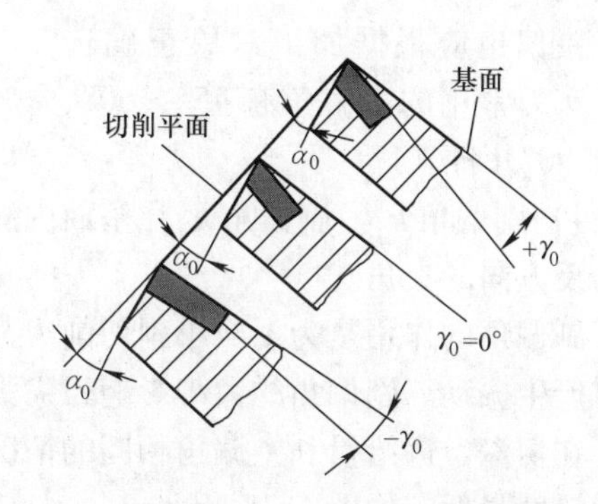

图 4-32 正前角、零前角和负前角

加工脆性材料时，应取较小的前角。

2）后角 α_0。后角 α_0 在正交平面内测量，是主后刀面与切削平面的夹角。

后角的作用是为了减小主后刀面与工件加工表面之间的摩擦以及主后刀面的磨损。但后角过大，切削刃强度下降，刀具导热体积减小，反而会加快主后刀面的磨损。

粗加工和承受冲击载荷的刀具，为了使切削刃有足够强度，后角可选小些，一般为3°~6°；精加工时切深较小，为保证加工的表面质量，后角可选大一些，一般为6°~12°。

3）主偏角 κ_r。主偏角 κ_r 在基面内测量，是主切削刃在基面上投影与假定进给方向的夹角。

κ_r 切削的大小影响切削层的几何参数和刀具寿命，如图4-33所示。减小主偏角，主刃参加切削的长度增加，负荷减轻，同时加强了刀尖，增大了散热面积，使刀具寿命提高。

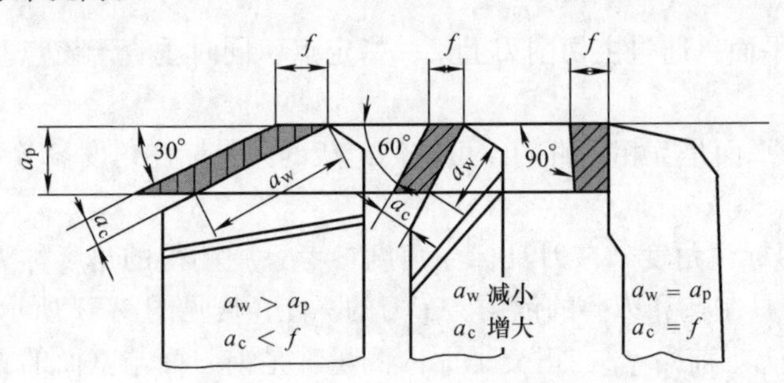

图4-33　主偏角对切削层的影响

κ_r 的大小还影响切削分力，如图4-34所示。减小主偏角会使背向力增大，当加工刚性较弱的工件时，易引起工件变形和振动。

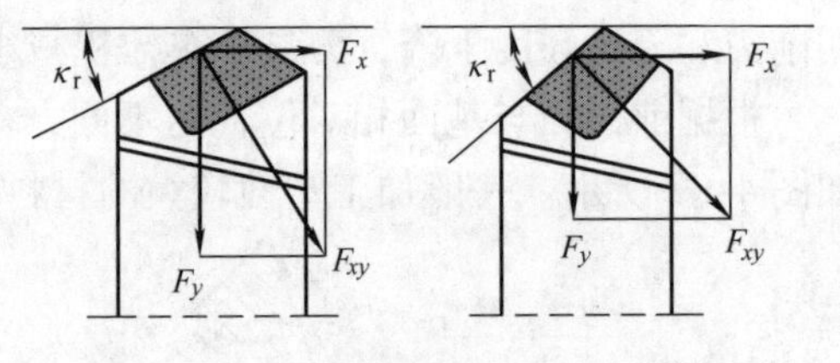

图4-34　主偏角对切削分力的影响

主偏角应根据加工对象正确选取，车刀常用的主偏角有45°、60°、75°、90°几种。

4）副偏角 κ_r'。副偏角 κ_r' 在基面内测量，是副切削刃在基面上的投影与假定进给反方向的夹角。

副偏角的作用是为了减小副切削刃与工件已加工表面之间的摩擦，以防止切削时产生振动。副偏角的大小影响刀尖强度和表面粗糙度。

在切深、进给量和主偏角相同的情况下，减小副偏角可使残留面积减小，表面粗糙度降低，如图4-35所示。

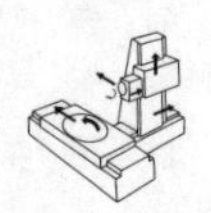

5）刃倾角 λ_s。刃倾角 λ_s 在切削平面内测量，是主切削刃与基面的夹角。当刀尖是切削刃最高点时，λ_s 定为正值，如图 4-36b 所示；反之为负，如图 4-36c 所示。

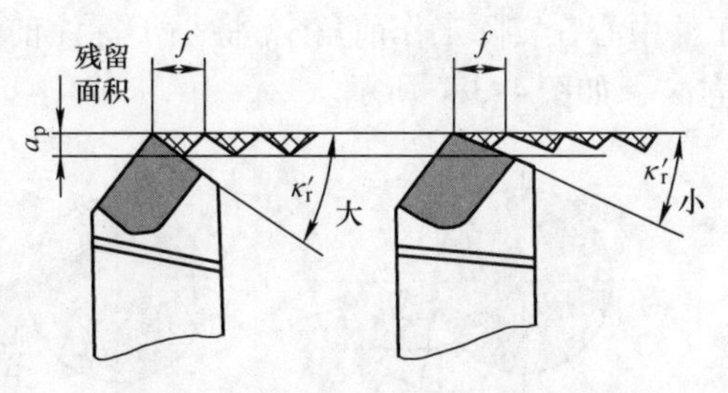

图 4-35　副偏角对残留面积的影响

λ_s 影响刀尖强度和切屑流动方向。粗加工时为增强刀尖强度，λ_s 常取负值；精加工时为防止切屑划伤已加工表面，λ_s 常取正值或零，如图 4-37 所示。

（3）刀具工作角度　上面讨论的外圆车刀的标注角度，是在忽略进给运动的影响，假定刀体中心线垂直于进给方向，切削刃上选定点与工件中心等高，车刀的底面与基面平行等条件下确定的。这种假定状态称为“静止状态”。

如果考虑进给运动和刀具实际安装情况的影响，参考平面的位置应按合成切削运动方向来确定，这时的参考系称为刀具工作角度参考系。

在工作角度参考系中确定的刀具角度称为刀具的工作角度。工作角度反映了刀具的实际工作状态。

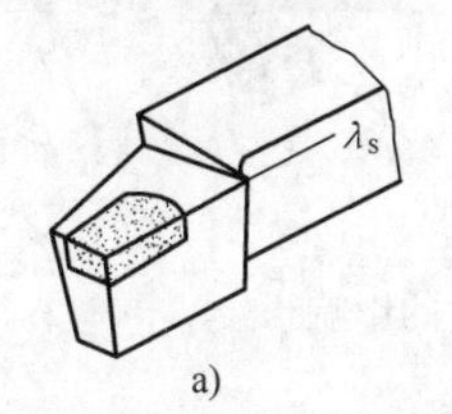

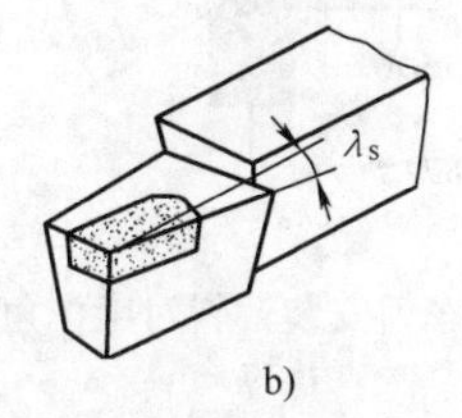

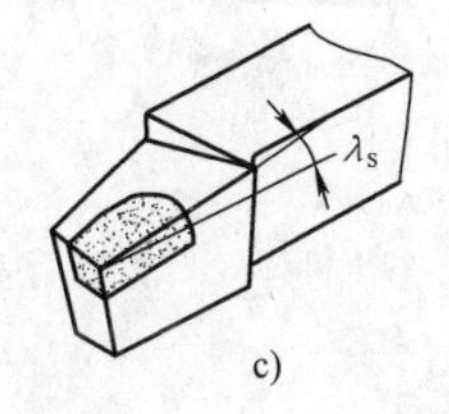

图 4-36　刃倾角的正、负值

a）$\lambda_s=0°$　b）λ_s 为正　c）λ_s 为负

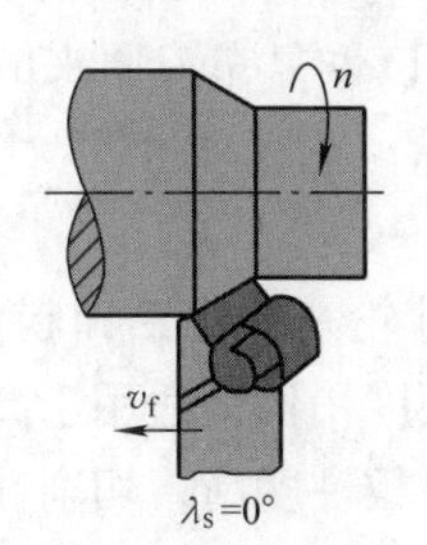

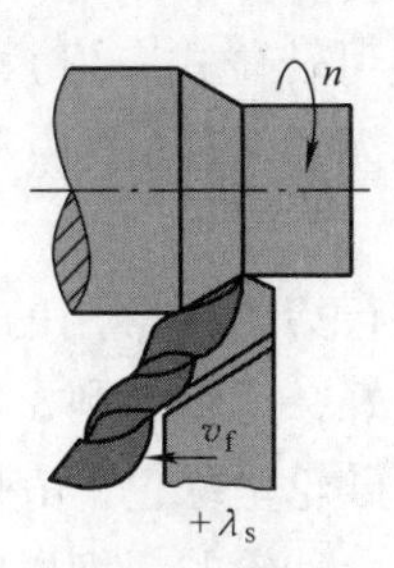

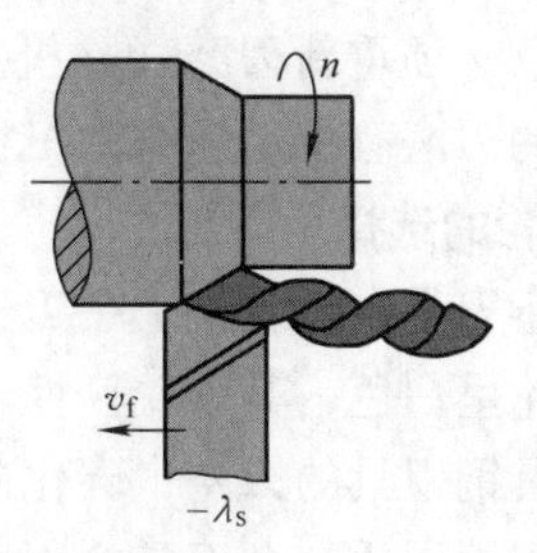

图 4-37　刃倾角对排屑方向的影响

安装刀具时，如果刀尖高于或低于工件中心，会引起刀具工作角度的变化。例如，如果刀尖安装得高于工件中心，实际工作前角 γ_{0e} 将大于标注前角 γ_0，而工作后角 α_{0e} 将小于标注后角 α_0，如图 4-38b 所示；相反，如果刀尖安装得低于

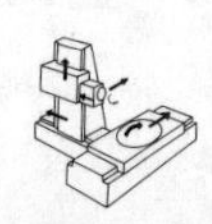

工件中心，实际工作前角 γ_{0e} 将小于标注前角 γ_0，而工作后角 α_{0e} 将大于标注后角 α_0，如图4-38c所示。

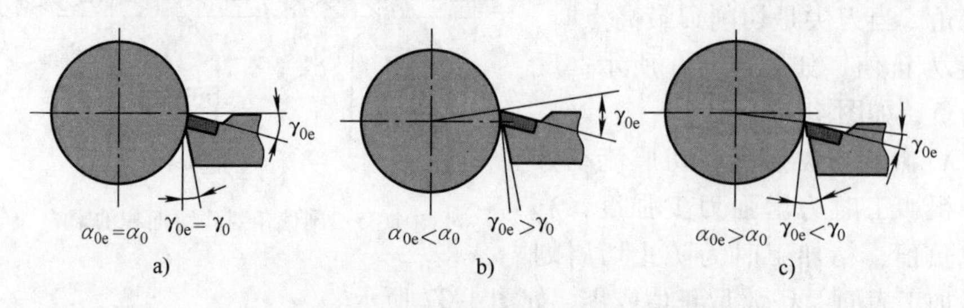

图4-38　车刀安装高度对工作角度的影响

a）刀尖与工件中心等高　b）刀尖偏高　c）刀尖偏低

当车刀刀体中心线与进给方向不垂直时，会引起工作主偏角和工作副偏角的改变。车刀安装偏斜对工作角度的影响如图4-39所示。

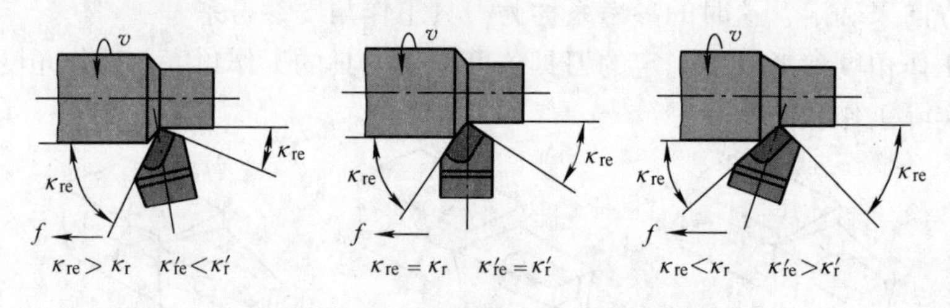

图4-39　车刀安装偏斜对工作角度的影响

4.3.5　车刀的刃磨

车刀用久了，经过高温与摩擦会变得不锋利，影响工件的加工精度和工件的表面质量，必须重新刃磨（除机夹可转位式车刀），以恢复车刀原来的形状和角度。车刀的刃磨有手工刃磨和机械刃磨两种。

1. 砂轮的选择

一般车刀是在砂轮机上手工进行刃磨，常用的砂轮有氧化铝和碳化硅两类。氧化铝砂轮呈白色，其砂粒韧性较好，比较锋利，硬度稍低，适用于高速工具钢和碳素工具钢刀具的刃磨；碳化硅砂轮呈绿色，其砂粒硬度高，切削性能好，但较脆，适用于硬质合金刀具的刃磨。砂轮的粗细以粒度号表示，刃磨车刀的一般有36、60、80和120等级别。粒度号愈大，表示组成砂轮的磨粒愈细，反之则愈粗。粗磨车刀应选用粗砂轮，精磨车刀应选用细砂轮。

2. 刃磨车刀各面的作用

1）磨前刀面：目的是磨出车刀的前角 γ_0 及刃倾角 λ_s。

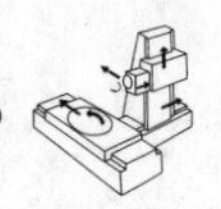

2）磨主后刀面：目的是磨出车刀的主偏角 κ_r 及后角 α_0。

3）磨副后刀面：目的是磨出车刀的副偏角 κ_r' 及副后角 α_0'。

4）磨刀尖圆弧：目的是磨出主切削刃与副切削刃之间的刀尖圆弧，以提高刀尖强度和改善散热条件。

3. 刃磨的步骤

1）先把车刀前刀面、主后刀面、副后刀面等处焊渣磨去，并磨平车刀底平面。

2）粗磨主后刀面、副后刀面的刀体部分，其后角应比刀片的后角大2°~3°，以便刃磨刀片的后角。

3）粗磨刀片上的主后刀面：磨主后刀面时根据主偏角大小使刀体向左偏斜，再将刀头向上翘，使主后刀面自下而上慢慢接触砂轮（见图4-40a）。粗磨出来的主后刀角应比所要求的主后角大2°左右。

4）粗磨刀片上的副后刀面：磨副后刀面时根据副偏角大小使刀体向右偏斜，再将刀头向上翘，使副后刀面自下而上慢慢接触砂轮（见图4-40b）。粗磨出来的副后刀角应比所要求的副后角大2°左右。

5）粗磨刀片上的前刀面：磨前刀面时先把刀体尾部下倾，再按前角大小倾斜前刀面，使主切削刃与刀体底面平面平行或倾斜一定角度，再使前刀面自下而上慢慢接触砂轮（见图4-40c）。

6）精磨前刀面及断屑槽：断屑槽一般有两种形式，即直线形和圆弧形。刃磨圆弧形断屑槽时必须把砂轮的外圆与平面的交接处修磨成相应的圆弧。刃磨直线形断屑槽时，砂轮的外圆与平面的交接处应修磨得尖锐。刃磨刀尖时，可向上或向下磨削。刃磨时应注意断屑槽形状、位置及前角大小。

7）精磨主后刀面和副后刀面：刃磨时，将车刀底平面靠在调整好角度的台板上，使切削刃轻靠住砂轮断面进行刃磨。刃磨后的刃口应平直，精磨时应注意主、副后角的角度。

8）磨副倒棱：刃磨时用力要轻，车刀要沿主切削刃的后端向刀尖方向摆动。磨削时可以用直磨法和横磨法。

9）磨刀尖过渡刃：过渡刃有直线形和圆弧形两种。刃磨时，刀尖上翘，使过渡刃有后角，为防止圆弧刃过大，需轻靠或轻摆刃磨（见图4-40d）。刃磨方法和精磨后刀面时基本相同。

刃磨后的切削刃一般不够平滑光洁，刃口呈锯齿形，切削时会影响工件表面质量，所以手工刃磨后的车刀，应用油石加少量机油对切削刃进行研磨，以消除刃磨后的残留痕迹，提高刀具的耐用度和加工工件的表面质量。

4. 车刀刃磨的注意事项

无论干什么工作都要遵守操作规程，不然就会造成机械事故和人身安全事

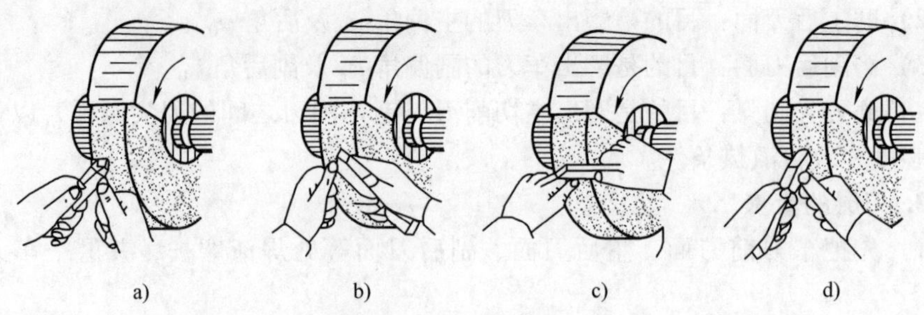

图4-40　车刀的刃磨步骤

a）磨主后刀面　b）磨副后刀面　c）磨前刀面　d）磨刀尖圆弧

故，影响正常的工作和学习。在刃磨刀具时应注意以下几点：

1）根据车刀的材料决定砂轮的种类。

2）刃磨时，人要站在砂轮的侧面（以防砂轮崩裂伤人），双手拿稳车刀，轻轻接触砂轮，用力要均匀，倾斜角度要合适，要在砂轮圆周面的中间刃磨，并左右移动，防止砂轮出现沟槽。

3）不要用砂轮侧面磨削，以免受力后使砂轮破碎。

4）刃磨高速工具钢车刀，刀头磨热时应放在水中冷却，以免刀具因温度升高而软化，失去切削功能。

5）刃磨硬质合金刀具，刀头磨热后，应将刀体置于水中冷却，避免刀头过热，沾水急冷而产生裂纹，失去切削功能。

6）不能两人同时使用砂轮。刃磨时要戴防护眼镜，以免砂粒飞入眼中。

7）磨好后要随手关闭电源。

4.4　车削加工基本操作

4.4.1　车床安全操作规程

1）遵守训练中心有关规定，必须听从指导老师的安排，在实习期间不允许做任何与实习无关的事情，与实习无关的书籍不得带入车间。

2）按照训练中心要求，学生进入教学车间学习时必须按规定穿工作服，并且在实习操作时佩戴眼镜，女同学不允许穿裙子、高跟鞋。穿工作服时必须将袖口扎紧，且不允许穿拖鞋上岗。

3）操作者一般均戴上操作帽。女学生的头发或辫子应塞在帽子里。

4）工作时，头不能离工件太近，以防止切屑飞入眼睛。必须戴上护目镜。

5）手和身体不能靠近正在旋转的机件，更不能在车床旁嬉闹。

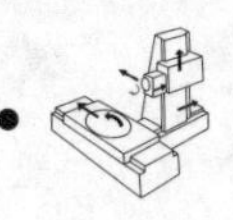

6）工件和车刀必须装夹牢固，以防飞出伤人。

7）不要用手抚摸旋转工件，不能用手直接清除铁屑，应用专用的铁钩清除。

8）在车床开启的过程中不允许进行变速，以免打伤齿轮，损坏机床设备。

9）不要用手制动旋转的卡盘。

10）在车床上工作不能戴手套。

11）在车工车间不准做私活。

12）开动机床前，先检查各手柄是否在正确的位置上，然后低速运转3～5min，确认各部件运转正常后，方可开始工作。

13）装卸工件及测量尺寸时，必须退刀并且停止机床转动，刀具未退离工件时不得停车。

14）滑动面上应当清洁无物，主轴、尾座锥孔等安装基面应当清洁无伤痕，并且定时加注润滑油。

15）用顶尖顶持工件时，尾座套筒的伸出量不得大于套筒直径的两倍。禁止在机床上重力敲击、修焊工件或在顶尖间导轨上直接校直工件，禁止踩踏机床导轨面或防止在机床上放置有损机床表面的物件，装卸卡盘时应当放置导轨保护垫板。

16）离开机床时必须切断电源，下班前应当将尾座、刀架、溜板置于床身尾端，主轴不得夹持较重构件。

17）实习操作完后，必须按要求清理并保养设备。

4.4.2 车床上各部件的调整及各手柄的使用方法

1. 主轴变速的调整

主轴变速可通过调整主轴箱前侧各变速手柄的位置来实现。不同型号的车床，其手柄的位置不同，但一般都有指示转速的标记或主抽转速表来显示主轴转速与手柄的位置关系，需要时，只需按标记或转速表的指示，将手柄调到所需位置即可。若手柄扳不到位时，可用手轻轻扳动主轴。

2. 进给量的调整

进给量的大小靠调整进给箱上的手柄位置或调整交换齿轮箱内的交换齿轮来实现。一般是根据车床进给箱上的进给量表中的进给量与手柄位置的对应关系进行调整，即先从进给量表中查出所选用的进给量数值，然后对应查出各手柄的位置，将各手柄扳到所需位置即可。

3. 螺纹种类移换及丝杠或光杠传动的调整

一般车床均可车制米制和寸制螺纹。车螺纹时必须用丝杠传动，而其他进给则用光杠传动。实现螺纹种类的移换和光、丝杠传动的转换，一般采取一个或两个手柄控制。不同型号的车床，其手柄的位置和数目有所不同，但都有符号或汉字指示，使用时按符号或汉字指示扳动手柄即可。

4. 手动手柄的使用

一般来说，操作者面对车床，顺时针摇动纵向手动手柄，刀架向右移动；逆时针转动时，刀架向左移动。顺时针摇动横向手柄时，刀架向前移动；逆时针摇动则相反。此外，小溜板手轮也可以手动，使小溜板做少量移动。

5. 自动手柄的使用

一般车床控制自动进给的手柄设在溜板箱前面，并且在手柄两侧都有文字或图形表明自动进给的方向，使用时只需按标记扳动手柄即可。如果是车削螺纹，则需由开合螺母手柄控制，将开合螺母手柄置于“合”的位置即可车削螺纹。

6. 主轴启闭和变向手柄的使用

一般车床都在光杠下方设有一操纵杆式开关，用以控制主轴的启闭和变向。当电源开关接通后，操作杆向上提为正转，向下为反转，中间位置为停止。

7. 操作车床注意事项

1）开车前要检查各手柄是否处于正确位置、机床上是否有异物、卡盘扳手是否移开，确定无误后再进行主轴转动。

2）机床未完全停止前严禁变换主轴转速，否则可能发生严重的主轴箱内齿轮打齿现象，甚至造成机床事故。

3）纵向和横向手柄进退方向不能摇错，尤其是快速进、退刀时要千万注意，否则可能会造成工件报废或安全事故。

4.4.3　工件与刀具的安装

1. 工件的装夹

工件的装夹与零件形状密切相关。零件的形状各式各样，长短不一、直径大小不一、厚薄不一、形状不一，用一种装夹方法往往不能满足要求。所以，要选用适合零件技术要求的工艺方法来装夹、加工零件。

车床主要用来加工轴类与盘类零件，按长径比 L/D（L 为零件的长度，D 为零件的直径），零件可分为：

1）当 $L/D<1$ 时为盘类零件。

2）当 $L/D>1$ 时为轴类零件。

3）当 $L/D>5$ 时为短轴类零件。

4）当 $L/D>10$ 时为长轴类零件。

5）当 $L/D>20$ 时为细长轴类零件。

（1）自定心卡盘装夹　自定心卡盘是车床上最常见的附件，如图 4-41 所示。图 4-41b、c 所示为自定心卡盘的构造，三个爪上的矩形齿分别与大锥齿轮

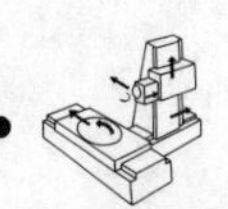

背面上的阿基米德平面螺纹相配合，当转动小锥齿轮时，大锥齿轮就带动与平面螺纹配合的三个爪同时自动向中心移进，且径向移动距离相等。理论上三个爪在任何位置所夹紧的圆柱体具有同一中心。圆柱体工件、盘套类工件和正六边形截面工件都适用此法装夹，而且装夹迅速，但定心精度不高，其对中精度一般为0.05～0.15mm。自定心卡盘适用于装夹截面为圆形、三角形、六边形的轴类和中小型盘类零件。

自定心卡盘的卡爪可以装成正爪，实现由外向内夹紧，如图 4-41a 所示；也可以装成反爪，如图 4-41d 所示。正爪夹持工件时，直径不能太大，卡爪伸出卡盘外圆的长度不应超过卡爪长度的 1/3，以免发生事故；反爪可以夹持直径较大的工件，如图 4-42 所示。

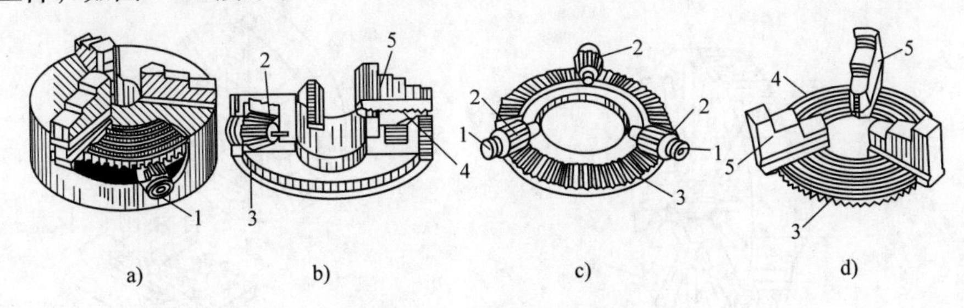

图 4-41　自定心卡盘

a）正爪　b）内部结构　c）大锥齿轮与小锥齿轮　d）反爪

1—方孔　2—小锥齿轮　3—大锥齿轮　4—平面螺纹　5—卡爪

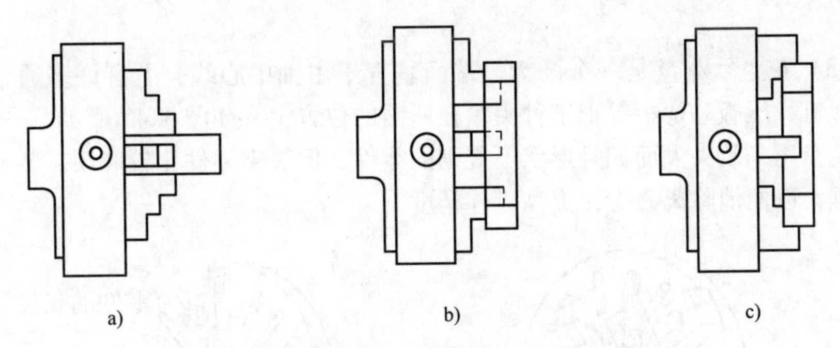

图 4-42　用自定心卡盘安装工件的方法

a）正爪装夹圆柱面　b）正爪装夹内圆柱面　c）反爪装夹

装夹时，用三爪钥匙逆时针方向旋转是松开，顺时针方向旋转是夹紧。夹持工件后将手柄调至空档，再把卡盘旋转一周，目测工件装夹得是否歪斜。如果歪斜，应将工件从高点向低点轻轻敲击进行校正，然后夹紧。

（2）单动卡盘装夹　单动卡盘的四个爪通过四个调整螺杆独立移动。图 4-43所示为单动卡盘。如果把四个卡爪各自掉头安装到卡盘上，就是反爪

(可安装较大的零件)。单动卡盘四爪的安装方式根据零件形状的不同可分为“四正”“四反”“两正两反”“三正一反”和“一正三反”五种，因此用途也很广泛。

单动卡盘装夹工件时，四个爪分别通过单独转动的螺杆来实现夹紧，再根据加工要求利用划线找正，把工件调整至所需位置，所以调整费时费工。

单动卡盘不但能装夹圆柱体零件，还可以装夹正方形、长方形、椭圆形和偏心轮等不规则形状的零件，如图4-44所示。单动卡盘装夹精度高于自定心卡盘，其对中精度可达到0.01mm。此外，由于有四条独立的螺杆，所以四爪比三爪夹持力大，可以用来夹持较重的零件。

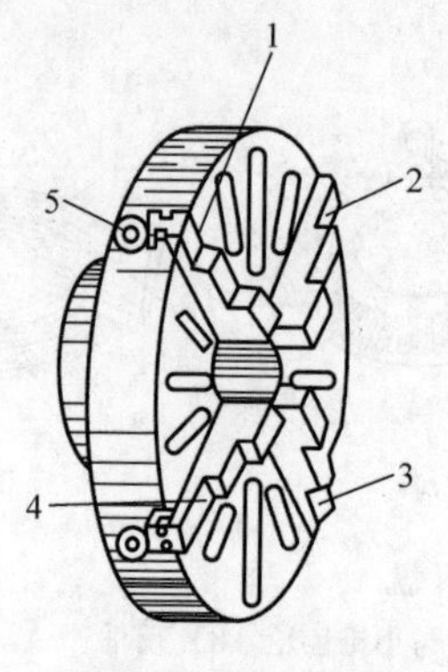

图4-43　单动卡盘

1~4—卡爪　5—调整螺杆

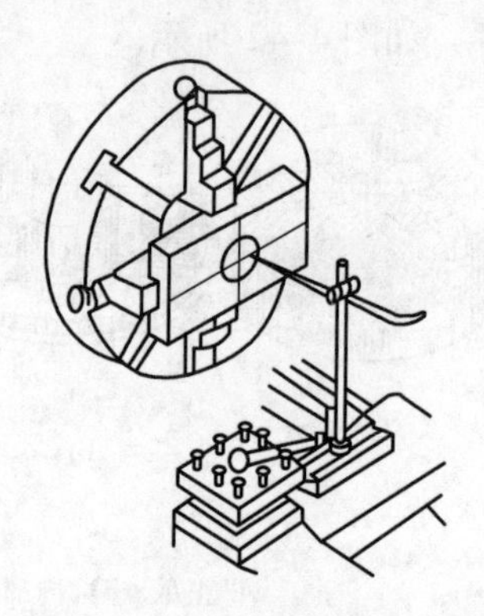

图4-44　用单动卡盘装夹工件

(3) 花盘　花盘是一个圆盘，端面垂直于主轴中心线，上有许多通槽，以便用螺钉、压板和弯板等把工件夹紧在所需的位置上，如图4-45所示。

花盘用来装夹大而偏且形状不规则的零件，但装夹零件比较麻烦。装夹时注意配重，以便消除离心力，提高零件精度。

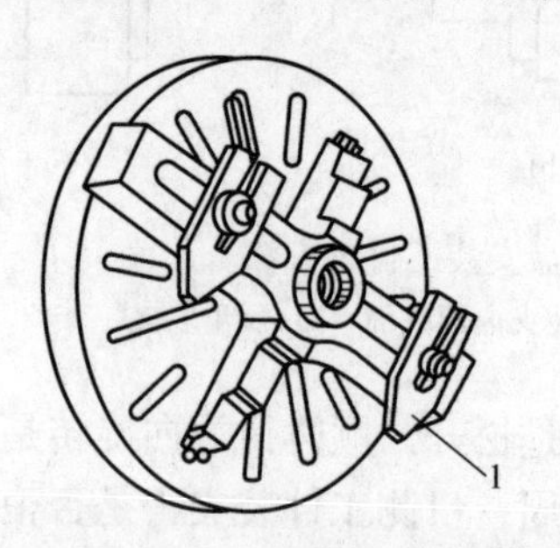

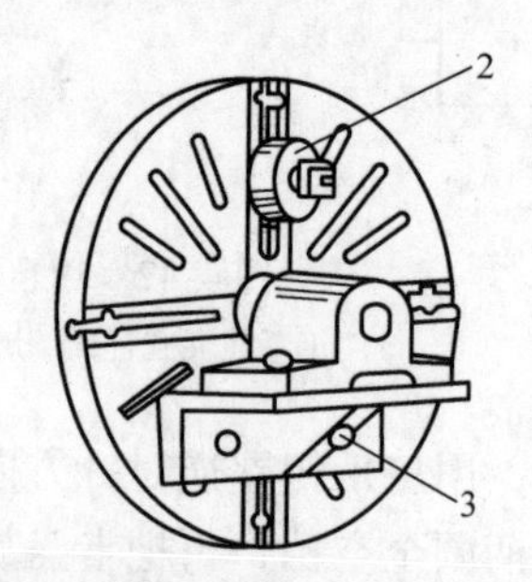

图4-45　用花盘或花盘、弯板装夹工件

1—压板　2—平衡块　3—弯板

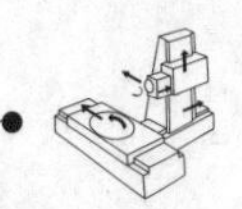

(4) 组合夹具　组合夹具是一套预先制造的高精度标准化夹具元件。根据工件、工艺要求拼成的夹具，使用完毕可以快速拆开，留待以后组装其他新夹具时再用。图 4-46 所示为两种组合夹具。

组合夹具可组合出位置和尺寸精度很高的夹具，组装时间比制造一个专用夹具所用时间少得多，生产周期可大大缩短。夹具元件可多次使用，不会因产品改换而报废，对新产品试制和小批量生产特别适用，可显著降低生产成本。

图 4-46　两种组合夹具

(5) 中心孔　工件的装夹经常要用到中心孔。中心孔可用中心钻钻出。常用的中心孔有 A 型和 B 型，如图 4-47 所示。

A 型中心孔由圆柱孔和圆锥孔两部分组成。圆锥孔的角度一般是 60°，它与顶尖配合，用来定中心、承受工件重量和切削力；圆柱孔用来储存润滑油和保证顶尖的锥面和中心孔的圆锥面配合贴切，不使顶尖触及工件，保证定位正确。

B 型中心孔是在 A 型中心孔的端部另加上 120°圆锥孔，用以保护 60°锥面不被碰毛，并使端面容易加工。一般精度要求较高、工序较多的工件用 B 型中心孔。

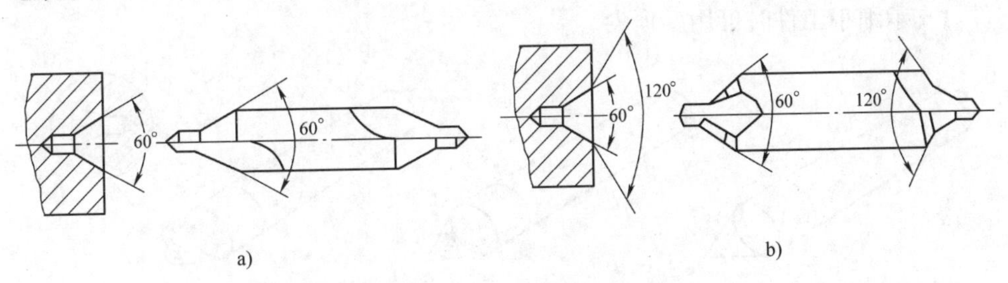

图 4-47　中心孔及中心钻

a) A 型中心孔及中心钻　b) B 型中心孔及中心钻

中心孔用来装夹工件较长、工序较多、精度较高的零件，中心孔既是设计基准，也是加工中的装夹基准、定位基准和测量基准。

（6）利用顶尖装夹　顶尖有前顶尖和后顶尖之分。顶尖的头部带有60°锥形尖端，顶尖的作用是定位、支承工件并承受切削力。

1）前顶尖。前顶尖插在主轴锥孔内与主轴一起旋转，如图4-48a所示。前顶尖同时随工件一起转动。为了准确和方便，有时也可以将一段钢料直接夹在自定心卡盘上车出圆锥角来代替前顶尖，如图4-48b所示，但该顶尖从卡盘上卸下来后，再次使用时必须将锥面重车一刀，以保证顶尖锥面的轴线与车床主轴中心线重合。

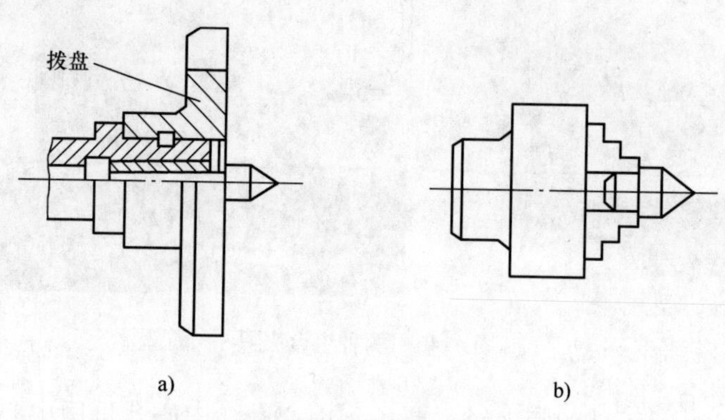

图4-48　前顶尖

a）前顶尖　b）钢料代替前顶尖

2）后顶尖。后顶尖插在车床尾座套筒内使用，分为固定顶尖和回转顶尖两种。常用的固定顶尖有普通固定顶尖、镶硬质合金顶尖和反顶尖等，如图4-49所示。固定顶尖的定心精度高，刚性好，缺点是工件和顶尖发生滑动摩擦，发热较大，过热时会把中心孔或顶尖“烧”坏，所以常用镶硬质合金的顶尖对工件中心孔进行研磨，以减小摩擦。固定顶尖一般用于低速、加工精度要求较高的工件。支承细小工件时可用反顶尖。

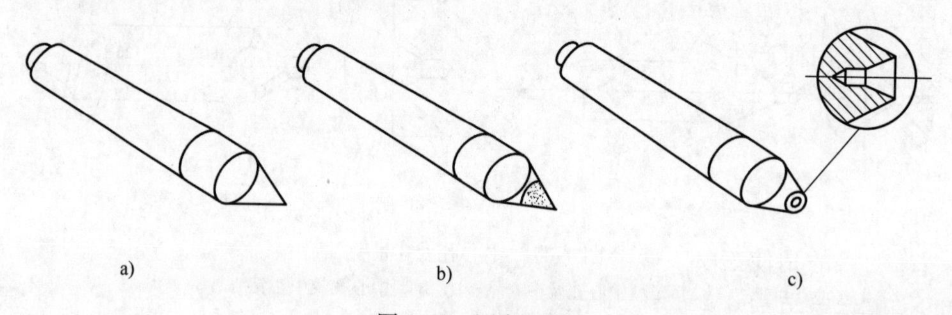

图4-49　固定顶尖

a）普通固定顶尖　b）镶硬质合金顶尖　c）反顶尖

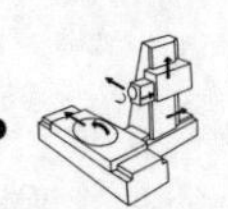

回转顶尖如图4-50所示，内部装有滚动轴承。回转顶尖把顶尖与工件中心孔的滑动摩擦变成顶尖内部轴承的滚动摩擦，因此其转动灵活。由于顶尖与工件一起转动，避免了顶尖和工件中心孔的磨损，故能承受较高转速下的加工。但其支承刚性较差，存在一定的装配累积误差，且当滚动轴承磨损后，会使顶尖产生径向摆动，所以回转顶尖适用于加工工件精度要求不太高的场合。

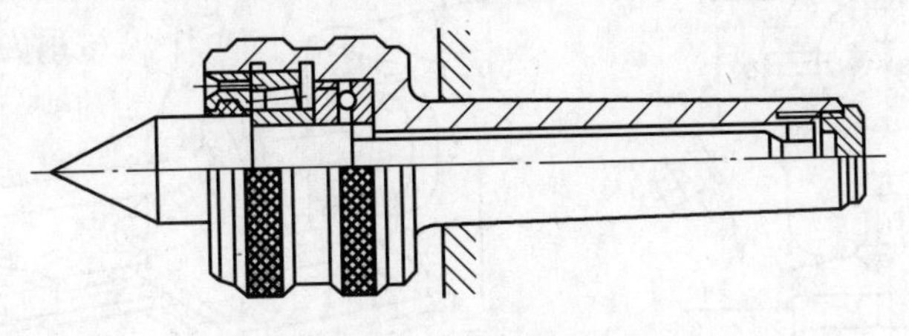

图4-50　回转顶尖

生产中在车削较重、较长的轴体零件时，较常用“一夹一顶”的方法，即一端用自定心或单动卡盘夹住，另一端用后顶尖顶住，以使工件更为稳固，从而能选用较大的切削用量进行加工。为了防止工件因切削力作用而产生轴向窜动，必须在卡盘内装一限位支承，或用工件的台阶作为限位，如图4-51所示。此装夹方法比较安全，能承受较大的轴向切削力，故应用很广泛。

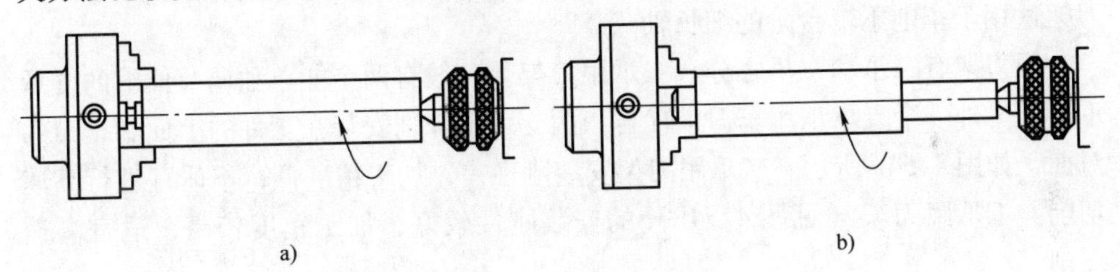

图4-51　一夹一顶安装工件
a）用限位支承　b）用工件台阶限位

（7）中心架　当加工长轴（轴的长径比 $L/D>10$）时，为了防止其受切削力的作用而产生弯曲变形或振动，同时保持轴两端同轴，往往需要用中心架（见图4-52）来支承。中心架固定在床身导轨上，不随刀架移动，主要起支承作用。中心架上有三个等分布置并能单独调节伸缩的支承爪。使用时，用压板、螺钉将中心架固定在床身导轨上，且安装在工件中间，然后调节支承爪。首先调整下面两个爪，将盖子盖好固定，然后调整上面一个爪。调整的目的是使工件中心线与主轴中心线重合，同时保证支承爪与工件表面的接触松紧适当，如图4-53所示。

中心架适用于加工细长轴、阶梯轴、长轴端面、端部的孔等。

使用中心架作为辅助支承时，要在工件的支承部位预先车削出定位用的光滑

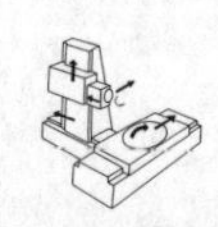

圆柱面，并在工件与支承爪的接触处加机油润滑。

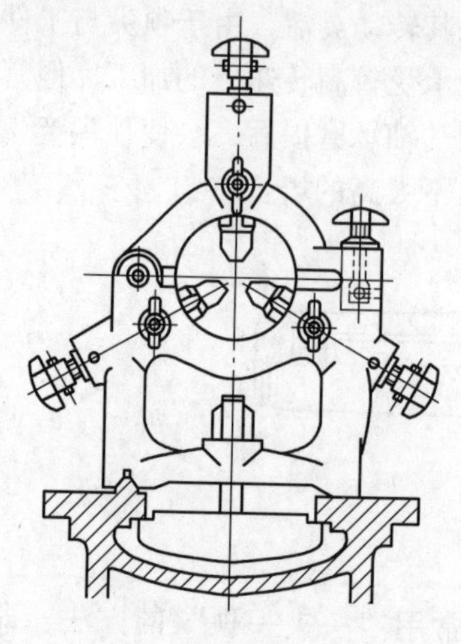

图4-52　中心架

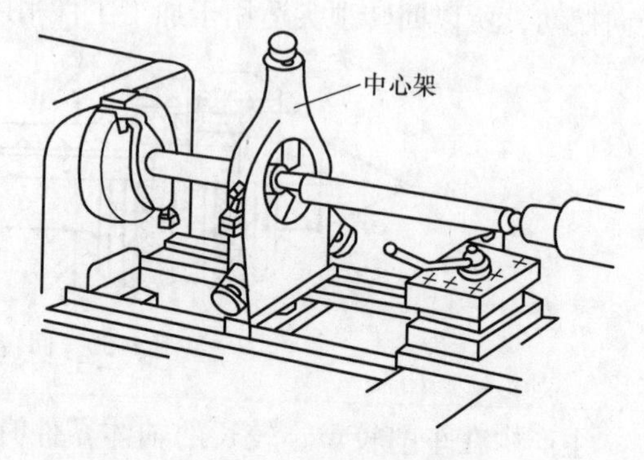

图4-53　中心架的应用

（8）跟刀架　当车削细长轴（轴的长径比 $L/D>15$）时，为了减少工件振动和弯曲，常用跟刀架作为辅助支承，以增加工件的刚性。跟刀架装在溜板上，跟着刀架移动，主要起支承作用，解决刀具加工工件时工件刚性不足的问题。跟刀架适用于车削不带台阶的细长轴。

跟刀架有二爪和三爪之分。二爪跟刀架上一般有两个能单独调节伸缩的支承爪，而另外一个支承爪用车刀来代替，两支承爪分别安装在工件的上面和车刀的对面，如图4-54a所示。二爪跟刀架安装刚性差，加工精度低，不适宜进行高速切削。三爪跟刀架（见图4-54b）的安装刚性较好，加工精度较高，适宜高速切削。

加工时，跟刀架的底座用螺钉固定在床鞍的侧面，跟刀架安装在工件头部，与车刀一起随床鞍做纵向移动，如图4-54c所示。每次走刀前应先调整支承爪的高度，使支承爪与预先车削出用于定位的光滑圆柱面保持松紧适当的接触。

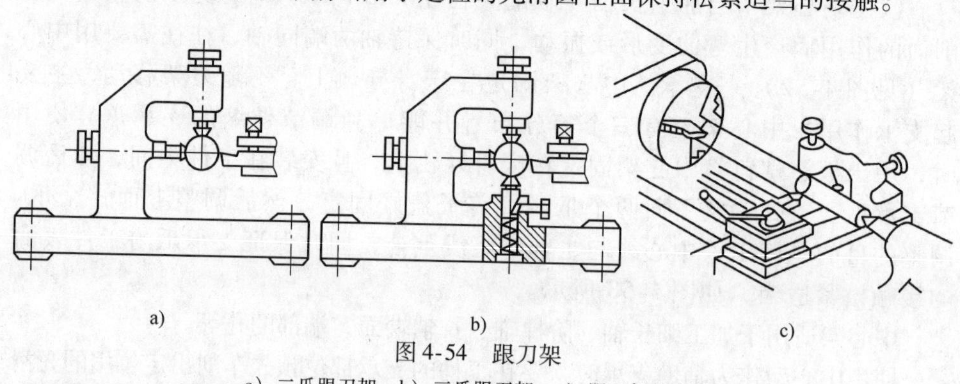

图4-54　跟刀架

a）二爪跟刀架　b）三爪跟刀架　c）跟刀架的应用

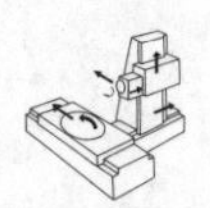

要注意的是：与中心架一样，使用跟刀架作为辅助支承时，也要在工件的支承部位预先车削出定位用的光滑圆柱面，并在工件与支承爪的接触处加机油润滑。

(9) 心轴装夹　心轴主要用于带孔盘、套类零件的装夹。当工件的形状复杂或内外圆表面的位置精度要求较高时，可采用心轴装夹进行加工，这有利于保证零件的外圆与内孔的同轴度及端面对孔的垂直度要求。

使用心轴装夹工件时，应先将工件全部粗车完，再将内孔精车好（IT7～IT9)，然后以内孔为定位基准，将工件安装在心轴上，再把心轴安装在前、后顶尖之间。

心轴分为圆柱形心轴、小锥度心轴、可胀心轴、伞形心轴和花键心轴等。

圆柱形心轴（见图4-55）适用于工件的长度尺寸小于孔径尺寸的情况。工件安装在带台阶的心轴上，一端与轴肩贴合，另一端采用螺母压紧。工件与心轴的配合采用H7/h6。

小锥度心轴（见图4-56）适用于工件长度大于工件孔径尺寸的情况。这种心轴的锥度为1/5000～1/1000，工件内孔与心轴表面依靠过盈所产生的弹性变形来夹紧工件，定心精度较高。其多用于精车。

可胀心轴与伞形心轴分别如图4-57和图4-58所示。

(10) 拨盘与鸡心夹头装夹　这种装夹方式主要是对位置公差要求较高的轴类零件在两顶尖装夹时使用。

一般前、后顶尖是不能直接带动工件转动的，它必须借助拨盘与鸡心夹头来带动工件旋转。拨盘后端有内螺纹跟车床主轴配合，盘面形式有两种：一种是带有U形槽的拨盘，用来与弯尾鸡心夹头相配带动工件旋转，如图4-59a所示；而另一种拨盘装有拨杆，用来与直尾鸡心夹头相配带动工件旋转，如图4-59b所示。鸡心夹头的一端与拨盘相配，另一端装有方头螺钉，用来固定工件。

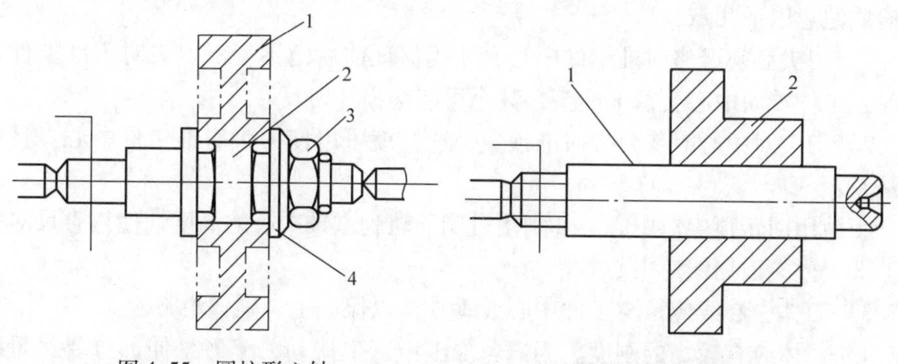

图4-55　圆柱形心轴
1—工件　2—圆柱形心轴　3—螺母　4—垫圈

图4-56　小锥度心轴
1—锥形心轴　2—工件

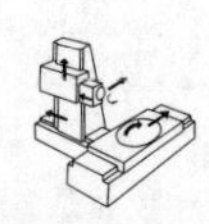

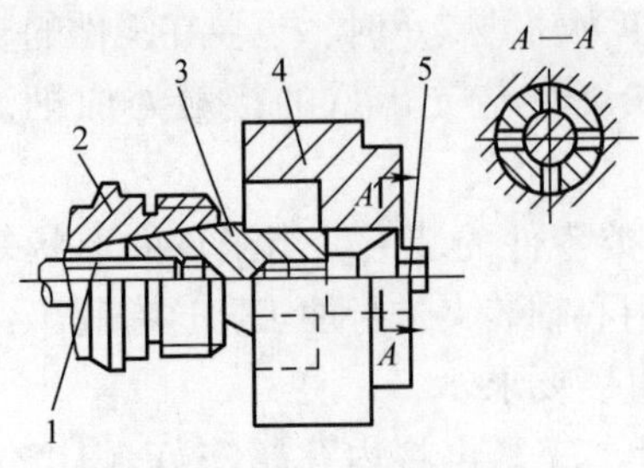

图4-57　可胀心轴

1—拉紧螺杆　2—车床主轴　3—可胀心轴　4—工件　5—锥形螺钉

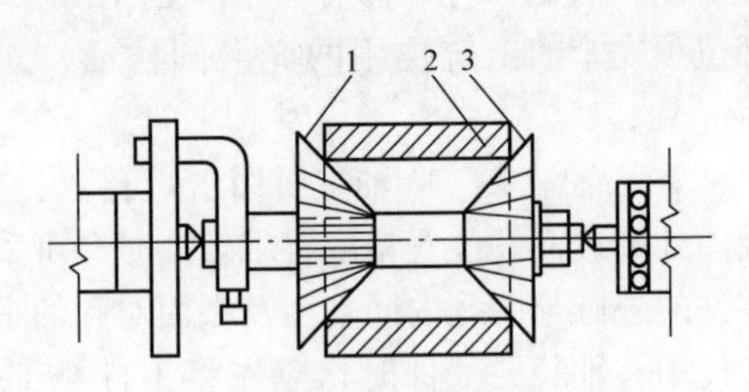

图4-58　伞形心轴

1、3—伞形心轴　2—工件

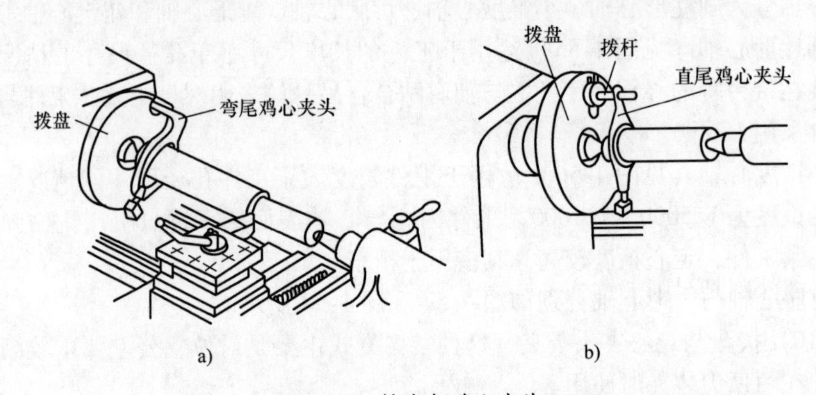

图4-59　拨盘与鸡心夹头

a）带有U形槽的拨盘与弯尾鸡心夹头　b）装有拨杆的拨盘与直尾鸡心夹头

2. 车刀的安装

车刀安装是否正确，直接影响切削的顺利进行和工件的加工质量，即使刀具的角度刃磨得非常合理，如果安装不正确，也会改变车刀实际工作角度。安装车刀时应注意以下几点：

1）刀尖必须严格对准工件中心，才能保证前后角不变。刀尖对不准工件中心时，工件端面中心会留下凸头，甚至可能会损坏刀具。

2）刀尖对中心时使刀尖对准顶尖，这样就可以使刀尖对准工件中心。具体做法是：

①使用回转顶尖对中心。②利用机床导轨到主轴中心的高度，使用直尺对中心。③工件端面划线对中心。

3）刀体中心线应该与工件中心线垂直，以保证主、副偏角不变。

4）刀体应有较高的刚度。为避免加工中产生振动，车刀悬伸部分要尽量缩短，一般悬伸长度为车刀厚度的1～1.5倍。车刀下面垫片要放置平整，数量要少，并与刀架对齐，压紧要牢固。

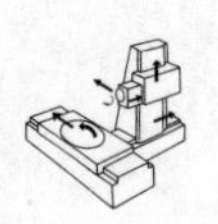

5）夹紧时，至少要用两个螺钉压紧车刀，并要轮流拧紧。

图4-60a所示为车刀正确的安装方法，图4-60b所示为不正确的安装。

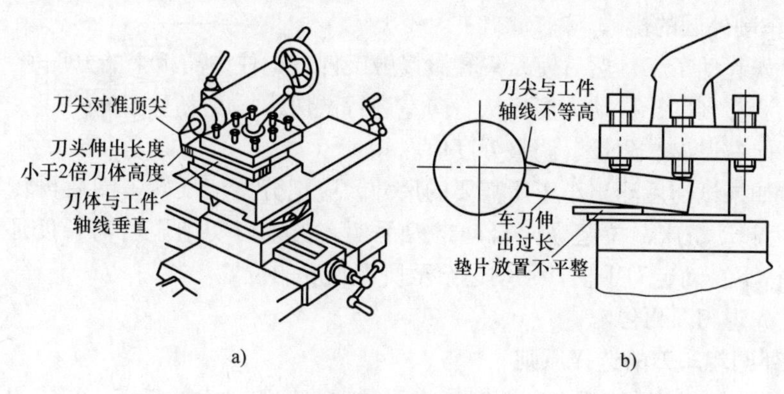

图4-60　车刀安装

a）正确安装　b）不正确安装

4.4.4　车削外圆

车削外圆是车削加工中最基本、最常见的工序。常见的外圆车刀及车外圆方法如图4-61所示。尖刀主要用于粗车外圆和车没有台阶或台阶不大的外圆；弯头刀用于车外圆、端面、倒角和带45°斜面的外圆；偏刀因主偏角为90°，车削外圆时的背向力很小，常用来车细长轴和带有垂直台阶的外圆。

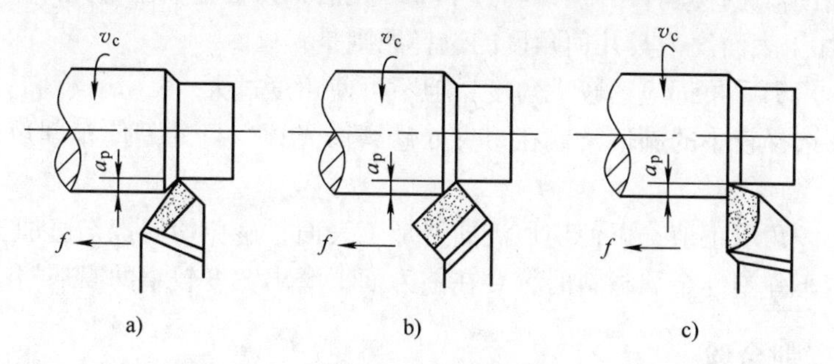

图4-61　车外圆

a）尖刀车外圆　b）45°弯头刀车外圆　c）90°偏刀车外圆

1. 车削外圆的步骤

车削外圆一般可分为粗车和精车两个阶段。

1）粗车外圆，就是把毛坯上多余部分（即加工余量）尽快地车去，这时不要求工件达到图样要求的尺寸精度和表面粗糙度，但粗车时应留一定的精车余量。

2）精车外圆，就是把工件上经过粗车后留有的少量余量车去，使工件达到图样或工艺上规定的尺寸精度和表面粗糙度。

2. 车削外圆的操作

1）先起动车床，然后使刀尖轻微接触工件，记住中溜板上的分度值。

2）调整刻度，移动大溜板从右向左进行试切，长度为1～3mm。

3）向右退出，测量、调整分度值。

4）如果试切后测出小于所需要的尺寸，应把分度值反转一圈后再转至所需位置。再起动机床，拉起纵向自动走刀手柄，当车刀切削至所需长度还剩2～3mm时按下自动走刀手柄，手动进给至所需长度的位置。

5）先退刀，再停车。

3. 外圆粗车刀的选择原则

外圆粗车刀应适应粗车外圆时背吃刀量大、进给量大的特点，要求粗车刀具有足够的强度。其几何角度的选择原则是：

1）为增加刀具的强度，前角和后角取较小角度，但不宜过小。

2）主偏角也不宜太小，主偏角太小容易引起振动。

3）为增加刀头强度，刃倾角应取负值；为增加刀尖的强度，可在主切削刃上磨出负倒棱，并在刀尖处磨过渡刃。

4）车塑性材料时，应在前刀面上磨出宽度较宽的切屑槽。

4. 外圆精车刀的选择原则

外圆精车刀的切削刃必须锋利、平整、光洁，刀尖处磨出修光部分，并使切屑流向待加工表面。刀具几何角度的选择原则是：

1）前角和后角都应选较大角度，但不可使角度过大。

2）要选择较小的副偏角或在刀尖处修磨修光刃，目的是使车削后的表面粗糙度小些。

3）刃倾角取正值，以使切屑流向待加工表面，避免切屑擦伤已加工表面。

4）精车弹塑性金属材料时，要在前刀面上磨出宽度较窄的断屑槽。

4.4.5　车削台阶

加工台阶实际就是车外圆和车端面的组合加工，加工方法与车外圆有显著的区别，其需要配合的表面要求平整、刀纹细小、尺寸精确，而不需要配合的表面按自由公差加工即可。

加工方法如下：

1）车台阶一般采用右偏刀，装刀时应注意主切削刃须与工件表面成90°或大于90°，否则车出的端面不平整，且与已加工表面也不垂直。

2）车高度在5mm以下的台阶时，可在车外圆时同时车出，如图4-62所示。

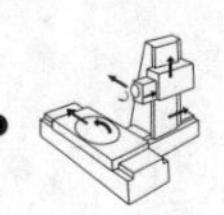

为使车刀的主切削刃垂直于工件中心线，可在先车好的端面上对刀，使主切削刃与端面贴平。

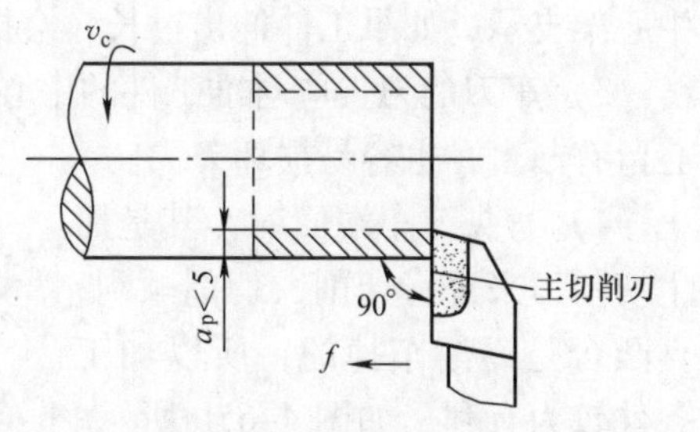

图4-62　车低台阶

3）加工数量多的多级台阶工件，可以采用挡铁定位。为了准确地掌握、控制尺寸，主轴内必须装有定位块，使工件安装位置固定不变。

4）台阶轴径向差距大于5mm时，外圆应分层切除，再对台阶面进行精车，如图4-63所示。首先偏刀主切削刃与工件中心线约成95°角，分多次纵向进给车削，如图4-63a所示；在末次纵向进给后，车刀横向退出，车出90°台阶，如图4-63b所示。

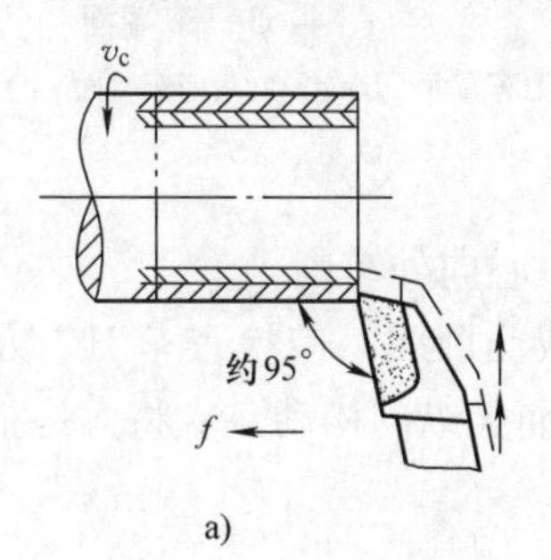

a)

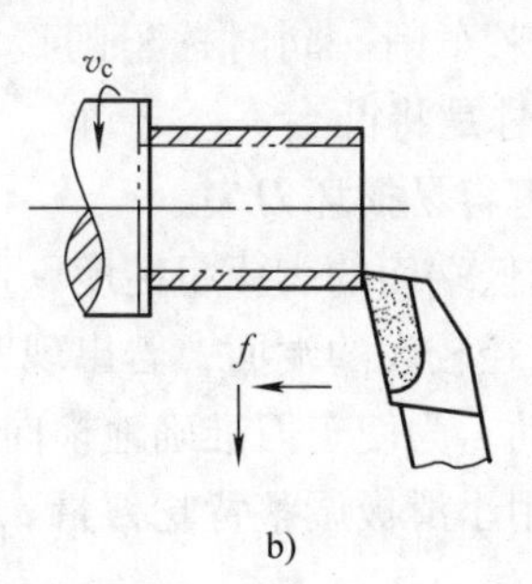

b)

图4-63　车高台阶

a）多次纵向进给车削　b）末次纵向进给后，车出90°台阶

5）为使台阶长度符合要求，可用钢直尺确定台阶长度，如图4-64所示。车削时先用刀尖刻出线痕，以此作为加工界限。这种方法不很准确，一般线痕所定的长度应比所需的长度略短，以留有余地。

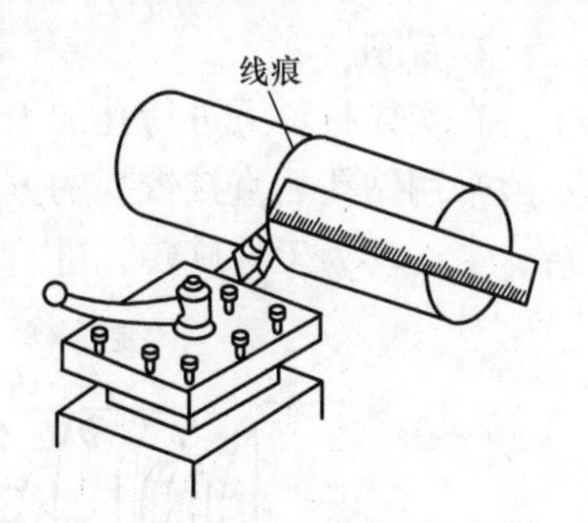

图4-64　用钢直尺确定台阶长度

4.4.6　车端面

车端面也是车削加工中最基本、最常见的工序。常见的端面车刀及车端面方法如图4-65所示。车端面时，刀具做横向进给，由于加工直径在不断地发生变化，向中心车削的速度逐渐减小，使表面粗糙度变大，故切削条件比车外圆差。

车端面时应注意以下几点：

1）车端面时，刀具的主切削刃要与端面有一定夹角。

2）加工较长类（筒类、轴类）零件端面时，应尽量使伸出卡盘短些，或用中心架支承，如果工件伸出过长，会把车刀打坏。

3）车刀的刀尖应对准工件的中心，否则工件中心余料难以切除，使端面中心留有凸台，也容易损坏刀尖。

4）弯头刀车端面时，其是用主切削刃来进行切削，切削顺利，且凸台是逐渐车掉的，所以加工条件较为有利，如图4-65b所示。用偏刀车端面时（见图4-65a、c），其是由外向中心进刀，用副切削刃切削，切削不顺利，易“扎刀”，因此有时需在副切削刃上磨出前角来车削。同时，车削到工件中心时是将凸台一下子车掉的，因此也容易损坏刀尖。

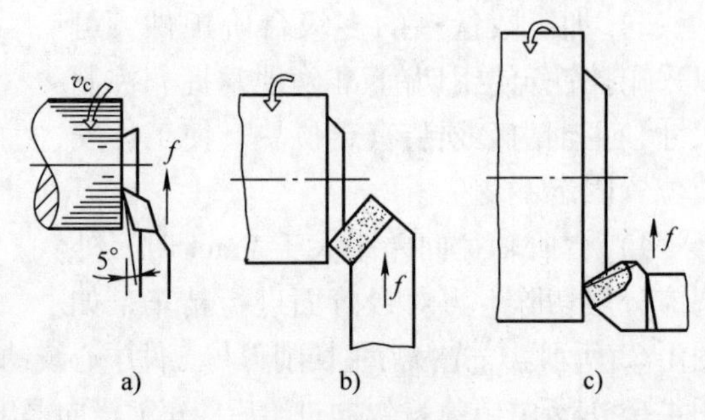

图4-65　车端面

a）右偏刀车端面　b）45°弯头刀车端面　c）左偏刀车端面

5）为降低端面的表面粗糙度，可由中心向外车削。

6）车直径较大的端面，若出现凹心或凸肚时，应检查车刀、方刀架以及大拖板是否松动。为使车刀准确地横向进给而无纵向松动，应将大拖板锁紧在床面上，此时可用小滑板调整背吃刀量a_p。

4.4.7　孔的加工

车床上常用的内孔加工为钻孔、扩孔、铰孔和镗孔。

1. 钻孔

在实体材料上进行孔加工时，先要钻孔。对孔径小于10mm的孔，在车床上一般采用钻孔后直接铰孔的方法。钻孔刀具为麻花钻，装在尾座套筒内由手动进给，主运动为工件旋转，进给运动为钻头轴向移动，如图4-66所示。

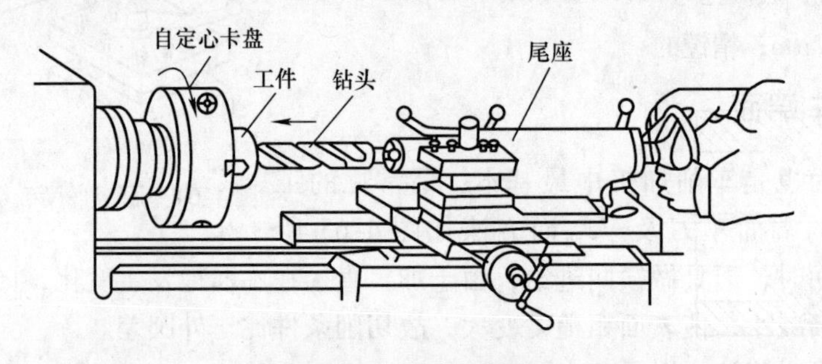

图4-66　车床上钻孔

钻孔时应注意以下几点：

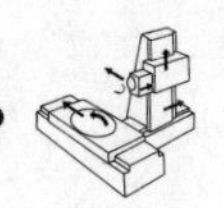

1）钻孔前应将端面车平，中心处不能有凸台。为了定心，可先钻中心孔或凹坑。

2）钻头进给速度在钻削开始时和钻通之前都要慢，钻削过程中应经常退出钻头，以便排屑。

3）充分使用切削液冷却工件、切屑和刀具。

4）孔钻通或钻到要求深度时，应先退出钻头，再停车。

5）若对孔的要求较高，则要进行扩孔或铰孔。

2. 扩孔和铰孔

扩孔是用扩孔钻对已钻出的孔进行半精加工（见图4-67），加工精度为IT10～IT9，表面粗糙度 Ra 值为6.3～3.2μm。

铰孔是用铰刀对孔进行精加工（见图4-68），加工精度为IT8～IT7，表面粗糙度 Ra 值为1.6～0.8μm。

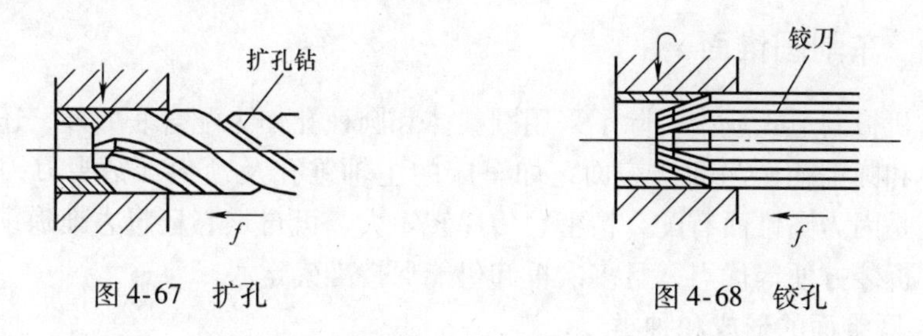

图4-67　扩孔　　图4-68　铰孔

钻、扩、铰是中小直径孔的典型工艺方案，生产中广为应用。但对直径较大或内有台阶、环槽等的孔，则应采用镗孔。

3. 镗孔

镗孔是用镗刀对已有的孔进行再加工，可加工通孔、不通孔、内环形槽，如图4-69所示。镗孔可分为粗镗、半精镗和精镗。粗镗的加工精度可达IT11～IT10，表面粗糙度 Ra 值为12.5～6.3μm；半精镗的加工精度为IT10～IT9，表面粗糙度 Ra 值为6.3～3.2μm；精镗的加工精度为IT8～IT7，表面粗糙度 Ra 值为1.6～0.8μm。

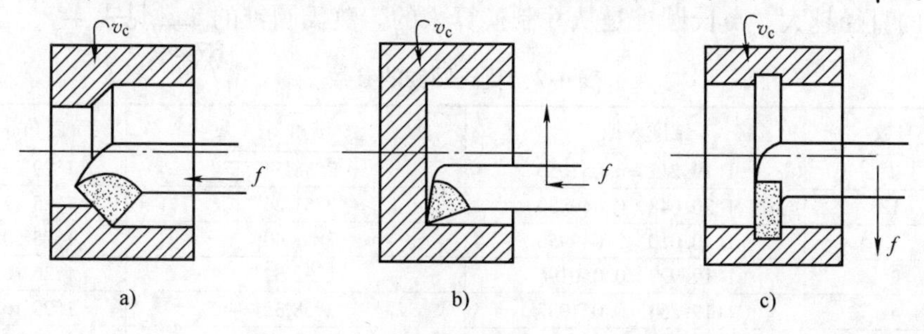

图4-69　镗孔

a）镗通孔　b）镗不通孔　c）镗内环形槽

镗孔时由于刀具截面积受被加工孔径大小的影响，刀体悬伸长，工作条件差，因此解决好镗刀的刚度是保证镗孔质量的关键。为增加刚度，镗刀截面应尽可能大些，伸出长度应尽可能短些。为避免扎刀现象，镗刀刀尖应略高于工件中心线。

由于孔加工的特点，镗孔车刀角度与外圆车刀有一定的区别，如一般前角和后角都比车外圆时大，有时为了减小后刀面与孔壁摩擦，增强刀头强度，可磨成两个后角，或将后刀面磨成圆弧形状，以防止镗刀下部碰着孔壁；为了减小背向力，防止振动，主偏角应取较大值；粗车时，刀尖安装应低于工件中心以增大前角；精车时，刀尖应稍高些，以增大后角；车刀的刃倾角为负值，使铁屑后排屑，但角度不宜过大。

由于镗孔车刀刚性差，容易产生变形与振动，镗孔时常采用较小的进给量 f 和切削深度 a_p，进行多次走刀，因此生产率较低。但镗孔车刀制造简单，通用性强，可加工大直径孔和非标准孔。

4.4.8　车削圆锥面

在机械制造工业中，除了采用圆柱体和圆柱孔作为配合表面外，还广泛采用圆锥体和圆锥孔作为配合表面，如车床的主轴锥孔及顶尖、钻头、铰刀的锥柄等，这是因为圆锥面有配合精密、传递转矩大、可自定心且定心准确、同轴度精度高、拆装方便等优点，且多次拆卸仍能保持准确定心。

1. 圆锥面的形成和种类

（1）圆锥面的形成　如果把直角三角形 *ABC* 围绕着它的直角边 *AC* 旋转360°，就形成一个完整的圆锥体 *ABCD*，也叫完全圆锥。在机械行业中，使用完全圆锥的很少，使用最多的是截头圆锥，也叫锥台。

（2）圆锥面的种类　根据标准尺寸制定的圆锥体表面，叫标准圆锥，常用的标准圆锥有：莫氏圆锥、米制圆锥、标准比例圆锥和特殊角圆锥四种。

1）莫氏圆锥。莫氏圆锥号码分成0、1、2、3、4、5、6，共七个，最小0号，最大6号，号数不同，锥度也就不同，也就是说比值不同，它的号数越大，圆锥的直径越大。莫氏圆锥是从寸制换算来的。莫氏圆锥的参数见表4-2。

表4-2　莫氏圆锥的参数

号数	锥度 K 或 C	锥角 2α	斜角 α
0	1:19.212 = 0.052050	2°58′54″	1°29′27″
1	1:20.048 = 0.049880	2°51′24″	1°25′42″
2	1:20.020 = 0.049950	2°51′40″	1°25′50″
3	1:19.922 = 0.050196	2°52′32″	1°26′16″
4	1:19.254 = 0.051937	2°58′32″	1°29′16″
5	1:19.002 = 0.052626	3°00′52″	1°30′26″
6	1:19.180 = 0.052138	2°59′12″	1°29′36″

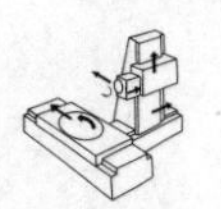

2）米制圆锥。米制圆锥号码分成4、6、80、100、120、140、160、200，共八个，它的号码是指大端直径，锥度固定不变，也就是比值不变，$C(K)=1:20=0.05$，锥角$2\alpha=2°51'51''$，斜角$\alpha=1°25'56''$。

3）标准比例圆锥。标准比例圆锥是用一定比例来表示的圆锥，也就是邻边与对边之比，如1:5，1:10，1:12，1:50，7:64等。

4）特殊角圆锥。特殊角圆锥是用特殊角的角度来表示的圆锥，有30°、45°、60°、75°、90°、120°等。

2. 圆锥面各部分名称及代号（见表4-3）

表4-3　圆锥面各部分名称及代号

圆锥面	圆锥面各部分名称	代号
	锥角2α	$\tan\frac{\alpha}{2}=\frac{D-d}{2L}$ $C=\frac{D-d}{L}$
	倾角α	
	锥度C	
	大端直径D	
	小端直径d	
	圆锥轴向长度L	
	圆锥体全长L_0	

3. 车削圆锥面的方法

车削圆锥面的方法有小刀架转位法、尾座偏移法、靠模法和宽刀法四种。

（1）小刀架转位法　小刀架转位法车削圆锥面如图4-70所示。根据零件的锥角2α，将小刀架扳转α角，使小刀架导轨与主轴中心线相交α角，即可加工圆锥面。这种方法不但操作简单，能保证一定的加工精度，而且还能车内锥面和锥角很大的锥面，因此应用较广。但由于受小拖板行程的限制，并且不能自动走刀，劳动强度较大，表面粗糙度值较大，Ra值为6.3~3.2μm，所以只适宜加工单件或小批量生产中精度较低和长度较短的圆锥面。

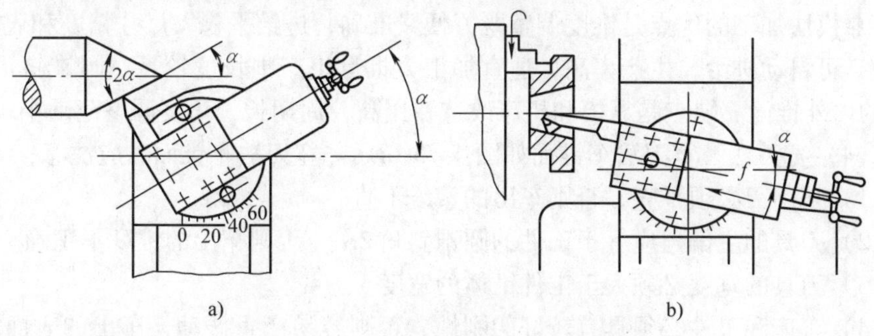

图4-70　小刀架转位法车削圆锥面

a）车削外圆锥面　b）车削内圆锥面

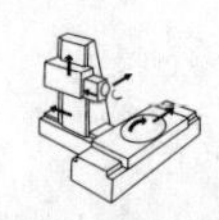

（2）尾座偏移法　尾座偏移法车削圆锥面如图4-71所示，工件安装在前后顶尖之间，将尾座体相对于底座横向向前或向后偏移一定距离 S，使工件中心线与车床主轴中心线的夹角等于圆锥半角 $\alpha/2$，当刀架自动或手动进给时即可车出所需的锥面。

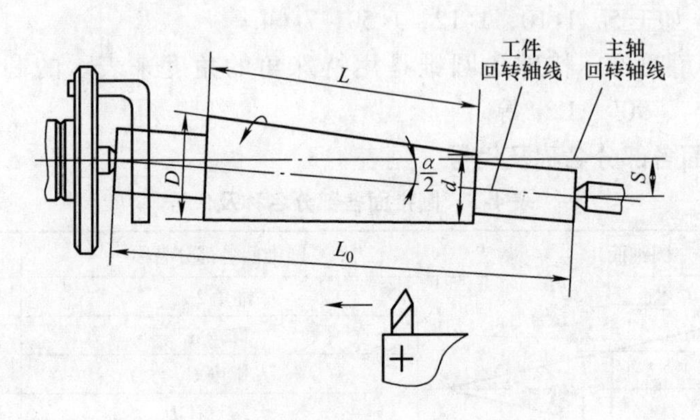

图4-71　尾座偏移法车削圆锥面

尾座偏移距离：

$$S=(D-d)L_0/2L$$

尾座偏移法车削圆锥面，其表面粗糙度 Ra 值为6.3～1.6μm。由于尾座体偏移距离 S 较小，加工出的锥体精度不高，不能加工圆锥孔和完全圆锥，所以尾座偏移法只适宜加工在顶尖上安装的较长的、圆锥斜角 $\alpha<8°$ 的外圆锥面。

（3）靠模法　靠模法车锥面如图4-72所示。靠模装置固定在床身后面，靠模板可绕中心轴相对底座扳转一定角度（α），滑块在靠模板导轨上可自由滑动，并通过连接板与中拖板相连。将刀架中拖板螺母与横向丝杠脱开，当大拖板自动（亦可手动）纵向进给时即可车出圆锥斜角为 α 的锥面，表面粗糙度 Ra 值可达6.3～1.6μm。

靠模法加工的优点是锥度调整既方便又准确，进给平稳，尺寸精度和表面质量好，可自动进给，生产率高，适宜加工大批量生产中长度较长、圆锥斜角 $\alpha<12°$ 的内外锥面。缺点是靠模和机床改造费用高，周期长，角度调整范围小。

（4）宽刀法　宽刀法车锥面如图4-73所示。宽刀法车锥面时应注意：

1）切削刃必须平直，否则车出的素线不直。

2）刀具的主偏角应等于工件的圆锥斜角 2α，否则车出的锥度不正确。

3）刀具的宽度必须大于工件锥体的宽度。

4）车床和工件必须具有较好的刚性，否则容易产生振动，车出的表面质量不好。表面粗糙度 Ra 值取决于车刀的刃磨质量和加工时的振动情况，一般可达6.3～3.2μm。

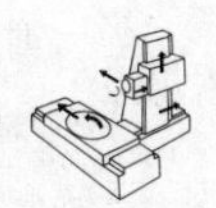

宽刀法只适宜加工较短的锥面，生产率较高，在大批量生产中应用较多。倒角是宽刀法的一种，应用比较广泛。

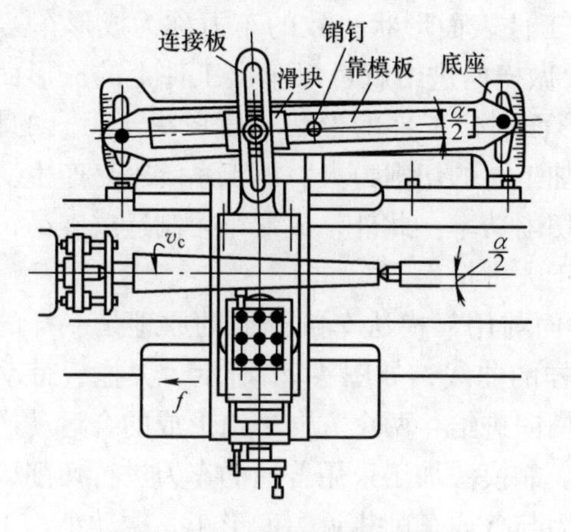

图4-72 靠模法车锥面

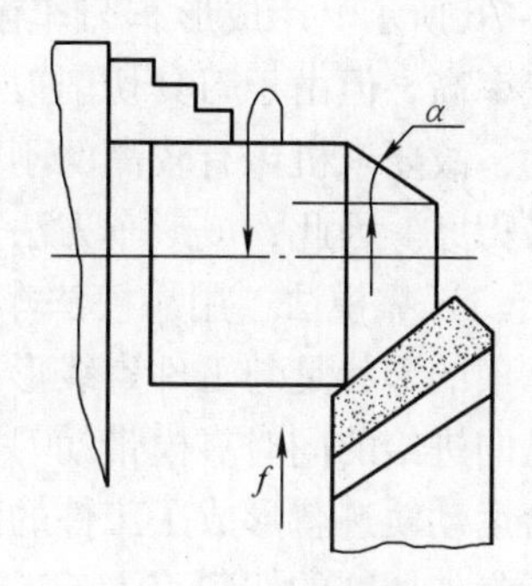

图4-73 宽刀法车锥面

4.4.9 车削成形面和滚花

1. 车削成形面

在回转体上有时会出现素线为曲线的回转表面，如手柄、手轮和圆球等表面。这些表面称为成形面。成形面的车削方法有手动法、成形刀法和靠模法等。

（1）手动法 如图4-74所示，操作者双手同时操纵中拖板和小拖板手柄移动刀架，使刀尖运动的轨迹与要形成的回转体成形面的素线尽量相符合。车削过程中还经常用成形样板检验，如图4-75所示。

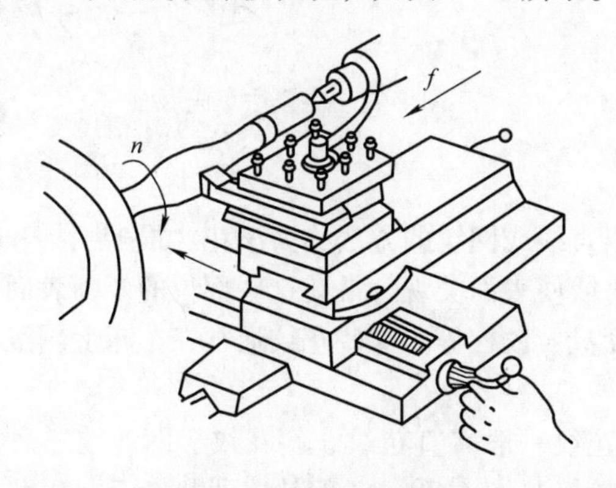

图4-74 手动法车削成形面

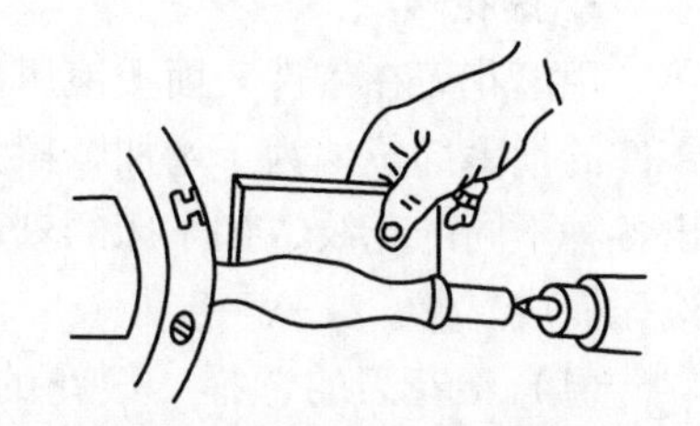

图4-75 用成形样板检验成形面

通过反复的加工、检验、修正，最后形成要加工的成形面。手动法加工简单方便，但对操作者技术要求高，而且生产率低，加工精度低，一般用于单件或小批量生产。

（2）成形刀法　切削刃形状与工件表面形状一致的车刀称为成形车刀（样板车刀）。用成形车刀切削时，只要做横向进给就可以车出工件上的成形面，如图4-76所示。用成形车刀车削成形面时，工件的形状精度取决于刀具的精度，加工率高，但由于刀具切削刃长，加工时的切削力大，加工系统容易产生变形和振动，故要求机床有较高的刚度和切削功率。此外，成形车刀制造成本高，且不容易刃磨。因此，成形车刀法适用于大批量生产。

（3）靠模法　用靠模法车成形面与用靠模法车圆锥面的原理是一样的，只是靠模的形状是与工件素线形状一样的曲线，如图4-77所示。大拖板带动刀具做纵向进给的同时靠模带动刀具做横向进给，两个方向进给形成的合运动产生的进给运动轨迹就形成了工件的素线。靠模法加工采用普通的车刀进行切削，刀具实际参加切削的切削刃不长，切削力与普通车削相近，变形小，振动小，工件的加工质量好，生产率高，但靠模法的制造成本高。靠模法车成形面主要用于大批量生产。

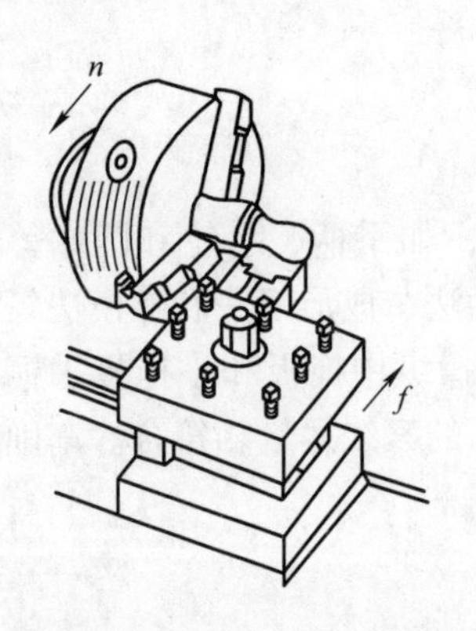

图4-76　用成形车刀车成形面

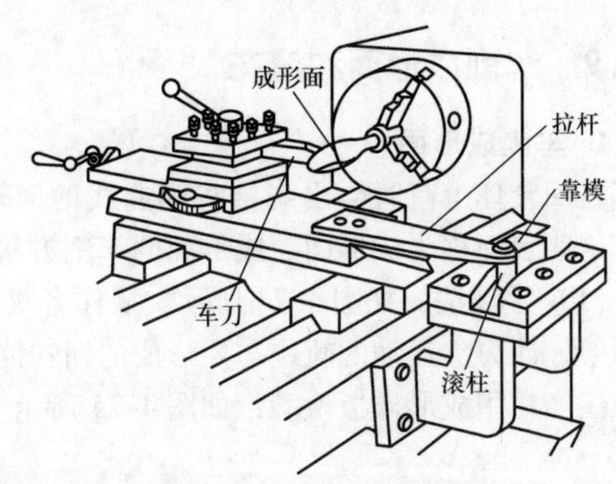

图4-77　靠模法车成形面

2. 滚花

用滚花刀在零件表面上滚压出直线或网纹的方法称为滚花。很多工具和机械零件的把手部位，为了增加摩擦力或使表面美观，常在这些部位的外圆表面上滚出各种不同的花纹，如车床的刻度盘、铰杠等。这些花纹通常在车床上用滚花刀滚压而成。

（1）滚花刀的选择　滚花的花纹一般有直花纹、斜花纹、网花纹三种，其形式如图4-78所示。滚花刀有单轮（见图4-79a）、双轮（见图4-79b）和六轮（见图4-79c）三种。单轮滚花刀通常用于滚压直花纹和斜花纹，双轮滚花刀和六轮滚花刀用于滚压网花纹。双轮滚花刀由节距相同的一个左旋和一个右旋滚花

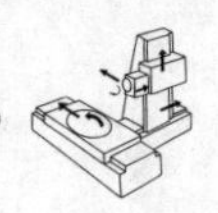

刀组成。六轮滚花刀按节距大小分为三组，安装在同一个特制的刀体上，分粗、中、细三种，使用时可根据不同需要进行选择。

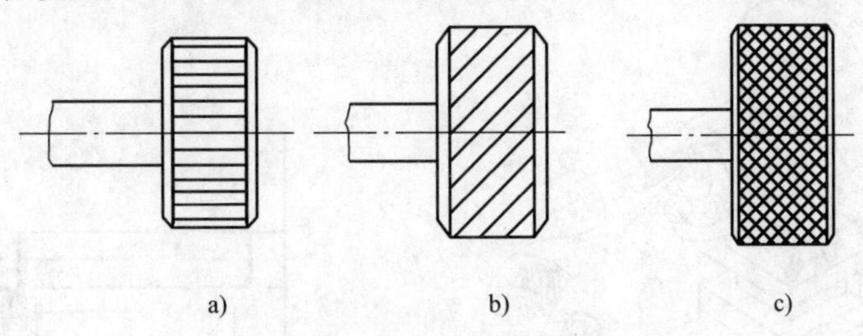

图 4-78　花纹形式

a）直花纹　b）斜花纹　c）网花纹

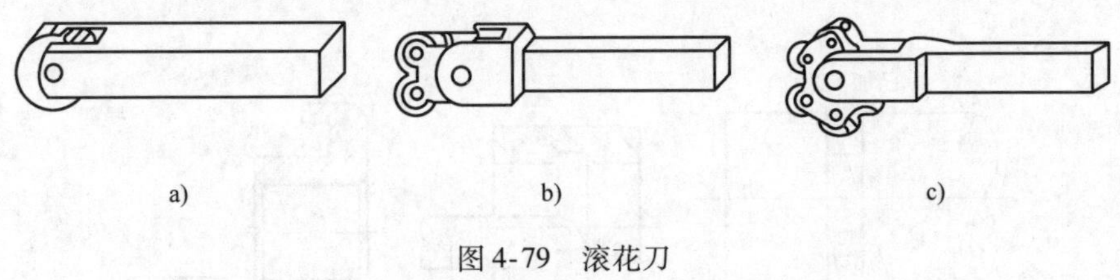

图 4-79　滚花刀

a）单轮　b）双轮　c）六轮

（2）滚花刀的用法　由于滚花是使工件表面产生塑性变形而形成花纹，因此在滚花前，应根据工件材质和滚花节距的大小，将滚花处的直径车小 0.2 ~ 0.5mm。滚花后，工件直径大于滚花前直径，其值为节距的 0.8 ~ 1.6 倍。

滚花时，首先将滚花刀夹持在刀架上，使其与工件表面平行，滚花轮表面与工件平行接触，如图 4-80 所示。开始滚花时，滚花刀接触工件吃刀要多些，使工件圆周表面一开始就形成较深的花纹，否则容易产生乱纹。为了减少开始时的背向力，可把滚花刀宽度的 1/2 或 1/3 与工件表面接触，或者将滚花刀尾部装得稍向左偏一点，从而使滚花刀与工件产生一个很小的夹角（0° ~ 1°），如图 4-81 所示，这样滚花刀容易切入工件表面。在停车检查花纹符合图样要求后，应进行纵向移动，再来回滚压 1 – 2 次，就可把花纹滚好。

滚花前，要擦净轮槽中的细屑，否则，滚出的花纹不光洁，甚至会出现乱纹。工件应取较小的切削速度（$v_c < 10\text{m/s}$），并浇注充分的切削液。用毛刷加注切削液时，不能使它与工件相接触，以防卷入工件和滚花刀之间，更不能用手摸工件，以免发生危险。

4.4.10　车槽与切断

用车削的方法加工工件的槽称为车槽。槽的形式有外槽、内槽和端面槽等。

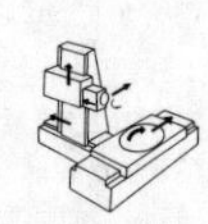

车槽的情形如图4-82所示。

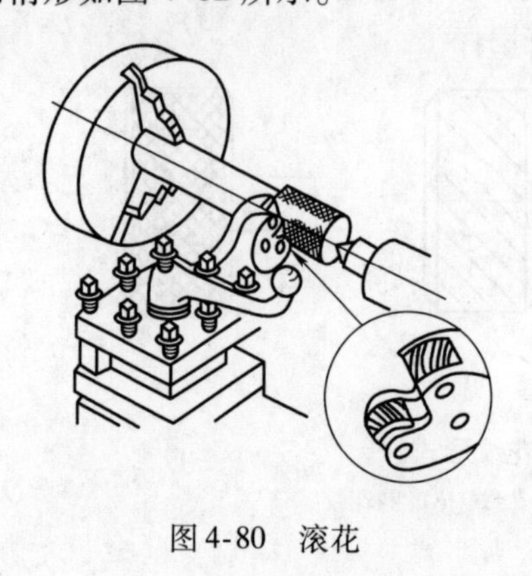

图4-80　滚花

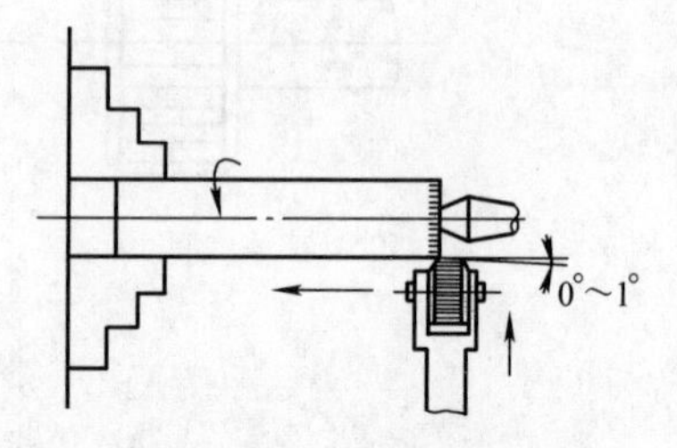

图4-81　滚花刀的安装

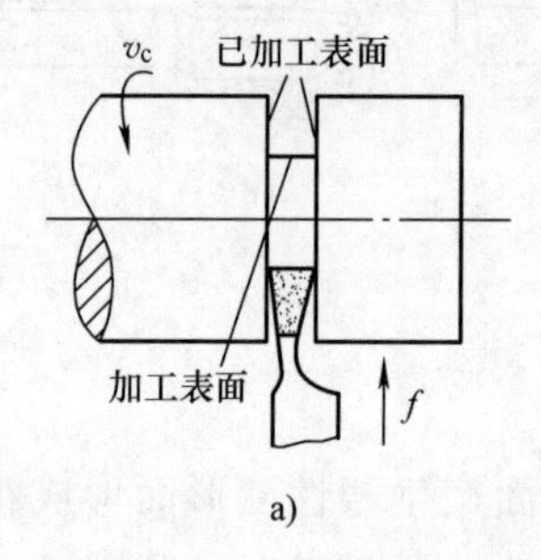

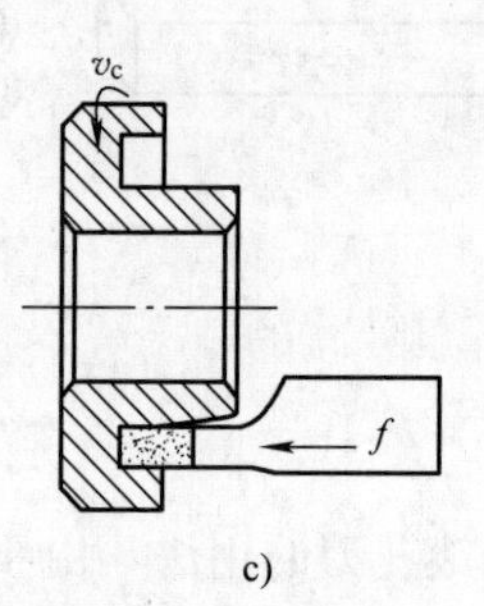

图4-82　车槽的情形

a）车外槽　b）车内槽　c）车端面槽

车槽用车槽刀进行。车槽刀有一条主切削刃和一个主偏角、两条副切削刃和两个副偏角。车外槽和端面槽用的刀具与切断刀很相似，故一般可采用切断刀代替车槽刀。车槽刀如同右偏刀和左偏刀并在一起同时车左、右两个端面，如图4-83所示。专用的车槽刀可根据槽的宽度和深度来刃磨。车槽刀安装时刀尖应与工件中心线等高，主切削刃平行于工件中心线，两副偏角相等。

1. 车槽的方法

在车床上车槽，主要分为车窄槽和车宽槽两种形式。

（1）车窄槽　槽的宽度在5mm以下的称为窄槽。可以采用刀头宽度等于槽宽的车槽刀一次车成。

（2）车宽槽　槽的宽度在5mm以上的称为宽槽。车削方法

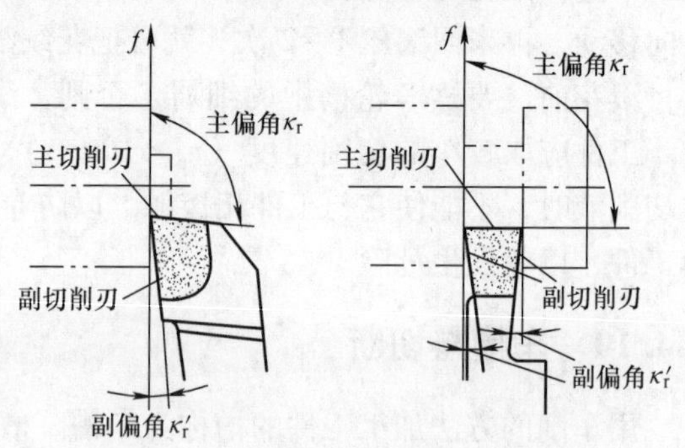

图4-83　车槽刀与偏刀切削角度的对比

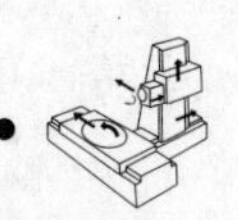

如图 4-84 所示。一般采取先粗车后精车的方法，并且是分段、多次车削完成。

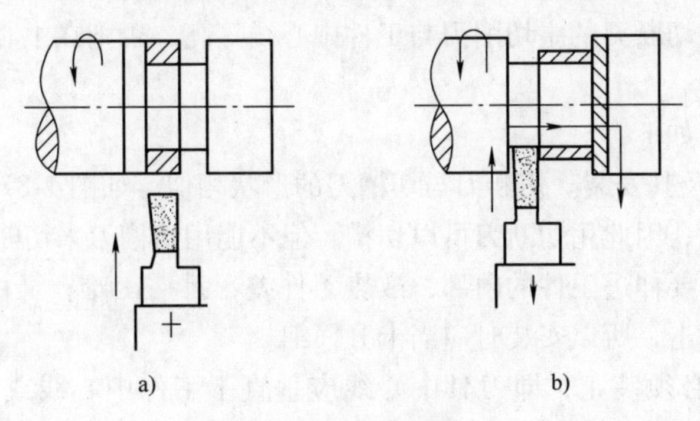

图 4-84　车宽槽

a）根据槽宽做多次横向进给　b）末一次横向进给后再纵向进给精车槽底

2. 车槽尺寸的测量

车槽工件的尺寸主要是槽宽和槽深。其测量方法可以采用卡钳与钢直尺配合测量，也可以用游标卡尺和千分尺测量。图 4-85a、b 所示分别为用游标卡尺测量槽宽和用千分尺测量槽的底径。

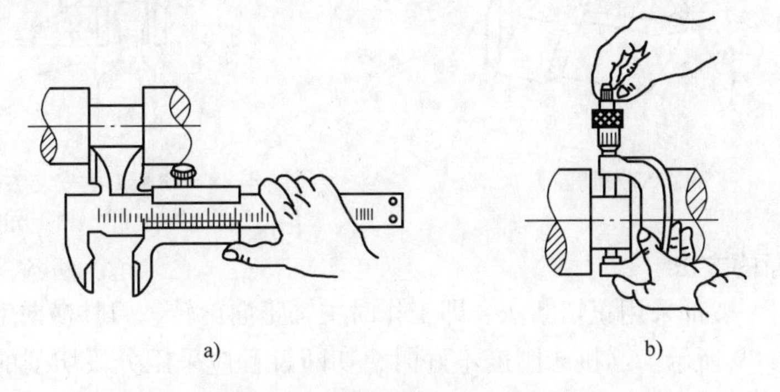

图 4-85　测量外槽尺寸的方法

a）用游标卡尺测量槽宽　b）用千分尺测量槽的底径

3. 切断

把坯料或工件分成两段或若干段的车削方法称为切断，其主要用于圆棒料按尺寸要求下料或把加工完的工件从坯料上切下来，如图 4-86所示。

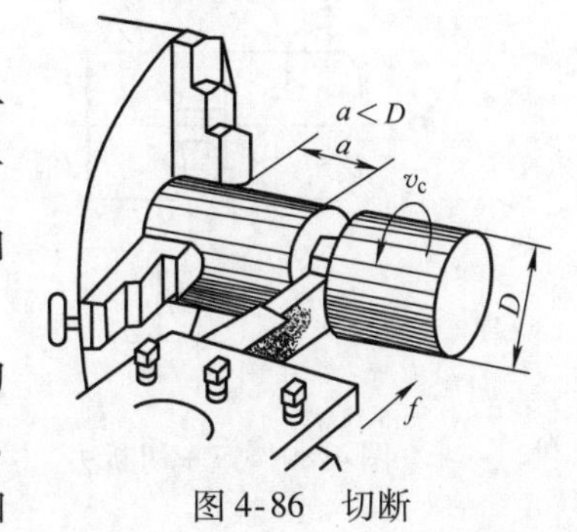

图 4-86　切断

切断与切槽类似，只是当切断直径较大的工件时，切断刀的刀头较长，强度和刚度较差，排屑困难。为避免刀头折断，常将刀头高度加大。要切断的工件一般安装在卡盘上，切断处应尽量靠近卡盘。切断实心工件时，要特别注意切断刀的主切削刃与工件中心线等高，否则在中心部位形成的凸台易损坏刀尖。

切断的步骤如下：

1）切断刀及其安装。切断刀与切槽刀的形状相似，如图4-87所示，但切断刀的刀头窄而长，因此用切断刀可以切槽，但不能用切槽刀来切断。

切断时刀头要伸进工件的内部，散热条件差，排屑困难；又由于其强度低，经不起振动和冲击，所以安装时应当十分仔细。

2）切断刀必须装正，即刀具中心线应垂直于工件中心线或平行于进给方向，如图4-88所示。

3）切断刀不宜伸出刀架过长，防止发生振动。

4）切断刀的刀尖应对准工件端面的中心。

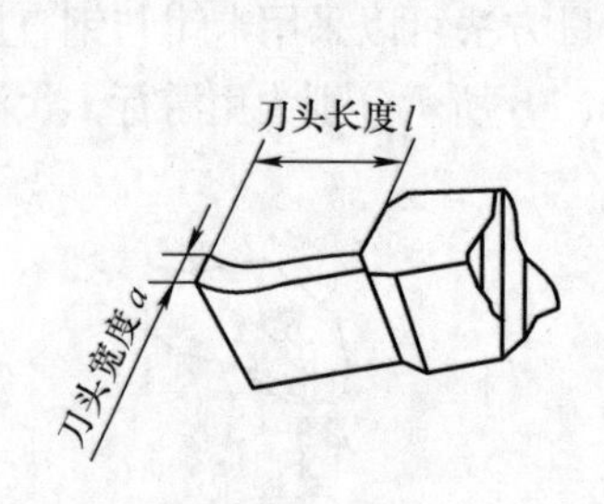

图4-87　切断刀

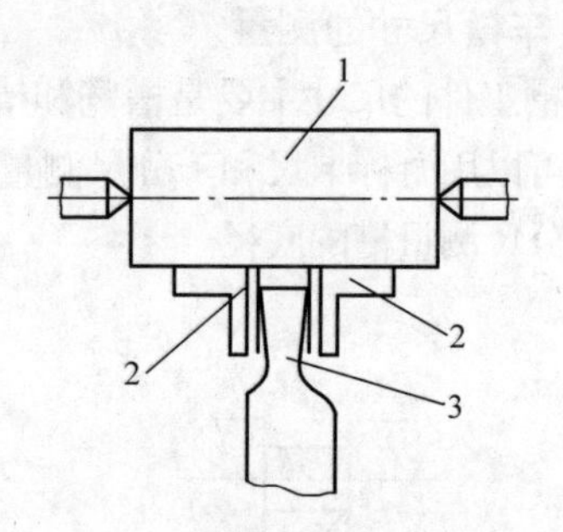

图4-88　切断刀的安装方法

1—工件　2—90°角尺　3—切断刀

4. 切断的方法

切断时一般都采用正切断法，即工作时主轴正向旋转，刀具横向走刀进行车削，如图4-89所示。当机床刚度不好时，切断过程应采用分段切削的方法。分段切削的方法能比直接切削的方法减少一个摩擦面，便于排屑和减小振动，如图4-90所示。

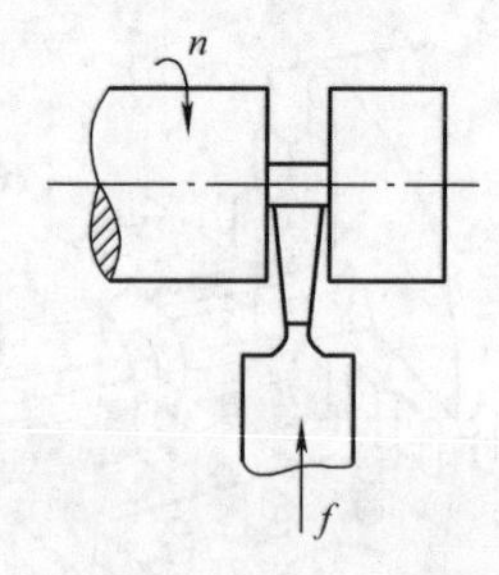

图4-89　正车切断法

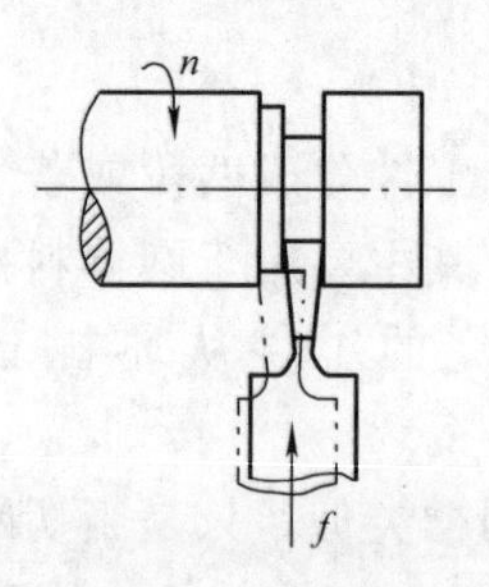

图4-90　分段切断

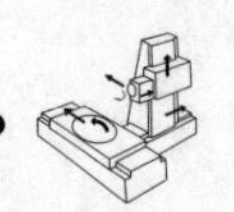

正切时的横向走刀可以手动也可以机动。利用手动进刀切断时，应注意保持走刀速度均匀，以免由于切断刀与工件表面摩擦，而使工件表面产生硬化层，使刀具迅速磨损。如果中途必须停止走刀或停车时，应先将切断刀退出。

当切断不规则表面的工件时，在切断前应当用外圆车刀把工件先车圆，或尽量减少切断刀的进给量，以免发生“啃刀”现象而损坏刀尖和刀头。

当切断由顶尖支承的细工件或重而大的工件时，不应完全切断，应当在接近切断时将工件卸下来敲断，并注意保护工件和加工表面。

4.4.11 车削螺纹

螺纹在各个行业中的用途非常广泛，如车床的主轴与卡盘的连接，方刀架上螺钉对刀具的紧固，丝杠与螺母的传动等。螺纹种类很多，按牙型分有三角形螺纹、矩形螺纹和梯形螺纹等（见图4-91），按制别分有米制螺纹、寸制螺纹。各种螺纹都有左旋、右旋、单线、多线之分，其中以米制三角形螺纹（称普通螺纹）应用最广。

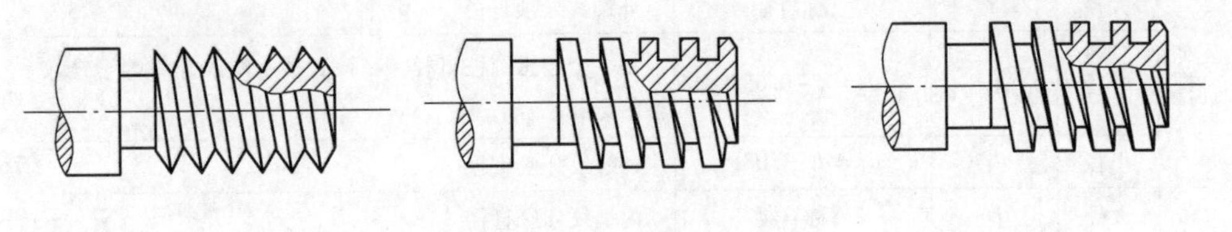

图4-91 螺纹的种类

a）三角形螺纹 b）矩形螺纹 c）梯形螺纹

1. 普通螺纹的公称尺寸

GB/T 192、193、196—2003规定了普通螺纹的基本牙型、直径和螺距系列，以及公称尺寸，如图4-92和图4-93所示。其中，大径 d（D）、中径 d_2（D_2）、螺距 P、牙型角 α 是普通螺纹最基本的要素，也是螺纹车削时必须控制的部分。大径 d（D）是螺纹的主要尺寸之一，d 表示外螺纹的大径，D 表示内螺纹的大径。

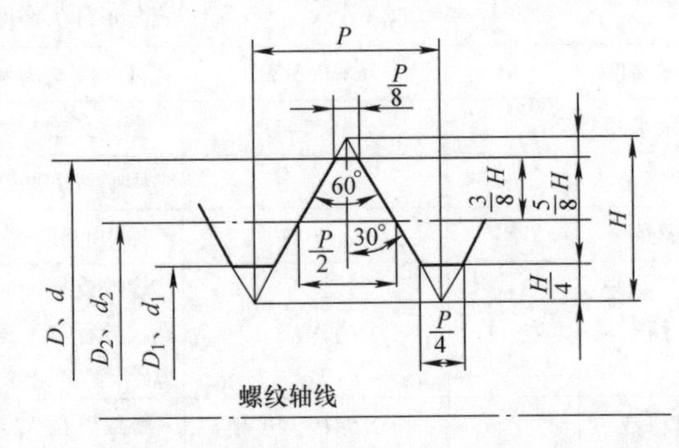

图4-92 普通螺纹的基本牙型（GB/T 192—2003）

D—内螺纹大径（公称直径） d—外螺纹大径（公称直径）
D_2—内螺纹中径 d_2—外螺纹中径 D_1—内螺纹小径
d_1—外螺纹小径 P—螺距 H—原始三角形高度

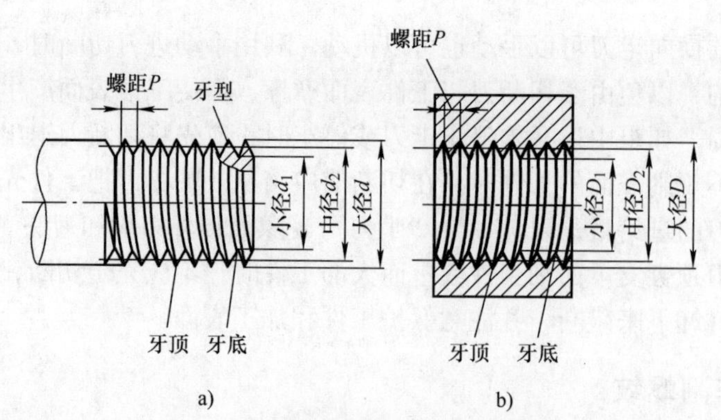

图4-93　普通螺纹名称符号和要素

a）外螺纹　b）内螺纹

2. 普通螺纹各部分名称、代号与计算公式（见表4-4）

表4-4　普通螺纹各部分名称、代号与计算公式

名称		代号	计算公式	解释
外螺纹	大径	d	公称直径	外螺纹牙顶直径
	中径	d_2	$d_2=d-0.65P$	是一个假想圆柱直径，在该直径上螺纹牙厚等于螺纹槽的宽度
	小径	d_1	$d_1=d-1.08P$	外螺纹牙底直径
内螺纹	大径	D	公称直径	内螺纹牙底直径
	中径	D_2	$D_2=D-0.65P$	与外螺纹意义相同
	小径	D_1	$D_1=D-1.08P$	内螺纹牙顶直径
理论高度		H	$H=0.866P$	螺纹牙型中心线剖面内的两边延长线相交后所形成的三角形牙尖高度
工作高度		h	$h=0.54P$	外螺纹与内螺纹的牙型相接触部分的最大高度
圆角半径		r	$r=0.144P$	螺纹牙型与牙底做成圆角时的半径
牙型角		α		中心线方向剖面内螺纹两侧面所形成的夹角
螺距		P		沿中心线方向，相邻两牙对应点的距离
导程		P_2/h	$P_2=Pn$	螺纹旋转一周，主轴中心线方向所移动的距离，单头螺纹导程等于螺距，多头螺纹导程等于头数（n）乘以螺距
进格数			$=0.54P/$刻度值	螺纹升角 $\lambda_0=\tan\lambda=P_2/(\pi d_2)=nP/(\pi D_2)$

3. 车削螺纹的技术要求

（1）保证正确的牙型角　牙型角取决于螺纹车刀的刃磨和安装。刃磨螺纹车刀时，必须使刀尖角等于螺纹的牙型角；精车时前角为零，粗车时可磨出一定前角以改善切削条件。

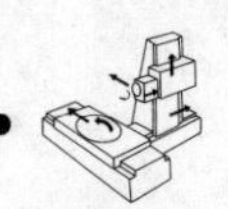

1）正确刃磨车刀包括两方面的内容：一是使车刀切削部分的形状应与螺纹沟槽截面形状相吻合，即车刀的刀尖角等于牙型角 α；二是使车刀背前角 $\gamma_p=0°$。粗车螺纹时，为了改善切削条件，可用带正前角的车刀，但精车时一定要使用背前角 $\gamma_p=0°$的车刀，如图4-94所示。

2）正确安装车刀也包括两方面的内容：一是车刀刀尖必须与工件回转中心等高；二是车刀刀尖角的平分线必须垂直于工件中心线，为了保证这一要求，安装车刀时常用对刀样板对刀。普通螺纹车刀的形状及对刀方法如图4-95所示。

螺纹刀的安装还应注意，螺纹加工时切削力比较大，所以刀体伸出应适当，垫片数量要尽可能少。

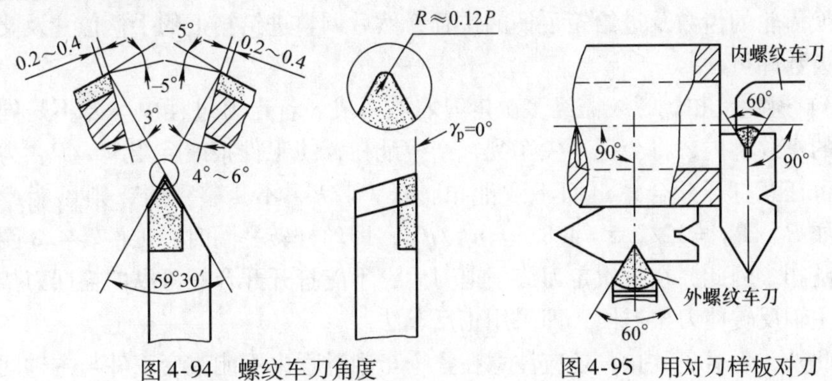

图4-94　螺纹车刀角度　　　　图4-95　用对刀样板对刀

（2）保证工件的螺距　应注意如下几点：

1）用丝杠传动。丝杠本身的精度较高，由主轴到刀架的传动链较简单，环节少，产生的误差小，容易保证螺距精度。

2）正确调整机床。调整车床和交换齿轮的目的是保证工件与车刀的正确运动关系。如图4-96所示，工件由主轴带动，车刀由丝杠带动。主轴与丝杠是通过换向机构“三星轮”（z_1、z_2、z_3）、交换齿轮（a、b、c、d）与进给箱连接起来的。三星轮可改变丝杠旋转方向，通过调整它可车削右旋螺纹或左旋螺纹。在这一传动系统中，必须保证主轴带动工件转一圈时，丝杠要转 $P_{工}/P_{丝}$转。车刀

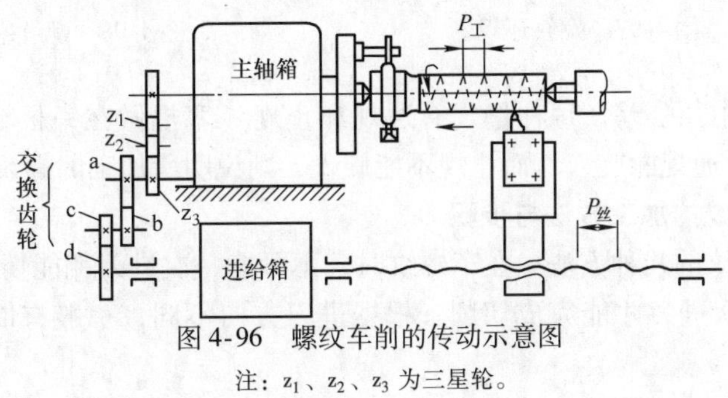

图4-96　螺纹车削的传动示意图

注：z_1、z_2、z_3 为三星轮。

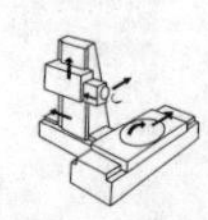

纵向移动的距离为S，$S=(P_{工}/P_{丝})P_{丝}=P_{工}$，正好是所需要的工件螺距。

要得到丝杠与主轴的转速比$P_{工}/P_{丝}$，这决定于交换齿轮a、b、c、d的齿数和进给箱里传动齿轮的齿数。其计算公式为

$$i=\frac{n_{丝杠}}{n_{主轴}}=i_{交}\ i_{进}=\frac{z_a}{z_b}\frac{z_c}{z_d}\times i_{进}=\frac{P_{工}}{P_{丝}}$$

式中　$i_{交}$与$i_{进}$——分别为交换齿轮和进给箱里传动齿轮的传动比；

$P_{工}$与$P_{丝}$——分别为工件和丝杠的螺距（mm）。

这一传动关系是通过更换交换齿轮和调整进给箱手柄位置来实现的。一般加工前根据工件的螺距$P_{工}$，查机床上的铭牌，铭牌上标有车削不同螺距螺纹时所需交换齿轮的齿数及进给箱手柄的位置，然后调整进给箱上的手柄位置及交换齿轮的齿数即可。

3）避免乱扣。螺纹需经多次走刀才能切成。若走刀过程中车刀不是处在已切出的螺纹槽内，将会把牙尖车乱，产生乱扣，使工件报废。当$P_{丝}/P_{工}$为整数时，可任意打开开合螺母而不致乱扣。若$P_{丝}/P_{工}$不是整数时，则可能产生乱扣，如$P_{丝}/P_{工}=12/2.5=4.8/1=n_{工}/n_{丝}$，即丝杠转一圈时，工件转4.8圈，会产生乱扣。因此，在每次走刀终了退刀后，不能打开开合螺母纵向摇回刀架，只能将主轴反转使刀架退回，即采用正反车法。

此外，为避免乱扣，还应注意在整个车削过程中不能改变工件与主轴间的相对位置；磨刀或换刀后一定要重新对刀，确保车刀处于已切出的螺纹槽内。

（3）保证工件螺纹中径　螺纹中径是靠多次进刀的总切深量来控制的。一般是根据计算的螺纹工作牙高由横向刻度盘大致控制，并用螺纹量规进行检验。外螺纹用螺纹环规（见图4-97）检验，内螺纹用螺纹塞规（见图4-98）检验。

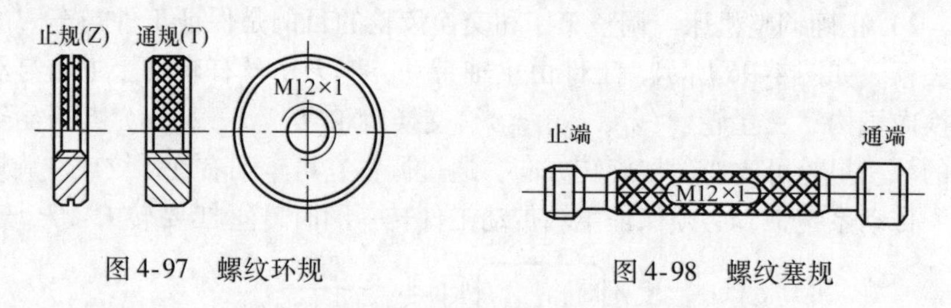

图4-97　螺纹环规

图4-98　螺纹塞规

根据螺纹中径公差，每种量规有通规和止规（塞规做在一根轴上，有通端和止端）。如果通规能旋入，而止规不能旋入，则说明所加工的螺纹合格。

4. 普通螺纹的加工方法与步骤

（1）车螺纹的几种方法　在车螺纹时，不可能一次进刀就能切削到全牙深，一般都要分几次进刀才能完成切削。根据进刀方向不同，一般有以下几种进刀方法：

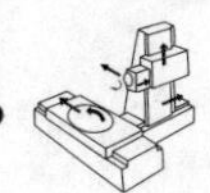

1）直进进刀法，如图4-99a所示，用横向施板进刀，两切削刃和刀尖同时切削。此法操作方便，所车出的牙型清晰，牙型误差小，但车刀受力大，散热差，排屑难，刀尖易磨损，一般适用于加工螺距小于2mm的螺纹，以及高精度螺纹的精车。

2）斜向进刀法，如图4-99b所示，将小刀架转一角度，使车刀沿平行于所车螺纹右侧方向进刀，这样使得两切削刃中基本上只有一个切削刃切削。此法车刀受力小，散热和排屑条件较好，切削用量可大些，生产率较高，但不易车出清晰的牙型，牙型误差较大，一般适用于较大螺距螺纹的粗车。

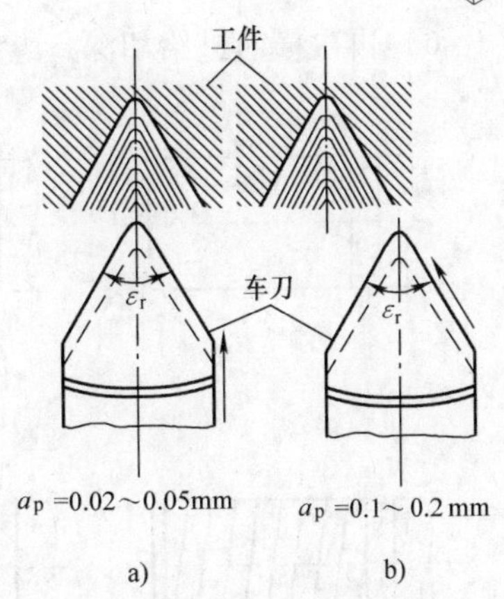

图4-99 切螺纹时的进刀方式
a）垂直进刀法 b）斜向进刀法

3）左右切削法。不但进横刀架，小刀架也左右进刀。该方法适用于车大螺距螺纹。

4）分层切进法。横刀架进刀到一定深度，横向不动，小刀架左右进刀把牙型基本加工成形，依次反复深切。该方法适用于车特大螺距螺纹。

5）切槽法。用切槽刀横向（深度）、纵向（宽度）基本切削到尺寸保证牙型，然后用螺纹车刀左右成形。该方法适用于车大螺距和特大螺距的螺纹。

（2）螺纹车刀的选择　螺纹车刀的结构基本上与普通车刀相似，但其切削部分的形状与螺纹中心线剖面的断面形状相符，且只有主切削刃，没有副切削刃。车大螺距螺纹时要考虑螺纹升角。刀具材料一般采用硬质合金和高速工具钢两种，硬质合金用于车小螺距高速切削且精度要求不高的螺纹；高速工具钢用于车低速、大螺距、公差等级要求高的螺纹。

（3）普通螺纹的加工步骤

1）起动车床，使车刀与工件轻微接触，记下刻度盘读数，向右退出车刀，如图4-100a所示。

2）合上对开螺母，在工件表面上车出一条螺旋线，横向退出车刀，停车，如图4-100b所示。

3）开反车使车刀退到工件右侧，停车，用钢直尺检查螺距是否正确，如图4-100c所示。

4）利用刻度盘调整切深，开车切削，如图4-100d所示。

5）车刀将至行程终了时，应做好退刀停车准备，先快速退出车刀，然后停车，开反车退回刀架，如图4-100e所示。

6）再次横向进给切深，继续切削，其切削过程的路线如图4-100f所示。

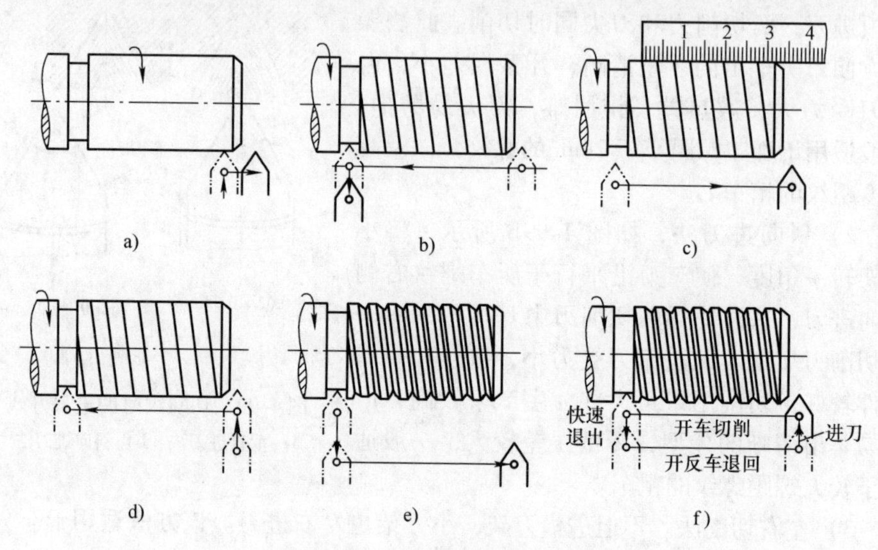

图4-100　普通螺纹的加工步骤

5. 在车床上攻螺纹

（1）丝锥　用高速工具钢制成，是一种成形、多刃切削工具。直径或螺距较小的内螺纹可用丝锥直接攻出来。

1）手用丝锥：通常由两只或三只组成一套，俗称头锥、二锥、三锥。头锥磨去5到7牙，二锥磨去3到5牙，三锥基本不用磨去。

2）机用丝锥：在车床上攻螺纹用机用丝锥可一次攻制成形。它与手用丝锥相似，只是在柄部多一条环形槽，用以防止丝锥从夹头中脱落。

（2）攻螺纹前的工艺要求

1）攻螺纹前孔径的确定：攻螺纹的孔径必须比螺纹小径稍大一点，这样能减小切削抗力和避免丝锥断裂。普通螺纹攻螺纹前的钻孔直径可按下列近似公式计算：

加工钢件及塑性材料：　　$D_{孔} \approx D - P$

加工铸铁及脆性材料：　　$D_{孔} \approx D - 1.05P$

式中　$D_{孔}$——攻螺纹前的钻孔直径（mm）；

D——内螺纹大径（mm）；

P——螺距（mm）。

2）攻制不通孔螺纹的钻孔深度计算：攻不通孔螺纹时，由于切削刃部分不能攻制出完整的螺纹，所以钻孔深度要等于需要的螺纹深度加丝锥切削刃的长度（约螺纹大径的0.7倍），即

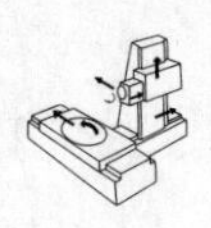

钻孔深度≈需要的螺纹深度 $+0.7D$

3）孔口倒角：用60°锪钻在孔口倒角，其直径大于螺纹大径尺寸。亦可用车刀倒角。

（3）攻螺纹的方法

1）先找正尾座中心线与主轴中心线重合。

2）用钻头钻孔。

3）攻螺纹。

4）螺孔两端倒角。

5）检查。

4.4.12　车削工件时常见的缺陷、产生原因及对策

车削加工过程中，由于存在各种误差，如工艺系统制造误差、加工过程中的刀具磨损和热变形、工件和刀具的安装误差等，会使车削工件产生各种缺陷。表4-5列出了车削工件时常见的缺陷、产生原因及对策。

表 4-5　车削工件时常见的缺陷、产生原因及对策

序号	工件常见缺陷	产生原因	对策
1	车削工件时圆度超差	1）主轴前后轴承间隙过大	消除轴承间隙
		2）主轴轴颈的圆度超差	修磨主轴的轴颈，以达到对圆度的要求
		3）工件装夹不良，尾座顶尖与工件中心孔顶得过紧	使尾座顶尖与工件中心孔不要顶得过紧
		4）刀具几何参数和切削用量选择不当，造成切削力过大	可减小切削深度，增加进给次数
2	车削圆柱形工件时产生锥度	1）溜板移动对主轴中心线的平行度超差	检测平行度，加以维修
		2）床身导轨面严重磨损	修复床身导轨面
		3）两顶尖装夹工件时尾座中心线与主轴中心线不重合	重新安装尾座，使尾座中心线与主轴中心线重合
		4）地脚螺钉松动，机床水平位置变动	使机床恢复正确位置，紧固地脚螺钉
		5）小滑板上的刻线与中滑板上的刻线没有对准“0”位	应对准“0”位
		6）刀具磨损	可采用0°后角，磨出刀尖圆弧半径

（续）

序号	工件常见缺陷	产生原因	对策
3	精车后工件端面圆跳动超差	1）中滑板移动对主轴中心线的垂直度超差	检查中滑板
		2）溜板移动对主轴中心线的平行度超差	检测平行度，加以维修
		3）主轴轴向窜动量超差	检查机床主轴，消除轴承间隙
4	车削外圆时工件素线的直线度超差	1）两顶尖装夹工件时，床头和尾座两顶尖的等高度超差	调整尾座，使床头和尾座两顶尖等高
		2）溜板移动的直线度超差	检查导轨直线度
		3）利用小溜板车削时，小溜板移动对主轴中心线的平行度超差	检测平行度，加以维修
5	钻、扩、铰孔时，工件孔径扩大或形成喇叭形	1）尾座套筒锥孔中心线对溜板移动的平行度超差	检查导轨直线度
		2）尾座套筒锥孔中心线对溜板的平行度超差	检测平行度，加以维修
		3）前、后顶尖的等高度超差	调整尾座，使床头和尾座两顶尖等高
6	车外圆时表面有混乱的波纹	1）主轴滚动轴承滚道磨损，间隙过大	更换轴承或消除过大间隙
		2）主轴的轴向窜动量超差	检查主轴
		3）溜板及中、小滑板滑动表面间隙过大	消除间隙
7	精车外圆时表面轴向上出现有规律的波纹	1）溜板箱纵向进给小齿轮与齿条啮合不良	检查小齿轮与齿条啮合情况
		2）光杠弯曲，或光杠、丝杠的三孔中心线不同轴，并与车床导轨不平行	检查光杠、丝杠
		3）溜板箱内某一传动齿轮（或蜗轮）损坏	检查齿轮（或蜗轮）
		4）主轴箱、进给箱中的轴弯曲或齿轮损坏	检查主轴箱、进给箱中的轴和齿轮
8	精车外圆时圆周表面上出现有规律的波纹	1）主轴上的传动齿轮齿形不良，齿部损坏或啮合不良	检查齿轮，必要时更换齿轮
		2）电动机旋转不平衡而引起振动	固定电动机时配置减振弹簧、减振橡胶
		3）带轮等旋转零件振幅太大而引起振动	必要时带轮应进行动平衡校正
		4）主轴轴承间隙过大或过小	调整主轴轴承间隙
9	车外圆时工件发生弯曲	1）坯料自重过大和本身弯曲	坯料应校直和热处理
		2）工件装夹不良，尾座顶尖和工件中心孔顶得太紧	不要顶得太紧
		3）刀具几何参数和切削用量选择不当，造成切削力过大	可减小背吃刀量，增加进给次数
		4）切削时产生热变形	采用切削液
		5）刀尖与支承块间距离过大	刀尖与支承块间距离应不超过2mm

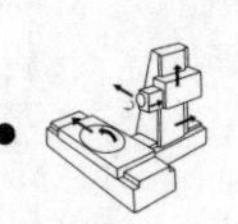

（续）

序号	工件常见缺陷	产生原因	对策
10	竹节形	1）在调整和修磨跟刀架支承块后接刀不良，使第二次和第一次进给的径向尺寸不一致，引起工件全长上出现与支承块宽度一致的周期性直径变化	可调节上侧支承块的压紧力，也可调节中拖板手柄，改变背吃刀量或减小车床大拖板和中拖板间的间隙
		2）跟刀架外侧支承块调整过紧，易在工件中段出现周期性直径变化	应调整压紧力度，使支承块与工件保持良好接触
11	多边形	1）跟刀架支承块与工件表面接触不良，留有间隙，使工件中心偏离旋转中心	应合理选用跟刀架结构，正确修磨支承块弧面，使其与工件良好接触
		2）因装夹、发热等因素造成的工件偏摆，导致背吃刀量变化	可利用托架，并改善托架与工件的接触状态
12	表面粗糙度超差	1）机床各部分的间隙太大（如主轴太松，中、小滑板的镶条太松等）而引起振动	尽量减小间隙
		2）跟刀架支承块选用不当，与工件接触和摩擦不良	选择合适的支承块
		3）刀具几何参数选择不当，如吃刀太深，进给量过大	可磨出刀尖圆弧半径，当工件长度与直径比较大时亦可采用宽刃低速光车
13	毛坯车削不到规定的尺寸，留有黑皮	1）工件材料的加工余量不够	注意下料尺寸，要保证足够的加工余量
		2）工件材料弯曲没有校直	加工前应校直
		3）工件装夹在卡盘上没有校正	应提前校正
		4）中心孔位置不正确	重新钻中心孔
14	车出的工件尺寸不正确	1）车出的工件大于图样上要求的尺寸	可返修
		2）小于图样要求的尺寸	报废
15	车螺纹时螺距精度超差	1）开合螺母塞铁松动	调整好开合螺母塞铁，必要时在手柄上挂上重物
		2）从主轴至丝杠间的传动链传动误差超差	采用校正装置
		3）交换齿轮在计算或搭配时错误	检查交换齿轮是否正确
		4）进给箱手柄位置放错	检查进给箱手柄位置
		5）车床丝杠和主轴窜动	调整好车床主轴和丝杠的轴向窜动量
16	螺纹尺寸不正确	1）车外螺纹前的直径不对	根据计算尺寸车削外圆
		2）车内螺纹前的孔径不对	根据计算尺寸车削内孔
		3）车刀刀尖磨损	经常检查车刀并及时修磨
		4）螺纹车刀切深过大或过小	车削时严格掌握螺纹切入深度

（续）

序号	工件常见缺陷	产生原因	对策
17	螺纹牙型不正确	1）车刀安装不正确，产生半角误差	用样板对刀
		2）车刀刀尖角刃磨不正确	正确刃磨和测量刀尖角
		3）车刀磨损	合理选择切削用量，及时修磨车刀
18	螺纹表面不光洁	1）切削用量选择不当	高速工具钢车刀车螺纹的切削速度不能太大，切削厚度应小于0.06mm，并加切削液
		2）切屑流出方向不对	切屑要垂直于螺纹中心线方向排出
		3）产生积屑瘤，拉毛螺纹侧面	避开产生积屑瘤的切削速度
		4）刀体刚性不足，产生振动	刀体不能伸出过长，并选粗壮刀体

第5章　铣削加工

5.1　概述

5.1.1　铣削加工简介

所谓铣削，就是在铣床上利用铣刀旋转运动和工件的移动或转动，使工件得到图样所要求的精度（包括尺寸、形状和位置精度）和表面质量的一种切削加工方法。铣削加工在机械零件切削和刀具生产中占相当大的比重，仅次于车削加工，是机械制造业中的主要工种之一。

5.1.2　铣削加工范围

铣削的加工范围很广，可以加工各种零件的平面、斜面、台阶面、各种沟槽、成形面和螺旋表面等，常用的铣削加工方法如图5-1所示。在分度头上还可

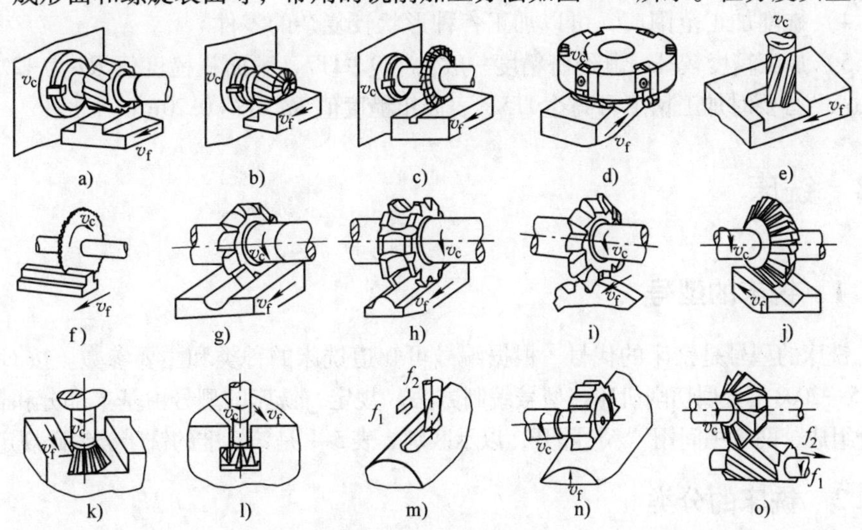

图5-1　铣削加工方法

a）圆柱铣刀铣平面　b）套式铣刀铣台阶面　c）三面刃铣刀铣直角槽　d）面铣刀铣平面　e）立铣刀铣凹平面　f）锯片铣刀切断　g）凸半圆铣刀铣凹圆弧面　h）凹半圆铣刀铣凸圆弧面　i）齿轮铣刀铣齿轮　j）角度铣刀铣V形槽　k）燕尾槽铣刀铣燕尾槽　l）T形槽铣刀铣T形槽　m）键槽铣刀铣键槽　n）半圆键槽铣刀铣半圆键槽　o）角度铣刀铣螺旋槽

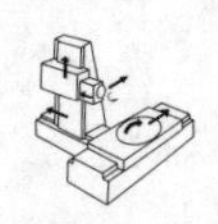

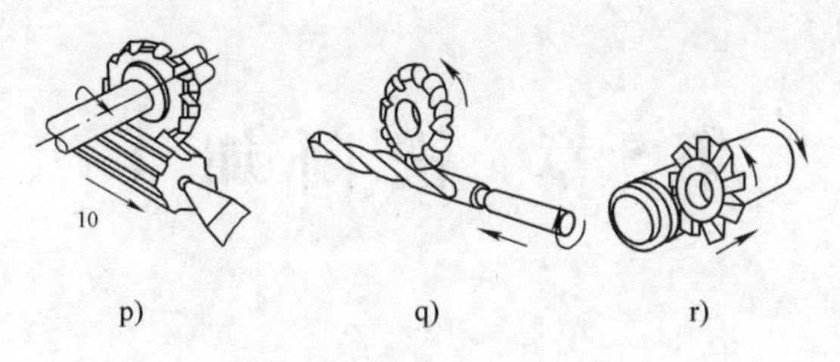

图5-1　铣削加工方法（续）
p）铣花键轴　q）铣钻头沟槽　r）铣螺纹

以等分零件，如加工四方、六方、齿轮、离合器、花键轴、螺旋槽、棘轮和等速凸轮等，也可进行刀具开刃、刻线等工作。

5.1.3　铣削的特点

1）铣刀是一种多刃刀具，铣削时同时有几个刀齿参与切削，所以能采用较大的进给量和较高的切削速度，因此铣削加工的生产率高。

2）铣削过程中，每一个刀齿的切削过程是断续的，同时铣刀刀体较大，因此散热条件好。

3）铣削时，切削过程是连续的，切削层厚度、铣削力呈周期性变化，容易造成切削冲击和振动，甚至切削刃崩损，导致加工表面的表面粗糙度增大。

4）铣削加工范围广，可以加工各种形状较复杂的零件。

5）加工精度较高，其经济精度一般为IT9～IT7，表面粗糙度值 Ra 为12.5～1.6μm。必要时加工精度可高达IT5，表面粗糙度值 Ra 可达0.20μm。

5.2　铣床

5.2.1　铣床的型号

铣床的型号是铣床的代号，根据编号可知道铣床的种类和主要参数。按GB/T 15375—2008《金属切削机床　型号编制方法》规定，铣床的型号由基本部分和辅助部分组成，两者中间用“/”隔开，以示区别。表5-1是该标准的铣床类编码规定。

5.2.2　铣床的分类

铣床是继车床之后发展起来的一种工作母机，逐渐形成了完整的机床体系。铣床生产率高，又能加工各种形状和一定精度的零件，在结构上日趋完善，因此在机器制造中得到了普遍应用。随着国内外新技术的发展，铣床也在不断发展中。铣床的工作范围广，类型多，可以从以下三个方面对铣床加以分类：

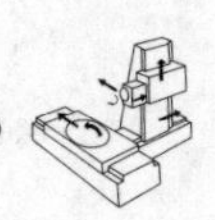

表5-1 GB/T 15375—2008《金属切削机床 型号编制方法》之铣床类（X）

组		系		主参数	
代号	名称	代号	名称	折算系数	名称
0	仪表铣床	1	台式工具铣床	1/10	工作台面宽度
		2	台式车铣床	1/10	工作台面宽度
		3	台式仿形铣床	1/10	工作台面宽度
		4	台式超精铣床	1/10	工作台面宽度
		5	立式台铣床	1/10	工作台面宽度
		6	卧式台铣床	1/10	工作台面宽度
1	悬臂及滑枕铣床	0	悬臂铣床	1/100	工作台面宽度
		1	悬臂镗铣床	1/100	工作台面宽度
		2	悬臂磨铣床	1/100	工作台面宽度
		3	定臂铣床	1/100	工作台面宽度
		6	卧式滑枕铣床	1/100	工作台面宽度
		7	立式滑枕铣床	1/100	工作台面宽度
2	龙门铣床	0	龙门铣床	1/100	工作台面宽度
		1	龙门镗铣床	1/100	工作台面宽度
		2	龙门磨铣床	1/100	工作台面宽度
		3	定梁龙门铣床	1/100	工作台面宽度
		4	定梁龙门镗铣床	1/100	工作台面宽度
		5	高架式横梁移动龙门镗铣床	1/100	工作台面宽度
		6	龙门移动铣床	1/100	工作台面宽度
		7	定梁龙门移动铣床	1/100	工作台面宽度
		8	龙门移动镗铣床	1/100	工作台面宽度
3	平面铣床	0	圆台铣床	1/100	工作台面直径
		1	立式平面铣床	1/100	工作台面宽度
		3	单柱平面铣床	1/100	工作台面宽度
		4	双柱平面铣床	1/100	工作台面宽度
		5	端面铣床	1/100	工作台面宽度
		6	双端面铣床	1/100	工作台面宽度
		7	滑枕平面铣床	1/100	工作台面宽度
		8	落地端面铣床	1/100	最大铣轴垂直移动距离
4	仿形铣床	1	平面刻模铣床	1/10	缩放仪中心距
		2	立体刻模铣床	1/10	缩放仪中心距
		3	平面仿形铣床	1/10	最大铣削宽度
		4	立体仿形铣床	1/10	最大铣削宽度
		5	立式立体仿形铣床	1/10	最大铣削宽度
		6	叶片仿形铣床	1/10	最大铣削宽度
		7	立式叶片仿形铣床	1/10	最大铣削宽度

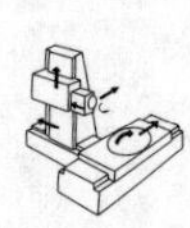

（续）

组		系		主参数	
代号	名称	代号	名称	折算系数	名称
5	立式升降台铣床	0	立式升降台铣床	1/10	工作台面宽度
		1	立式升降台镗铣床	1/10	工作台面宽度
		2	摇臂铣床	1/10	工作台面宽度
		3	万能摇臂铣床	1/10	工作台面宽度
		4	摇臂镗铣床	1/10	工作台面宽度
		5	转塔升降台铣床	1/10	工作台面宽度
		6	立式滑枕升降台铣床	1/10	工作台面宽度
		7	万能滑枕升降台铣床	1/10	工作台面宽度
		8	圆弧铣床	1/10	工作台面宽度
6	卧式升降台铣床	0	卧式升降台铣床	1/10	工作台面宽度
		1	万能升降台铣床	1/10	工作台面宽度
		2	万能回转头铣床	1/10	工作台面宽度
		3	万能摇臂铣床	1/10	工作台面宽度
		4	卧式回转头铣床	1/10	工作台面宽度
		6	卧式滑枕升降台铣床	1/10	工作台面宽度
7	床身铣床	1	床身铣床	1/100	工作台面宽度
		2	转塔床身铣床	1/100	工作台面宽度
		3	立柱移动床身铣床	1/100	工作台面宽度
		4	立柱移动转塔床身铣床	1/100	工作台面宽度
		5	卧式床身铣床	1/100	工作台面宽度
		6	立柱移动卧式床身铣床	1/100	工作台面宽度
		7	滑枕床身铣床	1/100	工作台面宽度
		9	立柱移动立卧式床身铣床	1/100	工作台面宽度
8	工具铣床	1	万能工具铣床	1/10	工作台面宽度
		3	钻头铣床	1	最大钻头直径
		5	立铣刀槽铣床	1	最大铣刀直径
9	其他铣床	0	六角螺母槽铣床	1	最大六角螺母对边宽度
		1	曲轴铣床	1/10	刀盘直径
		2	键槽铣床	1	最大键槽宽度
		4	轧辊轴颈铣床	1/100	最大铣削直径
		7	旋子槽铣床	1/100	最大转子本体直径
		8	螺旋桨铣床	1/100	最大工件直径

1. 按布局形式和适用范围分类

（1）升降台铣床　升降台铣床有万能式、卧式和立式铣床等，主要用于加

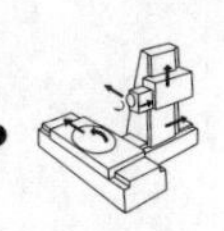

工中小型零件，应用最广，如图5-2和图5-3所示。

图5-2 X6132万能升降台铣床

图5-3 X5036A立式升降台铣床

（2）龙门铣床 龙门铣床组包括龙门铣床（见图5-4）、龙门镗铣床（见图5-5）和定梁龙门铣床等，均用于加工大型零件。

图5-4 龙门铣床

图5-5 龙门镗铣床

（3）单柱平面铣床和悬臂铣床 单柱平面铣床的水平铣头可沿立柱导轨移动，工作台做纵向进给；单柱平面铣床的立铣头可沿悬臂导轨水平移动，悬臂也可沿立柱导轨调整高度。两者均用于加工大型零件。

（4）工作台不升降铣床 工作台不升降铣床有矩形工作台式和圆工作台式两种，它是介于升降台铣床和龙门铣床之间的一种中等规格的铣床。其垂直方向的运动由铣头在立柱上升降来完成。

（5）仪表铣床 仪表铣床是一种小型的升降台铣床，用于加工仪器仪表和其他小型零件。

（6）工具铣床　工具铣床用于模具和工具制造，配有立铣头、万能角度工作台和插头等多种附件，还可进行钻削、镗削和插削等加工。

（7）其他铣床　其他铣床有键槽铣床、曲轴铣床和轧辊轴颈铣床等，是为加工相应的工件而制造的专用铣床。

2. 按其结构分类

（1）台式铣床　台式铣床用于铣削仪器、仪表等的小型零件。

（2）悬臂铣床　悬臂式铣床是铣头装在悬臂上的铣床，床身水平布置，悬臂通常可沿床身一侧立柱导轨做垂直移动，铣头沿悬臂导轨移动。

（3）滑枕式铣床　滑枕式铣床是主轴装在滑枕上的铣床，床身水平布置，滑枕可沿滑鞍导轨做横向移动，滑鞍可沿立柱导轨做垂直移动。

（4）龙门铣床　龙门铣床是床身水平布置，其两侧的立柱和连接梁构成门架的铣床。铣头装在横梁和立柱上，可沿其导轨移动。通常横梁可沿立柱导轨做垂向移动，工作台可沿床身导轨做纵向移动。该铣床用于大件加工。

（5）平面铣床　平面铣床是用于铣削平面和成形面的铣床，床身水平布置，通常工作台沿床身导轨纵向移动，主轴可轴向移动。它结构简单，生产率高。

（6）仿形铣床　仿形铣床是对工件进行仿形加工的铣床。一般用于加工形状复杂的工件。

（7）升降台铣床　升降台铣床是具有可沿床身导轨垂直移动升降台的铣床，通常安装在升降台上的工作台和滑鞍可分别做纵向、横向移动。

（8）摇臂铣床　摇臂铣床是摇臂装在床身顶部，铣头装在摇臂一端，摇臂可在水平面内回转和移动，铣头能在摇臂的端面上回转一定角度的铣床。

（9）床身铣床　床身铣床是工作台不能升降，可沿床身导轨做纵向移动，铣头或立柱可做垂直移动的铣床。

（10）专用铣床　专用铣床（如工具铣床）是用于铣削工具、模具的铣床，加工精度高，加工形状复杂。

3. 按控制方式分类

按控制方式分类可分为仿形铣床、程序控制铣床和数控铣床等。

5.2.3　常用装夹工具

在铣床上，工件必须用夹具装夹才能铣削。最常用的夹具有机用平口虎钳、压板、万能分度头和回转工作台等。对于中小型工件，一般采用机用平口虎钳装夹；对于大中型工件，则多用压板来装夹；对于成批大量生产的工件，为提高生产率和保证加工质量，应采用专用夹具来装夹。

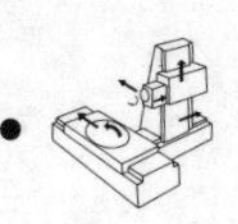

1. 机用平口虎钳

（1）机用平口虎钳的结构

机用平口虎钳是铣床上常用的附件。常用的机用平口虎钳主要有回转式和非回转式两种类型，其结构基本相同，主要由机用虎钳体、固定钳口、活动钳口、丝杠、螺母和底座等组成，如图5-6所示。回转式机用平口虎钳底座设有转盘，可以扳转任意角度，适应范围广；非回转式机用平口虎钳底座没有转盘，钳体不能回转，但刚度较好。

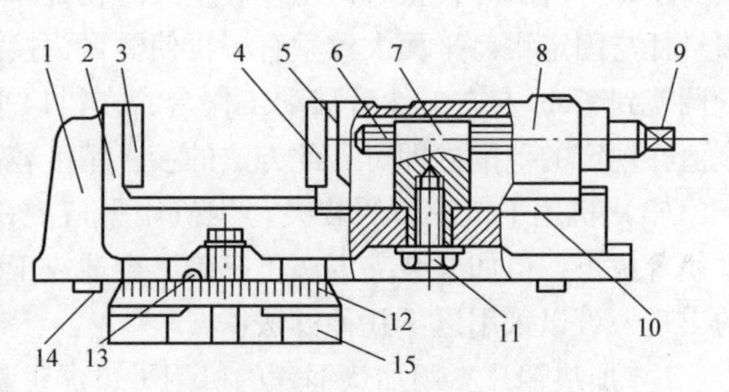

图5-6 机用平口虎钳的结构

1—机用虎钳体 2—固定钳口 3、4—钳口铁 5—活动钳口 6—丝杠 7—螺母 8—活动座 9—方头 10—压板 11—紧固螺钉 12—回转底盘 13—机用虎钳底座 14—钳座零线 15—定位键

（2）机用平口虎钳的校正 铣床上用机用平口虎钳装夹工件铣平面时，对钳口与主轴的平行度和垂直度要求不高，一般目测即可。但当铣削沟槽等有较高相对位置精度的工件时，钳口与主轴的平行度和垂直度要求较高，这时应对固定钳口进行校正。机用平口虎钳固定钳口的校正方法有以下三种：

1）用划针校正。用划针校正固定钳口与铣床主轴中心线垂直的方法如图5-7所示。将划针夹持在铣刀柄垫圈间，调整工作台的位置，使划针靠近左面钳口铁平面，然后移动工作台，观察并调整钳口铁平面与划针针尖的距离，使之在钳口全长范围内一致。此方法的校正精度较低。

2）用角尺校正 用角尺校正固定钳口与铣床主轴中心线平行的方法如图5-8所示。校正时先松开底座紧固螺钉，使固定钳口铁平面与主轴中心线大致平行，再将角尺的尺座底面紧靠在床身的垂直导轨面上，调整钳体，使固定钳口铁平面与角尺的外测量面密合，然后紧固钳体。

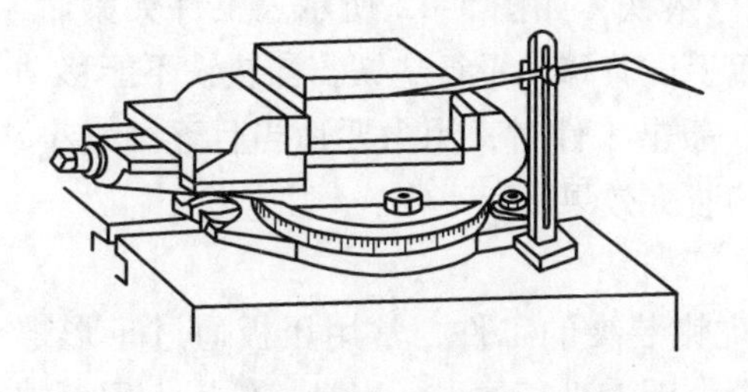

图5-7 用划针校正机用平口虎钳

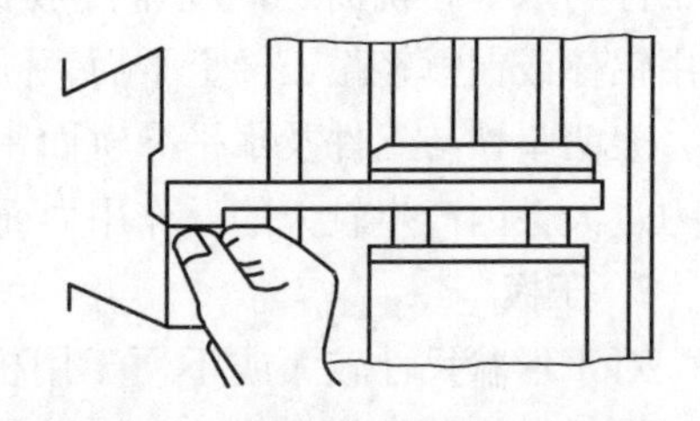

图5-8 用角尺校正机用平口虎钳

3）百分表校正 用百分表校正固定钳口与铣床主轴中心线垂直或平行的方

法如图5-9所示。校正时将磁性表座吸附在铣床横梁导轨面上，安装百分表，使测量杆与固定钳口平面大致垂直，再使测量头接触到钳口铁平面，将测量杆压缩量调整到1mm左右，然后移动工作台，在钳口平面全长范围内，百分表的读数差值在规定的范围内即可。此方法的校正精度较高。

(3) 机用平口虎钳的装夹　用机用平口虎钳装夹工件具有稳固简单、操作方便等优点，但如果装夹方法不正确，会造成工件的变形等问题。为避免此问题的出现，可以采用以下几种方法：

1) 加垫铜片。用加垫铜片的机用平口虎钳装夹毛坯工件的方法如图5-10所示。装夹毛坯件时，应选择大而平整的面与钳口铁平面贴合。为防止损伤钳口和装夹不牢，最好在钳口铁和工件之间垫放铜片。毛坯件的上面要用划针进行校正，使之与工作台台面尽量平行。校正时，工件不宜夹得太紧。

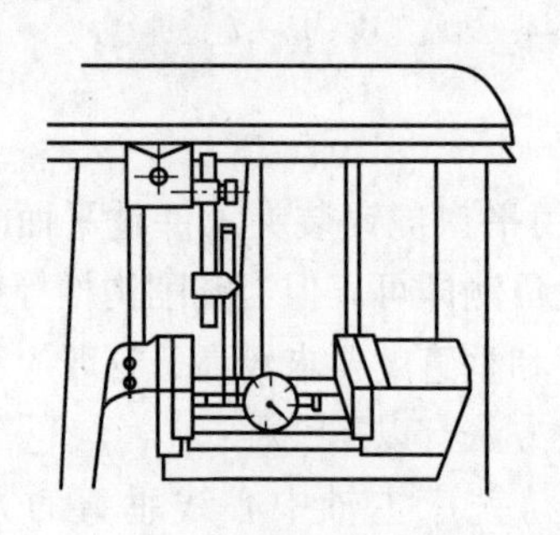
图5-9　用百分表校正机用平口虎钳

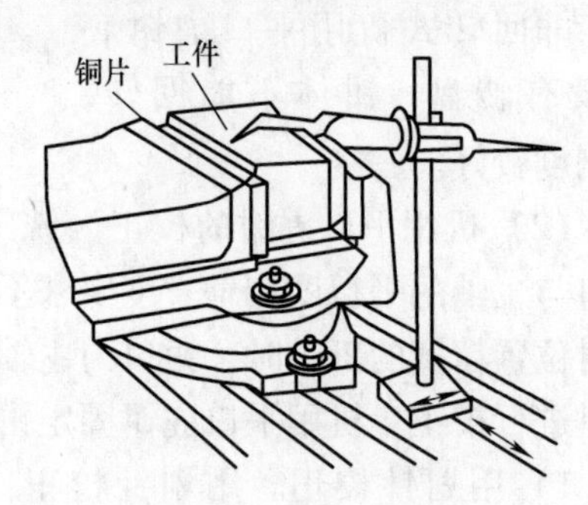

图5-10　加垫铜片的机用平口虎钳装夹毛坯工件的方法

2) 加垫圆棒。为使工件的基准面与固定钳口铁平面密合，保证加工质量，装夹时应在活动钳口与工件之间放置一根圆棒，如图5-11所示。圆棒要与钳口的上平面平行，其位置应在工件被夹持部分高度的中间偏上。

3) 加垫平行垫铁。为使工件的基准面与水平导轨面密合，保证加工质量，在工件与水平导轨面之间通常要放置平行垫铁，如图5-12所示。工件夹紧后，可用铝棒或铜锤轻敲工件上平面，同时用手试着移动平行垫铁，当垫铁不能移动时，表明垫铁与工件及水平导轨面密合。敲击工件时，用力要适当且逐渐减小，用力过大会因产生较大的反作用力而影响装夹效果。

2. 压板

对于形状尺寸较大或不便于用机用虎钳装夹的工件，常用压板通过T形螺栓、螺母、垫铁等将其安装在铣床工作台台面上进行加工。当卧式铣床上用面铣刀铣削时，普遍采用压板装夹工件进行铣削加工。

(1) 压板的结构和装夹　压板的结构如图5-13所示。压板通过T形螺栓、

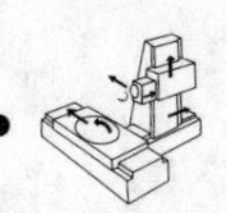

螺母和台阶垫铁将工件压紧在工作台台面上，螺母和压板之间应垫有垫圈。压紧工件时，压板应至少选用两块，将压板的一端压在工件上，另一端压在台阶垫铁上。压板位置要适当，以免压紧力不当而影响铣削质量或造成事故。

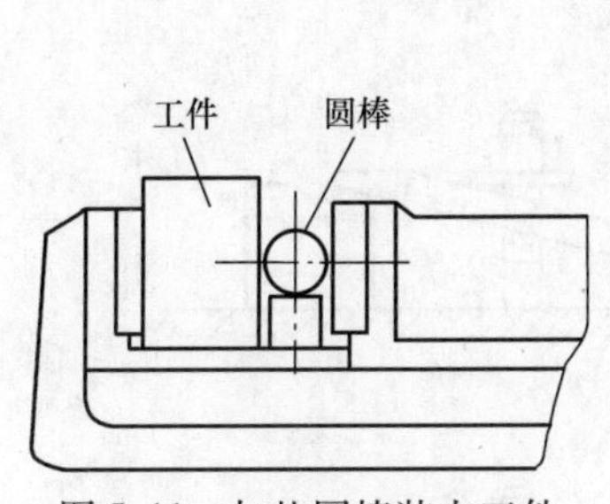

图5-11　加垫圆棒装夹工件

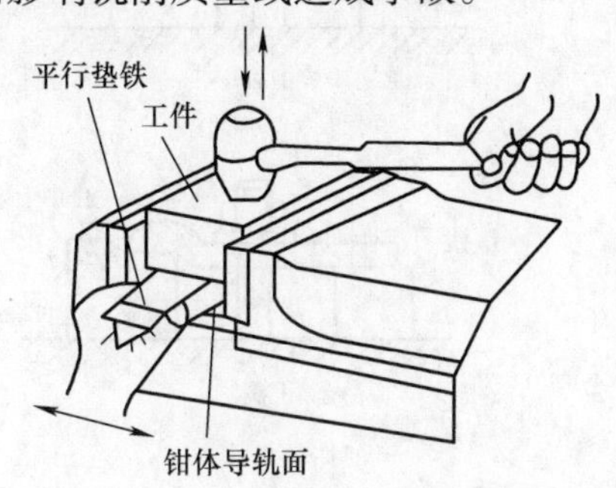

图5-12　加垫平行垫铁装夹工件

（2）用压板装夹工件时的注意事项　用压板装夹工件时，应注意以下几点：

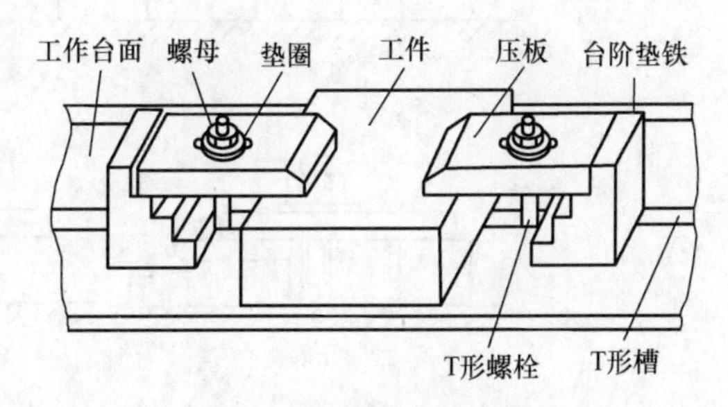

图5-13　压板的结构

1）如图5-14a所示，压板螺栓应尽量靠近工件，使螺栓到工件的距离小于螺栓到垫铁的距离，这样会增大夹紧力。

2）如图5-14b所示，垫铁的选择要正确，高度要与工件相同或高于工件，否则会影响夹紧效果。

3）如图5-14c所示，压板夹紧工件时，应在工件和压板之间垫放铜片，以避免损伤工件的已加工表面。

4）压板的夹紧位置要适当，应尽量靠近加工区域和工件刚度较好的位置。若夹紧位置有悬空，应将工件垫实，如图5-14d所示。

5）如图5-14e所示，每个压板的夹紧力大小应均匀，以防止压板夹紧力的偏移而使压板倾斜。

6）夹紧力的大小应适当，过大时会使工件变形，过小时达不到夹紧效果，夹紧力大小严重不当时会造成事故。

3. 万能分度头

在铣削加工中，经常会遇到铣四方、六方、齿轮、花键轴、螺旋槽、离合器、棘轮和刻线等工作。这时，工件每铣过一个面或一个槽后，需要转过一定的角度再依次进行铣削，这称为分度。分度头就是能对工件在水平、垂直和倾斜位置进行分度的重要附件。分度头有许多类型，其中最常见的是万能分度头，如

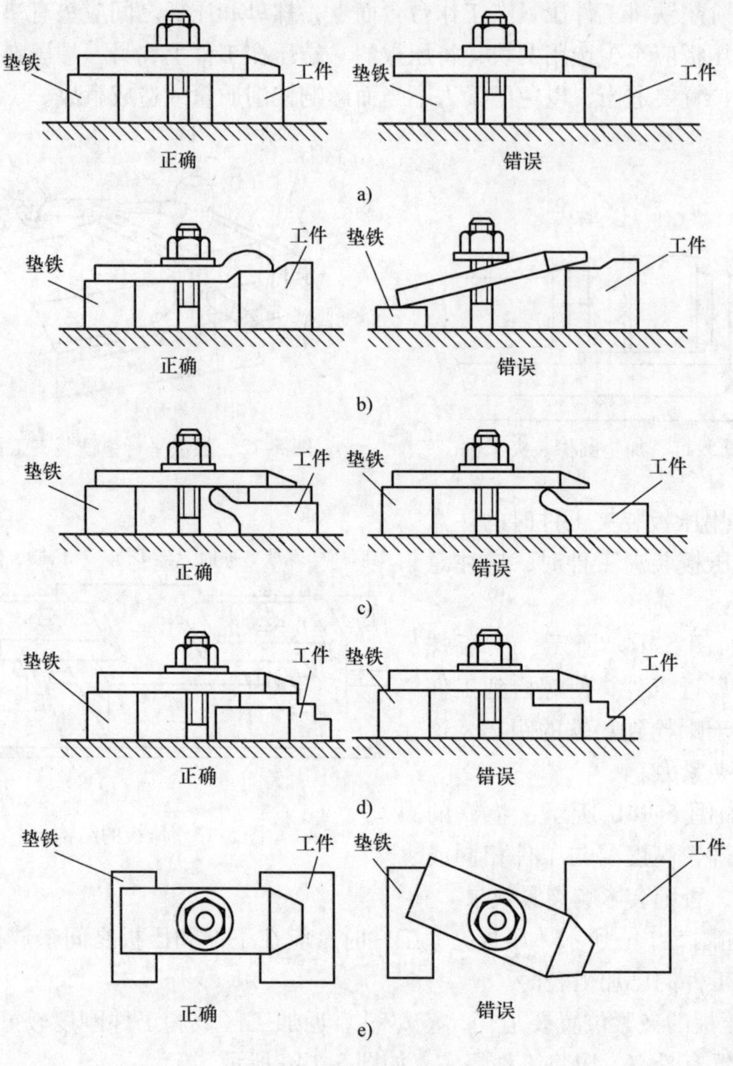

图 5-14　装夹注意事项

图 5-15所示。

（1）万能分度头的结构　万能分度头是一种分度装置，其结构如图 5-16 所示。

（2）万能分度头传动系统　图 5-17 所示为万能分度头的传动系统及分度盘。分度时摇动手柄，通过蜗轮、蜗杆带动分度头主轴，再通过主轴带动安装在主轴上的工件旋转。

其中蜗杆与蜗轮的传动比为 1∶40，也就是说，分度手柄通过一对传动比为 1∶1的直齿轮（注意，图中的一对螺旋齿轮此时不起作用）带动蜗杆转动一周时，

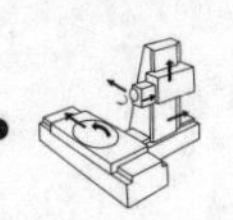

图5-15 万能分度头

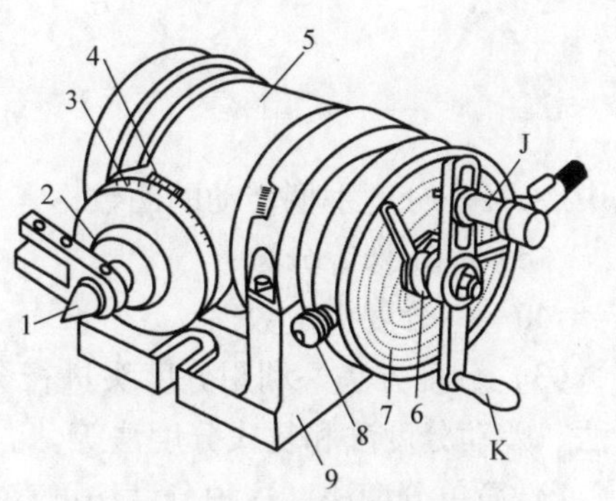

图5-16 万能分度头的结构

1—顶尖 2—主轴 3—刻度盘
4—游标尺 5—鼓形壳体 6—分度叉
7—分度盘 8—锁紧螺钉 9—底座
J—定位销 K—手柄

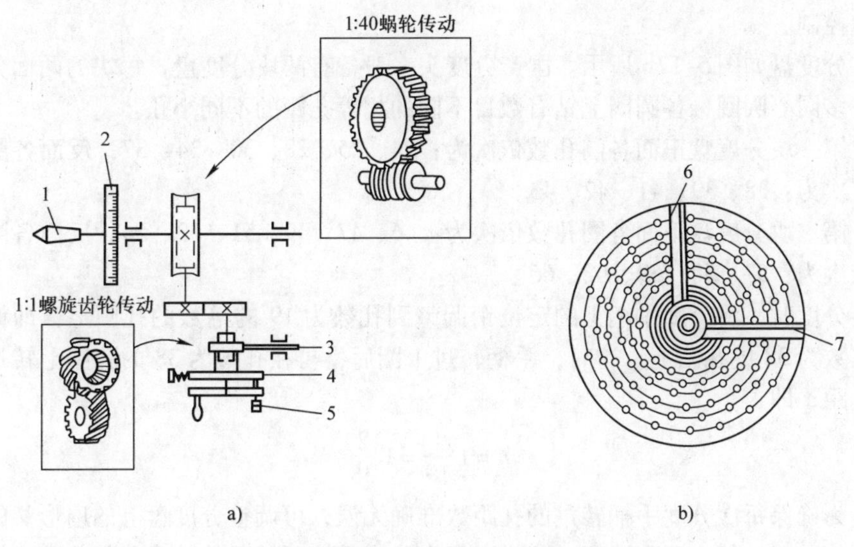

图5-17 万能分度头的传动系统及分度盘

a）万能分度头的传动示意图 b）分度盘

1—主轴 2—刻度环 3—交换齿轮轴 4—分度盘 5—定位销 6、7—分度叉

蜗杆只带动主轴转过1/40圈。若已知工件在整个圆周上的等分数目为z，则每分一个等分要求分度头主轴转$1/z$圈。这时，分度手柄所要转的圈数即可由下列关系推得

$$1:40=\frac{1}{z}:n$$

即

$$n=\frac{40}{z}$$

式中　n——分度手柄转动的圈数；

z——工件等分数；

40——分度头定数。

(3) 分度方法　利用分度头进行分度的方法很多，有简单分度法、角度分度法、差动分度法和复式分度法等。

1）简单分度法。这种分度法可直接利用公式 $n=40/z$。例如，铣齿数 $z=38$ 的齿轮时，每铣一齿后分度手柄需要转的圈数为

$$n=\frac{40}{z}=\frac{40}{38}=1\frac{1}{19}$$

也就是说，每铣一齿后，分度手柄需转过整圈又 1/19 圈。其中 1/19 圈可通过分度盘控制。

分度盘如图 5-17b 所示。国产分度头一般备有两块分度盘，每块的两面分别有许多同心圆圈，各圆圈上钻有数目不同的相等孔距的不同小孔。

第一块分度盘正面各圈孔数依次为：24、25、28、30、34、37；反面各圈孔数依次为：38、39、41、42、43。

第二块分度盘正面各圈孔数依次为：46、47、49、51、53、54；反面各圈孔数依次为：57、58、59、62、66。

分度时，将分度手柄上的定位销调整到孔数为 19 的倍数的孔圈上，即调整到孔数为 38 的孔圈上。这时，手柄转过 1 圈后，再在孔数为 38 的孔圈上转过两个孔距，即

$$n=1\frac{1}{19}=1\frac{2}{38}$$

为确保每次分度手柄转过的孔距数准确无误，可调整分度盘上的扇形叉的夹角，使之正好等于两个孔距。这样，每次分度手柄所转圈数的真分数部分可扳转扇形叉，由其夹角保证。

2）角度分度法。角度分度法实质上是简单分度法的另一种形式。从分度头结构可知，分度手柄摇 40 圈，分度头主轴带动工件转 1 圈，也就是转了 360°。因此，分度手柄转一圈，工件只转过 9°，根据这一关系，就可得出角度分度时的计算公式为

$$n=\frac{\theta}{9^\circ}$$

3）差动分度法。用简单分度法虽然可以解决大部分的分度问题，但在工作中，有时会遇到工件的等分数不能与 40 相约，如 63，67，101，127 等，而分度

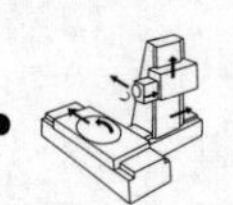

盘上又没有这些孔圈数，因此就不能使用简单分度法。此时可采用差动分度法来解决。

差动分度法，就是在分度头主轴后面，装上交换齿轮（z_1、z_2、z_3、z_4），用交换齿轮把主轴和侧轴联系起来（见图5-18），松开分度盘紧固螺钉，这样，当分度手柄转动的同时，分度盘随着分度手柄以相反（或相同）的方向转动，因此分度手柄的实际转数是分度手柄相对分度盘与分度盘本身转数之和。

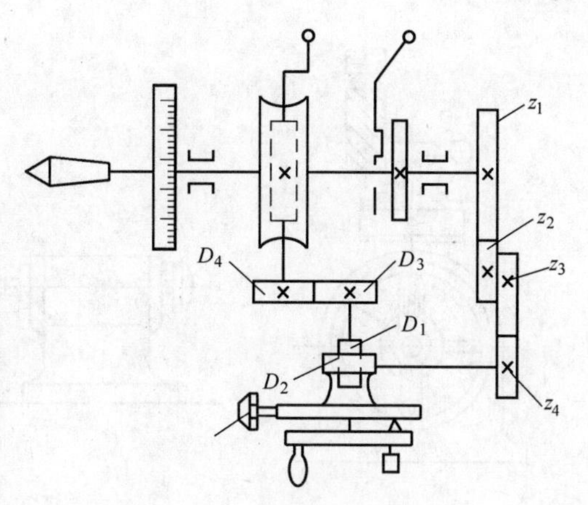

图5-18 差动分度法示意图

差动分度的具体计算步骤如下：

① 选取一个能用简单分度实现的假定齿数 z'，z'应与分度数 z 相接近。尽量选 $z'<z$，这样可使分度盘与分度手柄转向相反，避免传动系统中的间隙影响分度精度。

② 计算分度手柄应转的圈数 n'，并确定所用的孔圈。

$$\frac{z_1 z_3}{z_2 z_4}=\frac{40\ (z'-z)}{z'}$$

③ 选择交换齿轮，按下式计算：

$$n'=\frac{40}{z'}$$

④ 如果上述计算中，在备用齿轮中选不到齿轮，则应另选 z'重新计算。

⑤ 确定中间齿轮数目，当 $z'<z$ 时（为负值），中间齿轮的数目应保证分度手柄和分度盘转向相反；当 $z'>z$ 时（为正值），应保证分度手柄和分度盘转向相同。

在实际使用差动分度时，可在相关表中直接查取差动分度和各项数据。

（4）铣分度件　铣分度件如图5-19所示。其中，图5-19a所示为铣削六方螺钉头的小侧面，图5-19b所示为铣削圆柱直齿轮。

4. 回转工作台

回转工作台主要用于较大零件的分度工作或非整圆弧面的加工。它的内部有一副蜗轮蜗杆，手轮与蜗杆同轴连接。转动手柄，通过蜗轮蜗杆传动使转台转动。转台周围有刻度，用来观察和确定转台的位置，手柄上刻度盘可读出转台的准确位置。用它可以加工圆弧形槽、扇形面、半圆槽和多边形工件等，如图5-20所示。回转工作台按其外圆直径的大小，有200mm、320mm、400mm和

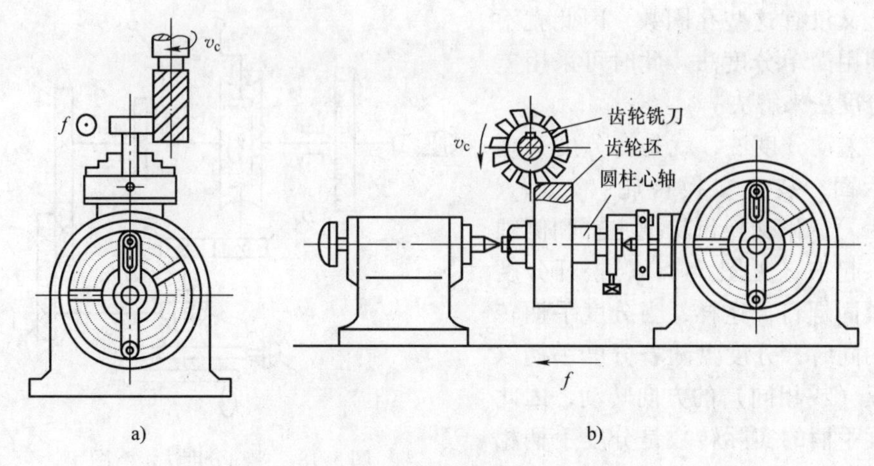

图5-19　铣分度件

a）铣削六方螺钉头的小侧面　b）铣削圆柱直齿轮

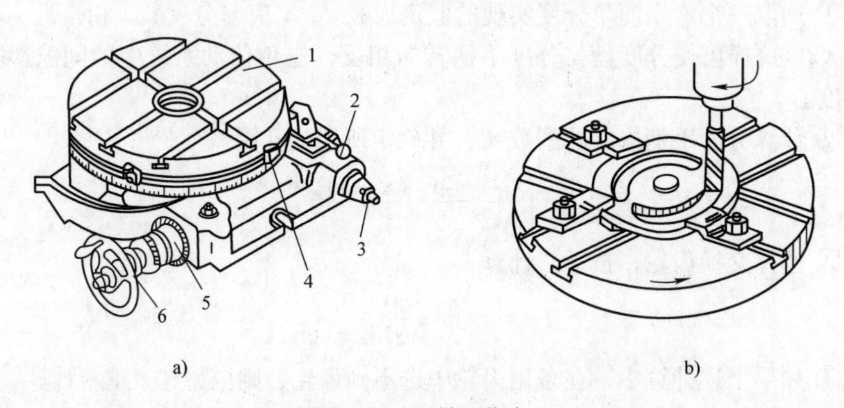

图5-20　回转工作台

a）回转工作台的组成　b）在回转工作台上铣圆弧槽

1—回转台　2—离合器手柄　3—转动轮　4—挡铁　5—刻度盘　6—手柄

500mm等几种规格。

5. 铣头

铣头是卧式升降台铣床的主要附件，用以扩大铣床加工范围。铣头分为立铣头和万能铣头。

（1）立铣头　立铣头有一竖直回转平面，主要用于立式铣削，可辅助机床加工不同角度的平面棱角和沟槽，主轴刚度强，传递功率大。

使用时卸下卧式铣床横梁、刀体，装上立铣头，根据加工需要，其主轴可以转任意方向，如图5-21所示。

（2）万能铣头　万能铣头主轴可以在相互垂直的两个回转平面内回转，它

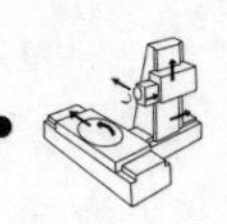

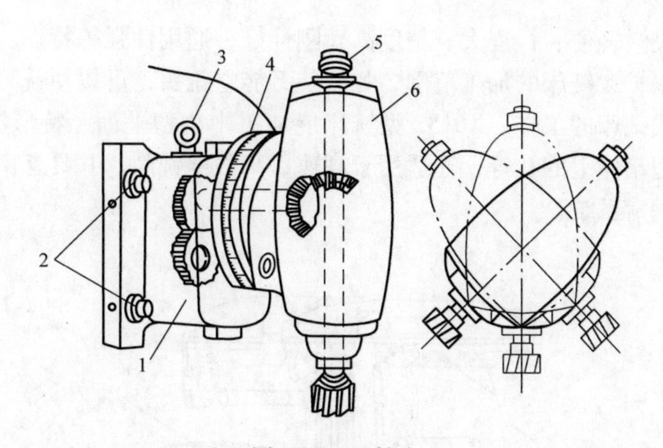

图5-21　立铣头

1—立铣头座体　2—夹紧用螺栓　3—吊环　4—刻度盘　5—刀体　6—立铣头转动部分

不仅能完成立铣、平铣工件，而且可以在工件一次装夹中，把铣头主轴扳成任意角度，进行各种角度的多面、多棱、多槽的铣削。

万能铣头的底座用螺栓固定在铣床的垂直导轨上。铣床主轴的运动通过铣头内的两对锥齿轮传到铣头主轴上。铣头的壳体可绕铣床主轴中心线偏转任意角度。铣头主轴的壳体还能在铣头壳体上偏转任意角度。因此，铣头主轴能在空间偏转成需要的任意角度。图5-22所示为万能铣头的示意图。

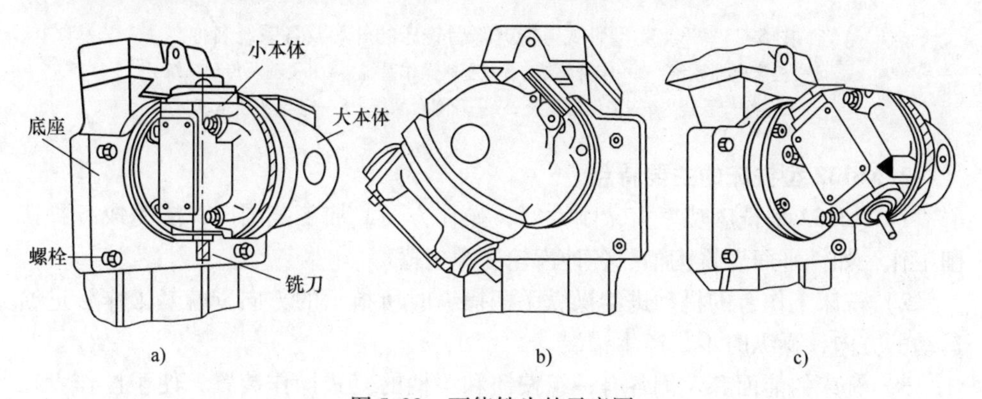

图5-22　万能铣头的示意图

5.2.4　卧式升降台铣床X6132

1. X6132型铣床的结构及特点

X6132型卧式万能升降台铣床的外形及各系统名称如图5-23所示。

X6132型铣床是国产铣床中最典型、应用最广泛的一种卧式万能升降台铣床。该机床具有功率大、转速高、变速范围宽、结构可靠、性能良好、加工质量

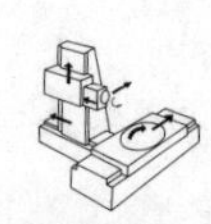

稳定、操作灵活轻便、行程大、精度高、刚性好、通用性强等特点。若配置相应附件，还可以扩大铣床的加工范围，如安装万能立铣头，可以使铣刀回转任意角度，完成立式铣床的工作。X6132 型铣床能加工中小型平面、特形沟槽、齿轮、螺旋槽和小型箱体上的孔等，还适用于高速、高强度铣削，并具有良好的安全装置和完善的润滑系统。

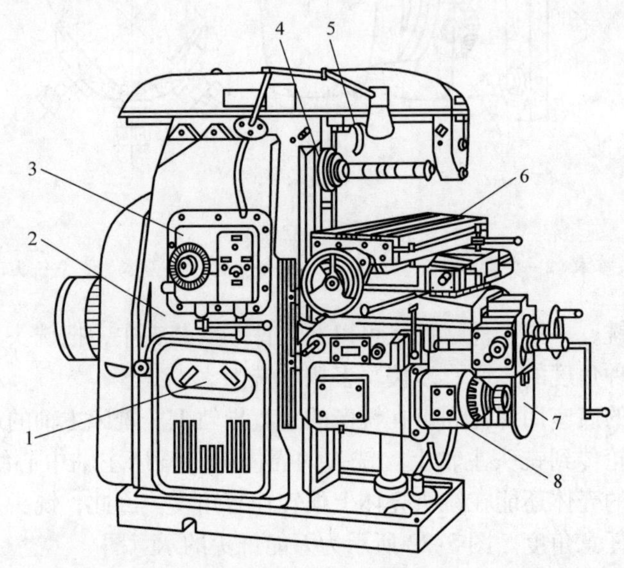

图 5-23　X6132 型卧式万能升降台铣床的外形及各系统名称

1—机床电器系统　2—床身系统　3—变速操作系统　4—主轴及传动系统　5—冷却系统　6—工作台系统　7—升降台系统　8—进给变速系统

2. X6132 型铣床的主要特点

1）X6132 型铣床功率大，刚性好，操作方便，加工范围广，能完成各种铣削工作，如铣平面、铣沟槽、各种齿轮和螺旋槽。

2）铣床工作台的机动进给操纵手柄操纵时所指示的方向，就是工作台进给运动的方向，操纵时不易产生错误。

3）铣床的前面和左侧各有一组按钮和手柄的复式操作装置，便于操作者在不同位置上进行操作。

4）铣床采用速度预选机构来改变主轴转速和工作台的进给速度，操作简便明确。

5）铣床工作台的纵向传动丝杠上有双螺母间隙调整机构，所以铣床既可以逆铣又能顺铣。

6）铣床工作台可以在水平面内的 ±45°范围内偏转，因而可进行各种螺旋槽的铣削。

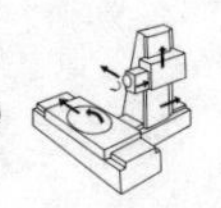

7）铣床采用转速控制继电器进行制动，能使主轴迅速停止转动。

8）铣床工作台有快速进给运动装置，用按钮操纵，方便省时。

3. X6132 型铣床的主要部件

（1）主轴　主轴是前端带锥孔的空心轴，锥度一般是 7:24，铣刀刀体就安装在锥孔中。主轴前端有两个键槽，通过键可传递较大的转矩。主轴是铣床的主要部件，要求旋转时平稳，无跳动和刚性好，所以要用优质结构钢来制造，并经过热处理和精密加工。

（2）主轴变速机构　主轴变速机构安装在床身内，作用是将主电动机的旋转传给主轴，并通过外面的手柄和转盘等操纵机构得到 18 种不同的转速，以适应铣削的需要。

（3）横梁及挂架　作用是支持长刀杆的外端，以增加刀体的刚性。横梁向外伸出的长度可任意调整，以适应各种长度的刀体。

（4）纵向工作台　纵向工作台用来安装工件并可做左右移动。工作台上面有三条 T 形槽，可以固定夹具和工件。

（5）横向工作台　横向工作台在纵向工作台的下面，用来带动纵向工作台做前后移动。

（6）转台　万能铣床上，在横向工作台与纵向工作台之间设有回转台，可使工作台做 ±45°的水平偏转。

（7）升降台　升降台安装在床身前侧垂直导轨上，借助升降丝杠可支持工作台并带动工作台做上下移动。机床进给系统中的电动机、变速机构和操纵机构等都安装在升降台内。升降台的精度和刚性都要求很高，否则在铣削时会造成很大的振动，影响工件的加工精度。

（8）进给变速机构　进给变速机构安装在升降台内，电动机通过进给变速机构将运动传至工作台，并通过外部的手柄等操纵机构，使工作台获得 18 种（23.5mm/min、30mm/min、37.5mm/min、47.5mm/min、60mm/min、75mm/min、95mm/min、118mm/min、150mm/min、190mm/min、235mm/min、300mm/min、375mm/min、475mm/min、600mm/min、750mm/min、950mm/min、1180mm/min）进给速度，以适应铣削的需要。

（9）床身　床身是机床的主体，用来安装和连接机床其他部件，其刚性、强度和精度对铣削效率和加工质量影响很大。

（10）底座　底座在床身的下面，并把床身紧固在上面，升降丝杠的螺母座也安装在底座上，底座的内腔装有切削液。

4. X6132 万能卧式铣床调整及手柄的使用

（1）主轴转速的调整　将主轴变速手柄向下同时向左扳动，再转动数码盘，可以得到从 30～1500r/min 的 18 种不同转速。要注意的是，变速时必须先停车，且在主轴停止旋转之后进行变速。

(2) 进给量调整　先将进给量数码盘手轮向外拉出，再将数码盘手轮转动到所需要的进给量数值，将手柄向内推，可使工作台在纵向、横向和垂直方向分别得到23.5～1180mm/min的18种不同的进给量。要注意的是，垂直进给量只是数码盘上所列数值的1/2。

(3) 手动进给手柄的使用　操作者面对机床，顺时针摇动工作台左端的纵向手动手轮，工作台向右移动；逆时针摇动，工作台向左移动。顺时针摇动横向手动手轮，工作台向前移动；逆时针摇动，工作台向后移动。顺时针摇动升降手动手柄，工作台上升；逆时针摇动，工作台下降。

(4) 自动进给手柄的使用　在主轴旋转的状态下，向右扳动纵向自动手柄，工作台向右自动进给；向左扳动，工作台向左自动进给；中间是停止位。向前推横向自动手柄，工作台沿横向向前进给；向后拉，工作台向后进给。向上拉升降自动手柄，工作台向上进给；向下推升降自动手柄，工作台向下进给。在某一方向自动进给状态下，按下快速进给按钮，即可得到工作台该方向的快速移动。要注意的是，快速进给只在工件表面的一次走刀完毕之后的空程退刀时使用。

5.2.5　立式升降台铣床X5032

立式升降台铣床的典型机床型号为X5032。

1. X5032型铣床的结构

X5032型铣床的外形及各系统名称如图5-24所示。X5032型铣床的规格、操纵机构、传动变速情况等与X6132型铣床基本相同，不同之处主要有以下两点：

1）X5032型铣床的主轴与工作台台面垂直，安装在可以偏转的铣头壳体内。

2）X5032型铣床的工作台与横向溜板连接处没有回转盘，所以工作台在水平面内不能扳转角度。

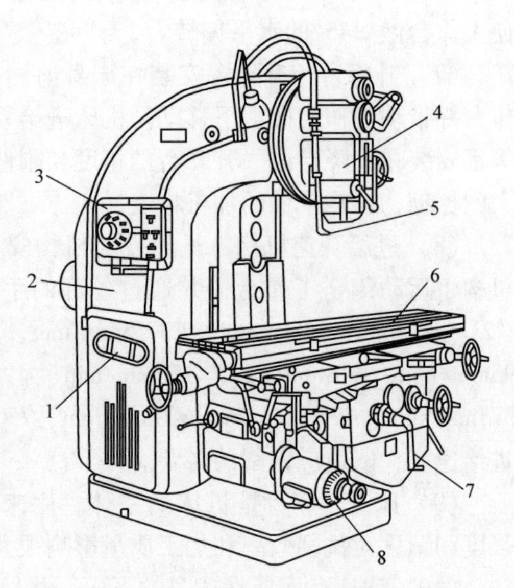

图5-24　X5032型立式升降台铣床外形及各系统名称

1—机床电器系统　2—床身系统　3—变速操作系统　4—主轴及传动系统　5—冷却系统　6—工作台系统　7—升降台系统　8—进给变速系统

2. X5032型铣床的主要特点

1）X5032铣床结构本身具有足够的刚性，能承受重负荷的切削工作。

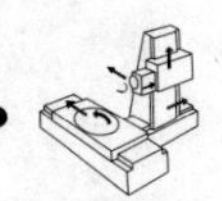

2）X5032 铣床具有足够的功率和很广的变速范围，能充分发挥刀具的效能，并能使用硬质合金刀具进行高速切削。

3）在 X5032 铣床的前面和左面各有一套功用相同的按钮和操作手柄，即复式操纵装置，使操作者能选择最方便的位置进行工作。

4）主轴变速和进给变速机构装有电动机冲动装置，便于变速。

5）主轴的起动、停止和快速行程的开动都有明显的按钮，工作台的进给由手柄操作，其进给方向与操作手柄所指方向一致；主轴的转速和进给量用变速盘来选择。

6）X5032 铣床的重要传动零件均用合金钢制成，容易磨损的部分零件均使用耐磨材料制成，铣床导轨装有防屑装置，这些都能保证铣床有足够的使用寿命。

7）容易磨损的部分零件设有消除间隙的调整装置，以保证机床的精度和工作平稳。

8）有良好的安全装置，手动进给和机动进给建有互锁机构，行程有限位撞块，保证了操作者及机床的安全。

9）机床主传动采用电磁离合器制动，迅速、平稳。当加工完毕或其他原因需停止时，只要按一下停止按钮，机床的全部运动立即停止。

10）机床能进行顺铣和逆铣工作。

11）工作台在三个方向上都能进行快速移动，因而能减少辅助时间，提高生产率。

12）工作台横向和垂直方向的移动集中地有一个手柄操作，操纵者用该手柄可以控制工作台两个方向的进给运动。

13）有完善的润滑系统，重要的传动零件盒轴承由机动油泵进行自动润滑，同时设有指示器进行经常检查。需要手动润滑油部位，其加油点均设在明显之处。

14）各重要传动轴和主轴均安装在滚动轴承上，因而能提高传动效率。主轴上的滚动轴承还能进行调整，以保证主轴精度。

3. X5032 型立式铣床的纵、横、垂直方向各手柄的操作

工作台纵向手动进给手柄有两个，一个在工作台丝杠的左端，一个在工作台的右前方，这样可在不同的位置上对机床进行操作。将各手柄分别接通其手动进给离合器，摇动各手柄，即可带动工作台做进给运动。顺时针方向摇动各手柄，工作台前进（或上升）；逆时针方向摇动各手柄，工作台后退（或下降）。摇动各手柄使工作台做手动进给时，进给速度应均匀适当。

纵向、横向刻度盘圆周刻线 120 格，每摇一圈，工作台移动 6mm；每摇一格，工作台移动 0. 05mm。垂直方向刻度盘，圆周刻线 40 格，每摇一圈，工作台上升（或下降）2mm；每摇一格，工作台上升（或下降）0. 05mm。摇动各手柄，可通过刻度盘控制工作台在各进给方向的移动距离。

4. 主轴变速操作

现以图5-25所示为例，说明X5032型立式铣床的主轴变速操作方法。

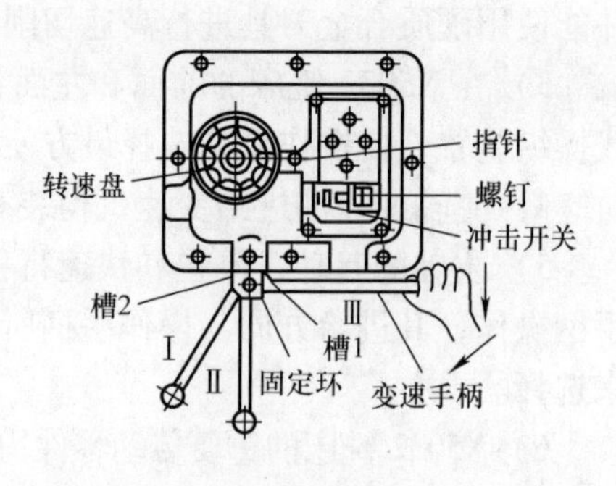

图5-25　X5032型立式铣床的主轴变速操作方法

1）变速时，手握变速手柄球部并下按，使其定位的榫块从固定环的槽1内脱出。

2）将变速手柄快速向左转动90°左右，并将其定位的榫块送入固定环的槽2内，使变速手柄处于脱开位置Ⅰ。

3）转动转速盘，使需要的转速对准转速盘上的箭头。

4）下压手柄，并快速推至位置Ⅱ，此时微动开关瞬时接通，使主电动机瞬时转动（但立即又被切断），以利于变速齿轮啮合。

5）将变速手柄由位置Ⅱ推到位置Ⅲ，并将其定位的榫块送入固定环的槽1内，变速完毕。

6）用手按“起动”按钮，主轴就可获得要求的转速。

7）变速操作时，一要快速，二是连续变换的次数不宜超过三次，必要时隔5min后再进行变速，以免因起动电流过大，导致电动机超负荷，使电动机线路烧坏。

8）变速时必须先停车。

5. 进给变速操作

现以图5-26为例，说明X5032型立式铣床的进给变速操作方法。

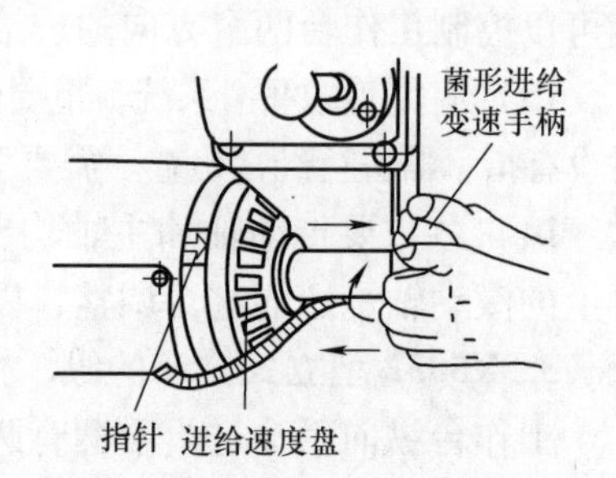

图5-26　X5032型立式铣床的进给变速操作方法

1）把菌形进给变速手柄拉出。

2）转动菌形进给变速手柄带动进给速度盘旋转，使需要的进给速度与指针位置对准。

3）将菌形手柄推回原位，变速完毕。

4）按“起动”按钮使主轴旋转，再扳动自动进给操纵手柄，工作台就可按要求的进给速度做自动进给运动。

5.2.6　铣床的安全操作规程

1）操作人员应穿紧身工作服，袖口扎紧，不得戴手套；女同志要戴防护帽；高速铣削时要戴防护镜；铣削铸铁件时应戴口罩。

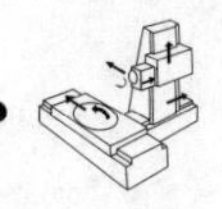

2）操作前应检查铣床各部件及安全装置是否安全可靠。

3）开车前，工件、刀具和夹具都应正确安装和夹紧，中途需要装卸和测量工件以及调整机床时必须先停车。

4）装卸工件时，应将工作台退到安全位置；使用扳手紧固工件时，用力方向应避开铣刀，以防扳手打滑时撞到刀具或工夹具。

5）装拆铣刀时，要用专用衬垫垫好，不要用手直接握住铣刀。

6）铣削不规则的工件及使用机用虎钳、分度头及专用夹具持工件时，不规则工件的重心及机用虎钳、分度头、专用夹具等应尽可能放在工作台的中间部位，以免工作台受力不均，产生变形。

7）在快速或自动进给铣削时，不准把工作台走到两极端，以免挤坏丝杠。

8）机床运转时，不得调整、测量工件和改变润滑方式，以防手触及刀具碰伤手指。

9）在铣刀旋转未完全停止前，不能用手去制动。

10）铣削中不要直接用手清除切屑，要用长柄刷子清理，也不要用嘴吹，以防切屑损伤皮肤和眼睛。

11）在机动快速进给时，要把手轮离合器打开，以防手轮快速旋转伤人。

12）工作台换向时，须先将换向手柄停在中间位置，然后再换向，不准直接换向。

13）铣削键槽轴类或切割薄的工件时，严防铣坏分度头或工作台面。

14）铣削平面时，必须使用有四个刀头以上的刀盘，选择合适的切削用量，以防止机床在铣削中产生振动。

15）工作后，要将工作台停在中间位置，升降台落到最低的位置。

16）不得随意拆装电器设备，遇到故障应及时报告指导教师，离开机床必须停机。

5.3 铣刀

铣刀，是用于铣削加工的、具有一个或多个刀齿的旋转刀具。工作时各刀齿依次间歇地切去工件的余量。铣刀主要用于在铣床上加工平面、台阶、沟槽、成形表面和切断工件等。

5.3.1 铣刀的分类

铣刀的种类很多，分类方法也较多，现按常见的几种分类方法介绍如下。

1. 按铣刀切削部分的材料分类

（1）高速工具钢铣刀　这类铣刀是目前应用最广泛的铣刀，尤其是形状比

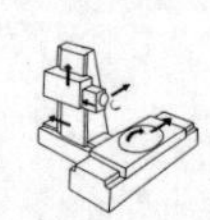

较复杂的铣刀，大都用高速工具钢制造。高速工具钢铣刀大都做成整体的，直径大而不太薄的铣刀则大都做成镶齿的。

（2）硬质合金铣刀 面铣刀很多都采用硬质合金制作刀齿或刀齿的切削部分，其他铣刀也可采用硬质合金来制造，但比较少。目前可转换硬质合金刀片的广泛使用，使硬质合金在铣刀上的使用日益增多。硬质合金铣刀大都不是整体的。

2. 按铣刀的结构分类

（1）整体铣刀 整体铣刀是指铣刀的切削部分、装夹部分及刀体为一整体。这类铣刀可用高速工具钢整体料制成，也可以用高速工具钢制造切削部分，用结构钢制造刀体部分，然后焊接成一个整体。直径不大的立铣刀、三面刃铣刀、锯片铣刀都采用这种结构。

（2）镶齿铣刀 镶齿铣刀的刀体是结构钢，刀齿是高速工具钢，刀体和刀齿利用尖齿形槽镶嵌在一起。直径较大的三面刃铣刀和面铣刀一般都采用这种结构。

（3）机械夹固式铣刀 这类铣刀是用机械夹固的方式把硬质合金刀片安装在刀体上，因而保持了刀片的原有性能。刀片磨损后，可将刀片转过一个位置继续使用。这种刀具节省了硬质合金材料，节省了刃磨时间，提高了生产率。

3. 按铣刀刀齿的构造分类

（1）尖齿铣刀 尖齿铣刀的刀齿截形上的齿背是由直线或折线组成，如图5-27a所示。这类铣刀刃口锋利，刃磨方便，制造比较容易。尖齿铣刀包括面铣刀、立铣刀、键槽铣刀、槽铣刀、锯片铣刀、专用槽铣刀、角度铣刀、模具铣刀和成组铣刀等。

（2）铲齿铣刀 铲齿铣刀的刀齿截形上的齿背是阿基米德螺旋线，齿背必须在铲齿机上铲出，如图5-27b所示。这类铣刀的特点是刃磨时只磨前刀面，在刃磨后只要前角不变则齿形也不变。铲齿铣刀包括圆盘槽铣刀、凸半圆铣刀、凹半圆铣刀、双角度铣刀、成形铣刀等。

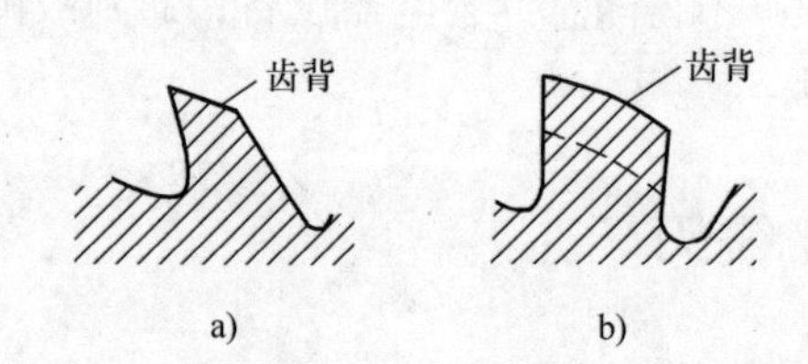

图5-27 铣刀刀齿的构造

a）尖齿铣刀刀齿截形 b）铲齿铣刀的刀齿截形

4. 按铣刀结构和安装方法不同分类

（1）带孔铣刀 采用孔安装的铣刀称为带孔铣刀。带孔铣刀适用于卧式铣床加工，可加工各种表面，应用范围较广。常用的带孔铣刀如图5-28所示。

1）圆柱铣刀：由于它仅在圆柱表面上有切削刃，故用于卧式升降台铣床加

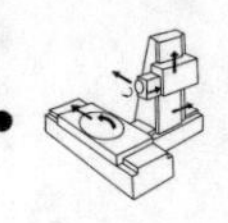

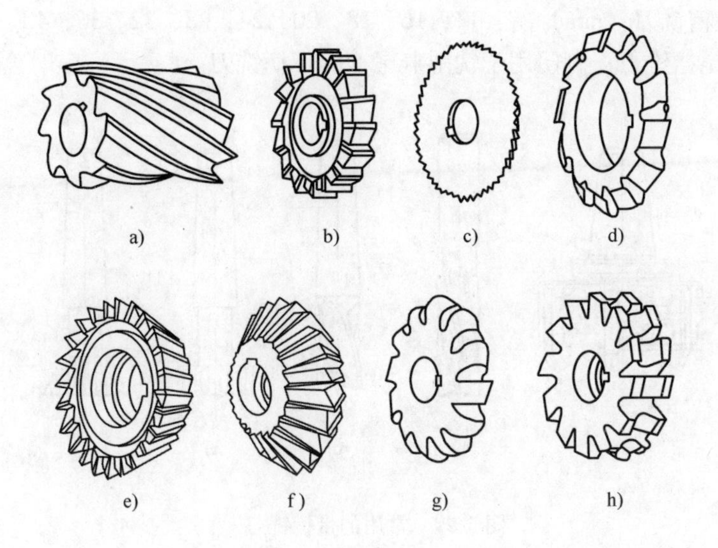

图 5-28　常用的带孔铣刀

a）圆柱铣刀　b）三面刃铣刀　c）锯片铣刀　d）盘状模数铣刀
e）单角度铣刀　f）双角度铣刀　g）凸圆弧铣刀　h）凹圆弧铣刀

工平面。

2）三面刃铣刀：一般用于卧式升降台铣床加工直角槽，也可以加工台阶面和较窄的侧面等。

3）锯片铣刀：主要用于切断工件或铣削窄槽。

4）盘状模数铣刀：用来加工齿轮等。

（2）带柄铣刀　采用柄部安装的带柄铣刀有直柄和锥柄两种形式。一般直径小于 20mm 的较小铣刀做成直柄铣刀，较大直径的立铣刀和键槽铣刀做成锥柄铣刀。带柄铣刀多用于立铣加工。常用的带柄铣刀如图 5-29 所示。

1）面铣刀：由于其刀齿分布在铣刀的端面和圆柱面上，故多用于立式升降台铣床上加工平面，也可用于卧式升降台铣床上加工平面。

2）立铣刀：它是一种带柄铣刀，有直柄和锥柄两种，适用于铣削端面、斜面、沟槽和台阶面等。

直柄立铣刀外径（mm）有：3，4，5，6，8，10，12，14，16，18，20。

锥柄立铣刀外径（mm）有：14，16，18，20，22，25，28，30，32，36，40，45，50。

3）键槽铣刀和 T 形槽铣刀：它们是专门用于加工键槽和 T 形槽的带柄铣刀。

直柄键槽铣刀（mm）有：2，3，4，5，6，8，12，14，16，18，20。

锥柄键槽铣刀（mm）有：14，16，18，20，24，28，32，36，40。

4）燕尾槽铣刀：专门用于铣削燕尾槽的带柄铣刀。

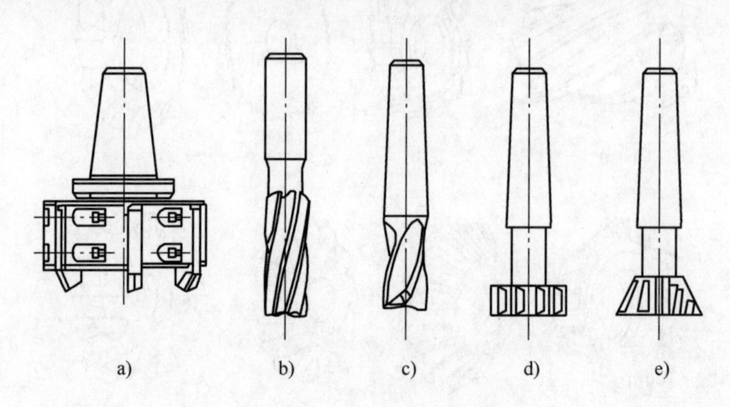

图5-29　常用的带柄铣刀

a）面铣刀　b）立铣刀　c）键槽铣刀　d）T形槽铣刀　e）燕尾槽铣刀

5. 按铣刀的用途分类

（1）加工平面用铣刀　加工平面一般用面铣刀和圆柱铣刀，较小的平面也可以用立铣刀和三面刃铣刀。

（2）加工直角沟槽用铣刀　一般直角沟槽用三面刃铣刀、立铣刀加工，加工键槽采用键槽铣刀和盘形槽铣刀。

（3）加工特种沟槽和特形表面的铣刀　这类铣刀有T形槽铣刀、角度铣刀、燕尾槽铣刀和凹凸圆弧铣刀。

（4）切断加工用的铣刀　常用切断加工铣刀是锯片铣刀。

5.3.2　铣刀的规格及标记

为了便于辨别铣刀的规格、材料和制造单位，在铣刀上都刻有标记。铣刀标记的内容主要包括以下几个方面：

（1）制造厂的商标　我国制造铣刀的工具厂很多，主要有上海工具厂、哈尔滨量具刃具厂和成都量具刃具厂等，各厂都有产品商标，如图5-30所示。

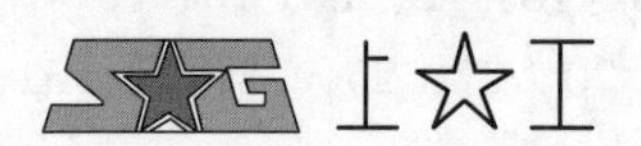

上海工具厂

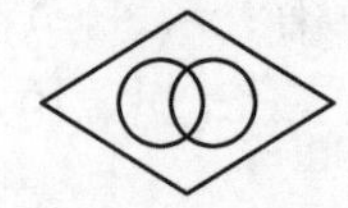

哈尔滨量具刃具厂

成都量具刃具厂

图5-30　铣刀制造厂的商标

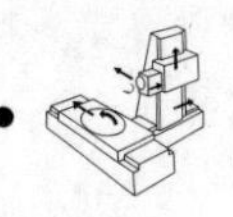

（2）制造铣刀的材料　一般均用材料的牌号表示，如W18Cr4V。

（3）铣刀尺寸的标记

1）圆柱铣刀、三面刃铣刀和锯片铣刀等均以“外圆直径×宽度×内孔直径”来表示。

2）立铣刀和键槽铣刀等一般只标注外圆直径。

3）角度铣刀和半圆铣刀一般以“外圆直径×宽度×内孔直径×角度（或圆弧半径）”来表示，如在角度铣刀上标有75×20×27×60°（或8R）。

要注意的是，铣刀上所标注的尺寸均为公称尺寸，在使用和刃磨后往往会发生变化。

5.3.3　铣刀切削部分的材料

1. 基本要求

（1）高硬度和高耐磨性　在常温下，切削部分材料必须具备足够的硬度才能切入工件；具有高的耐磨性，刀具才不易磨损，还可提高使用时间，延长铣刀的使用寿命。

（2）好的耐热性（热硬性）　刀具在切削过程中会产生大量的热量，尤其在切削速度较高时，温度会很高。因此，刀具材料应具备好的耐热性，即在高温下仍能保持较高的硬度，具有能持续进行切削的性能。这种具有高温硬度的性质又称为热硬性。

（3）高的强度和好的韧性　在切削过程中，刀具要承受很大的切削力，所以刀具材料要具有较高的强度，否则易断裂和损坏。由于铣削属于冲击性切削，铣刀会受到很大的冲击和振动，因此铣刀材料还应具备好的韧性，才不易崩刃、碎裂。

（4）工艺性好　为了能顺利制造出各种形状和尺寸的刀具，尤其是形状比较复杂的铣刀，要求刀具材料的工艺性要好。

2. 铣刀常用材料

（1）高速钢　是高速工具钢的简称，俗称锋钢或风钢，它是以钨、铬、钼、钒和钴为主要合金元素的高合金工具钢。

1）高速钢具有以下特点：

① 合金元素（如钨、铬、钼、钒）的含量较高，淬火硬度可达62～70HRC，在600℃高温下仍能保持较高的硬度并能持续进行铣削。

② 刃口强度和韧性好，抗振性强，能用于制造切削速度低的刀具。

③ 工艺性好，锻造、焊接、切削加工和刃磨都比较容易，可以制造形状比较复杂的刀具。

④ 与硬质合金相比，仍具有硬度较低、热硬性和耐磨性较差的缺点。

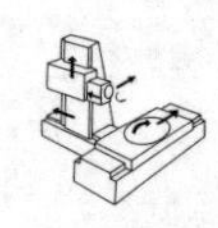

一般结构比较复杂的刀具都是高速钢铣刀，成形铣刀也是高速钢铣刀。

2）高速钢牌号举例：

① W18Cr4V（18－4－1）：属于钨系高速钢，是含钨的质量分数为18%、含铬的质量分数为4%、含钒的质量分数为1%、含碳的质量分数为0.75%左右的合金工具钢。它是通用高速钢中最典型的一种，高速钢铣刀基本上都选用这种牌号制造。其抗弯强度、冲击韧性、磨锐性都较好，也是制造其他各种刀具最普遍采用的高速钢。

② W6Mo5Cr4V2（6－5－4－2）：属于钨钼系高速钢，含钨的质量分数为6%，含钼的质量分数为5%，含铬的质量分数为4%，含钒的质量分数为2%。加入质量分数为3%～5%的钼可改善钢的刃磨加工性，因此6－5－4－2的高温特性与韧性都超过了18－4－1，而切削性能却大致相同。

（2）硬质合金　硬质合金由高硬度的难熔金属碳化物和金属黏结剂用粉末冶金工艺制成。用于制造刀具的硬质合金中，碳化物有碳化钨（WC）、碳化钛（TiC）等，黏结剂以钴（Co）为主。

硬质合金铣刀的特点：

1）能耐高温，在800～1000℃仍能保持良好的切削性能。切削时可选用比高速钢高4～8倍的切削速度。

2）常温硬度高，硬质合金的硬度为74～82HRC，耐磨性好。

3）抗弯强度低，冲击韧性差，切削刃不易磨得特别锋利。

硬质合金可用作高速切削或加工硬度超过40HRC的硬材料，这是硬质合金得到推广使用的主要原因。但它的韧性较差（怕受冲击和振动），低速时切削性能差，加工的工艺性也较差，因此作为铣刀材料，目前硬质合金的使用范围还不及高速钢。

5.3.4　铣刀的主要几何角度

铣刀的种类、形状虽多，但都可以归纳为圆柱铣刀和面铣刀两种基本形式，每个刀齿可以看作是一把简单的车刀，所不同的是铣刀回转、刀齿较多，因此只通过对一个刀齿的分析，就可以了解整个铣刀的几何角度。

1. 铣刀的标注角度参考系

与车刀相似，铣刀的标注角度参考系由坐标平面和测量平面组成，其基本坐标平面有基面和切削平面，如图5-31所示。

1）基面：基面是一个假想的辅助平面，并假定与主运动方向垂直。

2）切削平面：也是一个假想的辅助平面，它是通过刃口并与基面垂直的平面，同已加工面重合。

3）测量平面有端剖面，螺旋齿铣刀还有法剖面。

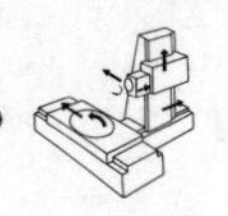

2. 圆柱铣刀的几何角度

（1）前角 γ_0　前角 γ_0 是前刀面与基面的夹角。前角的作用是在切削中减少金属变形，使切屑排出顺利，从而改善切削性能，获得较光洁的已加工表面。前角的选择要根据被切金属材料性能、刀具强度等因素来考虑。一般高速工具钢铣刀的前角为10°~25°。

为了便于制造，规定圆柱铣刀的前角 γ_0 用法平面前角 γ_n 表示。

$$\tan\gamma_n = \tan\gamma_0 \cos\beta$$

（2）后角 α_0　后角 α_0 是后刀面与切削平面的夹角。后角的主要作用是减小后刀面和已加工表面之间的摩擦，使切削顺利进行，并获得较光洁的已加工表面。后角的选择主要根据刀具强度及前角、楔角的大小综合考虑。由于后角是在圆周方向起作用的，所以规定圆柱铣刀的后角也用法平面后角 α_n 表示。一般高速工具钢铣刀的法平面后角 α_n 为6°~20°。

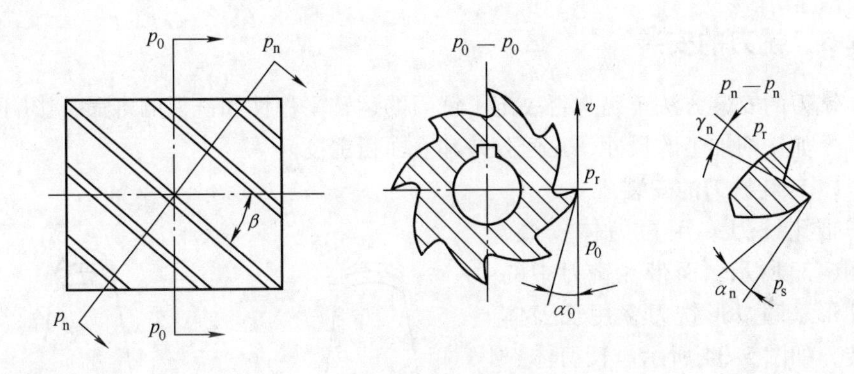

图5-31　圆柱铣刀的几何角度

（3）楔角　楔角是前刀面与后刀面的夹角。楔角的大小决定了切削刃的强度。楔角越小，刀具刃口越锋利，切入金属越容易，但强度和导热性能较差；反之，切削刃强度高，但会使切削阻力增大，因此不同的刀具材料和不同的刀具结构应选择不同的楔角。

（4）螺旋角 β　螺旋齿切削刃的切线与铣刀中心线间的夹角称为圆柱形铣刀的螺旋角 β。为了使铣削平稳、排屑顺利，圆柱形铣刀的刀齿一般都制成螺旋槽形，如图5-31所示。

3. 面铣刀的几何角度

面铣刀的一个刀齿相当于一把小车刀，其几何角度基本与外圆车刀相类似，所不同的是铣刀每齿基面只有一个，即以刀尖和铣刀中心线共同确定的平面为基面，因此面铣刀每个刀齿都有前角、后角、主偏角和刃倾角四个基本角度，如

图5-32所示。

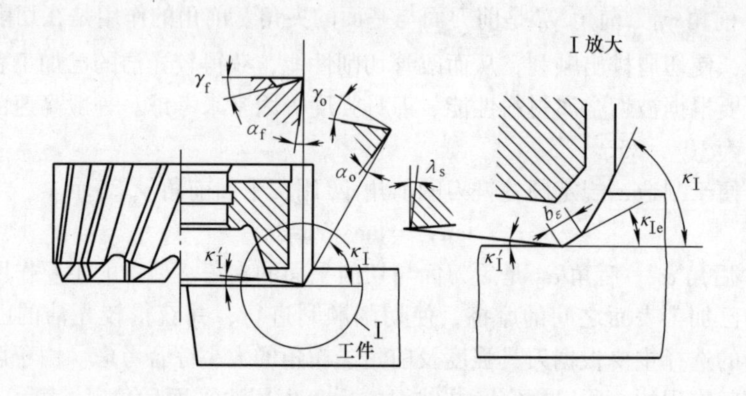

图5-32　面铣刀的几何角度

5.3.5　铣刀的安装

铣刀的安装方法正确与否决定了铣刀的运转平稳性和铣刀的寿命，影响铣削质量，如铣削加工的尺寸、几何公差和表面粗糙度。

1. 带孔铣刀的安装

带孔铣刀多用短刀体安装，如图6-33所示。而带孔铣刀中的圆柱形、圆盘形铣刀多用长刀体安装，如图5-34所示。长刀体一端有7∶24锥度与铣床主轴孔配合，并用拉杆穿过主轴将刀体拉紧，以保证刀体与主轴锥孔紧密配合。安装刀具的刀体部分根据刀孔的大小分几种型号，常用的有ϕ6、ϕ22、ϕ27、ϕ32等。

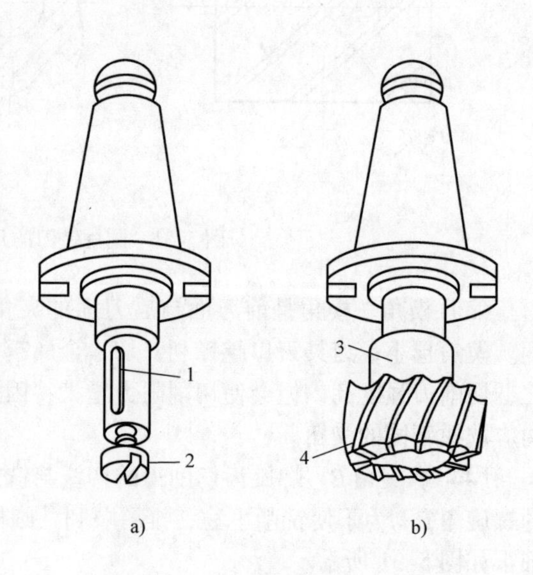

图5-33　用短刀体安装带孔铣刀

a）短刀体　b）装夹在短刀体上的面铣刀

1—键　2—螺钉　3—垫套　4—铣刀

用长刀体安装带孔铣刀时应注意以下几方面：

1）在不影响加工的条件下，应尽可能使铣刀靠近铣床主轴，并使主轴吊架尽量靠近铣刀，以保证有足够的刚性，避免刀体发生弯曲，影响加工精度。铣刀的

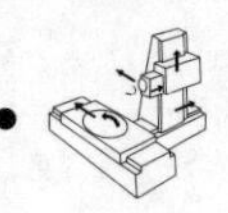

位置可用更换不同套筒的方法调整。

2）斜齿圆柱铣刀所产生的进给力应指向主轴轴承。

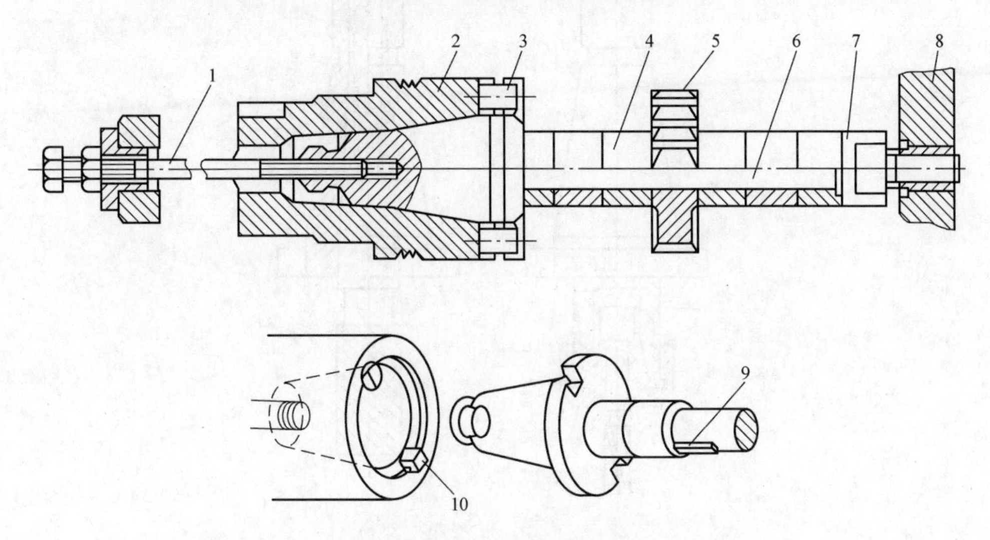

图5-34 用长刀体安装带孔铣刀

1—拉杆 2—主轴 3、9—键 4—套筒 5—铣刀 6—长刀体

7—压紧螺母 8—主轴吊架 10—端面键

3）套筒的端面与铣刀的端面必须擦干净，以保证铣刀端面与刀体中心线垂直。

4）拧紧刀体压紧螺母时，必须先装上吊架，以防刀体受力弯曲。

5）初步拧紧螺母，开车观察铣刀是否装正，装正后再停车并用力拧紧螺母。

2. 带柄铣刀安装

带柄铣刀有直柄和锥柄之分，安装方法如图5-35所示。图5-35a所示为直柄铣刀的安装。这类铣刀直径一般不大于20mm，多用弹簧夹头安装。将铣刀的柱柄插入弹簧套孔内，由于弹簧套上面有三个开口，所以用螺母压弹簧套的端面，致使外锥面受压而孔径缩小，从而将铣刀抱紧。弹簧套有多种孔径，以适应不同尺寸的直柄铣刀。图5-35b所示为锥柄铣刀的安装，根据铣刀锥柄尺寸，选择合适的变锥套，将各配合表面擦净，然后用拉杆将铣刀和变锥套一起拉紧在主轴锥孔内。

5.3.6 铣刀安装后的检查

铣刀安装后，应做以下几方面检查：

1）检查铣刀装夹是否牢固。

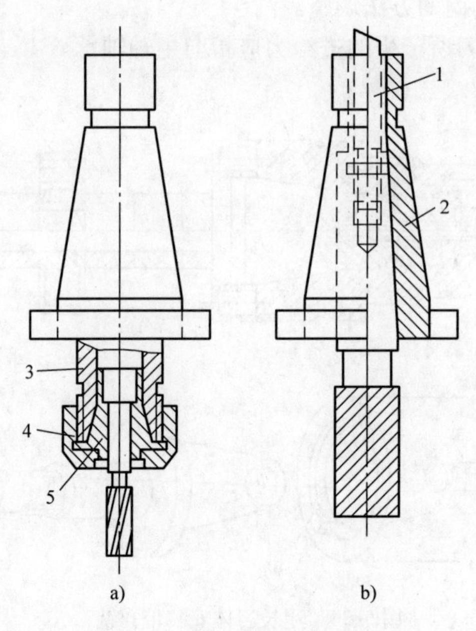

图5-35　带柄铣刀的安装方法

a）直柄铣刀的安装　b）锥柄铣刀的安装

1—拉杆　2—变锥套　3—夹头体　4—螺母　5—弹簧套

2）检查挂架轴承孔与铣刀体支撑轴颈的配合间隙是否合适，一般情形下以铣削时不振动、挂架轴承不发热为宜。

3）检查铣刀回转方向是否正确，在起动机床主轴回转后，铣刀应向着前刀面方向回转。

4）检查铣刀刀齿的径向圆跳动和端面圆跳动。对于一般的铣削，可用目测或凭经验确定铣刀刀齿的径向圆跳动和端面圆跳动是否符合要求。对于精密的铣削，可用百分表检测，如图5-36所示。将磁性表座吸在工作台上，使百分表的测头触到铣刀的刃口部位，测量杆垂直于铣刀中心线（检查径向圆跳动）或平行于铣刀中心线（检查端面圆跳动），然后用扳手向铣刀后刀面方向回转铣刀，观察百分表指针在铣刀回转一圈内的变化情况，一般要求为0.005~0.006mm。

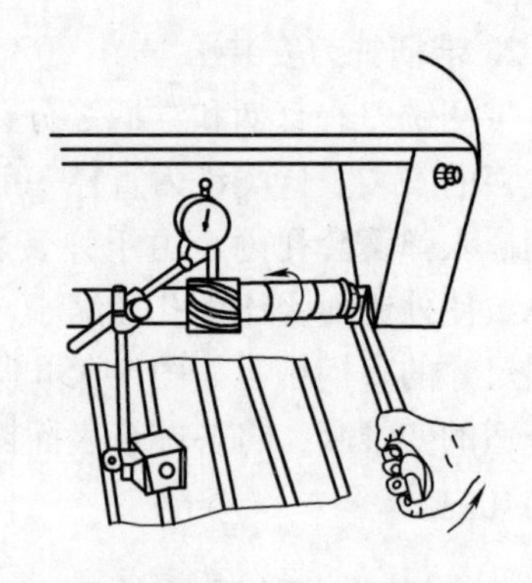

图5-36　检查铣刀刀齿的径向圆跳动

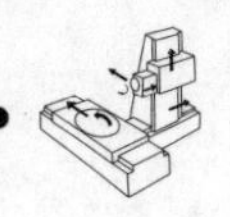

5.4 铣削加工方法

铣削加工的范围很广，灵活性大，可以加工平面、斜面、曲面、成形面、沟槽、螺旋槽、齿轮、凸轮等，是一种常用的切削加工方法。

5.4.1 铣削用量四要素

铣削用量即在铣削过程中所选用的切削用量。铣削用量有如下四个要素：

1. 铣削速度v(m/min)

铣削中主运动的线速度称为铣削速度，也就是铣刀切削刃上离中心最远的一点，在1min内所走过的路程。

$$v=\frac{\pi Dn}{1000\times60}$$

式中 D——铣刀最大直径（mm）；

n——铣刀转速（r/min）。

2. 铣削深度a_p（mm）

铣刀在一次进给中所铣掉的工件表层的厚度称为铣削深度，也就是指待加工面和已加工面之间的垂直距离，也是平行于铣刀中心线方向测量的切削层尺寸，如图5-37所示。

3. 铣削宽度a_e（mm）

指垂直于铣刀中心线方向测量的切削层尺寸，如图5-37所示。

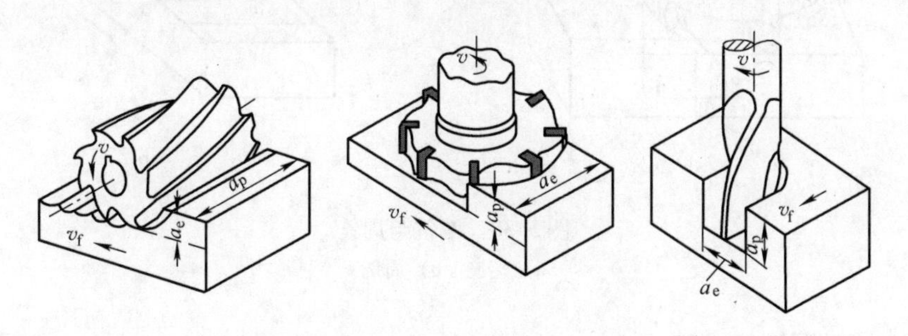

图5-37 铣削深度a_p和铣削宽度a_e

4. 进给量f

铣削时，进给量的表示方法有三种：

1）每齿进给量f_z（mm/齿）——铣刀每转一齿，工件对铣刀的移动量。

2）每转进给量f_r（mm/r）——铣刀每转一圈，工件对铣刀的移动量。

3）每秒进给量f_s（mm/s）——铣刀每转一秒，工件对铣刀的移动量。

三者之间的关系为

$$f_s = \frac{f_r n}{60} = \frac{f_z z n}{60}$$

5.4.2　铣削方式

1. 铣削方式的分类

铣削方式
- 端铣（用分布在铣刀端面上的刀齿进行铣削）
  - 不对称铣
  - 对称铣
- 周铣（用分布在铣刀圆柱面上的刀齿进行铣削）
  - 顺铣：工件进给方向与铣刀的旋转方向相同
  - 逆铣：工件进给方向与铣刀的旋转方向相反

铣削有端铣与周铣之分，如图5-38所示。端铣是用面铣刀的端面齿刃进行铣削，周铣是用铣刀的周边齿刃进行铣削。一般说来，端铣同时参与切削的刀齿数较多，切削比较平稳，且可用修光刀齿修光已加工表面，刚性较好，切削用量可较大，所以端铣在生产率和表面质量上均优于周铣，在较大平面的铣削中多使用端铣。周铣常用于平面、台阶、沟槽及成形面的加工。

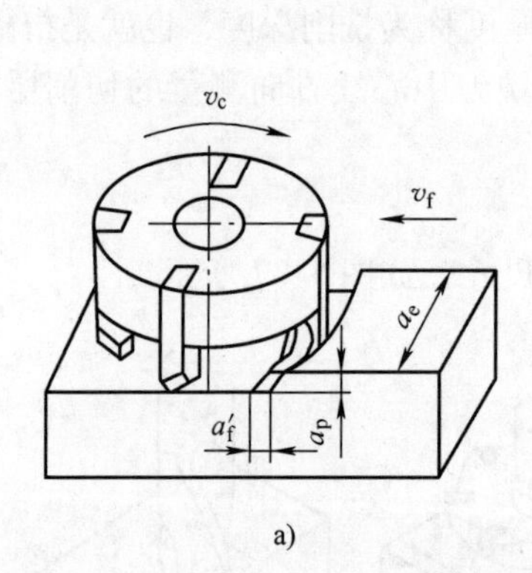

a)

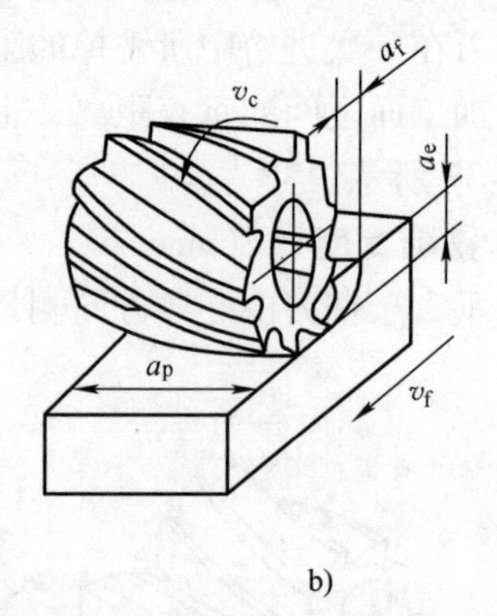

b)

图5-38　端铣与周铣

a）端铣　b）周铣

2. 周铣顺铣与逆铣

周铣有顺铣与逆铣两种方式。在铣刀与工件已加工面的切点处，铣刀旋转切削刃的运动方向与工件进给运动方向相同的铣削称为顺铣，反之称为逆铣，如图5-39所示。

顺铣时铣刀的旋转方向和工件的进给方向相同，铣削力的水平分力与工件的进给方向相同，工作台进给丝杠与固定螺母之间一般有间隙存在（见图5-40），且间隙始终在进给方向的前方，因此切削力容易引起工件和工作台一起向前窜

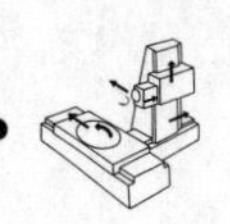

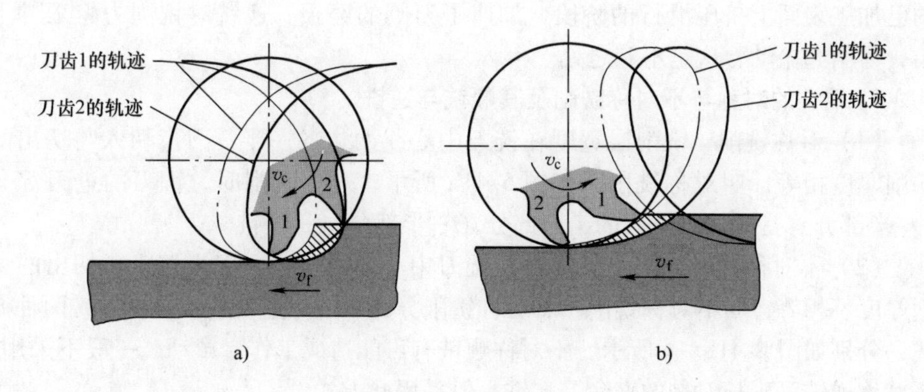

图5-39　顺铣与逆铣
a）顺铣　b）逆铣

动，使进给量突然增大，引起啃刀或打刀，甚至损坏机床。采用顺铣法加工时必须采取措施消除丝杠与螺母之间的间隙。

在铣削铸件或锻件等表面有硬层的工件时，顺铣刀齿首先接触工件硬层，会加剧铣刀的磨损。

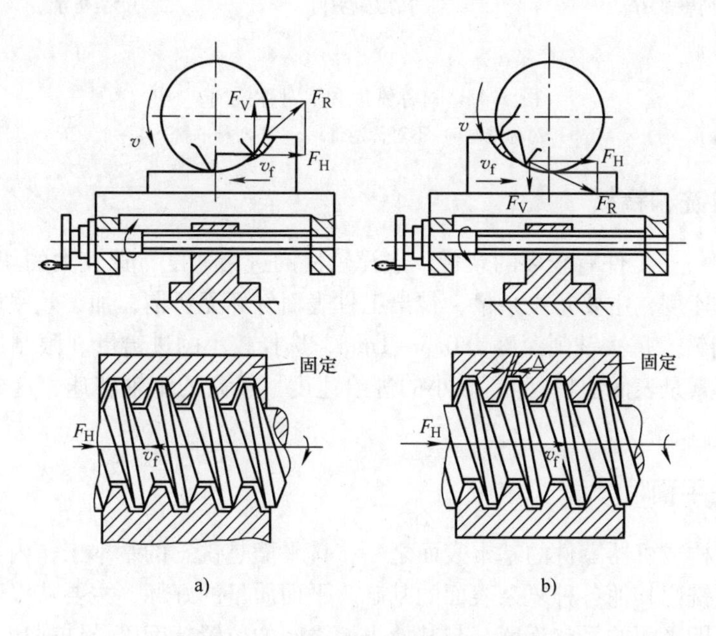

图5-40　铣削时丝杠和螺母的间隙
a）逆铣　b）顺铣

逆铣时切削厚度从零开始逐渐增大，因而切削刃开始经历了一段在切削硬化

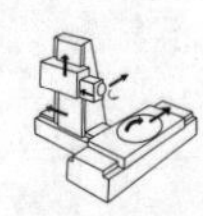

的已加工表面上挤压滑行的阶段，加速了刀具的磨损。逆铣时铣削力将工件上抬，易引起振动，这是不利之处。

3. 端铣的对称与不对称铣削及其顺铣与逆铣

（1）对称铣削　铣削层宽度在铣刀中心线两边各一半，刀齿切入与切出的切削厚度相等，叫对称铣削，如图5-41a所示。对称铣削时，铣刀的进刀部分（左半部分）是顺铣，铣刀的出刀部分（右半部分）是逆铣。

（2）不对称铣削　铣削层宽度在铣刀中心线的一边，刀齿切入与切出的切削厚度不相等，叫不对称铣削。不对称铣削分为不对称逆铣和不对称顺铣两种方式，分别如图5-41b、c所示。不对称顺铣有可能造成工作台窜动，一般不采用；不对称逆铣可延长刀具的寿命，端铣一般采用此方式。

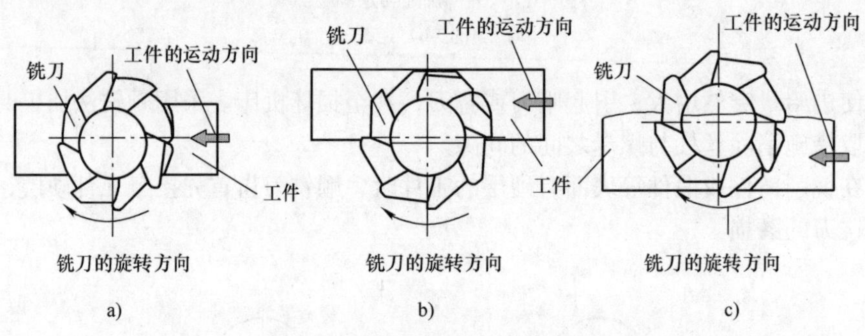

图5-41　对称铣削和不对称铣削
a）对称铣　b）不对称逆铣　c）不对称顺铣

5.4.3　粗铣和精铣

（1）粗铣　工件有较多的余量，选择较快的进给速度，选较大的切削深度，较快的铣削速度，主要是去余量，铣出工件表面好坏无所谓，加工效率比较高。

（2）精铣　每次铣削深度为0.5～1mm，选择较小的进给量（限制进给量提高的主要因素是表面粗糙度）、较小的进给速度、较高的主轴转速，这样铣出来的表面光滑。

5.4.4　铣平面

平面是构成机器零件的基本表面之一，铣平面是铣工的基本工作内容，也是进一步掌握铣削其他各种复杂表面的基础。平面质量的好坏，主要从以下几个方面来衡量，即平面的平整程度、与其他表面之间的位置精度以及铣削加工后平面的表面质量。平整度和位置精度可用直线度、平面度、平行度、垂直度和倾斜度等进行衡量，而表面质量则主要用表面粗糙度来衡量。

铣平面有铣水平面和铣垂直面之分。

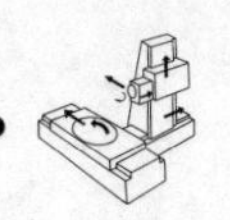

1. 铣水平面

水平面的加工可以用圆柱形铣刀在卧式铣床上进行，也可以用面铣刀在立式铣床上进行，如图 5-42 所示。

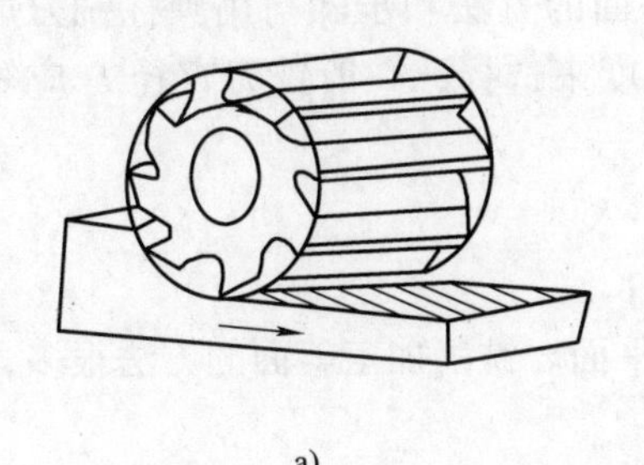

a)

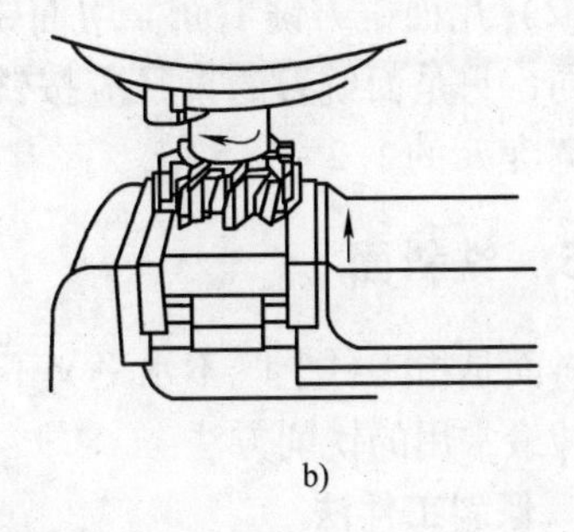

b)

图 5-42　铣水平面

a）用圆柱形铣刀铣水平面　b）用面铣刀铣水平面

铣平面的圆柱形铣刀有两种，一种是直齿，另一种是螺旋齿。用螺旋齿铣刀铣平面时，刀齿沿螺旋线方向逐渐切入，在一个刀齿尚未脱离切削之际，其他刀齿已开始参与切削，因此切削过程中产生的冲击和振动较小，切削力变化所产生的影响较小，切削比直齿铣刀平稳。

面铣刀同时参加切削的刀齿较多，因此在切削过程中产生的冲击和振动较小，切削比较平稳。铣削过程中面铣刀主要的切削工作由柱面上的主切削刃承担，而端面上的副切削刃则用于修光已加工面，故加工件的表面质量较高，铣刀的耐用度也高，并且面铣刀直接装在主轴上，刚性好，刀体振动小，更能提高加工质量，且有利于镶硬质合金刀片及用大切削用量进行高速切削，可获得较高的效率。因此，一般的平面加工，有条件的都采用端铣加工。

2. 铣垂直面

垂直面的加工通常用面铣刀在卧式铣床上进行，如图 5-43 所示。由于铣床工作台台面与垂直导轨垂直，因此加工后的垂直面与铣床工作台台面垂直。

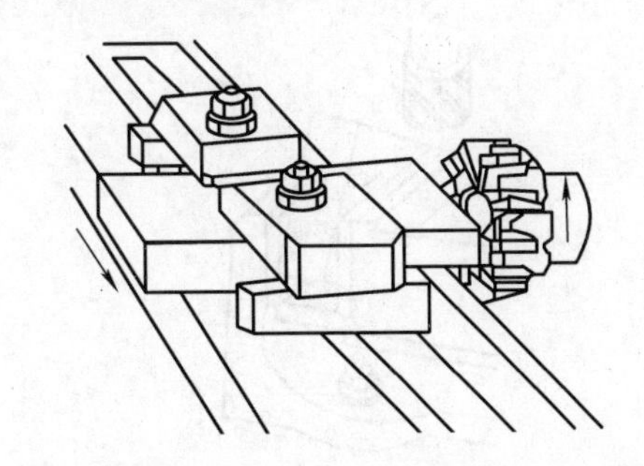

图 5-43　用面铣刀铣垂直面

3. 铣平面的步骤

（1）用圆柱铣刀铣平面

1）选择铣刀：圆柱铣刀的长度应大于工件加工面的宽度。粗铣时，铣削层深度大，铣刀直径也相应地选择大些；精铣时，可取较大直径的铣刀加工，以减小表面粗糙度。铣刀的齿数粗铣时用粗齿，精铣时用细齿。

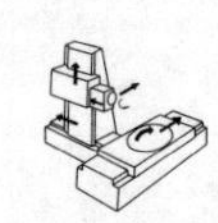

2）装夹工件：在卧式铣床上用圆柱铣刀铣削中小型工件的平面时，一般都采用机用虎钳装夹。

3）选择铣削用量。

（2）用面铣刀铣平面　用面铣刀铣平面的方法和步骤与用圆柱铣刀加工基本相同，只是面铣刀的直径应按铣削层宽度来选择，一般铣刀直径 D 应等于铣削层宽度 B 的 1.2 ~1.5 倍。

5.4.5　铣斜面

斜面是指工件上既不水平又不垂直的平面。铣削加工斜面的方法很多，以下是几种最常用的铣削方法。

1. 倾斜工件法

将待加工的工件斜面先画出加工线，然后用平口钳、可倾工作台、倾斜垫铁或专用夹具倾斜安装，按划线校正或由夹具定位确定加工量，即可铣削加工出所需斜面，如图 5-44 ~图6-47所示。

由于分度头的球形扬头可以在基座中回转一定角度，因此当某些圆柱形零件或特殊形状的零件上需加工斜面时，可将该零件夹持在分度头上，将扬头转至所需位置即可铣出该斜面，如图 5-48 所示。

2. 倾斜铣刀法

倾斜铣刀铣斜面法是用偏转立铣头或万能铣头的方法使铣刀中心线偏转，从而铣削斜面。例如，在 X5032 立式铣床或装有万能铣头的卧式铣床上铣斜面时，可以将铣头主轴扳转一个角度，使铣刀相对于工件倾斜到所需角度，进行斜面的加工，如图 5-49 和图 5-50 所示。

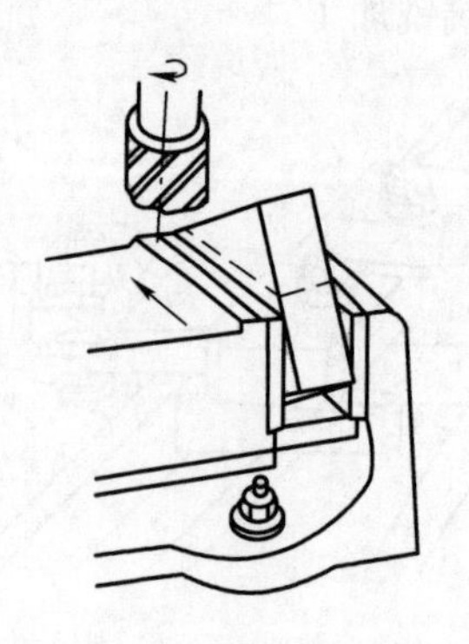

图 5-44　在机用平口虎钳上按划线装夹工件铣斜面

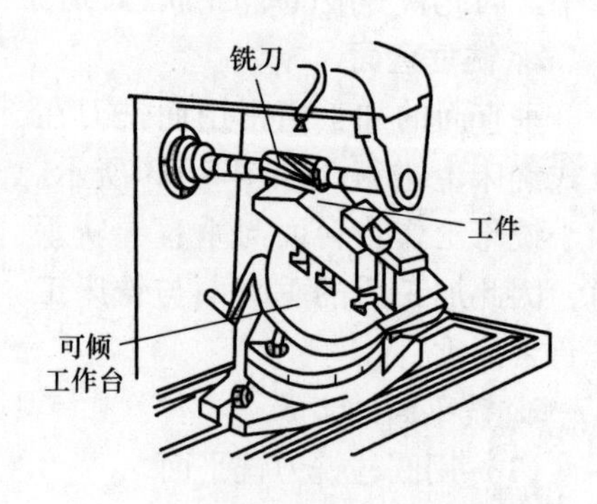

图 5-45　调整机用平口虎钳钳体角度铣斜面

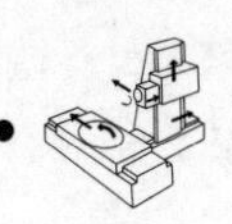

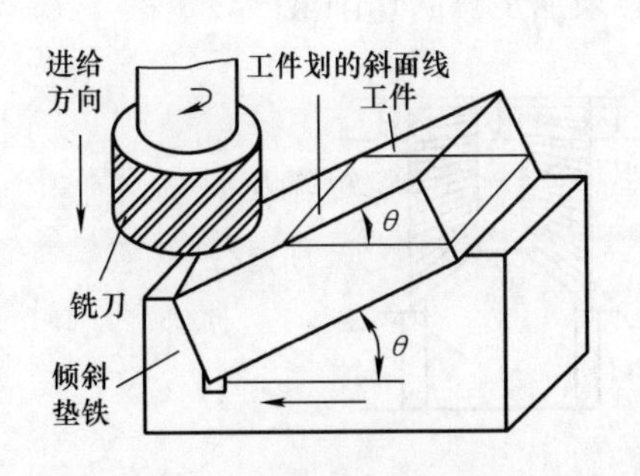

图 5-46　使用倾斜垫铁铣斜面

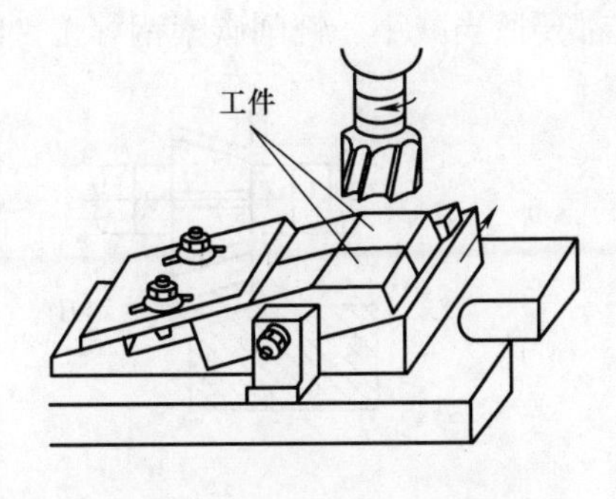

图 5-47　利用专用夹具铣斜面

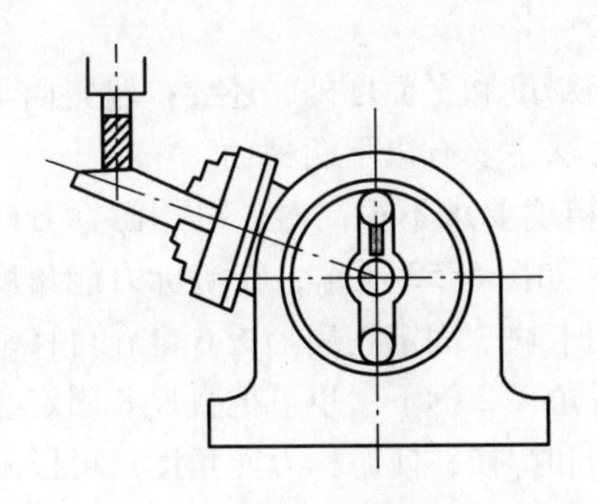

图 5-48　利用分度头铣斜面

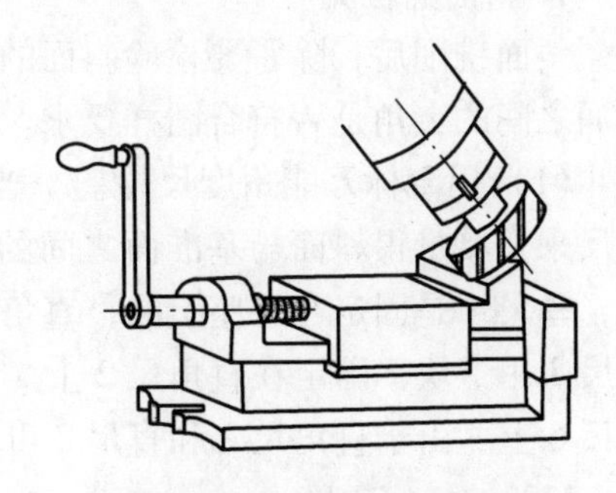

图 5-49　倾斜铣刀端铣斜面

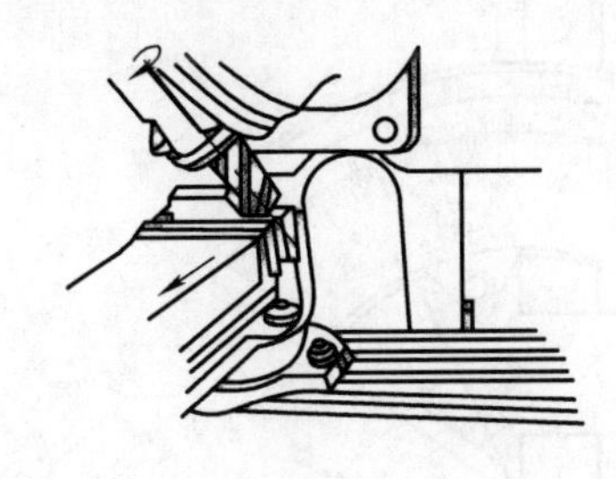

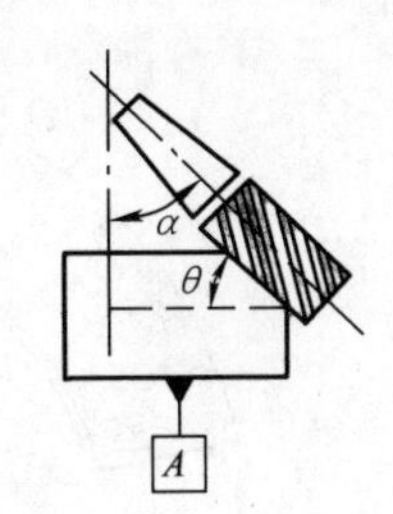

图 5-50　倾斜铣刀周铣斜面

3. 用角度铣刀铣斜面法

用角度铣刀铣削斜面时，斜面的倾斜角度是靠铣刀的角度来保证的，如图 5-51所示。选择角度铣刀的角度时，应根据工件斜面的角度选择，所铣斜面的宽度应小于角度铣刀的切削刃宽度。角度铣刀的特点是：它的主要切削刃分布在圆锥面上，但由于刀齿排列较密，铣削时排屑较困难，加之刀齿刃尖部分的强度较弱，所以容易磨损和折断。在使用角度铣刀铣削时，选择的进给量和进给速度都要适当减小。铣削碳素钢等工件时，必须加足够的切削液。

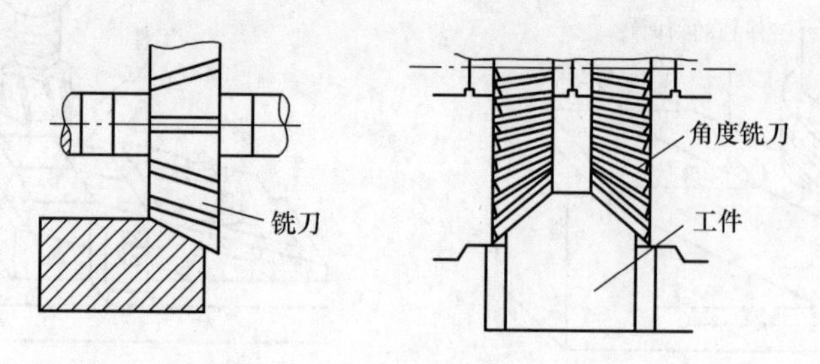

图 5-51 用角度铣刀铣斜面

4. 斜面的检测

斜面铣削后，除了要检验斜面的表面粗糙度和平面度外，还要检验斜面与基准面之间的夹角是否符合图样要求。检验方法主要有以下两种：

（1）用游标万能角度尺检验 当工件精度要求不很高时，可用游标万能角度尺来直接量得斜面与基准面之间的夹角。如图 5-52 所示，在游标万能角度尺上，基尺 4 是固定在尺座上的，直角尺 2 用卡块 7 固定在扇形板 6 上，可移动的直尺 8 用卡块 7 固定在直角尺 2 上。若把直角尺 2 拆下，也可把直尺 8 固定在扇形板 6 上。由于直角尺 2 和直尺 8 可以移动和拆换，使游标万能角度尺可以测量 0°～320°的任何角度。

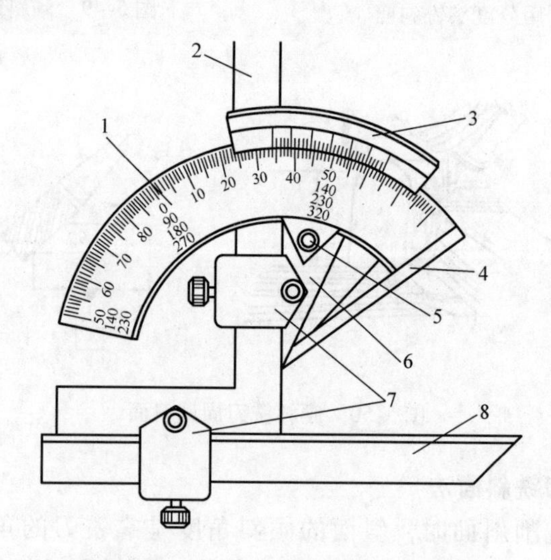

图 5-52 游标万能角度尺的结构

1—主尺 2—直角尺 3—游标 4—基尺 5—制动头 6—扇形板 7—卡块 8—直尺

检测时，将游标万能角度尺基尺 4 紧贴工件的基准面，然后调整直角尺 2，

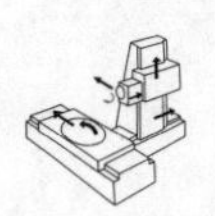

使直尺 8、直角尺 2 或扇形板 6 的测量面贴紧工件的斜面，锁紧卡块 7，读出角度值，如图 5-53 所示。

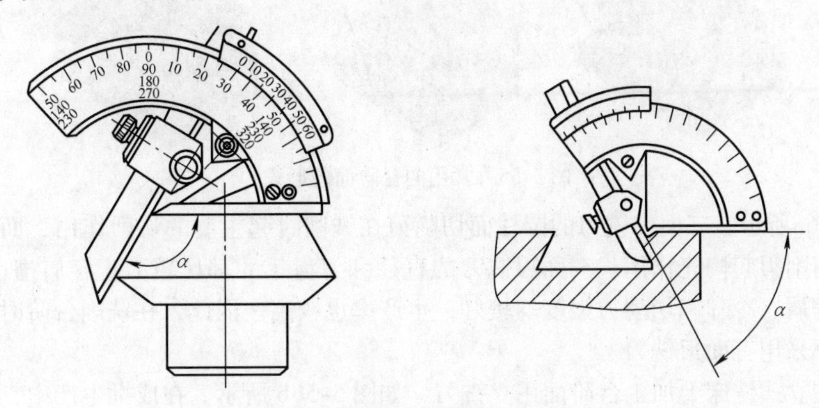

图 5-53 游标万能角度尺的应用

（2）用正弦规检验 当工件精度要求很高时，可用正弦规配合百分表和量块来检验。正弦规是利用正弦定义配合量块测量角度和锥度等的量规，如图6-54 所示。它主要由一钢制长方体和固定在其两端的两个相同直径的钢圆柱体组成。两圆柱的中心线距离 L 一般为 100mm 或 200mm。图 5-54 为利用正弦规测量圆锥量规的情况。在直角三角形中，$\sin\alpha = H/L$，式中 H 为量块组尺寸，按被测角度的公称角度算得。根据百分表在两端的示值差可求得被测角度的误差。正弦规一般用于测量小于 45°的角度，在测量小于 30°的角度时，精确度可达 3″~5″。

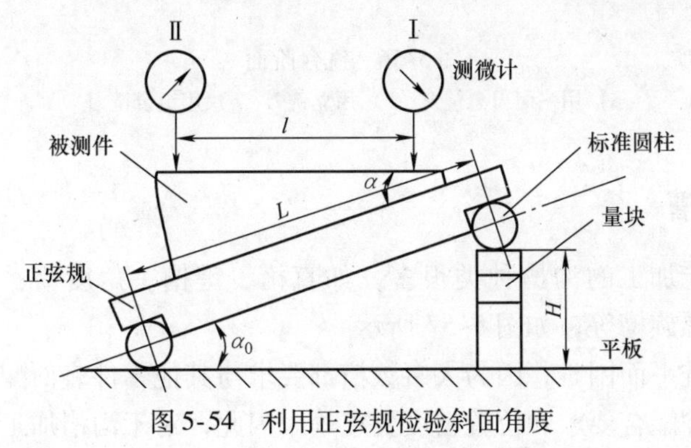

图 5-54 利用正弦规检验斜面角度

5.4.6 铣台阶面

在机械加工中，有许多零件是带有台阶的，如阶梯垫铁、传动轴的键槽等，它们通常是由铣床加工的。图 5-55 所示为常用的台阶面形式。大多数的台阶要与其他零件配合，所以对它们的尺寸公差、几何公差和表面粗糙度要求较高。

在卧式铣床上加工尺寸不太大的台阶面，一般都采用三面刃铣刀加工，如

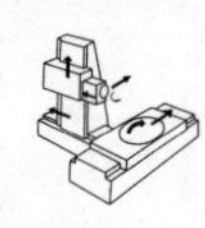

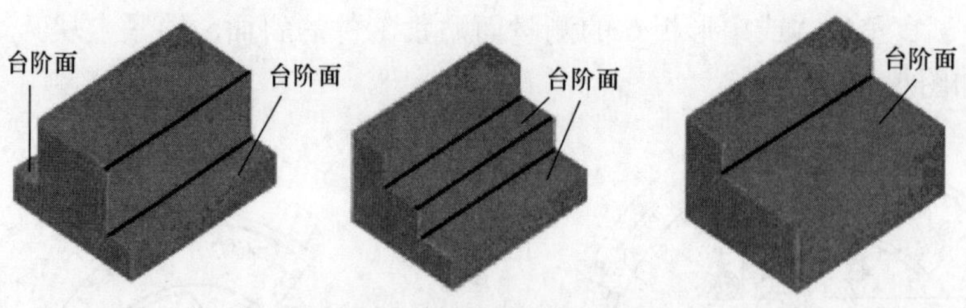

图5-55　常用的台阶面的形式

图5-56a所示。三面刃铣刀的圆柱面切削刃在铣削时起主要的切削作用，而两个侧面切削刃起修光作用。三面刃铣刀的直径和刀齿尺寸都比较大，容屑槽也大，所以排屑、冷却和切削刃强度均较好，生产率也较高。因此，在铣削台阶时，大多数都采用三面刃铣刀。

在立式铣床上加工台阶面用立铣刀，如图5-56b所示。在成批生产中，还可以用组合铣刀同时加工几个台阶面，如图5-56c所示。

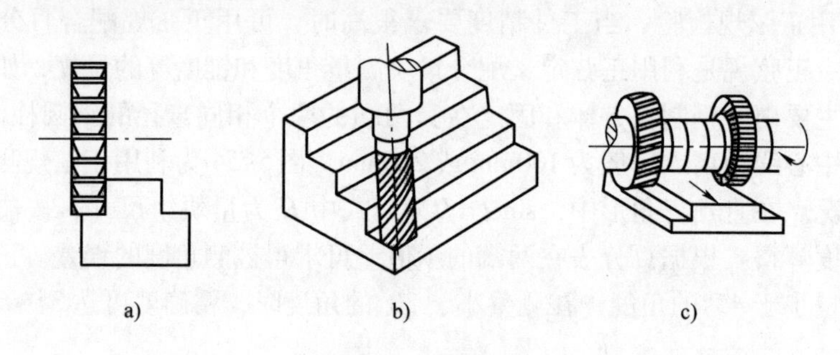

图5-56　铣台阶面

a）用三面刃盘铣刀　b）用立铣刀　c）用组合铣刀

5.4.7　铣沟槽

在铣床上能加工的沟槽种类很多，如直槽、键槽、角度槽、燕尾槽、T形槽、圆弧槽和螺旋槽等，如图5-57所示。

铣沟槽比铣平面困难，因为大多数槽都要求与其他零件表面配合，如键槽与键的表面有三种配合要求和位置精度要求等。因此，对于沟槽加工，常常有较高的尺寸精度、形状位置精度和表面粗糙度要求。铣刀在加工沟槽的过程中，通常是在几个面上同时进行切削，因此切削条件差，排屑、散热困难。另外，沟槽加工后往往还会削弱零件原有的强度和刚性，致使零件产生变形。因此，加工沟槽时要特别注意正确选择装夹方式，切削用量宜小且需有充分的切削液。

1. 铣直角沟槽

直角沟槽有敞开式、半封闭式和封闭式三种类型，如图5-58所示。

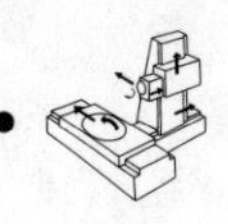

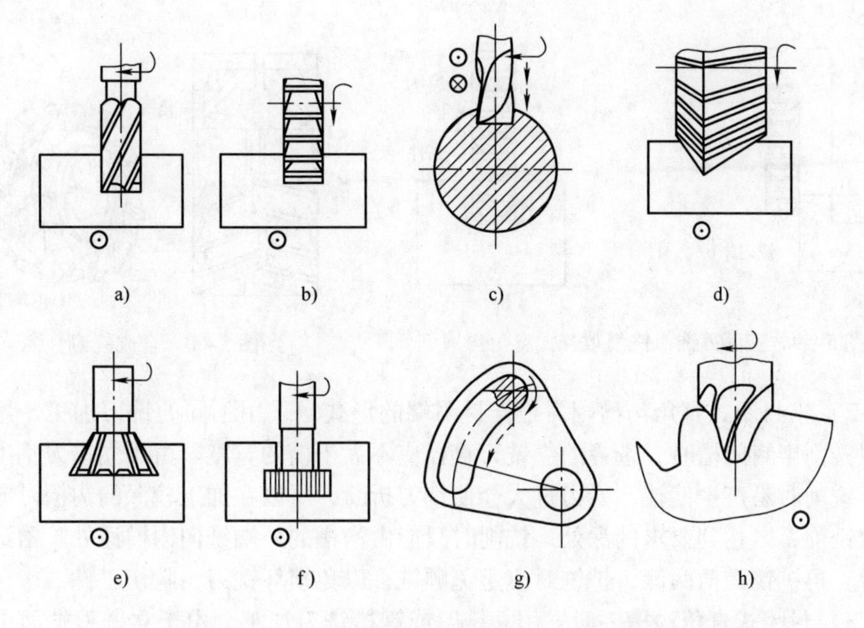

图5-57 铣沟槽

a）立铣刀铣直槽 b）三面刃铣刀铣直槽 c）键槽铣刀铣键槽 d）铣角度槽
e）铣燕尾槽 f）铣T形槽 g）在圆形工作台上立铣刀铣圆弧槽 h）指形齿轮铣刀铣齿槽

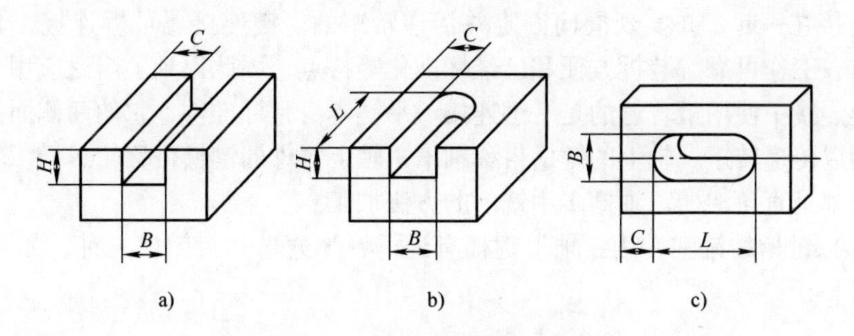

图5-58 直角沟槽的类型

a）敞开式 b）半封闭式 c）封闭式

1）敞开式直角沟槽通常用三面刃铣刀加工，如图5-59所示。成批生产宽度较大的沟槽时可采用合成铣刀加工，如图5-60所示。它由两半部分镶合而成，当铣刀刀齿因刃磨而变窄时，中间可加垫圈或铜片，使铣刀宽度增大到所需的尺寸。这种铣刀左半部分为左旋，右半部分为右旋，比盘形槽铣刀切削性能好，更适用于大批量生产。

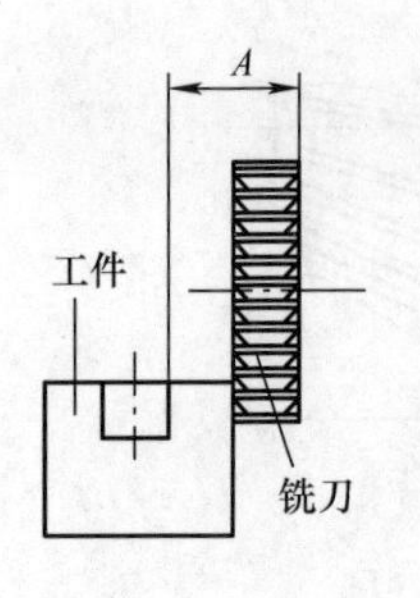

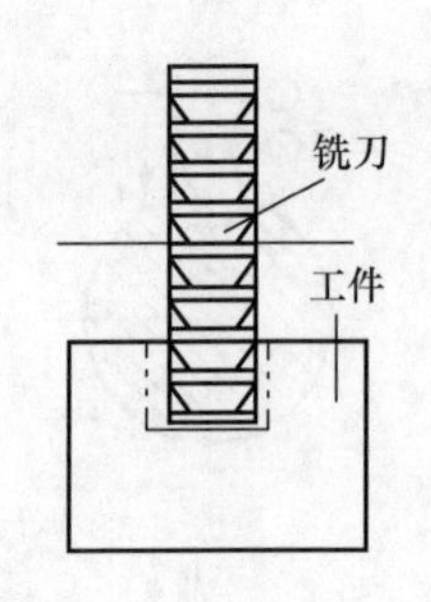

图5-59　三面刃铣刀铣削敞开式直角沟槽

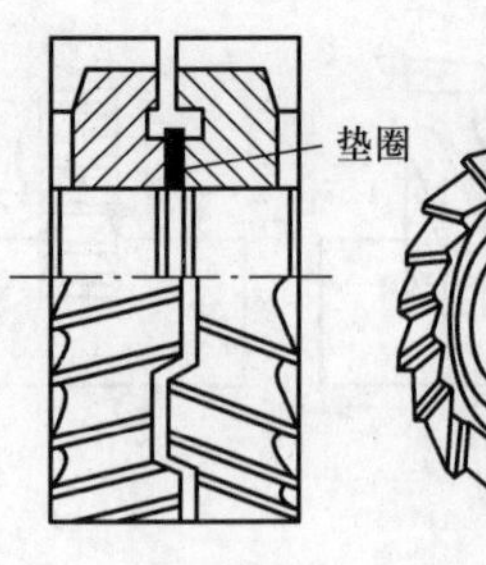

图5-60　合成铣刀

2）半封闭式直角沟槽则需根据封闭端的形式，采用不同的铣刀加工。用立铣刀铣削半封闭槽时，选择的立铣刀直径应不大于槽的宽度。由于立铣刀刚度较差，铣削时易产生偏让，受力过大会使铣刀折断，所以在加工较深的沟槽时应分几次铣削，以达到要求的深处。铣削时只能由沟槽的外端铣向沟槽深处。槽深铣好后，再扩铣沟槽两侧，扩铣时应避免顺铣，以免损坏铣刀，啃伤工件。

3）封闭式直角沟槽一般采用立铣刀或键槽铣刀加工。由于立铣刀端面中央无切削刃，不能向下进刀，因此必须预先在槽的一端预钻一个落刀孔。

2. 铣键槽

（1）键槽的作用　键连接是通过键将轴与轴上零件（如齿轮、带轮、凸轮等）连接在一起，并实现周向固定并传递转矩的。键连接属可拆连接，具有结构简单、工作可靠、装拆方便和已经标准化等特点，因此得到了广泛应用。

键连接中使用最普遍的是平键连接。平键本身是标准件，它的两侧面是工作面，用以传递转矩。轴上的键槽俗称轴槽，轴上零件的键槽俗称轮毂槽。轴槽与轮毂槽都是直角沟槽。轴槽多用铣削的方法加工。

（2）键槽的铣削方法　轴上键槽有通槽、半通槽和封闭槽三种，如图5-61所示。

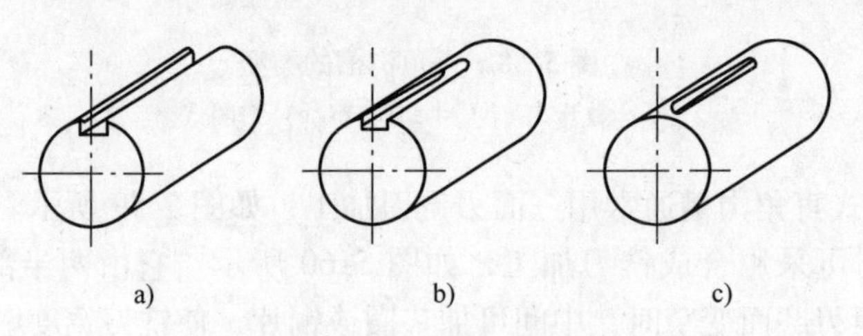

图5-61　轴上键槽的种类

a）通槽　b）半通槽　c）封闭槽

对于封闭式键槽，单件生产一般在立式铣床上加工。当批量较大时，则常在

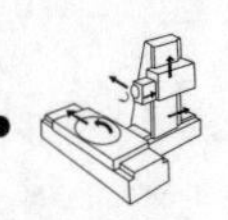

键槽铣床上加工。铣封闭式键槽时，利用抱钳（见图5-62a）把工件夹紧后，再用键槽铣刀一层一层地铣削（见图5-62b），直到符合要求为止。

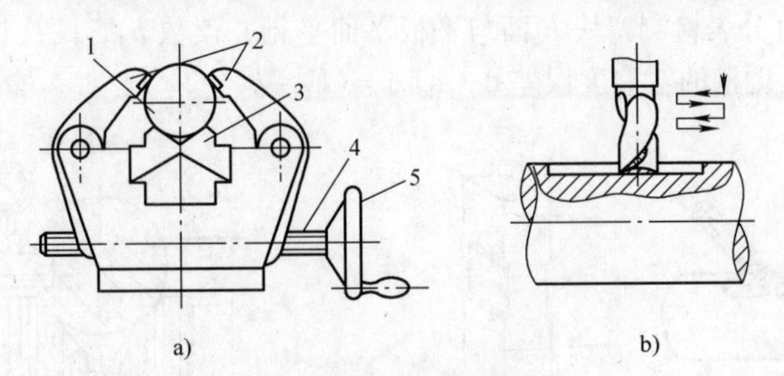

图5-62 铣封闭式键槽

a）用抱钳安装 b）铣削路径

1—工件 2—两爪同时夹紧工件 3—V形定位块 4—左右旋丝杠 5—压紧手轮

对于敞开式键槽，一般采用三面刃铣刀在卧式铣床上加工，如图5-63所示。

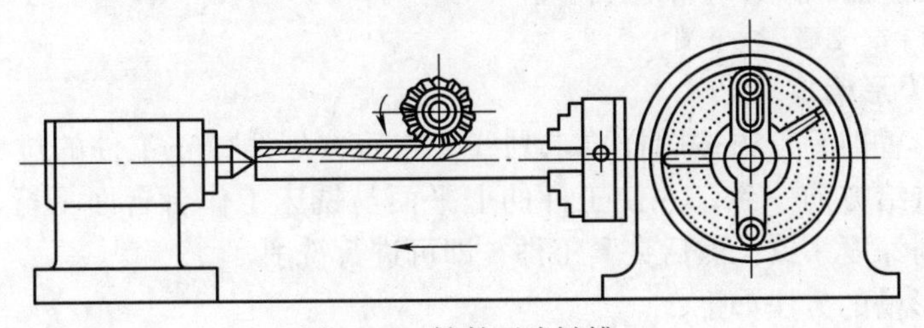

图5-63 铣敞开式键槽

（3）键槽的检测

1）轴上键槽的长度和深度可用游标卡尺或千分尺检测。封闭槽的深度可用图5-64a所示的方法检测。用游标卡尺测量时，可在轴槽内放一块比槽身略高的平键，量得尺寸后减去平键高度尺寸即为槽深。宽度大于千分尺测量杆直径的轴槽，可用千分尺直接测量，如图5-64b所示。

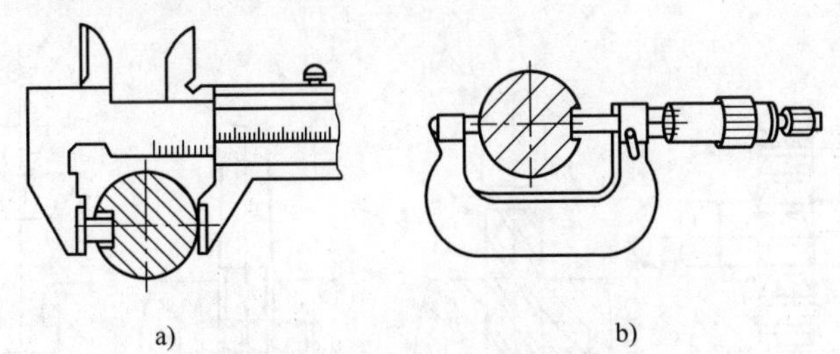

图5-64 轴上键槽深度的测量

a）用游标卡尺测量槽深 b）用千分尺测量槽深

2）轴槽宽度常用塞规或塞块检测，如图5-65所示。

3）键槽对称度的检测 如图5-66所示。将工件置于V形块上，选择一块与轴槽尺寸相同的塞块塞入轴槽内，并使塞块的平面大致处于水平位置，用百分表检测塞块的 A 面与平板（或工作台台面）平面平行并读数 h_1，然后将工件转动 180°，用百分表检测塞块 B 面与平板平面平行并读数 h_2，两次读数的差值的一半就是轴上键槽的对称度误差 Δ，即 $\Delta=(h_1-h_2)/2$。

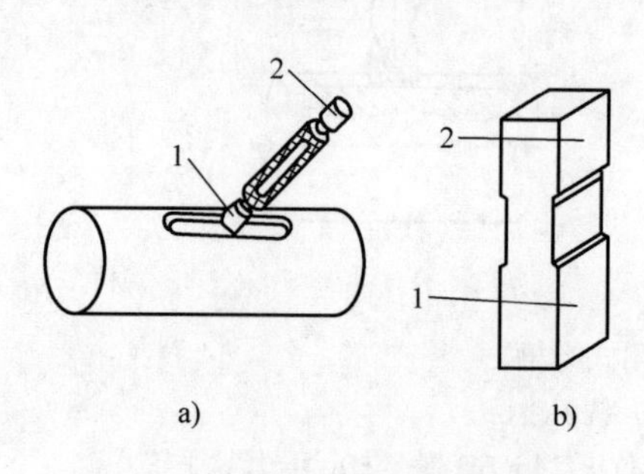

图 5-65　轴上键槽宽度的检测
a）用塞规检测槽宽　b）用塞块检测槽宽
1—通端　2—止端

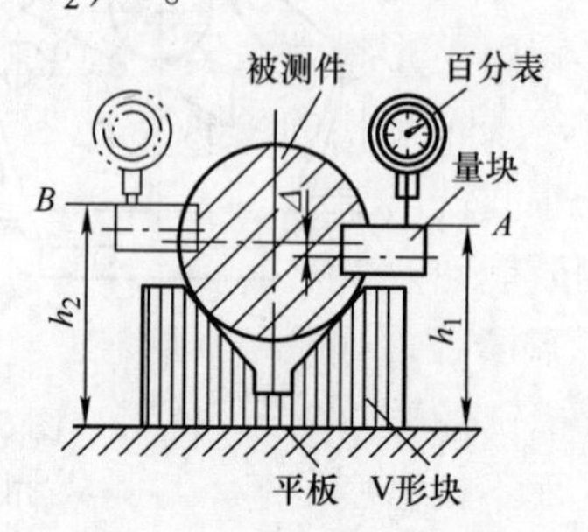

图 5-66　键槽对称度的检测

3. 铣 T 形槽

铣 T 形槽时，首先按图样要求划线，然后按划线校正工件的位置，使工件与工作台进给方向一致，并使工件的上平面与铣床工作台台面平行，以保证 T 形槽的铣削深度一致，然后夹紧工件，即可进行铣削。

铣 T 形槽的方法如下：

（1）铣直角槽　在立式铣床上用立铣刀（或在卧式铣床上用三面刃铣刀）铣出直角槽，如图 5-67a、b 所示。

（2）铣 T 形槽　拆下立铣刀，装上 T 形槽铣刀，接着把 T 形槽铣刀的端面调整到与直角槽的槽底相接触，然后开始铣削，如图 5-67c 所示。

（3）槽口倒角　如果 T 形槽在槽口处有倒角，可装上角度铣刀倒角（倒角时应注意两边对称），如图 5-67d 所示。

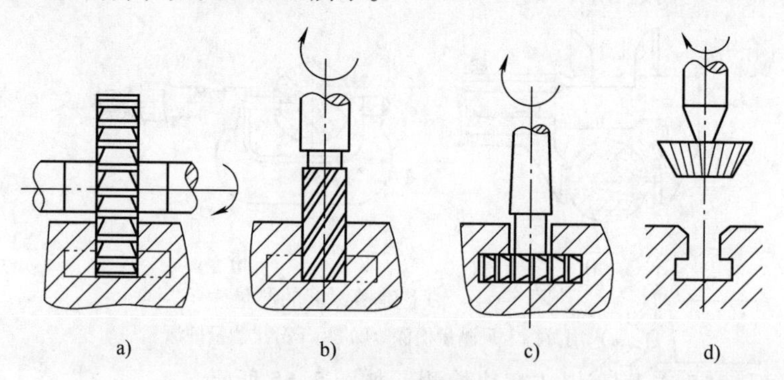

图 5-67　轴上键槽的种类
a）、b）铣直角槽　c）铣 T 形槽　d）槽口倒角

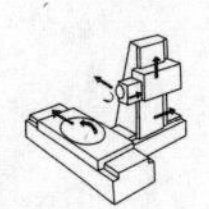

铣削T形槽时应注意：铣削用量不宜过大，防止折断铣刀；及时刃磨铣刀，保持铣刀刃口锋利；铣不通T形槽时，应先加工落刀孔，其直径应略大于平槽宽度；经常清除切屑，铣钢件时应进行充分冷却与润滑。

4. 铣V形槽

铣削V形槽常用角度铣刀在卧式铣床上进行，如图5-68所示。角度铣刀的角度等于V形槽的角度，宽度应大于V形槽槽口宽度。铣削前先用锯片铣刀在槽的中间铣出窄槽，以防止损坏铣刀刀尖。窄槽的作用是当用角度铣刀铣削V形槽时能使刀尖处不担任切削任务。因为角度铣刀的刀尖强度最弱，容易损坏，有了窄槽后，对提高刀具寿命及铣削条件都有很大改善。窄槽还有一个作用是当V形槽铣好后，在安装与V形槽角度相同的多面体零件时，能使两平面紧密贴合，而不被槽底抬起。窄槽应比V形槽两个V形面的延长线交点低一些，否则会失去窄槽的作用。

铣削深度的调整方法是，先使铣刀接触窄槽口，再将工件上升距离H。根据几何关系，H可由下式算出：

$$H=[(B-b)/2]\cot(\beta/2)$$

式中 B——V形槽槽口宽度（mm）；

b——窄槽宽度（mm）；

β——V形槽角度（°）。

V形槽也可以用单角铣刀铣削，铣完一边后，必须将铣刀或工件卸下来并翻转180°，再铣另一边。

对于尺寸较大，角度等于或大于90°的V形槽，也可用立铣刀铣削，如图5-69所示。

5. 铣燕尾槽

燕尾槽多用作移动件的导轨，如铣床床身顶部横梁导轨、升降台垂直导轨等都是燕尾槽。燕尾槽可以在铣床上加工，其方法与铣削T形槽基本相同，即先铣削出直角槽，如图5-70a所示；然后再用带柄的角度铣刀铣削出燕尾槽，如

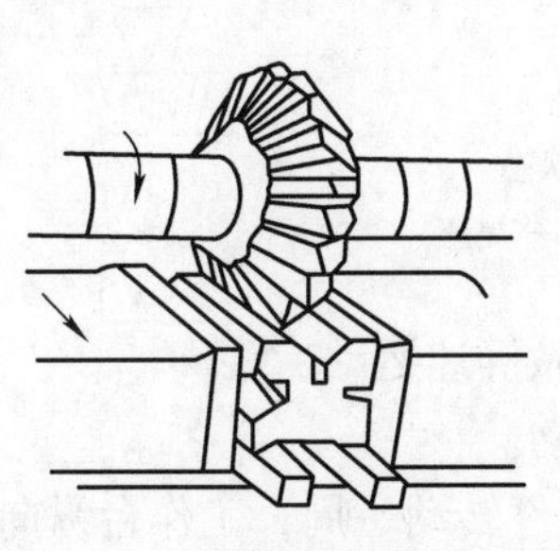

图5-68 用角度铣刀铣削V形槽

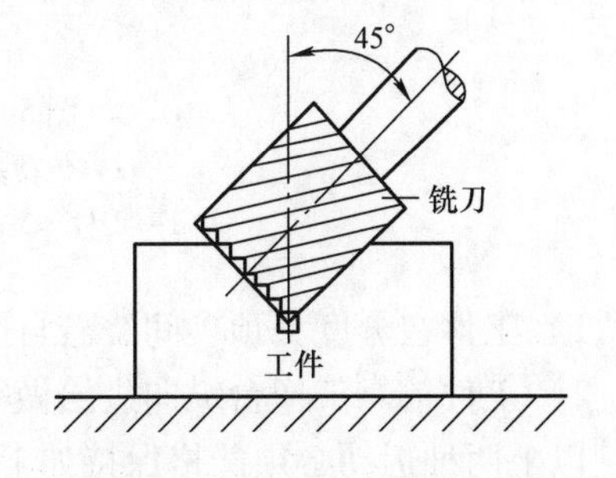

图5-69 用立铣刀铣削V形槽

图5-70b所示。铣刀的外径或宽度应略小于燕尾槽口的宽度。铣削时，在槽深处留0.5mm左右的余量，待加工燕尾槽时再铣削掉，以避免出现接刀痕。铣削燕尾槽采用专用角度铣刀，刀柄外径尽量选大一些，伸出长度应尽量小，以提高铣刀刚度。由于这种铣刀刀齿分布较密，刀尖强度较差，铣削用量应适当减小。铣削时，采用逆铣先将燕尾槽的一侧铣好，再铣另一侧。

6. 铣螺旋槽

带螺旋槽的工件可以在铣床上铣削，如铣刀、麻花钻头、铰刀、齿轮滚刀、螺旋齿轮和蜗杆等。虽然各种零件的形状、尺寸和作用不同，但螺旋槽的加工计算方法和步骤相同。首先，根据被加工零件直径和螺旋角计算导程，然后计算、选择交换齿轮，最后选择刀具进行安装、调整、加工。

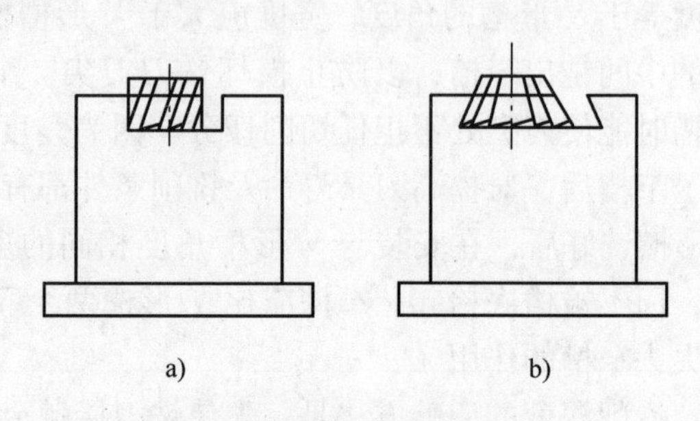

图5-70　铣燕尾槽

a）先铣直角槽　b）再铣燕尾槽

在铣床上铣单头螺旋槽的时候，工件应当有下列运动（见图5-71）：

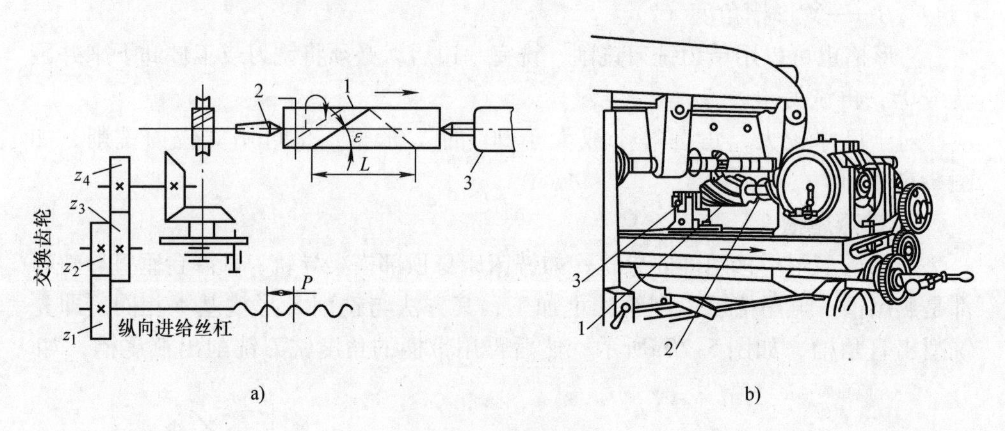

图5-71　铣螺旋槽

a）传动系统　b）工作状态

1—工件　2—分度头主轴　3—尾座

1）工件在分度头顶尖间绕着自己的中心线做等速运动。

2）工件依靠工作台纵向进给做等速直线运动。

以上两种运动必须严格保持如下关系，即工件转动一周，工作台纵向移动的距离等于工件螺旋槽的一个导程L。该运动的实现，是通过丝杠分度头之间的交

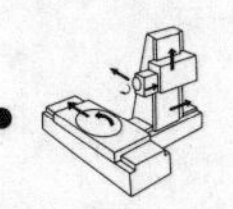

换齿轮（z_1、z_2、z_3、z_4）来实现的，传动系统如图5-71a所示。工作台丝杠与分度头侧轴之间的交换齿轮应满足下列关系：

$$1 \cdot \frac{40}{1} \cdot \frac{1}{1} \cdot \frac{z_4}{z_3} \cdot \frac{z_2}{z_1} \cdot P = L$$

化简后，得到铣螺旋槽时交换齿轮传动比 i 的计算公式为

$$i = \frac{z_1}{z_2} \frac{z_3}{z_4} = \frac{40P}{L}$$

式中　L——工件螺旋槽的导程（mm）；

P——工作台丝杠螺距（mm）。

为了使铣出的螺旋槽的法向截面形状与盘形铣刀的截面形状一致，纵向工作台必须带动工件在水平面内转过一个角度，以使螺旋槽的槽向与铣刀旋转平面一致。工作台转过的角度等于工件的螺旋角，转过的方向由螺旋槽的方向决定。如图5-72所示，铣左螺旋槽时顺时针扳转工作台，铣右螺旋槽时逆时针扳转工作台。

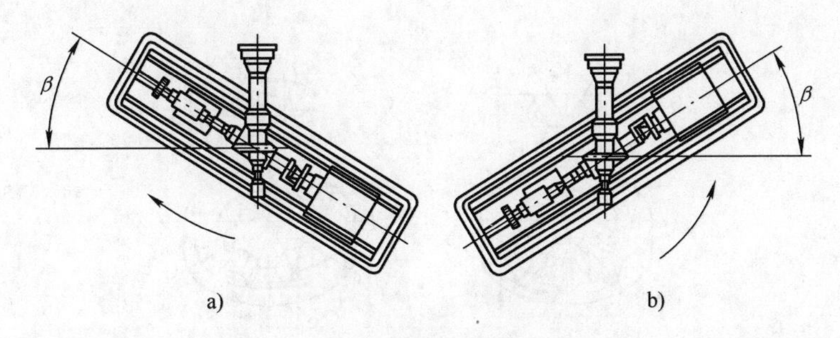

图5-72　铣螺旋槽时工作台的转向

a）铣左螺旋槽　b）铣右螺旋槽

在铣多头螺旋槽时，工件还需进行分度运动。在铣完一条螺旋槽后，必须把工件转过 $1/K$（K 为螺旋槽的头数）转后，再铣下一条槽。

由于螺旋槽的截面形状有三角形、梯形和矩形等，所以选用的铣刀也必须与螺旋槽形状相符合。在铣矩形螺旋槽时，只能用立铣刀，不能用三面刃铣刀，因为螺旋槽是曲面，而旋转的三面刃铣刀两侧面是平面，所以将产生干涉，会把槽的两壁切去而使铣出的沟槽形状改变。

5.4.8　铣牙嵌离合器

机械传动中，离合器是主、从动部分在同中心线上传递动力或运动时，具有接合或分离功能的装置。其中，牙嵌离合器结构简单，外轮廓尺寸小，能传递较大的转矩，故应用较多。图5-73所示为一种牙嵌离合器的外形图。

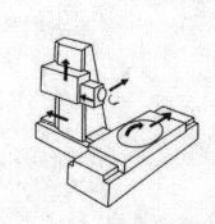

牙嵌离合器按齿形分类，可分为矩形齿、梯形齿、尖齿、锯齿形齿和螺旋形齿等，如图5-74所示。其梯形齿离合器按轴向截面中齿高的变化可分为梯形等高齿离合器和梯形收缩齿离合器两种。

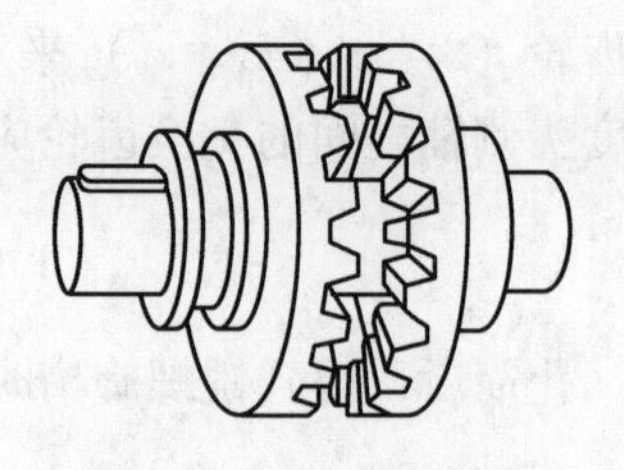

图5-73 一种牙嵌离合器

牙嵌离合器的齿形是通过铣削加工获得的。这里只介绍矩形齿离合器的铣削方法。

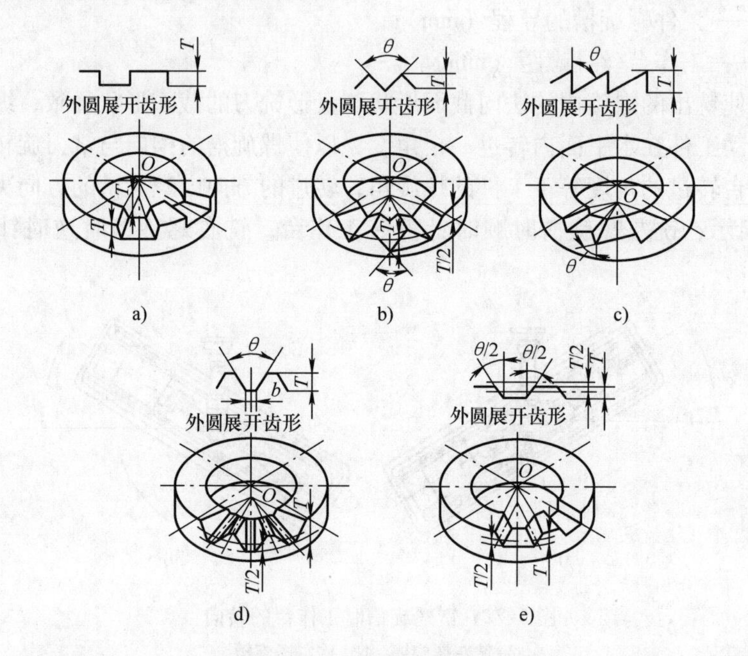

图5-74 牙嵌离合器的齿形

a）矩形齿 b）梯形收缩齿 c）梯形等高齿 d）尖齿 e）锯齿形齿

1. 牙嵌离合器的技术要求

（1）齿形 为了保证齿牙在径向贴合，牙嵌离合器的齿形中心线必须通过本身中心线或向中心线上的一点收缩，从轴向看其端面齿和齿槽呈辐射形；保证齿侧贴合良好，所有齿牙的齿形角和齿槽深度必须一致。

（2）同轴度 为了确保贴合面积，必须使齿牙的中心线与装配基准孔同轴。

（3）等分度 等分度包括对应齿侧的等分性和齿形所占圆心角的一致性。

（4）表面粗糙度 牙嵌离合器的两齿侧面为工作表面，其表面粗糙度 Ra 值一般为3.2～1.6μm，在齿槽底面不允许有明显的接刀痕。

（5）强度和耐磨性 牙嵌离合器是利用零件上两个相互啮合的齿爪传递运动和转矩的，因此齿部强度一定要高，以承受较大的转矩。两端面上的齿牙相互

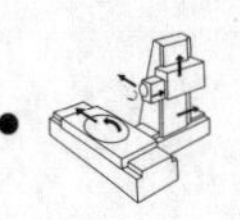

嵌入，频繁完成脱离或接合的动作，因此要求齿面的耐磨性也一定要好。

2. 矩形齿离合器的铣削

（1）奇数离合器的铣削

1）刀具的选择。铣奇数齿矩形齿离合器时选用三面刃铣刀或立铣刀。为了使离合器的小端齿不被铣伤，三面刃铣刀的宽度 B（或立铣刀直径 d）应等于或小于齿槽的最小宽度，如图 5-75 所示。由图 5-75可知：

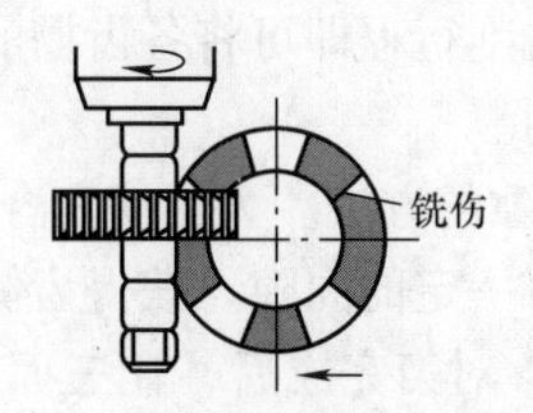

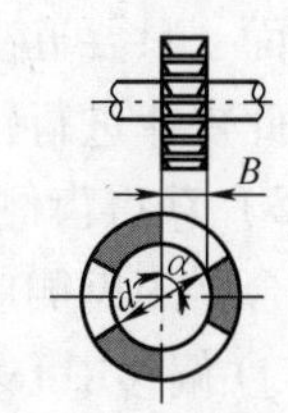

图 5-75 铣刀宽度的计算

$$B(\text{或}\, d) \leqslant b = \frac{d_1}{2}\sin\beta = \frac{d_1}{2}\sin\frac{180°}{z}$$

式中 B——三面刃铣刀宽度（mm）；

d——立铣刀直径（mm）；

d_1——离合器的齿圈内径（mm）；

β——齿槽角（°）；

z——离合器齿数。

按公式计算出来的 B 值可能不是整数或不符合铣刀的尺寸规格，应就近选择略小于计算值的标准规格铣刀。

2）工件的安装和校正。将工件装夹在分度头的自定心卡盘上，并校正工件的径向圆跳动和端面圆跳动，使其不超过误差允许范围。

3）对刀。铣削时，三面刃铣刀的侧面切削刃或立铣刀的圆周切削刃应通过工件中心。调整的方法是使旋转的三面刃的侧面切削刃或立铣刀的圆周切削刃与工件的外圆柱表面刚刚接触上，然后下降工作台退出工件，再使工件向着铣刀横向移动工件半径的距离，对刀结束。铣刀对中后，按齿槽深调整工作台的垂直距离，并将工作台横向进给和升降台垂直进给紧固，同时将对刀时工件上被切伤的部分转到齿槽位置，以便铣削时切去。

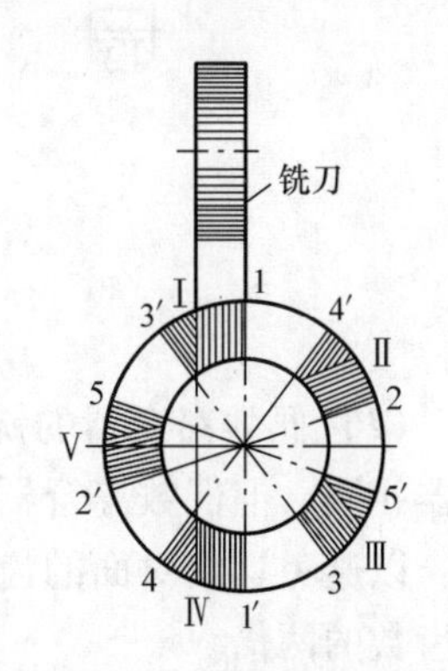

图 5-76 奇数齿离合器的铣削顺序

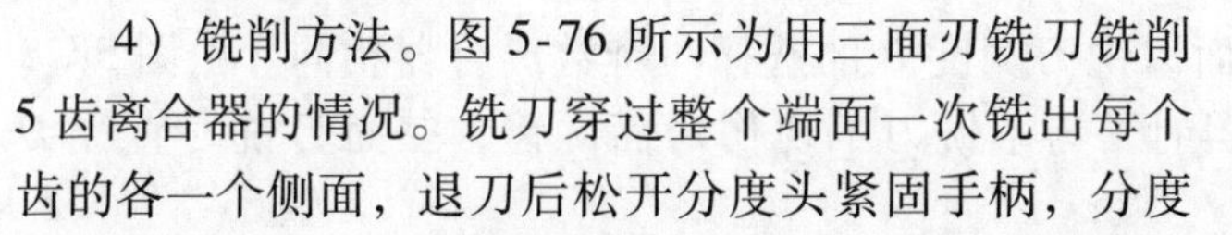

4）铣削方法。图 5-76 所示为用三面刃铣刀铣削 5 齿离合器的情况。铣刀穿过整个端面一次铣出每个齿的各一个侧面，退刀后松开分度头紧固手柄，分度后铣第二刀，以同样的方法铣完各齿。例如，Ⅰ号齿槽的侧面 1 与Ⅳ号齿侧面 1′在同一个通过中心的平面 1—1′上，Ⅱ号齿槽的侧面 2 与Ⅴ号齿槽的侧面 2′在同

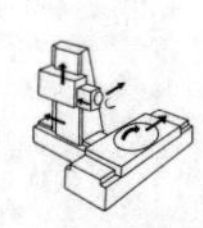

一个通过中心的平面2—2′上，以此类推，直至Ⅴ号齿槽的侧面5与Ⅲ号齿槽的侧面5′在同一个通过中心的平面5—5′为止。铣削时，进给沿直线1—1′、2—2′、3—3′、4—4′和5—5′穿过离合器的整个端面。每次进给能同时铣出两个齿的不同侧面，只要五次铣削行程即可将各齿槽的左、右侧面铣好。奇数矩形齿离合器均按此规律进行铣削。

5）获得齿侧间隙的方法。为了使离合器工作时能顺利地嵌合和脱开，矩形齿离合器的齿侧应有一定的间隙。获得齿侧间隙的方法有以下两种：

① 偏移中心法。对刀完成后，让三面刃铣刀的侧面切削刃或立铣刀的圆周切削刃向齿侧面方向偏过工件中心0.2～0.3 mm，如图5-77a所示。依次铣削各齿槽，这样铣后的离合器齿略小，嵌合时就会产生间隙。由于铣后齿侧面不通过工件中心线，离合器工件齿侧面贴合差，接触面减小，影响离合器的承载能力，因此这种方法只用于精度要求不高的离合器的加工。

② 偏转角度法。铣刀对中后，依次将全部齿槽铣完，然后使离合器转过一个角度$\Delta\theta$，如图5-77b所示。$\Delta\theta = 1^\circ \sim 2^\circ$，再铣一次，将所有齿的左侧和右侧切去一部分。此时，所有齿侧面都通过中心线的径向平面，齿侧面贴合较好。但偏转角度法增加了铣削次数，因此它适用于要求较高的离合器。

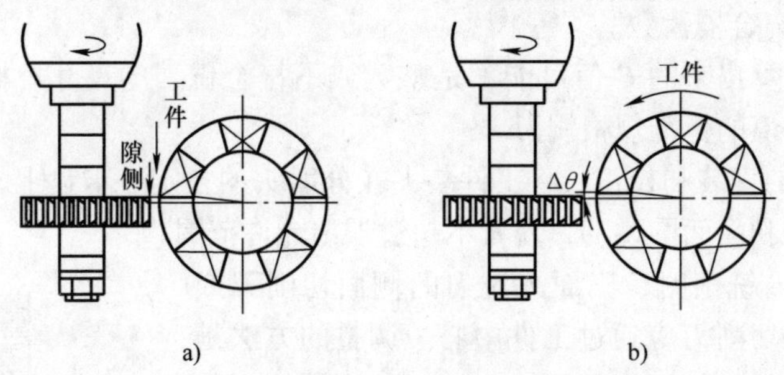

图5-77 铣齿侧间隙

a）偏移中心法 b）偏转角度法

（2）偶数离合器的铣削 偶数离合器铣削的工件装夹、对刀方法和奇数离合器相同，但偶数离合器铣削时，三面刃铣刀或立铣刀不能穿过离合器整个端面，以避免切伤对面的齿，每次进给只能加工一个齿侧面，进给次数是偶数离合器齿数的两倍。

1）刀具的选择。三面刃铣刀宽度B的选择与奇数离合器相同。由图5-78可以计算出铣偶数离合器时，为了铣刀不切伤对面的齿，三面刃铣刀直径D（mm）必须满足下式：

$$D \leqslant \frac{d_1^2 + T^2 - 4B^2}{T}$$

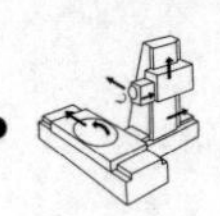

式中　d_1——离合器齿部内径（mm）；

T——离合器的齿深（mm）；

B——三面刃铣刀宽度（mm）。

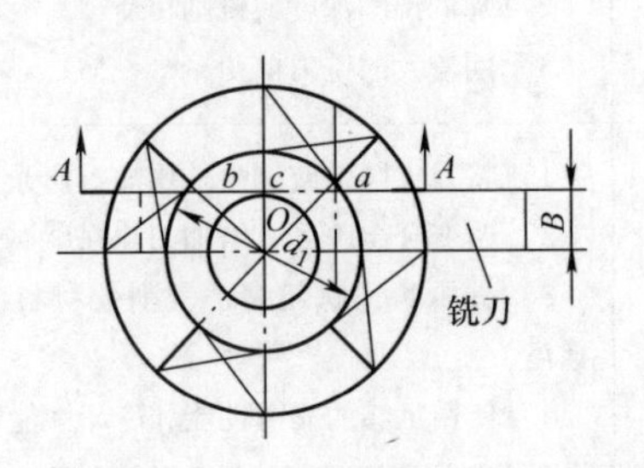

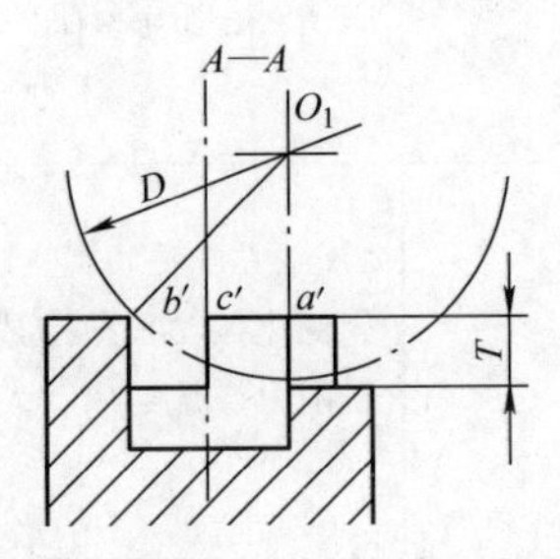

图5-78　三面刃铣刀直径的计算

如果上述条件无法满足，应改用立铣刀在立式铣床上加工。立铣刀直径按三面刃铣刀宽度的选择方法选择。

2）铣削方法。偶数矩形离合器的铣削，要经过两次调整切削位置才能铣出准确的齿形。图5-79所示为齿数 $z=4$ 的矩形齿离合器的铣削顺序。第一次调整使三面刃铣侧面切削刃Ⅰ对准工件中心，通过分度依次铣出各齿的同侧齿侧面1、2、3和4，如图5-79a所示。第二次调整将工作台横向移动一个工件上已铣出槽的槽宽距离，使铣刀侧刃Ⅱ对准工件中心线，同时将工件转过一个齿槽角 β，通过分度依次铣出各齿左侧面5、6、7和8，如图5-79b所示。为了保证一定的齿侧间隙，在第二次调整切削位置时，可将工件转过的角度增大2°~4°。

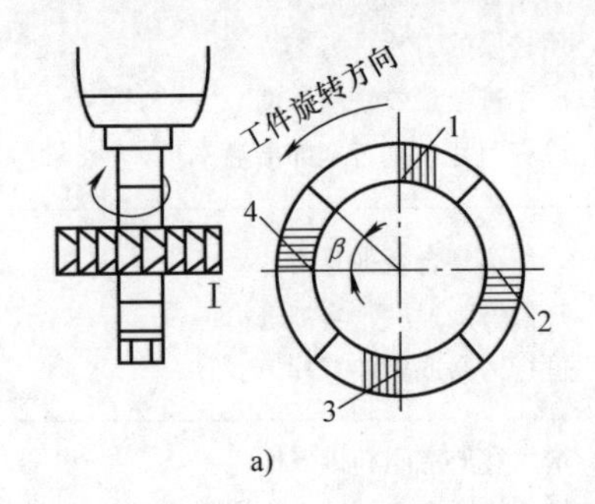

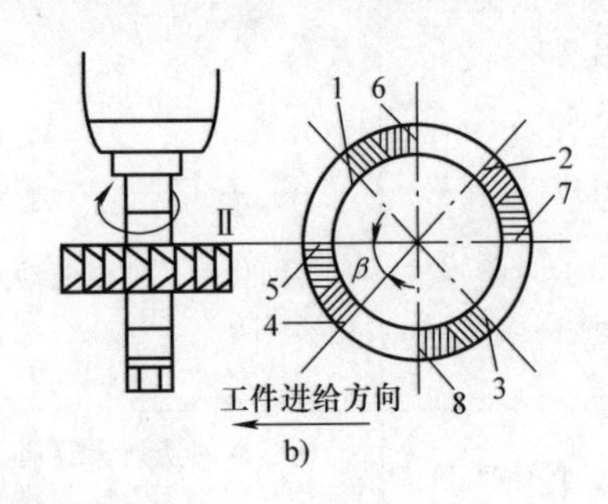

图5-79　偶数离合器的铣削顺序
a）第一次调整　b）第二次调整

5.4.9　铣削工件时常见的缺陷和解决方法

铣削加工常见缺陷、产生原因及解决方法见表5-2。

表5-2　铣削加工常见缺陷、产生原因及解决方法

缺陷	产生原因	解决方法
前刀面产生月牙洼	刀片与切屑焊住	1）用抗磨损刀片，用涂层合金刀片 2）降低铣削深度或铣削负荷 3）用较大的铣刀前角
刃边粘切屑	变化振动负荷造成增加铣削力与温度	1）将刀尖圆弧或倒角处用油石研光 2）改变合金牌号，增加刀片强度 3）减少每齿进给量，铣削硬材料时降低铣削速度 4）使用足够的润滑性能和冷却性能好的切削液
刀齿热裂	高温时温度迅速变化	1）改变合金牌号 2）降低铣削速度 3）适量使用切削液
刀齿变形	过高的铣削温度	1）用抗变形、抗磨损的刀片 2）适当使用切削液 3）降低铣削速度及每齿进给量
刀齿刃边缺口或下陷	刀片受拉、压交变应力；铣削硬材料刀片氧化	1）加大铣刀导角 2）将刀片切削刃用油石研光 3）降低每齿进给量
铣齿切削刃破碎或刀片裂开	过高的铣削力	1）采用抗振合金牌号刀片 2）采用强度较高的负角铣刀 3）用较厚的刀片、刀垫 4）减小进给量或铣削深度 5）检查刀片座是否全部接触
刃口过度磨损或刃边磨损	磨削作用、机械振动及化学反应	1）采用抗磨合金牌号刀片 2）降低铣削速度，增加进给量 3）进行刃磨或更换刀片
铣刀排屑槽结渣	不正常的切屑，容屑槽太小	1）增大容屑空间和排屑槽 2）铣削铝合金时，抛光排屑槽
铣削中，工件产生鳞刺	过高的铣削力及铣削温度	1）铣削硬度在34HRC（或38HRC）以下软材料（或硬材料）时增加铣削速度 2）改变刀具几何角度，增大前角并保持刃口锋利 3）采用涂层刀片

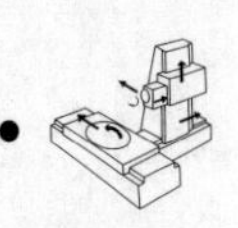

（续）

缺陷	产生原因	解决方法
工件产生冷硬层	铣刀磨钝，铣削厚度太小	1）刃磨或更换刀片 2）增加每齿进给量 3）采用顺铣 4）采用较大正前角铣刀
表面粗糙度参数值偏大	铣削用量偏大，铣削中产生振动，铣刀跳动，铣刀磨钝	1）降低每齿进给量 2）采用宽刃大圆弧修光齿铣刀 3）检查工作台镶条，消除其间隙以及其他运动部件的间隙 4）检查主轴孔与刀体配合及刀体与铣刀配合，消除其间隙或在刀体上加装惯性飞轮 5）检查铣刀刀齿跳动，调整或更换刀片，用油石研磨刃口，降低刃口表面粗糙度参数值 6）刃磨或更换可转位刀片的刃口或刀片，保持刃口锋利 7）铣削侧面时，用有侧隙角的错齿或镶齿三面刃铣刀
平面度超差	铣削中工件变形，铣刀中心线与工件不垂直，工件在夹紧中产生变形	1）减小夹紧力，避免产生变形 2）检查夹紧点是否在工件刚度最好的位置 3）在工件的适当位置增设可锁紧的辅助支撑，以提高工件刚度 4）检查定位基面是否有毛刺、杂物，是否全部接触 5）在工件的安装夹紧过程中，应遵照由中间向两侧或对角顺次夹紧的原则，避免由于夹紧顺序不当而引起的工件变形 6）减小铣削深度 a_p，降低铣削速度 v，加大进给量 a_f，采用小余量、低速度大进给铣削，尽可能降低铣削时工件的温度变化 7）精铣前，放松工件后再夹紧，以消除粗铣时的工件变形 8）校准铣刀中心线与工件平面的垂直度，避免造成工件表面铣削时下凹
垂直度超差	立铣刀铣侧面时直径偏小，或振动、摆动，三面刃铣刀垂直于中心线进给铣侧面时刀体刚度不足	1）选用直径较大、刚度好的立铣刀 2）检查铣刀套筒或夹头与主轴的同轴度以及内孔与外圆的同轴度，并消除安装中可能产生的歪斜 3）减小进给量或提高铣削速度 4）适当减小三面刃铣刀直径，增大刀体直径，并降低进给量，以减小刀体的弯曲变形

（续）

缺陷	产生原因	解决方法
尺寸超差	立铣刀、键槽铣刀、三面刃铣刀等刀具本身摆动	1）检查铣刀刃磨后是否符合图样要求，及时更换已磨损的刀具 2）检查铣刀安装后的摆动是否超过精度要求范围 3）检查铣刀刀体是否弯曲；检查铣刀与刀体套筒接触的端面是否平整或与中心线是否垂直，是否有杂物、毛刺未清除

第6章 钳 工

6.1 概述

6.1.1 钳工的主要内容

1. 什么是钳工?

钳工加工是以手持工具对夹紧在台虎钳上的工件进行切削加工的方法，它是机械制造中重要的加工方法之一。

钳工是一种比较复杂、精细、工艺要求较高的工种。目前虽然有各种先进的加工方法，但有很多工作（如不适宜采用机械方法或机械难以加工的场合）仍需要由钳工来完成，因此钳工在机械制造及机械维修中有着特殊的、不可取代的作用。图6-1所示为一些钳工制作的产品。

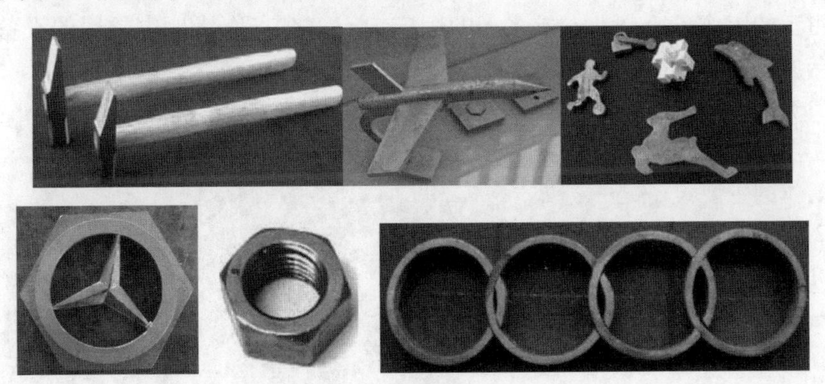

图6-1 钳工制作的产品

随着机械工业的日益发展，现在钳工工种分得更加明确，如了专业的分工，如划线钳工、工具钳工、模具钳工、装配钳工和机修钳工等。无论哪一种钳工，要完成本职工作，首先应掌握好钳工的各项基本操作。

2. 钳工的基本操作

1）辅助性操作：即划线，它是根据图样在毛坯或半成品工件上划出加工界线的操作。

2）切削性操作：有锯削、錾削、锉削、铆接、锡焊、粘接、矫正和弯形、钻孔、扩孔、铰孔、刮削和研磨、攻螺纹和套螺纹等多种操作。

3）装配性操作：即将零件或部件按图样技术要求组装成机械设备的操作。

4）维修性操作：即对在役机械、设备进行检查、修理等的操作。

3. 钳工加工的优缺点

（1）优点

1）加工灵活。在不适合机械加工的场合，尤其是在机械设备的维修工作中，钳工加工可获得满意的效果。

2）可加工形状复杂和高精度的零件。技术熟练的钳工可加工出比现代化机床加工还要精密和光洁的零件，可以加工出现代化机床也无法加工的、形状非常复杂的零件，如高精度量具、样板、结构复杂的模具零件等。

3）投资小。钳工加工所用工具和设备价格低廉，携带方便。

（2）缺点

1）手工操作，生产率低，劳动强度大。

2）加工质量不稳定，加工质量受工人技术熟练程度的影响。

6.1.2　钳工的工作场地

1. 工作场地的常用设备

钳工的工作场地是一人或多人的固定地点。在工作场地内常用的设备有钳台、台虎钳、砂轮机、台钻或立钻等。

（1）钳台　钳台也称为钳桌，上面装有台虎钳，它是钳工工作的主要设备之一，如图6-2所示。钳台用木料或钢材制成，其高度为800～900mm，长和宽可随工作需要而定。钳台一般有几个抽屉，用来收藏工具。

图6-2　钳台

（2）台虎钳　台虎钳装在钳工工作台上，是用来夹持工件的通用夹具，如图6-3所示。其规格用钳口宽度来表示，常用的规格有100mm、125mm、150mm和200mm等。台虎钳有固定式和回转式。回转式台虎钳使用方便，是钳工常用的设备。

台虎钳的正确使用方法如下：

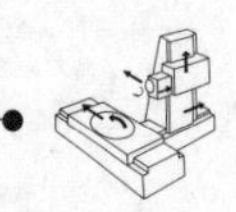

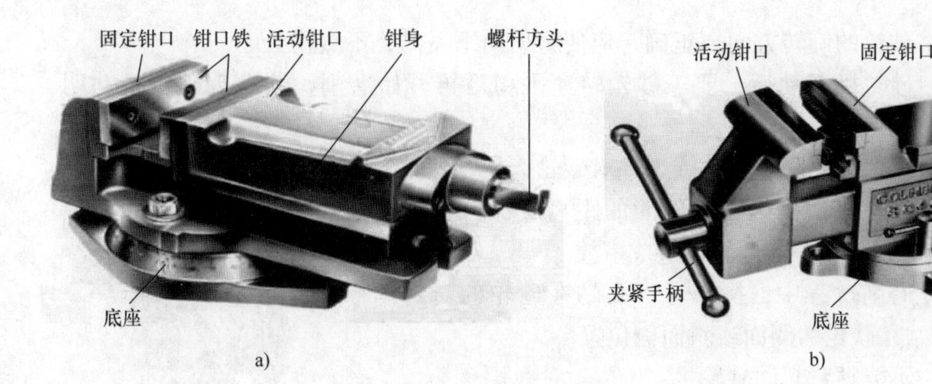

图 6-3　台虎钳
a）固定式　b）回转式

1）夹持工件只允许依靠手的力量来扳紧手柄，决不能用锤子敲击手柄或随意套上长管子来扳手柄，以免丝杠、螺母或钳身因受力过大而损坏。

2）在强力作业时，应尽量使力量朝向固定钳身，否则丝杠和螺母会因受到较大的力而导致螺纹损坏。

3）不要在活动钳身的光滑平面进行敲击工作，以免降低它与固定钳身的配合性能。

4）丝杠、螺母和其他活动表面都应保持清洁并经常加油润滑和防锈，以延长使用寿命。

（3）砂轮机　砂轮机用来刃磨錾子、钻头和刮刀等刀具，也用来磨去工件或材料的毛刺、锐边等。图 6-4 所示为两款砂轮机。砂轮机由砂轮、电动机、砂轮机座、托架和防护罩等部分组成。

图 6-4　砂轮机

工作时，砂轮的转速很高，很容易因系统不平衡而造成砂轮机的振动，因此要做好平衡调整工作，使其在工作中平稳旋转。由于砂轮质硬且脆，如果使用不当容易导致砂轮碎裂而造成事故，因此使用砂轮机时要严格遵守以下的安全操作注意事项：

1）砂轮的旋转方向要正确，应使磨屑向下飞离，不致伤人。

2）砂轮机起动后，要等砂轮转速平稳后再开始磨削，若发现砂轮跳动明显，应立即停机，用修整器修整。

3）磨削时要防止刀具或工件对砂轮产生剧烈的撞击或施加过大的压力。

4）砂轮机的搁架与砂轮间的距离应保持在3mm以内，以防磨削件轧入造成事故。

5）磨削过程中，操作者不要站在砂轮的对面，应站在砂轮的侧面或斜面侧位置。

6）不能频繁起动砂轮机。

（4）钻床　常用的钻床分为台式钻床、立式钻床和摇臂钻床。

1）台式钻床。台式钻床简称台钻（见图6-5），它结构简单、操作方便，常用于小型工件钻、扩直径12mm以下的孔。

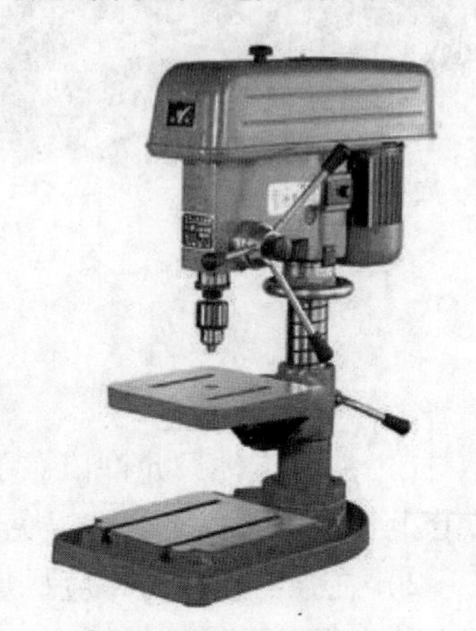

图6-5　台钻

2）立式钻床。立式钻床简称立钻（见图6-6），主要用于钻、扩、锪、铰中小型工件上的孔及攻螺纹等。

3）摇臂钻床。摇臂钻床主要用于较大、中型工件的孔加工，其特点是操纵灵活、方便，摇臂不仅能升降，而且还可以绕立柱做360°的旋转。图6-7所示为一种摇臂钻床。

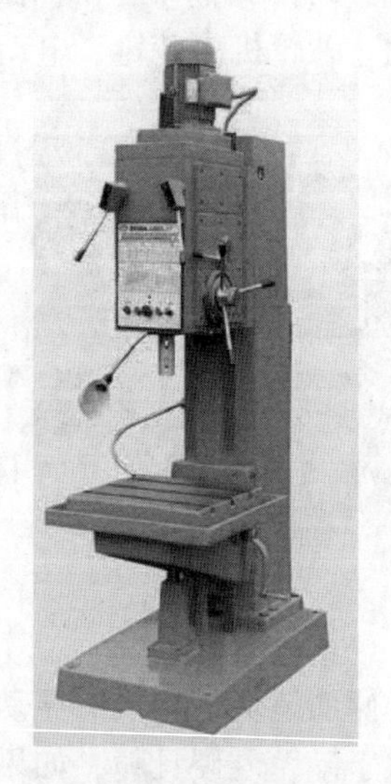

图6-6　立钻

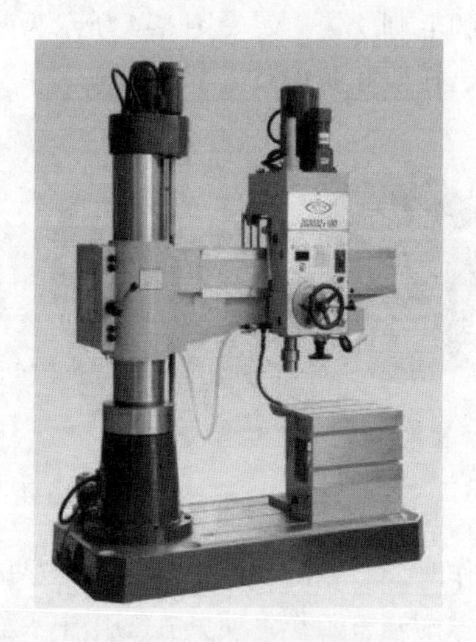

图6-7　摇臂钻床

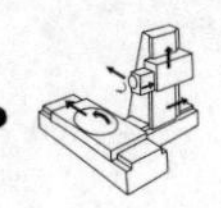

2. 工作场地的合理布置

合理布置钳工的工作场地是提高劳动生产率和产品质量的一项重要措施，因此必须做到：

1）主要设备的布置要合理适当，如钳台要放在便于工作和光线适宜的地方；面对面的钳台中间要装安全网；砂轮和台钻一般都安装在工作场地的边沿，以保证安全。图6-8所示为钳工的工作场地。

2）工件要有规则地存放，并尽量放在搁架上。工件在搁架上的存放和搁架的摆放要整齐合理，并应养成以下习惯：①常用的工具要在工作位置附近；②精密工具要轻放；③工具要放在清洁的地方，不要随地乱放。

图6-8　钳工的工作场地

6.2　划线

6.2.1　划线简述

1. 划线的概念

根据图样的尺寸要求，用划线工具在毛坯或半成品工件上划出待加工部位的轮廓线或作为基准的点、线的操作称为划线。单件及中小批量生产中的铸、锻件毛坯和形状较复杂的零件，在切削加工前通常均需要划线。

2. 划线的作用

1）确定工件上各加工面的加工位置和加工余量。

2）可全面检查毛坯的形状和尺寸是否满足加工要求。

3）在坯料上出现某些缺陷的情况下，往往可通过划线时的“借料”方法，起到一定的补救作用。

4）在板料上划线下料，可合理安排和节约使用材料。

3. 划线的种类

划线分为平面划线和立体划线两种。

（1）平面划线　只需在工件或毛坯的表面划线即能明确表示加工界限的叫作平面划线，如在板料、条料表面划线，法兰盘上划钻孔加工线等都属于平面划线，如图6-9a所示。

（2）立体划线　要同时在工件或毛坯的几个互成不同角度的表面划线才能明确表示加工界限的称为立体划线，如划出矩形块各表面的加工线以及支架、箱体等表面的加工线都属于立体划线，如图6-9b所示。

平面划线与立体划线之区别，并不在于工件形状的复杂程度如何，有的平面划线的工件形状可能比立体划线的还要复杂。

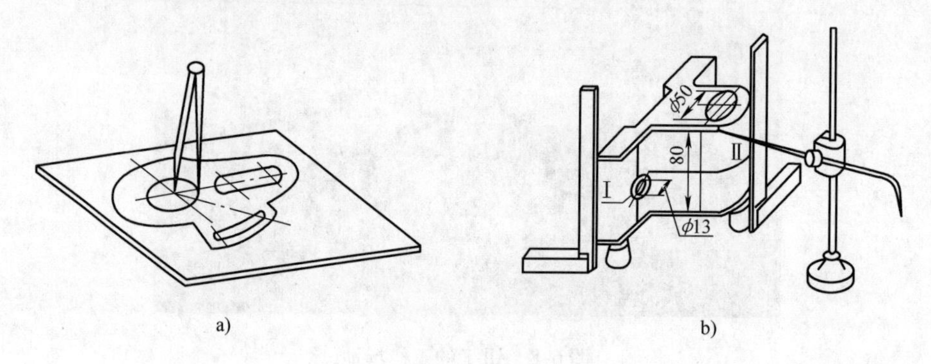

图6-9　划线

a）平面划线　b）立体划线

6.2.2　划线工具

在划线工作中，为了保证尺寸的准确性和达到较高的工作效率，必须首先熟悉各种工具，并能正确使用它们。

1. 划线平台

划线平台又叫划线平板，如图6-10所示。它是用铸铁制成，用来安放工件和划线用的工具。平台表面是划线的基准平面，其平整度直接影响划线的质量，因此工作表面需精刨或刮削等精加工处理。为了长期保持平台表面的平整度，应注意以下一些使用和保养规则：

1）划线平台安放时要平稳牢固，上平面应保持水平状态，以免倾斜后在长期的重力作用下发生变形。

2）使用时要随时保持表面清洁，因为有铁屑、灰砂等污物时在划线工具或

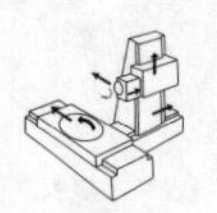

工件的拖动下会划伤平台表面，同时也可能影响划线的精度。

3）平面各处要均匀使用，以免局部磨凹。

4）工件和工具在平台上都要轻放，尤其要防止重物撞击平台或在平台上进行较重的敲击工作而损伤表面，降低精度。

5）用完后要擦干净并涂上机油。长期不用时，应涂防锈油并用木板护盖。

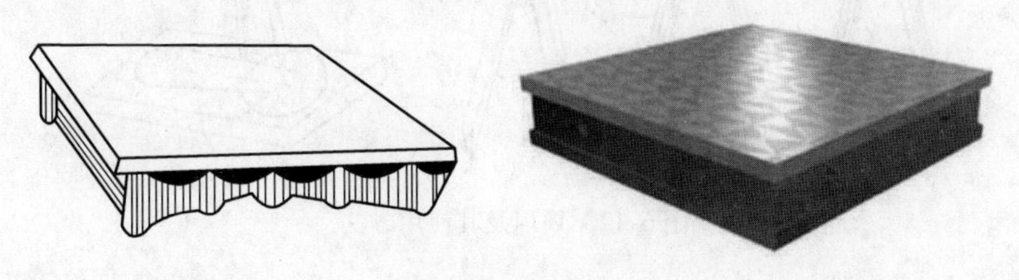

图6-10　划线平台

2. 划针

划针（见图6-11a）直接用来划出线条，但常需要配合钢直尺、角尺或样板等导向工具一起使用。它是用高速工具钢或弹簧钢丝制成，直径3～6mm，长为200～300mm，尖端磨成15°～20°的尖角并经淬火硬化，使之不容易磨损变钝。有的划针在尖端部位焊有一段硬质合金，使尖端能保持长期的锐利，耐磨性更好。

画线时，划针依靠钢直尺等导线工具移动，并向外侧倾斜15°～20°，向划线方向倾斜45°～70°，如图6-11b所示。画线要尽量做到一次划成，并使线条清晰、准确。

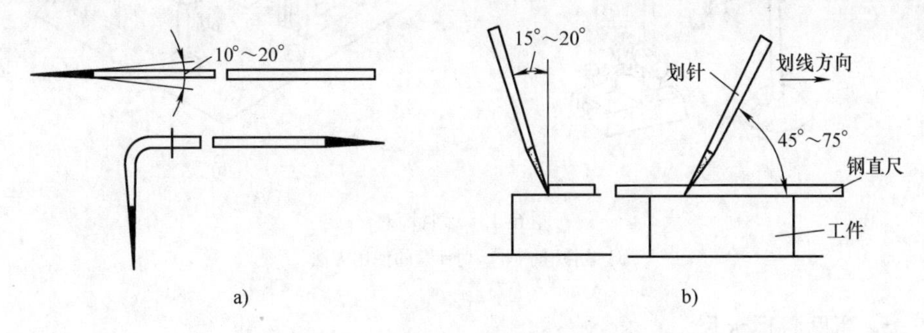

图6-11　划针

a）划针　b）划针的使用方法

3. 划规

划规（见图6-12）在划线工作中用处很多，可以划圆和圆弧、等分线段、等分角以及量取尺寸等。划规是用中碳钢或工具钢制成，两尖角经过淬火硬化，有的在两脚部焊上一段硬质合金，使其耐磨性更好。划规的用法与制图中的圆规相同。

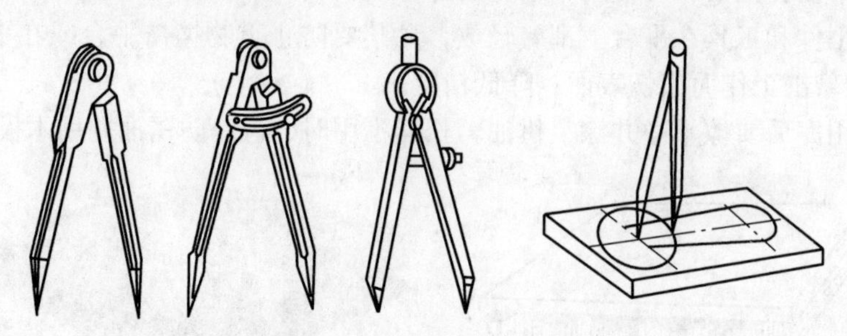

图6-12　划规及其使用方法

4. 划针盘

划针盘（见图6-13a）是用于立体划线或找正工件位置的常用工具。它由底座、立柱、划针和夹紧螺母组成。划针的直头端用来划线，弯头段常用来找正工件的位置，如找正工件表面与划线平台的平行等。

划线时，调节划针到一定高度，并在平板上移动划针盘，即可在工件上划出与平板平行的线条，如图6-13b所示。

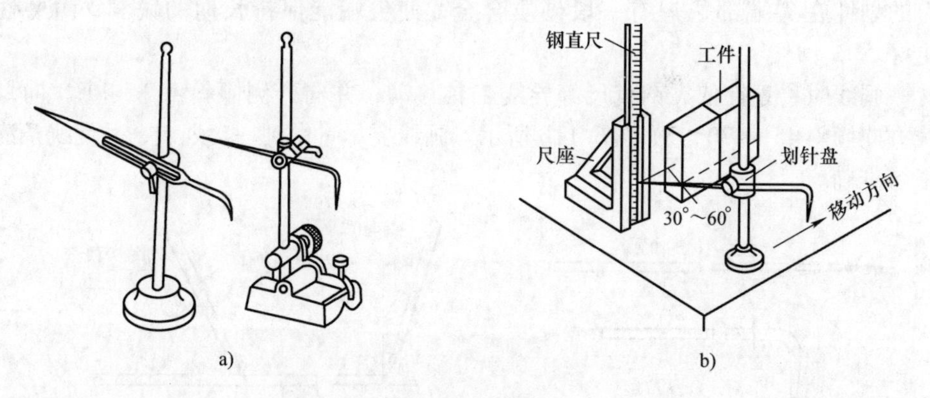

图6-13　划针盘

a）划针盘　b）划针盘的使用方法

5. 高度游标卡尺

高度游标卡尺（见图6-14）是高度尺和划针盘的组合，是精密量具之一，它附有划针脚，故也用作精密划线工具，其精度一般是0.05～0.02mm，可用于半成品（光坯）的精密划线，但不允许用它划毛坯，以防损坏硬质合金划针脚。

6. 角尺

角尺（见图6-15）是钳工常用的测量工具，在划线时也常用作划垂直线或平行线的导向工具，还可用来找正工件在平台上的垂直位置。角尺用中碳钢制

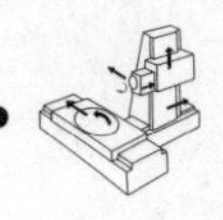

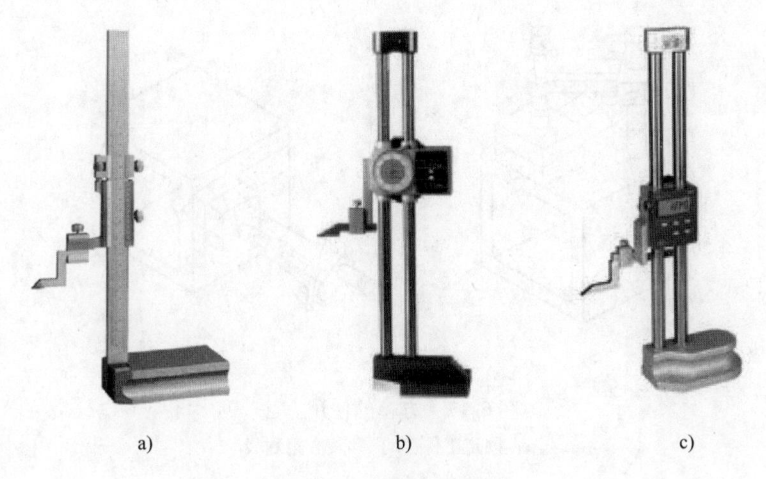

a) b) c)

图6-14 高度游标卡尺

a）游标式 b）表盘式 c）数显式

成，并经过精密磨削或锉削、刮研，使两条直角边成较精确的90°角。

7. V形铁

V形铁（见图6-16）主要用来安装圆形工件，以便用划针盘划出中心线或划出中心等。V形铁用铸铁或碳素钢制成，相邻各边互相垂直，V形槽一般成90°或120°角。

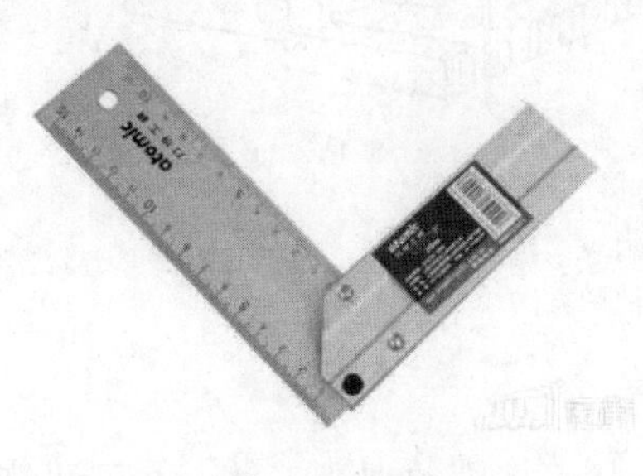

图6-15 角尺

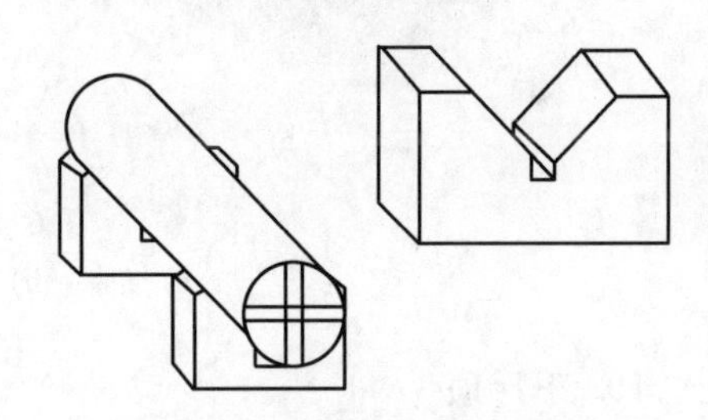

图6-16 V形铁及其使用方法

8. 方箱

划线方箱是一个空心的立方体或长方体，如图6-17所示。其相邻平面互相垂直，相对平面互相平行，由铸铁制成。

方箱用来支持划线的工件，并依靠夹紧装置把工件固定在方箱上（见图6-17a)，以便可以翻转方箱，把工件上互相垂直的线在一次安装中全部划出来，如图6-17b所示。

9. 角铁

角铁（见图6-18a）用来支持划线的工件，一般常与压板或C形夹头配合使

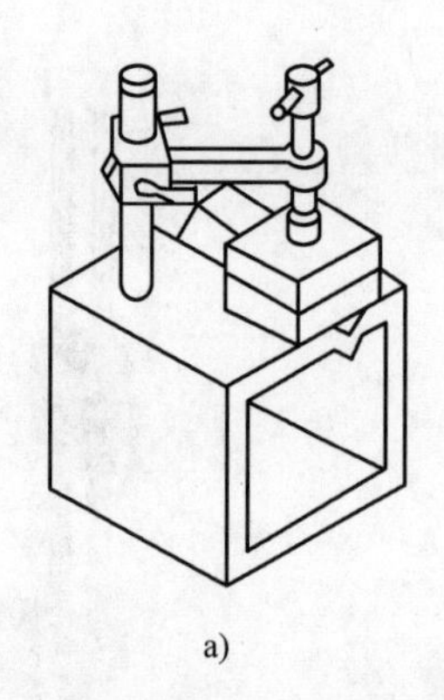

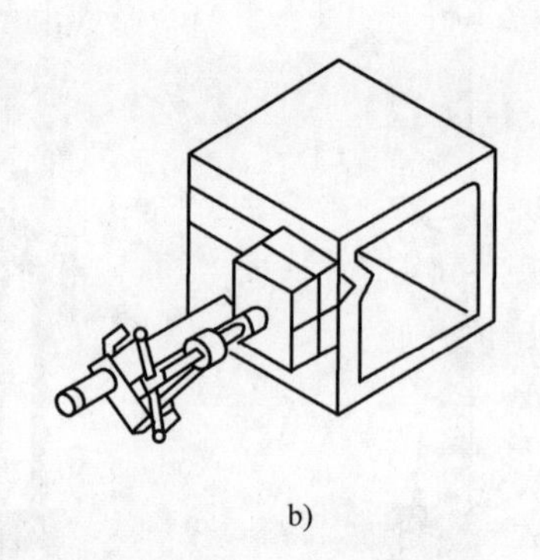

a)　　　　b)

图6-17　方箱的使用方法

a）固定工件　b）翻转方箱划线

用，如图6-18b所示。它有两个互相垂直的平面，通过角铁对工件的垂直度进行找正后，再用划针盘划线，可使划线线条与原来找正的直线或平面保持垂直。

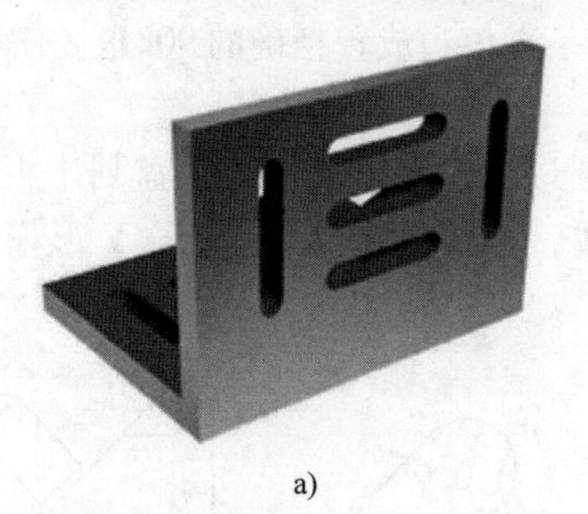

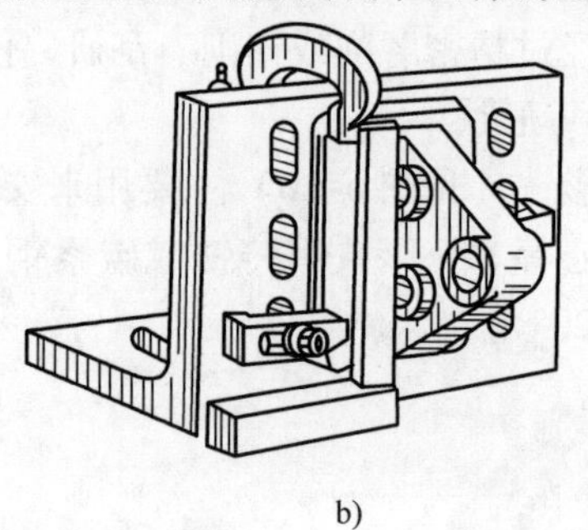

a)　　　　b)

图6-18　角铁

a）角铁　b）角铁的使用方法

10. 千斤顶

千斤顶（见图6-19a）用来支持毛坯或形状不规则的划线工件，并可调整高

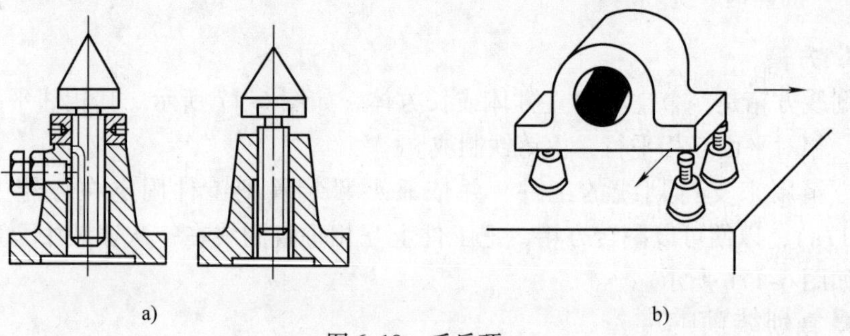

a)　　　　b)

图6-19　千斤顶

a）千斤顶　b）千斤顶的使用方法

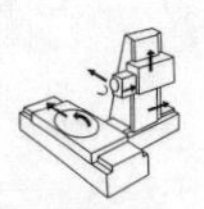

度。因为这些工件如果放在方箱或V形铁上不能直接达到所要求的高低位置，而利用三个为一组的千斤顶则可方便地进行调整，直至工件各处的高低符合要求为止，如图6-19b所示。

11. 斜铁

斜铁（见图6-20）也是用来支持毛坯工件的，使用时比千斤顶方便，但只能做少量的调节。

图6-20　斜铁

12. 样冲

样冲（见图6-21a）是在已划好的线上冲眼的工具，目的是固定所划的线条，这样即使工件在搬运安装过程中线条被擦模糊时，仍能留有明确的标记，如图6-21b所示。在使用划规划圆弧前，也要用样冲先在圆心上冲眼，作为划规定心脚的立脚点。

样冲用工具钢制成，并经淬火硬化。工厂中也有用废旧铰刀等改制而成。样冲的尖角一般磨成45°~60°。

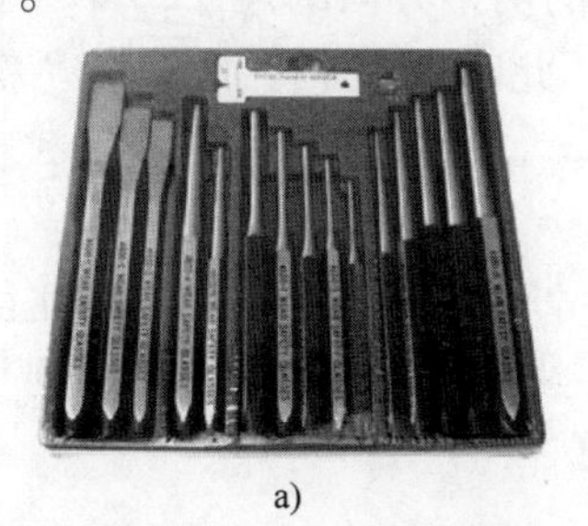

a)

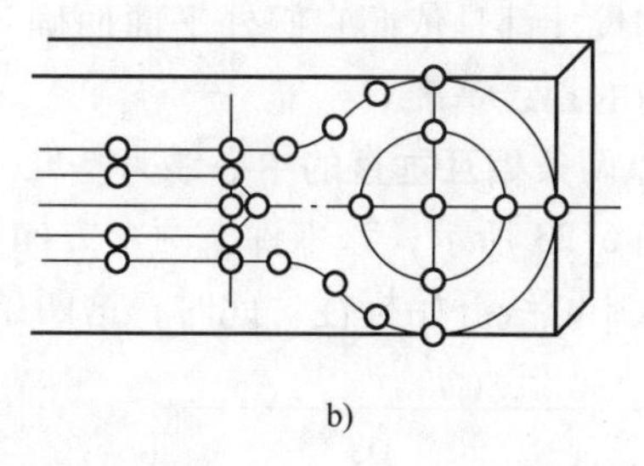

b)

图6-21　样冲及其作用

a）样冲　b）样冲的作用

使用样冲时需注意以下事项：

1）冲点时，先将样冲外倾，使其尖端对准线的正中，然后再将样冲立直，冲点。

2）冲眼应打在线宽之间，且间距要均匀；在曲线上冲点时，两点间的距离要小些，在直线上的冲点距离可大些，但短直线至少有三个冲点，在线条交叉、转折处必须冲点。

3）冲眼的深浅应适当。薄工件或光滑表面冲眼要浅，孔的中心或粗糙表面冲眼要深些。

6.2.3　划线前的准备工作

在划线之前要做好准备工作，主要包括工件的清理和涂色等几方面。

1）清理毛坯上的氧化层、粘砂、飞边、油污，去除已加工工件上的毛刺等，否则将影响划线的清晰度，或损伤精密的划线工具。

2）在需要划线的表面涂上适当的涂料。一般铸、锻件毛坯涂石灰水，钢和铸件的半成品涂蓝油、绿油或硫酸铜溶液，非铁金属工件涂蓝油或墨汁。

3）在工件孔中装中心塞块。在有孔的工件上划圆或等分圆周时，必须先求出孔的中心，为此，一般在孔中装上中心塞块。对于不大的孔，通常可用铅块敲入，较大的孔则可用木料或可调节的塞块。

6.2.4 划线基准的选择

一个工件有许多线条，但从哪一条线开始划线通常都要遵循一个规则，即从基准开始。在零件图上用来确定其他点、线、面位置的基准，称为设计基准。在划线时，划线基准应与设计基准一致。

划线基准一般可按照以下三种类型来选择：

1. 以两个互相垂直的平面（或线）为基准

如图6-22所示，该图零件上有互相垂直的两个方向的尺寸，可以看出每一个方向的尺寸都是依照它们外平面而确定的，此时这两个平面A和B就分别是每个方向的划线基准。

2. 以两条相互垂直的中心线为基准

如图6-23所示，该零件上两个方向的尺寸与其中心线具有对称性且其他尺寸也是从中心线开始标注。此时，这两条中心线就分别是这两个方向的基准。

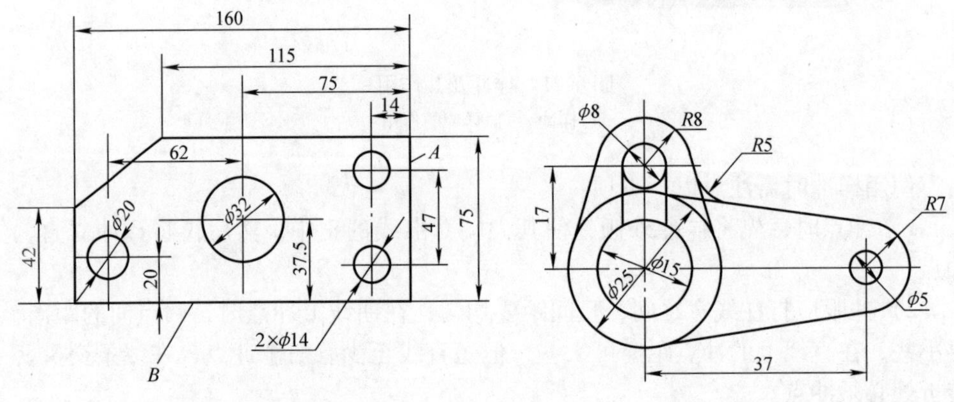

图6-22 以两个互相垂直的平面（或线）为基准 图6-23 以两条相互垂直的中心线为基准

3. 以一个平面和一条中心线为基准

如图6-24所示，该零件上高度方向的尺寸是以底面为依据的，此底面就是高度方向的划线基准；而宽度方向的尺寸对称于中心线，故中心线就是宽度方向的划线基准。

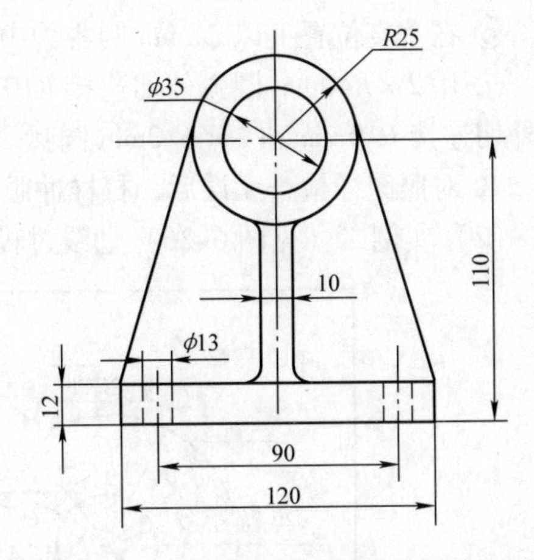

图6-24 以一个平面和一条中心线为基准

6.2.5 划线的步骤和实例

在掌握了划线工具的使用方法和划线工作的基本知识后，便可以进一步了解划线的具体方法。

1. 划线的步骤

1）看清楚图样，详细了解工件上需要划线的部位，明确工件及其划线的有关部分的作用和要求，了解有关的加工工艺。

2）选定划线基准。

3）初步检查毛坯的误差情况。

4）正确安放工件和选用工具。

5）划线。

6）仔细检查划线的准确性以及是否有线条漏划。

7）在线条上冲眼。

2. 划线实例

（1）实例一（见图6-25）划线过程

1）分析图样尺寸。

2）准备所用划线工具，并对工件进行清理和在划线表面涂色。

3）按图6-25所示，划图样的轮廓线：

① 划出两条相互垂直的中心线，作为基准线。

② 以两中心线交点为圆心，分别作 ϕ20mm、ϕ30mm 圆线。

③ 以两中心线交点为圆心，作 ϕ60mm 点画线圆，与基准线相交于4点。

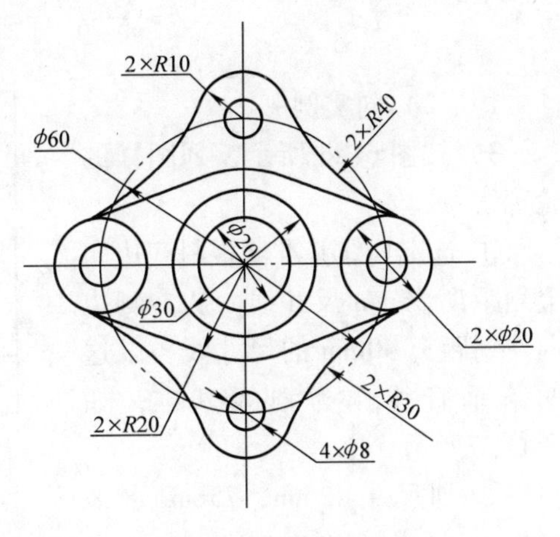

图6-25 平面划线实例一

④ 分别以与基准线相交的4点为圆心作 ϕ8mm 圆四个，再在图示水平位置作 ϕ20mm 圆两个。

⑤ 在划线基准线的中心划上下两段 R20mm 的圆弧线，作4条切线分别与两个 R20mm 圆弧线和两个 ϕ20mm 圆外切。

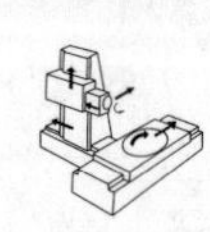

⑥ 在垂直位置上以 ϕ8mm 圆心为中心，划两个 R10mm 半圆。

⑦ 用2 × R40mm 圆弧外切连接 R10mm 和 2 × ϕ20mm 圆弧，用2 × R30mm 圆弧外切连接 R10mm 和 2 × ϕ20mm 圆弧。

⑧ 对照图样检查无误后，打样冲眼。

（2）实例二（见图 6-26）划线过程

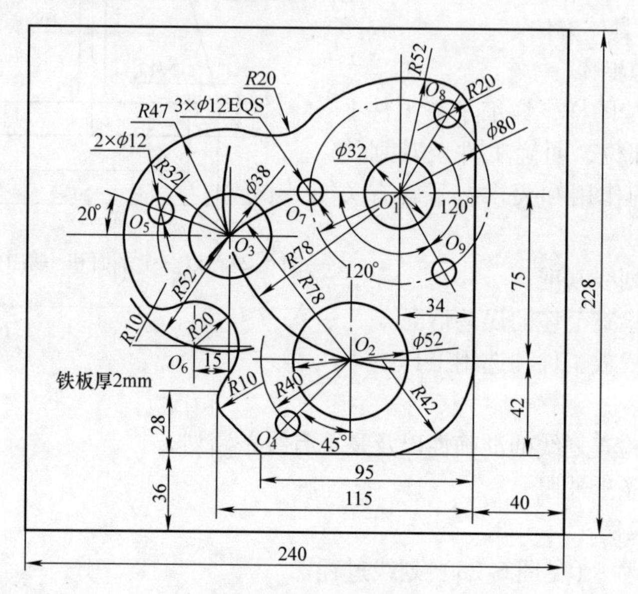

图 6-26　平面划线实例二

1）、2）同实例一。

3）按图 6-26 所示，划图样的轮廓线：

① 选定划线基准薄板料底边向上划距离 36mm 尺寸线，从右侧边向左划距离 40mm 的尺寸线，以这两条垂直线作为划线基准，如图 6-27所示。

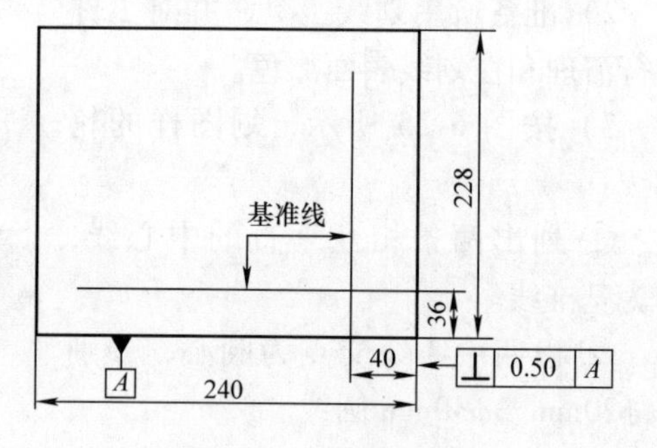

图 6-27　确定划线基准

② 划尺寸 42mm、75mm 水平线和尺寸34mm 垂直线，得圆心 O_1；以 O_1 为圆心，R78mm 为半径划圆弧，相交于尺寸 42mm 水平线得 O_2 点，通过 O_2 点作垂直线。

③ 分别以 O_1、O_2 点为圆心，R78mm 为半径划圆弧相交得 O_3 点，通过 O_3 点作水平线和垂直线。

④ 通过 O_2 点作 45°线，并以 R40mm 为半径截得小圆心 O_4 点，通过 O_3 点

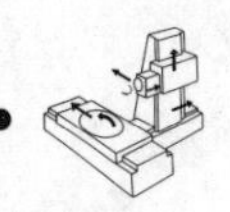

作20°线，并以$R32$mm为半径截得小圆心O_5点。

⑤ 作与O_3点垂直线距离为15mm的平行线，并以O_3点为圆心，$R52$mm为半径划圆弧，截得O_6点。

⑥ 将$\phi80$mm圆周三等分，得到圆心O_7、O_8、O_9。注意：所有圆心都必须打上样冲眼，以便划圆弧。

⑦ 分别以O_1、O_2、O_3为圆心，划$\phi32$mm、$\phi52$mm和$\phi38$mm圆周线；以O_4、O_5、O_7、O_8、O_9为圆心，划五个$\phi12$mm圆周线。

⑧ 划与底面基准线平行的水平尺寸线28mm，按95mm和115mm尺寸划出左下方的斜线。

⑨ 以O_1为圆心，$R52$mm为半径划圆弧，并以$R20$mm为半径作相切圆弧；以O_3为圆心，$R47$mm为半径划圆弧，并以$R20$mm为半径作相切圆；以O_6为圆心，$R20$mm为半径划圆弧，并以$R10$mm为半径作两处的相切圆弧。

⑩ 以$R42$mm为半径作右下方的相切圆弧。

4）对图形、尺寸复检校对确认无误后，在划线交点及在所划线上按一定间隔打出样冲眼，使加工界线清晰可靠。

6.3 錾削

6.3.1 錾削简述

1. 錾削的概念

錾削是用锤子敲击錾子对工件进行切削加工的一种方法，如图6-28所示。

2. 錾削的作用

錾削的作用就是錾掉或錾断金属，使其达到要求的形状和尺寸，主要用在不便于机械加工的场合。它的工作范围包括去除凸缘、毛刺、浇口、冒口，分割薄板料及錾油槽等，有时也用于较小表面的粗加工。

图6-28 錾削

6.3.2 錾削工具

錾削的主要工具是錾子和锤子。

1. 錾子

（1）錾子必须具备的两个基本条件

1）錾子切削部分的材料比工件的材料要硬。錾子一般用碳素工具钢（T7A）锻成，经热处理后使切削部分的硬度达到56～62HRC。

2）切削部分必须刃磨成楔形（尖劈形）。

（2）錾子的切削部分　錾子由切削部分、斜面、柄部和头部四部分组成，其长度约为170mm左右，直径为18～24mm。

錾子的切削部分包括两个表面和一条切削刃。

1）前刀面：与切屑接触的表面称为前刀面。

2）后刀面：与切削表面相对的表面称为后刀面。

3）切削刃：前刀面和后刀面的交线称为切削刃，也称锋口。

（3）切削部分的几何角度　如图6-29所示，錾削时形成的切削角度有：

1）楔角 β_0。錾子前刀面与后刀面之间的夹角称为楔角 β_0。楔角越大，切削部分的强度越高，但錾削阻力越大，切入越困难。选择楔角时，应在保证足够强度的前提下，尽量取较小的数值。根据工件材料软硬不同，楔角大小也不同，如錾削硬材料时，楔角应大些；而錾削软材料时，楔角应小些。一般，錾削硬钢或铸铁等硬材料时，楔角取60°～70°；錾削中等硬度材料时，楔角取50°～60°；錾削铜或铝等软材料时，楔角取30°～50°。

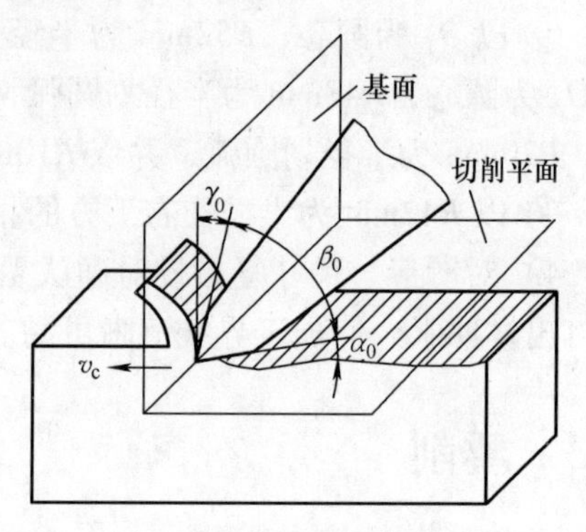

图6-29　錾子的切削角度

2）后角 α_0。后刀面与切削平面之间的夹角称为后角 α_0，如图6-30a所示。錾削平面时，切削平面与已加工表面重合。其后角大小取决于錾削时錾子被掌握的方向，作用是减少后刀面与切削表面之间的摩擦。后角不能过大，否则会使錾子切入过深，如图6-30b所示；后角也不能太小，否则錾子容易滑出工件表面，如图6-30c所示。一般后角为5°～8°。

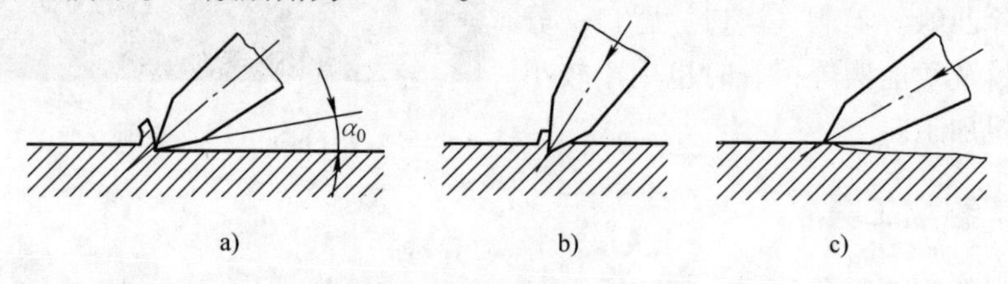

图6-30　錾子的后角
a）后角合适　b）后角太大　c）后角太小

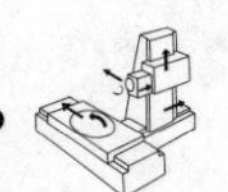

3）前角 γ_0。前刀面与基面之间的夹角称为前角。其作用是减少錾削时切屑的变形，减少切削阻力。前角越大，切削越省力。由于基面垂直于切削平面，即 $\alpha_0+\beta_0+\gamma_0=90°$，故当后角 α_0 一定时，前角 γ_0 的数值由楔角 β_0 决定。楔角 β_0 大，则前角 γ_0 小；楔角 β_0 小，则前角 γ_0 大。因此，前角在选择楔角后就被确定了。

（4）錾子的种类　常用的錾子有扁錾、尖錾和油槽錾，如图6-31所示。

1）扁錾（阔錾）：如图6-31a所示，切削部分扁平，刃口略带圆弧，用来錾削平面上微小的凸起部分或毛刺，其切削刃两边的尖角不易损伤平面的其他部位，也可分割材料，应用最为广泛。

2）尖錾（狭錾）：如图6-31b所示，切削刃较短，两端侧面略带倒锥，可防止在錾削沟槽时，錾子的两侧面被槽卡住，增加錾削阻力或使沟槽侧面被损坏。尖錾的斜面有较大的角度，是为了保证切削部分具有足够的强度。尖錾主要应用于錾削沟槽和分割曲线形板料。

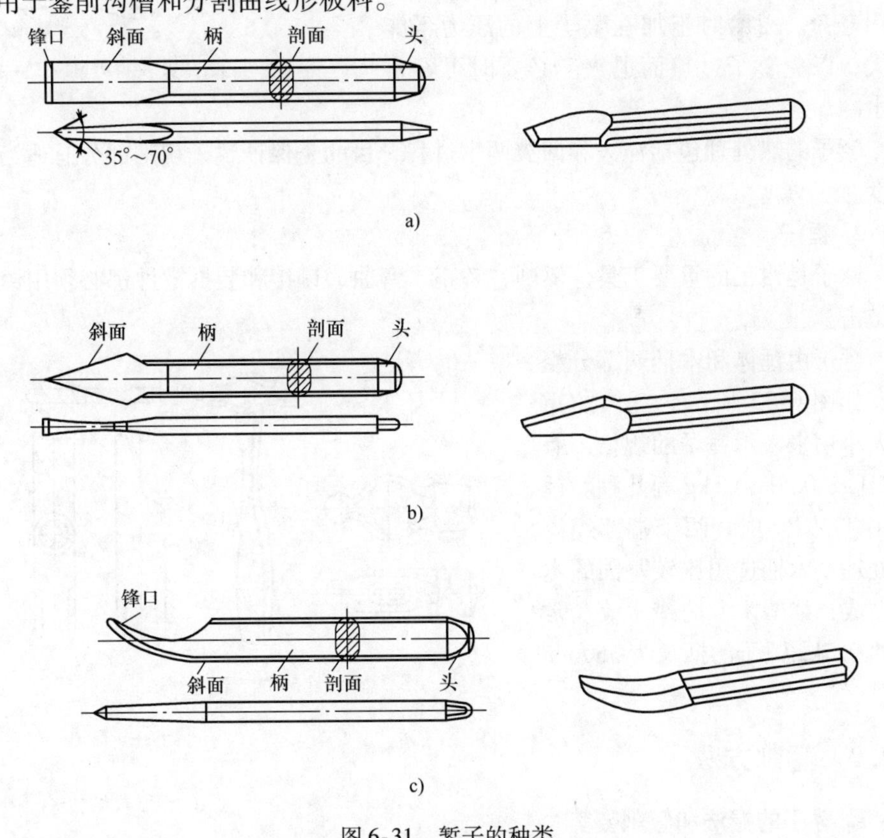

图6-31　錾子的种类

a）扁錾　b）尖錾　c）油槽錾

3）油槽錾：如图6-31c所示，它的切削刃很短并呈圆弧形，是为了能在对开式的滑动轴承孔壁錾削油槽，切削部分制成弯曲形，便于在曲面上錾削沟槽。油槽錾用来錾削润滑油槽。

（5）錾子的刃磨和热处理　錾子切削部分的好坏直接影响錾削的质量和工作效率，所以必须正确地刃磨，并使切削刃保持锋利。为此，錾子的前刀面和后刀面必须刃磨得光滑平整，必要时在砂轮上刃磨以后再在油石上精磨，以使切削刃既锋利又不易磨损。

刃磨錾子时要使錾子的切削刃高于砂轮的中心，以免切削刃轧入砂轮，甚至引起錾子轧进砂轮护罩而挤碎砂轮的事故发生。刃磨錾子的平面时，要沿砂轮中心线方向来回平稳地移动（见图6-32），这样錾子容易磨平，而且砂轮的磨耗也均匀，可延长砂轮的使用寿命。刃磨时施加在錾子上的压力不能太大，以免錾子过热而退火。必要时可经常浸水冷却。

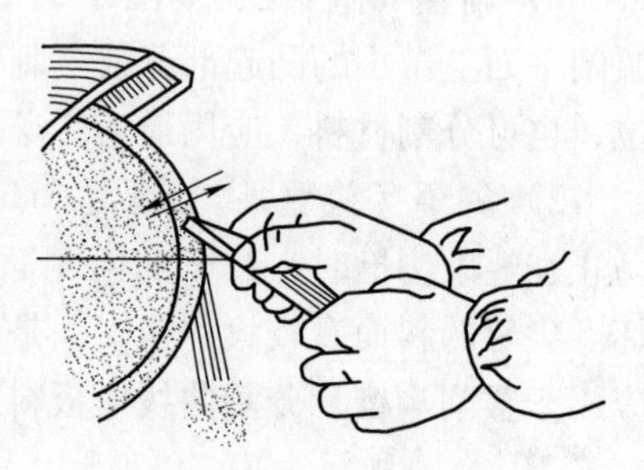
图6-32　錾子的刃磨

錾子的热处理包括淬火和回火两个过程，目的是保证錾子切削部分有适当的硬度。

2. 锤子

锤子是钳工的重要工具，錾削、矫正、弯曲、铆接和装拆零件都必须用锤子来敲击。

锤子由锤体和木柄两部分组成，如图6-33所示。锤体的重量大小用来表示锤子的规格，有0.25kg、0.5kg、1kg等几种。锤体用T7钢制成，两个端部经淬硬处理。木柄选用比较坚固的木材做成，如檀木、白蜡木等。常用的0.5kg锤子的柄长为350mm左右。

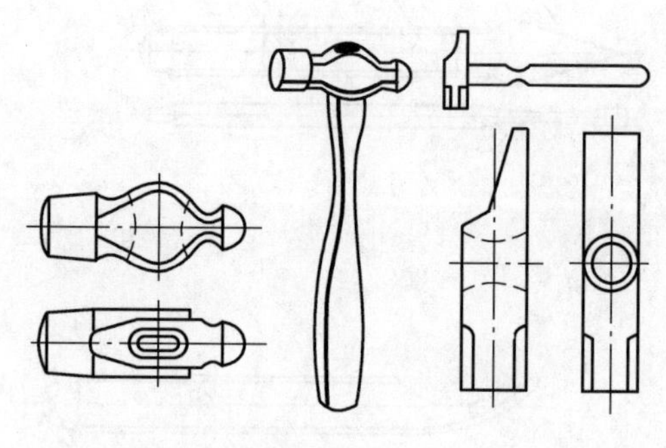
图6-33　锤子

6.3.3　錾削方法

1. 錾子的握法和錾削姿势

（1）錾子握法　錾子应轻松自如地握着，不要握得太紧，以免敲击时掌心承受的振动过大。錾削时握錾子的手要保持小臂处于水平位置，肘部不能下垂或

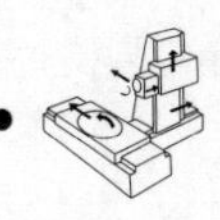

抬高。

錾子常用的握法有三种，即正握法、反握法和立握法，如图6-34所示。

1）正握法手心向下，用中指、无名指握住錾子，小指自然合拢，食指和大拇指作自然伸直地松靠，錾子头部伸出约20mm。该方法适用于在平面上錾削。

2）反握法手心向上，手指自然捏住錾子，手掌悬空。该方法适用于在小平面或侧面錾削。

3）立握法适用于垂直錾削，如在铁砧上錾断材料等。

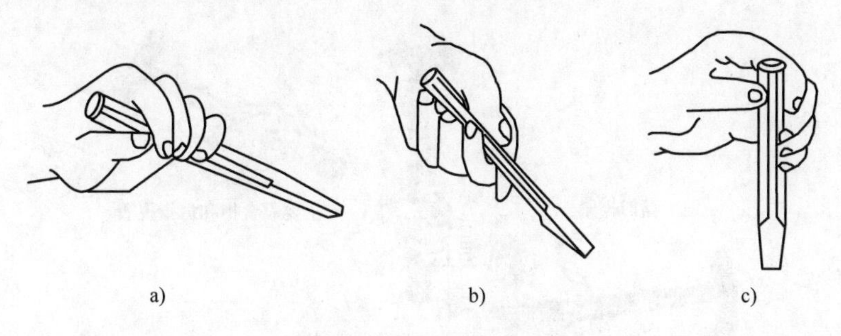

图6-34　錾子握法
a）正握法　b）反握法　c）立握法

（2）錾削步位和姿势　在一般场合下，为了充分发挥较大的敲击力量，操作者必须保持正确的站立姿势，应便于用力，左脚超前半步，两腿自然站立，身体重心略偏于右腿，如图6-35a所示。挥锤要自然，眼睛应正视工件的切削部位，而不是錾子的头部，如图6-35b所示。

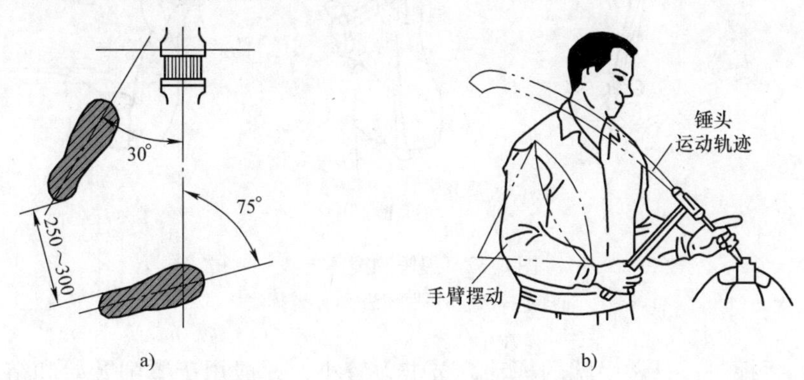

图6-35　錾削时的步位及姿势
a）錾削时的步位　b）錾削时的姿势

2. 锤子握法及挥锤方法

（1）锤子握法　使用锤子时，切记要仔细检查锤头和锤把是否楔塞牢固，握锤应握住锤把后部。

锤子用右手握住，采用五个手指满握的方法，大拇指轻轻压在食指上，虎口对准锤头方向，不要歪在一侧，木柄尾端露出 15 ~ 30mm。

锤子在敲击过程中手指的握法有两种：一种是五个手指的握法，无论在抬起锤子或进行敲击时都保持不变，这种握法叫紧握法；另一种握法是在抬起锤子时小指、无名指和中指都要放松，进行敲击时再紧握，这种握法叫松握法。松握法由于手指放松，故不易疲劳且可以增大敲击力量，如图 6-36 所示。

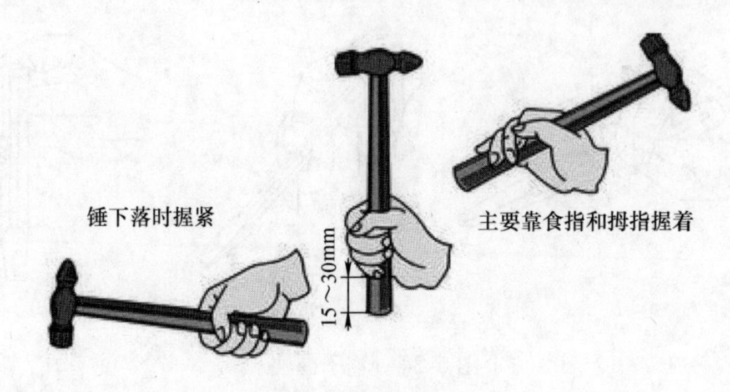

图 6-36　锤子握法

（2）锤子的挥锤方法　挥锤法有三种：手挥法、肘挥法和臂挥法，如图 6-37所示。

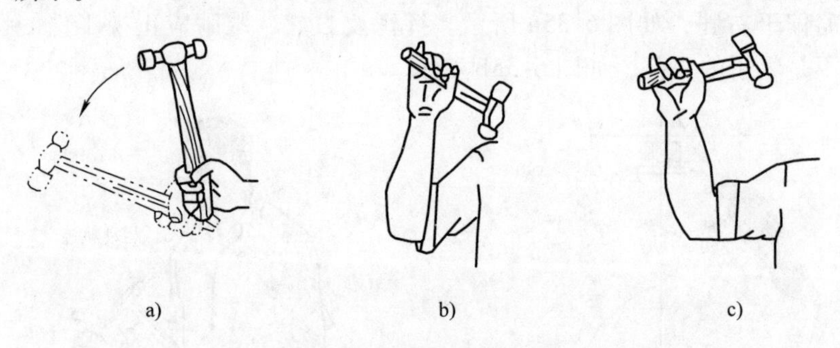

图 6-37　握锤和挥锤方法
a）手挥法　b）肘挥法　c）臂挥法

1）手挥法：只做手腕的挥动，敲击力较小，一般用于錾削开始和结尾时。錾油槽时由于切削量不大，也常用手挥法，如图 6-37a 所示。

2）肘挥法：手腕和肘部一起挥动，敲击力较大，运用最广，如图 6-37b 所示。

3）臂挥法：手腕、肘部和全臂一起挥动，敲击力最大，用于需要大力的錾削工作，如图 6-37c 所示。

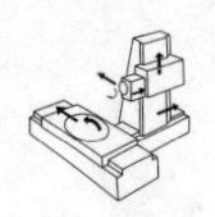

6.3.4　錾削操作

1. 錾削的起錾和收尾

起錾时锤击力宜小些，錾子尽可能向右倾斜 45°左右，从工件尖角处向下倾斜 30°，轻打錾子，便容易切入材料；起錾后逐步把凿刃移至与工件平行，按正常的錾削角度向中间錾削，如图 6-38a 所示。

当錾削到距工件尽头约 10mm 时，应调转錾子来錾掉工件余下的部分，如图 6-38b 所示，这样可以避免单向錾削到终了时工件材料边角崩裂，并保证錾削质量，在錾削脆性材料时尤其要注意。

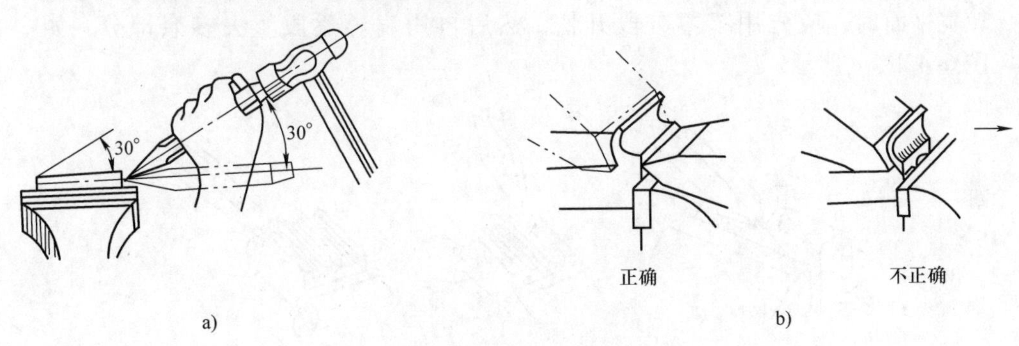

图 6-38　錾削起錾与收尾
a）起錾　b）收尾

2. 錾削板料

薄型板料（厚度在 2mm 以下）宜夹持在台虎钳上錾削。将薄板料牢固地夹持在台虎钳上，錾切线与钳口平齐，然后用扁錾沿着钳口以 30°～45°角自右至左斜切，如图 6-39 所示。

錾削时，錾子的刃口不能平对着薄板料錾削（见图 6-40），否则錾削时不仅费力，而且由于薄板料的弹性和变形，易造成切断处不平整或撕裂，形成废品。

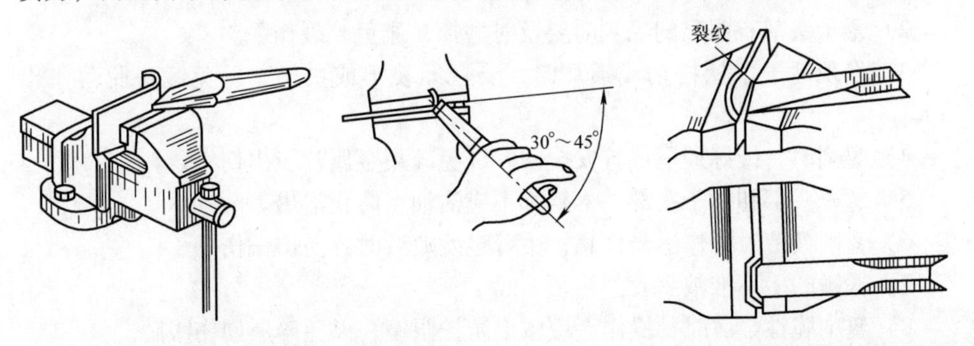

图 6-39　薄板料錾削示意图　　图 6-40　错误錾削薄板料示意图

錾削较厚或面积较大的板料，可放置在铁砧或垫有平铁的平地上錾削。若需在板料上錾削一定几何形状，则要先沿切断线钻孔，然后再錾削。直线部分用扁錾錾削，圆弧部分用狭錾錾削，如图6-41所示。

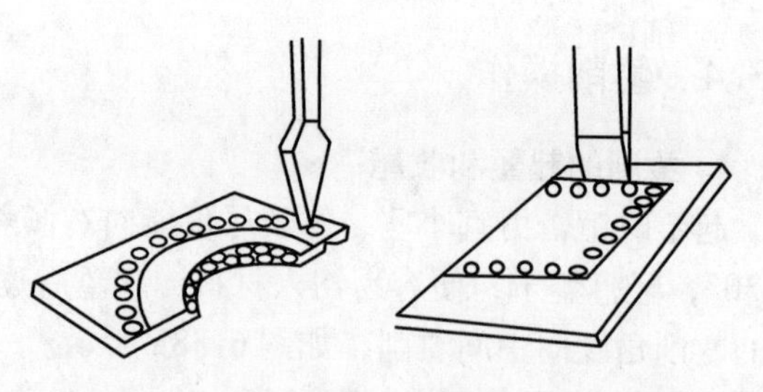

图6-41　较厚或面积较大的板料錾削示意图

3. 錾削平面

錾削较窄平面时，錾刃与錾削方向要保持一定斜度，如图6-42a所示；錾削较宽平面时，应先用窄錾分段开槽，然后再用扁錾逐段錾去多余部分，如图6-42b、c所示。

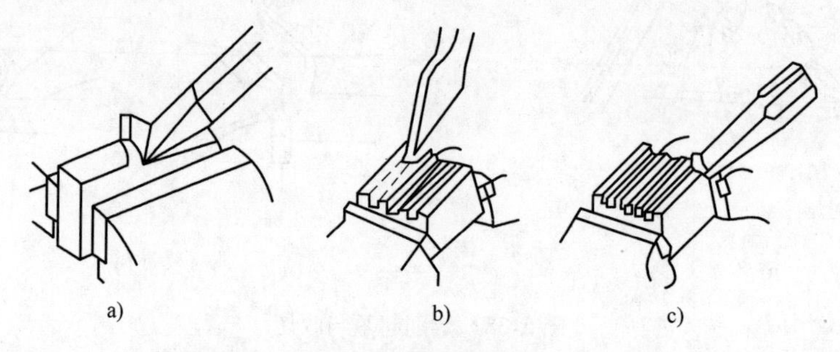

图6-42　錾削平面

a）錾削较窄平面　b）窄錾开槽　c）扁錾錾平

6.3.5　錾削安全操作规程

为了保证錾削工作的安全，操作时应注意以下几方面：

1）錾子要经常刃磨锋利，过钝的錾子不但工作费力，錾出的表面不平整，而且常易产生打滑现象而引起手部划伤事故。

2）錾子头部有明显的毛刺时要及时磨掉，避免碎裂伤手。

3）发现锤子木柄松动或损坏时，要立即装牢或更换，以免锤头脱落飞出伤人。

4）錾削时，最好周围设置安全网，以免碎裂金属片飞出伤人。

5）錾子头部和锤子头部、木柄都不应沾油，防止滑出。

6）錾削疲劳时要作适当休息，手臂过度疲劳时容易击偏伤手。

7）握锤的手不准戴手套。

8）錾削脆性金属时，操作者应戴上防护眼镜，以免碎屑崩伤眼睛。

9）錾削两三次后，可将錾子退回一些。刃口不要总是顶住工件，以便随时

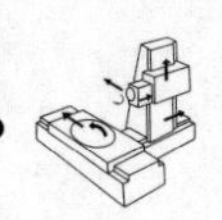

观察錾削的平整情况，同时可放松手臂肌肉。

10）錾削将近终止时锤击力要轻，以免把工件边缘錾缺而造成废品。

6.3.6 錾削常见的缺陷、产生原因和预防措施

錾削常见的缺陷、产生原因和预防措施见表6-1。

表6-1 錾削常见缺陷、产生原因和预防措施

<table>
<tr><th>序号</th><th>工件常见缺陷</th><th>产生原因</th><th>预 防 措 施</th></tr>
<tr><td rowspan="3">1</td><td rowspan="3">工件变形</td><td>1）立握錾，切断时工件下面垫的不平</td><td>放平工件，较大工件由一人扶持</td></tr>
<tr><td>2）刃口过厚，将工件挤变形</td><td>修磨錾子刃口</td></tr>
<tr><td>3）夹伤</td><td>较软金属应加钳口铁，夹持力量应适当</td></tr>
<tr><td rowspan="4">2</td><td rowspan="4">工件表面不平</td><td>1）錾子楔入工件</td><td>调好錾削角度</td></tr>
<tr><td>2）錾子刃口不锋利</td><td>修磨錾子刃口</td></tr>
<tr><td>3）錾子刃口崩伤</td><td>修磨錾子刃口</td></tr>
<tr><td>4）锤击力不均匀</td><td>注意用力均匀，速度适当</td></tr>
<tr><td rowspan="4">3</td><td rowspan="4">錾伤工件</td><td>1）錾掉边角</td><td>快到尽头时调转方向</td></tr>
<tr><td>2）起錾时，錾子没有吃进就用力錾削</td><td>起錾要稳，从角上起錾，用力要小</td></tr>
<tr><td>3）錾子刃口忽上忽下</td><td>掌稳錾子，用力平稳</td></tr>
<tr><td>4）尺寸不对</td><td>划线时注意检查，錾削时注意观察</td></tr>
</table>

6.4 锉削

6.4.1 锉削简述

用锉刀对工件表面进行切削加工，使工件达到零件图样要求的形状、尺寸和表面粗糙度，这种加工方法称为锉削。锉削的精度最高可达IT7～IT8，表面粗糙度值 Ra 可达0.8～1.6μm。

锉削加工简便，工作范围广，多用于錾削、锯削之后。锉削可对工件上的平面、曲面、内外圆弧、沟槽以及其他复杂表面进行加工，还可以配键、制作样板以及装配时对工件的修整等。在现代工业生产条件下仍有一些不便于机械加工的场合需要锉削来完成，如零件的修整、修理工作及小量生产条件下某些复杂形状的零件（如成形样板、模具型腔）的加工等，所以锉削仍是钳工的一项重要的基本操作方法。

6.4.2　锉刀

1. 锉刀的材料及构造

（1）锉刀的材料　锉刀常用碳素工具钢T12、T13制成，并经热处理淬硬到62～67HRC，是专业工厂生产的一种标准工具。

（2）锉刀的构造　如图6-43所示，锉刀由锉刀面、锉刀边、锉刀舌、锉刀尾和木柄等部分组成。

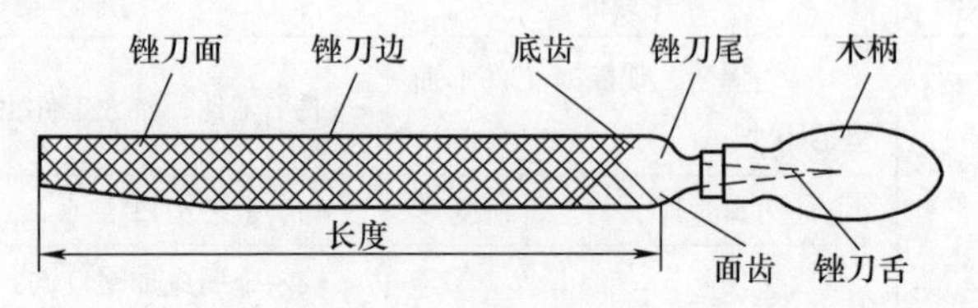

图6-43　锉刀的结构

1）锉刀面。锉刀的上下两面是锉削的主要工作面。锉刀面在前端做成凸弧形，上下两面都有锉齿，便于进行锉削。锉刀在纵长方向做成凸弧形的作用是能够抵消锉削时由于两手上下摆动而产生的表面中凸现象，以使工件锉平。

2）锉刀边。锉刀边是指锉刀的两个侧面，有齿边和光边之分。有的锉刀两边都没有齿，有的其中一个边有齿。光边的作用是在锉削内直角形的一个面时，用光边靠在已加工的面上去锉另一直角面，防止碰伤已加工表面。

3）锉刀舌。锉刀舌是用来装入木柄的非工作部分，不经淬火处理。

4）锉刀尾。锉刀尾是锉刀刀身与锉刀舌的过渡部分。

5）木柄。木柄的作用是便于锉削时握持传递推力，通常是木质的，在安装孔的一端应有铁箍。

2. 锉刀的规格

锉刀的规格一般用锉刀有齿部分的长度表示。扁锉常用的有100mm、150mm、200mm、250mm和300mm等多种。锉刀的尺寸规格，不同的锉刀用不同的参数表示，如圆锉刀的尺寸规格以直径表示，方锉刀的规格以方形尺寸表示，其他锉刀以锉身长度表示。

3. 锉齿和锉纹

（1）锉齿　锉齿是锉刀用以切削的齿型。锉齿原理如图6-44所示，锉削时每个锉齿相当于一把錾子，对金属材料进行切削。

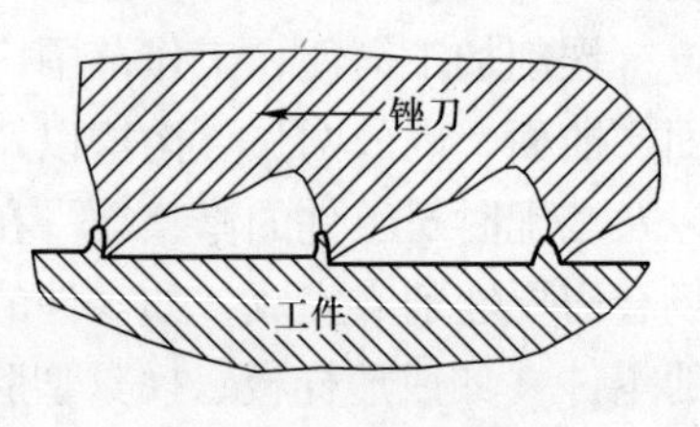

图6-44　锉齿原理

1）锉齿的齿形有剁齿和铣齿两种。剁齿由剁锉机剁成，铣齿为铣齿法铣成。剁齿锉刀加工方便，成本低，但刀齿较钝，相应锉削阻力

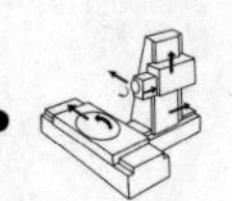

大，不过刀齿不易磨损，可切削较硬金属。铣齿锉刀加工较费时，成本较高，但刀齿锋利，由于刀齿易磨损，故只宜切削软金属。

2）锉刀刀齿粗细按每 10mm 锉面上齿数多少划分为粗齿锉、中齿锉、细齿锉和油光锉，其各自的特点及应用见表 6-2。

表 6-2 锉刀刀齿粗细的划分及特点和应用

锉齿粗细	齿数（10mm 长度内）	特点和应用
粗齿	4 ~ 12	齿间大，不易堵塞，适宜粗加工或锉铜、铝等非铁金属
中齿	13 ~ 23	齿间适中，适于粗锉后加工
细齿	30 ~ 40	锉光表面或锉硬金属
油光齿	50 ~ 62	精加工时修光表面

（2）锉纹　锉纹是锉齿排列的图案，有单齿纹和双齿纹两种，如图 6-45 所示。

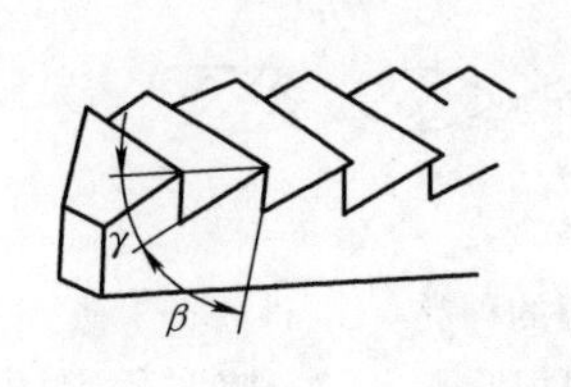

a)

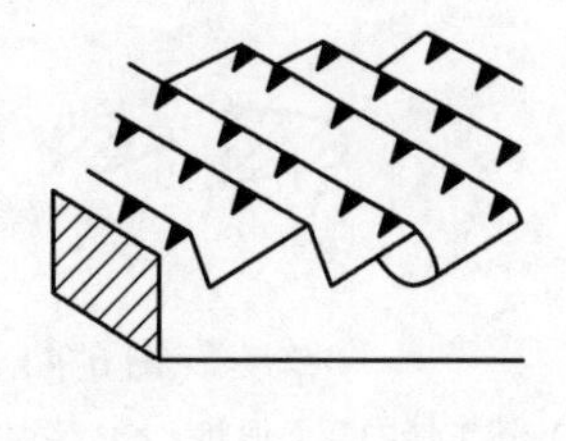

b)

图 6-45　锉刀齿纹的种类

a）单齿纹　b）双齿纹

1）单齿纹。单齿纹是指锉刀上只有一个方向的齿纹。单齿纹多为铣制齿，正前角切削，齿的强度弱，全齿宽同时参加切削，锉除的切屑不易碎断，甚至与锉刀等宽，故切削阻力大，需要较大切削力，因此只适用于锉削软材料及锉削窄面工件。

2）双齿纹。双齿纹是指锉刀上有两个方向排列的齿纹。双齿纹大多为剁齿，先剁上去的为底齿纹（齿纹浅），后剁上去的为面齿纹（齿纹深）。面齿纹和底齿纹的方向和角度不一样，这样形成的锉齿沿锉刀中心线方向形成倾斜和有规律排列。锉削时，每个齿的锉痕交错而不重叠，锉面比较光滑，切屑是碎断的，从而减小了切削阻力，使锉削省力，锉齿强度也高，因此双齿纹锉刀适用于锉削硬材料及锉削宽面工件。

4. 锉刀的种类

锉刀按用途不同分为钳工锉、整形锉和特种锉三类。其中钳工锉使用最多。

钳工锉按其断面形状不同分为：平锉（扁锉）、方锉、三角锉、半圆锉和圆锉五种，其断面形状如图6-46a所示。

整形锉用于修整工件上的细小部位，每5把、6把、8把、10把、12把为一组，其断面形状如图6-46b所示。

特种锉用于加工零件上的特殊表面，种类较多，如棱形锉，其断面形状如图6-46c所示。

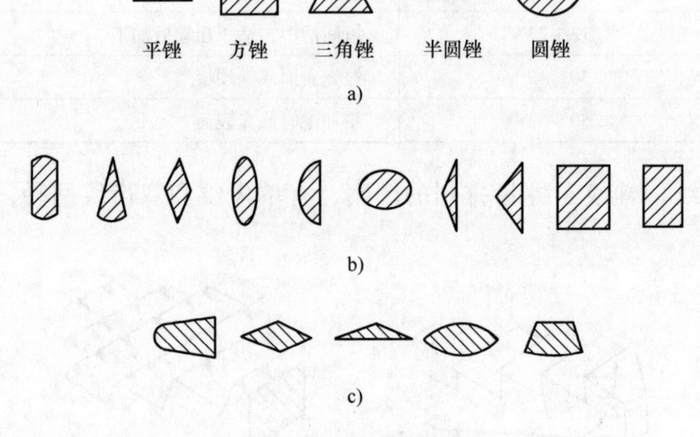

图6-46　锉刀的种类

a）钳工锉的断面形状　b）整形锉的断面形状　c）特种锉的断面形状

5. 锉刀的选择

合理选择锉刀，对保证加工质量，提高工作效率和延长锉刀使用寿命有很大的影响。一般选择锉刀的原则是：

1）根据工件形状和加工面的大小选择锉刀的形状和规格。图6-47所示为不同加工表面使用锉刀的例子。

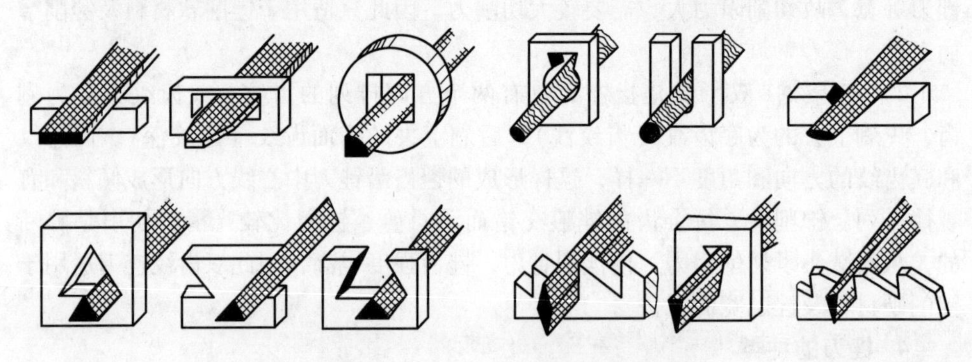

图6-47　不同加工表面使用的锉刀

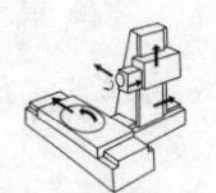

2）根据加工材料软硬、加工余量、精度和表面粗糙度的要求选择锉刀的粗细。粗锉刀的齿距大，不易堵塞，适用于粗加工（即加工余量大、精度等级和表面质量要求低）及铜、铝等软金属的锉削；中锉刀用于粗加工后的加工；细锉刀适用于钢、铸铁以及表面质量要求高的工件的锉削；油光锉只用来修光已加工表面，锉刀越细，锉出的工件表面越光，但生产率越低。表6-3列出了不同种类锉刀的适用场合。

表6-3　不同种类锉刀的适用场合

锉纹号	锉齿	适用场合		
		加工余量/mm	尺寸精度/mm	表面粗糙度 Ra/μm
1	粗	0.5~1	0.2~0.5	100~25
2	中	0.2~0.5	0.05~0.2	12.5~6.3
3	细	0.05~0.2	0.01~0.05	6.3~3.2
4	油光	0.025~0.05	0.005~0.01	3.2~1.6

6.4.3　锉削方法

1. 工件的装夹

工件在装夹时应注意：

1）工件最好夹在台虎钳的中部。

2）工件装夹必须牢固，但不能使工件变形。

3）需锉削的表面应略高于钳口，但不能高得太多，以免锉削时工件产生振动。

4）表面形状不规则的工件夹持时应加衬垫，如夹圆形工件时要衬以V形块或弧形木块，夹持较长薄板工件时应用两块较厚的铁板夹紧后再一起夹入钳口。工件露出钳口要尽量少，以免锉削时抖动。

2. 锉刀的握法及锉削姿势

（1）锉刀的握法　锉刀的握法正确与否，对锉削质量、锉削力量的发挥和操作者的疲劳程度都有一定影响。由于锉刀的大小和形状不同，所以锉刀的握法也不同。

1）大锉刀（200mm以上）的握法。如图6-48所示，用右手握锉刀柄，柄端顶住掌心，大拇指放在锉刀木柄的上面，其余四指弯在木柄的下面，配合大拇指捏住锉刀木柄，左手则根据锉刀的大小和用力的轻重，可有多种姿势。

2）中锉刀（150mm左右）的握法。如图6-49所示，右手握法大致和大锉刀握法相同，左手只需用大拇指和食指、中指轻轻夹持即可，不必像大锉刀那样施加很大的力量。

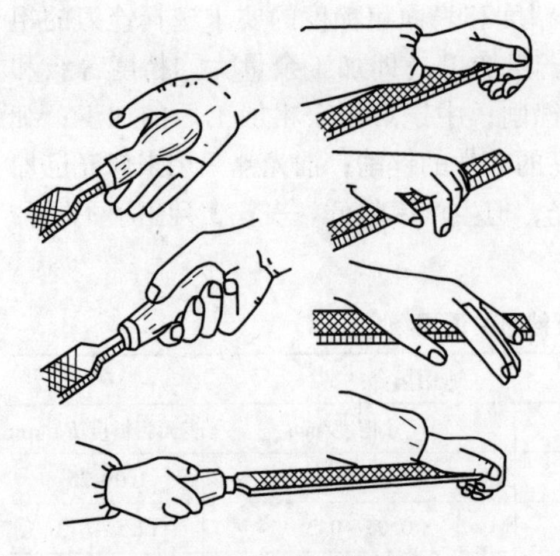

图6-48　大锉刀的握法

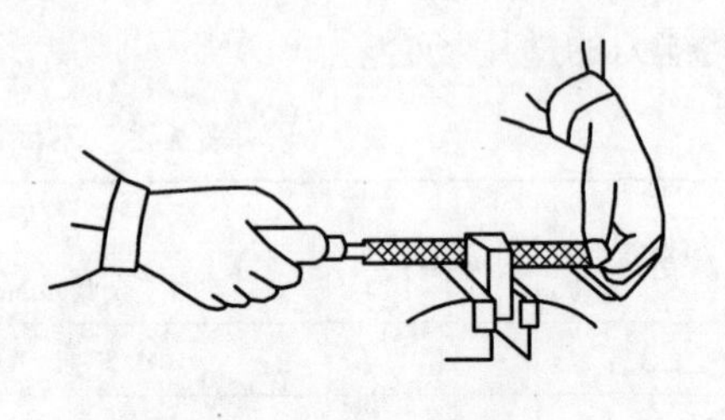

图6-49　中锉刀的握法

3）小锉刀（100mm左右）的握法。如图6-50所示，右手食指伸直，拇指放在锉刀木柄上面，食指靠在锉刀的刀边，左手几个手指压在锉刀中部，这样的握法不易感到疲劳，锉刀也容易握平稳。

4）更小锉刀（整形锉）的握法。如图6-51所示，一般只用右手拿着锉刀，食指放在锉刀上面，拇指放在锉刀木柄的左侧。

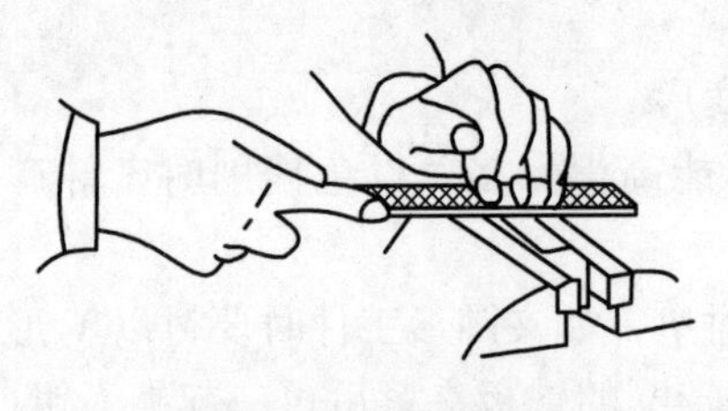

图6-50　小锉刀的握法

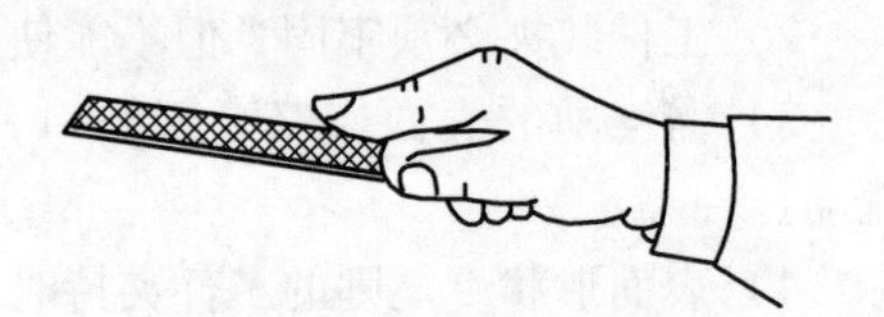

图6-51　更小锉刀的握法

（2）锉削的姿势　正确的锉削姿势能够减轻疲劳，提高锉削质量和效率。

锉削时人的站立位置与錾削时相似，如图6-52所示。站立要自然并便于用力，以能适应不同的锉削要求为准。人的站立姿势为：左腿在前弯曲，右腿伸直在后，身体向前倾斜（10°左右），重心落在左腿上。锉削时，两腿站稳不动，靠左膝的屈伸使身体做往复运动，手臂和身体的运动要相互配合，并要使锉刀的全长得到充分利用。

（3）锉削力的运用和锉削速度　锉削时锉刀的平直运动是锉削的关键。锉削的力有水平推力和垂直压力两种。推动主要由右手控制，其大小必须大于锉削阻力才能锉去切屑，压力是由两个手控制的，其作用是使锉齿深入金属表面。

由于锉刀两端伸出工件的长度随时都在变化，因此两手压力大小必须随着变

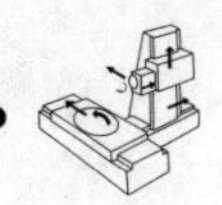

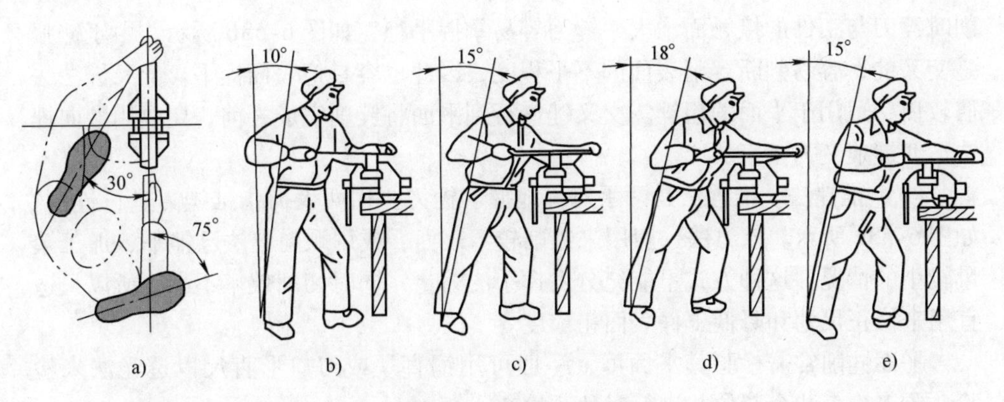

图6-52　锉削的姿势

a）站立姿势　b）开始锉削　c）锉刀推出1/3的行程　d）锉刀推出2/3的行程　e）锉刀行程推尽时

化，使两手的压力对工件的力矩相等，这是保证锉刀平直运动的关键。锉刀运动不平直，工件中间就会凸起或产生鼓形面。

锉削速度一般为每分钟30~60次。速度太快，操作者容易疲劳，也会加速锉齿的磨损；太慢，则切削效率低。

6.4.4　锉削操作

1. 平面锉削

平面锉削是最基本的锉削，常用方式有以下三种（见图6-53）：

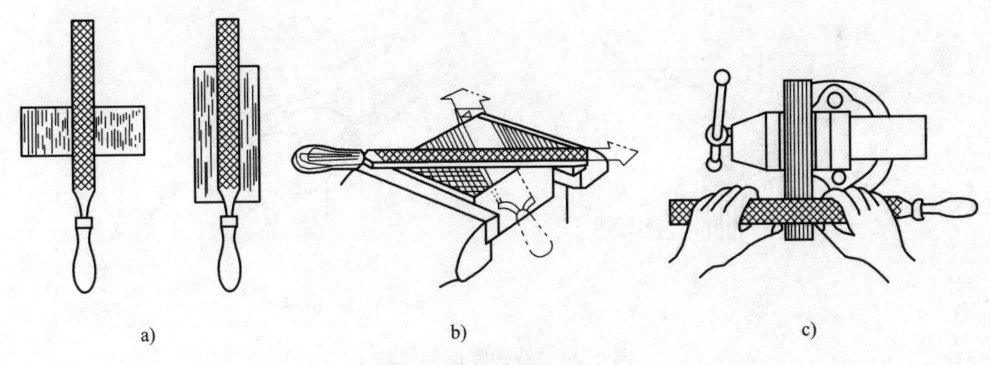

图6-53　平面的锉削方法

a）顺向锉法　b）交叉锉法　c）推锉法

（1）顺向锉法　顺向锉法是最普遍的锉法，锉刀沿着工件表面横向或纵向移动，锉削平面可得到正直的锉痕，比较美观，如图6-53a所示。该方法适用于工件锉光、锉平或锉顺锉纹。

（2）交叉锉法　交叉锉法是以交叉的两个方向顺序地对工件进行锉削，锉削时锉刀与工件的接触面增大，锉刀容易掌握平稳，如图6-53b所示。由于锉痕是交叉的，容易判断锉削表面的不平程度，因此也容易把表面锉平。交叉锉法去屑较快，适用于平面的粗锉。交叉锉进行到平面将锉削完成之前，要改用顺向锉法，使锉痕变为正直。

（3）推锉法　推锉法是两手对称地握着锉刀，用两大拇指推锉刀进行锉削，如图6-53c所示。该方法一般用来锉削较窄表面，或用顺向锉法已锉平、加工余量较小的情况。这种方式不能充分发挥手的力量，同时切削效率不高，所以只适宜用来修正尺寸和降低工件表面粗糙度。

平面锉削常需检验其平面度，一般可用钢直尺或刀口形直尺以透光法来检验，要多检查几个部位并进行对角线检查。

2. 曲面锉削

（1）外圆弧面的锉法　锉削外圆弧时，在锉刀做前进运动的同时，还应绕工件圆弧的中心摆动，摆动时右手把锉刀柄部往下压，而左手把锉刀前端向上提。

锉削外圆弧面所用的锉刀都为扁锉。锉削时锉刀要同时完成两个运动，即前进运动和锉刀绕工件圆弧中心的转动。锉削外圆弧面的方法有两种：

1）顺着圆弧面锉，如图6-54a所示。锉削时，锉刀向前，右手下压，左手随着上提，这样锉出的圆弧面不会出现棱边。

2）对着圆弧面锉，如图6-54b所示。锉削时，锉刀做直线运动，并不断随圆弧面摆动。

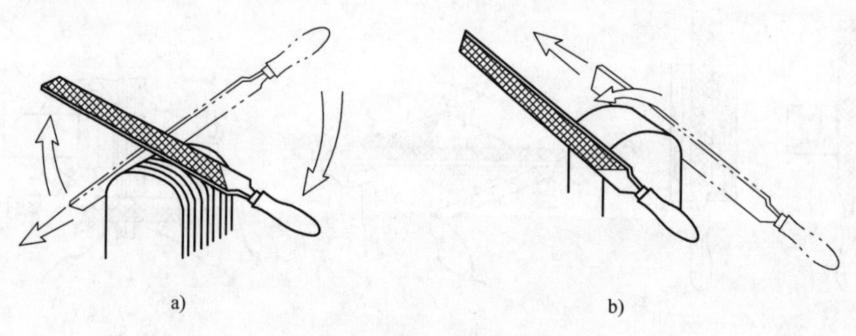

图6-54　外圆弧面的锉法
a）顺着圆弧面锉　b）对着圆弧面锉

（2）内圆弧面的锉法　锉削内圆弧面的锉刀可选用圆锉、半圆锉或方锉。如图6-55所示，锉削时锉刀要同时完成三个运动，即前进运动、随圆弧面向左或向右移动、绕锉刀中心线移动。

（3）球面的锉法　如图6-56所示。锉削圆柱形工件端部的球面时锉刀要以

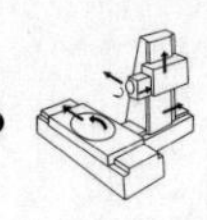

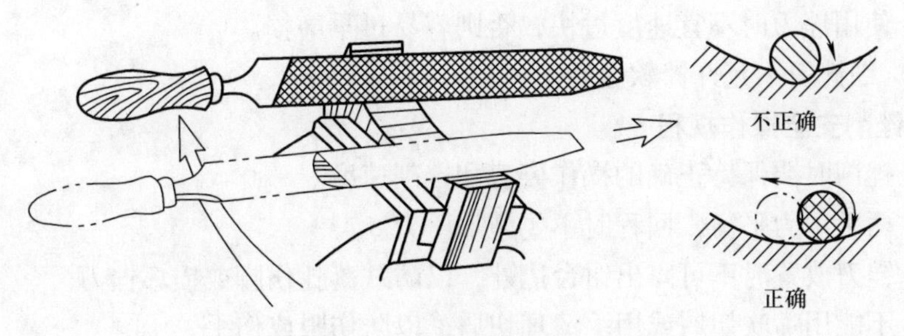

图6-55 内圆弧面的锉法

直向和横向两种锉削运动结合进行，才能获得要求的球面。

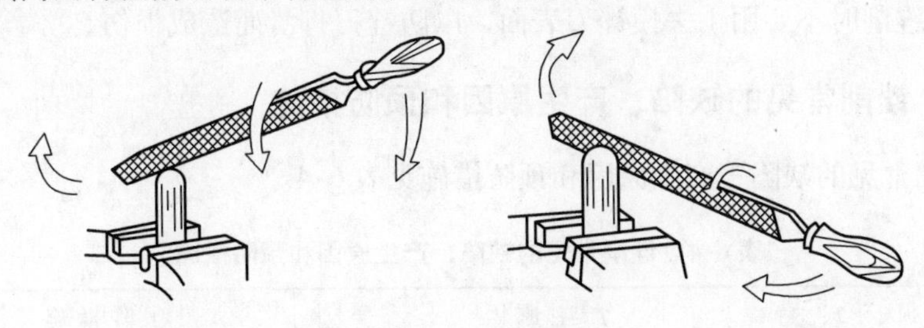
图6-56 球面的锉法

6.4.5 锉削安全规程

1. 锉刀的使用规范

为了延长锉刀的使用寿命，必须遵守下列规则：

1）不可用锉刀来锉经过淬硬的工件，否则锉齿很易磨损。

2）锉刀应先用一面，用钝后再用另一面。因为用过的锉面比较容易锈蚀，两面同时用会使锉刀总的使用寿命缩短。

3）有硬层或粘砂的锻件和铸件，须在砂轮机上将其磨掉后，才可用半锋利的锉刀锉削。

4）锉刀在每次使用完毕，应用钢丝刷刷去锉纹中的残留铁屑，以免生锈腐蚀锉刀。使用过程中发现铁屑嵌入锉纹也要及时刷去，或用铁片剔除，不允许用手直接清除。

5）锉刀放置时不能与其他金属硬物相碰，不能与其他锉刀互相重叠堆放，以免锉齿损坏。

6）防止锉刀沾水、沾油，以防锈蚀而使锉削时打滑。

7）不能把锉刀当装拆工具，若用以敲击或撬动其他物体则很容易损坏。

8）使用整形锉时不可用力过猛，以免锉刀折断。

9）使用锉刀时不宜速度过快，否则容易过早磨损。

10）细锉刀不允许锉软金属。

2. 锉削安全操作规程

1）锉削时要保持正确的操作姿势和锉削速度。

2）两手用力平衡，回程时不要施加压力。

3）锉刀放置时不可露出钳台边外，以防跌落扎伤脚或损坏锉刀。

4）不能用嘴吹切屑或用手清理切屑，以防伤眼或伤手。

5）不可使用无柄或手柄开裂的锉刀，锉刀把要装紧，否则不但使不上力而且还可能因手柄脱落而刺伤手腕。

6）锉削时不要用手去摸锉刀表面，以防锉刀打滑而造成损伤。

6.4.6　锉削常见的缺陷、产生原因和预防措施

锉削常见的缺陷、产生原因和预防措施见表6-4。

表6-4　锉削常见的缺陷、产生原因和预防措施

序号	损坏形式	产生原因	预防措施
1	平面中凸、塌边和塌角	1）锉削不熟练，锉削力运用不当	按锉削安全操作规程勤加练习
		2）锉刀选用不当	正确选用锉刀
2	形状、尺寸不准确	1）划线错误	按图样要求正确划线并仔细检查
		2）锉削过程中没有及时检查工件尺寸	锉削过程中应及时检查工件尺寸
3	表面较粗糙	1）锉刀粗细选择不当	选择粗细合适的锉刀
		2）锉屑卡在锉齿间	及时清理锉屑
4	锉掉了不该锉的部分	1）锉削时锉刀打滑	防止锉刀沾水、沾油，以防打滑
		2）忽略了锉刀带锉齿边和光边	注意工作边和光边，避免用错
5	工件被夹坏	工件在台虎钳上夹持不当	正确夹持工件

6.5　锯削

6.5.1　锯削简述

锯削是用手锯对工件或材料进行分割的一种切削加工方法。锯削的工作范围包括分割各种材料或半成品，锯掉工件上的多余部分，在工件上锯槽等，如图6-57所示。

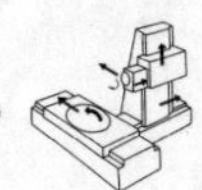

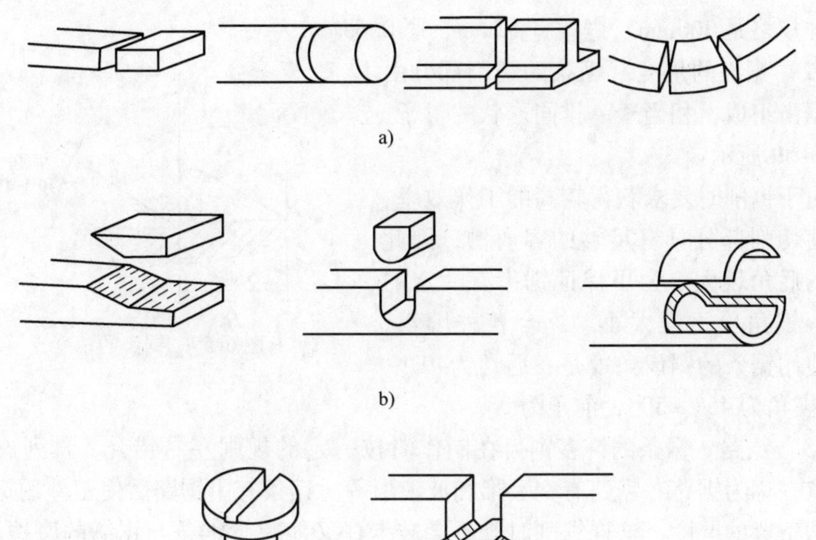

图 6-57　锯削的工作范围

a）分割材料或半成品　b）锯掉工件上的多余部分　c）锯槽

6.5.2　手锯

手锯由锯弓和锯条两部分组成。

1. 锯弓

锯弓是用来夹持和张紧锯条的，分固定式和可调式两种，如图 6-58 所示。固定式锯弓的弓架是整体的，只能安装一种长度规格的锯条；可调式锯弓的弓架分成前后两段，两端各有一个夹头，上面有装锯条的直槽，由于前段在后段套内可以伸缩，因此可以安装几种长度规格的锯条。

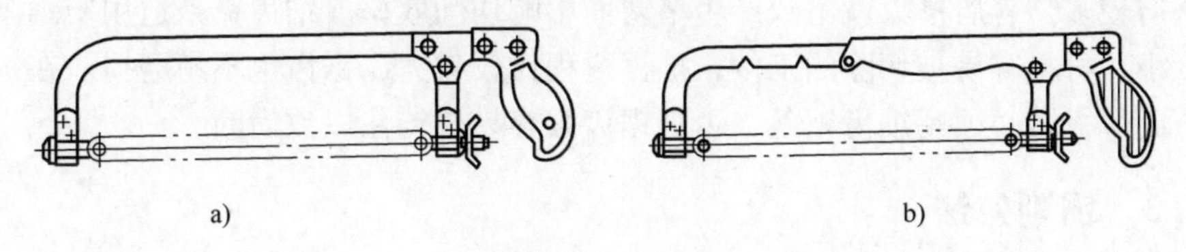

图 6-58　锯弓

a）固定式　b）可调式

2. 锯条

锯条由碳素工具钢或合金工具钢制成，并经热处理淬硬。

（1）锯条的规格　锯条的规格以锯条两端安装孔的孔间距表示，钳工常用的标准规格是300mm，锯条宽12mm，厚0.65mm左右。

（2）锯齿的角度　锯条的切削部分由许多锯齿组成，相当于一排同形状的錾子，如图6-59所示。

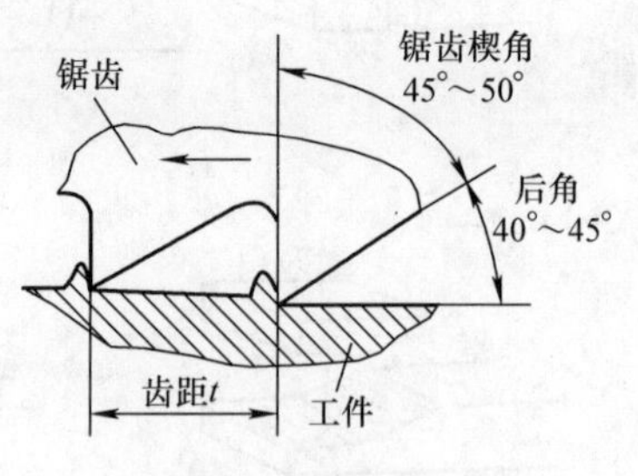

图6-59　锯齿的角度

由于锯削时要求获得较高的工作效率，必须使切削部分具有足够的容屑槽，因此锯齿的后角较大。为了保证锯齿有一定的强度，楔角也不宜太小。综合各种因素，目前使用锯条的锯齿角度是：后角为40°~45°，楔角为45°~50°，前角为0°。

（3）锯路　锯条的许多锯齿在制作时按一定的规则左右错开，排列成一定的形状，称为锯路。锯路有交叉形和波浪形等。锯条有了锯路后使工件的锯缝宽大于锯条背的厚度，这样锯削时既不会被卡住又能减少锯条与锯缝的摩擦阻力，便于排屑，锯条工作时比较顺畅，也不会由于过热而加快磨损。

（4）锯条的粗细　根据锯条的牙距大小或25mm内不同的锯齿数，锯条可分为粗齿、中齿、细齿三类。

锯齿的粗细及应用见表6-5。

表6-5　锯齿的粗细及应用

锯齿粗细	每25mm内的锯齿数（牙距大小）	应　用
粗齿	14~18（1.8mm）	锯削铜、铝等软材料
中齿	19~23（1.4mm）	锯削钢、铸铁等中硬材料
细齿	24~32（1.1mm）	锯削硬钢材及薄壁工件

粗齿锯条容屑槽较大，适用于锯削软材料和较大的表面，因为此时每锯一次的铁屑较多，容屑槽大就不致产生堵塞而影响切削效率。细齿锯条适用于锯削切削量小、材料容易被切除的工件，推锯过程比较省力，锯齿也不易磨损。在锯削管子或薄板时必须用细齿锯条，否则锯齿很容易被钩住以致崩断。

6.5.3　锯削方法

1. 锯条的安装

手锯是在向前推时进行切削的，所以锯条安装时要保证锯齿的方向正确，如果装反了，则锯齿前角为负值，切削很困难甚至不能正常切削，如图6-60所示。

锯条的松紧也要适当。太紧的锯条受力太大，在锯削中稍有阻力而产生折弯时就很容易崩断；太松则锯削时锯条容易扭曲，也很容易折断，而且锯缝容易歪斜。装好的锯条应尽量使它与锯弓保持在同一中心平面内，不能歪斜和扭曲。要

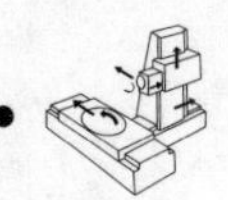

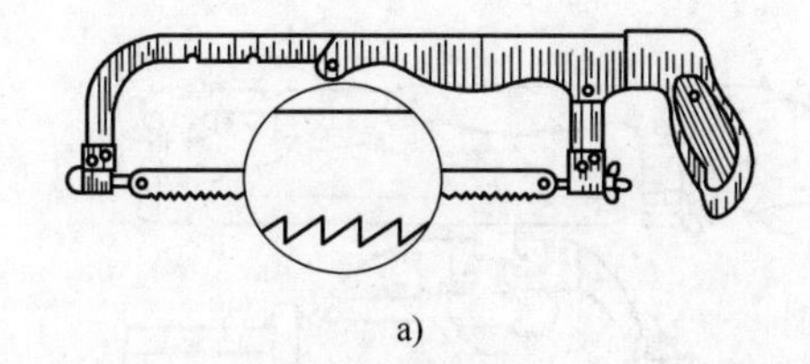

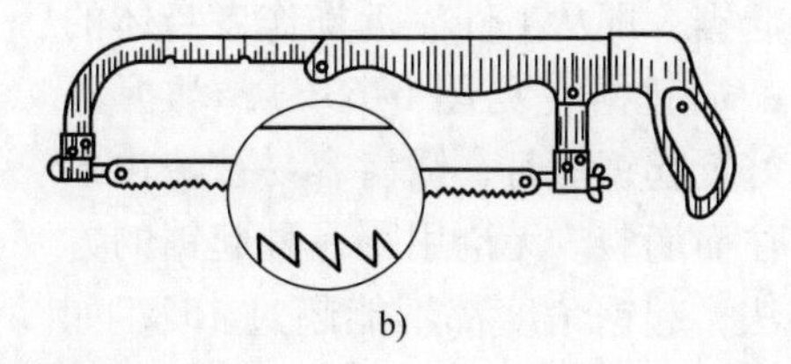

图 6-60　锯条的安装

a）正确　b）不正确

根据工件的材料和厚度选择锯条。

2. 工件的安装

1）工件应尽可能夹持在台虎钳左边，以免锯削时碰伤左手。

2）工件伸出要短，以免锯削时产生震颤。

3）工件应夹紧，以免锯削时工件移动或使锯条折断。

4）防止工件变形和夹坏已加工表面。

3. 锯削姿势与握锯

锯削时站立姿势与锉削时相似，如图 6-61 所示。

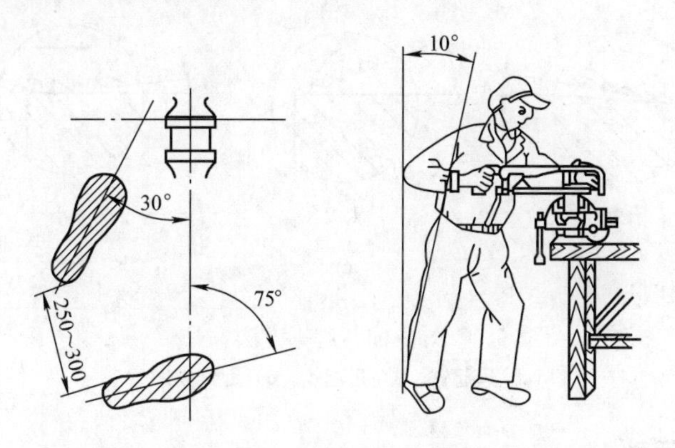

图 6-61　锯削时的站立姿势

握锯方法是右手握住锯弓的手把，左手五个手指夹正，锯削时推力和压力均主要由右手控制，左手施加压力不要太大，主要起夹正锯弓的作用，如图 6-62 所示。

6.5.4　锯削操作

1. 起锯方法

起锯的方式有远起锯和近起锯两种。远起锯，即从工件远离自己的一端起锯（见图 6-63a），锯齿逐步切入材料，不易被卡住，一般情况下采用该法较好；近起锯，即从工件靠近操作者身体的一端起锯（见图 6-63b），掌握不好近起锯法时，锯齿容易被棱边卡住而崩裂。无论用哪一种起锯的方法，起锯角度都不能超过 15°，如图 6-63c 所示。为使起锯的位置准确和平稳，起锯时可用左手大拇指挡住锯条来定位。

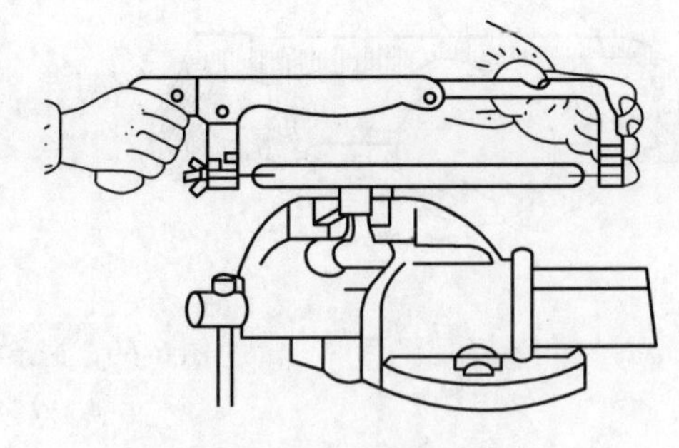

图 6-62　握锯方法

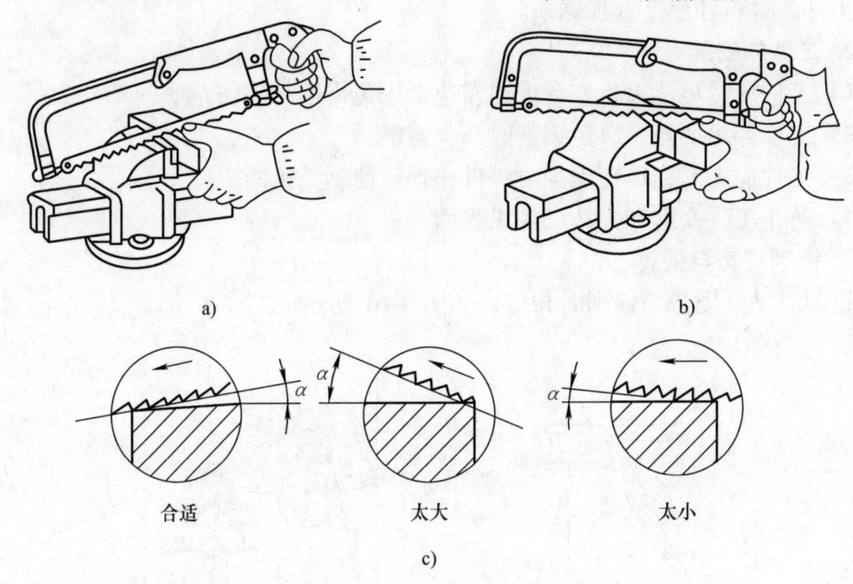

图 6-63　起锯方法

a）远起锯　b）近起锯　c）起锯角度

2. 锯弓的运动

锯削时锯弓的运动有两种，一种是直线往复运动，适用于锯薄形工件和直槽；另一种是摆动式，即锯削时锯弓两端像锉刀锉外圆弧面时一样摆动。后一种操作方式动作自然，两手不易疲劳，切削效率较高。手锯在回程中不应施加压力，以免锯齿磨损。

3. 锯削速度和往复长度

锯削速度以每分钟往复 20～40 次为宜。速度过快，锯条发热严重，容易磨钝（必要时可加水或乳化液冷却）；速度太慢，则效率不高。

锯削时最好使锯条的全部长度都能参与锯削，若只集中于局部长度使用，则锯条的使用寿命将相应缩短。一般手锯的往复长度不应小于锯条全长度的 2/3。

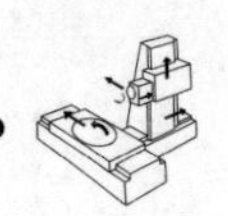

6.5.5 锯削的安全技术

1）要防止锯条折断时从锯弓上弹出伤人，要特别注意工件即将锯断时压力要减小。

2）锯条安装松紧要适当。

3）不要突然用过大的力量锯削。

4）工件夹持要牢固，以免工件松动，锯缝歪斜，锯条折断。

5）要经常注意锯条的平直情况，如果发现歪斜应及时纠正。

6）工件被锯下的部分要防止跌落时砸在脚上。

7）在锯削钢件时，可加些机油，以减少锯条与工件的摩擦，提高锯条的使用寿命。

6.5.6 锯削的损坏形式、产生原因及预防措施

锯削的损坏形式、产生原因及预防措施见表6-6。

表6-6 锯削的损坏形式、产生原因及预防措施

序号	损坏形式	产生原因	预防措施
1	锯条折断	1）锯条装夹过紧或过松	锯条装夹注意松紧适当
		2）工件装夹不牢，抖动或松动	将工件牢固装夹，锯缝靠近钳口
		3）强行纠正歪斜的锯缝，或调换新锯条后仍在原锯缝过猛地锯下	锯缝歪斜后，将工件调向再锯，不可调向的要逐步借正
		4）锯削压力太大	锯削压力应适当、均匀
		5）锯削方向突然偏离锯缝方向	按划线方向锯削
		6）新锯条在原锯缝中卡住	调换新锯条后，工件应反向装夹，重新起锯
		7）推锯时手不稳，呈扭曲状况	纠正推锯动作
2	锯齿崩裂	1）锯齿的粗细选择不当	根据工件的材料硬度选择锯齿的粗细，锯薄板或薄壁管时应选择细齿锯条
		2）起锯方法不对，角度太大	起锯角度要小，远起锯时用力要小
		3）突然碰到砂眼、杂质	碰到砂眼、杂质时减小锯削压力
3	锯缝歪斜	1）工件安装时，锯缝线未能与铅垂线方向保持一致	锯条应与铅垂线方向平行或重合
		2）锯条安装太松或相对锯弓平面扭曲	正确安装锯条
		3）锯削压力太大而使锯条左右偏摆	适当用力
		4）锯弓未扶正或用力歪斜	弓架的握持与运动要以锯条为主导

（续）

序号	损坏形式	产生原因	预防措施
4	锯齿过早磨损	1）锯削的速度太快	锯削速度要适当
		2）锯削硬材料时未进行冷却、润滑	锯削钢件时应加机油，锯削铸铁时应加柴油，锯削其他金属时加切削液来进行冷却、润滑
5	起锯时工件表面被拉毛	起锯方法不对	起锯时左手大拇指要挡好锯条，起锯角度要适当，待有一定深度后再正常锯削，以免锯条弹出

6.6 钻孔、扩孔、铰孔和锪孔

6.6.1 钻孔和麻花钻

用钻头在实心材料上加工出孔的方法叫钻孔。

钻孔时钻头装在钻床（或其他机床）上，依靠钻头与工件之间的相对运动来完成切削加工，如图6-64所示。在钻床上钻孔时，钻头的旋转运动为主运动，钻头的直线移动为进给运动。

钻孔可以达到的精度一般为IT10以下，表面粗糙度 Ra 值一般大于12.5μm。钻孔只能加工精度要求不高的孔或作为孔的粗加工。

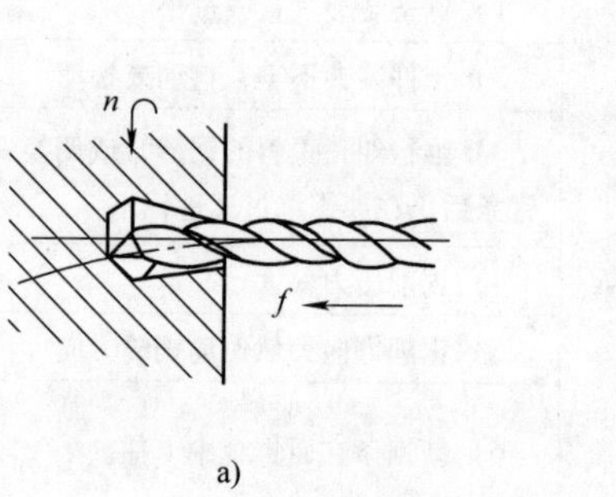

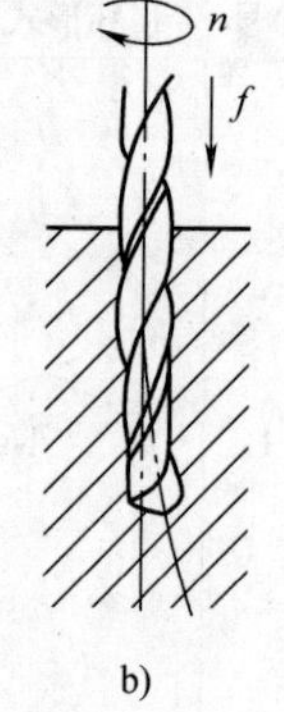

图6-64 钻孔

a）在车床上钻孔 b）在钻床上钻孔

1. 麻花钻的组成

麻花钻是最常用的一种钻头，如图6-65所示。它由柄部、颈部和工作部分组成。

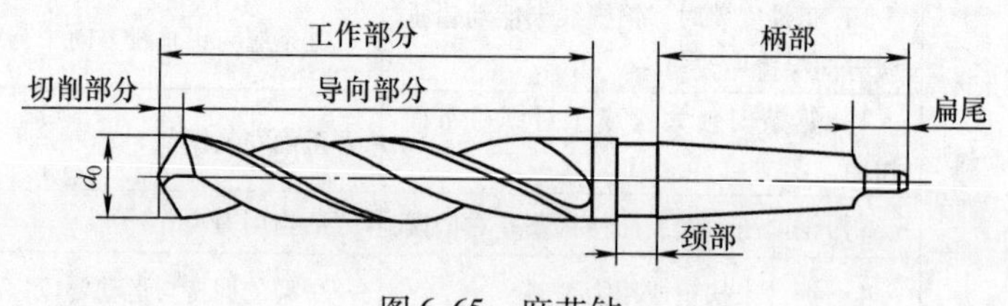

图6-65 麻花钻

（1）柄部　柄部是钻头的夹持部分，用来传递钻孔时所需的转矩和进给力，分直柄和锥柄两种。直柄所能传递的转矩较小，其钻头直径在 13mm 以下；莫氏锥柄可传递较大的转矩，钻头直径大于 13mm 的一般都是这种锥柄。

（2）颈部　位于工作部分和柄部之间，磨削柄部时，是砂轮的退刀槽。钻头的标记也常注于此。

（3）工作部分　工作部分由切削部分和导向部分组成。切削部分担任主要的切削工作，两条螺旋槽用来形成切削刃，并起排屑和输送切削液的作用；导向部分在切削过程中能保持钻头正直的钻削方向和具有修光孔壁的作用，同时还是切削部分的后备部分。

钻头直径为 6～8mm 时常制成焊接式的，其工作部分的材料一般用高速工具钢（W18Cr4V），淬硬至 62～68HRC，其热硬性可达 550～600℃，柄部的材料则差一些，一般用 45 钢，淬硬至 30～45HRC。

2. 麻花钻切削部分的结构

如图 6-66a 所示，麻花钻的切削部分有两个对称的刃瓣，可以看作两把对称的车刀，两条对称的螺旋槽用于容屑和排屑；为了减少与加工孔壁的摩擦，导向部分磨有两条棱带，棱边直径磨有（0.03～0.12）/100 的倒锥量，形成副偏角 κ_r'。

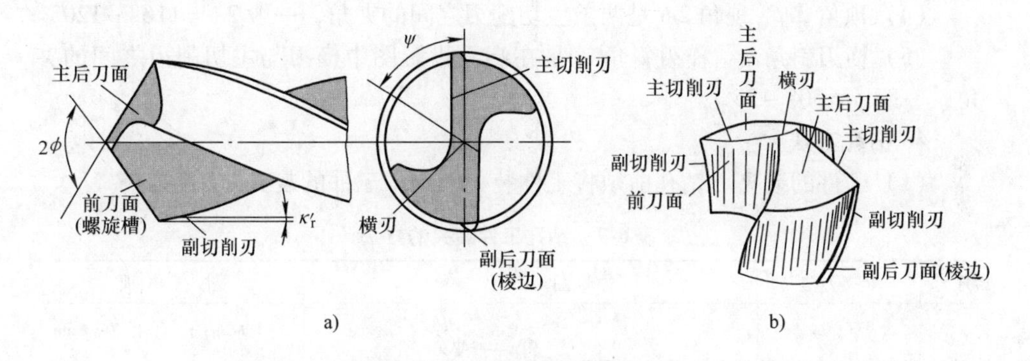

图 6-66　麻花钻切削部分的结构
a）麻花钻结构　b）麻花钻的刀面和切削刃

如图 6-66b 所示，麻花钻有六个刀面（两个前刀面、两个主后刀面、两个副后刀面）和五个切削刃（两条主切削刃、两条副切削刃、一条横刃）。钻头切削部分的螺旋槽表面称为前刀面，切屑沿此开始排出。切削部分顶端两个曲面称后刀面，它与工件的切削面相对。钻头的棱边（棱带）是与已加工表面相对的表面，也称为副后刀面。前刀面与后刀面的交线称为主切削刃。两个后刀面的交线称为横刃。前刀面与副后刀面的交线称为副切削刃。

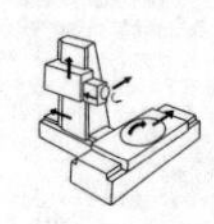

3. 麻花钻的几何角度

如图6-67所示，麻花钻的几何角度有：

（1）螺旋角β　螺旋角β是钻头中心线与棱边螺旋线切线之间的夹角。螺旋角越大，切削越容易，但钻头的强度低。一般$\beta = 18° \sim 30°$，直径较小的钻头β应取小值。

（2）前角γ_0　前角γ_0是正交平面（$N—N$）内测量的前刀面与基面的夹角。因为前刀面是螺旋面，所以主切削刃各点的前角是变化的，从外缘处的大约$+30°$逐渐减小到钻芯处的大约$-30°$。

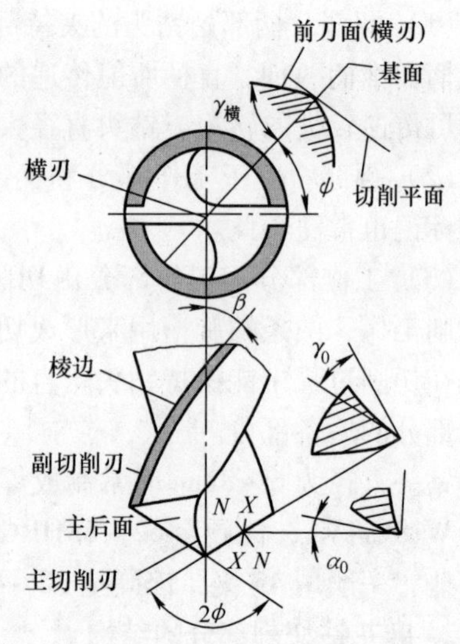

图6-67　麻花钻的几何角度

（3）后角α_0　后角α_0是轴向正交平面（$X—X$）内测量的主后刀面与切削平面的夹角。切削刃各点的后角也是变化的，从外缘处的$8° \sim 14°$逐渐增加到钻芯处的$20° \sim 25°$。

（4）顶角2ϕ　顶角2ϕ是两条主切削刃之间的夹角，一般$2\phi = 116° \sim 120°$。

（5）横刃斜角ψ　横刃斜角ψ是在端面投影图中横刃与主切削刃之间的夹角，一般$\psi = 50° \sim 55°$。

4. 钻孔方法

（1）工件的装夹　钻孔前须将工件装夹固定。工件的装夹方法见表6-7。

表6-7　钻孔工件装夹的方法

序号	装夹方法	图　例	注意事项
1	用手虎钳夹持工件		1）钻孔直径在8mm以下 2）工件握持边应倒角 3）孔将钻穿时，进给量应减少
2	用平口台虎钳夹持工件		钻孔直径在8mm以上或用手不能握牢的小工件

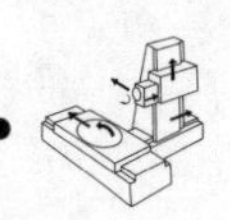

（续）

序号	装夹方法	图　例	注 意 事 项
3	用 V 形块配以压板夹持工件	a)　b)	1）钻头中心线必须位于 V 形块的对称中心 2）钻通孔时，应将工件钻孔部位离 V 形块端面一段距离，以免将 V 形块钻坏
4	用压板夹持工件	可调垫铁　压板　工件 a)　b)	1）钻孔直径在 10mm 以上 2）压板后端需根据工件高度用垫铁调整
5	用钻床夹具夹持工件		适用于钻孔精度要求高，零件生产批量大的工件

（2）钻头的装拆　直柄钻头是用钻夹头夹紧后装入钻床主轴锥孔内的，可用钻夹头紧固扳手（或叫钻夹头钥匙）夹紧或松开钻头，如图 6-68a 所示。

锥柄钻头可通过钻头套变换成与钻床主轴锥孔相适宜的锥柄后装入钻床主轴，连接时应将钻头锥柄及主轴锥孔与过渡钻头套擦拭干净，将钻头向上推压，如图 6-68b 所示。拆钻头时用楔铁插入腰形孔，轻击楔铁后部，便可将钻头和钻套退下，如图 6-68c 所示。

（3）一般工件的钻孔方法　钻孔前先把孔中心的样冲眼冲大一些，这样可使横刃预先落入样冲眼的锥坑中，钻孔时钻头就不容易发生引偏现象。

钻孔时使钻尖对准钻孔中心（要在垂直的两个方向上观察），先试钻一浅坑，如果钻出的锥坑与所划的钻孔圆线不同心，可以及时予以修正（靠移动工件或移动钻床主轴来解决）。如果偏离的较多，也可以用样冲或油槽錾在需要钻

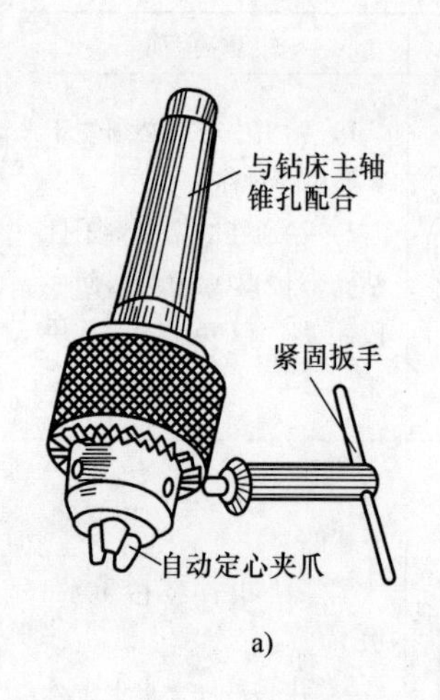

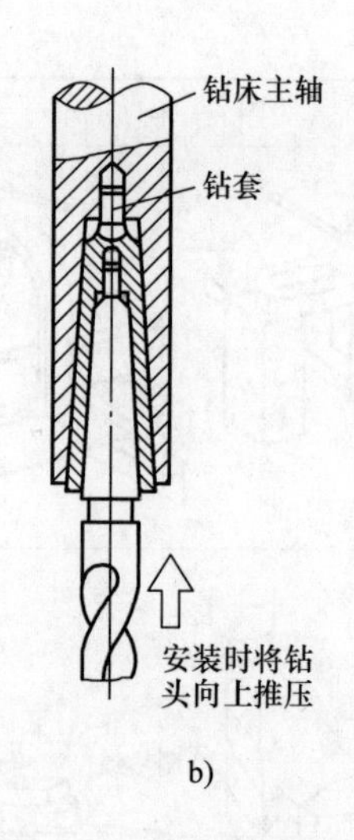

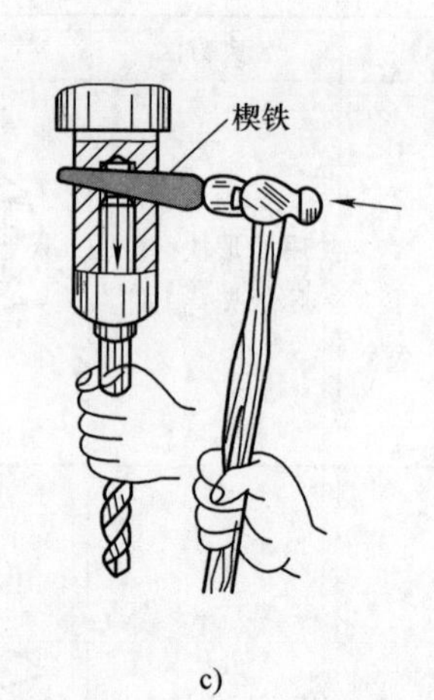

图 6-68　钻头的装拆

a）用钻夹头紧固扳手夹紧　b）用钻头套装夹　c）用楔铁拆钻头

去的部位錾几条槽，以减小此处的切削阻力，让钻头偏过来达到修正的目的。

钻通孔时，在将要钻穿时，必须减小进给量（如果用自动进给则最好换成手动进给），以免因切削力的突然变化造成钻头折断、孔质量降低等现象。

直径超过 30mm 的大孔可分两次钻削，先用 0.5 ~ 0.7 倍孔径的钻头钻孔，然后用所需孔径的钻头扩孔，这样可以减少进给力，保护机床，也可提高孔的质量。

（4）特殊孔的钻削方法　特殊孔的钻削方法见表 6-8。

表 6-8　特殊孔的钻削方法

序号	装夹方法	图　例	注 意 事 项
1	在斜面上钻孔		1）在工件钻孔处铣一小平面后钻孔 2）用錾子先錾一小平面，再用中心钻钻一锥坑后钻孔

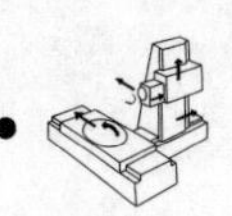

（续）

序号	装夹方法	图 例	注意事项
2	钻深孔		用较长钻头加工，加工时需经常退钻排屑，如果为不通孔，则需注意测量与调整钻深挡块
3	钻半圆孔与骑缝孔		1）可把两件合起来钻削 2）两件材质不同的工件钻骑缝孔时，样冲眼应打在略偏向硬材料的一边

（5）钻孔时的切削用量　切削用量是切削速度、进给量和背吃刀量的总称。

1）钻孔时的切削速度 v（m/min）是钻削时钻头直径上一点的线速度，它可由下式计算：

$$v=\frac{\pi Dn}{1000}$$

式中　D——钻头直径（mm）；

n——钻头的转速（转/min）。

2）钻孔时的进给量 δ 是钻头每转一周向下移动的距离，单位以mm/r计算。

3）钻孔时的背吃刀量 t 等于钻头的半径，即

$$t = \frac{D}{2}$$

5. 麻花钻的刃磨

为改善标准麻花钻的切削性能，应对麻花钻的切削部分进行刃磨。麻花钻刃磨的好坏，直接影响孔的质量和钻削效率。麻花钻一般只刃磨两个主后面，并同时磨出顶角、后角、横刃斜角，所以麻花钻的刃磨比较困难，刃磨技术要求较高。

（1）麻花钻刃磨的一般要求

1）麻花钻的两条主切削刃与钻头中心线之间的夹角应对称，刃长应等长。

2）顶角 2ϕ、后角 α_0 的大小要和工件材料的性质相适应。顶角 2ϕ 通常为 $118° \pm 2°$，外缘处的后角 α_0 为 $10° \sim 14°$，横刃斜角 ψ 为 $50° \sim 55°$。

3）钻头直径大于5mm时，还应磨短横刃。

（2）麻花钻的刃磨方法和步骤

1）右手握住钻头的头部，左手握住柄部。钻头切削刃应放在砂轮中心水平面上或稍高些，钻头中心线与砂轮圆柱素线在水平面内的夹角等于钻头顶角的一半，被刃磨部分的主切削刃处于水平位置，同时钻尾向下倾斜，如图6-69所示。

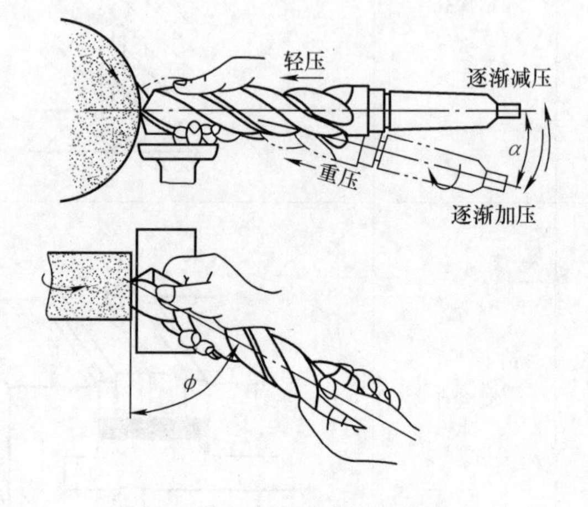

图6-69　麻花钻的刃磨方法

2）将主切削刃在略高于砂轮水平中心平面处先接触砂轮。右手缓慢地使钻头绕自己的中心线由下向上转动，同时施加适当的刃磨压力，这样可使整个后面都磨到。左手配合右手做缓慢的同步下压运动，刃磨压力逐渐加大，这样便于磨出后角，其下压的速度及其幅度随要求的后角大小而变，为保证钻头近中心处磨出较大后角，还应做适当的右移运动。刃磨时两手动作的配合要协调、自然。

3）当一个主切削刃刃磨完毕，要把钻头转过180°刃磨另一个主切削刃，此时要保持原来的位置和姿势，这样容易达到两刃对称的目的。按此不断反复，两后面经常轮换，直至达到刃磨要求为止。

4）钻头刃磨压力不宜过大，并要经常蘸水冷却，以防止因过热退火而降低硬度。

6. 钻孔的安全及技术要求

1）操作钻床时不可戴手套，袖口必须扎紧，女工必须戴工作帽。

2）用钻夹头装夹钻头时要用钻夹头钥匙夹紧，不可用锤子或其他东西敲打，以免损坏钻夹头和影响钻床主轴精度。钻头从钻头套中退出时要用楔铁敲出。

3）工件必须夹紧，特别是在小工件上钻较大直径孔时装夹必须牢固。在通孔将钻穿时要特别小心，尽量减少进给量，以防钻穿时进给量突然增大而发生工

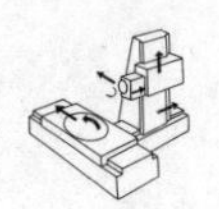

件甩出等事故。

4）开动钻床前，应检查是否有钻夹头钥匙或楔铁插在钻轴上。使用前必须先空转试车，在机床各机构都能正常工作时才可操作。

5）钻孔时不可用手和棉纱头或用嘴吹来清除切屑，必须用毛刷清除，钻出长条切屑时，要用钩子钩断后除去。

6）钻通孔时工件下面必须垫上垫块或使钻头对准工作台的槽，以免损坏工作台。

7）钻头用钝后必须及时修磨锋利。

8）操作者的头部不准与旋转的主轴靠得太近。停车时应让主轴自然停止旋转，不可用手去制动，也不能用反转制动。

9）严禁在开车状态下装拆工件。检验工件和变换主轴转速，必须在停车状况下进行。

10）清洁钻床或加注润滑油时，必须切断电源。

11）钻床不用时，必须将机床外露滑动面及工作台面擦净，并对各滑动面及各注油孔加注润滑油。

12）钻孔时工作台面上不准放置刀具、量具及其他物品。在使用过程中，工作台面必须保持清洁。

6.6.2 扩孔和扩孔钻

扩孔用以扩大已加工出的孔（铸出、锻出或钻出的孔），它可以校正孔的中心线偏差，并使其获得正确的几何形状和较小的表面粗糙度，其加工精度一般为IT9～IT10，表面粗糙度 Ra 值为3.2～6.3μm。扩孔的加工余量一般为0.2～4mm。扩孔的质量比钻孔高，常作为孔的半精加工。

扩孔常用扩孔钻，如图6-70a所示。扩孔钻的形状与钻头相似，不同是扩孔钻有三个或四个切削刃，且没有横刃，其顶端是平的，螺旋槽较浅，故钻芯粗实、刚性好，不易变形，导向性好，如图6-70b所示。

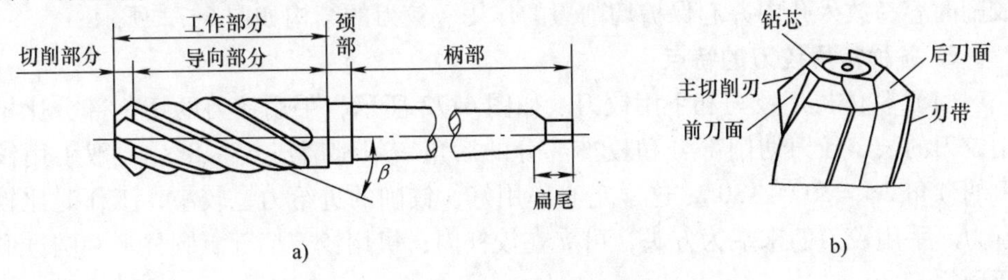

图6-70 扩孔钻的结构

a）扩孔钻的组成 b）扩孔钻的切削部分

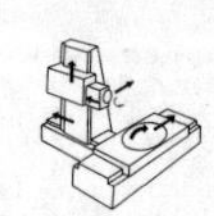

如图6-71所示，扩孔时的背吃刀量 $a_p=(D-d)/2$，由于比钻孔时小得多，因而对刀具结构和切削过程能带来以下好处：

1）切削刃不必自外缘延伸到中心，这样避免了横刃所引起的一些不良影响。

2）由于背吃刀量小，切屑容易排出，因而不易擦伤已加工表面，同时容屑槽也可较小、较浅，从而加粗了钻芯，提高了扩孔钻的刚度，因此可使切削用量增大和使加工质量得到改善。

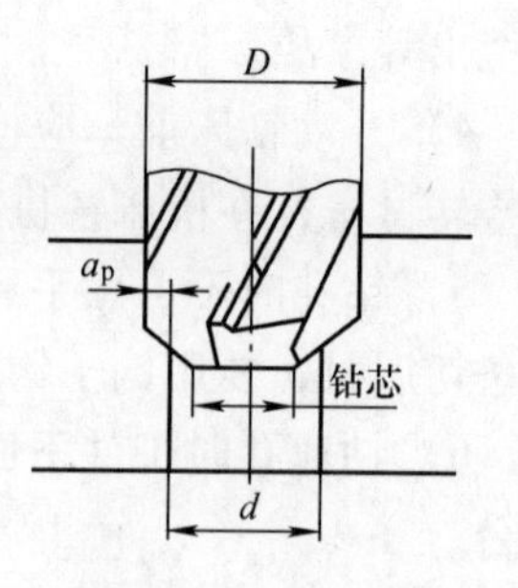

图6-71　扩孔加工

3）由于容屑槽较小，故扩孔钻可做出较多的刀齿，如整体式的扩孔钻有3或4齿，这样，一方面可提高生产率，同时由于刀齿棱边增多，扩孔钻的导向作用提高，还可使切削比较平稳。

6.6.3　铰孔和铰刀

用铰刀从工件的孔壁上切除微量金属层，以得到精度较高的孔的加工方法，称为铰孔。

1. 铰刀的种类及结构

（1）铰刀的种类

1）按使用方式的不同，铰刀可分为机用铰刀和手用铰刀。

2）按所铰孔的形状不同，铰刀可分为圆柱形铰刀和圆锥形铰刀。

3）按容屑槽的形状不同，铰刀可分为直槽铰刀和螺旋槽铰刀。

4）按结构组成的不同，铰刀可分为整体式铰刀和可调式铰刀。

机用铰刀一般用高速工具钢制成，手用铰刀有高速工具钢和高碳钢两种。高碳钢铰刀耐热性差，但可使切削刃磨得很锋利。

（2）铰刀的结构　铰刀由工作部分、颈部和柄部组成。其中，工作部分由切削部分、校准部分和倒锥部分组成。工作部分最前端有45°倒角，使铰刀开始铰削时容易放入孔中并起保护切削刃的作用。铰刀的结构如图6-72所示。

2. 各种常用铰刀的特点

（1）整体机用铰刀和手用铰刀　如图6-72所示，手用铰刀的切削部分比机用铰刀的长。铰刀切削部分和校准部分的后角一般都磨成6°～8°。一般手用铰刀的顶角 $2\phi=30°\sim130°$，这样定心作用好，铰削的进给力也较小，工作时比较省力。手用铰刀的末端为方头，可夹在铰杠内；机用铰刀柄部有圆柱形和圆锥形两种。

（2）可调节手用铰刀（活络铰刀）　如图6-73所示，可调节手用铰刀在刀体上开有六条斜底直槽，具有同样斜度的刀条嵌在槽里，利用前后两只螺母压紧

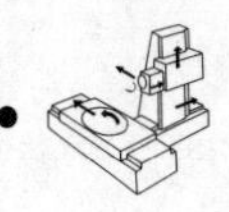

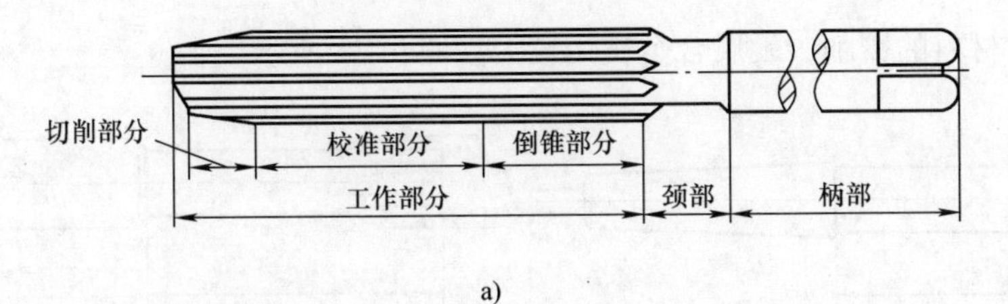

a)

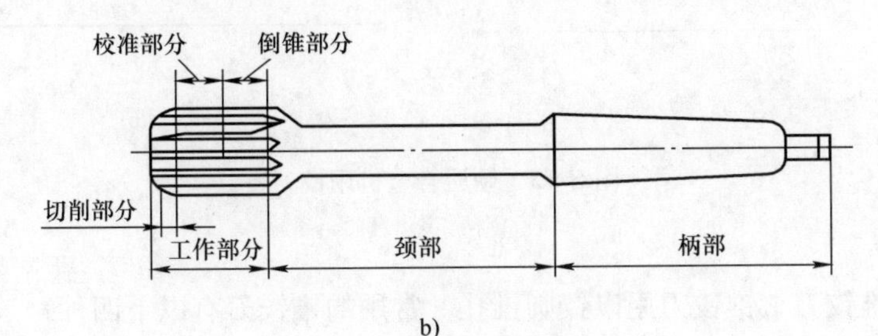

b)

图6-72 整体铰刀的结构

a）手用铰刀 b）机用铰刀

刀条的两端。调节两端的螺母可使刀条沿斜槽移动，即能改变铰刀的直径以适应加工不同孔径的需要。

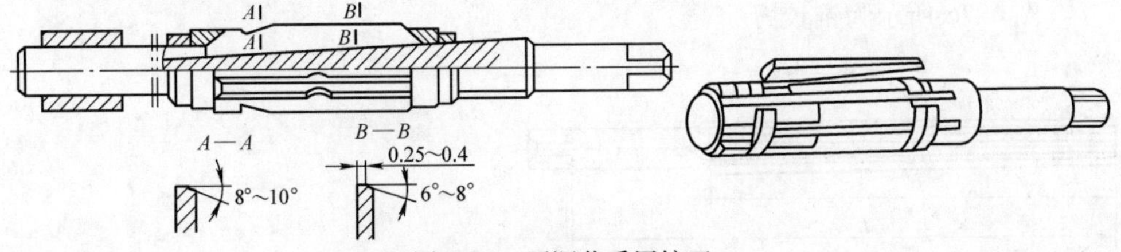

图6-73 可调节手用铰刀

目前，工厂生产的标准可调节手用铰刀的直径范围为6～54mm，适用于修配。单件生产以及尺寸特殊的情况下，铰削通孔直径小于或等于12.75mm的刀条用合金工具钢制造，直径大于12.75mm的刀条用高速工具钢制造。

（3）螺旋槽手用铰刀 螺旋槽手用铰刀常用于铰削有键槽的孔，不会被键槽边钩住。用这种铰刀铰孔时切削平稳，铰出的孔光滑，不会像普通铰刀那样产生纵向刀痕。如图6-74所示，螺旋槽手用铰刀的螺旋槽方向一般是左旋，以避免铰削时因铰刀的正向转动而产生自动旋进的现象，左旋的切削刃也容易使铰下的切屑被推出孔外。

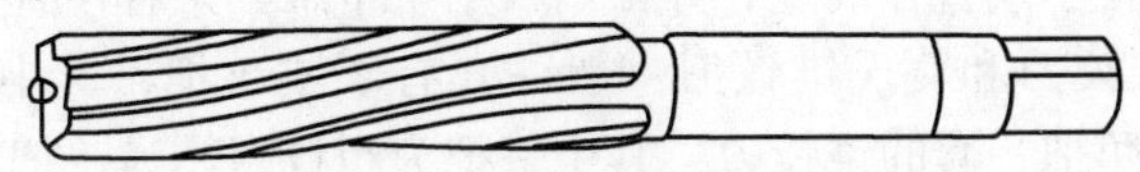

图6-74 螺旋槽手用铰刀

（4）硬质合金机用铰刀 硬质合金机用铰刀采用镶片式结构，适用于高速

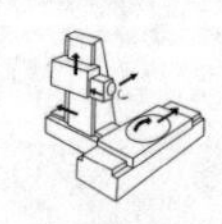

铰削和硬材料的铰削。硬质合金机用铰刀如图6-75所示。

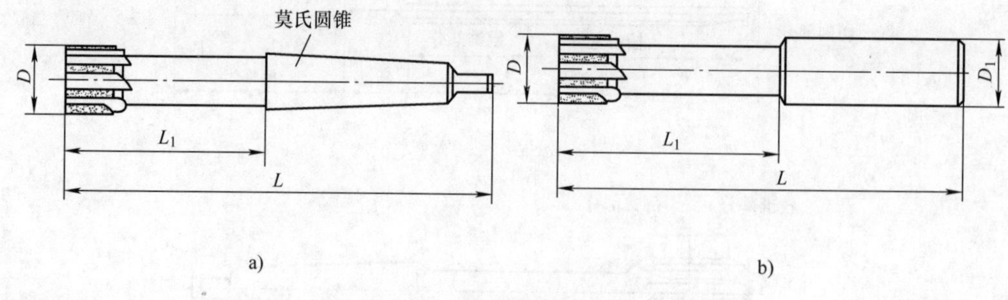

图6-75　硬质合金机用铰刀

a）锥柄　b）直柄

（5）锥铰刀　锥铰刀用以铰圆锥孔。常用的锥铰刀有以下四种：

1）1∶10锥铰刀：用以加工联轴器上与柱销配合的锥孔。

2）莫氏锥铰刀：用以加工0~6号莫氏锥孔（其锥度近似于1∶20）。

3）1∶30锥铰刀：用以加工锥套式刀具的锥孔。

4）1∶50锥铰刀：用以加工锥形定位锥孔。

图6-76所示为锥铰刀。

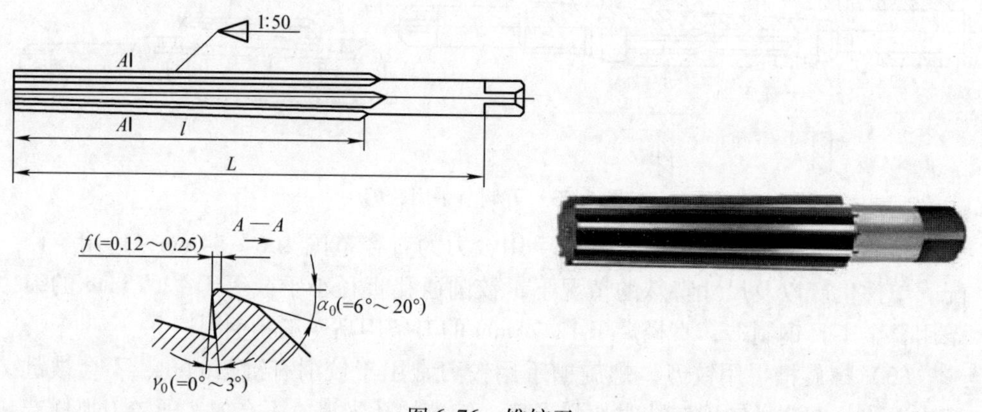

图6-76　锥铰刀

锥铰刀的切削刃是全部参加切削的，故铰起来比较费力。1∶10锥孔和莫氏锥孔的锥度较大，加工余量也较大，为了铰孔省力，可先将孔钻成梯形。阶梯孔的最小直径按锥孔小端直径确定，并留以铰削余量，其余各段直径可根据锥度公式算得。1∶10锥铰刀和莫氏锥铰刀一般一套有2或3把，其中一把是精铰刀，其余是粗铰刀。两把一套的锥铰刀，其中一把为粗铰刀，另一把是精铰刀。粗铰刀的切削刃上开有螺旋形分布的分屑槽，以减轻铰削负荷。

使用普通高速工具钢的铰刀铰孔，当加工铸铁时，切削速度不应超过10m/min，进给量在0.8mm/r左右。当加工材料为钢料时，切削速度不应超过

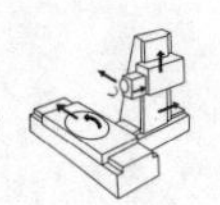

8m/min，进给量在0.4mm/r左右。

3. 铰孔的安全及技术要求

1）工件要夹正，对薄壁零件的夹紧力不要过大，以免将孔夹扁，在铰孔后产生圆度误差。

2）手铰过程中，两手用力要均衡，旋转铰杠的速度要均匀，铰刀不得摇摆，保持铰削的稳定性，避免出现喇叭口将孔径扩大。

3）铰刀不能反转，退出时也要顺转，因为反转会使切屑轧在孔壁和铰刀刀齿的后面之间，将孔壁刮毛，同时铰刀也容易磨损，甚至崩刃。

4）若铰刀被卡住，不能猛力扳转铰刀，以防损坏铰刀。

5）机铰时，要注意机床主轴、铰刀和工件上所要铰的孔三者间的同轴度误差是否符合要求。

6.6.4 锪孔和锪钻

在孔口表面用锪钻（或改制的钻头）加工出一定形状的孔或表面，称为锪孔。锪孔的类型主要有锪圆柱形沉孔、锪圆锥形沉孔以及锪孔口的凸台面等，如图6-77所示。相应地，锪钻的类型主要有柱形锪钻、锥形锪钻以及端面锪钻。

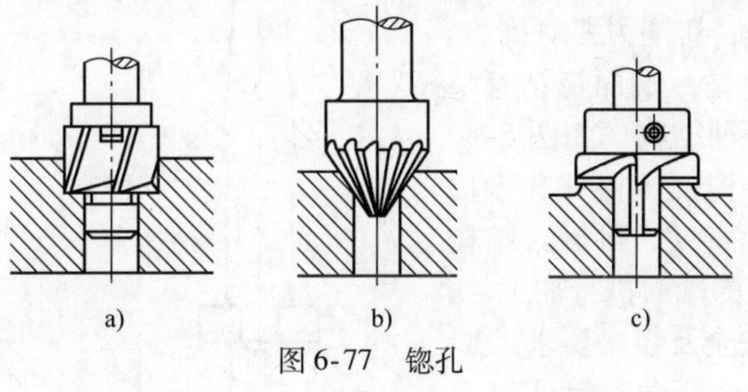

图6-77 锪孔

a）锪圆柱形沉孔 b）锪圆锥形沉孔 c）锪孔口的凸台面

1. 锪钻的结构与特点

（1）柱形锪钻 柱形锪钻有整体式和套装式两种，如图6-78所示。导柱与工件已加工孔为紧密的间隙配合，以保证良好的定心和导向作用。

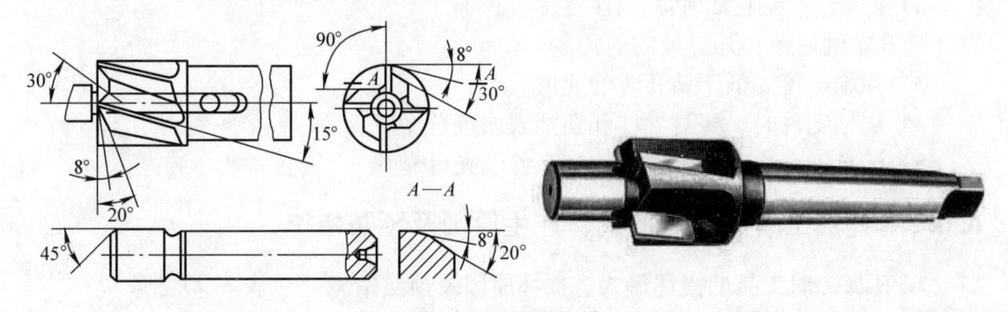

图6-78 柱形锪钻

柱形锪钻可用麻花钻改制，导柱部分需在磨床上磨成所需直径，端面后角靠手工在砂轮上磨出。导柱部分的螺旋槽刃口要用油石倒钝。

（2）锥形锪钻　锥形锪钻的锥角按工件锥形沉孔要求不同，有60°、75°、90°和120°四种，齿数为4～12个，如图6-79所示。前角$\gamma=0°$，后角$\alpha_0=6°\sim8°$。

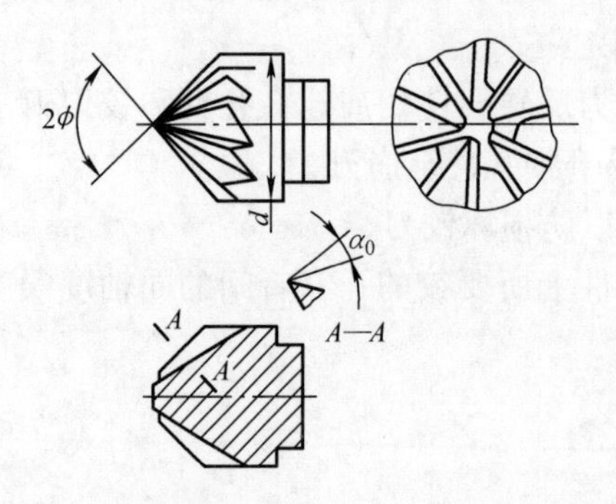

图6-79　锥形锪钻

锥形锪钻可用麻花钻改制，顶角按所需角度确定，后角与外缘处的前角要磨小些，切削刃要对称。

（3）端面锪钻　端面锪钻有整体式和可拆式两种结构，如图6-80所示。整体式结构便于保证孔端面与孔中心线的垂直度，可拆式结构能对工件内部孔的端面进行加工。

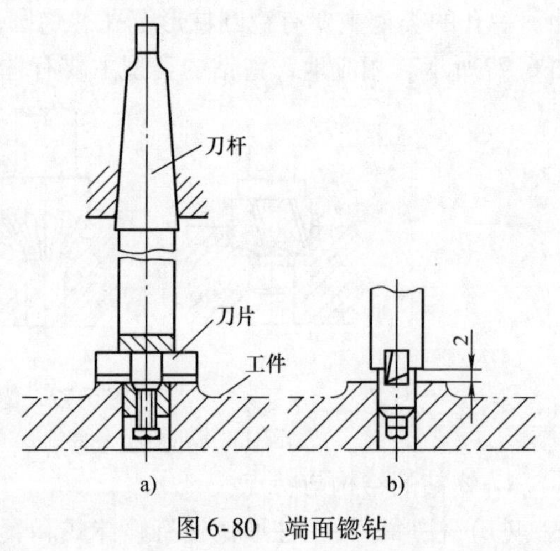

图6-80　端面锪钻
a）整体式　b）可拆式

2. 锪孔的安全及技术要求

1）避免刀具振动，保证锪孔钻具有一定的刚度，即当用麻花钻改制成锪孔钻时，要使刀体尽量短。

2）防止产生扎刀现象，适当减小锪孔钻的后角和外缘处的前角。

3）切削速度要低于钻孔时的速度。

4）锪钻钢件时，要对导柱和切削表面进行润滑。

5）注意安全生产，确保刀体和工件装夹可靠。

6.6.5　孔加工时的损坏形式、产生原因及预防措施

1. 孔加工时工具的损坏形式、损坏原因及预防措施（见表6-9）

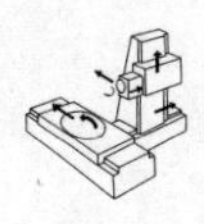

表6-9　孔加工时工具的损坏形式、损坏原因及预防措施

序号	损坏形式	损坏原因	预防措施
1	钻头工作部分折断	1）用钝钻头钻孔	把钻头磨锋利
		2）进给量太大	正确选择进给量
		3）切屑塞住钻头螺旋槽未及时排出	钻头应及时退出，排出切屑
		4）孔快钻通时，进给量突然增大	孔快钻通时，减少进给量
		5）工件松动	将工件装稳紧固
		6）钻孔产生歪斜，仍继续工作	纠正钻头位置，减少进给量
2	钻头切削刃迅速磨损	1）切削速度过高，切削液不充分	降低切削速度，充分冷却
		2）钻头刃磨角度与工件硬度不适应	根据工件硬度选择钻头刃磨角度
3	铰刀过早磨损	1）刃磨时未及时冷却，使切削刃退火	刃磨时应及时冷却
		2）切削刃表面粗糙度值大，切削刃易磨损	用油石刃磨切削刃
		3）切削液不充分或选择不当	正确选择切削液，并供应充足
		4）工件材料过硬	选用硬质合金铰刀
4	铰刀崩刃	1）前角和后角太大	适当减小铰刀前角和后角
		2）机铰时，铰刀偏摆过大	正确装夹铰刀
		3）铰刀退出时反转，切屑卡在切削刃与孔壁之间	铰刀退出时应顺转
		4）刃磨时切削刃有裂纹	更换新的铰刀
5	铰刀折断	1）铰削用量太大	正确选择铰削用量
		2）铰刀被卡住，仍继续用力	应退出铰刀，清除切屑后再铰
		3）铰刀中心线与孔中心线有倾斜	两手用力一定要均匀，防止铰刀倾斜

2. 孔加工时的废品形式、产生原因及预防措施（见表6-10）

表6-10　孔加工时的废品形式、产生原因及预防措施

序号	废品形式	产生原因	预防措施
1	孔径大	1）钻头两切削刃长度不等，角度不对称	正确刃磨钻头
		2）钻头产生摆动	重新装夹钻头，消除摆动
2	孔呈多角形	1）钻头后角太大	正确刃磨钻头，检查顶角、后角和切削刃
		2）钻头两切削刃长度不等，角度不对称	
3	孔歪斜	1）工件表面与钻头轴线不垂直	正确装夹工件
		2）进给量太大，造成钻头弯曲	选择合适进给量
		3）钻头横刃太长，定心不好	磨短横刃

（续）

序号	废品形式	产生原因	预防措施
4	孔壁粗糙	1）钻头不锋利	刃磨钻头，保持切削刃锋利
		2）后角太大	减小后角
		3）进给量太大	减少进给量
		4）冷却不足，切削液润滑性能差	选用润滑性能好的切削液
5	钻孔位偏移	1）划线或样冲眼中心不准	检查划线尺寸和样冲眼位置
		2）工件装夹不准	工件要装稳夹紧
		3）钻头横刃太长，定心不准	磨短横刃
6	表面粗糙度达不到要求	1）铰刀不锋利或有缺口	刃磨或更换铰刀
		2）铰孔余量太大或太小	选用合理的铰孔余量
		3）切削速度太高	选用合适的切削速度
		4）切削刃上粘有切屑	用油石将切屑磨去
		5）铰刀退出时反转，手铰时铰刀旋转不稳	铰刀退出时应顺转，手铰时铰刀应旋转平稳
		6）切削液不充分或选择不当	正确选择切削液，并供应充足
7	孔呈多边形	1）铰削余量太大，铰刀不锋利	减少铰削余量，刃磨或更换铰刀
		2）铰削前钻孔不圆	保证钻孔质量
		3）钻床主轴振摆太大，铰刀偏摆太大	修理调整钻床主轴旋转精度，正确装夹铰刀
8	孔径扩大	1）铰刀与孔的中心线不重合	钻孔后立即铰孔
		2）进给量和铰削余量太大	减少进给量和铰削余量
		3）切削速度太高，使铰刀温度上升，直径增大	降低切削速度，用切削液充分冷却
9	孔径缩小	1）铰刀磨损后尺寸变小	调节铰刀尺寸或更换新铰刀
		2）铰刀磨钝	用油石刃磨铰刀
		3）铰铸铁时加煤油	不加煤油

6.7　攻螺纹和套螺纹

6.7.1　攻螺纹

用丝锥在孔中切削出内螺纹称为攻螺纹。

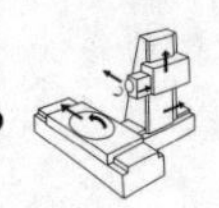

1. 丝锥

（1）丝锥的分类　丝锥是加工内螺纹的工具，分手用和机用两种，有粗牙和细牙之分；按牙型又可分为普通螺纹丝锥、55°非密封管螺纹丝锥、55°或60°密封管螺纹丝锥等。

（2）丝锥的组成　丝锥由工作部分和柄部组成，如图6-81所示。工作部分包括切削部分和校准部分。切削部分起主要切削作用，故需磨出锥角，使切削负荷分布在几个刀齿上，这不仅使工作省力，同时不易产生崩刃或折断，而且攻螺纹时的引导作用较好，也保证了螺孔的质量；校准部分有完整的齿形，用来修光和校准已切出的螺纹。柄部有方榫，用来传递切削转矩。

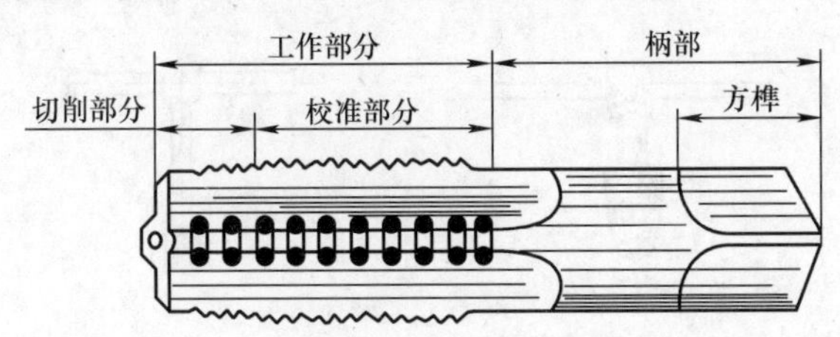

图6-81　丝锥的组成

丝锥的容屑槽有直槽和螺旋槽两种。一般丝锥都制成直槽，有些专用丝锥制成左旋槽，用来加工通孔，切屑向下排出，也有些制成右旋槽，用来加工不通孔，切屑向上排出。

手用丝锥的材料一般用合金工具钢（如9SiCr）制造，也有用轴承钢（如GCr15）制造的。机用丝锥都用高速工具钢制造。

（3）成套丝锥切削量的分配　手用丝锥为减少切削力和提高其寿命，一般将切削量分配给几支丝锥来承担。因此，丝锥可分为三支一组和两支一组两种类型。M6～M24的丝锥为两支一组；小于M6的丝锥，攻螺纹时易折断，为三支一组；大于M24的丝锥，使用时切削力较大，也为三支一组。

每套丝锥的外径、中径、内径都相等，只是切削部分的长短及锥角不同，头锥的切削部分为5～7个螺距，二锥的切削部分长为2.5～4个螺距，三锥的切削部分长为1.5～2个螺距。

2. 铰杠

铰杠是用来夹持丝锥进行攻螺纹加工的工具，可分为普通铰杠和丁字铰杠，每种铰杠又可分为固定式和活络式两种，如图6-82所示。攻制M5以下的螺孔多使用固定式。丁字铰杠主要用在攻工件凸台旁的螺孔或机体内部的螺孔。

活络式铰杠方孔尺寸可调节，规格以柄长表示，常用于夹持M5～M24的丝锥。活络式铰杠的适用范围见表6-11。

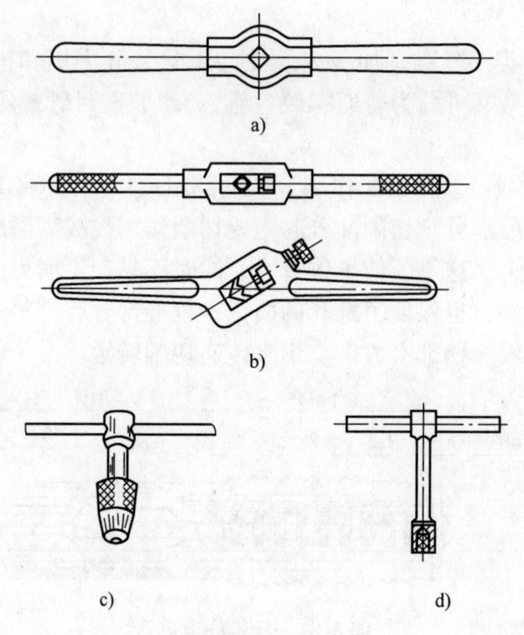

图6-82　铰杠

a）固定式普通铰杠　b）活络式普通铰杠　c）活络式丁字铰杠　d）固定式丁字铰杠

表6-11　活络式铰杠的适用范围

活络式铰杠规格	150mm	225mm	275mm	375mm	475mm	600mm
适用的丝锥范围	M5 ~ M8	M8 ~ M12	M12 ~ M14	M14 ~ M16	M16 ~ M22	M24 以上

3. 攻螺纹前底孔直径的确定

用丝锥切削内螺纹时，每个切削刃除起切削作用外，还对材料产生挤压，因此螺纹的牙型在顶端与丝锥要凸起一部分，材料塑性越大，则挤压出的越多。此时如果螺纹牙型顶端与丝锥刀齿根部没有足够的空隙，就会使丝锥扎住，所以攻螺纹前的底孔直径必须大于螺纹标准中规定的螺纹小径。底径直径的大小，要根据工件材料的塑性大小和钻孔的扩张量来考虑，使攻螺纹时既有足够的空隙来容纳被挤出的金属，又能保证加工出的螺纹得到完整的牙型。可用下式计算钻螺纹底孔用钻头的直径：

（1）加工塑性材料时

$$d_{钻} = D - P$$

式中　$d_{钻}$——底孔钻头直径（mm）；

D——螺纹大径（mm）；

P——螺距（mm）。

（2）加工脆性材料时

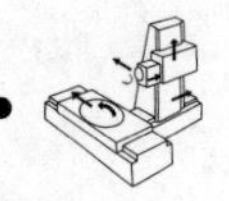

$$d_{钻} = D - (1.05 \sim 1.1)P$$

钻普通螺纹底孔用钻头直径也可查表选用。钻管螺纹底孔用钻头直径也可计算，但较麻烦，一般可查表选用。攻不通孔螺纹时，钻孔深度要大于螺孔的深度，一般增加0.7D的深度（D为螺纹大径）。

4. 攻螺纹的注意事项

1）攻螺纹前，应先在底孔孔口处倒角，其直径略大于螺纹大径，通孔螺纹两端都要倒角，这样使丝锥开始起攻时容易切入材料，并能防止孔口处被挤压出凸边。

2）工件的装夹位置要正确，尽量使螺孔中心线置于水平或垂直位置，使攻螺纹时容易判断丝锥中心线是否垂直于工件的平面。

3）机攻时，丝锥与螺孔要保持同轴。

4）起攻时，要把丝锥放正在孔口上，然后对丝锥加压力并转动铰杠，如图6-83a所示；当丝锥切入1～2圈后，应及时检查并校正丝锥的位置，如图6-83b所示。检查应在丝锥的前后、左右方向上进行。一般在切入3～4圈后，丝锥的位置应正确无误，不能再有明显的偏斜。

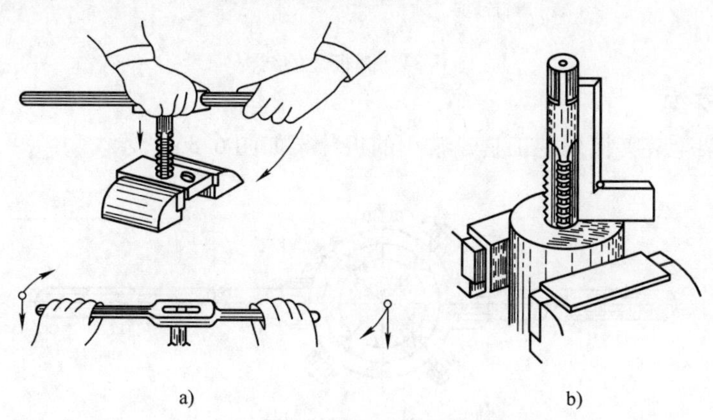

图6-83 攻螺纹方法
a）起攻 b）检查攻螺纹垂直度

5）当丝锥的切削部分全部切入工件后，只需转动铰杠即可，不能再对丝锥施加压力，否则螺纹牙型将被破坏。攻螺纹时，要经常倒转1/4～1/2圈，使切屑断碎后容易排出，以免因切屑阻塞而使丝锥卡死。

6）攻不通孔时，要经常退出丝锥，排出孔内的切屑，否则会因切屑阻塞使丝锥折断或达不到螺纹深度要求。当工件不便倒向时，可用磁性针棒吸出切屑。

7）攻塑性材料的螺孔时，要加注机油或切削液，以减小切削阻力，减小螺孔的表面粗糙度值，延长丝锥使用寿命。

8）用成组丝锥攻螺纹时，必须以头锥、二锥、三锥的顺序攻削至标准尺寸。攻螺纹过程中，换用后一支丝锥攻螺纹时要用手将丝锥旋入已攻出的螺纹

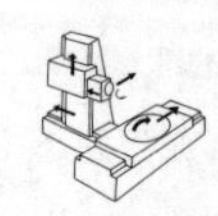

中，至不能再旋入时，再改用铰杠夹持丝锥工作。

9）将丝锥退出时，最好卸下铰杠，用手旋出丝锥，以保证螺孔的质量。

6.7.2　套螺纹

用圆板牙在圆柱上切削出外螺纹称为套螺纹。

1. 圆板牙

圆板牙是加工外螺纹的工具，其外形像一个圆螺母，在它的上面钻有几个排屑孔并形成切削刃。圆板牙由切削部分、校准部分和排屑孔组成。圆板牙的结构如图6-84所示。

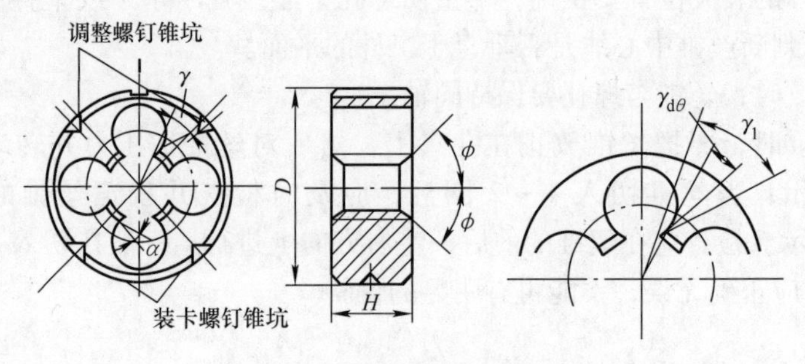

图6-84　圆板牙的结构

2. 板牙架

板牙架是装夹板牙的工具，常用的板牙架如图6-85所示。

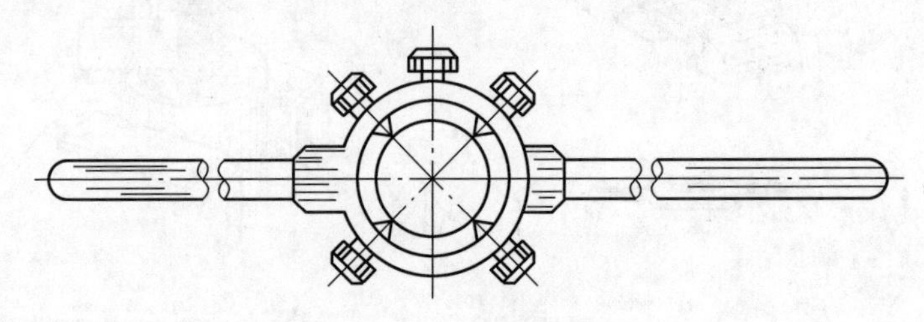

图6-85　常用的板牙架

3. 套螺纹前圆杆直径的确定

套螺纹前圆杆的直径应稍小于螺纹大径的尺寸。一般圆杆直径用下式计算：

$$d_{杆} = D - 0.13P$$

式中　D——螺纹大径（mm）；

P——螺距（mm）。

工作时，常通过查表选取不同螺纹的圆杆直径；套管螺纹时管子外径的计算较繁，一般可查表确定。

4. 套螺纹的注意事项

1）每次套螺纹前应将板牙排屑槽内及螺纹内的切屑清除干净。

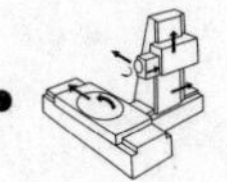

2）套螺纹前要检查端部倒角和圆杆直径大小，圆杆端部应倒成15°~20°的锥角，圆杆直径应稍小于螺纹大径的尺寸，以便板牙切入，且螺纹端部不出现锋口。

3）圆杆应衬在木板或其他软垫中，在台虎钳中夹紧。套螺纹部分伸出应尽量短。

4）套螺纹开始时，板牙要放正。转动板牙架时压力要均匀，转动要慢，并观察板牙是否歪斜。板牙旋入工件切出螺纹时，只转动板牙架，不施加压力。

5）板牙每转动一圈左右要倒转1/2圈进行断屑和排屑。

6）在钢件上套螺纹时要加切削液润滑，这样既可使切削省力，又能保证螺纹质量。

6.7.3　加工螺纹时的废品形式、产生原因及预防措施

加工螺纹时产生废品的原因及预防措施见表6-12和表6-13。

表6-12　加工螺纹时的废品形式、产生废品的原因及预防措施

序号	废品形式	产生原因	预防措施
1	螺纹乱牙	1）螺纹底孔直径太小使丝锥不易切入，起攻困难，左右摆动，孔口乱牙	选择合适的底孔直径
		2）换用二、三丝锥时强行校正，或没旋合好就攻下	先用手将丝锥旋入，再用铰杠攻削
		3）对塑性好的材料未加切削液，或攻螺纹时丝锥不经常倒转排屑	加切削液，并经常倒转丝锥排屑
		4）丝锥磨钝或铰杠掌握不稳；螺纹歪斜过多，强行校正	换新丝锥或磨丝锥前面，双手用力要均衡，防止铰杠歪斜
2	螺纹形状不完整	1）攻螺纹前底孔直径太大	选择合适的底孔直径
		2）丝锥磨钝	换新丝锥，或修磨丝锥
		3）丝锥晃动	扶正丝锥，避免晃动
3	螺孔垂直度误差大	1）攻螺纹时丝锥位置未校正，起攻时未做垂直度检查	要多检查校正
		2）机攻时，丝锥与螺孔不同轴	保持丝锥与螺孔的同轴度
		3）孔口倒角不良，两手用力不均，切入时歪斜	用力要均匀，防止铰杠歪斜
4	螺纹滑牙	1）丝锥到底仍继续转动铰杠	丝锥到底应停止转动铰杠
		2）在强度低的材料上攻小螺纹时，已切出螺纹仍继续加压，或攻完时连同铰杠做自由的快速转出	已切出螺纹时应停止加压，攻完退出时应取下铰杠
		3）未加适当切削液及不倒转，切屑堵塞将螺纹啃坏	加适当切削液并要经常倒转1/4~1/2圈

（续）

序号	废品形式	产生原因	预防措施
5	丝锥折断	1）底孔太小	底孔直径应略大于螺纹大径
		2）攻入时丝锥歪斜或歪斜后强行校正	丝锥在切入3~4圈后即使有明显的偏斜也不能强行纠正
		3）没有经常反转断屑和清屑，或不通孔攻到底时还继续攻下	应经常反转断屑和清屑，不通孔攻到底应及时停止
		4）使用铰杠不当	正确使用铰杠
		5）丝锥牙齿爆裂或磨损过多而强行攻下	应及时更换掉不合格的丝锥
		6）工件材料过硬或夹有硬点	采用成组丝锥攻螺纹
		7）两手用力不均或用力过猛	两手用力要均匀，用力不可过猛

表6-13　套螺纹时的废品形式、产生废品原因及预防措施

序号	废品形式	产生原因	预防措施
1	螺纹烂牙	1）套螺纹时，圆杆直径太大，起套困难	选择合适的圆杆直径
		2）板牙歪斜太多，强行校正	要经常检查校正
		3）未进行润滑，板牙未经常倒转断屑	加切削液，并经常倒转丝锥断屑
2	螺纹形状不完整	1）套螺纹时，圆杆直径太小	选择合适的圆杆直径
		2）圆板牙的直径调节太大	正确调节圆板牙的直径
3	套螺纹时螺纹歪斜	1）板牙端面与圆杆不垂直	保持板牙端面与圆杆垂直
		2）两手用力不均匀，板牙歪斜	两手用力要均匀，保持平衡

6.8　钳工综合训练实例

1. 综合训练内容

钳工综合训练内容主要包括錾口锤体和六方螺母的制作。

2. 训练目的及要求

錾口锤体和六方螺母的手工制作主要锻炼学生识图、下料、划线、锯削、锉削、量具和钻床的使用、钻孔、攻螺纹等基本操作，是对钳工手工基本操作的综合练习。通过综合练习，使学生掌握钳工基本技能并能进行一般的手工工具制作，熟悉工件各形面的加工步骤、工具的正确使用及测量的基本方法。

6.8.1　錾口锤体的制作工艺

1. 图样的熟悉及分析

本工件是一个錾口锤体，如图6-86所示。锤体图样如图6-87所示。熟悉图

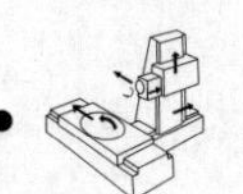

样是工作的第一步，只有看懂图样，了解图形，明确要求，才能根据具体的要求制订加工步骤和加工工艺，以确保加工出来的工件达到图样的要求。

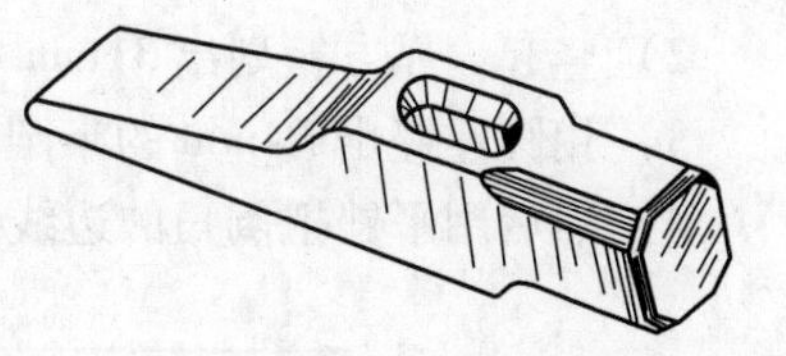

图6-86 錾口锤体

对锤体的要求是四边相互垂直，平面连接光滑，C4倒角尺寸准确。其他尺寸精度见图样。

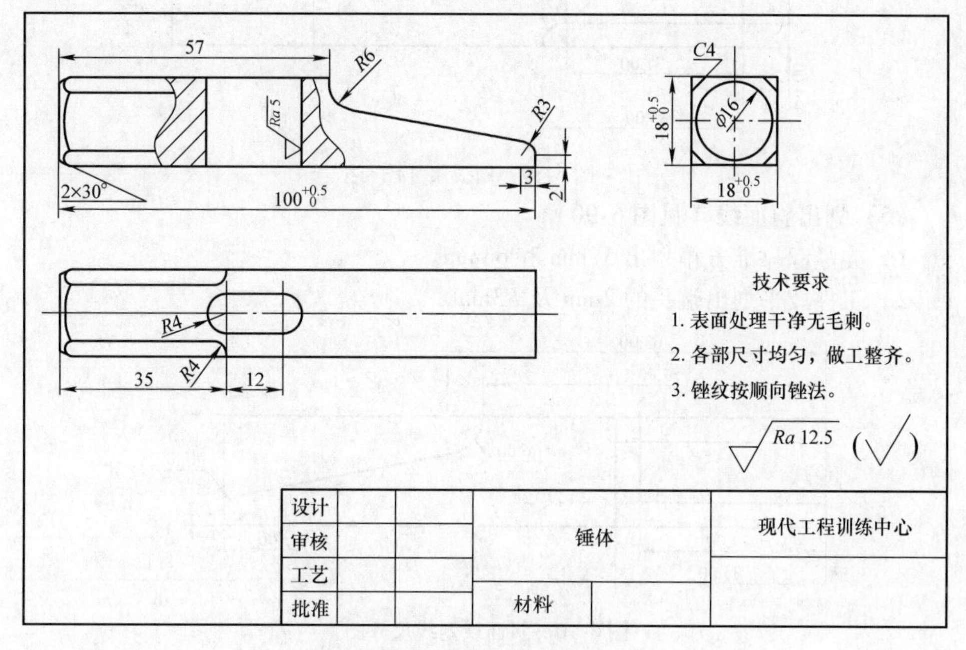

图6-87 錾口锤体图样

2. 錾口锤体的制作工艺过程

（1）下料 取20mm×20mm方钢料，锯成长度105mm一段。

（2）锉平面 将方钢直竖夹在台虎钳上，将其锉平，锉到长度$100^{+0.5}_{0}$mm。

（3）加工对边尺寸 将料横夹在台虎钳上锉出两个基准面1和2，然后以基准面为基准，按尺寸要求加工出对边的平面，如图6-88所示。

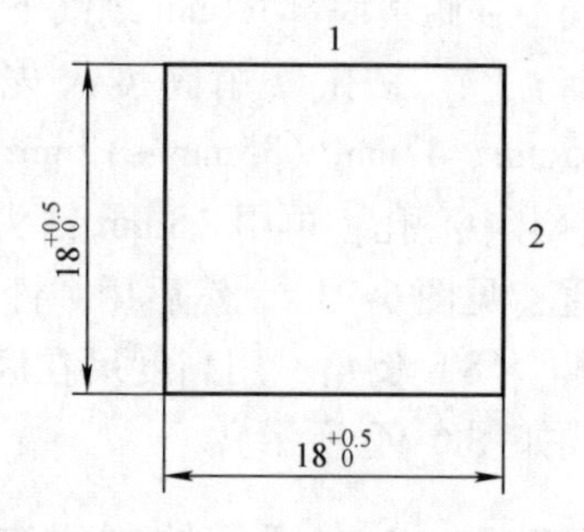

图6-88 加工对边尺寸图

（4）划线 按照图样尺寸要求进行划线（见图6-89）：

1）先划出横线4mm。

2）竖起，靠方箱划出31mm和35mm。

3）用圆锉锉出$R4$mm的半圆弧。

4）然后用平锉把倒角的边线锉平。

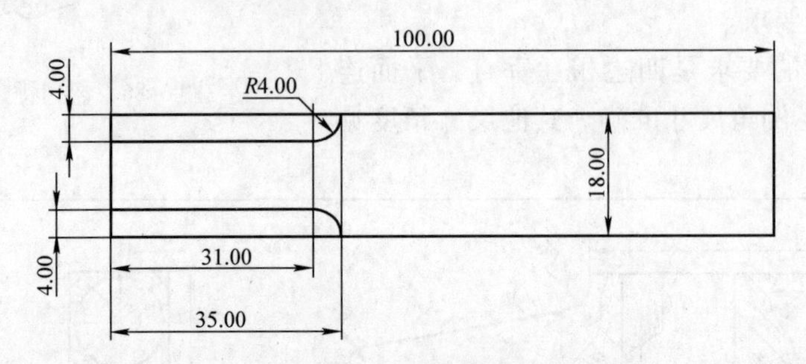

图6-89　划线尺寸图

（5）划出斜面线（见图6-90）

1）先竖起靠准方箱划出57mm和63mm。

2）工件放平划出端头的2mm及$R3$mm。

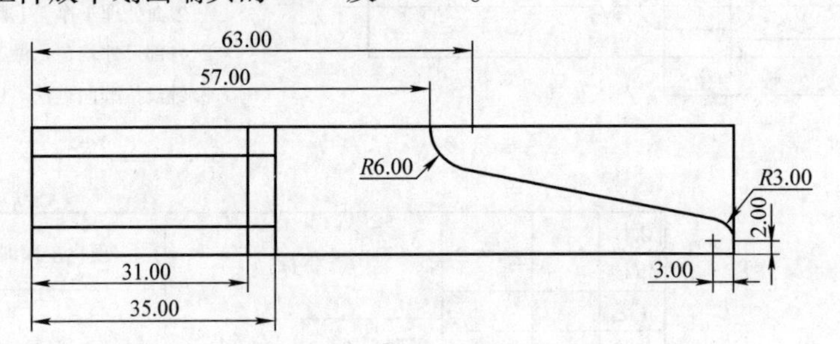

图6-90　斜面线划线尺寸图

（6）锉弧面　用圆锉刀锉出$R6$mm的圆弧面，要求圆弧面与正面相交的直线不在距离底部57mm划线下面，然后再用平锉刀沿线平锉。

（7）钻孔　用高度尺先划出工件的中心线，然后竖起靠准方箱，划出35mm、47mm（35mm+12mm），用样冲在两个交点冲出点，再用$\phi3$mm中心钻钻出中心孔，再用$\phi8$mm钻头把两个孔钻通，钻好之后用钢直尺把两个圆孔划通（见图6-91），然后用圆锉锉通，用小平锉修平，注意不要损害到圆弧。

（8）倒角　用高度尺在底面划出2mm，沿着划线的四周用平锉刀倒圆（划线如图6-92所示）。

6.8.2　六方螺母的制作工艺

1. 图样的熟悉及分析

本工件是一个六方螺母，如图6-93所示，图样如图6-94所示。要求六方螺母外形规则，表面平整，其他尺寸精度见图样。

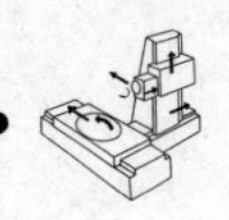

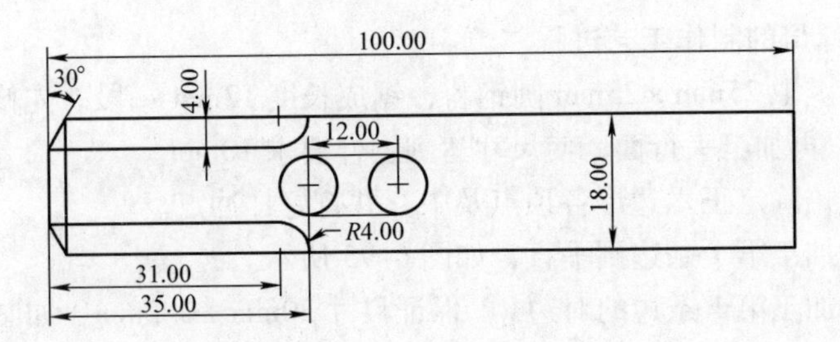

图 6-91 钻孔尺寸图

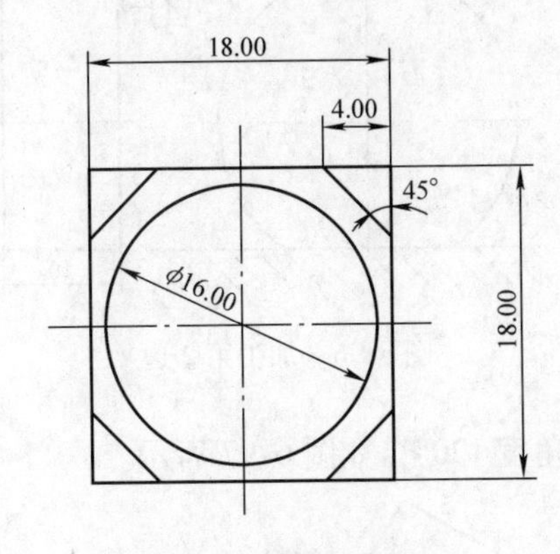

图 6-92 倒角尺寸图

图 6-93 六方螺母

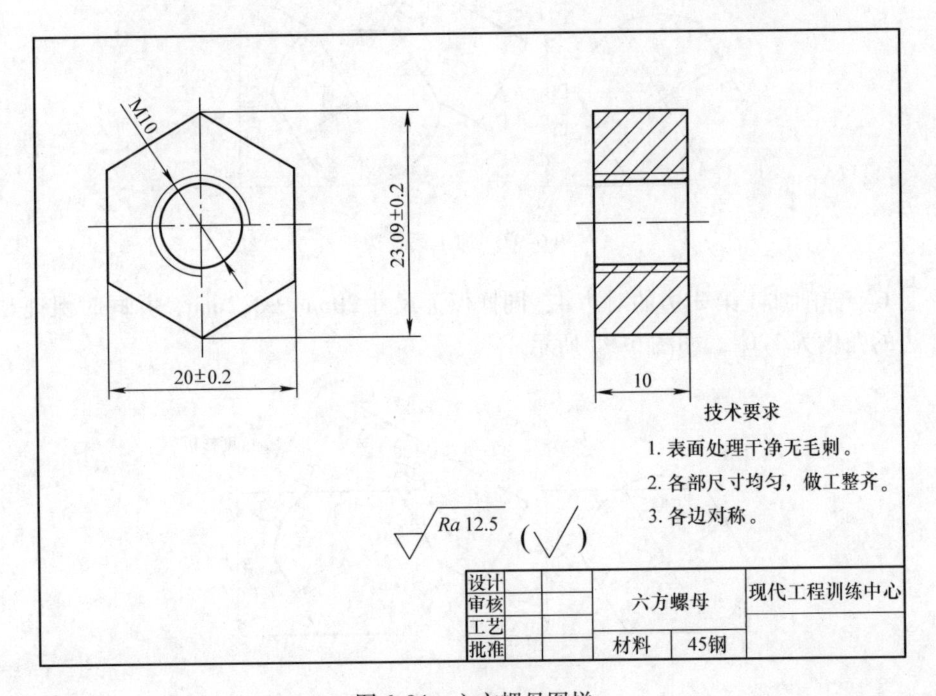

图 6-94 六方螺母图样

2. 六方螺母的制作工艺过程

1）下料。取25mm×25mm圆钢料，锯成长度12mm一段。先修整一个底面作为基准面，再加工平行面，使尺寸达到图样要求10mm。

2）划线，确定正六边形各顶点及中心并打好样冲点。

3）锉削加工第1条边到平直，如图6-95所示。

4）锉削加工第1条边的对边2，保证尺寸20mm±0.2mm，如图6-96所示。

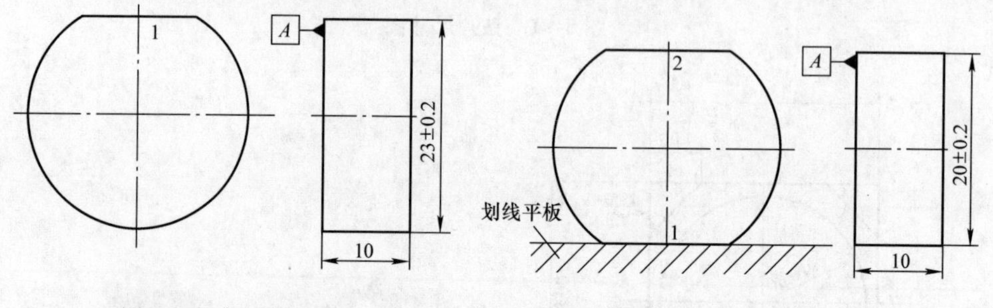

图6-95　加工第1边　　图6-96　加工第2边

5）锉削加工第1条边的邻边3，保证角度120°，如图6-97所示。

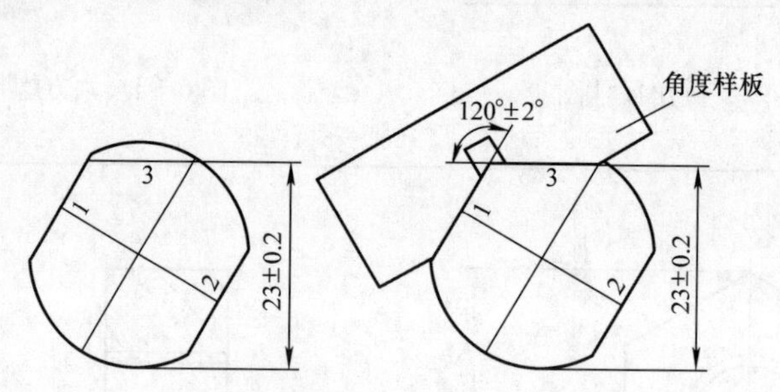

图6-97　加工第3边

6）锉削加工第3边的对边4，同样保证尺寸20mm±0.2mm，并同时保证与2边的角度为120°，如图6-98所示。

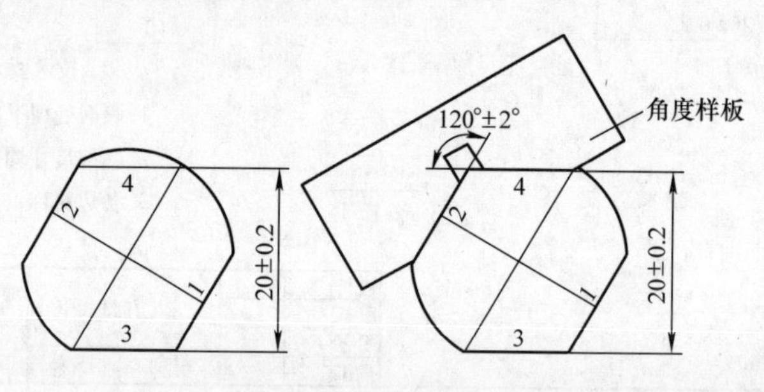

图6-98　加工第4边

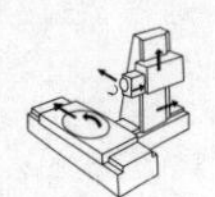

7）依次锉削加工完最后的两条边，得到完整的正六边形，如图6-99所示。

8）在六个面达到要求后，用钢直尺将正六方体对角相连接（见图6-100），三线相交点即为中心，用样冲定出中心眼，并用划规划出 ϕ10mm 检测圆和 ϕ20mm 内切圆，用高度划线尺划出2mm的倒角高度线。

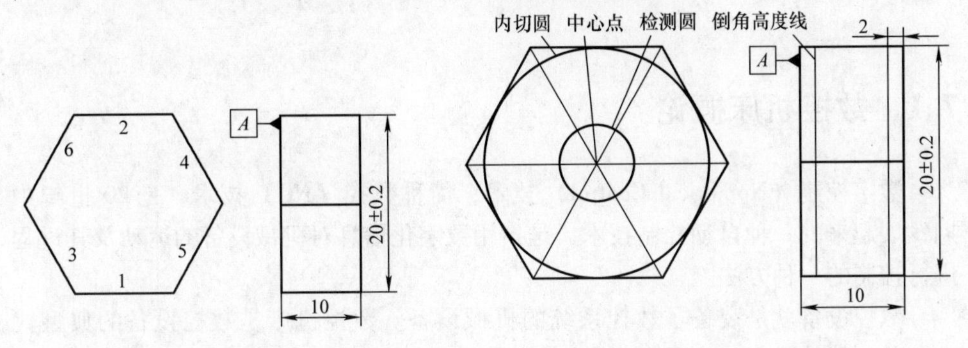

图6-99　锉削完成的正六边形　　图6-100　对正六边形划线

9）钻底孔。选用 ϕ8.5mm麻花钻头对工件进行钻孔，然后再用90°锪孔钻对底孔锪孔，深度约1.5mm。通孔两端要锪孔，以便于丝锥切入，并可防止孔口的螺纹崩裂。

10）用M10丝锥对工件进行攻螺纹。

11）根据所划线条，将工件平行装夹于平口台虎钳上，用锉刀倒角，注意倒角要求使相贯线对称、倒角面圆滑、内切圆准确。

第7章　数控车削加工

7.1　数控机床概论

数字控制（Numerical Control）技术，简称数控（NC）技术，是20世纪中期发展起来的一种自动控制技术，是指用数字化信息对机械设备的运动及其过程进行控制的一种方法。

数控设备就是装备了数控系统的机械设备。数控机床是数控设备的典型代表，其他数控设备还有数控冲剪机、数控压力机、数控弯管机、数控坐标测量机、数控绘图仪和数控雕刻机等。

数控机床是一种按加工要求预先编制好程序，由控制系统根据程序发出数字信息指令进行工作的机床。该控制系统可逻辑处理加工指令程序，并驱动机床加工出符合程序要求的机械零件。这与传统的机械加工有很大的区别，传统的机械加工是操作者根据图样要求，在加工过程中不断改变切削刀具与工件之间的相对运动参数和位置，最终得到所需的合格零件，而数控加工则是由操作者根据图样要求编写加工零件的程序并输入机床的数控系统中，由数控系统驱动刀具移动加工得到工件。

数控机床是现代机械制造中最常用的自动化加工机床。

7.1.1　数控机床的工作原理

数控机床的全称是数字程序控制机床。

数控机床的加工原理是把刀具与工件的运动坐标分割成一些最小位移量，由数控系统按照零件程序的要求，以数字量作为指令进行控制，驱动刀具或工件以最小位移量做相对运动，完成工件的加工。对数控机床进行控制，必须在操作者与机床之间建立某种联系，这种联系物质称为控制介质。操作者将加工指令写在控制介质上，然后输入数控装置中。数控装置是数控机床的核心，它先将控制介质上的信息进行译码、运算、寄存及控制，再将结果以脉冲的形式输送到机床各个坐标的伺服系统。伺服系统是数控机床的重要组成部分，用来接受数控装置发出的指令信息，并经功率放大后驱动机床移动部件做精确的定位或按规定的轨迹和速度运动。而机床则是数控加工的基础部件，直接加工工件。

对于闭环或半闭环控制的数控机床，还有位置检测装置，其作用是将机床移

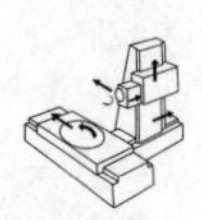

动的实际位置、速度参数检测出来，转换成电信号，并反馈到位置控制装置中，使数控系统能随时判断机床的实际位置、速度是否与指令一致，并发出相应指令，纠正所产生的误差。

图 7-1 所示为一般数控机床工作过程框图，具体工作内容如下：

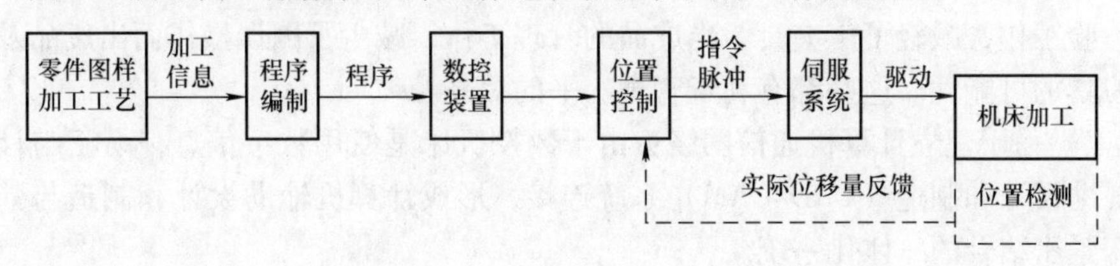

图 7-1　数控机床工作过程

1）根据被加工零件的图样编写加工程序，包括把加工过程分成若干个程序段，确定各程序段的加工控制指令，计算加工数据，编排各指令并按规定的自动控制语言及格式编写程序单。

2）根据程序单把全部加工程序的信息记录在信息载体上，常用的信息载体有穿孔带和磁带等，又称控制介质。

3）通过数控装置的输入机构（如光电阅读机等）把程序内容输入数控系统。

4）数控系统对输入的信息进行计算处理，根据处理结果向机床各坐标的驱动系统分配进给脉冲，并发出动作信号。

5）驱动系统将进给脉冲信号转换放大，驱动机床的执行件按要求的轨迹运动，并配以机床的其他动作，实现工件的自动化加工。

当改变被加工零件时，只需换上该零件加工程序的控制介质即可，从而方便地实现了加工的柔性（也称可变性）。

7.1.2　数控机床的优点

数控机床是为了解决复杂、精密、小批多变零件加工的自动化要求而产生的，因而数控机床的优点集中体现了以下需求特点：

1）柔性好：所谓的柔性即适应性，是指数控机床随生产对象变化而变化的适应能力。

2）加工精度高：数控机床有较高的加工精度，而且数控机床的加工精度不受零件形状复杂程度的影响。

3）能加工复杂型面：数控加工运动的任意可控性使其能完成普通加工方法难以完成或者无法完成的复杂型面的加工。

4）生产率高：数控机床的加工效率一般比普通机床高 2 ~3 倍，尤其在加工复杂零件时，生产率可提高十几倍甚至几十倍。

5）劳动条件好：在数控机床上加工零件自动化程度高，大大减轻了操作者的劳动强度，改善了劳动条件。

6）有利于生产管理：用数控机床加工，能准确地计划零件的加工工时，简化检验工作，减轻了工夹具、半成品的管理工作，减少了因误操作而出废品及损坏刀具的可能性。这些都有利于管理水平的提高。

7）易于建立计算机通信网络：由于数控机床是使用数字信息，易于与计算机辅助设计和制造（CAD/CAM）系统连接，形成计算机辅助设计和制造与数控机床紧密结合的一体化系统。

7.1.3　数控机床的缺点

1）数控机床价格较贵，加工成本高，提高了起始阶段的投资。

2）技术复杂，增加了电子设备的维护，维修困难。

3）对工艺和编程要求较高，加工中难以调整，对操作人员的技术水平要求较高。

7.1.4　数控机床最适合加工的零件类型

1）几何形状复杂的零件，特别是形状复杂、加工精度要求高或用数学方法定义的复杂曲线、曲面轮廓。

2）多品种小批量生产的零件。这种零件使用通用机床加工时，要求设计制造工艺复杂的专用工装或需很长调整时间。在多品种、中小批量生产的情况下，采用数控机床生产成本更为合理。

3）必须严格控制公差的零件。

4）贵重的、不允许报废的关键零件。

7.1.5　数控机床的坐标系

数控机床的坐标系包括坐标轴、坐标原点和运动方向。

1. 机床坐标轴

在数控编程时，为了描述机床的运动，简化程序编制的方法及保证记录数据的互换性，数控机床的坐标系和运动方向均已标准化。现在执行 GB/T 19660—2005《工业自动化系统与集成　机床数值控制　坐标系和运动命名》，该标准等同于 ISO 841:2001。

按照 GB/T 19660—2005 标准规定，数控机床的坐标系采用右手直角笛卡儿坐标系，如图 7-2 所示。图中大拇指、食指和中指互相正交，大拇指的指向作为 x 轴的正方向，食指的指向作为 y 轴的正方向，中指的指向作为 z 轴的正方向，

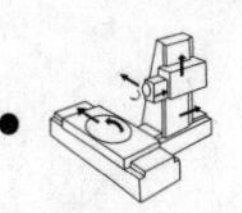

A、B、C 分别为绕 x、y、z 轴转动的旋转轴，其方向根据右手螺旋法则来确定。如图 7-2 中所示，以大拇指指向 +x、+y、+z 方向，则食指、中指等的指向是圆周进给运动的 +A、+B、+C 方向。

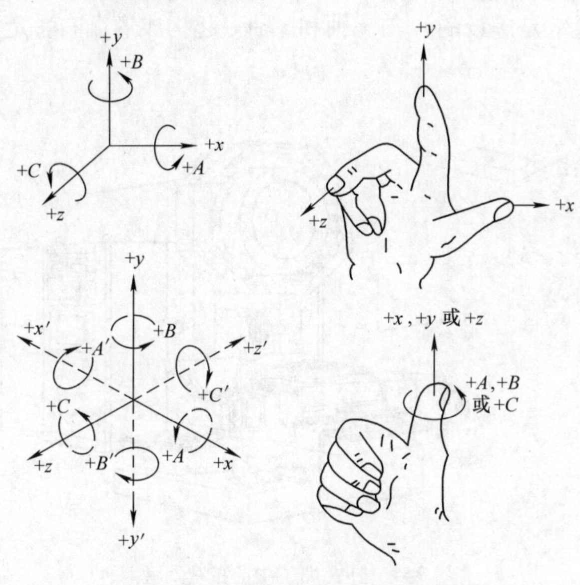

图 7-2　右手直角笛卡儿坐标系

数控机床的进给运动，有的由主轴带动刀具运动来实现，有的由工作台带动被加工工件运动来实现，但不论是刀具移动还是被加工工件移动，都一律假定被加工工件是相对静止的，刀具是移动的。上述坐标轴正方向，是假定工件不动，刀具相对于工件做进给运动的方向。如果是工件移动则用加“′”的字母表示，按相对运动的关系，工件运动的正方向恰好与刀具运动的正方向相反，即有

$+x=-x'$，$+y=-y'$，$+z=-z'$

$+A=-A'$，$+B=-B'$，$+C=-C'$

同样两者运动的负方向也彼此相反。

2. 坐标轴正方向的规定

增大刀具与工件距离的方向即为各坐标轴的正方向。

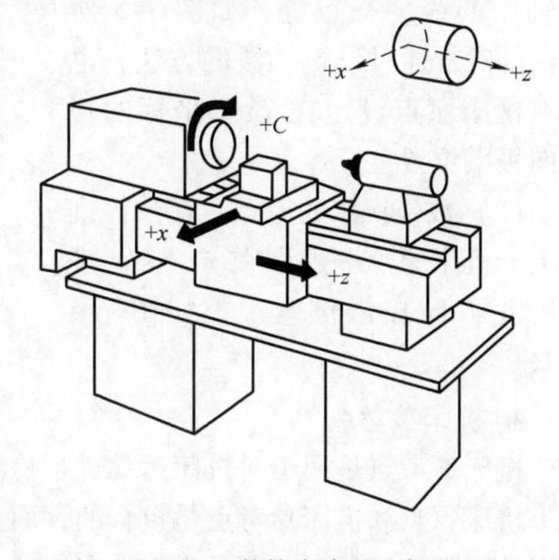

图 7-3　数控车床的坐标系

机床坐标轴的方向取决于机床的类型和各组成部分的布局，对数控车床而言则有以下关系（见图 7-3、图 7-4）：

1）z 轴与主轴中心线重合，沿着 z

轴正方向移动将增大零件和刀具间的距离。

2）x 轴垂直于 z 轴，对应于转塔刀架的径向移动，沿着 x 轴正方向移动将增大零件和刀具间的距离。

3）y 轴（通常是虚设的）与 x 轴和 z 轴一起构成遵循右手定则的坐标系统。

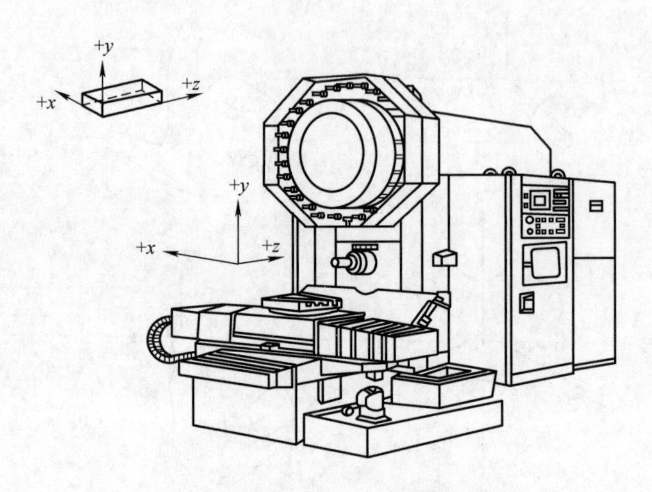

图 7-4　卧式加工中心的坐标系

3. 机床原点

机床原点是指在机床上设置的一个固定点，即机床坐标系的原点。机床原点在机床装配、调试时已被确定下来，是数控机床进行加工运动的基准参考点。

(1) 数控车床的原点　在数控车床上，机床原点一般取在卡盘端面与主轴中心线的交点处，如图 7-5 所示。同时，通过设置参数的方法，也可将机床原点设定在 x、z 坐标的正方向极限位置上。

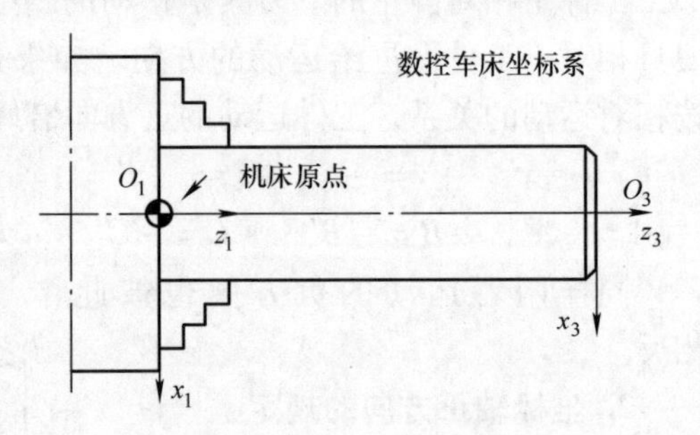

图 7-5　数控车床的机床原点

(2) 数控铣床的原点　在数控铣床上，机床原点一般取在 x、y、z 坐标的正方向极限位置上，如图 7-6 所示。

4. 机床参考点

机床参考点是用于对机床运动进行检测和控制的固定位置点。通常在数控铣床上机床原点和机床参考点是重合的，而在数控车床上机床参考点是离机床原点最远的极限点。图 7-7 所示为数控车床的参考点与机床原点。

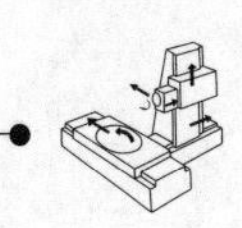

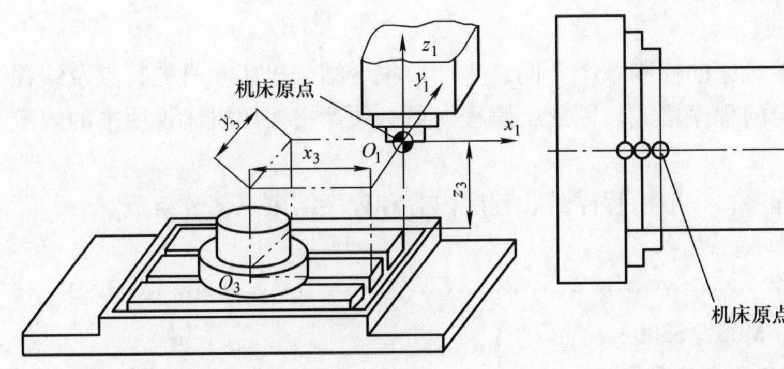

图 7-6　数控铣床的机床原点　　　图 7-7　数控车床的参考点与机床原点

当数控机床开机时，必须先确定机床原点，而确定机床原点的运动就是刀架返回参考点的操作，这样通过确认参考点，就确定了机床原点。只有机床参考点被确认后，刀具（或工作台）移动才有基准。

5. 编程坐标系

编程坐标系是编程人员根据零件图样及加工工艺等建立的坐标系。

编程坐标系一般供编程使用，确定编程坐标系时不必考虑工件毛坯在机床上的实际装夹位置。如图 7-8 所示，其中 O_2 即为编程坐标系原点。编程原点是根据加工零件图样及加工工艺要求选定的编程坐标系的原点。

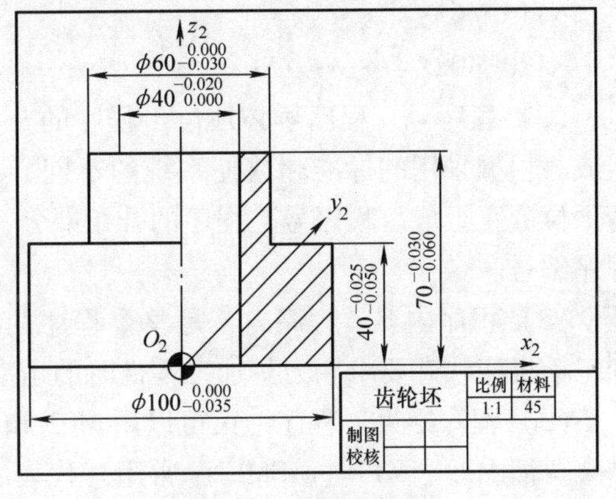

图 7-8　编程坐标系

6. 附加坐标系

为了编程和加工的方便，有时还要设置附加坐标系。

对于直线运动，通常建立的附加坐标系有：

（1）指定平行于 x、y、z 的坐标轴　可以采用的附加坐标系有第二组 u、v、w 坐标，第三组 p、q、r 坐标。

（2）指定不平行于 x、y、z 的坐标轴　也可以采用的附加坐标系有第二组 u、v、w 坐标，第三组 p、q、r 坐标。

7.1.6　数控系统的指令集

数控系统由一系列程序段和程序块构成。每个程序段用于描述准备功能、刀具坐标位置、工艺参数和辅助功能等。

1. 程序的组成

由于每种数控机床的控制系统不同，生产厂家会结合机床本身的特点及编程的需要，规定一定的程序格式。因此，编程人员必须严格按照机床说明书的规定格式进行编程。

一个完整的程序，一般由程序号、程序内容和程序结束三部分组成。

例如：

```
O2008 ……………………………………………………… 程序号
N05  T0101  M03  S300；
N10 G00  X18.5  Z2.0；
N15 G01  X18.5  Z-30.0  F0.1；
N20 G01  X25.0  Z-30.0；
N20 G00  X25.0  Z2.0；            …………………… 程序内容
N25 G00  X13.0  Z2.0；
…………
N110 G00  X100.0  Z100.0；
N115 M05；
N120 M02； ………………………………………………… 程序结束
```

（1）程序号　程序号必须位于程序的开头，它一般由字母O后缀若干数字组成。根据采用的标准和数控系统的不同，有时也可以由字符%或字母P后缀若干位数字组成。程序号是程序的开始部分，每个独立的程序都要有一个自己的程序编号。

（2）程序内容　程序内容是整个程序的核心，由许多程序段组成，它包括加工前机床状态要求和刀具加工零件时的运动轨迹。

（3）程序结束　程序结束可以用M02和M30表示，代表零件加工主程序的结束。而M99、M17（SIEMENS常用）代表的是子程序的结束。

2. 程序段格式

在上例中，每一行程序即为一个程序段。程序段中包含：机床状态指令、刀具指令及刀具运动轨迹指令等各种信息代码。不同的数控系统往往有不同的程序段格式。如果格式不符合规定，数控系统就会报警、不运行。常见的程序段格式见表7-1。

表7-1　数控机床常见的程序段格式

功能	地址字母	意义
程序号	O、P	程序编号，子程序号的指定
程序段号	N	程序段顺序编号
准备功能	G	指令动作的方式

（续）

功能	地址字母	意义
坐标字	X、Y、Z	坐标轴的移动指令
	A、B、C；U、V、W	附加轴的移动指令
	I、J、K	圆弧圆心坐标
	R	圆弧半径
进给速度	F	进给速度指令（mm/min 或 mm/r）
主轴功能	S	主轴转速指令（r/min）
刀具功能	T	刀具编号指令
辅助功能	M、B	主轴、切削液的开关，工作台分度等
补偿功能	H、D	补偿号指令
暂停功能	P、X	暂停时间指定
循环次数	L	子程序及固定循环的重复次数

（1）程序段序号　程序段序号简称顺序号，通常由字母N后缀若干数字组成，如N05。

在绝大多数系统中，程序段序号的作用仅仅是作为“跳转”或“程序检索”的目标位置指示，因此它的大小次序可颠倒，也可以省略，在不同的程序内还可以重复使用。但是，在同一程序内，程序段序号不可以重复使用。当程序段序号省略时，该程序段将不能作为“跳转”或“程序检索”的目标程序段。

程序段序号也可以由数控系统自动生成，程序段序号的递增量可以通过“机床参数”进行设置。在由操作者自定义时，可以任意选择程序段序号，且在程序段间可以采用不同的增量值。

在实际加工程序中，程序段序号N前面可以加“/”符号，这样的程序段称为“可跳过程序段”。例如：

/N10 G00　X10.0　Z20.0；

可跳过程序段的特点是可以由操作者对程序段的执行情况进行控制。当操作机床使系统的“选择程序段跳读”机能有效时，程序执行时将跳过这些程序段；当“选择程序段跳读”机能无效时，程序段照常执行（相当于无“/”）。

（2）准备功能　准备功能也简称G功能，它是使数控机床做好某种操作准备的指令，用地址G后缀两位数字表示，有G00～G99共100种，目前有的数控系统也用到了00～99之外的数字。

G代码虽然已标准化，但不同的数控系统中同一G代码的含义并不完全相同，因此编程时必须按照机床说明书规定的G代码进行编程。表7-2列出了4种数控编程系统的G代码对照表。

表7-2　G代码对照表

G代码	FANUC 0i－MA	华中世纪星	FANUC 0i－TA	SIEMENS
G00	快速移动点定位	快速移动点定位	快速移动点定位	快速移动点定位
G01	直线插补	直线插补	直线插补	直线插补
G02	顺时针圆弧插补	顺时针圆弧插补	顺时针圆弧插补	顺时针圆弧插补
G03	逆时针圆弧插补，螺旋线插补	逆时针圆弧插补，螺旋线插补	逆时针圆弧插补	逆时针圆弧插补
G04	暂停，准确停止	暂停	暂停	暂停
G05				通过中间点圆弧插补
G06				
G07		虚轴指定		Z样条曲线插补
G08	预读控制			进给加速
G09	准确停止	准停校验		进给减速
G10	可编程数据输入		可编程数据输入	
G11	可编程数据输入方式取消		可编程数据输入方式取消	
G15	极坐标指令消除			
G16	极坐标指令			
G17	*xy*平面选择	*xy*平面选择	*xy*平面选择	*xy*平面选择
G18	*zx*平面选择	*zx*平面选择	*zx*平面选择	*zx*平面选择
G19	*yz*平面选择	*yz*平面选择	*yz*平面选择	*yz*平面选择
G20	英寸输入	英寸输入	英寸输入，外径/内径车削循环	子程序调用
G21	毫米输入	毫米输入	毫米输入，螺纹切削循环	
G22	存储行程检测功能接通	脉冲当量输入	存储行程检测功能接通	半径尺寸编程方式
G23	存储行程检测功能断开		存储行程检测功能断开	直径尺寸编程方式
G24		镜像开	端面车削循环	子程序结束
G25		镜像关	主轴速度波动检测断开	跳转加工
G26			主轴速度波动检测接通	循环加工
G27	返回到参考点检测		返回到参考点检测	
G28	返回到参考点	返回到参考点	返回到参考点	
G29	由参考点返回	由参考点返回		
G30	返回2、3、4参考点		返回2、3、4参考点	倍率注销
G31	跳转功能		跳转功能	倍率定义
G32			螺纹切削	等螺距螺纹切削（寸制）
G33	螺纹切削			等螺距螺纹切削（米制）

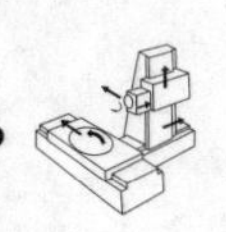

（续）

G代码	FANUC 0i－MA	华中世纪星	FANUC 0i－TA	SIEMENS
G34		攻螺纹	变螺距螺纹切削	
G35				
G36			自动刀具补偿 x	
G37	自动刀具长度测量		自动刀具补偿 z	
G39	拐角偏置圆弧插补			
G40	刀具半径补偿取消	刀尖半径补偿取消	刀尖半径补偿取消	刀具补偿注销
G41	刀具半径补偿－左侧	刀具半径补偿－左侧	刀具半径补偿－左侧	刀具半径补偿－左侧
G42	刀具半径补偿－右侧	刀具半径补偿－右侧	刀具半径补偿－右侧	刀具半径补偿－右侧
G43	刀具长度正向补偿	刀具长度正向补偿		
G44	刀具长度负向补偿	刀具长度负向补偿		
G45	刀具位置偏置加			
G46	刀具位置偏置减			
G47	刀具位置偏置加2倍			
G48	刀具位置偏置减2倍			
G49	刀具长度补偿取消	刀具长度补偿取消		
G50	比例缩放取消	缩放关		
G51	比例缩放有效	缩放开		
G52	局部坐标系设定		局部坐标系设定	
G53	选择机床坐标系	直接机床坐标系编程	机床坐标系设定	设定工件坐标系注销
G54	选择工件坐标系1	坐标系选择	选择工件坐标系1	选择工件坐标系1
G55	选择工件坐标系2	坐标系选择	选择工件坐标系2	选择工件坐标系2
G56	选择工件坐标系3	坐标系选择	选择工件坐标系3	选择工件坐标系3
G57	选择工件坐标系4	坐标系选择	选择工件坐标系4	选择工件坐标系4
G58	选择工件坐标系5	坐标系选择	选择工件坐标系5	选择工件坐标系5
G59	选择工件坐标系6	坐标系选择	选择工件坐标系6	选择工件坐标系6
G60	单方向定位			准确路径方式
G61	精确停止方式	精确停止校验方式		
G62	自动拐角率			
G63	攻螺纹方式			
G64	切削方式	连续方式		连续路径方式
G65	宏程序调用	子程序调用	宏程序调用	
G66	宏程序模态调用		宏程序模态调用	
G67	宏程序模态调用取消		宏程序模态调用取消	
G68	坐标旋转有效	旋转变换开		
G69	坐标旋转取消	旋转变换取消		
G70			精加工循环	英制尺寸（in）

（续）

G代码	FANUC 0i－MA	华中世纪星	FANUC 0i－TA	SIEMENS
G71			粗车外圆	米制尺寸（mm）
G72			精加工循环，粗车端面	
G73	深孔钻循环	深孔钻循环	粗车外圆，多重车削循环	
G74	左旋攻螺纹循环	逆攻螺纹循环	粗车端面，排屑钻端面孔	回参考点（机床零点）
G75			多重车削循环，外径/内径钻孔	返回编程坐标零点
G76	精镗循环	精镗循环	排屑钻端面孔，多头螺纹循环	返回编程坐标起始点
G77			外径/内径钻孔，外径/内径车削循环	
G78			多头螺纹循环，螺纹切削循环	
G79			端面车削循环	
G80	固定循环取消，外部操作功能取消	固定循环取消	固定循环取消	固定循环取消
G81	钻孔循环，锪镗循环，外部操作功能	定心钻循环		外圆固定循环
G82	钻孔循环，反镗循环	钻孔循环		
G83	深孔钻循环	深孔钻循环	孔钻循环	
G84	攻螺纹循环	攻螺纹循环	攻螺纹循环	
G85	镗孔循环	镗孔循环1	正面镗循环	
G86	镗孔循环	镗孔循环2		
G87	背镗循环	反镗孔循环	侧钻循环	
G88	镗孔循环	镗孔循环3	侧攻螺纹循环	
G89	镗孔循环	镗孔循环4	侧镗循环	
G90	绝对值编程	绝对值编程	绝对值编程，外径/内径车削循环	绝对尺寸
G91	增量值编程	增量值编程	增量值编程	增量尺寸
G92	设定工件坐标系，最大主轴速度极限	工件坐标系设定	螺纹切削循环	最大主轴速度极限
G93				
G94	每分钟进给	每分钟进给	每分钟进给，端面车削循环	每分钟进给率

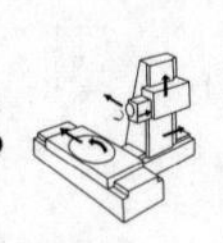

（续）

G 代码	FANUC 0i – MA	华中世纪星	FANUC 0i – TA	SIEMENS
G95	主轴每转进给	主轴每转进给	主轴每转进给	主轴每转进给率
G96	恒周速控制（切削速度）		恒线速度	恒线速度
G97	恒周速控制取消（切削速度）		恒表面切削速度控制取消	注销 G96
G98	固定循环返回到初始点	固定循环返回到初始点	返回到起始平面	
G99	固定循环返回到 *R* 点	固定循环返回安全面	返回到 *R* 点平面	
G05. 1	预读控制（超前读多个程序段）			
G07. 1	圆柱插补		圆柱插补	
G12. 1			极坐标插补方式	
G13. 1			极坐标插补方式取消	
G40. 1	法线方向控制取消方式			
G41. 1	法线方向控制左侧接通			
G42. 1	法线方向控制右侧接通			
G50. 1	可编程镜像取消			
G50. 2			多边形车削取消	
G50. 3			工件坐标系预置	
G51. 1	可编程镜像有效			
G51. 2			多边形车削	
G54. 1	选择附加工件坐标系			
G92. 1	工件坐标系预置		工件坐标系预置	
G331				螺纹固定循环
G500				设定工件坐标系注销

G 代码可分为不同的组，这是由于大多数的 G 代码是模态的。所谓模态 G 代码，是指这些 G 代码不只在当前的程序段中起作用，而且在以后的程序段中一直起作用，直到程序中出现另一个同组的 G 代码为止。同组的模态 G 代码控制同一个目标但起不同的作用，它们之间是不相容的。非模态的 G 代码只在它们所在的程序段中起作用，也称单段有效代码。

如果程序中出现了未列在上表中的 G 代码，CNC 会显示 10 号报警。

同一程序段中可以有几个 G 代码出现，但当两个或两个以上的同组 G 代码出现时，最后出现的一个（同组的）G 代码有效。

一般来说，绝大多数常用的 G 代码、全部 S、F、T 代码均为模态代码，M 代码的情况取决于机床生产厂家的设计。

（3）坐标字　坐标字由坐标地址符和数字组成，按一定的顺序进行排列，各组数字必须具有作为地址代码的字母（如X、Y等）开头。各坐标轴的地址按下列顺序排列：

X、Y、Z、U、V、W、Q、R、A、B、C、D、E

（4）进给功能F　进给功能由地址符F和数字组成，数字表示所选定的刀具进给速度，其单位一般为mm/min或mm/r。这个单位取决于每个系统所采用的进给速度的指定方法，具体内容见所用机床的编程说明书。例如，FANUC 0i Mate－TB系统中，用G98指令时单位为mm/min，用G99指令时单位为mm/r。在编写F指令时应注意以下几点：

1）F指令为模态指令，即模态代码。

2）编程的F指令值可以根据实际加工需要，通过机床操作面板上的“进给修调倍率”按钮进行修调，修调范围一般为F值的0～120%。

3）F不允许使用负值，通常也不允许通过指令F0控制进给的停止。在数控系统中，进给暂停动作由专用的指令（G04）来实现。但是通过“进给修调倍率”按钮可以控制进给速度为零。

（5）主轴转速功能S　主轴转速功能由地址符S和若干数字组成，常用单位是r/min，如S500表示主轴转速为500r/min。在编写S指令时应注意以下几点：

1）S指令为模态指令，对于一把刀具通常只需要指令一次。

2）编程的S指令值可以根据实际加工需要，通过机床操作面板上的“主轴倍率”按钮进行修调，修调范围一般为S值的50%～150%。

3）S不允许使用负值，主轴的正、反转由辅助功能指令M03（正转）和M04（反转）进行控制。

4）在数控机床上，可以通过恒线速度控制功能，利用S指令直接指定刀具的切削速度。

（6）刀具功能T　在数控机床上，把选择或指定刀具的功能称为刀具功能（即T功能）。T功能由地址T及后缀数字组成。有T××（T2位数格式）和T××××（T4位数格式）两种格式。采用T2位数格式，通常只能用于指定刀具，绝大多数数控加工中心都使用T2位数格式；采用T4位数格式，可以同时指定刀具和刀具补偿，绝大多数数控车床都使用T4位数格式。在编写T指令时应注意以下几点：

1）采用T2位数格式，可以直接指定刀具，如T08表示8号刀具，但刀具补偿号由其他代码（如D或H代码）进行选择，如T05D04表示5号刀具，4号刀具补偿。

2）采用T4位数格式，可以直接指定刀具和刀具补偿号。前两位数表示刀具号，后两位数表示刀具补偿号，如T0608表示6号刀，8号刀具补偿；T0200表示2号刀，取消刀具补偿。

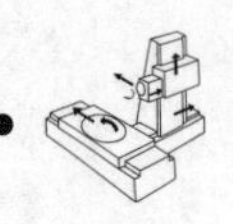

3）T 指令为模态指令。

（7）辅助功能 M　在数控机床上，把控制机床辅助动作的功能称为辅助功能，简称 M 功能。M 功能由地址 M 及后缀数字组成，常用的有 M00 ~ M99。其中，部分 M 代码为 ISO 国际标准规定的通用代码，其余 M 代码一般由机床生产厂家定义。因此，编程时应按照机床说明书的规定编写 M 指令。表 7-3 为常用的 M 代码一览表。

表 7-3　常用的 M 代码一览表

M 指令	M 指令功能	含　义
M00	程序停止	在执行完编有 M00 代码的程序段中的其他指令后，主轴停止、进给停止、切削液关掉、程序停止；重新按启动键后继续执行下一程序段
M01	程序选择性停止	与 M00 相似，所不同的是必须在操作面板上预先按下“选择停止”按钮
M02	程序结束	用于程序全部结束，切断机床所有动作。对于 SIEMENS 系统，也可作为子程序结束标记
M03	主轴顺时针旋转	
M04	主轴逆时针旋转	
M05	主轴停止	
M06	自动换刀	
M08	切削液打开	
M09	切削液关闭	
M10	夹具 A 夹紧	
M11	夹具 A 松开	
M12	夹具 B 夹紧	
M13	夹具 B 松开	
M14	夹具夹紧 + 前门关	
M15	夹具松开 + 前门开	
M16	ATC 慢速设定	
M17	双手启动记忆	M17 为 SIEMENS 系统用
M19	主轴定向	
M20	主轴定向（边退边定向）	
M21	主轴正转 + 冷却启动	
M22	主轴定向 + 冷却停止	
M23	M21 + 高压冷却启动	
M25	第四轴夹紧	
M26	第四轴放松	
M29	刚性攻螺纹	
M30	程序结束并返回，自动断电	在程序的最后编入该代码，使程序返回到开头，机床运行全部停止
M38	倍率消除	

（续）

M 指令	M 指令功能	含　义
M39	倍率消除解除	
M49	主轴吹气停止	
M50	主轴吹气启动	
M51	夹具冷却启动	
M52	夹具冷却停止	
M53	主轴刀具识别设定	
M54	主轴刀具识别设定复位	
M58	高压冷却启动	
M59	高压冷却停止	
M60	APC 交换	
M61	攻螺纹循环结束	
M68	托盘夹紧	
M69	托盘松开	
M70	刀具资料初始化	
M71	刀套下	
M72	刀臂旋转 60°	
M73	松刀	
M74	刀臂旋转 180°	
M75	夹刀	
M76	刀臂 0°	
M77	刀套上	
M78	B 轴夹紧	
M79	B 轴松开	
M83	刀具寿命读	
M84	刀具寿命写	
M85	刀库侧刀具破损检测	
M88	刀库侧刀具检测回零	
M89	刀库侧刀具检测启动	
M95	换刀故障排除	
M98	子程序调用	使主程序转至子程序，后跟 D 指令（子程序起始段）和 L 指令（循环次数）
M99	子程序调用返回	用在子程序结尾，使子程序返回到主程序

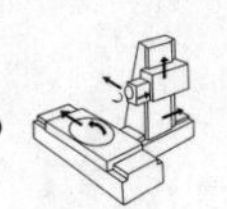

（8）程序段结束 EOB（End of Block）　EOB 写在每一程序段之后，表示该段程序结束。当用“EIA”标准代码时，结束符为“CR”；用“ISO”标准代码时，结束符为“LF”或“NL”。除上述外，有的用符号“;”或“*”表示，有的直接按回车键即可。FANUC 系统中常用“;”作为结束符，SIEMENS 系统中常用“LF”作为结束符。

7.2　数控车床

数控车床（NC Lathe）是采用数控技术进行控制的车床，是目前国内使用量最大、覆盖面最广的一种数控机床。它将编制好的加工程序输入到数控系统中，由数控系统通过 x、z 坐标轴伺服电动机控制车床进给运动部件的动作顺序、移动量和进给速度，再配以主轴的转速和转向，便能加工出各种形状不同的轴类或盘套类回转体零件。数控车床从成形原理上讲与普通车床基本相同，但由于它增加了数字控制功能，加工过程中自动化程度高，与普通车床相比具有更强的通用性和灵活性以及更高的加工效率和加工精度。

7.2.1　数控车床加工对象

数控车床主要用于加工轴类、盘套类等回转体零件，通过数控加工程序的运行，可自动完成圆柱面、圆锥面、成形表面、螺纹和端面等工序的切削加工，并能进行车槽、钻孔、扩孔、铰孔等工作。

与传统车床相比，数控车床比较适合车削具有以下要求和特点的回转体零件：

1. 精度要求高的回转体零件

由于数控车床的刚性好，制造和对刀精度高，以及能方便和精确地进行人工补偿甚至自动补偿，所以它能够加工尺寸精度要求高的零件，在有些场合甚至可以以车代磨。此外，由于数控车削时刀具运动是通过高精度插补运算和伺服驱动来实现的，再加上机床的刚性好和制造精度高，所以它能加工对素线直线度、圆度、圆柱度要求高的零件。

2. 表面形状复杂的回转体零件

由于数控车床具有直线和圆弧插补功能，部分车床数控装置还有某些非圆曲线插补功能，所以可以车削由任意直线和平面曲线组成的形状复杂的回转体零件，如具有封闭内成形面的壳体零件。数控车床既能加工可用方程描述的曲线，也能加工列表曲线。

3. 表面粗糙度小的回转体零件

数控车床不但刚性好，制造精度高，而且它具有恒线速度切削功能，所以它能加工出表面粗糙度小的零件。利用数控车床的恒线速度切削功能，就可选用最佳线速度来切削端面，这样切出的表面粗糙度既小又一致。数控车床还适合车削各部位表面粗糙度要求不同的零件。

4. 带横向加工的回转体零件

对于带有键槽、径向孔、端面有分布的孔系及有曲面的盘套或轴类零件，可选择车削中心加工。由于加工中心有自动换刀系统，使得一次装夹可完成普通机床多个工序的加工，减少了装夹次数，体现了工序集中的原则，故保证了加工质量的稳定性，提高了生产率，降低了生产成本。

5. 特殊类型螺纹的零件

传统车床所能切削的螺纹种类相当有限，只能车削等螺距的直面、锥面米（寸）制螺纹，且一台车床只限于加工若干种螺距的螺纹。数控车床不但能车削任意等螺距的直面、锥面和端面螺纹，而且还能车削增螺距、减螺距螺纹，以及螺距要求高的螺纹、变螺距之间平滑过渡的螺纹和变径螺纹。数控车床加工螺纹时主轴转向不必像传统车床那样交替变换，它可以一刀又一刀不停顿地循环，直至完成，所以它车削螺纹的效率很高。数控车床还配有精密螺纹切削功能，再加上一般采用硬质合金成形刀片，以及可以使用较高的转速，所以车削出来的螺纹精度高、表面粗糙度小。可以说，包括丝杠在内的螺纹零件很适合在数控车床上加工。

6. 超精密、超低表面粗糙度的零件

软盘、录像机磁头、激光打印机的多面反射体、复印机的回转鼓、照相机等光学设备的透镜及其模具，以及隐形眼镜等要求超高轮廓精度和超低表面粗糙度值的零件，都适用于在高精度、多功能的数控车床上加工。以往很难加工的塑料散光用的透镜，现在也可以用数控车床来加工。超精加工的轮廓精度可达到0.1μm，表面粗糙度 Ra 值可达0.02μm。超精车削零件的材质以前主要是金属，现已扩大到塑料和陶瓷。

7.2.2　数控车床的分类

随着数控车床制造技术的不断发展，数控车床的品种日渐繁多，数控车床的分类方法也多种多样，以下是常见的几种分类方法。

1. 按机床的功能分类

（1）经济型数控车床　经济型数控车床（或称简易型数控车床）是低档次数控车床，是在卧式普通车床基础上改进设计而成的，一般采用步进电动机驱动的开环伺服系统，其控制部分通常用单片机或单板机实现，自动化程度和功能都比较差，车削加工精度也不高。此类数控车床结构简单，无刀尖圆弧半径自动补偿和恒线速度切削等功能，但价格低廉，适用于要求不高的回转类零件的车削加

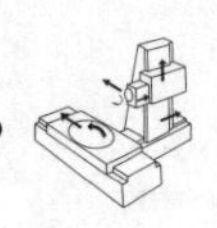

工。图 7-9 所示为一种经济型数控车床。

（2）全功能型数控车床　全功能型数控车床由专门的数控系统控制，进给多采用半闭环直流或交流伺服系统，机床精度也相对较高，多采用 CRT 显示，不但有字符，而且有图形、人机对话、自诊断等功能，具有高刚度、高精度和高效率等优点，适用于一般回转类零件的车削加工。这种数控车床可同时控制两个坐标轴，即 x 轴和 z 轴。图 7-10 所示为一种全功能型数控车床。

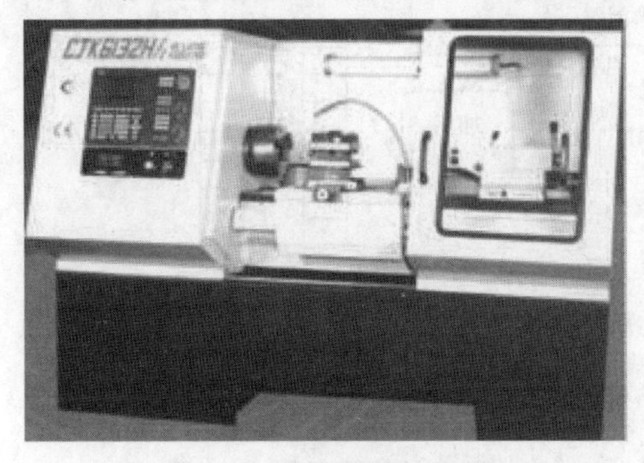

图 7-9　经济型数控车床

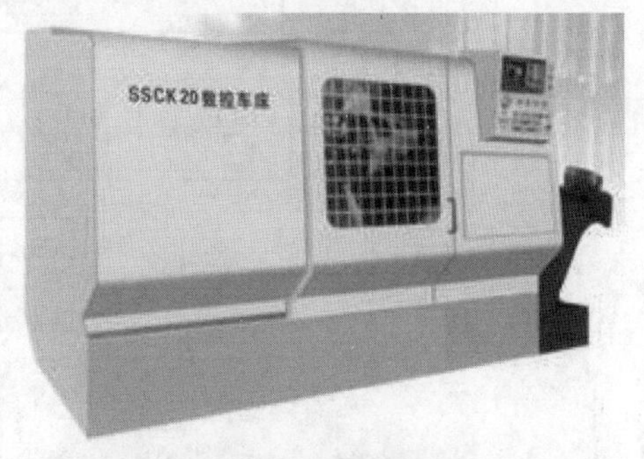

图 7-10　全功能型数控车床

（3）车削加工中心　车削加工中心在全功能型数控车床的基础上增加了动力刀座或机械手，更高级的车削加工中心带有刀库，可实现多工序的复合加工，在工件一次装夹后，可完成回转体零件的车、铣、钻、铰、攻螺纹等多种加工工序，功能全面，但价格较高。图 7-11 所示为一带刀库的车削加工中心正在进行零件的加工。

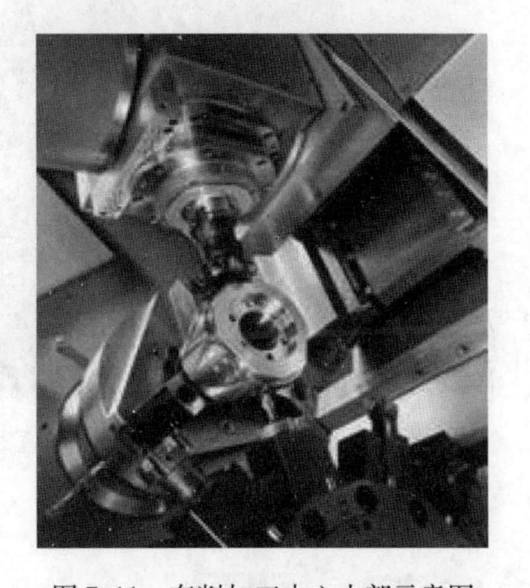

图 7-11　车削加工中心内部示意图

（4）柔性制造单元 FMC（Flexible Manufacturing Cell）车床　FMC 车床是柔性制造系统 FMS（Flexible Manufacturing System）中的柔性加工单元，由数控车床、机器人等构成，它能实现加工、调整、准备的自动化和工件搬运、装卸的自动化。图 7-12 所示为一柔性制造系统的组成示意图，图 7-13 所示为一柔性制造系统的现场图。

2. 按主轴的配置形式分类

（1）卧式数控车床　如图 7-14 所示，其主轴中心线处于水平位置，可分为水平导轨卧式数控车床和倾斜导轨卧式数控车床。其倾斜导轨结构可以使车床具有更大的刚性并易于排除切屑。

（2）立式数控车床　简称数控立车，如图 7-15 所示。其车床主轴垂直于水平面，并有一个直径较大的圆形工作台，用以装夹工件。这类数控车床主要用于加工径向尺寸大、轴向尺寸相对较小的大型复杂零件。

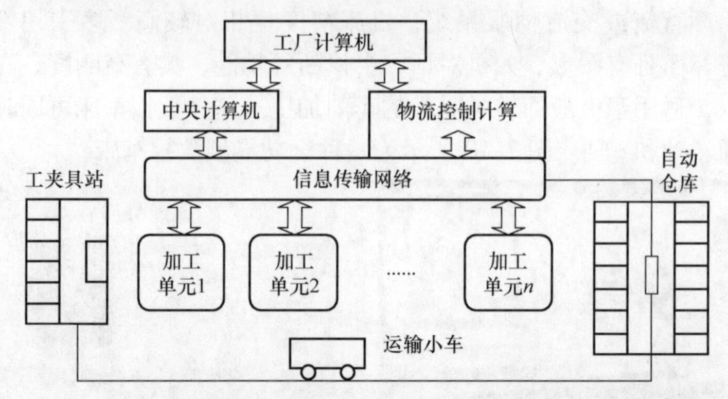

图7-12　柔性制造系统的组成示意图

图7-13　柔性制造系统的现场图

图7-14　卧式数控车床

图7-15　立式数控车床

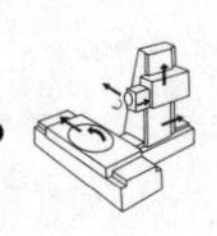

3. 按刀架数目分类

（1）单刀架数控车床　数控车床一般都配置有各种形式的单刀架，如四工位卧动转位刀架或多工位转塔式自动转位刀架，如图7-16所示。

（2）双刀架数控车床　如图7-17所示，这类车床的双刀架配置一般平行分布，也可以是相互垂直分布。

图7-16　单刀架数控车床

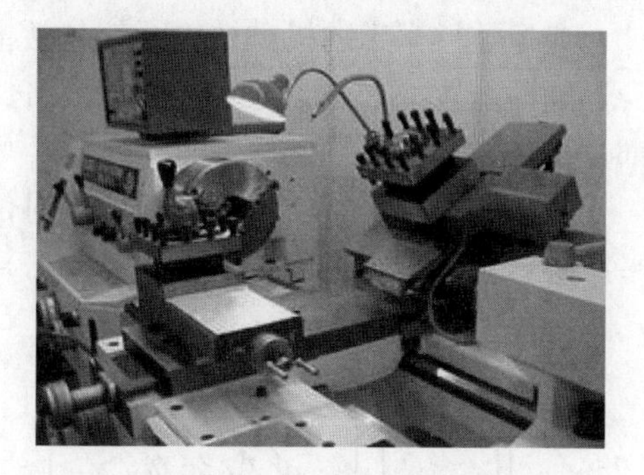

图7-17　双刀架数控车床

7.2.3　数控车床特点及布局

1. 数控车床的结构特点

与传统车床相比，数控车床的结构有以下特点：

1）由于数控车床刀架的两个方向运动分别由两台伺服电动机驱动，用伺服电动机直接与丝杠连接带动刀架运动，所以它的传动链短，不必使用交换齿轮、光杠等传动部件。伺服电动机丝杠间也可以用同步带副或齿轮副连接。

2）多功能数控车床是采用直流或交流主轴控制单元来驱动主轴，使之按控制指令做无级变速，主轴之间不必用多级齿轮副来进行变速。为扩大变速范围，现在一般还要通过一级齿轮副，以实现分段无级调速，即使这样，床头箱内的结构已比传统车床简单很多。数控车床的另一个结构特点是刚度大，这是为了与控制系统的高精度控制相匹配，以便适应高精度的加工。

3）数控车床的刀架移动一般采用滚珠丝杠副，因此拖动轻便。滚珠丝杠副是数控车床的关键机械部件之一，滚珠丝杠两端安装的转动轴承是专用轴承，它的压力角比常用的向心推力球轴承要大得多。这种专用轴承配对安装，是选配的，最好在轴承出厂时就是成对的。

4）为了拖动轻便，数控车床的润滑都比较充分，大部分采用油雾自动润滑。

5）由于数控机床的价格较高、控制系统的寿命较长，所以数控车床的滑动导轨也要求耐磨性好。数控车床一般采用镶钢导轨，以使机床精度保持的时间比较长，其使用寿命也可延长很多。

6）数控车床还具有加工冷却充分、防护较严密等特点，自动运转时一般都处于全封闭或半封闭状态。

7）数控车床一般还配有自动排屑装置。

2. 数控车床的布局

典型数控车床的机械结构系统包括主轴传动机构、进给传动机构、刀架、床身、辅助装置（刀具自动交换机构、润滑与切削液装置、排屑、过载限位）等部分。

数控车床床身导轨与水平面的相对位置如图7-18所示，它有4种布局形式：平床身、斜床身、平床身斜滑板、立床身。

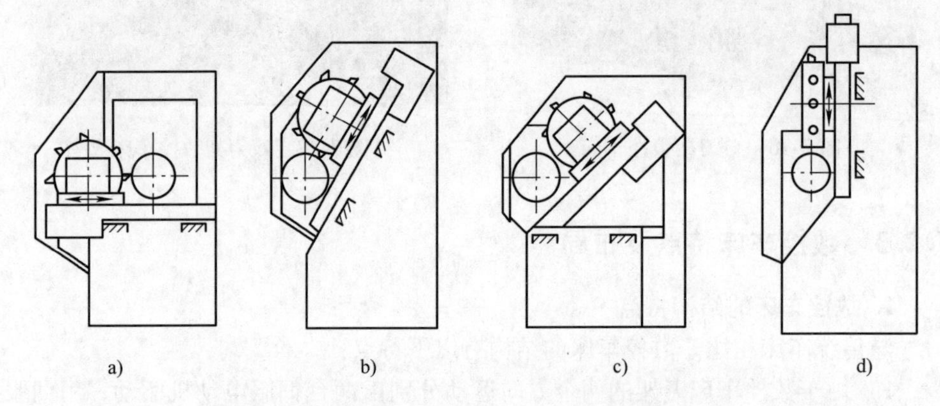

图7-18　数控车床床身导轨与水平面的相对位置图

a）平床身　b）斜床身　c）平床身斜滑板　d）立床身

水平床身的工艺性好，便于导轨面的加工。水平床身配上水平放置的刀架，可提高刀架的运动精度，一般可用于大型数控车床或小型精密数控车床的布局。但是水平床身由于下部空间小，故排屑困难，且刀架水平放置使得滑板横向尺寸较长，从而加大了机床宽度方向的结构尺寸。数控车床水平床身如图7-19所示。

图7-19　数控车床水平床身

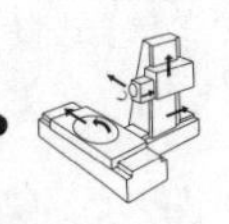

水平床身配置倾斜放置的滑板，并配置倾斜式导轨防护罩。这种布局形式一方面有水平床身工艺性好的特点，另一方面机床宽度方向的尺寸较水平配置滑板的要小，且排屑方便。图 7-20 所示的水平床身配上倾斜放置的滑板和斜床身配置斜滑板布局形式被中、小型数控车床所普遍采用。此两种布局形式的特点是：排屑方便，热铁屑不会堆积在导轨上，也便于安装自动排屑器；操纵方便，易于安装机械手，以实现单机自动化；机床占地面积小，外形简单、美观，容易实现封闭式防护。

斜床身其导轨倾斜的角度分别为 30°、45°、60°、75°和 90°（称为立式床身，如图 7-21 所示），若倾斜角度小，则排屑不便；若倾斜角度大，则导轨的导向性差，受力情况也差。导轨倾斜角度的大小还会直接影响机床外形尺寸高度与宽度的比例。综合考虑上面的因素，中小规格的数控车床其床身的倾斜度以 60°为宜。

图 7-20　数控车床倾斜床身

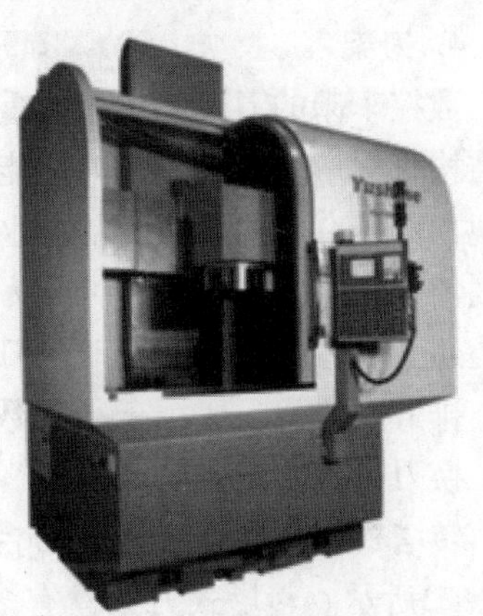

图 7-21　数控车床立式床身

7.2.4　数控车床的组成

数控车床的外形与普通车床相似，由数控系统和机床本体组成。数控系统包括控制电源、伺服控制器、主机、编码器及显示器等；机床本体包括床身、主轴箱、电动回转刀架、进给传动系统、电动机、冷却系统、润滑系统和安全保护系统等。

1. 数控系统

数控车床的数控系统一般由 CNC 装置、输入/输出设备、可编程序控制器（PLC）、主轴驱动装置、进给驱动装置以及位置测量系统等几部分组成。

数控车床通过数控系统控制机床的主轴转速、各进给轴的进给速度，以及实现其他辅助功能。

2. 主轴传动系统

经济型数控车床的主轴传动系统与普通车床大致相同，为了适应数控机床在加工中自动变速的要求，在传动中采用双速电动机及电磁离合器，可得到4～8级转速，编入程序后能达到加工中自动变速的要求。全功能数控车床主轴传动系统一般采用直流或交流无级调速电动机，通过带传动，带动主轴旋转，实现自动无级调速及恒速切削控制。

3. 进给传动系统

数控车床的进给传动系统与普通车床有质的区别，普通车床有进给箱和交换齿轮架，而数控车床是直接用伺服电动机（交流伺服、直流伺服或步进电动机）通过滚珠丝杠驱动溜板和刀架实现纵向（z 轴）和横向（x 轴）进给运动，因而进给系统的结构大为简化。由于采用了宽调速伺服电动机与伺服系统，快速移动和进给传动均经同一传动路线，故进给范围广，快速移动速度快，还能实现准确定位。

4. 刀架

数控车床的刀架是机床的重要组成部分。刀架是用于夹持切削刀具的，因此其结构直接影响机床的切削性能和切削效率。在一定程度上，刀架的结构和性能体现了数控车床的设计与制造水平。随着数控车床的不断发展，刀架结构型式不断创新，但总体来说大致可分为两大类，即排刀式刀架和转塔式刀架，有的车削中心还采用了带刀库的自动换刀装置。

排刀式刀架一般用于小型数控车床，各种刀具排列并夹持在可移动的滑板上，换刀时可实现自动定位。

转塔式刀架也称刀塔或刀台，转塔式刀架有立式和卧式两种结构型式，如图7-22所示。转塔式刀架具有多刀位自动定位装置，通过转塔头的旋转、分度和定位来实现机床的自动换刀动作。转塔式刀架应分度准确、定位可靠、重复定位精度高、转位速度快、夹紧刚性好，以保证数控车床的高精度和高效率。

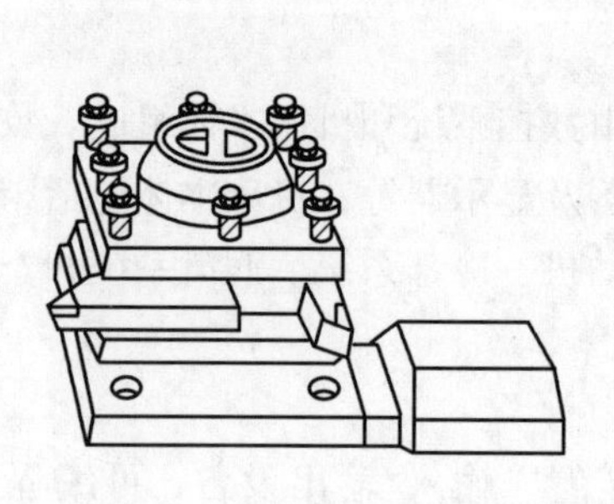
a)

b)

图7-22　转塔式刀架

a）立式　b）卧式

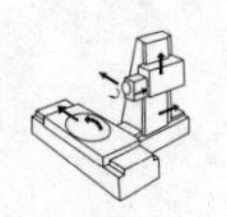

立式转塔刀架的回转轴与机床主轴成垂直布置，刀位数有四位与六位两种，结构比较简单，经济型数控车床多采用这种刀架。

卧式转塔刀架的回转轴与机床主轴平行，可以在其径向与轴向安装刀具。径向刀具多用于外圆柱面及端面加工，轴向刀具多用于内孔加工。卧式转塔刀架的刀位数最多可达 20 个，但最常用的有 8、10、12、14 位四种。

5. 床身

床身是整个机床的基础，它的结构型式决定了机床的总体布局。经济型数控车床一般与普通车床结构型式相同，多采用水平床身。水平床身工艺性好，易于加工制造，但床身下部空间小，排屑困难。斜床身在现代数控车床中得到了广泛应用，其优点是容易实现机电一体化，机床外形简洁、美观，占地面积小，容易实现封闭防护，排屑容易，便于安装自动排屑器，便于操作，宜人性好等。

6. 尾座

尾座的作用是当工件较长时利用后座上的顶尖将工件顶紧，防止加工时工件振动。经济型数控车床的尾座与普通车床完全相同；全功能型数控车床的尾座多采用液压自动顶紧装置，使用时比普通车床更方便。

7. 辅助装置

数控车床的辅助装置主要有液压系统、润滑系统、冷却系统及排屑系统等。

7.3　数控车床 CKA6150

CKA6150 型数控车床是新一代经济型数控车床，采用卧式车床布局，由数控系统控制纵（z）、横（x）两坐标移动，可对各种轴类及盘类工件自动完成内外圆柱面、圆锥面、圆弧面、端面、切槽、倒角等工序的切削加工，可以车削米制及寸制螺纹、端面螺纹、锥螺纹、模数和径节螺纹，还能钻孔、铰孔等；可加工钢铁、铸铁及非铁金属等材料，适用于多品种、中小批量产品的生产，对复杂、高精度零件尤能显示其优越性。

该机床具有较高的经济性和实用性，可采用 FANUC、西门子、大连数控、华中世纪星等国内外知名公司的数控系统，对工件可进行多次重复循环加工。机床主轴驱动有两种形式可供选择：第一种采用双速电动机驱动加电磁离合器，可实现手动三档 12 级，档内自动有级变速；第二种采用变频电动机，可实现手动三档，档内自动无级调速。

7.3.1　CKA6150 型数控车床结构特点及组成

1. 主要结构特点

CKA6150 型数控车床的外形如图 7-23 所示。

图7-23　CKA6150型数控车床的外形

1）机床采用纵（z）、横（x）两坐标控制的卧式平床身结构，整体设计、密封性好，符合安全标准，床身、床腿等主要基础件采用树脂砂铸造，人工时效处理，整机刚度强，稳定性优越。

2）机床纵、横向进给系统采用伺服电动机驱动，精密滚珠丝杠副、高刚性精密复合轴承传动，脉冲编码器位置检测反馈的半闭环控制系统。床鞍及滑板导轨副采用高频淬火（硬轨）加“贴塑”工艺，移动部件可实现微量进给，防止爬行。各运动轴响应快、精度高、寿命长。

3）主传动采用变频电动机，主轴转速高，变频调速范围宽，整机噪声低。

4）机床的外观防护设计按照国际流行趋势，造型新颖独特，防水、防屑，维护方便。

5）大孔径主轴通孔直径为ϕ82mm，通过棒料能力强，适用范围广；主轴转矩大，刚度强，可进行强力切削。

6）机床操作系统按照人机工程学原理，操纵箱独立并旋转设置，可任意移动位置，方便了操作者就近对刀，体现了人性化设计特点。

7）配有集中润滑器，对滚珠丝杠及导轨结合面进行强制自动润滑，可有效提高机床的动态响应特性及丝杠导轨的使用寿命。

8）主轴配有独立的冷却系统，采用内喷淋式冷却方式，不抬起刀架，更有利于提高工件表面质量及防止切削液飞溅。

9）主控制系统为FANUC 0i－MATE。

10）机床标准配置750/1000/1500规格为全封闭式防护，其余为半封闭式防护。

11）机床标准配置采用立式四工位刀塔。特殊配置可选择六工位的卧式刀塔。

12）机床可根据用户要求配置手动、气动、液压卡盘或手动、气动、液压尾座等。

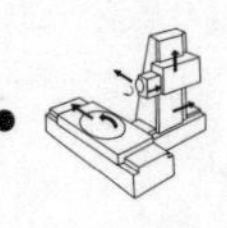

13）操纵箱面板采用触摸式按键，美观可靠。

2. CKA6150 型数控车床的组成

CKA6150 型数控车床由床体、主轴箱、四工位立式电动刀架、尾座、系统操纵装置、床鞍（*x* 向进给装置、*z* 向进给装置）、主电动机及冷却水箱等部分组成，如图 7-24 所示。

图 7-24　CKA6150 型数控车床的组成

7.3.2　CKA6150 型数控车床的传动系统

该车床的主传动共有两种：自动有级变速和自动无级变速。

1. 主传动为自动有级变速（双速电动机 + 电磁离合器）（普通型）

CKA6150 型数控车床的主传动系统图如图 7-25 所示。

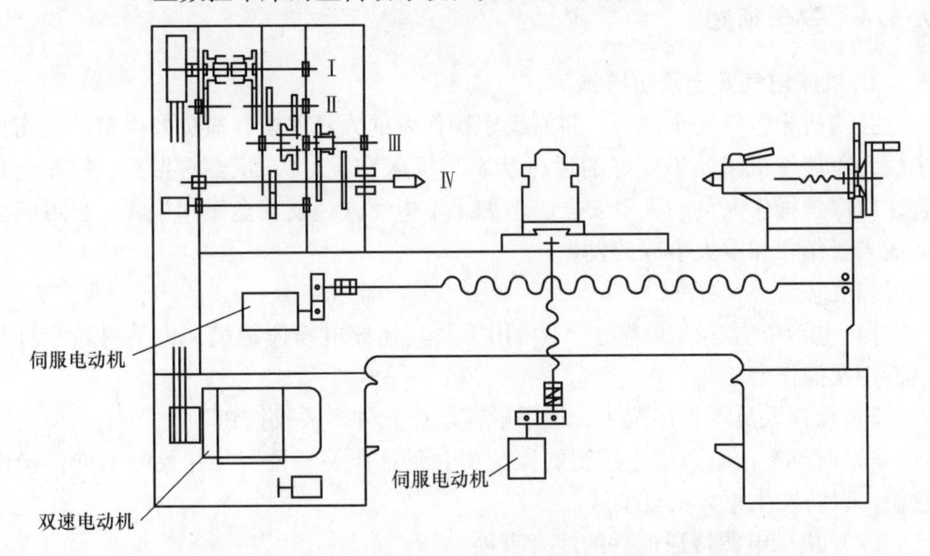

图 7-25　CKA6150 型数控车床的主传动系统图（普通型）

双速电动机+两个电磁离合器+三档手动变速，使主轴得到12级转速。

2. 主传动为手动或自动无级变速（变频型）

CKA6150型数控变频型车床的主传动系统图如图7-26所示。通过变频器调频，使变频电动机调速，再经过三档手动或自动变速，使主轴得到三段无级调速，并在每一段内可实现恒线速切削。电动机变频调速范围为5～99Hz，其中33.3Hz以下为恒转矩区，33.3Hz以上为恒功率区。

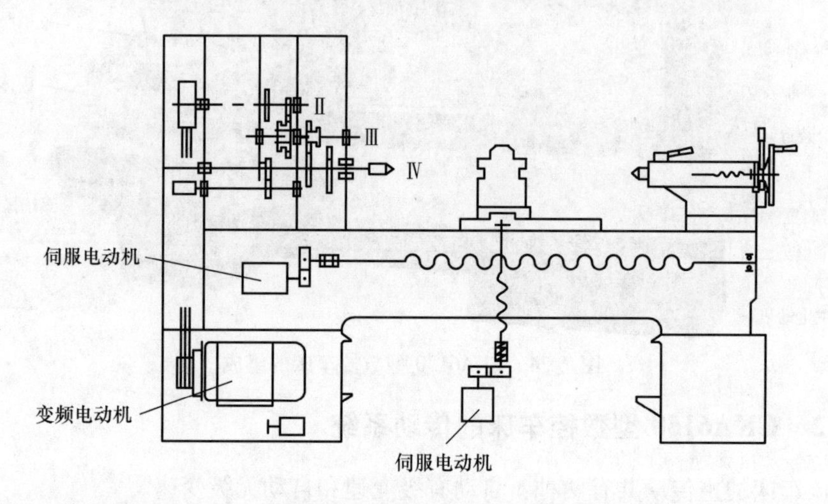

图7-26　CKA6150型数控车床的主传动系统图（变频型）

7.3.3　安全须知

1. 机床电气安全预防措施

强调机床电气安全预防，将有助于操作者的人身安全，避免发生意外的伤亡事故，也能使机床处于良好的运行状态。机床在设计方面已提供了各种安全装置，以保护操作人员的人身安全，但如果不遵守或违反安全操作规程，也可能会造成人身伤亡和重大事故的发生。

（1）安全预防措施

1）电器柜内有高压终端，不得用手及其他导电物体触摸，也不得随意打开电器柜及操作台。

2）操作人员不得用湿手、油手触摸电控元件开关及按钮。

3）时刻牢记紧急停止按钮的位置及电源总开关的位置，并且时刻准备操作它们，以防发生重大安全事故。

（2）机床电源接通前后的注意事项

1）机床电源接通前，把所有的电柜门都关好，以防外界杂物进入机床电器

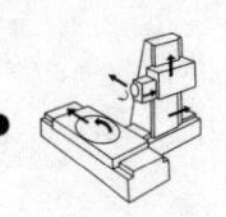

柜及操作台内部。

2）机床电源引线露在车间地面上时，要安装防护盖及必要的防护措施，以防止铁屑等杂物将电源引线短路，定期检查电源引线是否破损、短路、断路、接触不良等。一旦由机床电源引起故障，应及时切断电源。

3）在机床电源接通后，每次应检查润滑泵及各冷却风扇是否工作正常，如果有问题应及时通知维修人员进行处理。

4）当机床发生故障时，一般操作顺序为按下紧急停止按钮，关闭机床总电源。此操作也适用于正常情况的停机。

（3）机床起动时注意事项

1）机床起动前，一定将工件夹紧，关好防护门。不得在防护门开启时加工工件。

2）在机床运转加工过程中，不能接触或接近驱动部件，也不得将头部、手部伸向转动和移动的部件，否则旋转或移动的部件会造成人身事故。

3）不要用湿手、油手触控各个开关及按钮。

4）不要在移开各种电气安全装置的情况下操作机床。

（4）机床停止时注意事项

1）在完成操作之后，要使机床停止工作时，按下紧急停止按钮，关闭机床总电源，如果机床所处工作环境过高，应注意电器柜通风散热。

2）定期清洁电器柜及操作台内部的灰尘及杂物，10～20 天清洁一次电器柜及操作台的风扇过滤器，以便通风散热良好。在粉尘环境下更应该注意清洁。

3）不要随便改动或改变所提供的各种参数。

4）如果遇到机床长时间不工作期间，应保证每 7 天给机床送一次电，使电气元件及数控系统运行 1～3h，以驱赶电气柜及操作台内部的潮湿，增加干燥性，保持电气元件处于良好的环境中，并且可防止机床长时间停电放置可能造成的机床参数和程序丢失。

2. 机床安全操作注意事项

在机床操作中，安全问题越来越重要。根据结构及工作性质应注意下列安全问题：

（1）人身安全问题　由于数控机床实现了自动控制、自动循环，在操作中要认真确认编程是否正确，动作是否到位，工件装夹是否可靠，在自动循环加工时必须关好机床防护门，确认各项准备工作就绪后再起动机床开始工作。

根据该机床特点，着重注意以下事项：

1）在主轴旋转进行手动操作时，一定要使自己的身体和衣物远离旋转及运动部位，以免将衣物卷入造成事故。

2）在手动换刀时，要注意刀塔转动及刀具安装位置，身体和头部要远离刀具回转部位，以免碰伤。

3）在装夹工件时要将工件夹牢，以免工件飞出造成事故；完成装夹后，要注意将卡盘扳手及其他调整工具取下拿开，以免主轴旋转后将工具甩出造成事故。

（2）避免对机床零部件及功能造成损坏的安全事项　虽然数控机床可实现自动控制来完成许多复杂动作，但前提必须是在合理的、有序的、正确的程序编制和动作安排下，并经过严格确认后才能顺利完成。根据该车床特点，要注意以下安全事项：

1）要仔细阅读机床使用说明书，熟练掌握数控车床的操作技能，熟悉机床各部件结构及性能，为正式操作做好准备。

2）认真查验程序编制、参数设置、动作排序、刀具干涉、工件装夹、开关保护等环节是否安全无误，以免在循环加工时造成事故，损坏刀具及相关部件。

3）在机床具体操作发现疑难问题时不要随意处置，应及时和机床管理人员取得联系。

总之，在进行机床操作时要认真仔细，应尽量避免意外事故的发生。

7.3.4　操作说明

1. 数控系统CNC操作面板

数控车床CKA6150的CNC操作面板如图7-27所示。

2. 数控系统CNC操作面板介绍

数控车床CKA6150数控系统CNC操作面板上具体按键的含义见表7-4。

3. 常用M指令代码

（1）M00　程序暂停

（2）M01　程序预选停

（3）M02　程序结束

（4）M03　主轴正转

（5）M04　主轴反转

（6）M05　主轴停止

（7）M08　切削液开

（8）M09　切削液关

（9）M30　程序结束并返回

7.3.5　数控车床编程实训

数控车床编程实训内容为制作小葫芦，其数控编程卡片如图7-28所示。

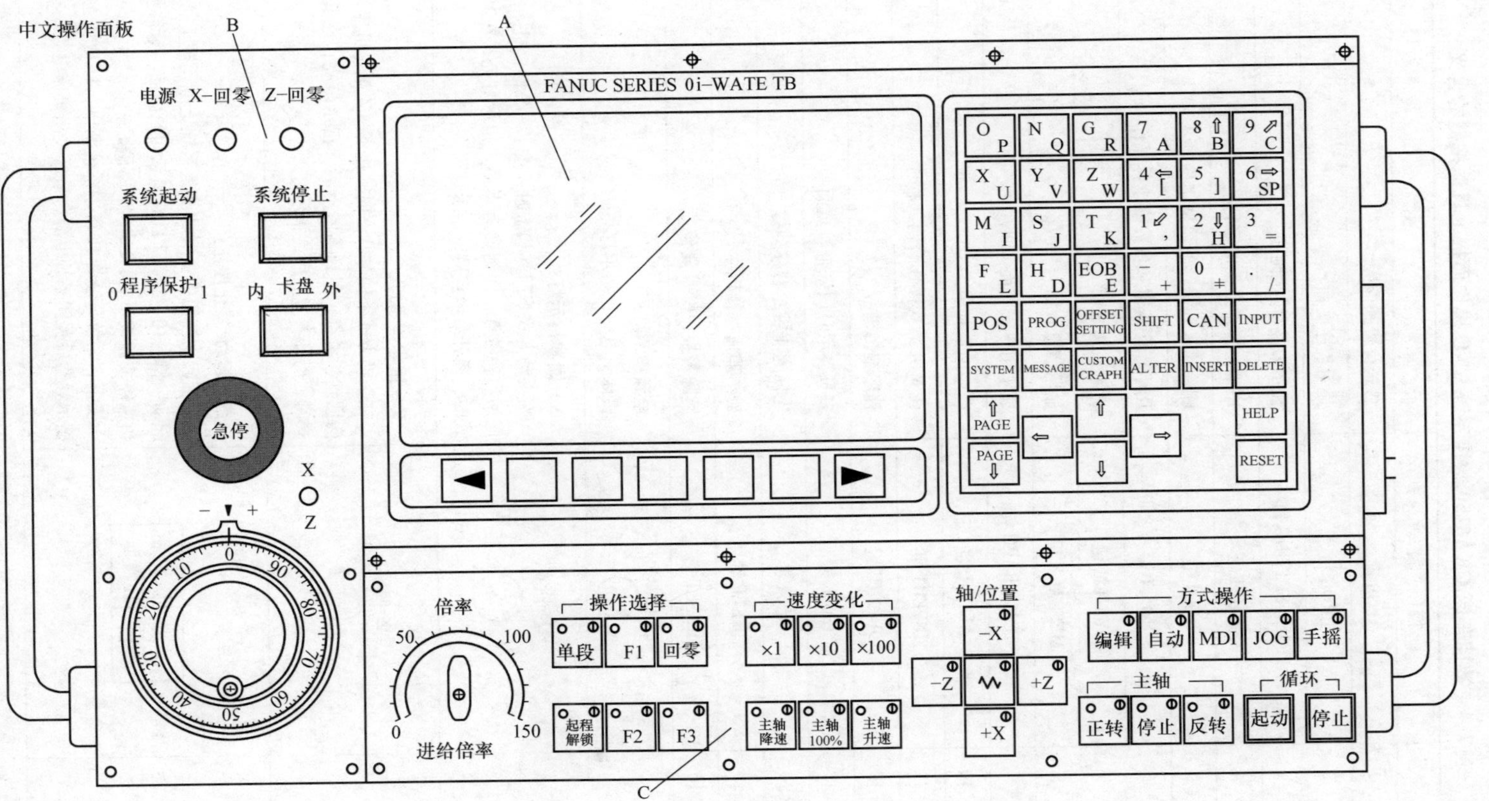

图 7-27　数控车床 CKA6150 的 CNC 操作面板

A—数控系统操作面板　B—机床操作小面板　C—机床操作触摸面板

表 7-4　数控车床 CKA6150 数控系统 CNC 操作面板上具体按键的含义

区域	序号	按　键	含　义
A 区域	1	POS 键	显示位置画面
	2	PROG 键	显示程序画面
	3	OFFSET SETTING 键	显示刀偏/设定画面
	4	SHIFT 键	用来选择键盘上的字符
	5	CAN 键	删除输入到缓存的数据字母
	6	INPUT 键	用于程序编辑和参数修改等操作
	7	SYSTEM 键	显示系统画面
	8	MESSAGE 键	显示信息画面
	9	CUSTOM CRAPH 键	显示用户宏画面
	10	ALTER 键	程序编辑时用
	11	INSERT 键	在 MDI 方式操作时输入程序
	12	DELETE 键	程序编辑键
	13	PAGE 键	多页显示时用来查看页面
	14	光标键	光标的前后左右移动键
	15	HELP 键	显示如何操作机床
	16	RESET 键	解除警报，CNC 复位
B 区域	1	电源 ○	**电源指示灯：** 机床上电后，指示灯亮
	2	X-回零 ○	**X－回零指示灯：** 在手动方式下回零状态时，按下＋X 键，机床沿着 x 向回到参考点，回到参考点后，指示灯亮；在其他方式时，离开参考点后，指示灯灭
	3	Z-回零 ○	**Z－回零指示灯：** 在手动方式下回零状态时，按下＋Z 键，机床沿着 z 向回到参考点，回到参考点后，指示灯亮；在其他方式时，离开参考点后，指示灯灭
	4	[系统起动] [系统停止]	**系统起动/停止按钮：** 系统起动按钮的主要功能是系统上电。按下“系统起动”键，10～50s 后 LCD 显示初始画面，等待操作。当急停按钮按下时，LCD 将显示报警 按下“系统停止”按钮，系统断电，LCD 将立即无显示。然后关闭系统电源，最后关闭机床电源

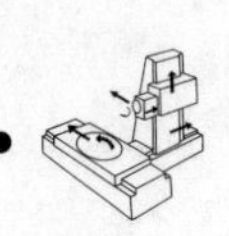

（续）

区域	序号	按　键	含　义
B 区域	5	程序保护 0 1	**程序保护：** 用于防止零件程序、偏移量、参数和存储的设定数据被错误地存储、修改或清除。在编辑方式下，通过钥匙将开关接通就可以编辑及修改加工程序。在执行加工程序之前，必须关断程序保护开关
	6	内 卡盘 外	**卡盘旋钮：** 机床配有液压卡盘时选用。通常卡盘旋钮控制卡盘的内外卡选择，而脚踏开关控制卡盘夹紧和松开
	7	急停	**紧急停止按钮：** 此按钮按下时 LCD 显示报警，顺时针旋转按钮时释放，报警将从 LCD 消失。要强调的是，当机床超过行程并压下限位开关时，在 LCD 上也显示报警
	8	X Z	**轴选：** 轴选择开关，用于手摇进给时 *x*、*z* 轴选择
	9	− + 0 10 20 30 40 50 60 70 80 90	手轮操作方式
C 区域	1	倍率 0 50 100 150 进给倍率	**进给倍率：** 当系统参数 1423 设定手动连续进给的速度为 1500mm/min，手动慢速进给时，从 0～2250mm/min 执行 G01 指令时的速度调整。0～150% 执行程序时配合空运行按钮，速度调整为 0～2250mm/min。当进给倍率开关切换到“0”时，LCD 上将出现“FEED ZERO”的警示信息 系统参数 1423 设定手动连续进给速度可以根据客户要求适当调节，但最好不要大于 1500mm/min

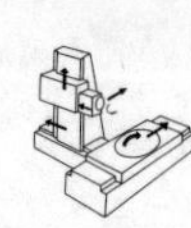

（续）

区域	序号	按　键	含　义
	2	操作选择 单段　F1　回零	**单段：** 仅对自动方式有效。灯亮时，执行完一个程序段，机床停止运行，按循环起动按钮后，再执行一个程序段，机床运动又停止 F1： 用于机床照明，使用日光灯时选用 **回零：** 使用绝对值编码器时无须回零。有机械式回零开关时选用。机床工作前，必须先返回参考点，按下 +X、+Z 按钮，用快速移动速度移动回零点后，用一定速度移向参考点。机床回零时，要求先 *x* 轴，后 *z* 轴，以防止刀台等碰撞尾架。如果先 *z* 轴回零，系统会报警。可以用自动、编辑、MDI、手动、手摇等方式取消回零方式
C区域	3	速度变化 ×1　×10　×100	**速度变化×1、×10、×100方式：** 手轮进给方式下，在待移动的坐标轴通过手轮进给轴选择信号确定后，旋转手摇脉冲发生器，可以使机床进行微量移动 ×1：在手轮进给方式下，×1按钮按下，指示灯亮，手轮进给单位为最小输入增量×1。×1表示手轮旋转一刻度时机械移动距离为0.001mm ×10：在手轮进给方式下，×10按钮按下，指示灯亮，手轮进给单位为最小输入增量×10。×10表示手轮旋转一刻度时机械移动距离为0.01mm ×100：在手轮进给方式下，×100按钮按下，指示灯亮，手轮进给单位为最小输入增量×100。×100表示手轮旋转一刻度时机械移动距离为0.1mm
	4	超程解锁　F2　F3	**超程解锁：** 有机械式限位开关时选用 F2、F3： 预留按钮
	5	主轴降速　主轴100%　主轴升速	**主轴转速比调整：** 主轴降速、100%、升速（变频主轴选用）按钮。主轴速度必须先在自动方式下执行S码。主轴速度在自动方式下，由调整开关上的百分比调整主轴转速。MDI方式下，主轴转速比调整开关也有效 主轴降速范围：主轴速度可以从150%降到60% 主轴速度100%：此键有效时执行S码的转速 主轴升速范围：主轴速度可以达到执行S码的150%

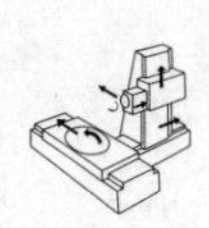

（续）

区域	序号	按　键	含　义
C 区域	6	轴/位置 −X −Z　∿　+Z +X	**x、z 向手动进给/快进：** 手动进给时使用，可完成对 x、z 轴的手动进给/快进操作
	7	方式操作 编辑　自动　MDI　JOG　手摇	**编辑方式：** 在程序保护开关通过钥匙接通的条件下，可以编辑、修改、删除或传输工件加工程序 **自动方式：** 在已事先编辑好的工件加工程序的存储器中，选择好要运行的加工程序，设置好刀具偏置量。在防护门关好的前提下，按下循环起动按钮，机床就会按加工程序自动运行 **MDI 方式：** MDI 方式也叫手动数据输入方式，它具有从 CRT/MDI 操作面板输入一个程序段的指令并执行该程序段的功能 **JOG 方式：** JOG 方式也叫手动方式，通过 x、z 轴方向移动按钮，实现两轴各自的连续移动，并通过进给倍率开关选择连续移动的速度，而且按下快速按钮还可以实现快速连续移动 **手摇方式：** 也叫手轮/单步方式，用于手动增量方式下的坐标移动。手轮只有在机床坐标系中有效，在工件坐标系中无效。只有在这种方式下，手摇脉冲发生器（手轮）才起作用。通过钮子开关选择好 x、z 方向，同时选择好手轮的倍率。在这种方式下也可以实现单步移动功能，通过 x、z 轴方向移动按钮，按下其中选择好的轴移动按钮，就会按 ×1、×10、×100 选择的单位之一移动
	8	主轴：正转　停止　反转 循环：起动　停止	**主轴正转、停止、反转：** 在 JOG 方式下，可通过此键进行主轴手动正转、停止和反转
	9	循环 起动　停止	**循环起动/停止：** 在自动方式下按下循环起动按钮，CNC 开始执行一个加工程序或单段指令。按下循环起动按钮时，CNC 系统和机床必须满足一定的必要条件，如机床必须在加工原点等 循环停止用于自动和 MDI 方式下的程序停止，以及在仿真和程序测试情况下停止程序，在其他情况下不起作用

注：各按钮功能的前提条件：

1）机床电源总开关是在 ON 的前提下。

2）数控系统和机床无任何报警的状态下。

3）数控系统处于运行的状态下。

程序号: 00011　　　　共　页　　第　页

产品名称		零件名称	车削练习件	零件数量		坯料数量	
工　号		图　号		材　料	铸铝	坯料规格	$\phi 20\times40$
设　备	数控车床	工　时		加工者		检　验	

序号	程序	序号	程序
01	T0202	16	G03 X11.656 Z−13.799 R7
02	M03 S800	17	G02 X12.498 Z−17.572
03	G41 G00 X30 Z5	18	G03 X10 Z−31.483 R9
04	G01 Z−0.5 F80	19	G01 Z−36
05	G01 X−0.8	20	G01 X−30
06	G00 Z1	21	N21 G00 Z200
07	X19	22	M03 S500
08	G01 Z−36	23	T0303
09	G40 G00 X25	24	G00 X50
10	Z1	25	G01 Z−33.6
11	G71 U1.25 R1 P12 Q21 X0.5 Z0.3 F60	26	G01 X−0.5 F40
12	N12 G00 X0	27	G00 X50
13	G01 X4	28	Z200
14	Z−2.584	29	M30
15	G02 X5.25 Z−3.511 R1	30	M05

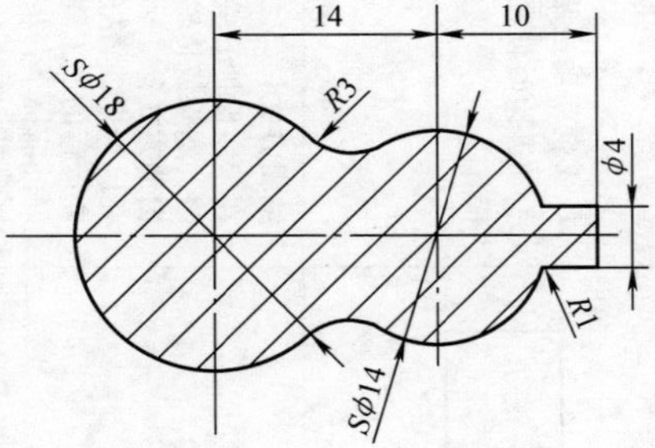

编制			更改标记	签字	日期
校对					
审核					

图7-28　数控编程卡片

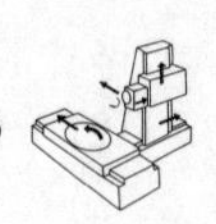

7.4　华中世纪星（HNC－21/22T）数控车床

7.4.1　华中世纪星（HNC－21/22T）数控系统简介

华中世纪星（HNC－21/22T）是一套基于计算机的车床 CNC 数控装置，是武汉华中数控股份有限公司在国家八五、九五科技攻关重大科技成果华中Ⅰ型（HNC－1T）高性能数控装置的基础上进一步开发的高性能经济型数控装置。

华中世纪星（HNC－21/22T）采用彩色 LCD 液晶显示器，内置式 PLC，可与多种伺服驱动单元配套使用，具有开放性好、结构紧凑、集成度高、可靠性好、性价比高、操作维护方便的特点。

7.4.2　华中世纪星（HNC－21/22T）数控系统的编程指令体系

1. 准备功能 G 代码

准备功能 G 指令由 G 和 G 后一或二位数字组成，它用来规定刀具和工件的相对运动轨迹、机床坐标系、坐标平面、刀具补偿、坐标偏置等多种加工操作。G 代码虽已标准化，但不同的数控系统中同一 G 代码的含义并不完全相同。华中世纪星（HNC－21/22T）数控装置 G 指令功能见表 7-5。

表 7-5　华中世纪星（HNC－21/22T）数控装置 G 指令功能

G 代码	组	功能	参数（后续地址字）
G00	01	快速定位	X，Z
▲G01		直线插补	
G02		顺圆插补	X，Z，I，K，R
G03		逆圆插补	
G04	00	暂停	P
G20	08	英寸输入	
▲G21		毫米输入	
G28	00	返回到参考点	X，Z
G29		由参考点返回	
G32	01	螺纹切削	X，Z，R，E，P，F
▲G36	16	直径编程	
G37		半径编程	
▲G40	09	刀尖半径补偿取消	D
G41		左刀具补偿	
G42		右刀具补偿	

（续）

G代码	组	功能	参数（后续地址字）
G53	00	直接机床坐标系编程	
▲G54	11	坐标系选择	
G55		坐标系选择	
G56		坐标系选择	
G57		坐标系选择	
G58		坐标系选择	
G59		坐标系选择	
G71	06	外径/内径车削复合循环	X,Z,U,W,C,P,Q,R,E
G72		端面车削复合循环	
G73		闭环车削复合循环	
G76		螺纹切削复合循环	
▲G80	01	内/外径车削固定循环	
G81		端面车削固定循环	
G82		螺纹切削固定循环	
▲G90	13	绝对值编程	X, Z
G91		增量值编程	X, Z或U、W
G92	00	工件坐标系设定	X, Z
▲G94	14	每分钟进给	
G95		每转进给	
▲G96		恒线速度有效	S
G97		取消恒线速度	

注：1. 00组中的G代码是非模态的，其他组的G代码是模态的。

2. 标记▲者为缺省值。

2. 辅助功能M代码

华中世纪星（HNC－21/22T）数控装置M指令功能见表7-6。

表7-6　华中世纪星（HNC－21/22T）M指令功能

代码	模态	功能说明	代码	模态	功能说明
M00	非模态	程序停止	M03	模态	主轴正转启动
M02	非模态	程序结束	M04	模态	主轴反转启动
M30	非模态	程序结束并返回程序起点	M05	模态	▲主轴停止转动
			M06	非模态	换刀
M98	非模态	调用子程序	M07	模态	切削液打开
M99	非模态	子程序结束	M09	模态	▲切削液关闭

注：1. M00、M02、M30、M98、M99用于控制零件程序的走向，是CNC内定的辅助功能，不由机床制造商设计决定，也就是说，与PLC程序无关。

2. 其余M代码用于机床各种辅助功能的开关动作，其功能不由CNC内定，而是由PLC程序指定，所以有可能因机床制造厂不同而有差异。

3. 标记▲者为缺省值。

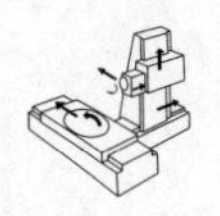

3. 主轴功能 S

主轴功能 S 控制主轴转速，其后的数值表示主轴速度，单位为 r/min。恒线速度功能时 S 指定切削线速度，其后的数值单位为 m/min。注意：G96 为恒线速度有效，G97 为取消恒线速度。

S 是模态指令，S 功能只有在主轴速度可调节时有效。

S 所编程的主轴转速可以借助机床控制面板上的主轴倍率开关进行修调。

4. 进给速度 F

F 指令表示工件被加工时刀具相对于工件的合成进给速度，F 的单位取决于 G94（每分钟进给量，mm/min）或 G95（主轴每转一圈刀具的进给量，mm/r）。

使用下式可以实现每转进给量与每分钟进给量的转化：

$$f_{\mathrm{m}}=f_{\mathrm{r}}S$$

式中　f_{m}——每分钟的进给量（mm/min）；

f_{r}——每转进给量（mm/r）；

S——主轴转速（r/min）。

当工作在 G01、G02 或 G03 方式下，编程的 F 一直有效，直到被新的 F 值所取代，而工作在 G00 方式下，快速定位的速度是各轴的最高速度，与所编 F 无关。

借助机床控制面板上的倍率按键，F 可在一定范围内进行倍率修调。当执行攻螺纹循环 G76、G82 以及螺纹切削 G32 时，倍率开关失效，进给倍率固定在 100%。

5. 刀具功能 T

T 代码用于选刀，其后的 4 位数字分别表示选择的刀具号和刀具补偿号。T 代码与刀具的关系是由机床制造厂规定的。

执行 T 指令时可转动转塔刀架，选用指定的刀具。

当一个程序段同时包含 T 代码与刀具移动指令时，先执行 T 代码指令，然后执行刀具移动指令。

T 指令同时调入刀具补偿寄存器中的补偿值。

第8章　数控铣削加工

8.1　数控铣床简介

数控铣削是机械加工中最常用也是最主要的数控加工方法之一。数控铣床是以铣削为加工方式的数控机床，其功能强大，加工精度高，加工零件的形状复杂，加工范围广，不仅可以加工平面和曲面轮廓的零件，还可以加工复杂型面的零件，如凸轮、叶片、模具、螺旋槽等，同时还可以对零件进行钻、扩、铰、镗孔和攻螺纹加工，在航空航天、汽车制造、模具制造、军工等行业应用十分广泛。用数控铣床加工的部分零件如图8-1所示。

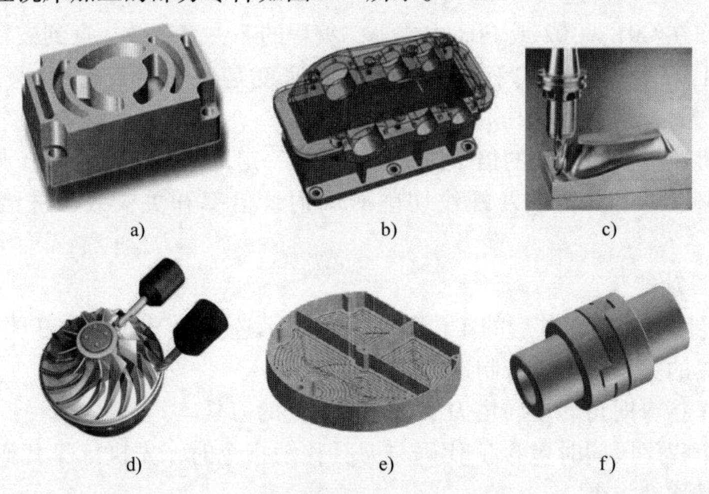

图8-1　用数控铣床加工的部分零件

a）平面类零件　b）箱体类零件　c）曲面类零件　d）叶片类零件　e）薄壁类零件　f）轴类零件

8.1.1　适用于数控铣削加工的主要对象

数控铣床除了能像普通铣床那样加工各种零件的表面外，还能加工普通铣床不能加工的、需要2~5坐标联动的各种平面轮廓和立体轮廓。适合数控铣削加工的对象主要有以下几种：

1. 平面曲线轮廓类零件

平面曲线轮廓类零件是指具有内、外复杂曲线轮廓的零件，特别是由数学表

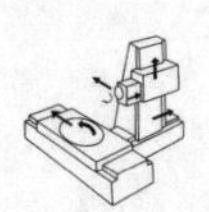

达式给出的非圆曲线和列表曲线等曲线轮廓类零件，如图 8-2 所示。被加工表面平行、垂直于水平面或加工面与水平面的夹角为定角的零件是数控铣床加工的最简单的常见零件。平面曲线轮廓类零件的特点是各加工单元面为平面，或可以展开为平面，如图 8-2 中曲线轮廓面 M 和正圆锥台面 N 展开后均为平面。

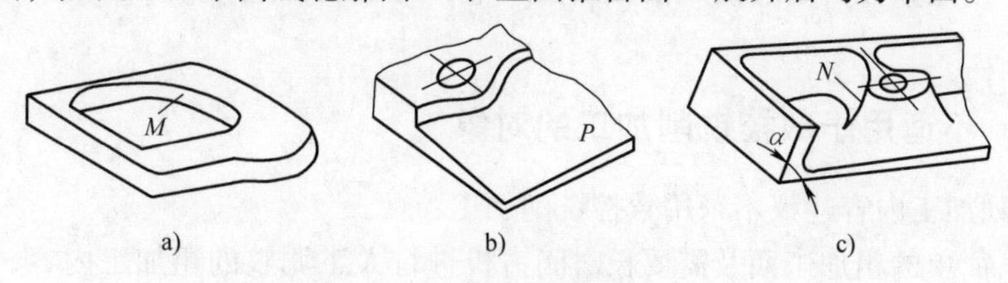

图 8-2　平面曲线轮廓类零件

a）带平面轮廓的平面零件　b）带斜面的平面零件　c）带正圆锥台和斜肋的平面零件

2. 变斜角类零件

变斜角类零件是指加工面与水平面的夹角呈连续变化的零件，如图 8-3 所示。这类零件多数为飞机零件，此外还有检验夹具与装配型架等。

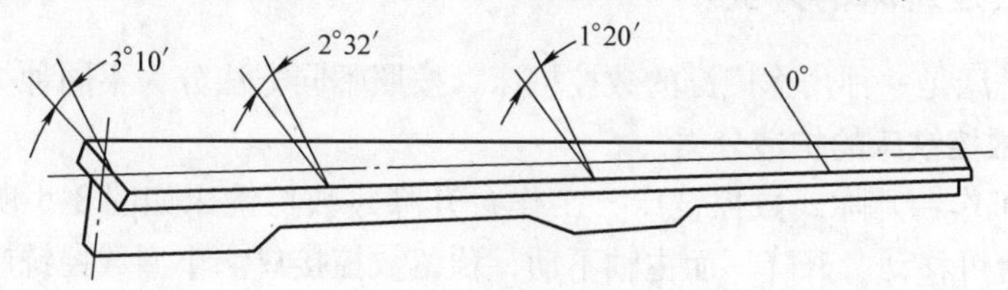

图 8-3　变斜角类零件

3. 空间曲面轮廓零件

空间曲面轮廓零件的加工面为空间曲面，图 8-4 所示为一些典型的零件实例。曲面通常由数学模型设计出来，因此往往要借助计算机来辅助编程。空间曲面轮廓不能展开为平面，在加工时加工面与铣刀始终为点接触，如鼠标、叶片、模具、螺旋槽等。

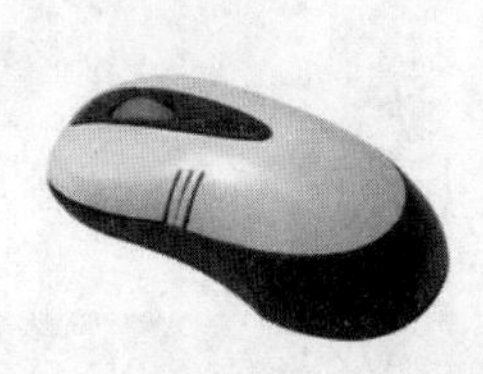  

图 8-4　空间曲面轮廓零件

4. 其他在普通铣床上难加工的零件

1）形状复杂、尺寸繁多、划线与检测困难的零件部位。

2）在普通铣床上加工时难以观察、测量和控制进给的内、外凹槽。

3）高精度孔系或面，如发动机缸体。

4）能在一次安装中顺带铣出来的简单表面或形状。

5）采用数控铣削后能成倍提高生产率，大大减轻体力劳动强度的一般加工内容。

8.1.2　不适用于数控铣削加工的对象

下列加工内容建议不采用数控铣削加工：

1）简单的粗加工面及需要长时间占机进行人工调整的粗加工内容，如划线找正。

2）必须按专用工装协调的加工内容，如标准样件、协调平板、模胎等。

3）毛坯上的加工余量不太充分或不太稳定的部位。

4）用数控铣削很难保证尺寸及精度要求的工件。

8.1.3　数控铣床的分类

数控铣床是一种用途广泛的数控机床，按照不同方法分为不同种类。

1. 按数控铣床的构造分类

（1）工作台升降式数控铣床　工作台升降式数控铣床如图8-5所示，其特点是工作台可移动、升降，而主轴不动，预留数控接口。小型数控铣床一般采用此种方式。

（2）主轴头升降式数控铣床　主轴头升降式数控铣床如图8-6所示，其特点是工作台可纵向和横向移动，且主轴沿垂向溜板上下运动。此类数控铣床在精度保持、承载重量、系统构成等方面具有很多优点，已成为数控铣床的主流。

图8-5　工作台升降式数控铣床

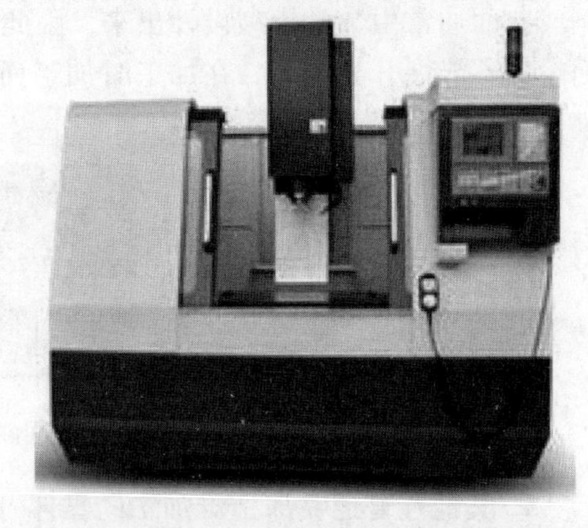

图8-6　主轴头升降式数控铣床

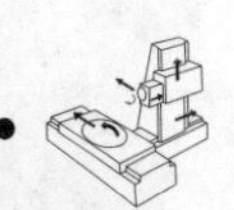

(3) 数控仿形铣床　数控仿形铣床如图 8-7 所示，主要用于各种不规则的三维曲面和复杂边界的铣削加工，有手动、轮廓、部分轮廓、数字仿形等多种仿形方式。

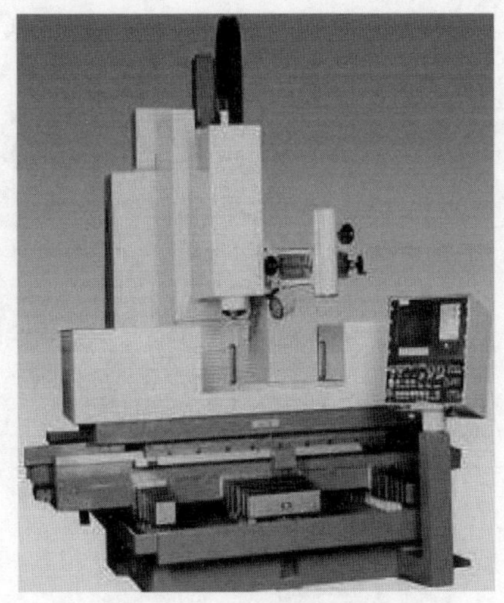

图 8-7　数控仿形铣床

(4) 龙门式数控铣床　龙门式数控铣床如图 8-8 所示，其特点是铣床主轴可以在龙门架的横向与垂向溜板上运动，而龙门架则沿床身做纵向运动。大型数控铣床因要考虑扩大行程、缩小占地面积及刚性等技术上的要求，往往采用龙门架移动式，如图 8-8 右图所示。

2. 按主轴中心线位置方向分类

(1) 立式数控铣床　立式数控铣床如图 8-9 所示，其占数控铣床的大多数，应用范围也最广。目前三坐标数控立铣仍占大多数，除此之外为四坐标和五坐标数控立铣。

(2) 卧式数控铣床　卧式数控铣床如图 8-10 所示，其特点是主轴中心线平行于水平面，通过操控转盘或万能数控转盘回转来改变工位进行“四面加工”。

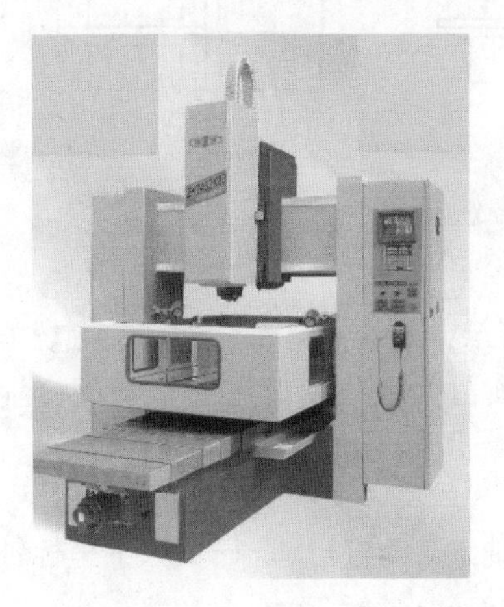

图 8-8　龙门式数控铣床

(3) 立卧两用数控铣床　立卧两用数控铣床如图 8-11 所示，其特点是主轴方向可以转换，特别是在生产批量小、品种较多，又需要立、卧两种方式加工时，能做到一台机床既可以立式加工，又可以卧式加工。

图8-9　立式数控铣床

图8-10　卧式数控铣床

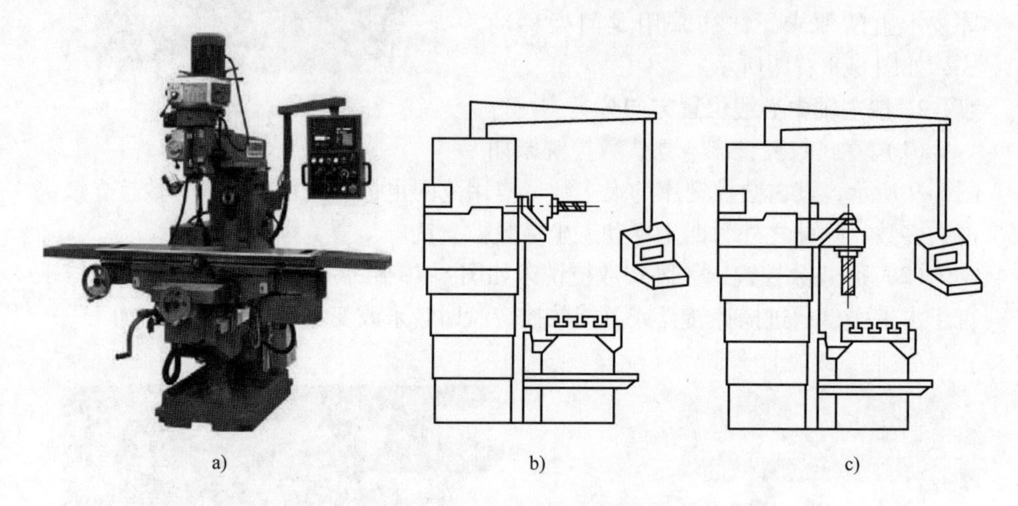

a)　　b)　　c)

图8-11　立卧两用数控铣床

a）立卧两用数控铣床实物　b）卧式加工状态　c）立式加工状态

（4）多功能机床　多功能机床如图8-12所示，其特点是车、钻、铣三功能集成，纵、横向机动走刀，主轴无级变速，预留数控接口，适用于小型企业生产。

3. 按机床数控系统控制的坐标轴数量分类

（1）二轴半坐标联动数控铣床　这类数控铣床只能进行x、y、z三个坐标轴中的任意两个坐标轴联动加工。

（2）三坐标联动数控铣床　这类数控铣床能进行x、y、z三个坐标轴联动加工。目前三坐标立式数控铣床占大多数。

（3）四坐标联动数控铣床　这类数控铣床的主轴能绕x、y、z三个坐标轴和其中一个轴做数控摆角运动。

（4）五坐标联动数控铣床　这类数控铣床的主轴能绕x、y、z三个坐标轴和

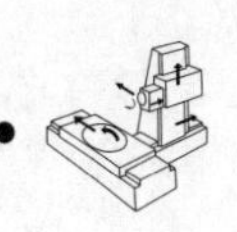

图 8-12　多功能机床

其中两个轴做数控摆角运动。

4. 其他分类

按照运动轨迹分类，数控铣床可分为点位控制数控铣床、直线控制数控铣床和轮廓控制数控铣床。

按照伺服系统的控制方式分类，数控铣床可分为开环控制数控铣床、闭环控制数控铣床和半闭环控制数控铣床。

按照系统功能不同分类，数控铣床可分为经济型数控铣床、全功能型数控铣床和高速型数控铣床。

8.1.4　数控铣床的功能

不同的数控铣床所配置的数控系统虽然各有不同，但除了一些特殊的功能外，其主要功能基本相同。

1. 控制功能

控制功能是指数控系统控制各运动轴的功能，其功能的强弱取决于能控制的轴数以及能同时控制轴数（即联动轴数）的多少。控制轴包括移动轴、回转轴、基本轴和附加轴。数控铣床一般应具有三个或三个以上的控制轴，两轴半以上的联动轴。控制的轴数越多，控制功能越强。

2. 插补功能

插补功能是指数控铣床能够进行直线插补、圆弧插补及螺旋线插补，自动控制旋转的铣刀相对于工件的运动，铣削工件上的平面和曲面。

3. 刀具半径补偿功能

如果直接按工件轮廓线编程，在加工工件内轮廓时，实际轮廓线将大了一个刀具半径值；在加工工件外轮廓时，实际轮廓线又小了一个刀具半径值。使用刀

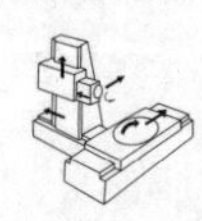

具半径补偿的方法，数控系统自动计算刀具中心轨迹，使刀具中心偏离工件轮廓一个刀具半径值，从而加工出符合图样要求的轮廓。利用刀具半径补偿的功能，改变刀具半径补偿量，还可以补偿刀具磨损量和加工误差，实现对工件的粗加工和精加工。

4. 刀具长度补偿功能

在加工过程中，刀具磨损或更换刀具，以及机械传动中的丝杠螺距误差和反向间隙等，将会使实际加工的零件尺寸与程序中规定的尺寸不一致，出现加工误差。在编程时使用刀具补偿功能，改变刀具长度的补偿量，可以补偿刀具磨损或换刀后的长度偏差值，从而加工出符合要求的轮廓尺寸。

5. 固定循环功能

数控铣床一般都有固定循环功能，在进行零件加工时，对一些典型加工工序，如钻孔、镗孔、深孔钻削、攻螺纹等，可预先编好程序并存储在内存中，在需要的时候进行调用来实现加工循环，减少编程的工作量。

6. 子程序调用功能

如果加工工件具有形状相同或相似部分，可将其编写成子程序，由主程序调用，这样可简化程序结构。引用子程序的功能使加工程序模块化，按加工过程的工序分成若干个模块，分别编写成子程序，由主程序调用，完成对工件的加工。这种模块式的程序便于加工调试，优化加工工艺。

7. 宏程序功能

可用一个总指令代表实现某一功能的一系列指令，并能对变量进行运算，使程序更具灵活性和方便性。

8. 比例及镜像功能

比例功能可使原来编程尺寸按指定的比例缩小或放大。镜像功能也称为轴对称功能，对于一个轴对称的工件来说，只要编出一半形状的加工程序，再利用这一功能就可完成全部加工。

9. 数据采集功能

数控铣床配置了数据采集系统，可以通过传感器（通常为电磁感应式、红外线或激光扫描式）对工件或实物（样板、样件、模型等）进行测量，采集所需要的数据。对于仿形数控系统，还能对采集到的数据进行自动处理并生成数控加工程序，这为仿制与逆向设计制造工程提供了有效手段。

10. 自诊断功能

自诊断是数控系统在运转中的自我诊断。数控系统一旦发生故障，借助系统的自诊断功能，往往可以迅速、准确地查明原因并确定故障部位。它是数控系统的一项重要功能，对数控机床的维修具有重要的作用。

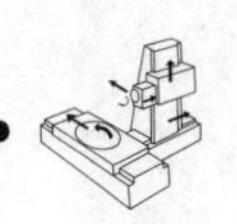

8.1.5　数控铣床的特点

数控铣床的加工通常具有以下优点：

1. 加工灵活、通用性强

数控铣床的最大特点是高柔性、灵活、通用、万能，可以加工不同形状的工件。在数控铣床上能完成钻孔、镗孔、铰孔、铣平面、铣斜面、铣槽、铣曲面、攻螺纹等加工。在一般情况下，可以一次装夹就完成所需要的加工工序。

2. 加工精度高

目前数控装置的脉冲当量通常是 0.001mm，高精度的数控系统能达到 0.1μm，通常情况下都能保证工件精度。另外，数控加工还避免了操作人员的操作失误，同一批加工零件的尺寸同一性好，很大程度上提高了产品质量。因为数控铣床具有较高的加工精度，能加工很多普通机床难以加工或根本不能加工的复杂型面，所以在加工各种复杂模具时更显出其优越性。

3. 数控系统档次高

控制机床运动的坐标特征是为了要把工件上各种复杂的形状轮廓连续加工出来，因此必须控制刀具沿设定的直线、圆弧或空间的直线、圆弧轨迹运动，这就要求数控铣床的伺服拖动系统能在多坐标方向同时协调动作，实现多坐标联动。数控铣床要控制的坐标数起码是三坐标中任意两坐标联动；要实现连续加工直线变斜角工件，起码要实现四坐标联动；若要加工曲线变斜角工件，则要求实现五坐标联动。因此，数控铣床所配置的数控系统在档次上一般都比其他数控机床相应更高一些。

4. 生产率高

数控铣床上通常不使用专用夹具等专用工艺设备。在更换工件时，只需调用储存于数控装置中的加工程序、装夹工件和调整刀具数据即可，因而大大缩短了生产周期。其次，数控铣床具有铣床、镗床和钻床的功能，使工序高度集中，大大提高了生产率并减少了工件装夹误差。另外，数控铣床的主轴转速和进给速度都是无级变速的，因此有利于选择最佳切削用量。数控铣床具有快进、快退、快速定位功能，可大大减少机动时间。据统计，与普通铣床加工相比，数控铣床加工可将生产率提高 3 ~5 倍，对于复杂的型面加工，生产率可提高十几倍，甚至几十倍。

5. 劳动强度低

数控铣床对零件加工是按事先编好的加工程序自动完成的，操作者除了操作键盘、装卸工件、中间测量及观察机床运行外，不需要进行繁重的重复性手工操作，因而大大减轻了劳动强度。

8.1.6　数控铣床的基本组成

数控铣床形式多样，不同类型的数控铣床在组成上虽有所差别，但却有许多相似之处，其基本组成有以下五个部分（见图8-13）：

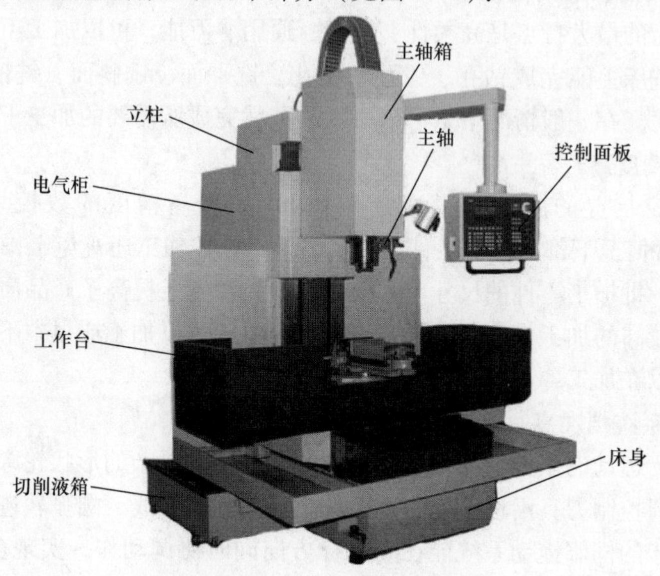

图8-13　数控铣床的基本组成

1. 主传动系统

包括主轴箱和主轴传动系统，用于装夹刀具并带动刀具旋转。主轴转速范围和输出转矩对加工有直接的影响。

2. 进给伺服系统

由进给电动机和进给执行机构组成，其按照程序设定的进给速度实现刀具和工件之间的相对运动，包括直线进给运动和旋转运动。

3. 数控系统

它是数控铣床运动控制的中心，执行数控加工程序，控制机床进行加工。

4. 辅助装置

如液压、气动、润滑、冷却系统和排屑、防护等装置。

5. 机床基础件

通常是指底座、立柱、横梁、工作台等，它是整个机床的基础和框架。

8.2　数控铣削加工工艺流程的制订

数控铣床是一种自动化程度高的高效加工机床，数控铣削的加工工艺流程要

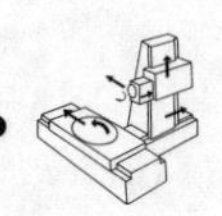

比普通铣削的工艺流程具体、严密和复杂得多。加工工艺设计的主要目的有两个，即保证质量，提高效率。加工工艺流程是否合理、准确、周密，不但影响编程的工作量，还将极大地影响加工质量、加工效率和设备的安全运行。

8.2.1　数控铣削加工工艺分析的主要内容

在数控加工前，要将机床的运动过程、零件的工艺过程、刀具的形状、切削用量和走刀路线等都编入程序，这就要求程序设计人员具有多方面的知识背景，必须全面周到地考虑零件加工的全过程，才能正确、合理地编制零件的加工程序。

数控铣削加工工艺分析的主要内容包括以下几方面：

1. 选择并决定零件的数控加工内容

对零件图样进行仔细的工艺分析，选择出最适合、最需要进行数控加工的内容和工序，充分发挥数控加工的优势。在选择时一般可按下列顺序考虑：

（1）优先选择内容　通用铣床无法加工的内容应作为优先选择内容，如由直线、圆弧、非圆曲线等组成的平面轮廓以及空间曲线和曲面等。

（2）重点选择内容　通用铣床难加工、质量也难保证的内容应作为重点选择内容，如箱体内腔或凹槽、有严格位置精度的孔系或平面等。

（3）一般选择内容　通用铣床加工效率低、工人手工操作劳动强度大的内容应作为一般选择内容，如零件尺寸繁多、划线与检测困难、尺寸控制困难的部位。

2. 零件图样技术分析

1）审查与分析零件图样中的尺寸标注方法是否适应数控加工的特点。对数控加工来说，倾向于以同一基准引注尺寸或直接给出坐标尺寸。

2）审查与分析零件图样中构成轮廓的几何元素是否充分。

3）审查与分析定位基准的可靠性。

4）审查和分析零件所要求的加工精度、尺寸公差是否都可以得到保证。

3. 零件的结构工艺性分析

1）零件的内腔和外形最好采用统一的几何类型和尺寸，这样可以减少刀具规格和换刀、对刀次数，提高生产率。

2）内槽圆角和内轮廓圆弧不应太小（见图 8-14），因其决定了刀具的直径。零件工艺性的好坏与被加工轮廓的高低、转接圆弧半径的大小有关。

3）铣槽底平面时，槽底圆角半径 r 不要过大，如图 8-15 所示。

4. 零件毛坯的工艺性分析

毛坯的工艺性分析一般从以下几个方面考虑：

1）毛坯的加工余量是否充分，批量生产时的毛坯加工余量是否稳定。

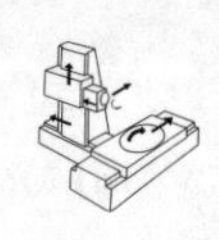

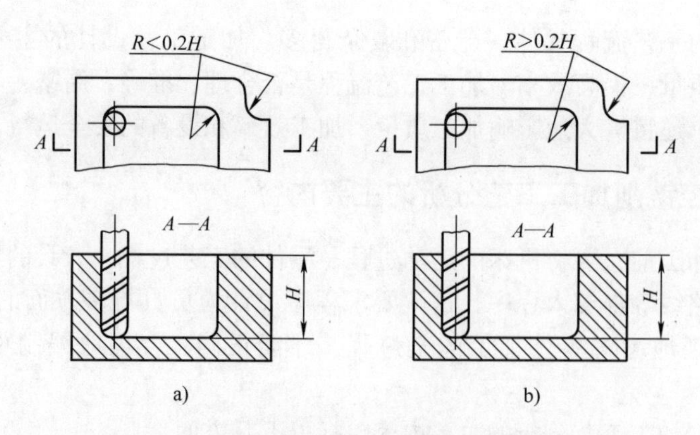

图 8-14　内槽圆角和内轮廓圆弧大小的确定

a) $R<0.2H$　b) $R>0.2H$

2）分析毛坯在安装定位的适应性。

3）分析毛坯的余量大小及均匀性。

5. 数控铣床的选择

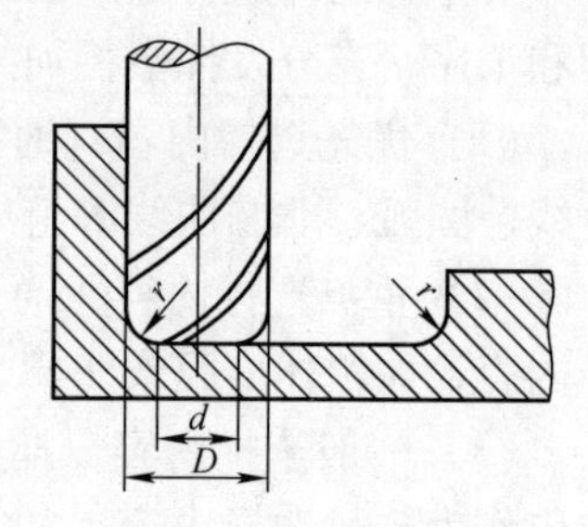

图 8-15　槽底圆角半径

不同类型的零件应在不同的数控铣床上加工，要根据零件的设计要求选择数控铣床。数控立式铣床适用于加工箱体、箱盖、平面凸轮、样板、形状复杂平面或立体零件以及模具的内、外型腔。数控卧式铣床适用于加工各种复杂的箱体类零件，如泵体、阀体、壳体等。

6. 加工工序的划分

数控加工工序的划分一般可按下列方法进行：

(1) 按零件装夹定位方式划分工序　由于每个零件的结构形状不同，各表面的精度要求也有所不同，因此加工时，其定位方式各有差异。一般加工外形时以内腔定位，加工内腔时又以外形定位，因而可根据定位方式的不同来划分工序。

(2) 按先粗后精的原则划分工序　为了提高生产率并保证零件的加工质量，在切削加工中，应先安排粗加工工序，在较短的时间内去除整个零件的大部分余量，同时尽量满足精加工的余量均匀性要求。当粗加工完成后，应接着安排半精加工和精加工。安排半精加工的目的是当粗加工所留余量均匀性满足不了精加工要求时，利用半精加工使加工余量小而均匀。

(3) 刀具集中法划分工序　刀具集中法是指在一次装夹中，尽可能用一把刀具加工完成所有可以加工的部位，然后再换刀加工其他部位。这种划分工序的方法可以减少换刀次数，缩短辅助时间，减少不必要的定位误差。

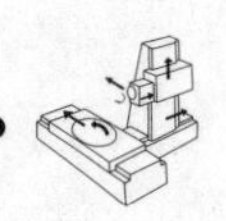

（4）按加工部位划分工序　对加工部位来说，应先加工平面、定位面，再加工孔；先加工简单的几何形状，再加工复杂的几何形状；先加工精度较低的部位，再加工精度较高的部位。

综上所述，在划分工序时，一定要视零件的结构与工艺性、机床的功能、零件数控加工内容的多少、装夹次数及本单位生产组织状况来灵活掌握。零件加工采用工序集中的原则还是采用工序分散的原则，要根据实际情况来确定，但一定要力求合理。

7. 铣削方式的合理使用

铣削加工方式可分为圆周铣削和端面铣削，即周铣和端铣。

8.2.2　数控铣削加工工艺设计

1. 数控铣削加工方法的选择

数控铣削加工零件的表面主要有平面、曲面、轮廓和孔等。应根据零件的加工精度、表面粗糙度、材料、结构形状、尺寸和生产类型等选择合理的加工方法和加工方案。

（1）平面加工方法　在数控铣床上加工平面主要采用面铣刀和立铣刀。零件表面质量要求较高时，应尽量采用顺铣切削方式。

（2）平面轮廓加工方法　平面轮廓多由直线、圆弧和各种曲线构成，通常采用三坐标数控铣床进行两轴半进给加工。常用粗铣 - 精铣方案，如果余量较大，则在 x、y 及 z 方向分层铣削，但要特别注意刀具的切入、切出及顺、逆铣的选择。

图 8-16 所示的直线和圆弧构成的零件平面轮廓 $ABCDEA$，采用半径为 R 的立铣刀沿周向加工，虚线 $A'B'C'D'E'A'$ 为刀具刀位点的运动轨迹。为确保加工面光滑，刀具沿 PA' 切入，沿 $A'K$ 切出。

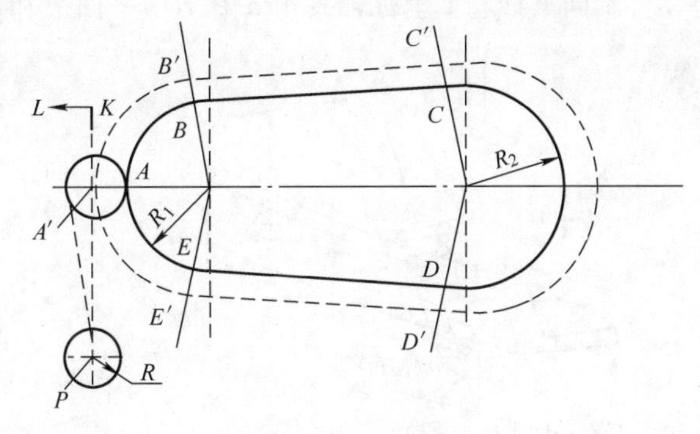

图 8-16　平面轮廓加工

（3）固定斜角平面加工方法　固定斜角平面是与水平面成一固定夹角的斜面，常用如下的加工方法：

1）当零件尺寸不大时，可用斜垫板垫平后加工。如果机床主轴可以摆角，则可以摆成适当的定角，用不同的刀具来加工，如图 8-17 所示。当零件尺寸很大时，斜面加工后会留下残留面积，需要用钳修方法加以清除。用三坐标数控立铣加工飞机整体壁板零件时常用此法。当然，加工斜面的最佳方法是采用五坐标数控铣床，主轴摆角后加工，可以不留残留面积。

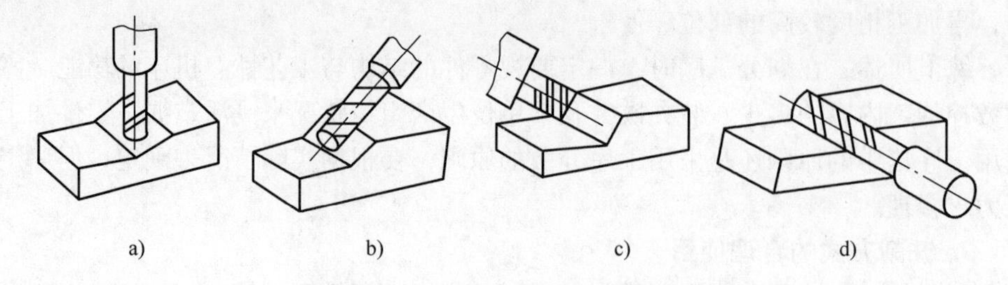

图8-17　主轴摆角加工固定斜角平面

a）主轴垂直端刃加工　b）主轴摆角后侧刃加工　c）主轴摆角后端刃加工　d）主轴水平侧刃加工

2）对于图8-2c所示的带正圆锥台和斜肋的表面，一般可用专用的角度成形铣刀加工，其效果比采用五坐标数控铣床摆角加工好。

（4）变斜角面加工方法　变斜角面常用的加工方案有下列三种：

1）对曲率变化较小的变斜角面。对曲率变化较小的变斜角面，选用 x、y、z 和 A 四坐标联动的数控铣床，采用立铣刀以插补方式摆角加工，如图8-18所示。加工时，为保证刀具与零件型面在全长上始终贴和，刀具绕 A 轴摆动角度 α。

2）对曲率变化较大的变斜角面。对曲率变化较大的变斜角面，用四坐标联动加工难以满足加工要求时，最好用 x、y、z、A 和 B（或 C 转轴）的五坐标联动数控铣床，以圆弧插补方式摆角加工，如图8-19所示。图中夹角 β 和 γ 分别是零件斜向素线与 z 坐标轴夹角 α 在 zOy 平面上和 xOz 平面上的分夹角。

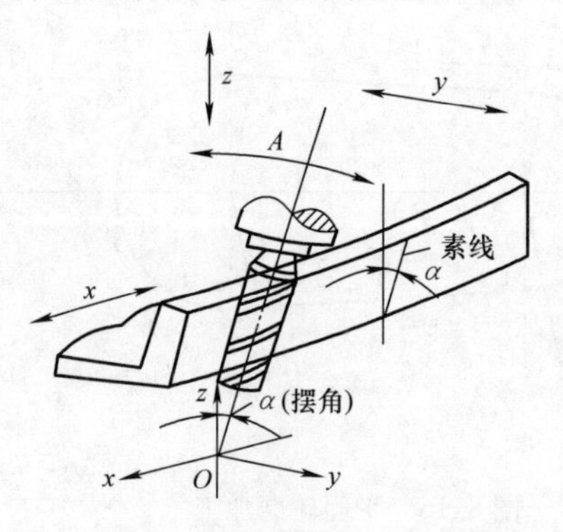

图8-18　四坐标联动加工变斜角面

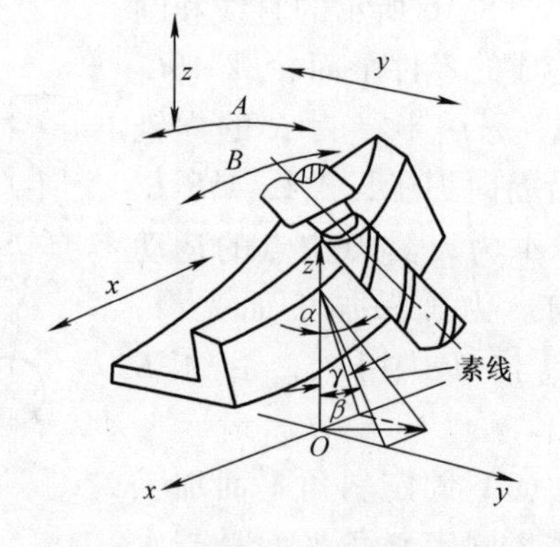

图8-19　五坐标联动加工变斜角面

3）采用两坐标联动。采用三坐标数控铣床两坐标联动，利用球头铣刀和鼓形铣刀，以直线或圆弧插补方式进行分层铣削，加工后的残留面积用钳修的方法消除。图8-20所示是用鼓形铣刀分层铣削变斜角面的情形。由于鼓形铣刀的鼓

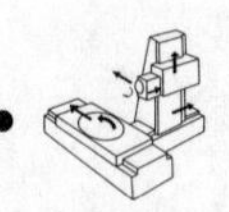

径可以做得比球头铣刀的球径大，所以加工后的残留面高度小，加工效果比球头铣刀好。

（5）曲面加工方法　立体曲面的加工应根据曲面形状、刀具形状以及精度要求采用不同的铣削加工方法，如两轴半、三轴、四轴及五轴等联动加工。

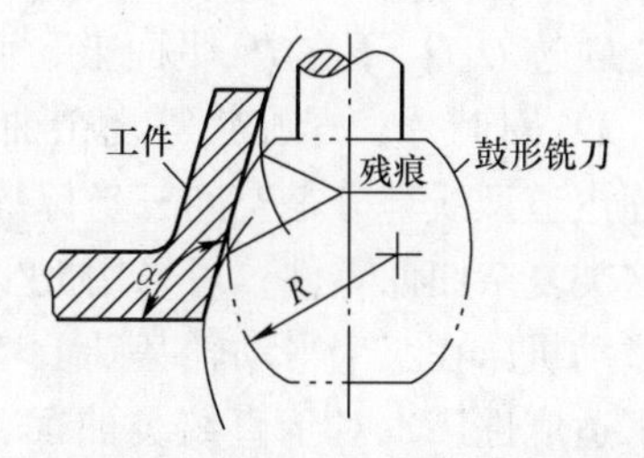

图 8-20　用鼓形铣刀分层铣削变斜角面

1）两坐标联动的三坐标加工。坐标联动加工是指数控机床的几个坐标轴能够同时进行移动，从而获得平面直线、平面圆弧、空间直线和空间曲线等复杂加工轨迹的能力。

两坐标联动的三坐标加工适用于曲率半径变化不大和精度要求不高的曲面的粗加工。对边界敞开的曲面，球头刀可由边界外开始加工。曲面加工若用两坐标联动的三坐标铣床，则采用任意两轴联动插补，第三轴做单独的周期性进刀的“两轴半”联动加工方法，如图 8-21 所示。此时，刀具中心轨迹为等距曲面与行切面的交线，是一条平面曲线，编程计算比较简单，但由于球头刀与曲面切削点的位置随曲率而不断改变，故切削刃形成的轨迹是空间曲线，曲面上有较明显的扭曲的残留沟纹，如图 8-22 所示。

球头铣刀的刀头半径应选得大一些，有利于散热，但刀头半径应小于内凹曲面的最小曲率半径。

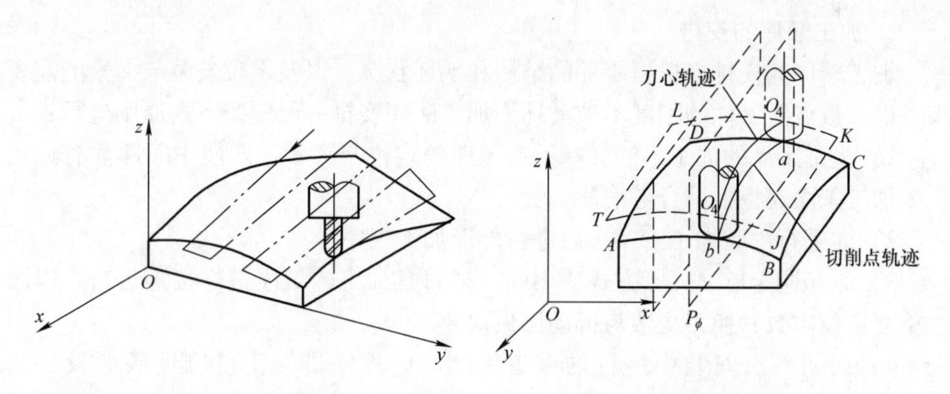

图 8-21　两轴半坐标行切加工示意图

图 8-22　两轴半行切法加工曲面的切削点轨迹

2）三坐标联动加工。对曲率变化较大和精度要求较高的曲面的精加工，常用 x、y、z 三坐标联动插补的行切法加工。如图 8-23 所示，P_{yz} 平面为平行于 yz

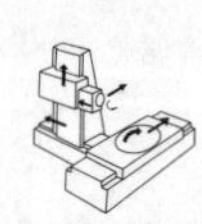

坐标平面的一个行切面，它与曲面的交线为 ab。由于是三坐标联动，球头刀与曲面的切削点始终处在平面曲线 ab 上，故可获得较规则的残留沟纹。但这时的刀心轨迹 O_1O_2 不在 P_{yz}平面上，而是一条空间曲线。

3）对叶片、螺旋桨等复杂曲面零件的加工。叶片主要为变截面扭曲叶片，叶片汽道型线部分是空间三坐标数据点，加工精度要求很高，加工难度很大。对于这类复杂曲面零件，可采用五坐标联动机床进行加工，如图 8-24 所示。五坐标联动机床在三个平动轴基础上增加两个转动轴，其特点是：可避免刀具干涉，加工适应性广；对于直纹类曲面，可采用侧铣方式一刀成形，加工质量好，效率高。

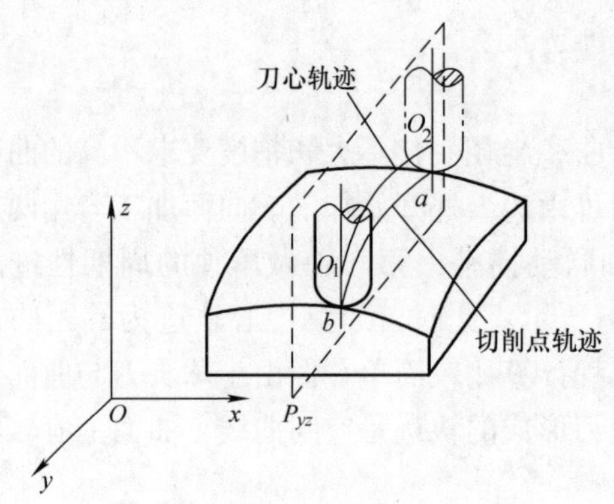

图 8-23　三坐标行切法加工曲面的切削点轨迹

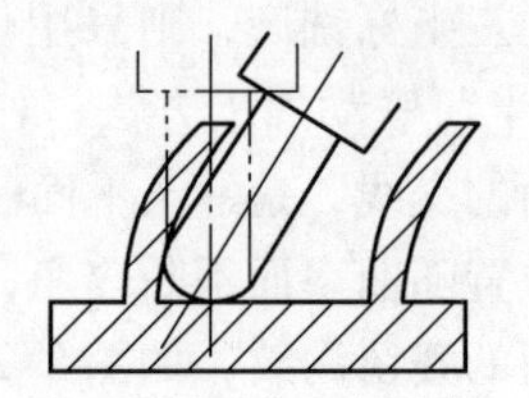

图 8-24　用五坐标联动机床加工叶片

2. 加工顺序的安排

加工顺序的安排应根据零件的结构和毛坯状况，以及定位安装与夹紧的需要来考虑，重点是工件的刚度不被破坏。加工顺序安排一般应按下列原则进行：

1）上道工序的加工不能影响下道工序的定位与夹紧，即使中间穿插有通用机床加工工序时也要综合考虑。

2）先进行内腔加工工序，后进行外形加工工序。

3）以相同定位、夹紧方式或用同一把刀具加工的工序最好接连进行，以减少重复定位次数、换刀次数与挪动压板次数。

4）在同一次安装中进行的多道工序，应先安排对工件刚度破坏较小的工序。

3. 工件装夹方式的确定

1）定位基准与夹紧方案的确定。

2）力求设计、工艺与编程计算的基准统一。

3）尽量减少装夹次数，尽可能做到在一次定位装夹后就能加工出全部待加

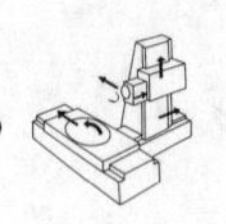

工表面。

4）避免采用占机人工调整方案。

4. 夹具的选择

数控加工的特点对夹具提出了两个基本要求：一要保证夹具的坐标方向与机床的坐标方向相对固定，二要能协调零件与机床坐标系的尺寸。除此之外，还要考虑下列几点：

1）尽量采用组合夹具、可调式夹具及其他通用夹具。

2）成批生产时才考虑采用专用夹具，但应力求结构简单。

3）工件的加工部位要敞开，夹具上的任何部分都不能影响刀具的正常走刀，不能产生碰撞。

4）夹紧力应力求通过主要支承点或在支承点所组成的三角形内，应力求靠近切削部位并在刚度较好的地方，尽量不要在被加工孔的上方，以减少零件变形。表 8-1 列出了几个夹紧力作用点设计的例子。

5）装卸零件要方便、迅速、可靠，以缩短准备时间。在加工批量较大的零件且有条件时，应采用气动或液压夹具、多工位夹具。

表 8-1　夹紧力作用点设计的举例

序号	不合理	合理	解释
1	F_Q	F_Q　F_Q	薄壁套类零件的轴向刚度比径向刚度好，若用卡爪径向夹紧，则工件变形大；若沿轴向施加夹紧力，则变形会小得多
2	F_Q	$\frac{F_Q}{2}$　$\frac{F_Q}{2}$	夹紧力作用点应在刚性较好部位

（续）

序号	不合理	合理	解释
3	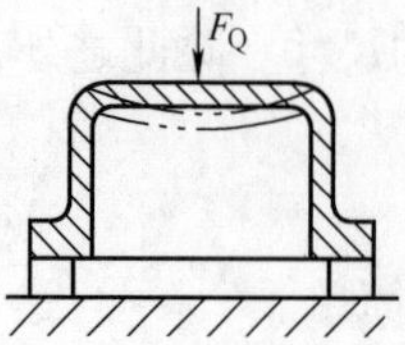	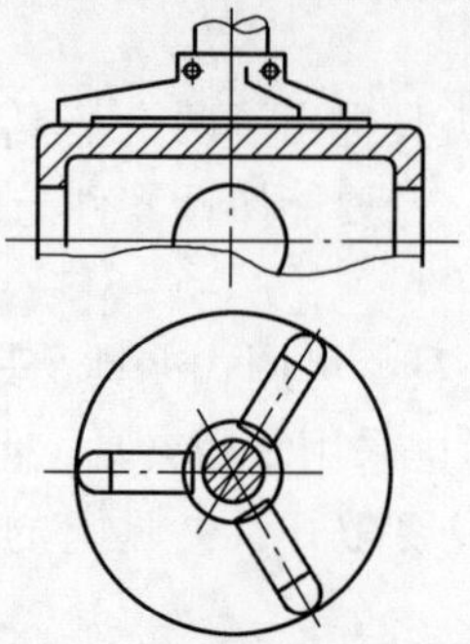	在顶面上三点夹紧，改变着力点位置，减小夹紧变形
4	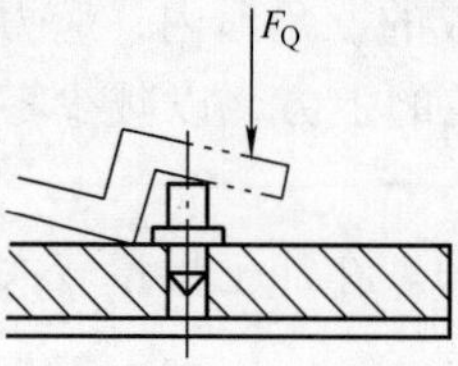	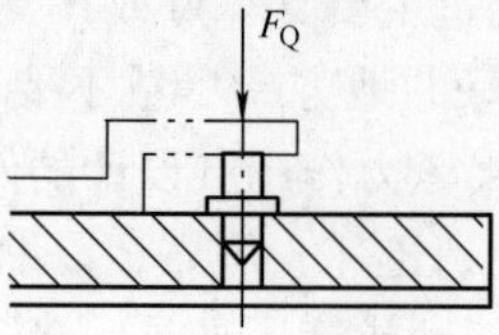	夹紧力作用点应在支承面内
5	—	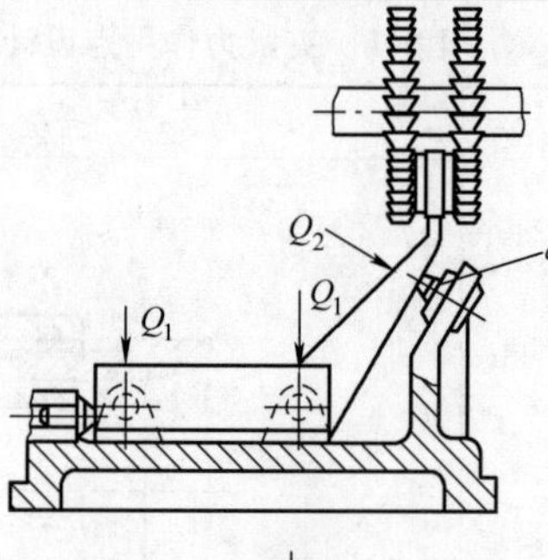 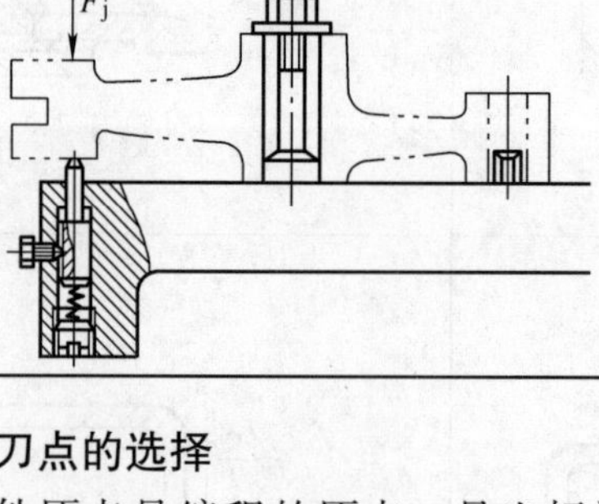	夹紧力作用点应靠近加工表面

5. 工件原点、对刀点、换刀点的选择

（1）工件原点的选择　工件原点是编程的原点，是坐标计算的基准，它的选择应使坐标计算简单，加工误差减小，一般应和设计基准、工艺基准重合。

（2）对刀点的选择　对刀点是工件在机床上找正、装夹后，用于确定工件坐标系在机床坐标系中位置的基准点，同时也是数控加工中刀具相对工件运动的起点。为了提高零件的加工精度，对刀点应尽可能选在零件的设计基准或工艺基

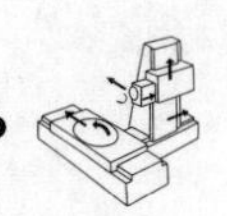

准上。在实际操作中，对刀点往往就选择在零件的加工原点，如图 8-25 所示。

（3）换刀点的选择　由于数控铣床采用手动换刀，换刀时操作人员的主动性较高，故换刀点只要设在零件或夹具的外面即可，以换刀时不与工件、夹具及其他部件发生碰撞和干涉为准。

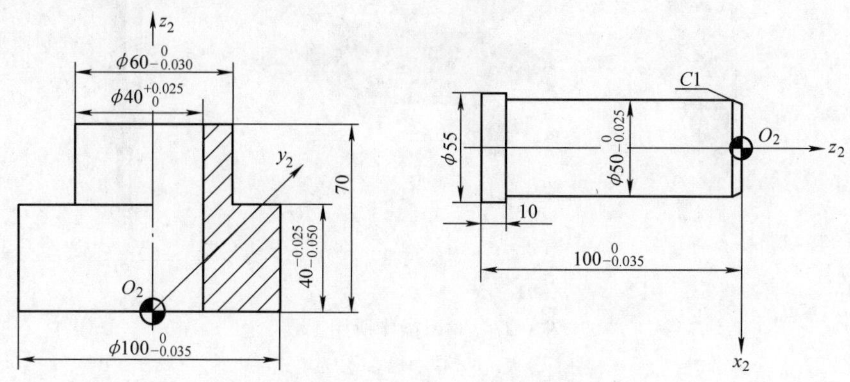

图 8-25　对刀点与加工原点重合

6. 对刀方法

对刀是数控加工中的主要操作和重要技能。对刀的准确性决定了零件的加工精度，同时，对刀效率还直接影响数控加工效率。各类数控机床的对刀方法各有不同，应视机床类型分别对待。

对刀的目的就是确定刀具长度和半径值，从而在加工时确定刀具的刀位点在工件坐标系中的准确位置。所谓刀位点，是指刀具的定位基准点，如图 8-26 所示。对于各种立铣刀，一般取刀具中心线与刀具底端面的交点为刀位点，如图 8-26a所示；对球头铣刀，取球心为刀位点，如图 8-26b 所示；车刀的刀位点是刀尖或刀尖圆弧中心，如图 8-26c 所示；对于钻头，则取钻头顶点为刀位点，如图 8-26d 所示。

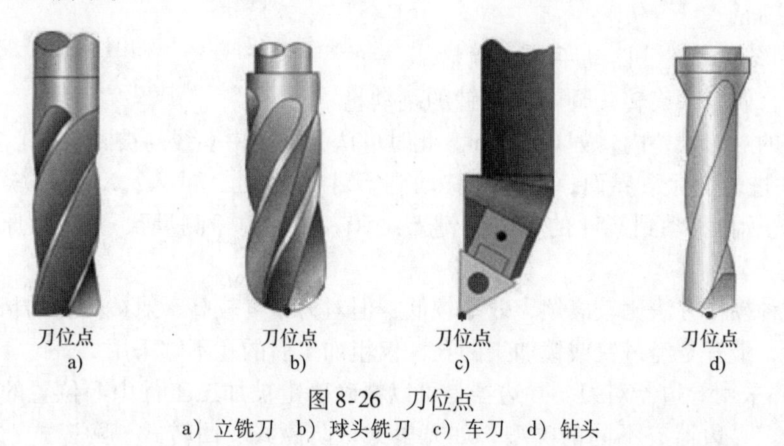

图 8-26　刀位点
a）立铣刀　b）球头铣刀　c）车刀　d）钻头

对刀操作一定要认真仔细，对刀方法一定要与零件的加工精度要求相适应，生产中常使用杠杆百分表、中心规及寻边器等工具进行对刀，如图8-27所示。

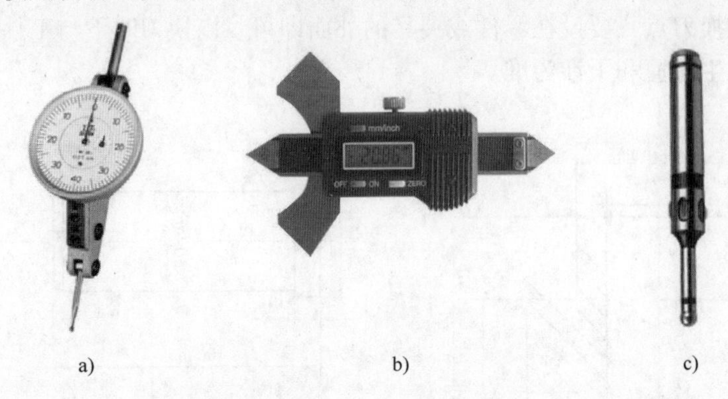

图8-27　对刀操作所用工具
a）杠杆百分表　b）中心规　c）光电式寻边器

数控铣削加工对刀时，无论采用哪种工具，都要使刀具的刀位点与工件的对刀点重合。下面说明不同对刀点时的对刀方法。

（1）工件的对刀点为圆柱孔（或圆柱面）的中心线

1）采用杠杆百分表或千分表对刀，如图8-28所示。对刀过程如下：

① 磁性表座将杠杆百分表吸在机床主轴端面上，利用MDI方式使主轴低速正转。

② 进入手轮方式，摇动手轮，使旋转的表头按x、y、z的顺序逐渐接近孔壁（或圆柱面），当表头被压住后，指针转动约为0.15mm。

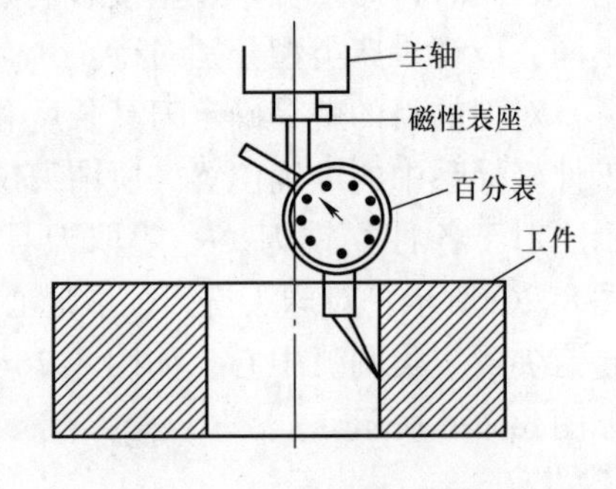

图8-28　采用杠杆百分表或千分表对刀

③ 降低倍率，摇动手轮，调整x、y的移动量，使表头旋转一周时其指针的跳动量在允许的对刀误差内，如0.02mm。此时可认为主轴中心线与被测孔中心重合。

④ 进入坐标系界面，将光标移动到G54的X处，键入：X0，按软键“测量”，光标再移动到G54的Y处，键入：Y0，按软键“测量”，则工件原点设定完成。

这种操作方法比较麻烦，效率较低，但对刀精度较高，对被测孔的精度要求也较高，最好是经过铰或镗加工的孔，仅粗加工后的孔不宜采用。

2）采用寻边器对刀。寻边器是可以精确确定被加工工件中心位置的一种检测工具。寻边器有不同的类型，如光电式、防磁式、回转式、陶瓷式、偏置式

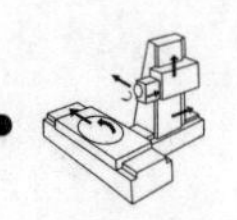

等。寻边器对刀操作简单快捷，对刀精度较高，且不会损伤工件表面。一般加工精度较高的工件都使用寻边器对刀。

光电式寻边器的工作原理如图 8-29 所示。寻边器一般由柄部和触头组成，它们之间有一个固定的电位差。触头装在机床主轴上，工作台上的工件（金属材料）与触头电位相同，当触头与工件表面接触时就形成回路电流，发出声、光报警信号。逐步降低步进增量，使触头与工件表面处于极限接触（进一步即点亮，退一步则熄灭），即认为定位到工件表面的位置处。

如图 8-30 所示，寻边器先后定位到工件正对的两侧表面，记下对应的 X_1、X_2、Y_1、Y_2 坐标值，则对称中心在机床坐标系中的坐标应是 $(\frac{X_1+X_2}{2}, \frac{Y_1+Y_2}{2})$。

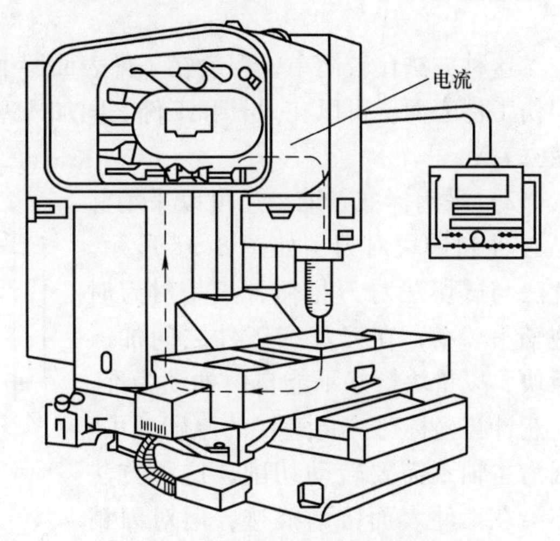

图 8-29　光电式寻边器的工作原理

（2）工件的对刀点为两坐标的交点

1）采用铣刀试切法对刀：

① 将工件通过夹具装在工作台上，装夹时，工件的四个侧面都应留出对刀的位置。

② 起动主轴中速旋转，快速移动工作台和主轴，让刀具快速移动到靠近工件左侧有一定安全距离的位置，然后降低速度移动至接近工件左侧。

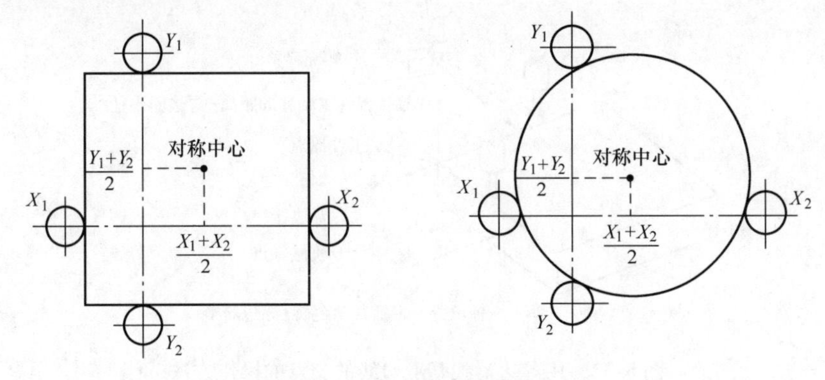

图 8-30　用寻边器找对称中心

③ 靠近工件时改用微调操作（一般用 0.01mm 来靠近），让刀具慢慢接近工件左侧，使刀具恰好接触到工件左侧表面，若见轻微掉屑，再回退 0.01mm。记

下此时机床坐标系中显示的 X_1 坐标值。

④ 沿 z 正方向退刀，至工件表面以上，用同样方法接近工件右侧，记下此时机床坐标系中显示的 X_2 坐标值。

⑤ 据此可得工件坐标系原点在机床坐标系中 x 坐标值为 $X=\frac{|X_2-X_1|}{2}$。

⑥ 同理，可测得工件坐标系原点在机床坐标系中的 y 坐标值为 $Y=\frac{|Y_2-Y_1|}{2}$。

这种方法比较简单，但会在工件表面留下痕迹，且对刀精度不够高。为避免损伤工件表面，可以在刀具和工件之间加入塞尺进行对刀，这时应将塞尺的厚度减去。

2）采用标准心轴。还可以采用标准心轴和量块对刀，如图 8-31 所示。此法与试切法对刀相似，只是对刀时主轴不转动，在刀具和工件之间加入量块，以量块恰好不能自由抽动为准，注意计算坐标时应将量块的厚度减去。因为主轴不需要转动切削，这种方法不会在工件表面留下痕迹，但对刀精度也不够高。

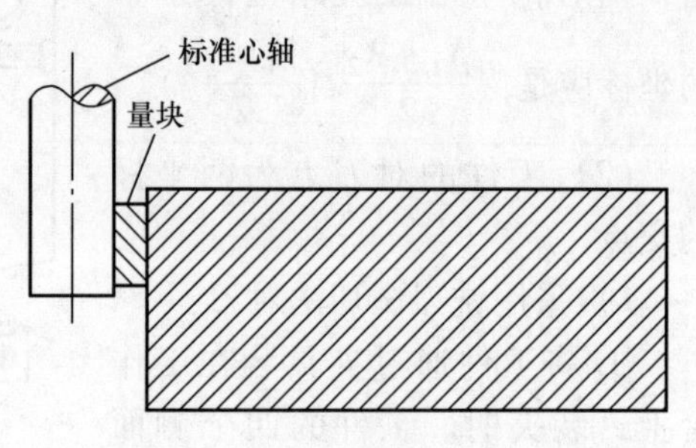

图 8-31　用标准心轴和量块对刀

3）寻边器对刀。用寻边器找基准边线的交点的操作方法如图 8-32 所示。

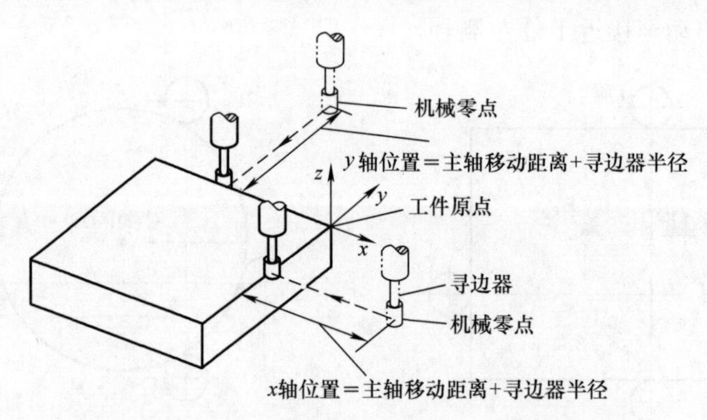

图 8-32　用寻边器找基准边线的交点的操作方法

按 x、y 轴移动方向键，令寻边器移到工件一侧空位的上方，再让寻边器下行，最后调整移动 x 轴，使寻边器接触工件的侧面，记下此时寻边器在机床坐标系中的 x 坐标 X_a；然后按 x 轴移动方向键使寻边器离开工件。

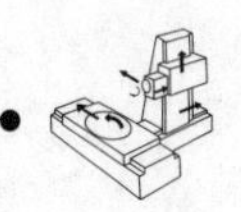

用同样的方法移动 y 轴，使寻边器接触工件的另一侧面，记下此时的 y 坐标 Y_a；最后，让寻边器离开工件，并将寻边器回升到远离工件的位置。

如果已知寻边器的直径为 D，则基准边线交点处的坐标应为（$X_a+D/2$，$Y_a+D/2$）。

4）机外对刀仪对刀。机外对刀仪用来测量刀具的长度、直径和刀具形状、角度。此外，用机外对刀仪还可测量刀具切削刃的角度和形状等参数，有利于提高加工质量。

机外对刀仪的基本结构如图 8-33 所示，对刀仪平台 6 上装有用于安装被测刀具的刀柄夹持轴 2，通过快速移动单键按钮 4 和微调旋钮 5，可调整刀柄夹持轴 2 在对刀仪平台 6 上的位置。当光源发射器 7 发光，将刀具切削刃放大投影到显示屏幕 1 上时，即可测得刀具在 x（径向尺寸）、z（刀柄基准面到刀尖的长度尺寸）方向的尺寸，并显示在坐标数显装置 3 上。

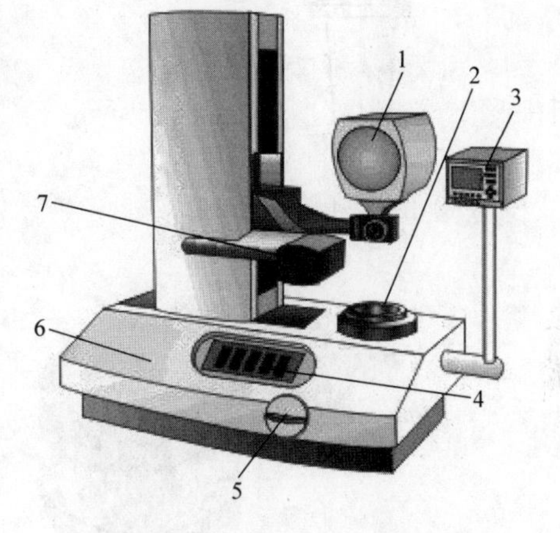

图 8-33　机外对刀仪的基本结构

1—显示屏幕　2—刀柄夹持轴

3—坐标数显装置　4—快速移动单键按钮

5—微调旋钮　6—对刀仪平台　7—光源发射器

例如，钻削刀具的对刀操作过程如下：

① 将被测刀具（图 8-34 所示为钻削刀具）与刀柄连接安装为一体。

② 将刀柄插入对刀仪上的刀柄夹持轴 2，并紧固。

③ 打开光源发射器 7，观察切削刃在显示屏幕 1 上的投影。

④ 通过快速移动单键按钮 4 和微调旋钮 5，可调整切削刃在显示屏幕 1 上的投影位置，使刀具的刀尖对准显示屏幕 1 上的十字线中心，如图 8-35 所示。

⑤ 刀尖对准十字线后可按键 Cx（置数），坐标数显装置 3 即显示出刀具半径尺寸。例如，测得 X 为 20，即刀具直径为 ϕ20mm，该尺寸可用作刀具半径补偿。

⑥ 再按键 Cz，即显示出刀具长度尺寸。例如，测得 Z 为 180.002，即刀具长度尺寸为 180.002mm，该尺寸可用作刀具长度补偿。

⑦ 将测得的尺寸输入加工中心的刀具补偿页面。

⑧ 将被测刀具从对刀仪上取下后，即可装上机床使用。

（3）刀具 z 向对刀　z 向对刀一般有两种方法：

1）机上对刀。这种方法是采用 z 轴设定器确定工件坐标系原点在机床坐标

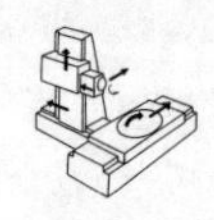

系的 z 轴坐标或确定刀具在机床坐标系中的高度。z 轴设定器如图 8-36 所示。

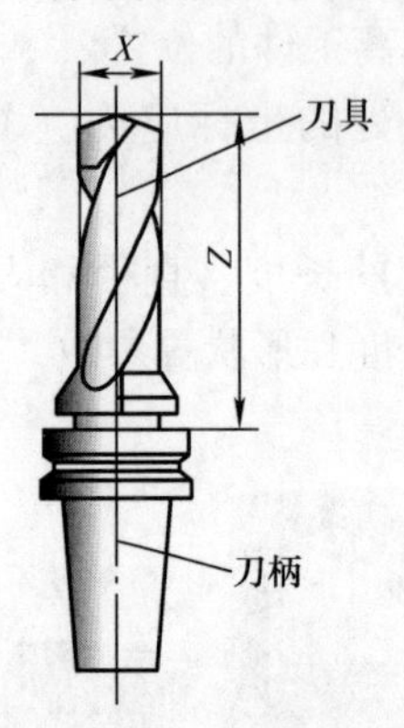

图 8-34　钻削刀具

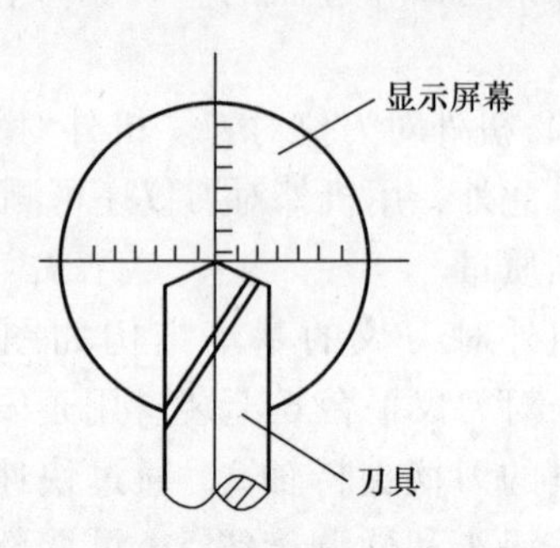

图 8-35　显示屏幕上的十字线

a)

b)

图 8-36　z 轴设定器

a）指针式 z 轴设定器　b）光电式 z 轴设定器

z 轴设定器有指针式和光电式等类型，通过光电指示或指针判断刀具与对刀器是否接触，对刀精度一般可达 0.005mm。z 轴设定器带有磁性表座，可以牢固地附着在工件或夹具上，其高度一般为 50mm 或 100mm。z 轴设定器的使用场合如图 8-37 所示。

2）机上对刀 + 机外刀具预调。这种对刀方法是先在机床外利用对刀仪精确测量每把刀具的径向和轴向尺寸，确定每把刀具的长度补偿值，然后在机床上用最长的一把刀具进行 z 向对刀，确定工件坐标系，如图 8-38 所示。这种对刀方法对刀精度和效率高，便于工艺文件的编写及生产组织，但投资较大。

7. 走刀路线的选择

在数控加工中，刀具的刀位点相对于工件的运动轨迹和方向称为加工路线，即刀具从对刀点开始运动起，直至结束加工所经过的路径，包括切削加工的路径及刀具引入、返回等非切削空行程。在确定走刀路线时，主要考虑下列几点：

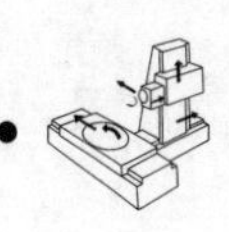

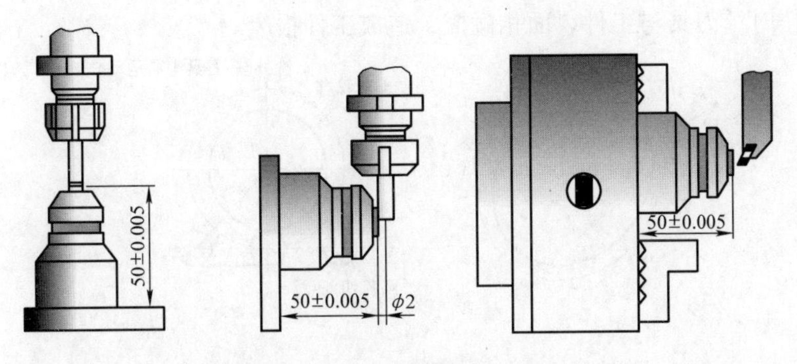

图 8-37 z 轴设定器的使用场合

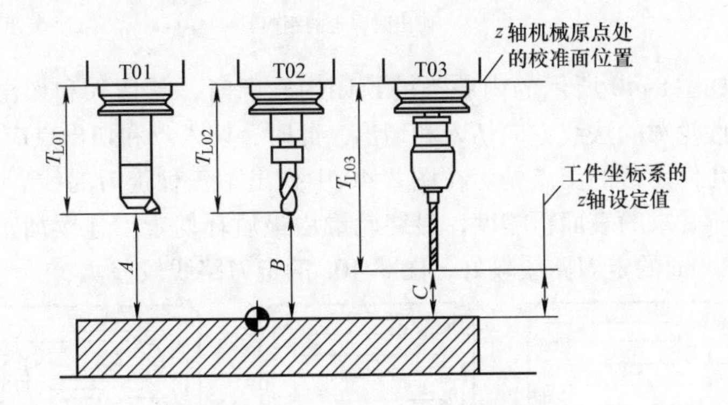

图 8-38 机上对刀 + 机外刀具预调

1）保证零件的加工精度要求。

2）方便数值计算，减少编程工作量。

3）寻求最短加工路线，减少空刀时间以提高加工效率。

4）尽量减少程序段数。

5）为满足工件表面加工后的表面粗糙度要求，最终精加工应一次走刀连续加工出来。

6）刀具的切入与切出路线要认真考虑，尽量减少在轮廓处停刀而留下刀痕，也要避免在工件轮廓面上垂直下刀而划伤工件。

下面举例分析数控机床加工零件时常用的加工路线。

（1）平面轮廓加工　为了保证零件轮廓的表面粗糙度要求，减少接刀痕迹，对刀具的“切入”和“切出”程序需要精心设计。在铣削外轮廓时，特别是加工圆弧时，铣刀应沿零件轮廓曲线延长线的切向切入和切出，而不应沿法向切入和切出（见图 8-39a），以避免产生接刀痕迹。用圆弧插补方式铣削外整圆时，要安排刀具从切向进入圆周铣削加工（见图 8-39b），当整圆加工完毕后，不要在切点处直接退刀，而让刀具多运动一段距离，最好沿切线方向退出，以免取消刀具补偿时，刀具与工件表面相碰撞，造成工件报废。

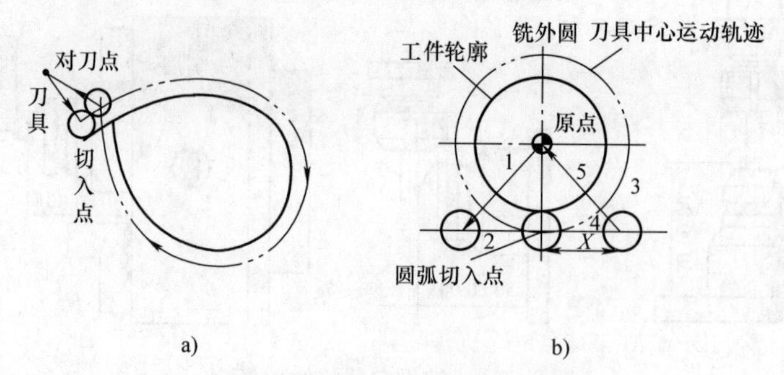

图 8-39　刀具切入和切出方式

X—切出时多走的距离

在铣削如图 8-40 所示的内腔类的封闭内轮廓时，其切入和切出无法外延，铣刀要沿零件轮廓的法线方向切入和切出，此时，切入点和切出点应尽可能选在零件轮廓两几何元素的交点处。在图 8-40 中列出了三种走刀路线。为了保证凹槽侧面达到所要求的表面粗糙度，最终轮廓由最后环切走刀连续加工出来为好，所以图 8-40b、c 的走刀路线较好，图 8-40a 的走刀路线较差。

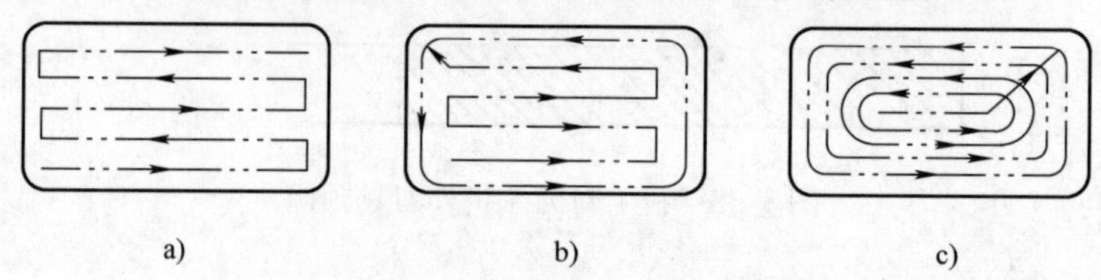

图 8-40　铣削内腔的三种走刀路线

a）较差　b）、c）较好

铣削内圆弧时，也要遵守从切向切入的原则，安排切入、切出过渡圆弧，如图 8-41 所示。若刀具从工件坐标原点出发，其加工路线为 1→2→3→4→5，这样，可提高内孔表面的加工精度和质量。

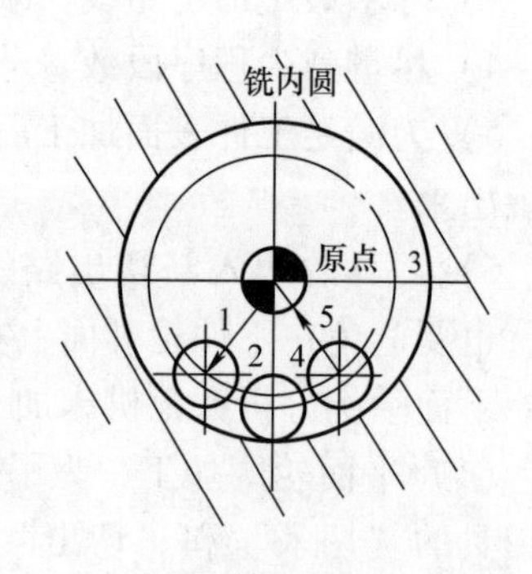

图 8-41　铣削内圆弧的走刀路线

需要注意的是，在轮廓加工过程中应尽量避免进给停顿，因为进给停顿将引起切削力的变化，从而引起工件、刀具、夹具、机床系统的弹性变形，导致在零件表面的停顿处留下划痕。

（2）孔系加工　对于需要点位控制的加工部位，只要求定位精度较高，定位过程尽可能快，而刀具相对工件的运动路线无关紧要，因此应按空行程最短原

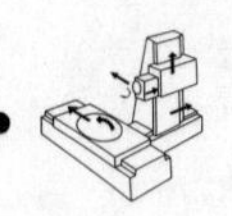

则来安排走刀路线。例如，在钻削如图 8-42a 所示零件时，图 8-42b 所示的空行程进给路线比图 8-42c 所示的常规的空行程进给路线要长。

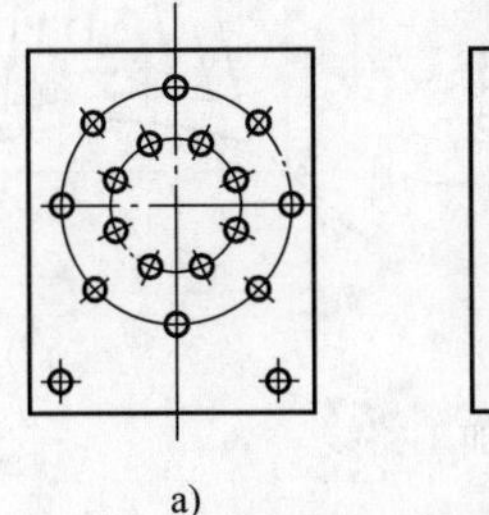

a)

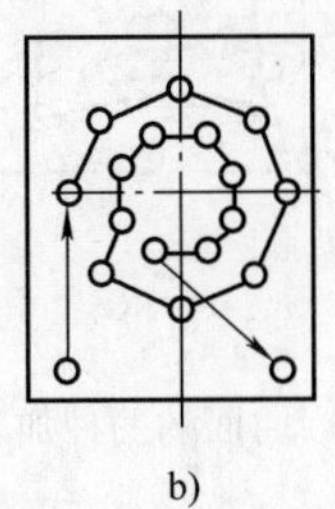

b)

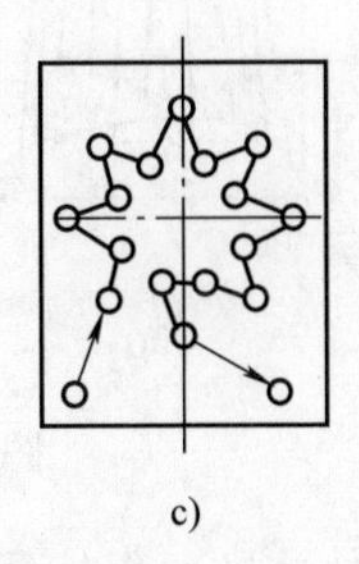

c)

图 8-42　最短走刀路线的设计

对于位置精度要求较高的孔系加工，特别要注意孔的加工顺序的安排，安排不当时，就有可能将沿坐标轴的反向间隙带入，直接影响位置精度。例如，在图 8-43a所示的零件上加工六个尺寸相同的孔，有两种加工路线。当按图 8-43b 所示路线加工时，由于 5、6 孔与 1、2、3、4 孔定位方向相反，在 y 方向反向间隙会使定位误差增加，而影响 5、6 孔与其他孔的位置精度。若按图 8-43c 所示路线，加工完 4 孔后，刀具往上移动一段距离到 P 点，然后再折回来加工 5、6 孔，这样方向一致，则可避免反向间隙的引入，提高 5、6 孔与其他孔的位置精度，但这样会使空行程增大，降低加工效率。

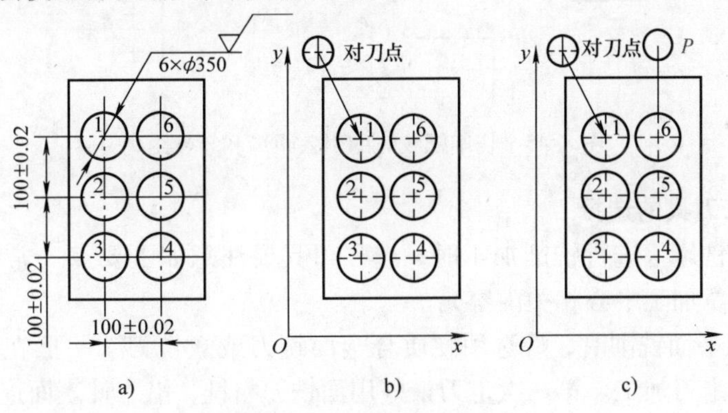

图 8-43　孔系的加工路线

（3）曲面轮廓加工　曲面轮廓的加工工艺处理较平面轮廓要复杂得多。在加工时，要根据曲面形状、刀具形状以及零件的精度要求，选择合理的走刀路线。在铣削曲面时，常用球头铣刀采用“行切法”进行加工。对于边界敞开的曲面可采用如图 8-44a、b 所示两种行切法加工路线，对于边界受限的曲面可采用图 8-44c 所示的环切法加工路线。

（4）螺纹加工　在数控铣床上加工螺纹时，应该与车床一样，沿螺距方向

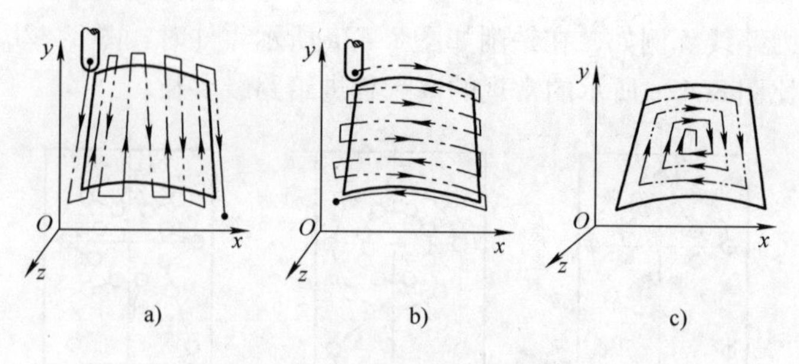

图 8-44　曲面的两种加工路线

的 z 向和主轴的旋转要保持严格的速比关系。但考虑到 z 向从停止状态到达指令的进给速度（mm/r），伺服系统总要有一过渡过程，因此在安排 z 向加工路线时，要有引入距离 δ_1 和超越距离 δ_2，如图 8-45 所示。δ_1 一般取 2～5mm，对大螺距的螺纹取大值；δ_2 一般取 δ_1 的 1/4 左右。若螺纹收尾处无退刀槽时，收尾处的形状与数控系统有关，一般取 45°退刀收尾。

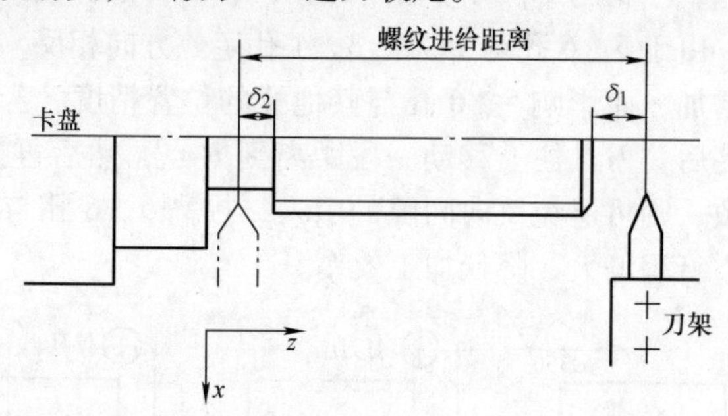

图 8-45　切削螺纹时的引入距离和超越距离

8. 加工刀具的选择

在数控铣床上进行铣削加工时，选择刀具要注意如下要点（常用的刀具类型参见第 9 章加工中心相关内容）：

（1）在平面铣削时，应选用硬质合金面铣刀或立铣刀　一般在铣削时，尽量采用二次走刀加工。第一次走刀最好用面铣刀粗铣，沿工件表面连续走刀，选好每次走刀宽度和铣刀直径，使接刀痕不影响精切走刀精度，在加工余量大又不均匀时，铣刀直径要选小些；反之，选大些。在精加工时铣刀直径要选大些，最好能包容整个加工面。

（2）加工凸台、凹槽和箱口面时，一般选用立铣刀和镶硬质合金刀片的面铣刀　为了在轴向进给时易于吃刀，要采用端齿特殊刃磨的铣刀；为了减少振动，可采用非等距三齿或四齿铣刀；为了加强铣刀强度，应加大锥形刀心，变化槽深；为了提高槽宽的加工精度，减少铣刀的种类，在加工时可采用直径比槽宽

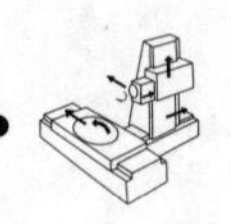

小的铣刀先铣槽的中间部分，然后用刀具半径补偿功能铣槽的两边。

(3) 加工曲面和变斜角轮廓外形时常用球头刀、环形刀、鼓形刀和锥形刀等　在加工曲面时球头刀的应用最普遍，但是越接近球头刀的底部，切削条件就越差，因此近来有用环形刀（包括平底刀）代替球头刀的趋势。鼓形刀和锥形刀都是用来加工变斜角零件的，这是单件或小批量生产中取代四坐标或五坐标机床的一种变通措施。鼓形刀的缺点是刃磨困难，切削条件差，而且不适用于加工内腔表面；锥形刀刃磨容易，切削条件好，加工效率高，工件表面质量也较好，但是加工变斜角零件的灵活性小，当工件的斜角变化范围较大时需要中途分阶段换刀，这样留下的金属残痕多，增大了手工锉修量。

9. 切削用量的确定

数控加工的切削用量主要包括切削深度、主轴转速及进给速度等。对粗、精加工平面，钻、铰、镗孔与攻螺纹等不同的切削用量都应编入到加工程序中。数控加工切削用量的选择原则与通用机床加工基本相同，具体数值应根据数控机床的使用说明书和金属切削原理中规定的方法及原则，结合实际加工经验来确定。在确定切削用量时需注意以下内容：

(1) 确定切削深度　为了保证加工精度和表面粗糙度，可留一点余量最后精加工。数控机床的精加工余量可略小于普通机床。

(2) 确定主轴转速

铣刀切削速度：

$$v = \pi dn/1000$$

主轴转速：

$$n = 1000v/(\pi d)$$

式中　v——切削速度（m/min）；

d——刀具外径（mm）；

n——刀具转速（r/min），也是主轴转速。

主轴转速 n（r/min）是根据切削速度 v（m/min）来选定的，提高切削速度也是提高生产率的一种措施，但切削速度 v 与刀具寿命的关系比较密切，随着 v 的增大，刀具寿命将急剧下降，故 v 的选择主要取决于刀具寿命。例如，用立铣刀铣削高强度钢 $30CrNi_2MoVA$ 时，v 可采用 8m/min 左右；用同样的立铣刀铣削铝合金坯料时，v 可选 200m/min 以上。

(3) 进给速度的选择

$$v_f = znF_z$$

式中　v_f——进给速度（mm/min）；

F_z——每个刃的进给速度（mm/z）；

z——铣刀刃数；

n——刀具转速（r/min）。

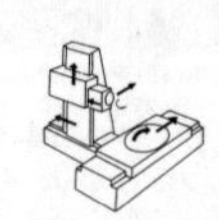

进给速度应根据零件的加工精度、表面粗糙度要求以及刀具和工件材料来选择。确定进给速度的原则如下：

1）当工件的质量要求能够得到保证时，为提高生产率，可选择较高的进给速度。

2）在切断、加工深孔或用高速工具钢刀具加工时，宜选择较低的进给速度。

3）当加工精度要求较高时，进给速度应选小一些，常在20～50mm/min范围内选取。

4）刀具空行程，特别是远距离“回零”时，可选取尽可能高的进给速度。

5）进给速度应与主轴转速和切削深度相适应。

一般数控加工进给速度的选择是连续的。在编程时选定的进给速度应用F指令指定并写入相应的程序段中。F可在编程中在一定范围内进行无级调整，又可由安装在控制板上的进给速度修调倍率开关人工设定。因此，进给速度可以随时修调，有较大的灵活性。但最大进给速度应受机床刚度和进给系统性能的限制。

数控机床控制的是刀具中心的速度，而不是实际切削点处的速度，因此在加工曲线轮廓时需对进给速度进行处理，以保证切削点处进给速度基本一致，提高工件的表面质量。

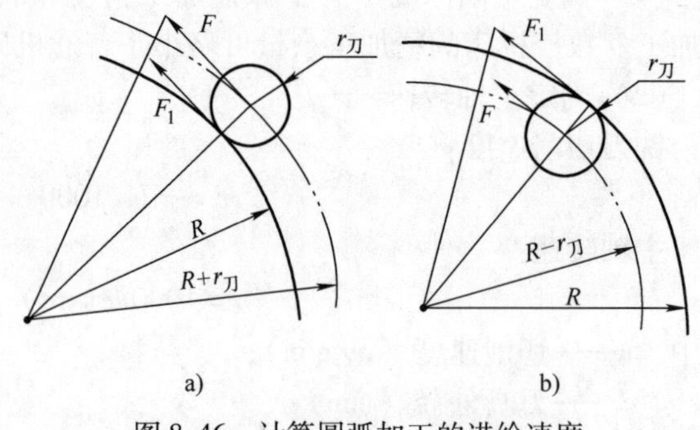

图8-46　计算圆弧加工的进给速度

a）外圆弧　b）内圆弧

对图8-46a所示的圆弧外轮廓，进给速度为

$$F=F_1(R+r_刀)/R$$

对图8-46b所示的圆弧内轮廓，进给速度为

$$F=F_1(R-r_刀)/R$$

式中　F——编程进给速度；

F_1——理论进给速度；

R——工件轮廓半径；

$r_刀$——刀具半径。

总之，切削用量的具体数值应根据机床说明书、手册并结合实践经验来确定。

当加工直线段轮廓时，由于受刀具半径偏移量的影响，刀具中心轨迹的长度可能与图样上给出的零件轮廓长度不同，也会使实际进给速度偏离指定的进给

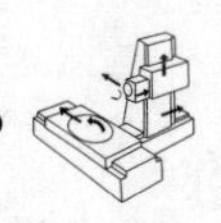

率。此外，在轮廓加工中当零件有突然的拐角时刀具容易产生“超程”，故应在接近拐角前适当降低进给速度，过拐角后再逐渐增速。

10. 编程误差的控制

程序编制中的误差主要由下述三部分组成：

（1）逼近误差　这是用近似计算方法逼近零件轮廓时所产生的误差，也称一次逼近误差。例如，生产中经常需要仿制已有零件的备件而又无法考证零件外形的准确数学表达式，这时只能实测一组离散点的坐标值，用样条曲线或曲面拟合后编程。但近似方程所表示的形状与原始零件之间有误差，在一般情况下很难确定这个误差的大小。

（2）插补误差　这是用直线或圆弧段逼近零件轮廓曲线所产生的误差。减少这个误差的最简单的方法是加密插补点，但这会增加程序段的数量和计算时间。在实际应用中，在编制较大程序时，往往在粗加工时，尽量用较少的插补点以减少粗加工的程序容量，而在精加工时，则加密插补点，以增加零件轮廓的插补精度。

（3）圆整化误差　这是将工件尺寸换算成机床的脉冲当量时所产生的误差。数控机床的最小位移量是一个脉冲当量，小于一个脉冲当量的数据只能采用四舍五入的办法处理。这一误差的最大值是脉冲当量的一半。

在点位数控加工中，编程误差只包含一项圆整化误差；在轮廓加工中，编程误差主要由插补误差组成。插补误差相对于零件轮廓的分布形式有三种，即在零件轮廓的外侧、在零件轮廓的内侧及在零件轮廓的两侧。

零件图上给出的公差分配给编程误差的只能占一小部分，还有其他许多误差，如控制系统误差、拖动系统误差、定位误差、对刀误差、刀具磨损误差、工件变形误差等，其中定位误差和拖动系统误差是加工误差的主要来源，因此编程误差一般应控制在零件公差的10% ~20%之间。

8.2.3　数控加工专用技术文件的编写

编写数控加工专用技术文件是数控加工工艺设计的内容之一。这些技术文件既是数控加工、产品验收的依据，也是操作者遵守、执行的规程。技术文件是对数控加工的具体说明，目的是让操作者更明确加工程序的内容、装夹方式、各个加工部位所选用的刀具及其他技术问题。数控加工技术文件主要有：数控编程任务书、数控加工工件安装和原点设定卡片、数控加工工序卡片、数控加工走刀路线图、数控加工刀具卡片等。

1. 数控编程任务书

数控编程任务书阐明了工艺人员对数控加工工序的技术要求和工序说明，以及数控加工前应保证的加工余量。它是编程人员和工艺人员协调工作及编制数控程序的重要依据之一，见表8-2。

表8-2　数控编程任务书

<table>
<tr><td colspan="2" rowspan="3">工艺处</td><td colspan="3" rowspan="3">数控编程任务书</td><td colspan="2">产品零件图号</td><td colspan="2"></td><td>任务书编号</td></tr>
<tr><td colspan="2">零件名称</td><td colspan="2"></td><td></td></tr>
<tr><td colspan="2">使用数控设备</td><td colspan="2"></td><td>共　页第　页</td></tr>
<tr><td colspan="10">主要工序说明及技术要求：</td></tr>
<tr><td colspan="5" rowspan="2"></td><td colspan="2">编程收到日期</td><td>月　日</td><td>经手人</td><td></td></tr>
<tr><td colspan="2"></td><td></td><td></td><td></td></tr>
<tr><td>编制</td><td></td><td>审核</td><td></td><td>编程</td><td></td><td>审核</td><td></td><td>批准</td><td></td></tr>
</table>

2. 数控加工工件安装和原点设定卡片

数控加工工件安装和原点设定卡片应表示出数控加工原点定位方法和工件夹紧方法，并应注明加工原点设置位置和坐标方向，使用的夹具名称和编号等，见表8-3。

3. 数控加工工序卡片

数控加工工序卡片与普通加工工序卡片有许多相似之处，所不同的是：工序简图中应注明编程原点与对刀点，要进行简要编程说明（如所用机床型号、程序编号、刀具半径补偿、镜像对称加工方式等）及切削用量（即程序编入的主轴转速、进给速度、最大背吃刀量或宽度等）的选择，见表8-4。

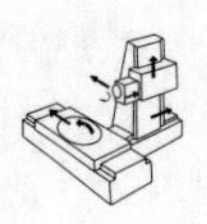

表 8-3　数控加工工件安装和原点设定卡片

零件图号		数控加工工件安装和原点设定卡片		工序号	
零件名称				装夹次数	
			3		
			2		
			1		
			序号	夹具名称	夹具图号
编制（日期）		审核（日期）		批准（日期）	共　页第　页

表 8-4　数控加工工序卡片

数控加工工序卡片	产品名称或代号		零件名称		材料		零件图号	
工序简图			车　间			使用设备		
			工序号			程序编号		
			夹具名称			夹具编号		
工步号	工步内容	加工面	刀具号	刀补量	主轴转速/（r/min）	进给速度/（m/min）	加工余量/mm	备注
编制		审核		批准		共　页		第　页

4. 数控加工走刀路线图

在数控加工中，常常要注意并防止刀具在运动过程中与夹具或工件发生意外碰撞。为此必须设法告诉操作者编程中的刀具运动路线，如从哪里下刀、在哪里抬刀、哪里是斜下刀等，这就需要填写数控加工走刀路线图。为简化走刀路线图，一般可采用统一约定的符号来表示。不同的机床可以采用不同的图例与格式，表8-5为一种常用格式。

表8-5　数控加工走刀路线图

数控加工走刀路线图		零件图号		工序号		工步号		程序号	
机床型号		程序段号		加工内容				共　页	第　页

加工路线：

编程	
校对	
审批	

符号	⊙	⊗	◕	 •→	 →		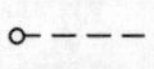 ○- - - -	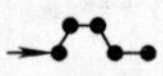	
含义	抬刀	下刀	编程原点	起刀点	走刀方向	走刀线相交	爬斜坡	铰孔	行切

5. 数控加工刀具卡片

在选择数控加工时，对刀具的几何尺寸要求十分严格，一般要在机外对刀仪

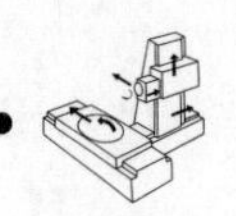

上预先调整刀具直径和长度。刀具卡片就是反映刀具编号、刀具结构、刀片型号和材料等的技术文件，它是组装刀具和调整刀具的依据，见表 8-6。

表 8-6　数控加工刀具卡片

产品名称或代号		零件名称		零件图号		程序号	
工步号	刀具号	刀具名称	刀具型号规格	刀片		刀尖半径/mm	备注
				型号	材料		
编制		审核		批准		共　页	第　页

不同的机床或不同的加工目的可能会需要不同形式的数控加工专用技术文件。在工作中，可根据具体情况设计文件格式。

6. 数控加工程序单

数控加工程序单是编程人员通过对被加工零件的工艺分析，经过数值计算，按照所使用数控机床的编程规则编制的，是记录数控加工工艺过程、工艺参数、位移数据的清单，是实现数控加工的主要依据。不同的数控机床，不同的数控系

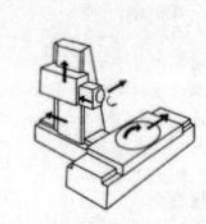

统，程序单的格式也不同。FANUC系统数控铣削加工程序单示例见表8-7。

表8-7　FANUC系统数控铣削加工程序单示例

程序代码	说　明
O6666;	程序号为O6666
N1;	程序N1
G54 G90 G17 G21 G94 G49 G40;	建立工件坐标系、绝对编程、XY平面、公制编程、进给方式（定义为mm/min）、取消刀具长度补偿
G0 X300.0 Y300.0 Z300.0;	主轴移动到X300.0 Y300.0 Z300.0的安全位置
M06 T09;	调9号面铣刀
M03 S3600 F680;	主轴正转，转速为3600r/min，进给速度为680mm/min
G0 X260.0 Y180.0 Z30.0;	刀具快速移动到起刀点（X 260.0，Y 180.0，Z 30.0）
X20.0;	刀具沿X方向快速移动到（X 20.0，Y 180.0，Z 30.0）
Y40.0;	刀具沿Y方向快速移动到（X 20.0，Y 40.0，Z 30.0）
G1 Z-5.0;	下刀到（X20.0，Y40.0，Z-5.0）的位置
X40.0;	刀具沿X方向直线插补铣削至刀位点（X40.0，Y40.0，Z-5.0）
Y100.0;	刀具沿Y方向直线插补铣削至刀位点（X40.0，Y100.0，Z-5.0）
G03 X60.0 Y120.0 R20.0;	刀具逆时针圆弧插补铣削至刀位点（X60.0，Y120.0，Z-5.0），半径为20.0mm
G02 X100.0 R20.0;	刀具顺时针圆弧插补铣削至刀位点（X100.0，Y120.0，Z-5.0），半径为20.0mm
G03 X110.0 Y110.0 R10.0;	刀具逆时针圆弧插补铣削至刀位点（X110.0，Y110.0，Z-5.0），半径为10.0mm
G01 X210.0;	刀具沿X方向直线插补铣削至刀位点（X210.0，Y110.0，Z-5.0）
G03 X220.0 Y100.0 R10.0;	刀具逆时针圆弧插补铣削至刀位点（X220.0，Y100.0，Z-5.0），半径为10.0mm
G01 Y60.0;	刀具沿Y方向直线插补铣削至刀位点（X220.0，Y60.0，Z-5.0）
G02 X200.0 Y40.0 R20.00;	刀具顺时针圆弧插补铣削至刀位点（X200.0，Y40.0，Z-5.0），半径为20.0mm
G01 X20.0	刀具沿Y方向直线插补铣削至刀位点（X20.0，Y40.0，Z-5.0）

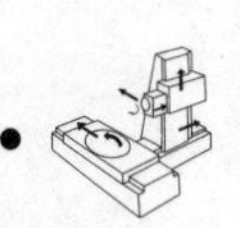

（续）

程序代码	说　明
G0 Z30.0；	快速退刀离开零件上表面
Y180.0	刀具沿 Y 方向直线插补铣削至刀位点（X20.0，Y180.0，Z30.0）
X260.0	刀具沿 Y 方向直线插补铣削至刀位点（X260.0，Y180.0，Z30.0）
G0 X300.0 Y300.0 Z300.0；	主轴移动到 X300.0 Y300.0 Z300.0 的安全位置
M5 M09；	主轴停止，切削液停止
M30；	程序停止，返回主程序

8.3　数控铣床编程

8.3.1　数控铣床的坐标系

按照 GB/T 19660—2005 规定，标准的机床坐标系采用右手笛卡儿直角坐标系，三个主要轴称为 x、y 和 z 轴，绕 x、y 和 z 轴回转的轴分别称为 A、B 和 C 轴。详细规定参考“7.1 数控机床概论”相关内容。

1. 坐标轴方向的规定

1）z 轴与机床的主要主轴中心线重合，z 轴正方向表示零件和刀具间的距离增大的方向（假定工件不动，刀具移动）。

2）x 轴一般情况下是水平方向的，垂直于 z 轴。若 z 轴为水平，则朝 z 轴负方向看时，x 轴正方向应指向右边；若 z 轴为垂直（单立柱机床），则从机床的前面朝立柱看时，x 轴正方向应指向右边；若 z 轴为垂直（龙门式机床），则从主要主轴朝左手立柱看时，x 轴正方向应指向右边。

3）y 轴正方向应由右手坐标系确定。

4）A、B 和 C 轴的正方向为：以该方向转动右旋螺纹时，螺纹分别朝 x、y 和 z 轴的正方向前进。

5）$+x'$、$+y'$、$+z'$、$+A'$、$+B'$、$+C'$ 均表示刀具不动、工件移动或转动的正方向，分别与 $+x$、$+y$、$+z$、$+A$、$+B$、$+C$ 方向相反。

6）U、V、W 表示第二直线运动。方向的规定同上。

7）P、Q、R 表示第三直线运动。方向的规定同上。

8）除主要回转运动外，还有次要的回转运动时，它们或平行于 A 轴、B 轴或 C 轴，或复合于 A 轴、B 轴或 C 轴，如可能应指定为 D 或 E。

2. 各类数控铣床坐标系

GB/T 19660—2005 对常用数控铣床坐标系的规定如图 8-47 ~ 图 8-54 所示。

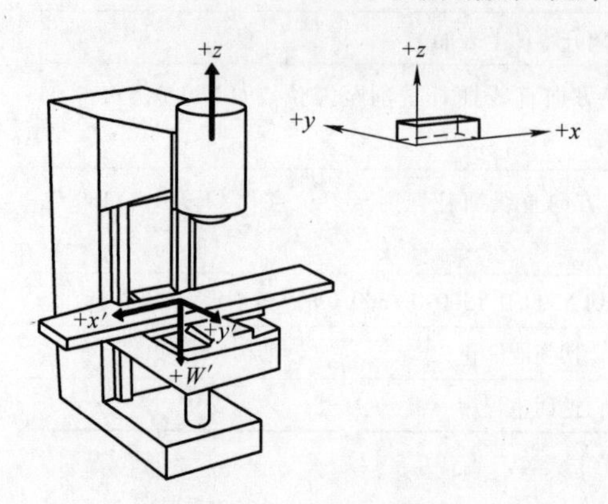

图 8-47　立式铣床坐标系

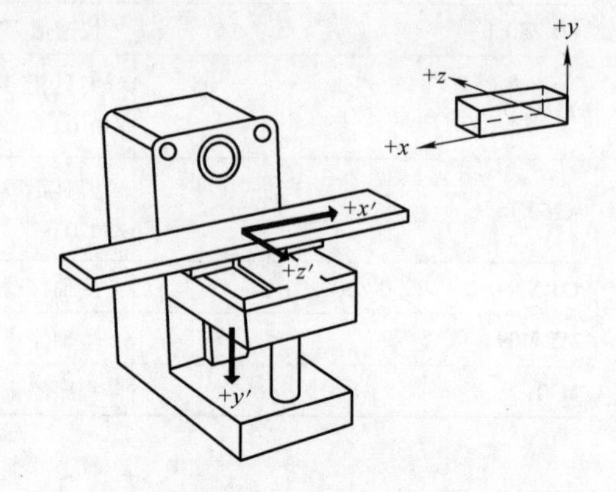

图 8-48　卧式铣床坐标系

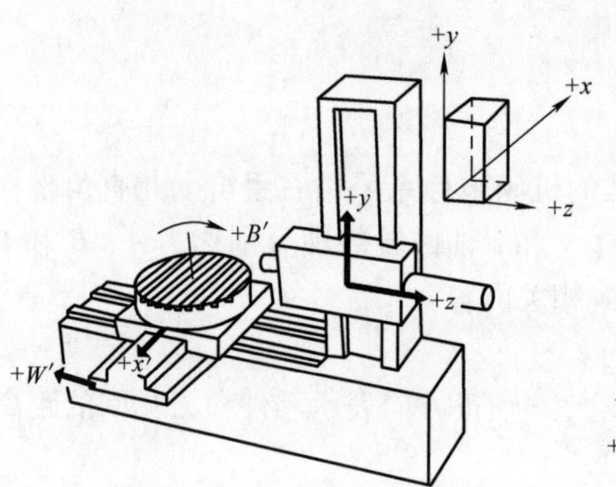

图 8-49　卧式镗铣床坐标系

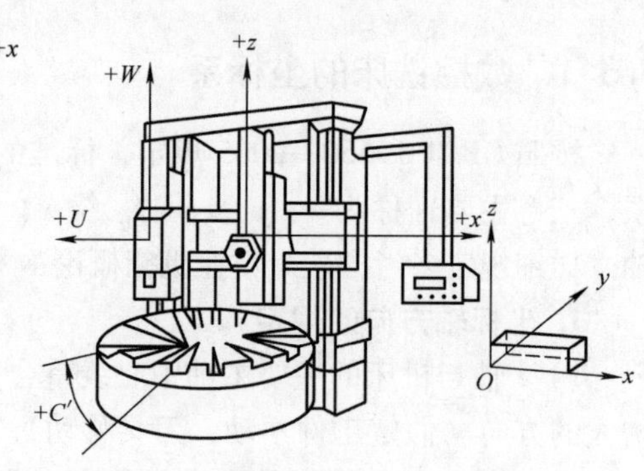

图 8-50　立式转塔车床或立式镗铣床坐标系

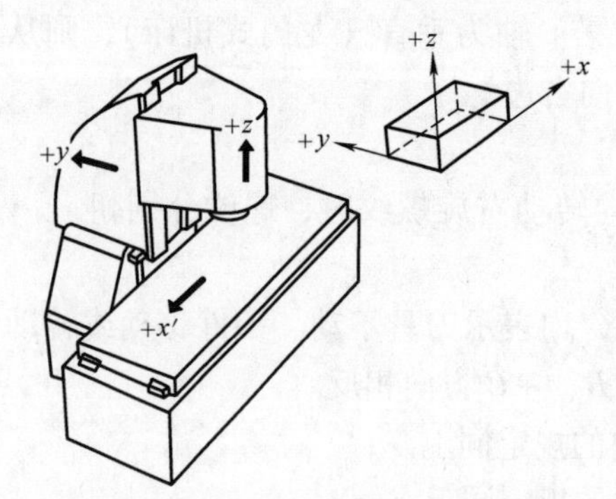

图 8-51　立式铣床（动立柱）坐标系

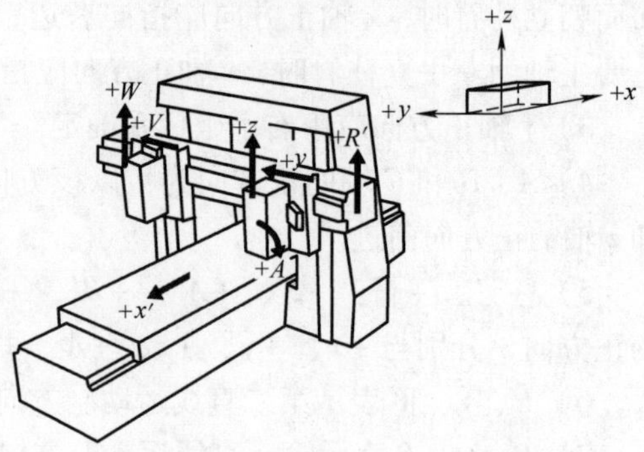

图 8-52　龙门铣床坐标系

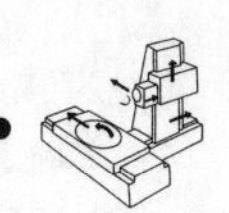

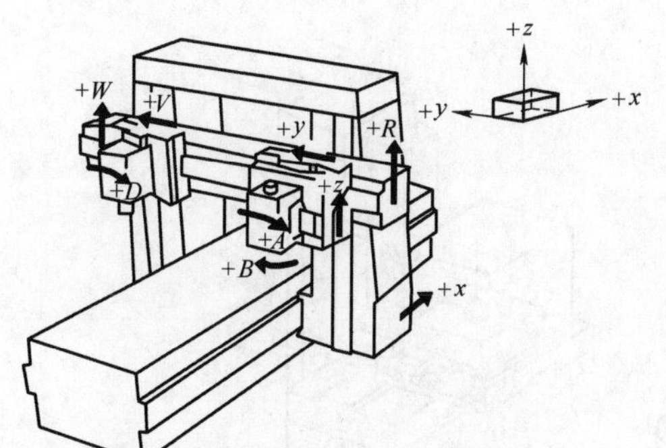

图 8-53　龙门移动式铣床坐标系

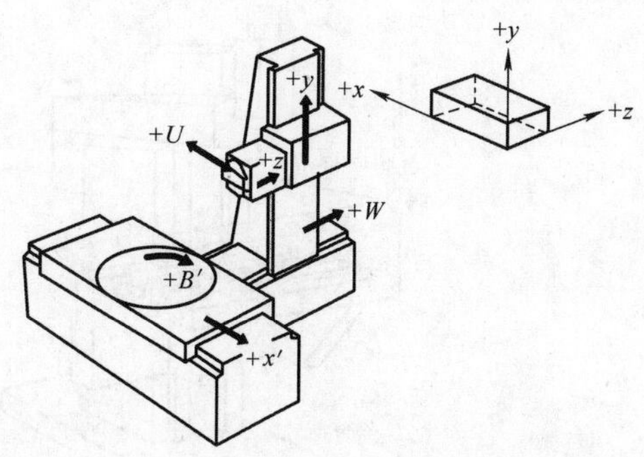

图 8-54　卧式镗铣床（动立柱）坐标系

3. 机床原点

机床原点（*M*）是指在机床上设置的一个固定的点，即机床坐标系的原点。它在机床装配、调试时就已确定下来，是数控机床进行加工运动的基准参考点。在数控铣床上，机床原点一般取在 *x*、*y*、*z* 三个直线坐标轴正方向的极限位置上，如图 8-55 和图 8-56 所示。图中 *M* 即为立式数控铣床的机床原点。

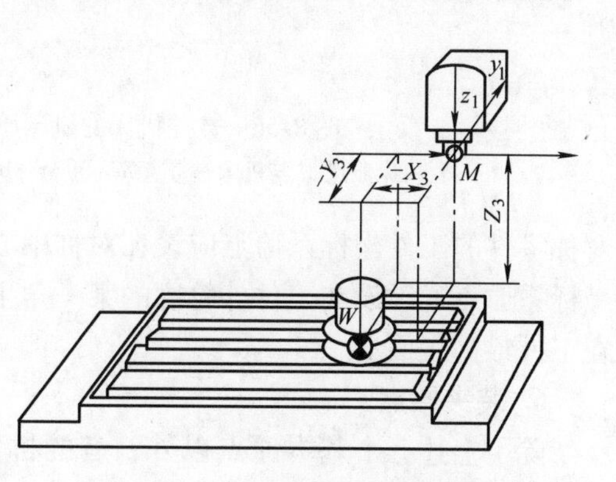

图 8-55　立式数控铣床的机床原点

4. 机床参考点

机床参考点（*R*）是由机床制造厂家人为定义的点。机床参考点与机床原点之间的坐标位置关系是固定的（有的机床参考点与机床原点重合），并被存放在数控系统的相应机床数据中，一般是不允许改变的，仅在特殊情况下可通过变动机床参考点的限位开关位置来变动其位置。

机床参考点 *R* 的位置是在每个轴上用挡块和限位开关精确地预先确定好的。参考点对机床原点的坐标是一个已知数，参考点多位于加工区域的边缘。数控铣床参考点 *R* 的位置如图 8-56 所示。图 8-56a 中机床原点 *M* 与机床参考点 *R* 不重合，图 8-56b 中机床原点 *M* 与机床参考点 *R* 重合。

5. 工件原点

在工件坐标系上，确定工件轮廓的编程和计算原点称为工件坐标系原点，简称工件原点（*W*），也称编程零点。在加工中，因工件的装夹位置是相对于机床而固定的，所以工件坐标系在机床坐标系 *M* 中的位置也就确定了。图 8-55 和图 8-56b中 *W* 即为工件原点。

工件坐标系原点应选在零件图的尺寸基准上，以便于坐标值的计算。例如，

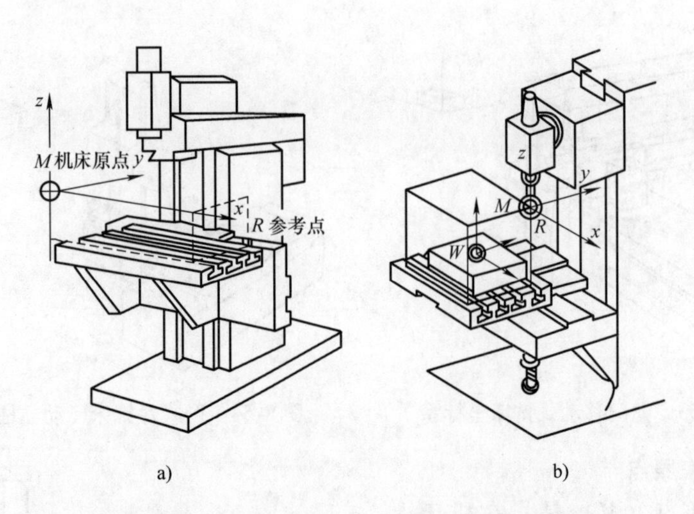

图 8-56　数控机床的机床原点 M 与机床参考点 R

a）机床原点 M 与机床参考点 R 不重合　b）机床原点 M 与机床参考点 R 重合

对称零件的工件坐标系原点应设在对称中心上，便于对刀；对于一般零件，工件坐标系原点通常设在工件外轮廓的某一角上；z 轴零点和工件坐标系原点一般设在工件最高表面。

6. 装夹原点 *C*

除了上述三个基本原点以外，有的机床还有一个重要的原点，即装夹原点 (fixture origin)，用 C 表示。装夹原点常见于带回转（或摆动）工作台的数控机床或加工中心，一般是机床工作台上的一个固定点，它与机床参考点的偏移量可以通过测量存入系统的原点偏置寄存器中，供 CNC 系统原点偏移计算用。

7. 对刀点

在编程时，应正确地选择对刀点的位置。对刀点就是在数控铣床上加工零件时，刀具相对于工件运动的起始点。由于程序段从该点开始执行，所以对刀点又称为“程序起点”或“起刀点”。对刀点可选在工件上，也可选在工件外 (如选在夹具上或机床上)，但必须与零件的定位基准有一定的尺寸关系。对于数控铣床，对刀点应选择在尽量靠近工件的位置，以节省空刀时间，同时还要注意避免发生撞刀。图 8-57 所示为对刀点与机床原点、工件原点的位置关系示例。

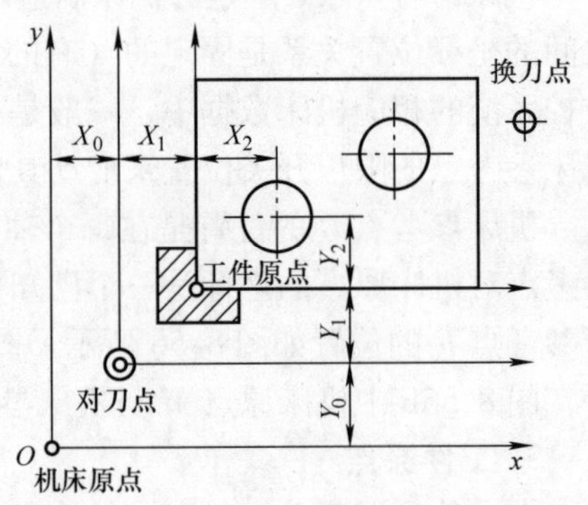

图 8-57　对刀点与机床原点、工件原点

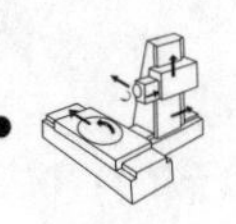

选择对刀点的原则是：

1）所选的对刀点应使程序编制简单。

2）对刀点应选在容易找正、便于确定零件加工原点的位置。

3）对刀点应选在加工过程中检查方便、可靠的位置。

4）对刀点的选择应有利于提高加工精度。

5）当对刀精度要求较高时，对刀点应尽量选在零件的设计基准或工艺基准上。

6）对于以孔定位的工件，一般取孔的中心作为对刀点。

8.3.2　数控铣床编程简介

1. 数控编程的分类

数控编程可分为手工编程和自动编程两种。

(1) 手工编程　手工编程是指编程的各个阶段均由人工完成。其是利用一般的计算工具，通过各种数学方法，人工进行刀具轨迹的运算，并进行指令编制。

手工编程不需要计算机、编程器、编程软件等辅助设备，只需要有合格的编程人员即可完成。这种方式比较简单，很容易掌握，适应性较大，比较适合批量较大、形状简单、计算方便、轮廓由直线或圆弧组成的零件的加工。

其缺点是不能进行复杂曲面的编程，对于形状复杂的零件，特别是具有非圆曲线、列表曲线及曲面的零件，采用手工编程比较困难，最好采用自动编程的方法进行编程。

(2) 自动编程　对于几何形状复杂的零件，需借助计算机使用规定的数控语言编写零件源程序，经过后置处理生成加工程序，称为自动编程。

自动编程的优点是效率高，程序正确性好。自动编程由计算机代替人完成复杂的坐标计算和书写程序单的工作，解决了许多手工编制无法完成的复杂零件编程难题。

其缺点是必须具有自动编程系统或编程软件。自动编程较适合形状复杂零件的加工程序编制，如模具加工、多轴联动加工等场合。

采用 CAD/CAM 软件自动编程与加工的过程为：图样分析、零件造型、生成刀具轨迹、后置处理生成加工程序、程序校验、程序传输并进行加工。

2. 常用自动编程软件

(1) UG　Unigraphics（简称 UG）是美国 Unigraphics Solution 公司开发的一套集 CAD、CAM、CAE 功能于一体的三维参数化软件，是当今最先进的计算机辅助设计、分析和制造的高端软件，用于航空、航天、汽车、轮船、通用机械和电子等工业领域。

UG软件在CAM领域处于领先的地位，是飞机零件数控加工首选编程工具。

（2）CATIA CATIA是法国达索（Dassault）公司推出的产品，法制幻影系列战斗机和波音737、777的开发设计均采用CATIA。

CATIA具有强大的曲面造型功能，在所有的CAD三维软件中位居前列，广泛应用于国内的航空航天企业、研究所，已逐步取代UG成为复杂型面设计的首选。

CATIA具有较强的编程能力，可满足复杂零件的数控加工要求。目前一些领域采取CATIA设计建模，UG编程加工，二者结合，搭配使用。

（3）Pro/E Pro/Engineer（简称Pro/E）是美国PTC（参数技术有限公司）开发的软件，是全世界最普及的三维CAD/CAM系统，广泛用于电子、机械、模具、工业设计和玩具等民用行业，具有零件设计、产品装配、模具开发、数控加工、造型设计等多种功能。

Pro/E在我国南方地区企业中被大量使用，设计建模采用Pro/E，编程加工采用MasterCAM和Cimatron是目前通行的做法。

（4）Cimatron CAD/CAM系统 Cimatron CAD/CAM系统是以色列Cimatron公司的CAD/CAM/PDM产品，是较早在微型计算机平台上实现三维CAD/CAM全功能的系统。该系统提供了比较灵活的用户界面，优良的三维造型、工程绘图，全面的数控加工，各种通用、专用数据接口以及集成化的产品数据管理。Cimatron CAD/CAM系统在国外的模具制造业中备受欢迎，我国模具制造行业也在广泛使用。

（5）MasterCAM MasterCAM是美国CNC公司开发的基于PC平台的CAD/CAM软件，它具有方便直观的几何造型。MasterCAM提供了设计零件外形所需的理想环境，其强大稳定的造型功能可设计出复杂的曲线、曲面零件。MasterCAM具有较强的曲面粗加工及曲面精加工的功能，曲面精加工有多种选择方式，可以满足复杂零件的曲面加工要求，同时具备多轴加工功能。由于价格低廉，性能优越，MasterCAM已成为国内民用行业数控编程软件的首选。

（6）FeatureCAM FeatureCAM是美国DELCAM公司开发的基于特征的全功能CAM软件，它具有全新的特征概念，超强的特征识别，基于工艺知识库的材料库、刀具库，图标导航的基于工艺卡片的编程模式，其全模块的软件能够实现从2~5轴铣削到车铣复合加工，从曲面加工到线切割加工，为车间编程提供了全面的解决方案。该软件后编辑功能相对来说是比较好的。

（7）CAXA制造工程师 CAXA制造工程师是北京北航海尔软件有限公司推出的一款全国产化的CAM产品，为国产CAM软件在国内CAM市场中占据了一席之地。作为我国制造业信息化领域自主知识产权软件优秀代表和知名品牌，CAXA已经成为我国CAD/CAM/PDM业界的领导者和主要供应商。CAXA制造工程师是

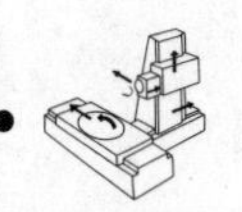

一款面向 2 ~ 5 轴数控铣床与加工中心、具有良好工艺性能的铣削/钻削数控加工编程软件。该软件性能优越，价格适中，在国内市场颇受欢迎。

（8）EdgeCAM　EdgeCAM 是英国 Pathtrace 公司出品的智能化的专业数控编程软件，可应用于车、铣、线切割等数控机床的编程。针对当前复杂的三维曲面加工特点，EdgeCAM 设计出了更加便捷可靠的加工方法，目前流行于欧美制造业。

（9）VERICUT　VERICUT 是美国 CGTECH 公司出品的一种先进的专用数控加工仿真软件。VERICUT 采用了先进的三维显示及虚拟现实技术，对数控加工过程的模拟达到了极其逼真的程度，不仅能用彩色的三维图像显示出刀具切削毛坯形成零件的全过程，还能显示出刀柄、夹具，甚至机床的运行过程和虚拟的工厂环境也能被模拟出来，其效果就如同是在屏幕上观看数控机床加工零件时的录像。

编程人员将各种编程软件上生成的数控加工程序导入 VERICUT 中，由该软件进行校验，其可检测出原软件编程中产生的计算错误，因此降低了加工中由于程序错误导致的加工事故率。目前我国许多实力较强的企业已开始引进该软件来充实现有的数控编程系统，取得了良好的效果。

随着制造业技术的飞速发展，数控编程软件的开发和使用也进入了一个高速发展的新阶段。新产品层出不穷，功能模块越来越细化，让工艺人员可以在微型计算机上轻松地设计出科学合理并富有个性化的数控加工工艺，使数控加工编程变得更加容易、便捷。

8.4　XK715D 立式数控铣床

8.4.1　机床简介

XK715D 立式数控铣床主要用于中小型零件模具等多品种加工，工件一次装夹后，可自动高效、高精度地连续完成铣、钻、镗、铰等工序。其主要构件刚度高，主轴转速恒功率范围宽，低转速转矩大，可进行强力切削；主轴轴承采用进口轴承，主轴运转时精度高、噪声低、振动小、热变形小。

XK715D 立式数控铣床型号解读：

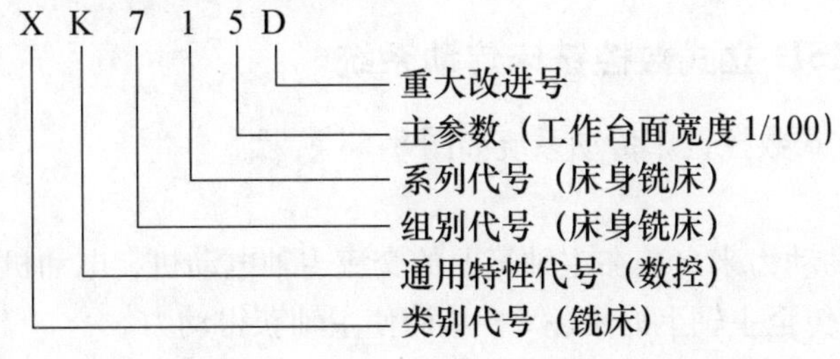

1. 机床特点

该机床配备电主轴，动力采用宽频调速内置主轴电动机，主轴转速恒功率范围宽，配备高刚性结构件，可实现强力切削；采用交流伺服电动机，经联轴器与滚珠丝杠螺母副直联结构，可实现 *x*、*y* 和 *z* 轴的高速移动；整机设计采用机电一体化结构，控制柜、数控柜和气动装置均置于立柱床身，机床外围采用全封闭安全防护罩；配自动排屑和自动润滑系统。该机床适用于板件、盘件、壳体、模具等复杂零件的加工，配置 FANUC 0i－mate－MC 数控系统，采用 BT40 刀柄。

2. 主要技术参数

XK715D 立式数控铣床的主要技术参数见表8-8。

表8-8　XK715D 立式数控铣床的主要技术参数

项目	主要参数
工作台面尺寸	1200mm×520mm
工作台坐标行程（*X*、*Y*、*Z*）	880mm×500mm×610mm
主轴最高转速	8000r/min
主轴锥孔	MAS403　BT40
最大刀具尺寸	ϕ105mm×250mm
最大刀具重量	6kg
工作台最大承重量	1000kg
主轴端面至工作台面距离	125～735mm
定位精度	*X*：0.020mm　*Y*：0.014mm　*Z*：0.016mm
重复定位精度	*X*：0.012mm　*Y*：0.008mm　*Z*：0.010mm
x、*y*、*z* 轴快速移动速度	20m/min
x、*y*、*z* 轴进给速度	1～5000mm/min
外形尺寸（长×宽×高）	1520mm×1280mm×1810mm
机床净重	1300kg
主电动机功率	2.2kW
数控系统	FANUC 0i－mate－MC 数控系统（用户也可选择其他品牌系统）

8.4.2　XK715D 立式数控铣床传动系统

XK715D 立式数控铣床传动系统如图8-58所示。

1. 主传动

机床主轴的动力来自装在主轴箱上的交流主轴电动机，电动机轴上装有带轮2，通过同步带传至主轴上的带轮3，从而使主轴获得动力。

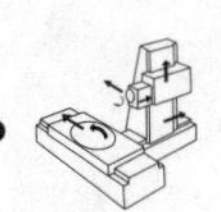

2. 伺服运动

主轴箱升降、工作台纵向移动、滑座横向移动，分别通过各坐标轴的交流伺服电动机和联轴器带动滚珠丝杠获得各自的运动。

3. 机床气液原理

该机床采用压缩空气给主轴吹气保持主轴锥孔清洁，并且给换刀装置及松刀装置提供动力。主轴的松刀、夹刀也是由气压提供动力。

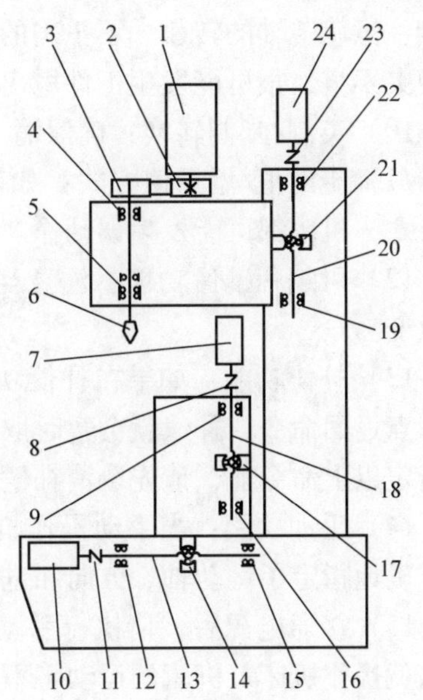

图 8-58　XK715D 立式数控铣床传动系统

1—主轴电动机　2、3—带轮　4、5—轴承　6—主轴　7、10、24—交流伺服电动机　8、11、23—弹性联轴器　9、12、22—丝杠专用轴承　13、18、20—滚珠丝杠　14、17、21—滚珠丝杠螺母　15、16、19—单列向心轴承

8.4.3　机床操作安全须知

1）零件加工前，首先检查机床的运行。可通过试车保证机床正确工作，如在机床上不装工件和刀具时利用单程序段、进给倍率或机床锁住等检查机床的正确运行。如果未能确认机床动作的正确性，机床有可能发生误动作，从而引起工件或机床本身的损坏，甚至伤及操作者。

2）操作机床前，应仔细检查输入的数据。

3）确保指定的进给速度与想要进行的机床操作相适应。

4）当使用刀具补偿功能时，应仔细检查补偿方向和补偿量。

5）CNC 和 PMC 的参数都是机床厂家设置的，通常不需要修改。当必须修改参数时，请确保改动参数之前对参数的功能有深入全面的了解，如果不能对参数进行正确设置，机床有可能发生误动作，损坏工件或机床，甚至伤及操作者。

6）在机床通电后，CNC 单元尚未出现位置显示或报警画面之前，请不要碰 MDI 面板上的任何键。MDI 面板上的有些键专门用于维护和特殊的操作，按下其中的任何键，可能使 CNC 装置处于非正常状态。在这种状态下起动机床，有可能引起机床的误动作。

7）有些功能是特殊功能，当使用这些功能时，请参阅机床使用说明书。

8）程序、参数和宏变量存储在 CNC 单元的非易失性存储器中，通常即使在断电情况下，这些信息仍能保留，但有可能在无意中被删除，所以应备份所有重要数据，并妥善保管。

9）旋转轴的功能：当编制极坐标插补或法线方向（垂直）控制程序时，请

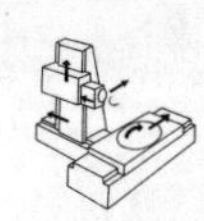

特别注意旋转轴的转速。不正确的编程有可能导致旋转轴转速过高，此时如果工件装夹不牢，很可能发生工件甩出事故。

10）英制/米制转换：确保输入的数值与设置的单位一致。

11）绝对值/增量值方式：如果用绝对坐标编制的程序在增量方式下运行，或反之，机床都可能发生误动作。

12）可编程镜像功能：注意当可编程镜像功能有效时，编辑操作将有很大的改变。

13）补偿功能：如果在补偿功能方式下指定基于机床坐标系的运动命令或参考点返回命令，补偿就会暂时取消，这可能会引起机床不可预知的动作，所以在指定以上命令前，请先取消补偿功能。

14）手动功能：当手动操作机床时，要确定刀具和工件的当前位置，并确保正确地指定了运动轴、方向和进给速度。

15）接通电源后，请执行手动返回参考点位置。如果没有执行手动返回参考点就操作机床，机床的运动将不可预料。行程检查功能在执行手动返回参考点之前不能执行。

16）在手轮进给时，在较大的倍率下旋转手轮，刀具和工作台会快速移动，有可能造成刀具或机床的损坏，甚至伤及操作者。

8.4.4 XK715D 立式数控铣床操作说明

1. XK715D 立式数控铣床的 CNC 操作面板（见图 8-59）

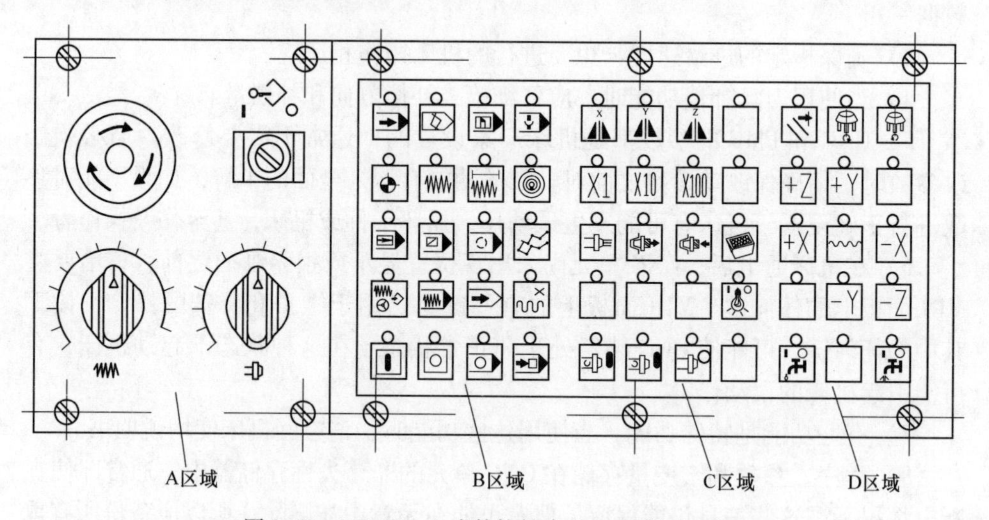

图 8-59 XK715D 立式数控铣床的 CNC 操作面板

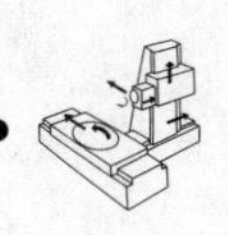

2. XK715D 立式数控铣床 CNC 操作面板的含义（见表 8-9）

表 8-9　XK715D 立式数控铣床 CNC 操作面板的含义

区域	序号	按键	含　义
A 区域	1		急停按钮，按下此按钮机床进入急停状态
	2		程序保护钥匙，当其处于 ON 时，可进行程序的编辑、修改
	3		各进给运动的速度倍率开关
	4		主轴转速倍率开关
B 区域	1		自动方式选择键
	2		编辑方式选择键
	3		手动数据输入方式选择键
	4		DNC 方式选择键
	5		机床回参考点方式选择键
	6		手轮方式选择键
	7		增量方式选择键（在选用手轮后此功能无效）

（续）

区域	序号	按键	含　义
B区域	8		手轮操作方式选择键
	9		按下此键时其上指示灯亮，程序进行单段运行。再一次按下该键后，其上指示灯灭，取消该功能。为了安全起见，在换刀过程中不允许单段运行
	10		按下此键时其上指示灯亮，程序中有跳段标记的程序将被跳过。再一次按下该键后，其上指示灯灭，取消该功能
	11		按下此键时其上指示灯亮，此时若运行到M01程序段即可使程序停止。再一次按下该键后，其上指示灯灭，取消该功能
	12		按下此键时其上指示灯亮，此时手动绝对值开。再一次按下该键后，其上指示灯灭，取消该功能
	13		示教方式选择键（可用AUTO、EDIT、MDI、DNC、HOME键对其转换）
	14		空运行功能：按下此键时其上指示灯亮，即可进入空运行功能。再一次按下该键后，其上指示灯灭，取消该功能
	15		程序测试功能：按下此键时其上指示灯亮，即可进入程序测试功能。再一次按下该键后，其上指示灯灭，取消该功能。在运行此功能后必须重新回零
	16		轴禁止功能：按下此键时其上指示灯亮，各轴将禁止运动。再一次按下该键后，其上指示灯灭，取消该功能
	17		循环起动键
	18		循环停止键
	19		程序停止键，在遇到M00、M01程序停止时此灯亮
	20		程序再开键

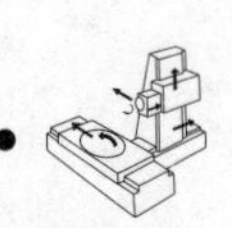

（续）

区域	序号	按键	含　义
C区域	21	X	x轴镜像按键，其上指示灯亮表示进入x轴镜像状态
	22	Y	y轴镜像按键，其上指示灯亮表示进入y轴镜像状态
	23	Z	z轴镜像按键，其上指示灯亮表示进入z轴镜像状态
	24	X1	在便携式手轮时按下此键，其上指示灯亮表示已选择进给量×1；在简装式手轮时按下此键，其上指示灯亮表示已选择进给量×1
	25	X10	在便携式手轮时按下此键，其上指示灯亮表示已选择进给量×10；在简装式手轮时按下此键，其上指示灯亮表示已选择进给量×10
	26	X100	在便携式手轮时按下此键，其上指示灯亮表示已选择进给量×100；在简装式手轮时按下此键，其上指示灯亮表示已选择进给量×100
	27		在JOG方式下按下此键，主轴可进行1s的吹气。在夹刀、松刀时，主轴锥孔吹气1s，其上指示灯亮
	28		在JOG方式下，主轴停止时按下此键可进行手动松刀。在任何方式下，当处于松刀状态时，其上指示灯亮
	29		在JOG方式下，按下此键可进行手动夹刀。在任何方式下，当处于夹刀状态时，其上指示灯亮
	30		用此键对排屑器及冲屑泵进行起动/停止手动控制
	31		在CNC机床起动后，按下此键机床工作灯亮，再次按下此键机床工作灯灭
	32		在JOG方式下，处于夹刀状态时压下此键，主轴正转起动（必须具有S值）

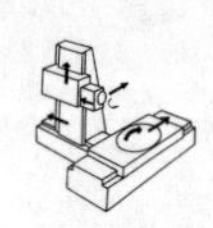

（续）

区域	序号	按键	含　义
C区域	33		在JOG方式下，处于夹刀状态时压下此键，主轴反转起动（必须具有S值）
	34		在JOG方式下的主轴停止键
D区域	1		当x、y、z任一轴的任一方向超越极限时此灯闪烁。在JOG方式下，按下此键伺服上电，再按下超程轴的相反方向键退出极限即可解除超程
	2		刀库手动键：在JOG方式下，刀库刀套在翻上状态时，按此键其上指示灯亮，刀库正转一个刀套位置
	3		刀库手动键：在JOG方式下，刀库刀套在翻上状态时，按此键其上指示灯亮，刀库反转一个刀套位置
	4	+Z	1）在JOG方式下，按此键其上指示灯闪烁，z轴进行正向运动；松开此键，其上指示灯灭，z轴停止运动 2）在HOME方式下，按此键其上指示灯闪烁，z轴进行回零运动，到位后此灯灭 3）在便携式手轮时按下此键，其上指示灯闪烁表示已选择z轴；在简装式手轮时按下此键，其上指示灯闪烁表示已选择进给z轴
	5	+Y	1）在JOG方式下，按此键其上指示灯闪烁，y轴进行正向运动；松开此键，其上指示灯灭，y轴停止运动 2）在HOME方式下，按此键其上指示灯闪烁，y轴进行回零运动，到位后此灯灭 3）在便携式手轮时按下此键，其上指示灯闪烁表示已选择y轴；在简装式手轮时按下此键，其上指示灯闪烁表示已选择进给y轴
	6	+X	1）在JOG方式下，按此键其上指示灯闪烁，x轴进行正向运动；松开此键，其上指示灯灭，x轴停止运动 2）在HOME方式下，按此键其上指示灯闪烁，x轴进行回零运动，到位后此灯灭 3）在便携式手轮时按下此键，其上指示灯闪烁表示已选择x轴；在简装式手轮时按下此键，其上指示灯闪烁表示已选择进给x轴
	7		快速运动功能：当各轴回零后，在JOG方式下按坐标运动键的同时按下该键，其上指示灯亮，轴将以快移速度运动，松开该键将以手动速度运动

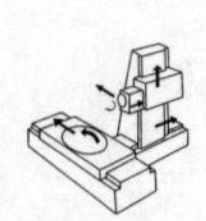

（续）

区域	序号	按键	含　义
D 区域	8	−X	1）在 JOG 方式下，按此键其上指示灯亮，x 轴进行负向运动；松开此键，其上指示灯灭，x 轴停止运动 2）在 HOME 方式下按下此键，－X 指示灯闪烁，x 轴进行回零运动，到位后－X 指示灯灭
	9	−Y	1）在 JOG 方式下，按此键其上指示灯亮，y 轴进行负向运动；松开此键，其上指示灯灭，y 轴停止运动 2）在 HOME 方式下按下此键，－Y 指示灯闪烁，y 轴进行回零运动，到位后－Y 指示灯灭
	10	−Z	1）在 JOG 方式下，按此键其上指示灯亮，z 轴进行负向运动；松开此键，其上指示灯灭，z 轴停止运动 2）在 HOME 方式下按下此键，－Z 指示灯闪烁，z 轴进行回零运动，到位后－Z 指示灯灭
	11		当按下此键时，水冷起动运转，其上指示灯亮；当再按下此键时，水冷停止运转，其上指示灯灭。或者在 MDI、AUTO、DNC 方式下也可通过辅助功能 M08、M09 进行起动停止控制，其上指示灯亮表示进入水冷状态
	12		当按下此键时，气冷起动运转，其上指示灯亮；当再按下此键时，气冷停止运转，其上指示灯灭。或者在 MDI、AUTO、DNC 方式下也可通过辅助功能 M07、M09 进行起动停止控制，其上指示灯亮表示进入气冷状态

3. M 指令代码

（1）M00　程序停止。

（2）M01　选择停止。

（3）M02　程序结束。

（4）M03　主轴正转。

（5）M04　主轴反转。

（6）M05　主轴停止。

（7）M06　切削液关。

（8）M07　气冷起动。

（9）M08　水冷起动。

（10）M09　水冷/气冷停止。

（11）M18　解除准停。

（12）M19　准停。

（13）M29　刚性攻螺纹开始。

（14）M45　排屑器起动。

（15）M46　排屑器停止。

（16）M30　程序结束并返回。

8.5　实训安全规程

1. 数控铣床安全文明生产要求

1）数控机床的开机、关机顺序一定要按照机床说明书的规定操作。

2）主轴起动开始切削之前应关好防护罩门，程序正常运行过程中不应打开防护罩门。

3）机床在正常运行时不允许打开电气柜的门，禁止按动“急停”或“复位”按钮。

4）机床发生事故时，操作者要注意保护现场，并向维修人员如实说明事故发生前后的情况，以便于分析问题，查找事故原因。

5）不得随意更改数控系统内制造厂家设定的参数。

2. 数控铣床安全操作规程

1）机床通电后，检查各开关、按钮和按键是否正常、灵活，机床有无异常现象。

2）检查电压、气压、油压是否正常，有手动润滑的部位要先进行手动润滑。

3）各坐标轴手动回零（机床参考点），若某轴在回零前已在零位，必须先将该轴移动离开一段距离后，再手动回零。

4）将机床空运转15min以上，使机床达到热平衡状态。

5）程序输入时，应认真核对，保证无误，其中包括对代码、指令数据及语法的查对。

6）按工艺规程找正夹具。

7）正确测量和计算工件坐标系，并对所得结果进行验证和验算。

8）将工件坐标系输入到偏置页面，并对坐标、坐标值、正负号、小数点进行认真核对。

9）加工工件前先空运行一次程序，看程序能否顺利运行，刀具长度选取和夹具安装是否合理，有无超程现象。

10）刀具补偿值（刀长、半径）输入到偏置页面后，要对刀具补偿号、补偿值、正负号、小数点进行认真核对。

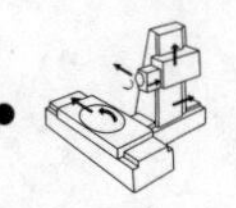

11）装夹工具时要注意螺钉压板是否妨碍刀具运动，检查零件毛坯的尺寸有无超长现象。

12）检查各刀头的安装方向及各刀具的旋转方向是否合乎程序要求。

13）查看刀体前后部位的形状和尺寸是否合乎程序要求。

14）检查每把刀柄在主轴锥孔中是否都能拉紧。

15）无论是首次加工的零件还是周期性重复加工的零件，首件都必须对照图样工艺、程序和刀具调整卡进行逐段程序的试切。

16）单段试切时，快速倍率开关必须打到最低档。

17）每把刀首次使用时，必须先验证它的实际长度与所给刀具补偿值是否相符。

18）在程序运行时，要观察数控系统上的坐标显示，了解目前刀具运动点在机床坐标系及工件坐标系中的位置，了解程序段的位移量，还剩余多少位移量等。

19）程序运行中也要观察数控系统上工作寄存器和缓冲寄存器的显示，查看正在执行的程序段各状态指令和下一程序段的内容。

20）在程序运行过程中，要重点观察数控系统上的主程序和子程序的运行情况，了解正在执行的程序段的具体内容。

21）试切进刀时，在刀具远行至距离工件表面 30 ~ 50mm 处时，必须在进给保持下，验证 z 轴剩余坐标值和 x、y 轴坐标值与图样是否一致。

22）对一些有试刀要求的刀具可采用“渐进”方法，如先镗一小段长度，检测合格后，再镗到整个长度。对刀具半径补偿等刀具参数可由小到大，边试边修改。

23）试切和加工中，刃磨刀具和更换刀具后，一定要重新测量刀长，并修改相应的刀具补偿值和刀具补偿号。

24）程序检索时应注意光标所指位置是否合理、准确，并观察刀具和机床的运动方向、坐标是否正确。

25）程序修改后，对修改部分一定要仔细计算和认真核对。

26）手摇进给和手动连续进给操作时，必须检查各种开关所选择的位置是否正确，弄清正、负方向和倍率，然后再进行操作。

27）整批零件加工完成后，应核对刀具号、刀具补偿值，使程序、偏置页面、调整卡及工艺中的刀具号、刀具补偿值完全一致。

28）从刀库中卸下刀具，按调整卡或程序清理，编号入库。

29）卸下夹具（某些夹具应记录安装位置及方向），并做出记录、存档。

30）清理机床，并将各坐标轴停在中间位置。

第9章 加工中心

9.1 加工中心概述

加工中心（Machining Center）简称MC，是具有自动换刀功能和刀具库的、可对工件进行多工序加工的数控机床。工件一次装夹后，加工中心的数控系统能控制机床按不同工序（或工步）自动选择和更换刀具，自动改变机床主轴转速、进给量和刀具相对工件的运动轨迹，以及实现其他辅助功能，依次完成工件多种工序的加工。它实质上是一台复合的数控机床，复合了多台数控机床的功能。

加工中心是从数控铣床发展而来的，但加工中心又不等同于数控铣床。加工中心与数控铣床的最大区别在于其具有自动交换加工刀具的能力，通过在刀库上安装不同用途的刀具，可在一次装夹中通过自动换刀装置改变主轴上的加工刀具，实现钻、镗、铰、攻螺纹、切槽等多种加工功能。

9.1.1 加工中心适宜加工的主要零件类型

加工中心的加工内容与数控铣床的加工内容有许多相似之处，但从实际应用效果来看，加工中心更适宜加工复杂、工序多、精度要求高、需用多种类型普通机床和繁多刀具、工装，且经过多次装夹和调整才能完成加工的零件。其加工的主要对象有箱体类零件、复杂曲面类零件、变斜角类零件、异形件、盘套板类零件和特殊加工件及其他类零件等。

1. 箱体类零件

箱体类零件一般是指具有一个以上孔系，内部有型腔，在长、宽、高方向有一定比例的零件。这类零件在机床、汽车、飞机制造等行业用得较多，如汽车的发动机缸体、变速器箱体、主轴箱等，如图9-1所示。箱体类零件一般都需要进行多工位孔系及平面加工，公差要求较高，特别是几何公差要求较为严格，通常要经过铣、钻、扩、镗、铰、锪、攻螺纹等工序，加工时必须频繁地更换刀具和工装，加工周期长，需多次装夹、找正，在普通机床上加工难度大，更重要的是精度难以保证。

加工这类零件时，一般选卧式镗铣类加工中心，在一次安装中完成零件上平面的铣削、孔系的钻削、镗削、铰削、铣削及攻螺纹等多工步加工，以保证该类零件各加工表面间的相互位置精度。

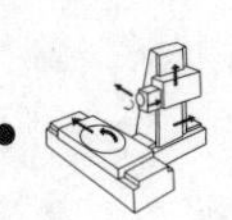

a)

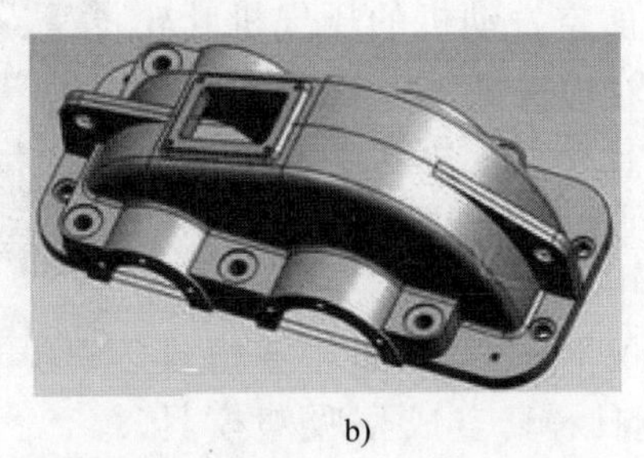

b)

图9-1　箱体类零件

a）汽车发动机缸体　b）减速器上盖箱体

当加工的工位较少，且跨距不大时，可选立式加工中心，从一端进行加工。

2. 复杂曲面类零件

加工面为空间曲面的零件称为曲面类零件，复杂曲面类零件不能展开为平面。

复杂曲面类零件在机械制造业，特别是航天航空工业中占有特殊重要的地位。复杂曲面采用普通机械加工方法是难以甚至无法完成的。在我国，传统的方法是采用精密铸造，可想而知其精度是低的。复杂曲面类零件（如各种叶轮、导风轮、球面，各种曲面成形模具、螺旋桨以及水下航行器的推进器，以及一些其他形状的自由曲面）均可用加工中心进行加工。加工时，铣刀与加工面始终为点接触，一般采用球头刀在三坐标加工中心上加工。

比较典型的有下面几种复杂曲面类零件：

（1）凸轮、凸轮机构　凸轮作为机械式信息储存与传递的基本元件，被广泛地应用于各种自动机械中。这类零件有各种曲线的盘形凸轮、圆柱凸轮、桶形凸轮和端面凸轮等，如图9-2所示。加工这类零件可根据凸轮的复杂程度选用三轴、四轴联动或五轴联动的加工中心进行加工。

a)

b)

c)

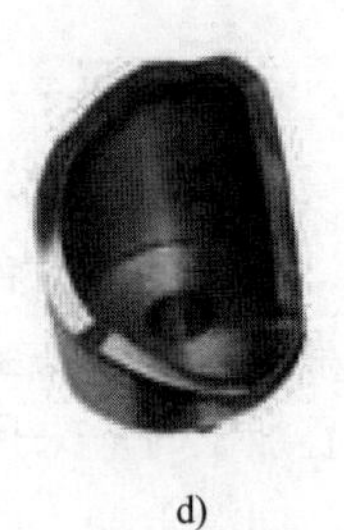

d)

图9-2　凸轮

a）盘形凸轮　b）圆柱凸轮　c）桶形凸轮　d）端面凸轮

(2) 整体叶轮类　这类零件常见于航空发动机的压气机叶轮（见图9-3）、制氧设备的膨胀机和单螺杆空气压缩机等，对于这样的型面，可采用四轴以上联动的加工中心来完成。

图9-3　航空发动机的压气机叶轮

(3) 模具类　如注塑模具、橡胶模具、真空成型吸塑模具、电冰箱发泡模具、压力铸造模具和精密铸造模具等。采用加工中心加工模具，由于工序高度集中，动模、定模等关键件的精加工基本上是在一次安装中完成全部机加工内容，故可减少尺寸累计误差，减少修配工作量。同时，模具的可复制性强，互换性好。另外，凡刀具可及之处尽可能由机械加工来完成，因此机械加工后残留给钳工的工作量较少，模具钳工主要做些抛光的工作即可。

(4) 球面　可采用加工中心铣削。三轴铣削只能用球头铣刀做逼近加工，效率较低，五轴铣削可采用面铣刀做包络面来逼近球面。复杂曲面用加工中心加工时编程工作量较大，大多数要有自动编程技术。

3. 变斜角类零件

加工面与水平面的夹角呈连续变化的零件称为变斜角零件，如图9-4所示。变斜角类零件的变斜角加工面不能展开为平面，但在加工中加工面与铣刀圆周的瞬时接触为一条线。最好采用四坐标、五坐标加工中心摆角加工，若没有上述机床，也可采用三坐标加工中心进行两轴半近似加工。

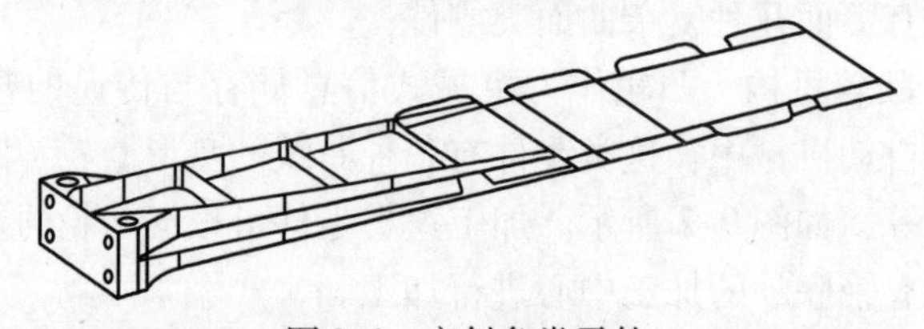
图9-4　变斜角类零件

4. 异形件

异形件是指外支架、拨叉类等外形不规则的零件（见图9-5），大都需要点、线、面多工位混合加工。异形件的刚性一般较差，夹压变形难以控制，加工精度也难以保证，甚至某些零件的一个或几个加工部位用普通机床难以完成。用加工中心加工时应采用合理的工艺措施，一次或二次装夹，利用加工中心多工位点、线、面混合加工的特点，完成多道工序或全部的工序内容。

5. 盘套板类零件

该类零件指带键槽或径向孔或端面有分布孔系的曲面的盘、套或轴类零件，

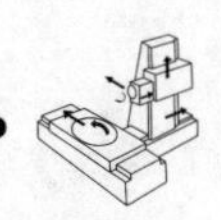

如带法兰的轴套、带键槽或方头的轴类零件等，还包括具有较多孔加工的板类零件，如各种电机盖等。端面有分布孔系、曲面的盘类零件宜选择立式加工中心，有径向孔的可选卧式加工中心。

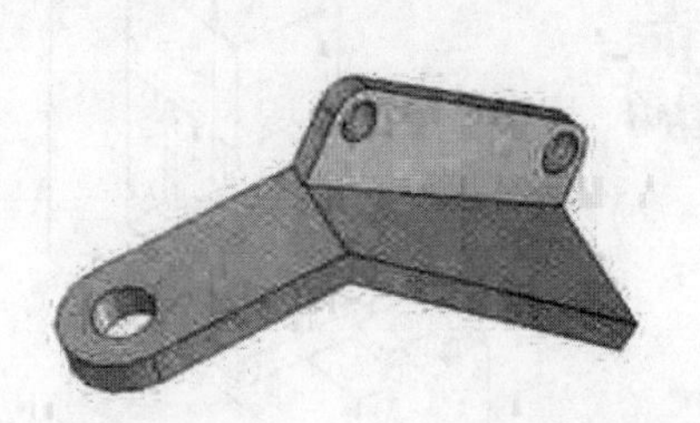

图9-5 异形件

6. 特殊加工件

配合一定的工装和专用工具，利用加工中心可完成一些特殊的工艺工作，如在金属表面上刻字、刻线及刻图案。在加工中心的主轴上装上高频电火花电源，可对金属表面进行线扫描表面淬火。将加工中心装上高速磨头，可实现小模数渐开线锥齿轮磨削及各种曲线、曲面的磨削等。

7. 其他类零件

加工中心除常用于加工以上特征的零件外，还较适宜加工周期性投产的零件、加工精度要求高的中小批量零件和新产品试制中的零件等。

9.1.2 加工中心的分类

1. 按主要功能分类

加工中心按主要功能分类，可分为镗铣加工中心、车削加工中心、磨削加工中心、冲压加工中心以及能自动更换主轴箱（或成组刀具）的多轴加工中心等。

2. 按主轴在空间所处的状态分类

加工中心按主轴在空间所处的状态分类，可分为立式、卧式、复合式和虚轴加工中心。

（1）立式加工中心　主轴在空间处于垂直状态的加工中心称为立式加工中心，如图9-6所示。其主要适用于加工板材类、盘套类、小型壳体类复杂零件，也可用于模具加工。

（2）卧式加工中心　主轴在空间处于水平状态的加工中心称为卧式加工中心，如图9-7所示。它的工作台大多是由伺服电动机控制的数控回转台，在工件一次装夹中，通过工作台旋转可实现多个加工面的加工，主要适用于箱体类工件的加工。卧式加工中心一般具有分度转台或数控转台，可加工工件的各个侧面；也可做多个坐标的联合运动，加工复杂的空间曲面。

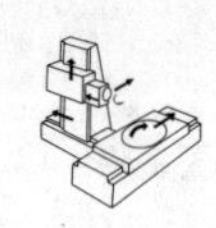

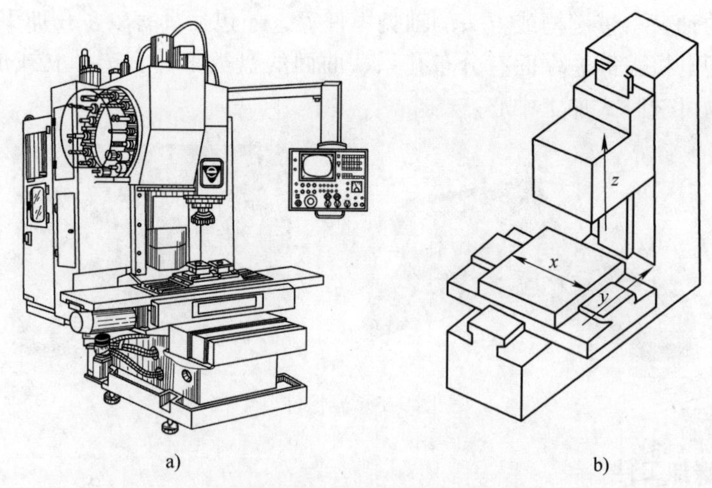

图9-6 立式加工中心

a）立式加工中心外观 b）立式加工中心的坐标系

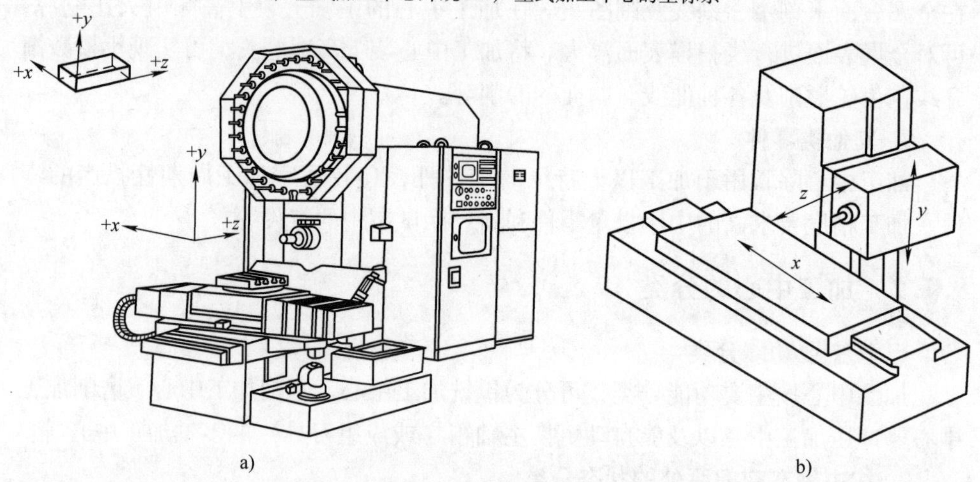

图9-7 卧式加工中心

a）卧式加工中心外观 b）卧式加工中心的坐标系

（3）复合式加工中心 主轴可做垂直和水平转换且能自动回转的加工中心称为复合式加工中心或五轴加工中心，如图9-8和图9-9所示。其能实现车削、铣削、钻削等工序的加工，也能进行特种加工，适用于加工具有复杂空间曲面的叶轮转子、模具、刃具等工件。

（4）虚轴加工中心 虚轴加工中心（也称并联加工中心）改变了以往传统机床的结构，通过连杆的运动，可实现主轴多自由度的运动，完成对工件复杂曲面的加工，如图9-10所示。虚轴加工中心一般采用6根可以伸缩的伺服轴，支承并连接装有主轴头的上平台与装有工作台的下平台的构架结构型式，以取代传统的床身、立柱等支承结构。

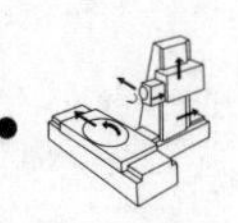

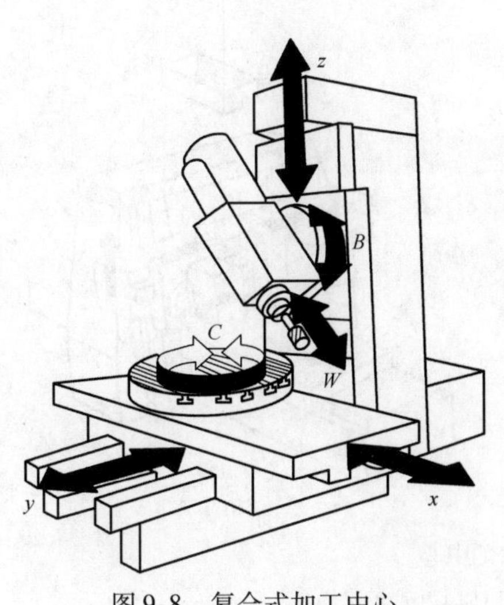

图9-8 复合式加工中心

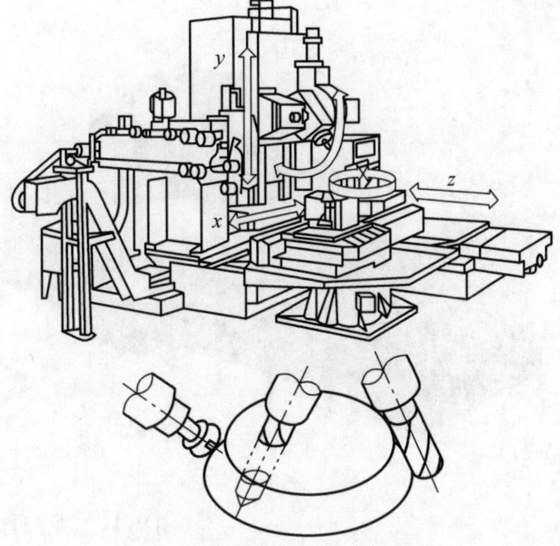

图9-9 五轴加工中心

3. 按加工中心立柱的数量分类

按加工中心立柱的数量分类，可分为单柱式和双柱式（龙门式）加工中心。

龙门加工中心如图9-11所示，其是在数控龙门铣床基础上加装刀库和换刀机械手，主轴多为垂直设置，除换刀装置外，还带有可更换的主轴头附件，数控装置功能齐全，能够一机多用，尤其适用于大型和形状复杂的工件加工。

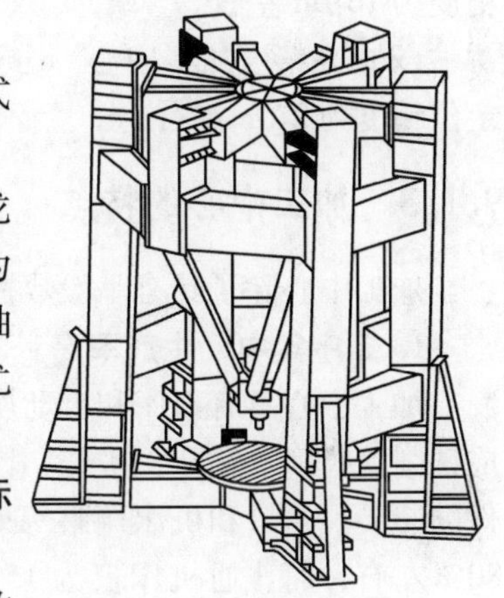

图9-10 虚轴加工中心

4. 按加工中心运动坐标数和同时控制的坐标数分类

按加工中心运动坐标数和同时控制的坐标数分类，有三轴二联动、三轴三联动、四轴三联动、五轴四联动、六轴五联动等。

三轴、四轴等是指加工中心具有的运动坐标数，联动是指控制系统可以同时控制运动的坐标数，数轴联动从而实现刀具相对工件的位置和速度控制。

5. 按工作台的数量和功能分类

按工作台的数量和功能分类，有单工作台加工中心、双工作台加工中心和多工作台加工中心。

6. 按加工精度分类

按加工精度分类，有普通加工中心和高精度加工中心。

(1) 普通加工中心　分辨率为1μm，最大进给速度为15～25m/min，定位

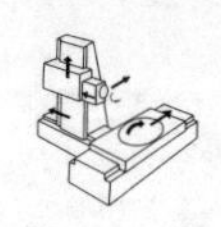

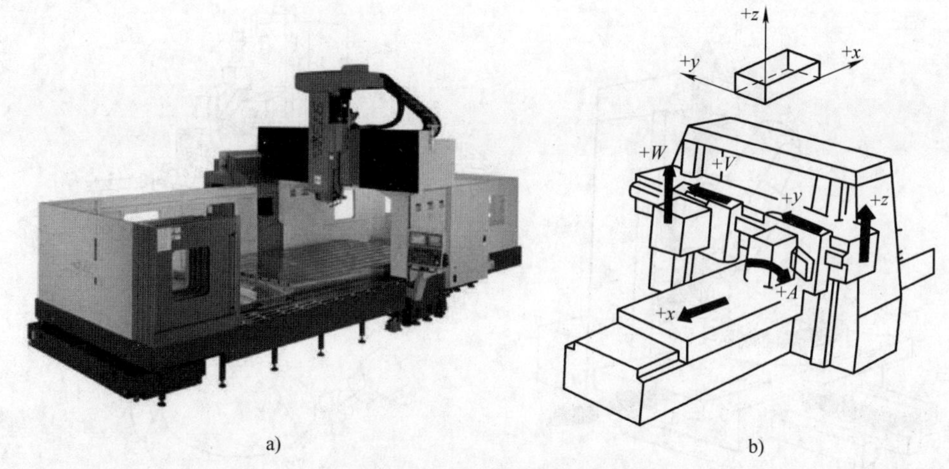

图 9-11　龙门加工中心

a）龙门加工中心外观　b）龙门加工中心的坐标系

精度为 10μm 左右。

（2）高精度加工中心　分辨率为 0.1μm，最大进给速度为 15～100m/min，定位精度为 2μm 左右。

9.1.3　加工中心的特点

加工中心除了具有一般数控机床加工的特点外，还有如下特点：

1. 工序集中，生产率高

加工中心具有刀库和自动换刀装置，能够自动更换刀具，可在一次装夹中完成铣削、镗削、钻孔、扩孔、铰孔、攻螺纹等加工，其工序高度集中，减少了工件的装夹、测量和机床调整等时间，使机床的切削时间达到了机床开动时间的 80% 左右，而普通机床仅为 15%～20%；同时也减少了工序之间的工件周转、搬运和存放时间，缩短了生产周期，提高了生产率，具有明显的经济效益。

2. 加工精度更高

加工中心避免了工件多次装夹带来的加工误差，便于保证各加工面之间相对位置的精度。同时，由于加工中心结构上的优良设计，使机床热变形更小、运动件间的摩擦小并消除了传动系统间隙，从而使加中心的运动平稳性和定位精度都有所提高。一般加工中心的加工精度介于卧式镗铣床与坐标镗床之间，精密加工中心可达到生产型坐标镗床的加工精度。

3. 刚度高、抗振性好

为了满足加工中心高自动化、高速度、高精度、高可靠性的要求，加工中心的静刚度、动刚度和机械结构系统的阻尼比都高于普通机床。其基础部件通常采用封闭箱形结构，合理地布置加强肋板以及加强各部件的接触刚度，有效地提高

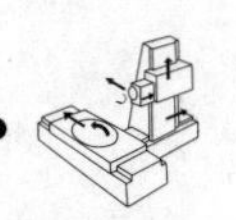

了机床的静刚度；调整构件的质量改变系统的自振频率，增加阻尼以改善机床的阻尼特性，也有效地提高了机床的动刚度。

4. 寿命长、精度保持性好

良好的润滑系统保证了加工中心的寿命，导轨、进给丝杠及主轴部件都采用新型的耐磨材料，使加工中心在长期使用过程中能够保持良好的精度。为适应加工中心粗、精加工兼容的要求，其精度往往有较多的储备量，并具有良好的精度保持性。

5. 省时、安全

加工中心采用多主轴、多刀架及自动换刀装置，一次装夹完成可多工序的加工，节省了大量装卡换刀时间。如果加工中心上带有自动交换工作台，则一个工件在加工的同时，另一个工作台可以实现工件的装夹，故可以大大缩短辅助时间，提高加工效率。

由于不需要人工操作，故加工中心采用了封闭或半封闭式加工，不但可防止事故发生，还改善了操作者的观察、操作和维护条件；机床各部分的互锁能力强，并设有紧急停车装置，可避免发生意外事故；所有操作都集中在一个操作面板上，一目了然，减少了误操作。

6. 高投入

由于加工中心智能化程度高、结构复杂、功能强大，因此加工中心的一次性投资及日常维护保养费用较普通机床高很多。

综上所述，加工中心主要适用于多品种、中小批量生产，加工复杂、工序多、要求高且需用多种类型机床和刀具、夹具，经过多次装夹和调整才能完成加工的零件，而对于简单大平面的铣削，需长时间用单一刀具加工的成形面及深孔等，采用加工中心加工则未必合适。

9.1.4 加工中心的组成与结构

世界各国出现了各种类型的加工中心，虽然外形结构各异，但从总体来看，其结构主要均由基础部件、主轴部件、数控系统、自动换刀装置和辅助装置等几大部分组成。图 9-12 所示为立式加工中心的组成，图 9-13 所示为卧式加工中心的组成。

1. 基础部件

基础部件由床身、立柱、导轨和工作台等组成，它们主要承受加工中心的静载荷以及在加工时产生的切削负载，因此必须具有优良的抗振性能和足够的刚度。这些大件可以是铸铁件，也可以是焊接而成的钢结构件，它们是加工中心中体积和重量最大的部件。

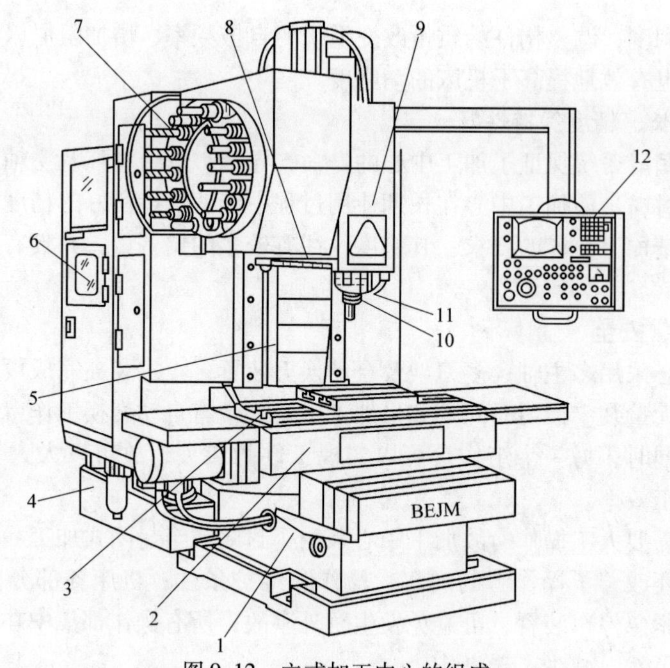

图 9-12　立式加工中心的组成

1—床身　2—滑座　3—工作台　4—润滑油箱　5—立柱　6—数控柜　7—刀库　8—机械手　9—主轴箱　10—主轴　11—控制柜　12—操作面板

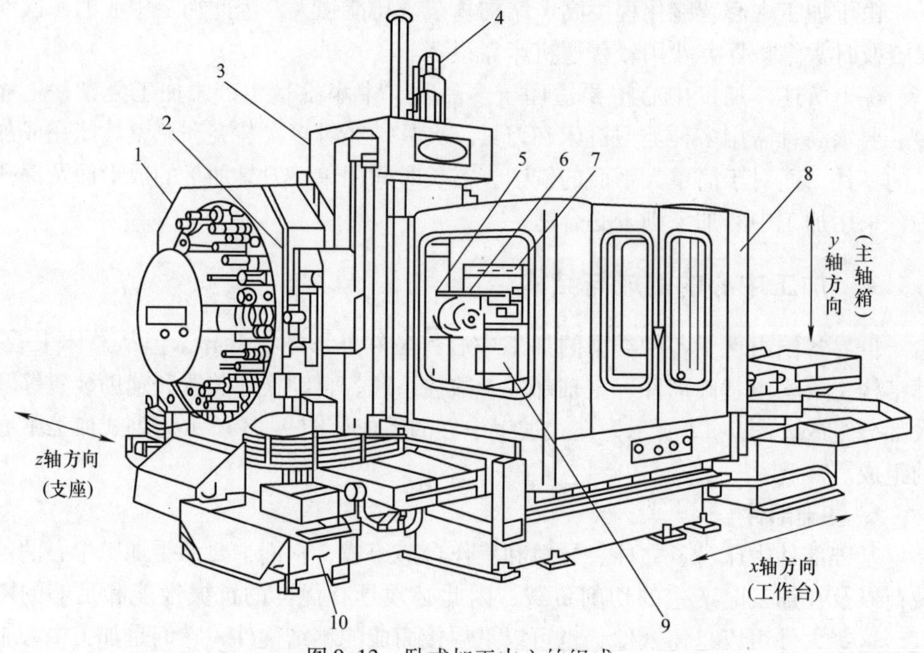

图 9-13　卧式加工中心的组成

1—刀库　2—换刀装置　3—支座　4—y 轴伺服电动机　5—主轴箱　6—主轴　7—数控装置　8—防溅挡板　9—回转工作台　10—切屑槽

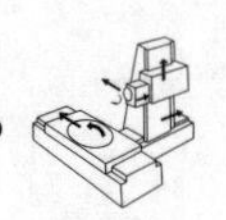

2. 主轴部件

主轴部件由主轴箱、主轴电动机、主轴和主轴轴承等组成。主轴部件是切削加工时的执行部件。主轴的起、停和变速等动作均由数控系统控制，并且通过装在主轴上的刀具参与切削运动。主轴部件是加工中心的关键部件，主轴的旋转精度和定位准确性是影响加工中心加工精度的重要因素。

3. 数控系统

加工中心的数控部分由CNC装置、可编程序控制器（PLC）、伺服驱动装置、电动机以及操作面板等组成，它是执行顺序控制动作和完成加工过程的控制中心。CNC装置是一种位置控制系统，其控制过程是根据输入的信息进行数据处理、插补运算，获得理想的运动轨迹信息，然后输出到执行部件，加工出所需要的工件。

4. 自动换刀装置

自动换刀装置（ATC）由刀库、机械手等部件组成。当需要换刀时，数控系统发出指令，由机械手（或通过其他方式）将刀具从刀库内取出装入主轴孔中，然后再把原主轴上的刀具送回刀库，完成整个换刀过程。

5. 辅助装置

加工中心常用的辅助装置（见图9-14）包括气动装置、润滑装置、冷却装置、排屑装置、防护装置（即机床罩壳）和检测系统等部分。这些装置虽然不直接参与切削运动，但对加工中心的加工效率、加工精度和可靠性起着保障作用，是加工中心中不可缺少的部分。

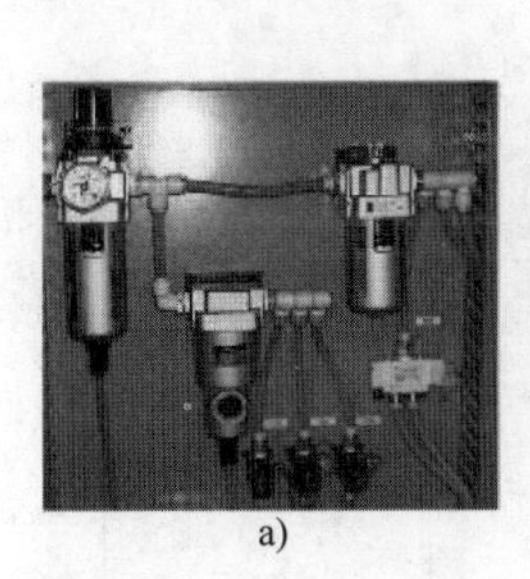
a)

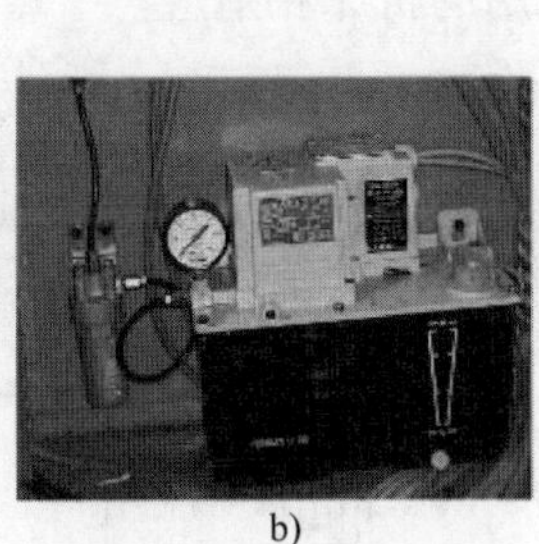
b)

c)

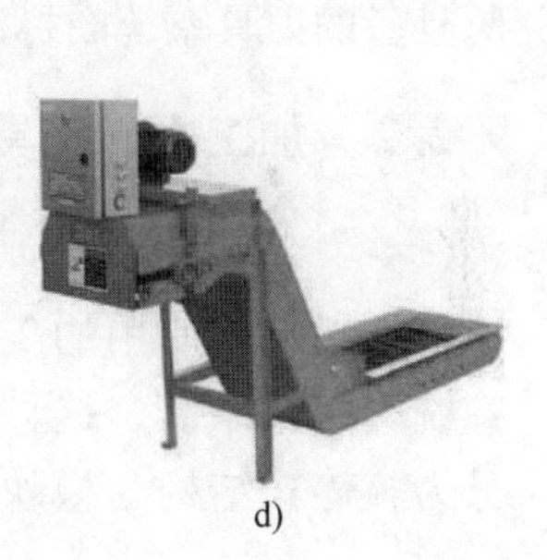
d)

图9-14 加工中心常用的辅助装置

a）气动装置 b）润滑装置 c）冷却装置 d）排屑装置

9.2 加工中心的工具系统

9.2.1 工具系统简介

1. 工具系统的含义

工具系统是刀具与机床的接口，是指由刀柄、夹头和切削刀具所组成的完整

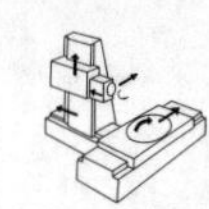

的工具体系，其中刀柄与机床主轴相连，切削刀具通过夹头装入刀柄之中，如图9-15所示。

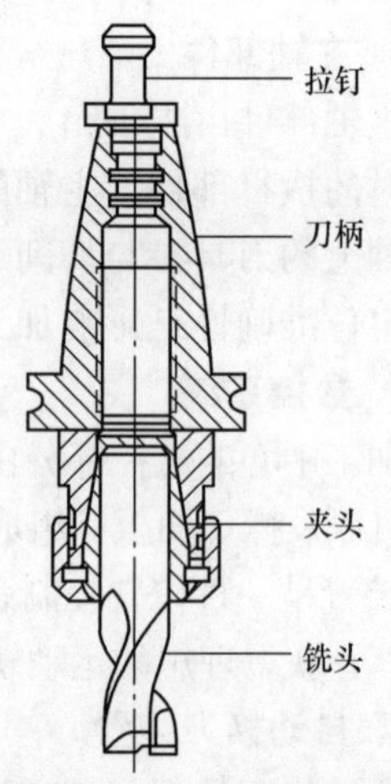

图9-15　刀柄、夹头和切削刀具的连接

2. 加工中心对工具系统的要求

加工中心对工具系统的要求是具有以下性能：

1）工具系统的高度安全性。

2）工具系统优异的动平衡性。

3）高的系统刚性。

4）高的系统精度。

5）高的互换性。

6）高效性。

7）高适应性。

3. 刀具系统的相关标准

加工中心的刀具系统非常庞大，包含内容极多，有刀具种类、规格、结构、材料、参数、标准等。不同的刀具和刀柄的结合构成了一个品种规格齐全的刀具系统，供用户选择和组合使用。数控镗铣类刀具系统采用的标准有国际标准（ISO 7388）、德国标准（DIN 69871，HSK刀柄已于1996年列入德国DIN标准，并于2001年12月成为国际标准ISO 12164）、美国标准（ANSI/ASME　B5.50）、日本标准（MAS 403）和中国标准（GB/T 10944）等。由于标准繁多，在使用机床时务必注意，所具备的刀具系统的标准必须与所使用的机床相适应。

9.2.2　加工中心工具系统的分类

加工中心使用的工具系统是镗铣类工具系统，这种工具系统分为整体式结构与模块式结构两大类。

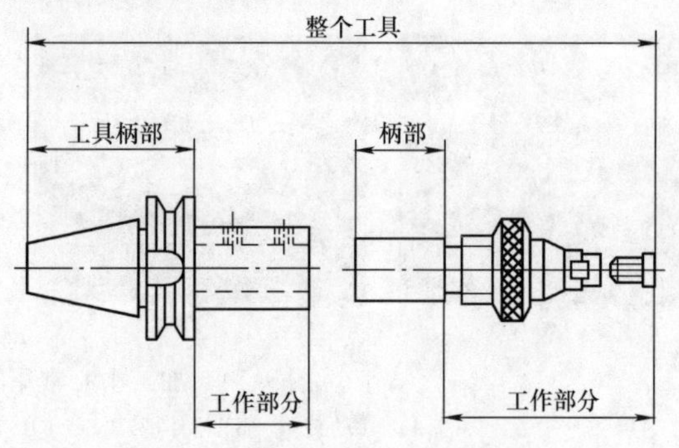

图9-16　整体式工具系统的组成

1. 整体式结构

整体式结构的工具系统（如我国的TSG82系统）是将每把工具的柄部与夹持刀具的工作部分连成一体，不同品种和规格的工作部分都必须带有一个能与机床相连接的柄部。其优点是结构简单，使用方便，可靠，更换刀具迅速，但这样就使得锥柄的规格、品种繁多，给生产使用和管理带来诸多不便。图9-16所示为整体式工具系统的组成，图9-17所示为TSG82工具系统，表9-1为TSG82工具系统的代码和意义。

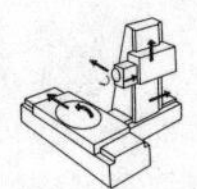

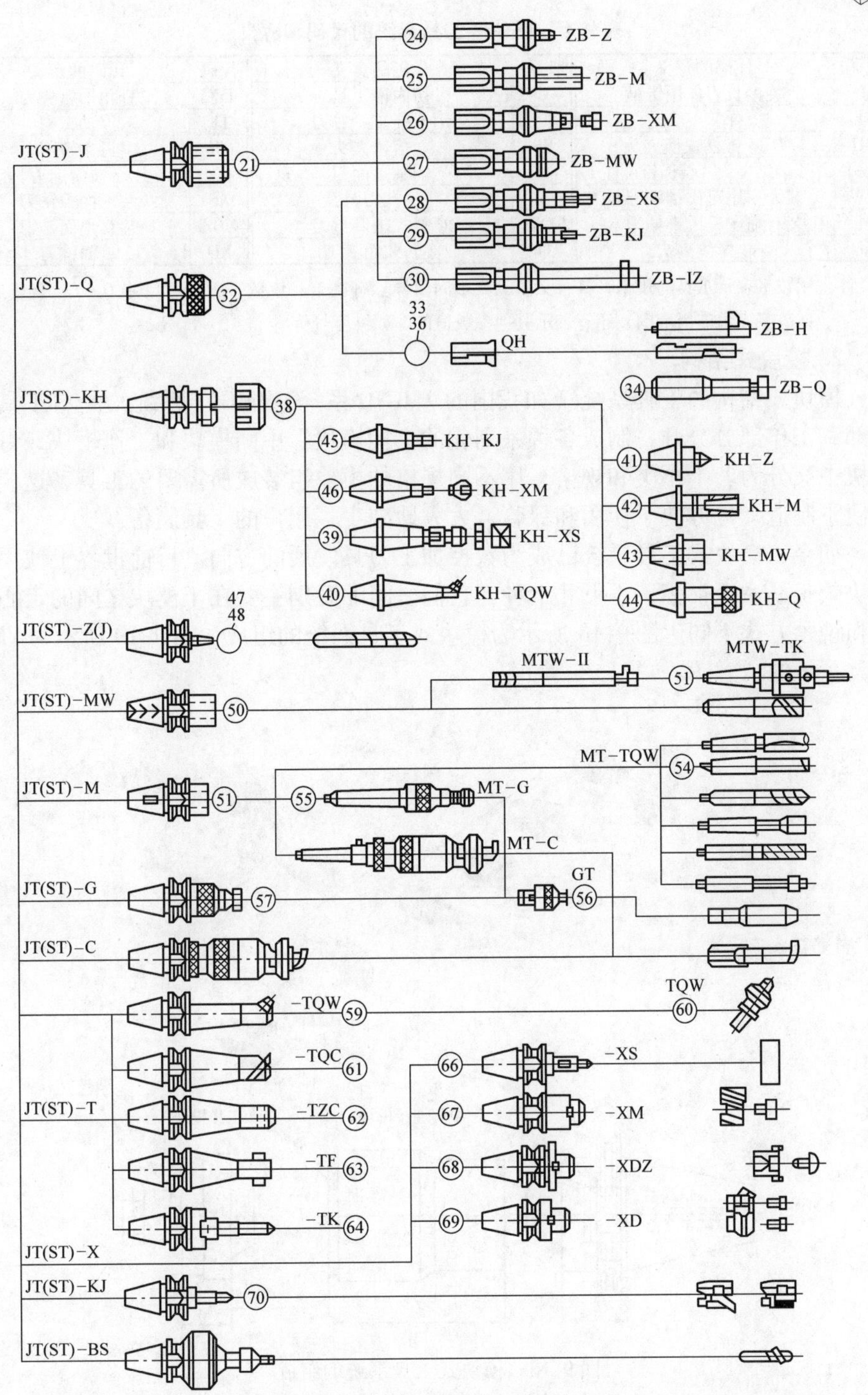

图9-17 TSG82工具系统

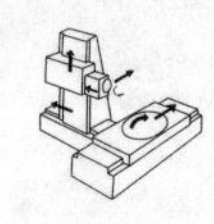

表9-1　TSG82工具系统的代码和意义

代码	代码的意义	代码	代码的意义	代码	代码的意义
J	装接长刀体用锥柄	C	切内槽工具	TZC	直角形粗镗刀
Q	弹簧夹头	KJ	用于装扩、铰刀	TF	浮动镗刀
KH	7:24锥柄快换夹头	BS	倍速夹头	TK	可调镗刀
Z(J)	用于装钻夹头（莫氏锥度注J）	H	倒锪端面刀	X	用于装铣削刀具
MW	装无扁尾莫氏锥柄刀具	T	镗孔刀具	XS	装三面刃铣刀
M	装有扁尾莫氏锥柄刀具	TQW	倾斜式微调镗刀	XDZ	装直角面铣刀
G	攻螺纹夹头	TQC	倾斜式粗镗刀	XD	装面铣刀

注：用数字表示工具的规格，其含义随工具不同而异。有些工具该数字为轮廓尺寸 $D-L$；有些工具该数字表示应用范围。还有表示其他参数值的，如锥度号等。

2. 模块式结构

模块式结构的工具系统（如我国的TMG10系统、TMG21系统）是将工具的柄部和工作部分分开，制成各种系列化的主柄模块、中间模块和工作模块，每类模块中又分为若干小类和规格，用不同规格的模块组装成所需要的工具，这样既方便了制造，也方便了使用和保管，大大地减少了用户的工具储备。

如今，模块式工具系统已成为数控加工刀具发展的方向。目前世界上使用的模块式工具系统很多，不下几十种，它们之间的区别主要在于模块之间的定心方式和锁紧方式不同。图9-18所示为模块式工具系统的组成，图9-19所示为TMG工具系统的示意图。

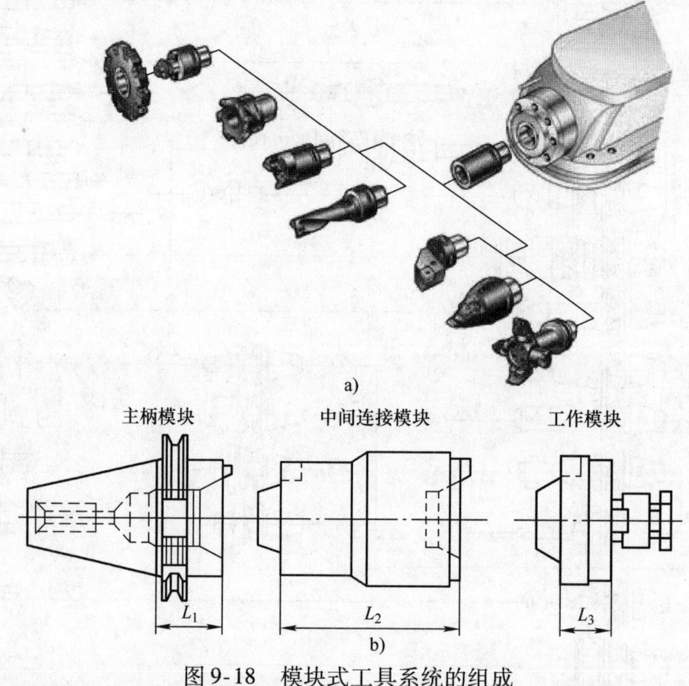

图9-18　模块式工具系统的组成

a）模块式工具系统的应用　b）模块式工具系统组成示意图

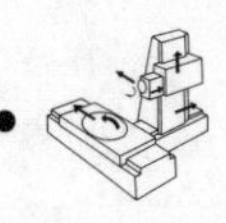

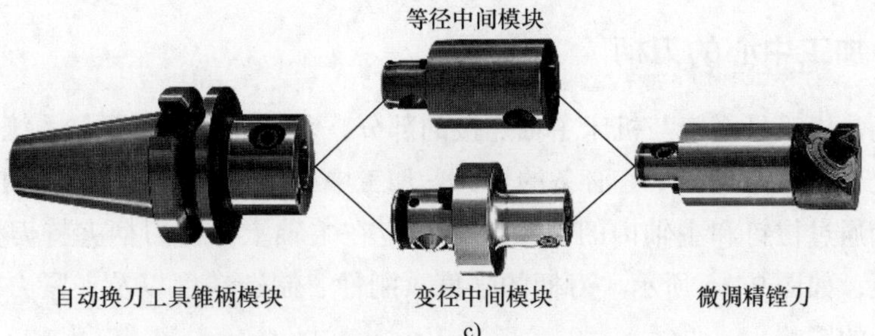

c)

图9-18 模块式工具系统的组成（续）

c）模块式工具系统组成示例

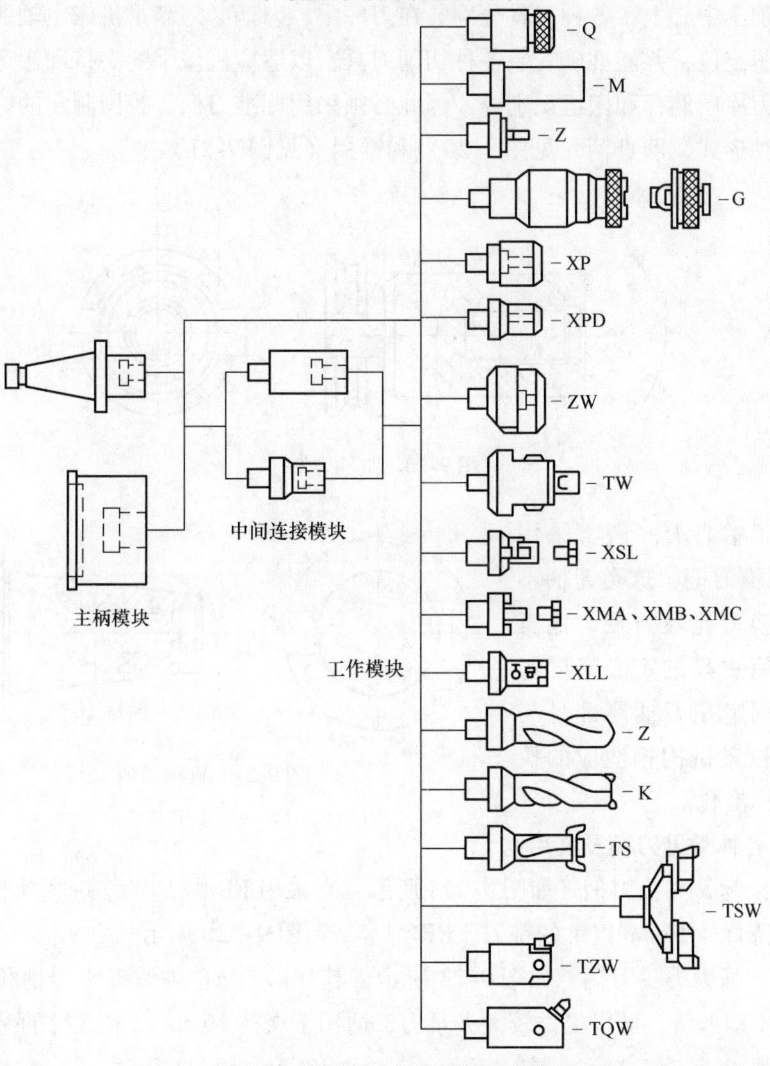

图9-19 TMG工具系统的示意图

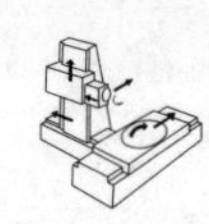

9.2.3　加工中心的刀柄

刀柄是指工具系统与机床主轴连接的部分，它是数控机床工具系统的重要组成部分之一，也是加工中心必备的辅具。加工中心使用的刀具通过刀柄与主轴相连，刀柄通过拉钉和主轴内的拉紧装置固定在主轴上，由刀柄夹持刀具传递速度、转矩，如图9-15所示。刀柄的强度、刚性、制造精度以及夹紧力对加工性能有直接的影响。

1. 加工中心刀柄的分类

在加工中心上，各种刀具分别装在刀库中，刀柄必须满足机床主轴的自动松开和拉紧定位，并能准确安装各种切削刀具，以适应机械手的夹持和搬运以及在自动化刀库中储存和搬运识别等，因此必须采用标准刀柄。我国制定的标准中刀柄有两种形式，即直柄（见图9-20）和锥柄（见图9-21）。

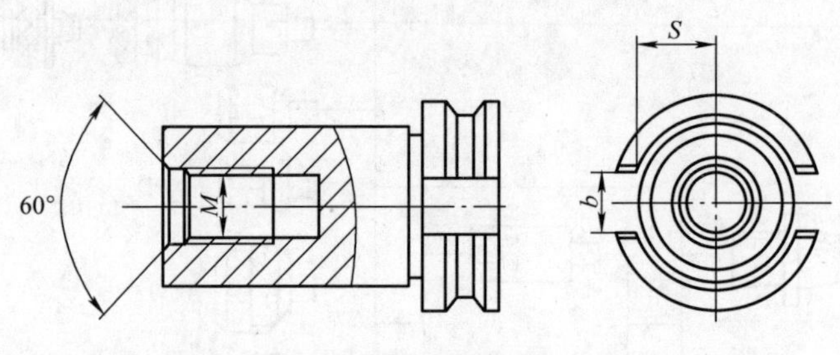

图9-20　直柄刀柄

加工中心上一般都采用7:24圆锥刀柄，这类刀柄不自锁，换刀比较方便，比直柄刀具有更高的定心精度与刚度。固定在刀柄尾部且与主轴内拉紧机构相适应的拉钉也已标准化。

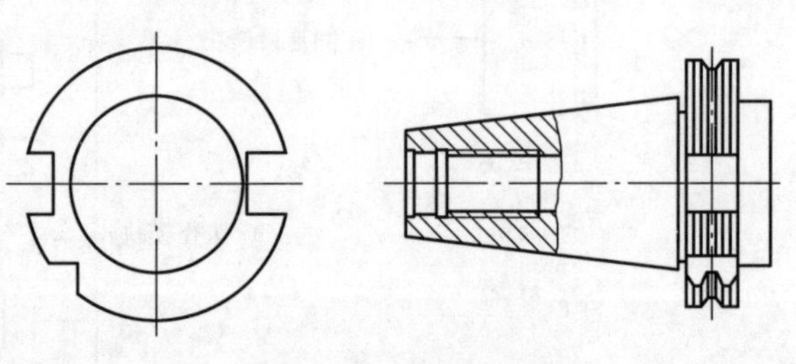

图9-21　锥柄刀柄

2. 各种常见刀柄及其用途

（1）弹簧夹头刀柄　如图9-22a所示，它采用ER型卡簧，夹紧力不大，适用于夹持直径16mm以下的铣刀。ER型卡簧如图9-22b所示。

（2）强力夹头刀柄　如图9-23所示，其外形与ER弹簧夹头刀柄相似，但采用KM型卡簧，可以提供较大夹紧力，适用于夹持16mm以上直径的铣刀进行强力铣削加工。

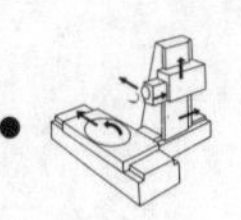

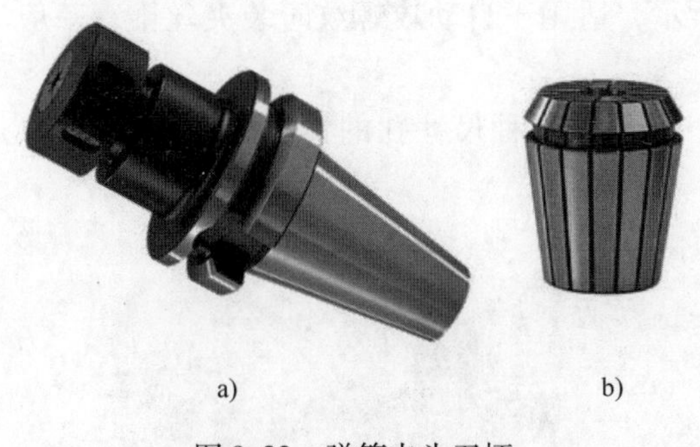

a)　　　　　　　　　b)

图9-22　弹簧夹头刀柄

a）ER弹簧夹头刀柄　b）ER型卡簧

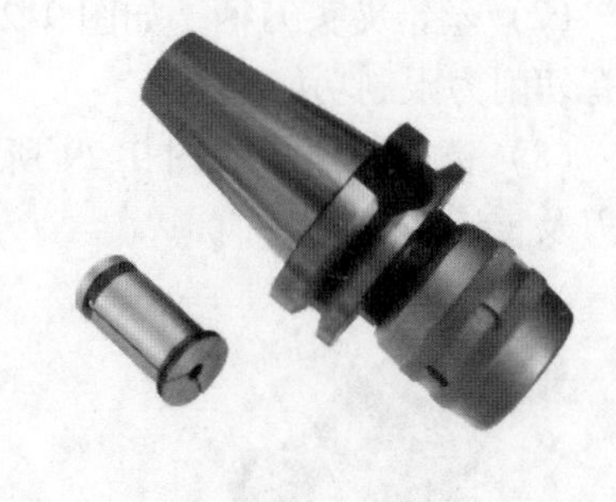

图9-23　强力夹头刀柄和KM型卡簧

（3）莫氏锥度刀柄　如图9-24所示，适用于夹持带有莫氏锥度刀体的刀具。

（4）侧固式刀柄　如图9-25所示，它采用侧向夹紧，适用于切削力大的加工场合。但一种尺寸的刀具需对应配备一种刀柄，规格较多。

图9-24　莫氏锥度刀柄

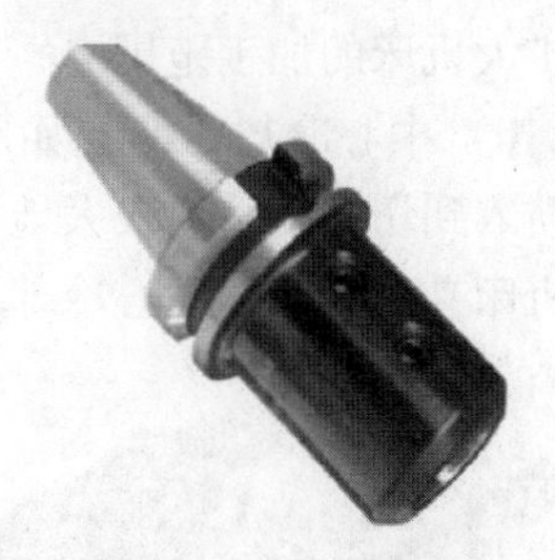

图9-25　侧固式刀柄

（5）面铣刀刀柄　如图9-26所示，主要用于套式平面铣刀盘的装夹，采用中间心轴和两边定位键定位，端面用内六角圆柱头螺钉锁紧。

（6）钻夹头刀柄　如图9-27所示，它有整体式和分离式两种，用于装夹直径在13mm以下的中心钻、直柄麻花钻等。

图9-26　面铣刀刀柄

图9-27　钻夹头刀柄

（7）丝锥夹头刀柄　如图9-28所示，适用于自动攻螺纹时装夹丝锥，一般具有切削力限制功能。

（8）镗刀刀柄　如图9-29所示，适用于各种尺寸孔的镗削加工，有单刃、双刃及重切削等类型。

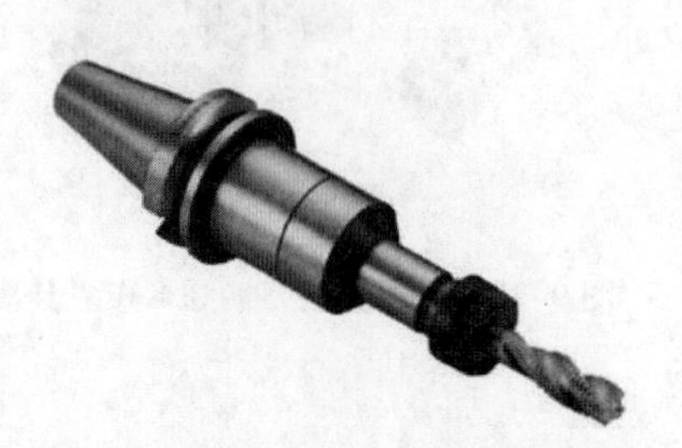
图9-28　丝锥夹头刀柄

图9-29　镗刀刀柄

（9）增速刀柄（增速头）　如图9-30所示，当加工所需的转速超过了机床主轴的最高转速时，可以采用这种刀柄将刀具转速增大4～5倍，以满足加工需要，扩大机床的加工范围。

（10）中心冷却刀柄　如图9-31所示，采用这种刀柄可以将切削液从刀具中心喷入到切削区域，极大地提高了冷却效果，并有利于排屑。使用这种刀柄，要求机床具有相应的中心冷却功能。

图9-30　增速刀柄

图9-31　中心冷却刀柄和套筒

（11）转角刀柄　如图9-32所示，转角刀柄的头部可做30°、45°、60°、90°等角度旋转，具有五面加工功能。将其安装在立式加工中心上，可使立式加工中心具有卧式加工中心的功能，可用于深型腔的底部清角作业。

（12）多轴刀柄　如图9-33所示，多轴刀柄主要用于同一方向加工孔系。

3. 加工中心常用刀柄的选择

（1）刀柄结构型式的选择　刀柄结构型式的选择应兼顾技术先进与经济合理性。

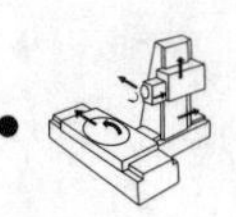

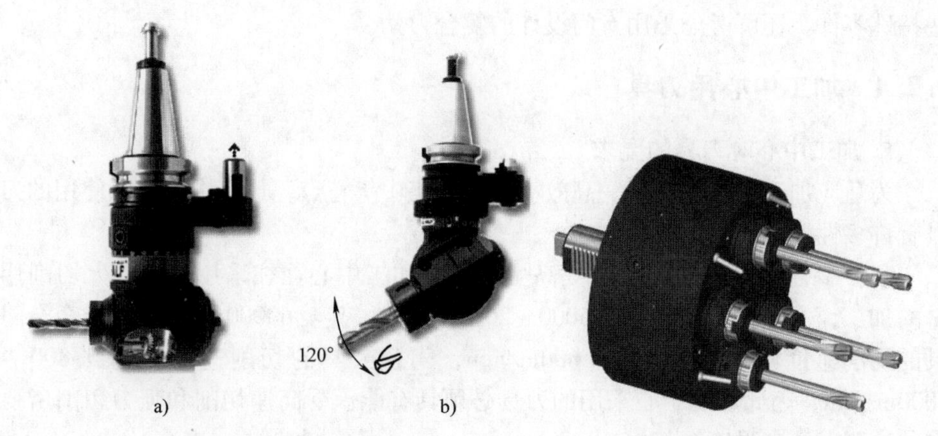

图9-32 转角刀柄

a）90°固定型 b）角度自由型

图9-33 多轴刀柄

1）对一些长期反复使用、不需要拼装的简单刀具，如加工零件外轮廓用的立铣刀刀柄、弹簧夹头刀柄及钻夹头刀柄等，以选择整体式刀柄为宜，其刚性好，价格便宜。

2）在加工孔径、孔深经常变化的多品种、小批量零件时，宜选用模块式刀柄，以取代大量整体式镗刀柄，降低加工成本。

3）对数控机床较多，尤其是机床主轴端部、换刀机械手各不相同时，宜选用模块式刀柄，这样各机床所用的中间模块和工作模块都可通用，可大大减少设备投资，提高工具利用率，也便于工具的管理与维护。

（2）刀柄规格　数控刀具刀柄多数采用7∶24圆锥刀柄，并采用相应形式的拉钉拉紧结构与机床主轴相配合，选择时应考虑刀柄规格与机床主轴、机械手相适应。

（3）刀柄的数量　刀柄数量应根据要加工零件的规格、数量、复杂程度以及机床的负荷等进行配置，一般是所需刀柄的2～3倍，这是因为要考虑到机床工作的同时，还有一定数量的刀柄正在预调或刀具修理中。

（4）刀柄应与机床相配　在选择刀柄时，应弄清楚选用的机床配用符合哪个标准的工具柄部，要求工具的柄部应与机床主轴孔的规格相一致；工具柄部抓拿部位要能适应机械手的形态位置要求；拉钉的形状、尺寸要与主轴内的拉紧机构相匹配。

（5）选用高效和复合刀柄　为提高加工效率，应尽可能选用高效率的刀具和刀柄，如粗镗孔可选用双刃镗刀刀柄，这样既可提高加工效率，又有利于减少切削振动；又如选用强力弹簧夹头不仅可以夹持直柄刀具，也可通过接杆夹持带孔刀具等。对于批量大、加工复杂的典型工件，应尽可能选用复合刀具。对于一些特殊零件，还可考虑采用专门设计的复合刀柄。

9.2.4　加工中心用刀具

1. 加工中心对刀具的要求

为适应加工中心高精度、高效率、工序集中等特点，加工中心对所使用的刀具有许多性能上的要求，具体如下：

（1）高刚度、高强度　为提高生产率，加工中心往往采用高速、大切削用量的加工，主轴转速一般都在5000～20000r/min，甚至60000r/min，硬质合金刀具的切削速度则提高到500～600m/min，陶瓷刀具的切削速度将达到800～1000m/min，因此加工中心采用的刀具必须具有能承受高速切削和强力切削所要求的高刚度、高强度。

（2）韧性好、耐冲击　加工中心高速切削与常规切削相比，切削力有高频周期性波动，尤其高速铣削或其他断续切削时，刀尖及切削刃因受冲击载荷的作用，易于发生脆性破损，因此加工中心刀具要求韧性好、耐冲击。

（3）高精度　随着对零件的精度要求越来越高，对加工中心刀具的刀柄、刀体和刀片的尺寸精度和形状精度的要求也在不断提高。同时，要求同一把刀具多次装入加工中心主轴锥孔时，切削刃的位置应重复不变，应具有很高的重复定位精度。

（4）高可靠性　在数控机床上为了保证产品质量，应对刀具实行强迫换刀制或由数控系统对刀具寿命进行管理。因此，刀具工作的可靠性已上升为选择刀具的关键指标。

（5）高耐用度　加工中心可以长时间连续自动加工，但若刀具不耐用而使其磨损加快，轻则影响工件的表面质量与加工精度，增加换刀引起的调刀与对刀次数，降低效率，使工作表面留下因对刀误差而形成的接刀台阶，重则会因刀具破损而发生严重的机床乃至人身事故。

（6）优良的断屑和排屑性能　数控机床，包括加工中心等自动化加工机床，由于其刀具数量较多，刀架与刀具联系密切，故断屑和排屑性能显得尤为重要，因为只要其中一把刀断屑不可靠，就可能影响机床的自动循环，甚至破坏机床的正常运转。

2. 加工中心刀具材料

要满足加工中心对刀具的要求，刀具材料至关重要。目前常用的数控刀具材料如图9-34所示。

（1）高速工具钢　高速工具钢（以下简称高速钢）是一种含有钨、钼、铬、钒等合金元素较多的工具钢。高速钢具有良好的热稳定性，在500～600℃的高温下仍能切削。高速钢具有较高强度和韧性，抗弯强度为一般硬质合金的2～3

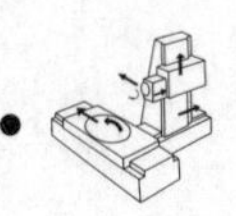

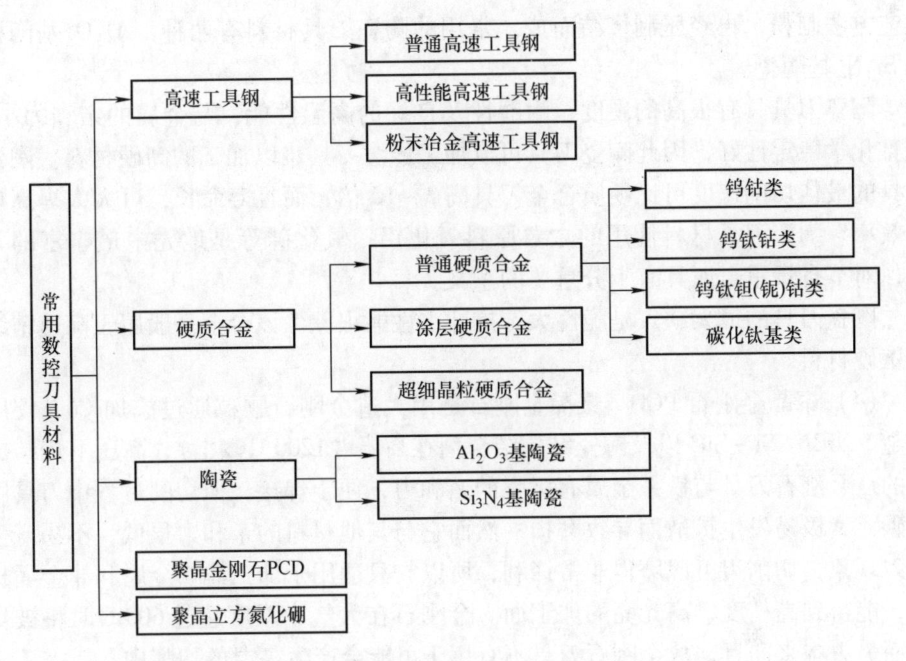

图9-34 常用数控刀具材料

倍，陶瓷的5~6倍，且具有一定的硬度（63~70HRC）和耐磨性。

1）普通高速钢：

① 钨系高速钢：这类钢的典型钢种为W18Cr4V（简称W18），它是应用最普遍的一种高速钢。

② 钨钼系高速钢：钨钼系高速钢是将一部分钨用钼来代替所制成的高速钢。其典型钢种为W6Mo5Cr4V2（简称M2）。

2）高性能高速钢。高性能高速钢是在普通高速钢中增加碳、钒含量并添加钴、铝等合金元素而形成的新钢种，优点是具有较强的耐热性，在630~650℃的高温下仍可保持60HRC的高硬度，且刀具寿命是普通高速钢的1.5~3倍。它适合加工奥氏体型不锈钢、高温合金、钛合金、超高强度钢等难加工材料。此类钢的缺点是强度与韧性较普通高速钢低，高钒高速钢磨削加工性差。

3）粉末冶金高速钢。粉末冶金高速钢是用高压氩气或纯氮气雾化熔化的高速钢钢液，得到细小的高速钢粉末，然后经热压制成刀具毛坯的高速钢。

（2）硬质合金　硬质合金是以高硬度难熔金属的碳化物（WC、TiC）微米级粉末为主要成分，以钴（Co）或镍（Ni）、钼（Mo）为黏结剂，在真空炉或氢气还原炉中烧结而成的粉末冶金制品。

（3）陶瓷　陶瓷刀具材料主要由硬度和熔点都很高的Al_2O_3、Si_3N_4等氧化物、氮化物组成，另外还有少量的金属碳化物、氧化物等添加剂，通过粉末冶金工艺方法制粉，再经压制烧结而成。常用的陶瓷刀具材料有两种：Al_2O_3基陶瓷和Si_3N_4基陶瓷。

陶瓷刀具具有很高的硬度、耐磨性及良好的高温性能，与金属的亲和力小，并且化学稳定性好，因此陶瓷刀具可以加工传统刀具难以加工的高硬材料。陶瓷刀具的最佳切削速度可比硬质合金刀具高3～10倍，而且寿命长，可大大提高切削效率。陶瓷刀具材料使用的主要原料氧化铝、氧化硅等是地壳中最丰富的元素，对节省贵重金属具有十分重要的意义。

陶瓷刀具的最大缺点是脆性大，抗冲击性能很差。该合金一般用于高速精细加工硬材料。

（4）聚晶金刚石PCD　聚晶金刚石是用人造金刚石颗粒通过添加Co、硬质合金、NiCr、Si－SiC以及陶瓷结构结合剂在高温（1200℃以上）、高压下烧结成形的。金刚石刀具与铁系金属有极强的亲和力，便于焊接，但切削过程中刀具中的碳元素极易发生扩散而导致磨损；然而它与其他材料的亲和力很低，不易产生粘刀现象，切削刃可以磨得非常锋利，所以它只适用于加工非铁金属和非金属材料，能得到高精度、高光亮的加工面。金刚石在大气中温度超过600℃时将被炭化而失去本来面目，故金刚石刀具不宜用于可能会产生高温的切削中。

（5）聚晶立方氮化硼PCBN　聚晶立方氮化硼是将立方氮化硼单晶体颗粒添加各种结合剂，经高温、高压聚合烧结而成的各向同性的多晶块体，其硬度仅次于金刚石而远远高于其他材料，因此它与金刚石统称为超硬材料。

3. 加工中心常用刀具

加工中心上使用的刀具主要为铣刀，包括立铣刀、面铣刀、球头铣刀、三面刃铣刀和环形铣刀等，此外还有各种孔加工刀具，如麻花钻头、锪钻、铰刀、镗刀和丝锥等。

（1）立铣刀　立铣刀是圆柱表面和端面上都有切削刃的柄式铣刀。圆柱表面的切削刃为主切削刃，端面上的切削刃为副切削刃，它们可同时进行切削，也可单独进行切削。立铣刀主要用于立式铣床上铣削平面、台阶面、沟槽和曲面等。立铣刀的常用形式有端面立铣刀、球头立铣刀、环形铣刀和键槽铣刀等。

1）端面立铣刀。端面立铣刀的主切削刃分布在铣刀的圆柱面上，副切削刃分布在铣刀的端面上，由于立铣刀端面中心处无切削刃，所以端面立铣刀不能做轴向进给，只能沿铣刀径向做进给运动。端面刃主要用来加工与侧面相垂直的底平面。

端面立铣刀有高速钢立铣刀（见图9-35）和硬质合金立铣刀（见图9-36）之分。高速钢立铣刀是整体式铣刀，属小尺寸刀具；硬质合金立铣刀是机械夹固式铣刀，属尺寸较大刀具。可转位硬质合金立铣刀刀片镶嵌的形式如图9-36（右）所示，被称为“玉米铣刀”。为了切削有起模斜度的轮廓面，还可使用主

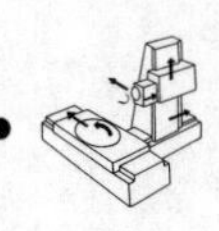

切削刃带锥度的圆锥形立铣刀，如图9-37所示。

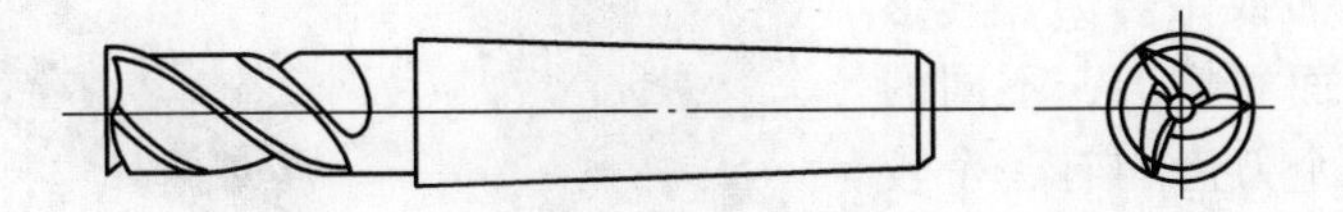

图9-35 高速钢立铣刀

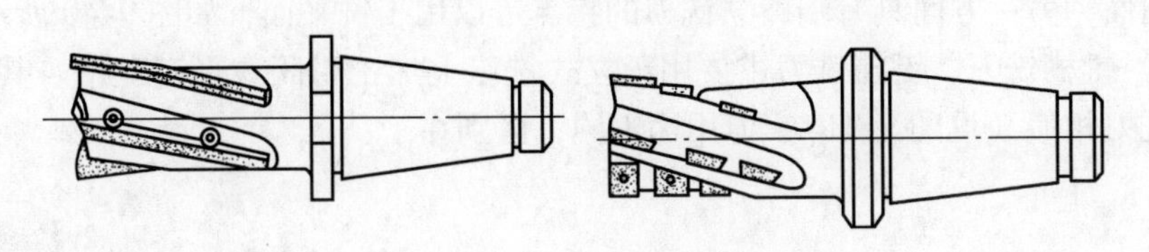

图9-36 硬质合金立铣刀

2）球头立铣刀。球头立铣刀的球头或端面上布满了切削刃，圆周刃与球头刃圆弧连接，可以做径向和轴向进给，根据其刀体形状可分为圆柱形球头铣刀和圆锥形球头铣刀，如图9-38所示。铣刀工作部可分为整体式（高速钢）和机夹式（硬质合金），分别如图9-38和图9-39所示。球头立铣刀主要用于模具产品的曲面半精铣和精铣，小型球头铣刀可以精铣陡峭面、直壁的小倒角及不规则轮廓面。

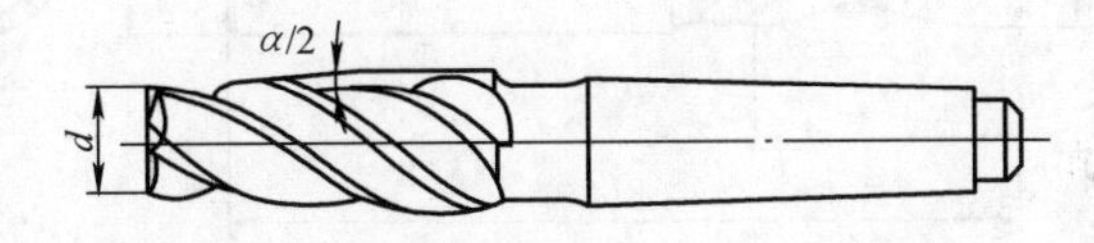

图9-37 圆锥形立铣刀

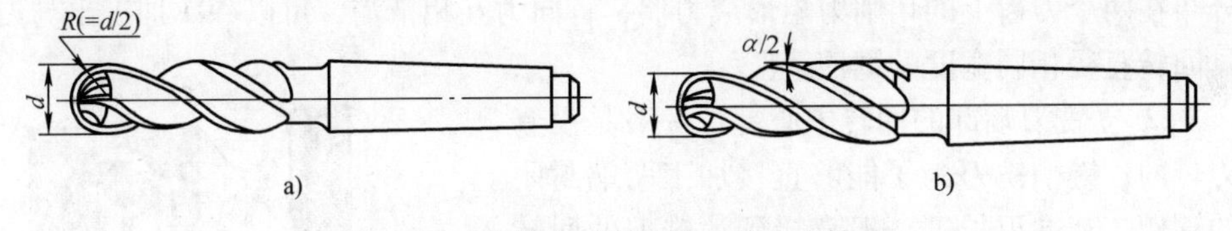

图9-38 整体式（高速钢）球头立铣刀

a）圆柱形球头铣刀 b）圆锥形球头铣刀

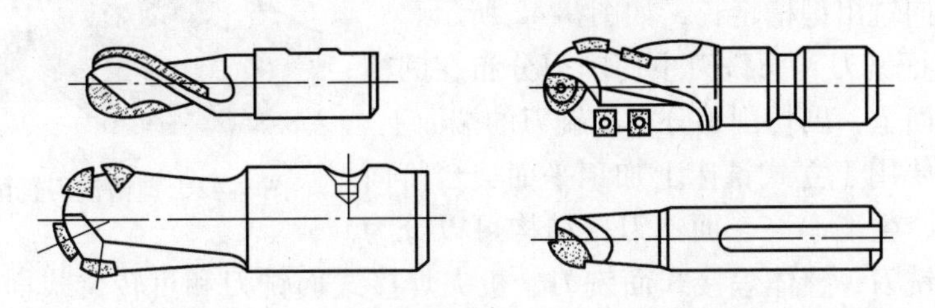

图9-39 机夹式（硬质合金）球头立铣刀

3）环形铣刀。环形铣刀又称 R 角立铣刀或牛鼻刀，其形状类似于端面立铣刀，不同的是刀具的每个刀齿均有一个较大的圆角半径，从而使它一方面具有球头立铣刀的特点可以雕刻曲面，另一方面具有端面立铣刀的特点可以用于铣平面，如图9-40所示。

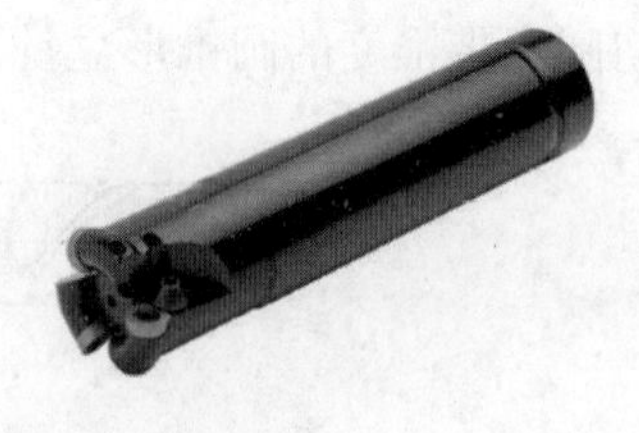

图9-40　环形铣刀（牛鼻刀）

4）键槽铣刀。键槽铣刀主要用于立式铣床上加工封闭式平键键槽。其外形与立铣刀相似（见图9-41），但用途不同，区别在于：

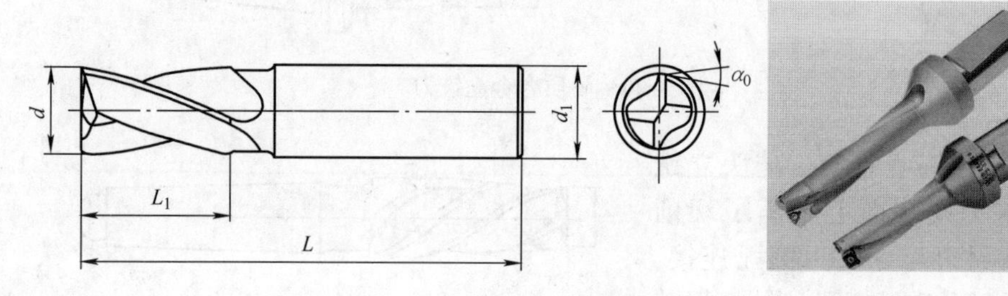

图9-41　键槽铣刀

① 立铣刀一般具有三个以上的刀齿，键槽铣刀一般为两个刀齿。立铣刀主要用来加工表面，往往做成三个以上的刀齿，工作平稳，排屑良好，加工效率较高；键槽铣刀主要是用来加工键槽，要求一次铣削出的键槽宽度尺寸符合技术要求，为了克服背向切削力的影响，故将刀具设计为两个互相对称的刀齿，铣削时分布在两个刀齿上的切削力矩形成力偶，背向力互相抵消，可以一次加工出与刀具回转直径相同宽度的键槽。

② 立铣刀端部的回转中心部位一般是没有刃带的；键槽铣刀为了能够直接加工两端封闭的键槽，其端刃长度一般直接到达铣刀的回转中心部位，加工时先轴向进给达到槽深，然后沿键槽方向铣出键槽全长，如图9-42所示。

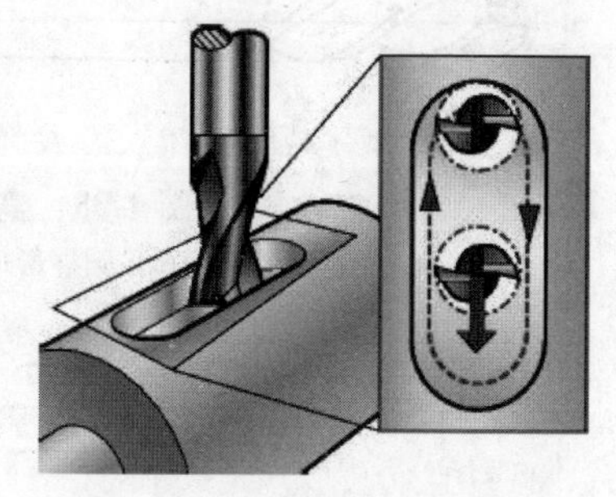

图9-42　键槽铣刀铣削键槽

（2）面铣刀　面铣刀主切削刃分布在圆柱或圆锥表面上，副切削刃分布在铣刀的端面上。面铣刀主要用于立式铣床上加工平面、台阶面和沟槽等，生产率高。面铣刀按结构可以分为整体式面铣刀、整体焊接式面铣刀、机夹焊接式面铣刀和可转位式面铣刀等形式，如图9-43所示。

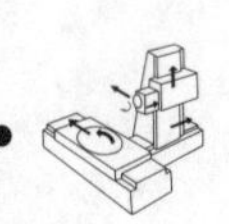

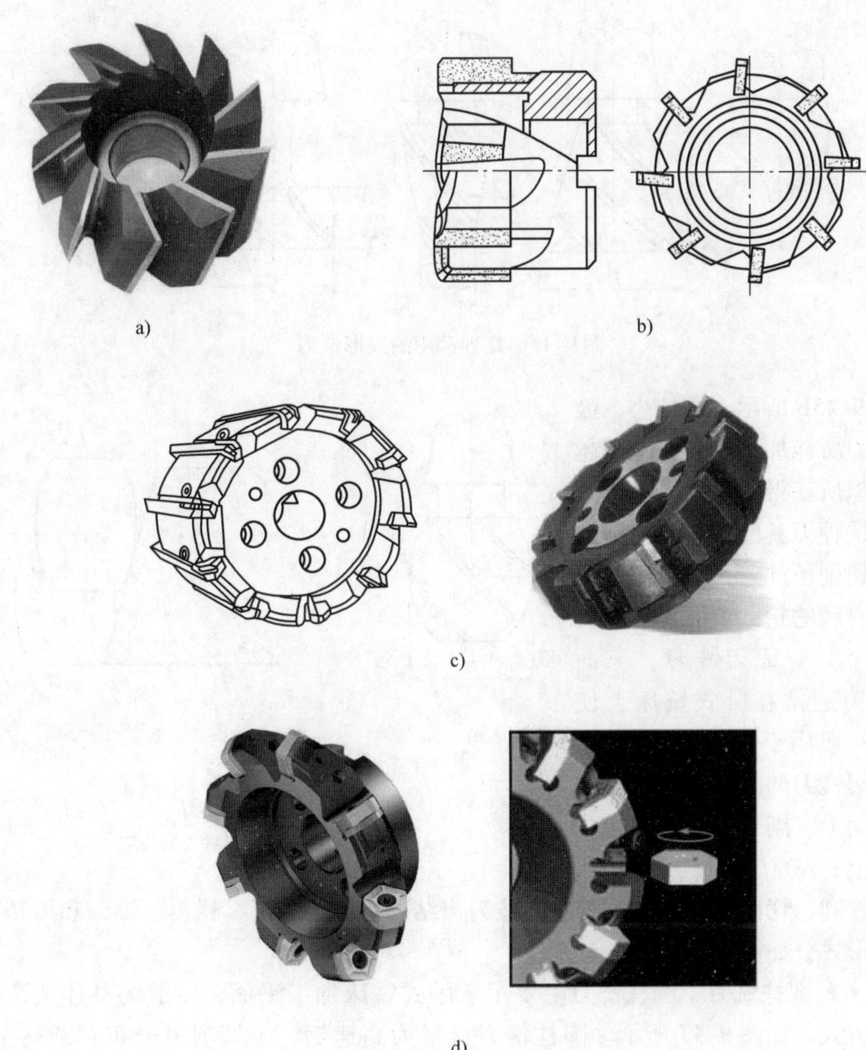

图9-43　面铣刀

a）整体式面铣刀　b）整体焊接式面铣刀　c）机夹焊接式面铣刀　d）可转位式面铣刀

（3）成形铣刀　切削刃廓形根据工件廓形设计的铣刀，称为成形铣刀。成形铣刀一般是为特定形状的工件或加工内容专门设计制造的，如渐开线齿面、燕尾槽、T形槽与凹、凸圆弧面等。几种常用的成形铣刀如图9-44所示。

（4）鼓形铣刀　鼓形铣刀是成形铣刀的一种，如图9-45a所示。它的切削刃分布在半径为 R 的圆弧面上，端面无切削刃。加工时控制刀具上下位置，相应改变切削刃的切削部位，即可切出从负到正的不同斜角，加工出变斜角斜面，

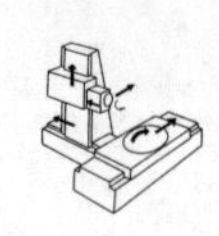

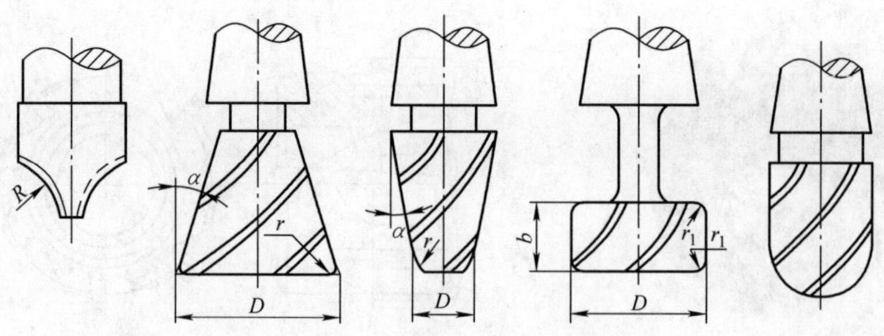

图9-44　几种常用的成形铣刀

如图9-45b所示。R越小，鼓形铣刀所能加工的斜角范围越广，但所获得的表面质量也越差。这种刀具的特点是刃磨困难，切削条件差，而且不适合加工有底的轮廓表面。

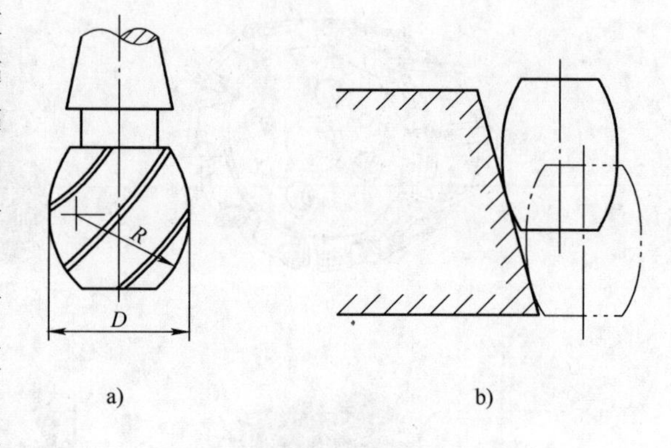

图9-45　鼓形铣刀
a）鼓形铣刀　b）鼓形铣刀的应用

（5）三面刃铣刀　三面刃铣刀通常在卧式铣床上使用，一般用于铣沟槽和台阶。三面刃铣刀的主切削刃分布在圆柱面上，副切削刃分布在两端面上，三个刃口均有后角，刃口锋利，切削轻快。三面刃铣刀按刀齿结构可分为直齿、错齿、镶齿和可转位四种形式，如图9-46所示。

（6）圆柱铣刀　圆柱铣刀主要用于卧式铣床加工平面，一般为整体式，也有镶齿式，如图9-47所示。圆柱铣刀材料为高速钢，主切削刃分布在圆柱上，无副切削刃。

圆柱铣刀按齿形分为直齿和螺旋齿两种，按齿数分粗齿和细齿两种。螺旋齿粗齿铣刀齿数少，刀齿强度高，容屑空间大，适用于粗加工；细齿铣刀适用于精加工。可以将多把铣刀组合在一起进行宽平面铣削，组合时必须是左右交错螺旋齿。

（7）钻孔工具　在加工中心上钻孔，普通麻花钻应用最广泛，尤其是加工ϕ30mm以下的孔时，所用工具以麻花钻为主。

钻削加工直径$d=20\sim60$mm、$L/d\leqslant3$的中等浅孔时，可选用图9-48所示的可转位浅孔钻，其结构是在带排屑槽及内冷却通道钻体的头部装有两个刀片（多为凸多边形、菱形和四边形），交错排列，切屑排除流畅，钻头定心稳定。

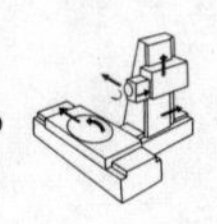

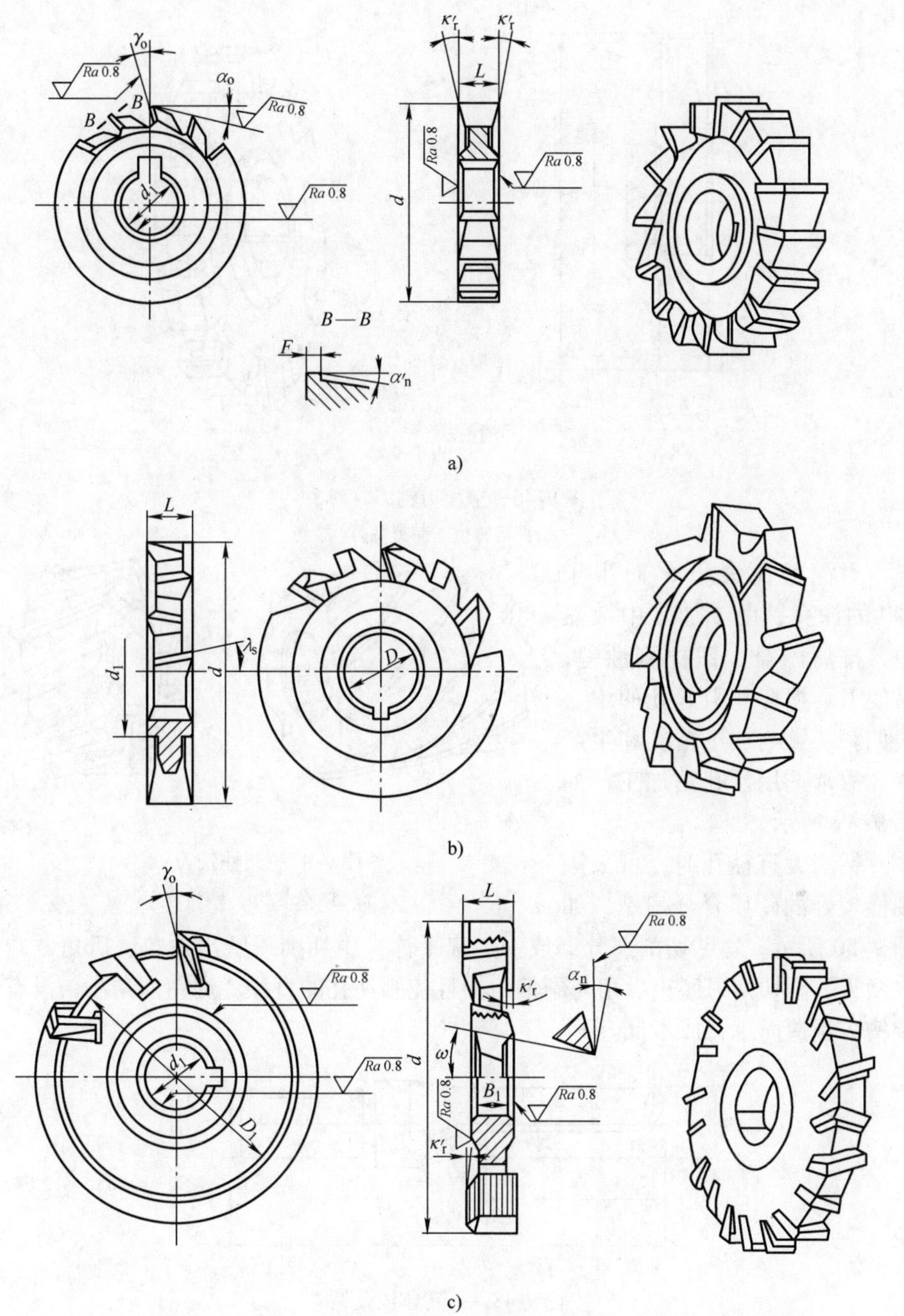

图9-46 三面刃铣刀

a）直齿三面刃铣刀 b）错齿三面刃铣刀 c）镶齿三面刃铣刀

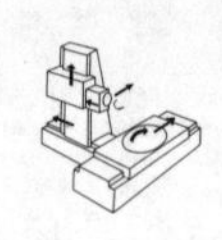

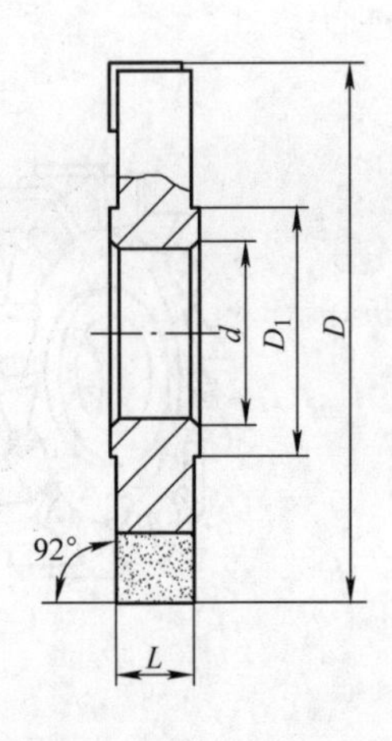

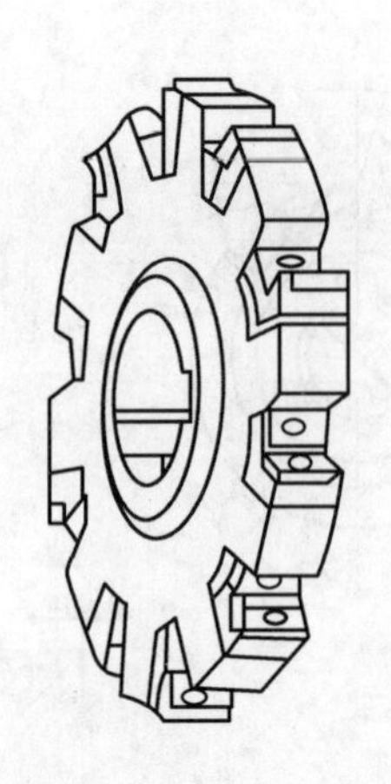

d)

图9-46　三面刃铣刀（续）
d）可转位三面刃铣刀

对深径比大于5而小于100的深孔，由于加工中散热差，排屑困难，钻杆刚性差，易使刀具损坏和引起孔的中心线偏斜，影响加工精度和生产率，故常选用深孔钻加工，如图9-49所示。

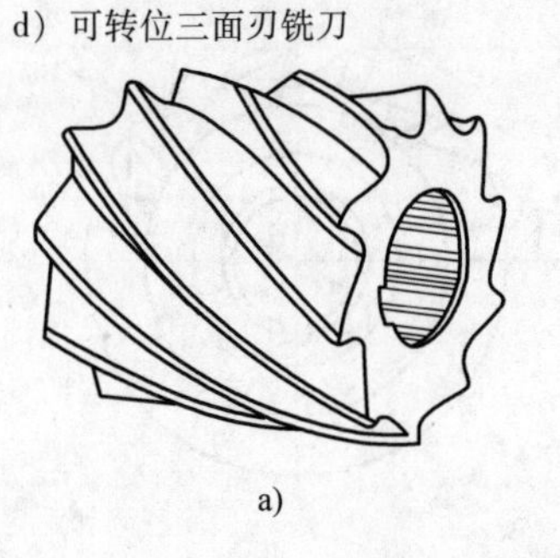

a)

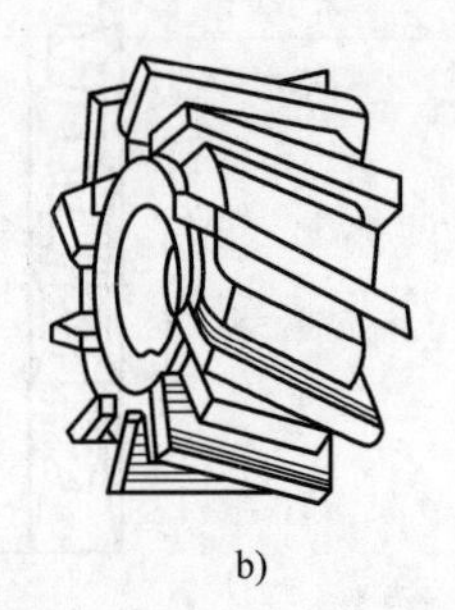

b)

图9-47　圆柱铣刀
a）整体式　b）镶齿式

钻削大直径孔时，可采用刚性较好的硬质合金扁钻，如图9-50所示。扁钻切削部分磨成一个扁平体，主切削刃磨出顶角、后角，并形成横刃，副切削刃磨出后角与副偏角并且控制钻孔的直径。扁钻前角小，没有螺旋槽，制造简单，成本低。

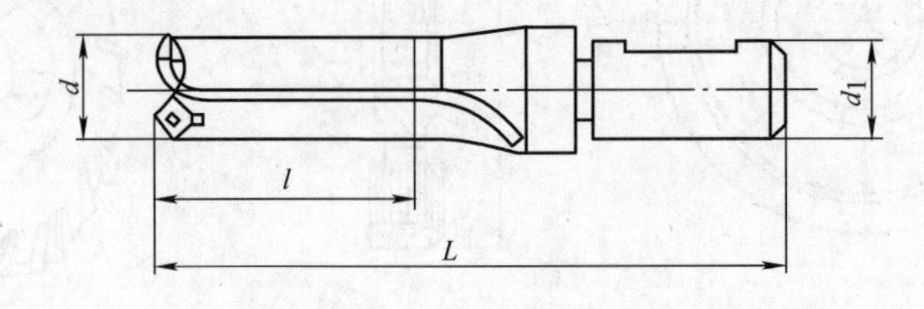

图9-48　可转位浅孔钻

（8）中心钻　中心钻专门用于加工中心孔，如图9-51所示。数控机床钻孔时，刀具的定位是由数控程序控制的，不需要钻模导向，为保证加工孔的位置精

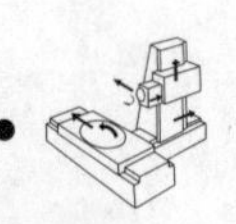

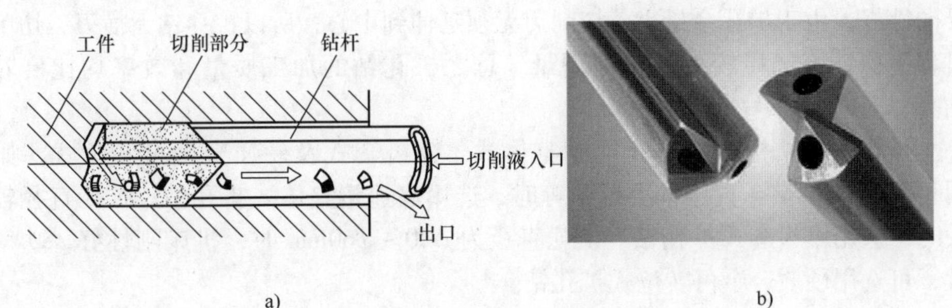

图9-49 深孔钻

a）深孔钻的工作原理 b）深孔钻实物

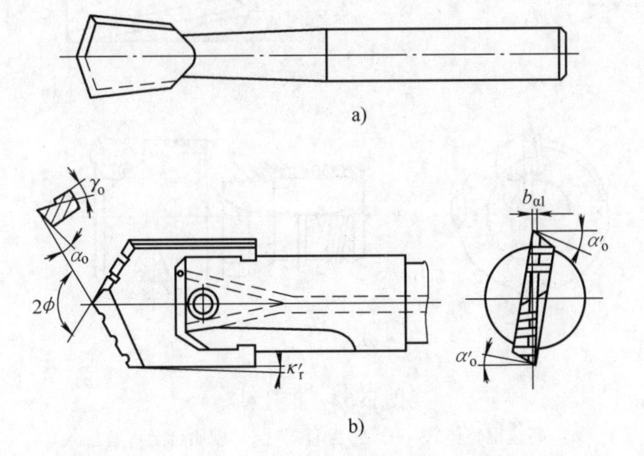

图9-50 扁钻

a）整体式扁钻 b）装配式扁钻

度，应在钻孔前用中心钻预先划窝，确保钻头的定位，并防止钻孔刀具发生引偏。

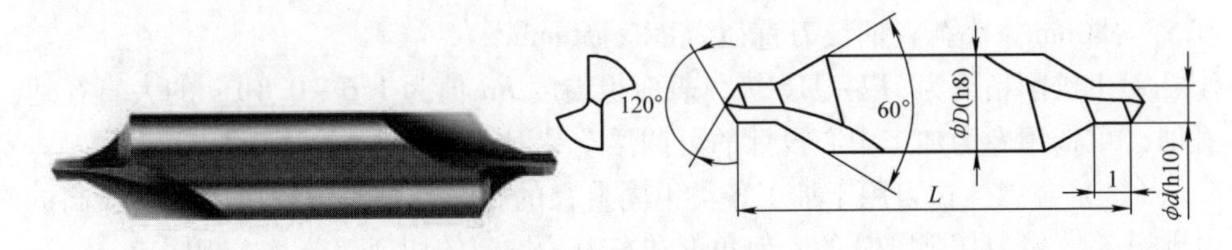

图9-51 中心钻

（9）扩孔钻 扩孔钻是用来扩大孔径，提高孔加工精度的刀具，可用于孔的半精加工或最终加工，公差等级可达到IT11～IT10，表面粗糙度 Ra 值为6.3～3.2μm。扩孔钻与麻花钻相似，但齿数较多，一般为3齿或4齿，因而工作时导向性好。由于扩孔余量小，切削刃无须延伸到中心，所以扩孔钻无横刃，切削过程平稳，可选择较大的切削用量。总之扩孔钻的加工质量和效率均比麻花钻高。

扩孔钻的结构型式有高速钢整体式、镶齿套式及硬质合金可转位式，如图9-52所示。扩孔直径较小或中等时，选用高速钢整体式扩孔钻；扩孔直径较大时，选用镶齿套式扩孔钻。扩孔直径为 $\phi20 \sim \phi60$mm 时，机床刚性好，功率大，可选用硬质合金可转位式扩孔钻。

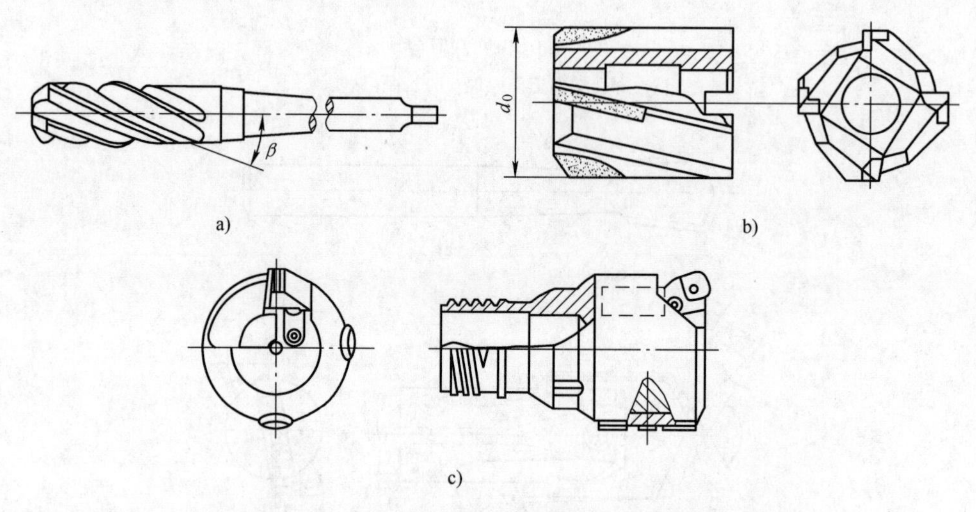

图9-52　扩孔钻

a）高速钢整体式　b）镶齿套式　c）硬质合金可转位式

（10）铰刀（图9-53）　加工中心上使用的铰刀多是通用标准铰刀。此外，还有机夹硬质合金刀片单刃铰刀和可调浮动铰刀等。加工精度可达 IT9 ~ IT8 级，表面粗糙度 Ra 值为 1.6 ~ 0.8μm。通用标准铰刀有直柄、锥柄和套式三种。直柄铰刀直径为 $\phi6 \sim \phi20$mm，锥柄铰刀直径为 $\phi10 \sim \phi32$mm，套式铰刀直径为 $\phi25 \sim \phi80$mm。小孔直柄铰刀直径为 $\phi1 \sim \phi6$mm。

对于铰削精度为 IT7 ~ IT6 级，表面粗糙度 Ra 值为 1.6 ~ 0.8μm 的大直径通孔时，可选用专为加工中心设计的可调浮动铰刀，如图9-53b 所示。

（11）镗刀　镗刀用于加工各类不同直径的孔，特别是位置精度要求较高的孔和孔系。镗刀切削部分的几何角度和车刀、铣刀的切削部分基本相同。

镗刀的类型按功能可分为粗镗刀、精镗刀；按切削刃数量可分为单刃镗刀、双刃镗刀和多刃镗刀；按照工件加工表面特征可分为通孔镗刀、不通孔镗刀、阶梯孔镗刀和端面镗刀；按刀具结构可分为整体式、模块式等。

粗镗刀应用于孔的半精加工。常用的粗镗刀按结构可分为单刃、双刃和三刃

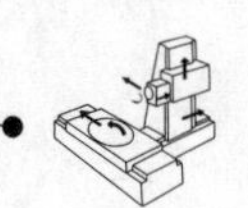

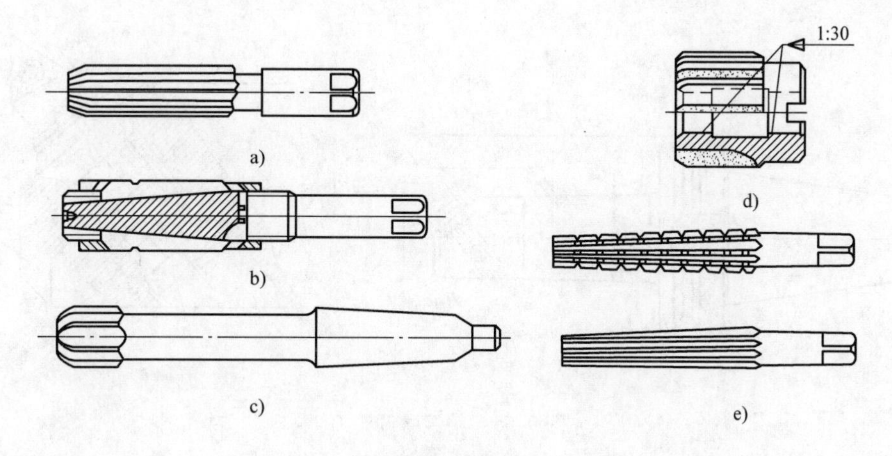

图9-53 铰刀

a）直柄铰刀 b）可调浮动铰刀 c）锥柄机用铰刀 d）套式机用铰刀 e）锥度铰刀

镗刀，根据不同的加工场合，也有通孔专用和不通孔加工镗刀。图9-54a所示为单刃粗镗刀，图9-54b所示为双刃粗镗刀。

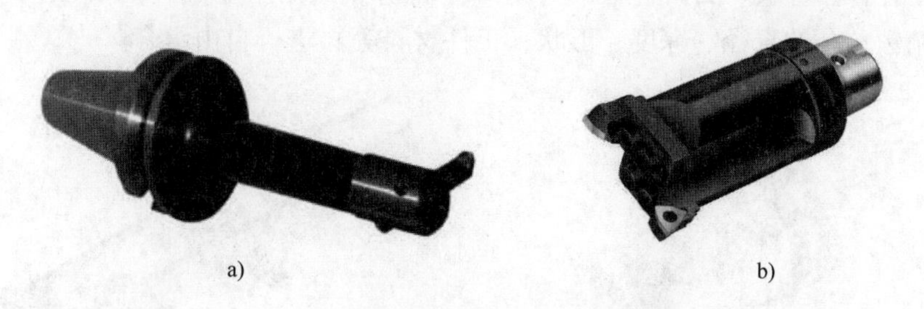

图9-54 粗镗刀

a）单刃粗镗刀 b）双刃粗镗刀

精镗刀应用于孔的精加工场合，能获得较高的直径、位置精度和表面质量。为了在孔加工中能获得更高的精度，一般精镗刀采用的都是单刃形式，刀头带有微调结构，以获得更高的调整精度和调整效率。这种精镗微调镗刀的径向尺寸可以在一定范围内进行微调，调节方便，且精度高，其结构如图9-55所示。调整尺寸时，先松开紧固螺钉4，然后转动带刻度盘的锥形精调螺母5，等调至所需尺寸，再拧紧紧固螺钉4。使用时应保证锥面靠近大端接触，且与直孔部分同心。螺纹尾部的两个导向块3用来防止刀块转动，键与键槽配合间隙不能太大，否则微调时就不能达到较高的精度。

精镗刀按结构可分为整体式精镗刀、模块式精镗刀和小径精镗刀：

1）整体式精镗刀。整体式精镗刀（见图9-56）主要用在批量产品的生产线

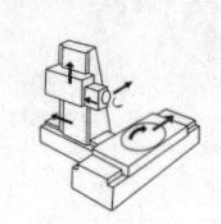

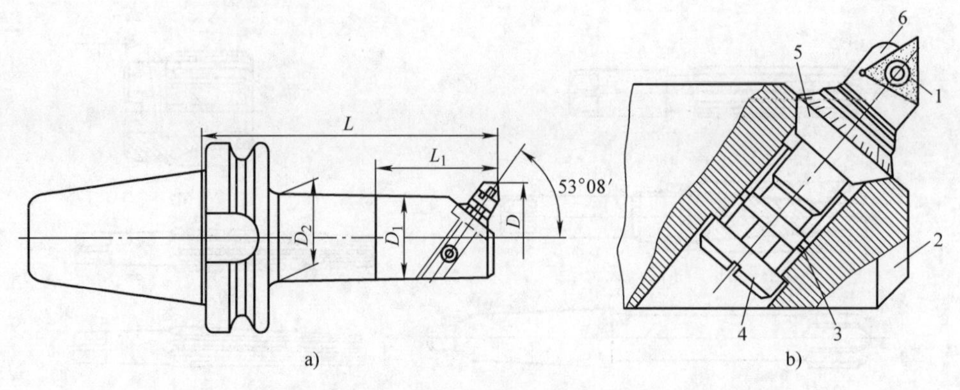

图9-55　精镗微调镗刀

a）微调镗刀整体结构　b）微调镗刀刀头结构

1—可转位刀片　2—镗刀体　3—导向块　4—螺钉　5—锥形精调螺母　6—刀体

上，价格比较低廉，在加工中心上应用不多。

2）模块式精镗刀。模块式精镗刀（见图9-57）是将镗刀分为基础柄、延长杆、变径杆、镗头、刀片座、刀片等多个部分，然后根据具体的加工内容（粗镗、精镗；孔的直径、深度、形状；工件材料等）进行自由组合。

图9-56　整体式精镗刀

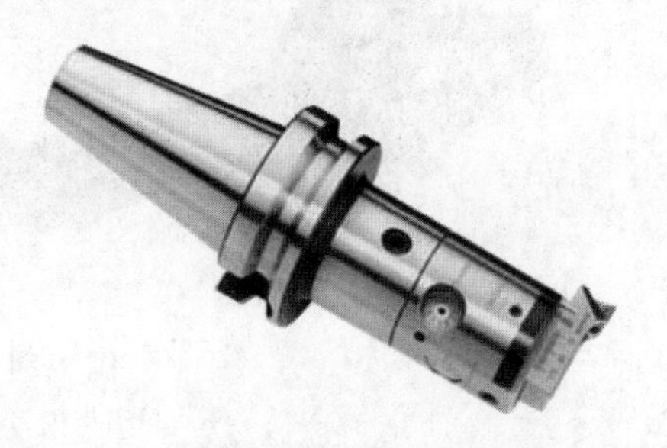

图9-57　模块式精镗刀

3）小径精镗刀。小径精镗刀（见图9-58）是通过更换前部刀体和调整刀体偏心达到调整直径的目的。由于其调整范围广，且可加工小径孔，所以在工模具和产品的单件、小批量生产中得以广泛的应用。

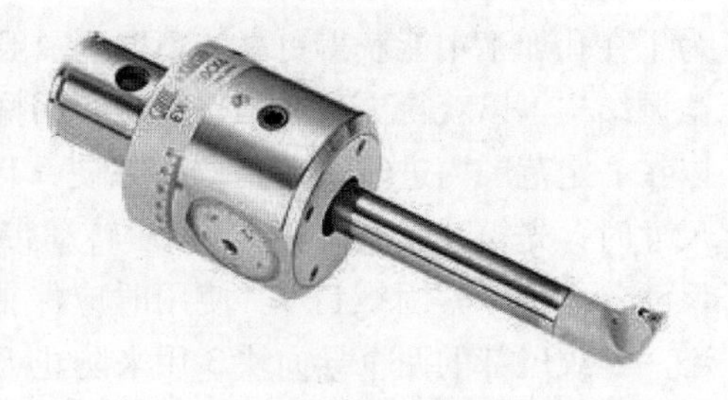

图9-58　小径精镗刀

单刃镗刀可镗削通孔、阶梯孔和不通孔，但单刃镗刀刚性差，切削时易引起振动，所以镗刀的主偏角选得较大，以减小背向力。镗铸铁孔或精镗时，一般

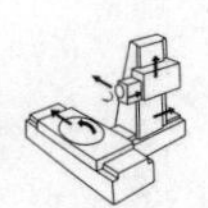

取主偏角 $\kappa_r = 90°$；粗镗钢件孔时，取主偏角 $\kappa_r = 60° \sim 75°$，以提高刀具的耐用度。单刃镗刀一般均有调整装置，效率低，只能用于单件或小批量生产，但其结构简单，适应性较广，粗、精加工都适用。常用单刃镗刀如图9-59所示。

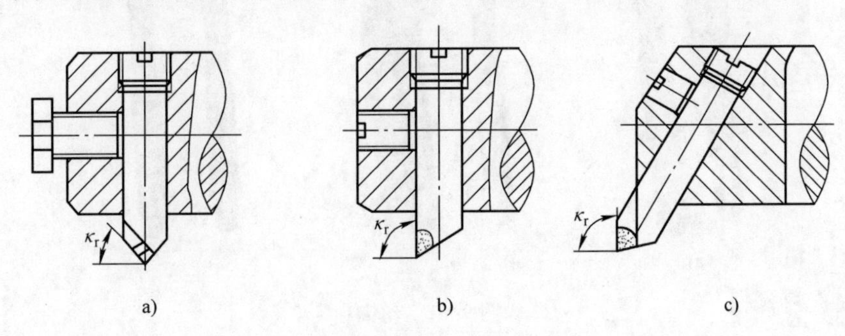

图9-59 常用单刃镗刀

a）通孔镗刀 b）阶梯孔镗刀 c）不通孔镗刀

为了消除镗孔时背向力对镗杆的影响，可采用双刃镗刀，如图9-60所示。它的两端有一对对称的切削刃同时参与切削，工件孔径尺寸与精度由镗刀径向尺寸保证，且调整方便。与单刃镗刀相比，双刃镗刀每转进给量可提高1倍左右，故生产率高。

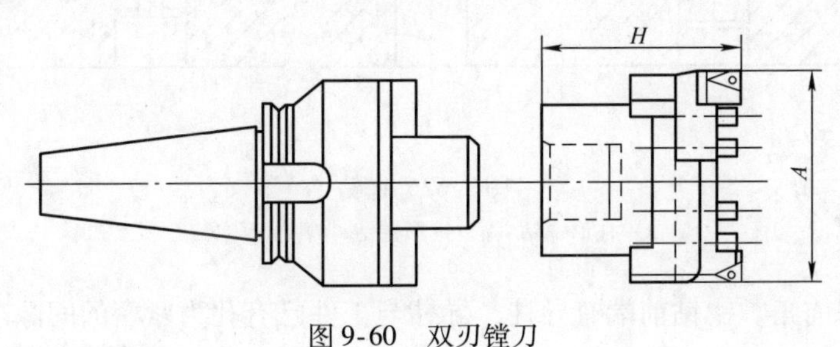

图9-60 双刃镗刀

（12）丝锥 丝锥是一种加工内螺纹的刀具，其沿轴向开有沟槽。丝锥根据其形状可分为直槽丝锥、螺旋槽丝锥和螺尖丝锥，如图9-61所示。直槽丝锥加工容易，精度略低，一般用于普通车床、钻床及攻丝机的螺纹加工，切削速度较慢；螺旋槽丝锥多用于数控加工中心钻不通孔用，加工速度较快，精度高，排屑较好，对中性好；螺尖丝锥前部磨有容屑槽，形成负的刃倾角，切削时切屑向前排出，用于通孔的加工。

（13）锪钻 锪钻是对孔的端面进行平面、柱面、锥面及其他型面加工的刀具，如在已加工出的孔上加工圆柱形沉头孔、锥形沉头孔和端面凸台时，都使用锪钻。锪钻分柱形锪钻、锥形锪钻、端面锪钻三种，如图9-62所示。

柱形锪钻用于锪圆柱形埋头孔，其端面切削刃起主要切削作用，螺旋槽的斜

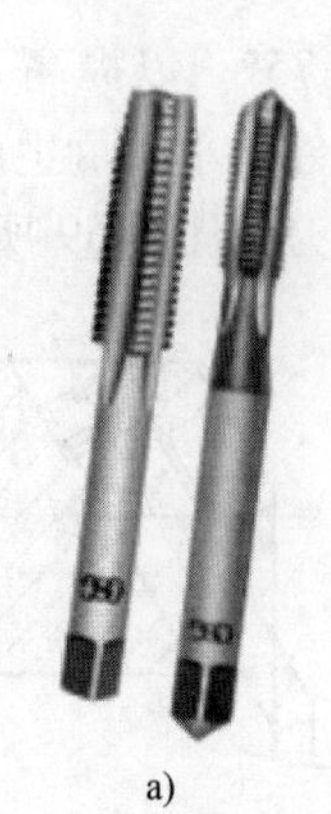
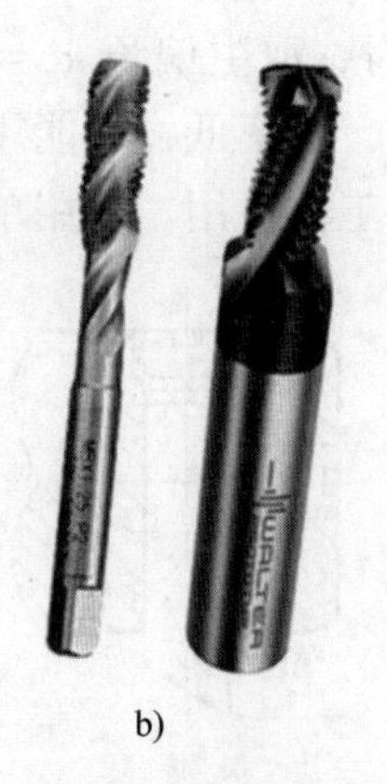
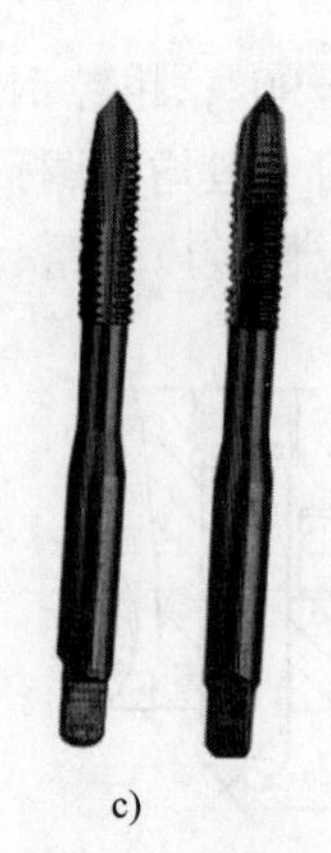

a)　　b)　　c)

图9-61　丝锥

a）直槽丝锥　b）螺旋槽丝锥　c）螺尖丝锥

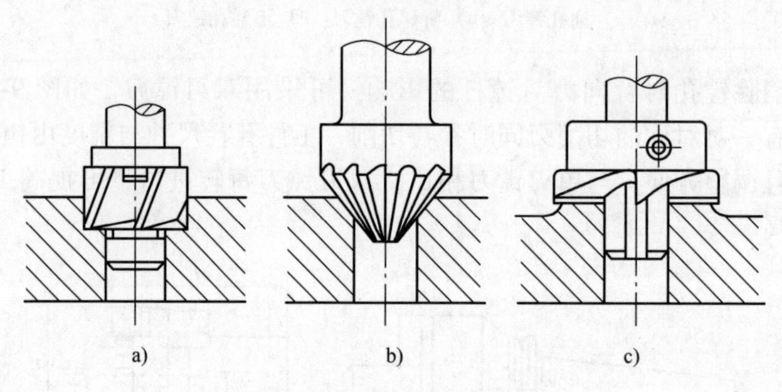

a)　　b)　　c)

图9-62　锪钻

a）柱形锪钻　b）锥形锪钻　c）端面锪钻

角就是它的前角。锪钻前端有导柱，导柱与工件已有孔为紧密的间隙配合，以保证良好的定心和导向。这种导柱是可拆的，也可以把导柱和锪钻做成一体。

锥形锪钻用于锪锥形孔。锪形锪钻的锥角按工件锥形埋头孔的要求不同，有60°、75°、82°、90°、100°、120°等。其中90°的用得最多。

端面锪钻专门用来锪平孔口端面。端面锪钻可以保证孔的端面与孔的中心线相互垂直。当已加工的孔径较小时，为了使刀体保持一定强度，可将刀体头部的一段直径与已加工孔为间隙配合，以保证良好的导向作用。

9.3　加工中心刀具自动交换系统

加工中心刀具自动交换系统是提供自动化加工过程中所需的储刀、选刀及换刀需求的一种装置，由刀库、刀具编码装置、识刀器、刀具传送装置和刀具交换

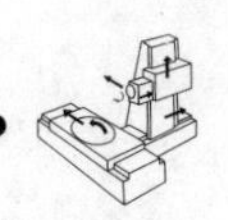

装置五个部分组成。

加工中心刀具自动交换系统改变了传统以人为主的生产方式，通过程序控制，加工中心可以自动完成各种不同的加工需求（如铣削、钻孔、镗孔及攻螺纹等），大幅缩短加工时间，降低生产成本。

刀库主要是提供储刀位置，它能依程序的控制，正确地选择刀具并加以定位，以及进行刀具交换；刀具编码装置、识刀器的作用是实现自动选刀；刀具传送装置、刀具交换装置则是执行刀具交换的动作。刀库必须与换刀机构同时存在，若无刀库，则加工所需刀具无法事先储备；若无换刀机构，则加工所需刀具无法自动换刀。此二者在功能及运用上相辅相成，缺一不可。

9.3.1　加工中心刀库

在加工中心刀具自动交换系统中，刀库是最主要的部件之一。根据刀库容量和取刀方式，可以将刀库设计成各种形式，常用的刀库形式有盘式刀库、链式刀库和斗笠式刀库等。

1. 盘式刀库

盘式刀库也称圆盘刀库，它是将刀具储存在圆形鼓轮上，通常用于刀具容量较小的数控机床。这种刀库结构简单，但刀具呈环形排列，空间利用率低，受刀盘尺寸限制，一般刀库容量比较小，需搭配自动换刀机构进行刀具交换。换刀时，先使刀库中待换的刀具中心线平行于主轴中心线，再以简单的回转式机械手对刀库和主轴进行交换。

单盘式刀库较常用的几种形式如图 9-63 所示，其存刀量可达 50 ~ 60 把。但存刀量过多会使结构尺寸庞大，与机床布局不协调。为适应机床主轴的布局，刀库上刀具中心线可以按不同方向配置，如轴向、径向或斜向。斜向盘式刀库可使刀具做 90°翻转，以简化取刀动作。

为进一步扩充存刀量，增加空间利用率，刀具也可以采用多圈分布、多层分布和多排分布，如图 9-64 所示。

2. 链式刀库

链式刀库中的刀具储存在链条环节上，先由链条将要换的刀具传送到指定位置，再由机械手将刀具装到主轴上。这种刀库结构紧凑，灵活性好，容量较大（可装 30 ~ 120 把刀具），选刀和取刀动作简单，且多为轴向取刀。链环的形状可以根据机床的布局配置成各种形状，也可以将换刀位置突出以利换刀。当链式刀库需要增加刀库容量时，只需增加链条的长度，而在一定的范围内无须变更线速度及惯量，这给系列刀库的设计与制造带来了很大的方便，可以使之满足不同的使用条件。链式刀库为最常用的刀库形式。

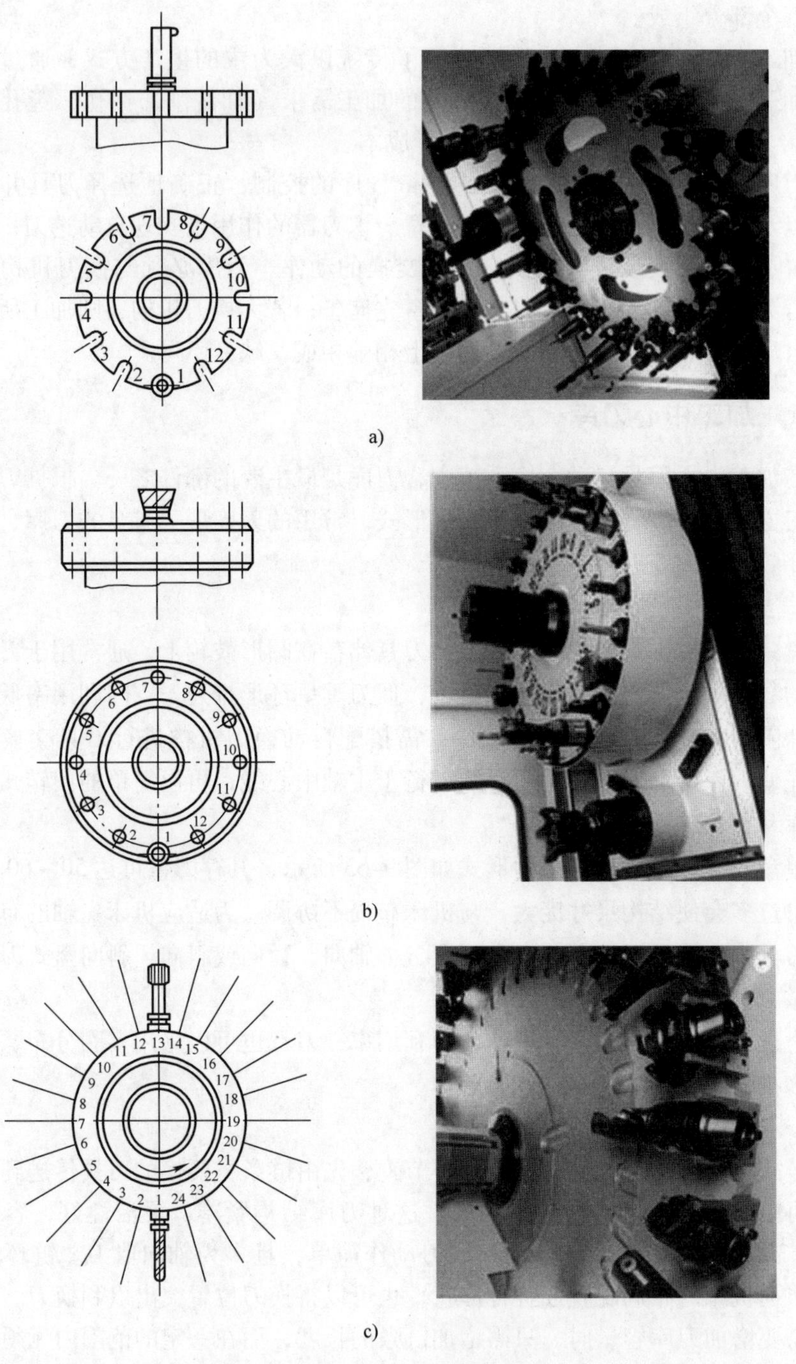

图 9-63　单盘式刀库较常用的几种形式

a）径向取刀形式　b）轴向取刀形式　c）刀具径向放置

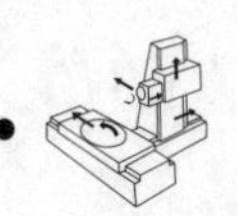

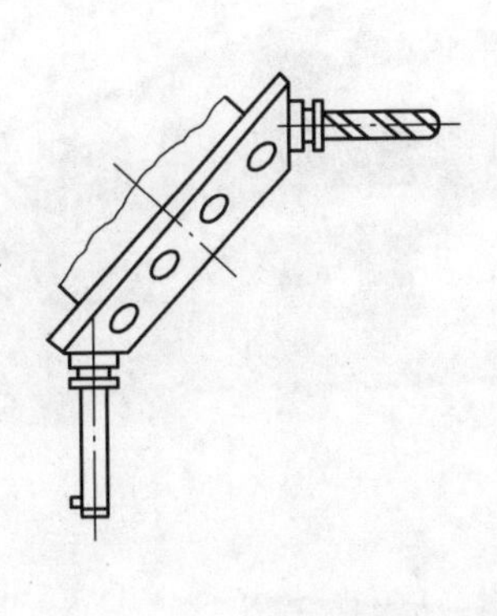

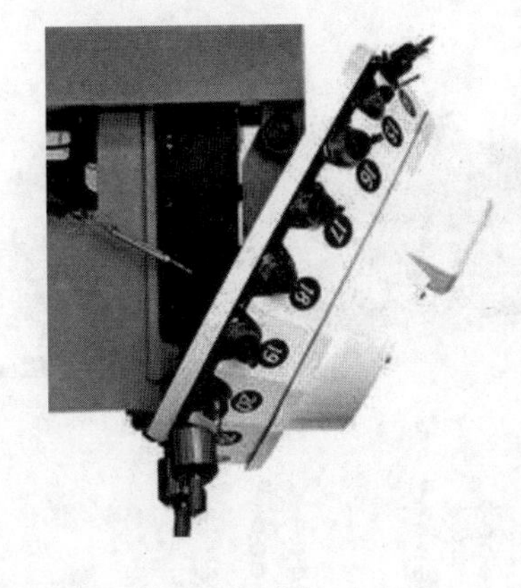

d)

图9-63　单盘式刀库较常用的几种形式（续）
d）刀具斜向放置

图9-64　多盘式刀库

链式刀库的基本结构如图9-65a所示，通常其刀具容量比盘式的要大，结构也比较灵活。还可以采用加长链带的方式来加大刀库的容量，也可采用链带折叠回绕的方式，以提高空间利用率，如图9-65b所示。在要求刀具容量很大时，还可以采用多环链带结构，如图9-65c所示。

3. 斗笠式刀库

斗笠式刀库由于其形状像个大斗笠而得名，如图9-66所示。这种刀库一般存储刀具的数量不能太多，以10～24把刀具为宜，具有体积小、安装方便等特点，其在立式加工中心中应用较多。

4. 箱式刀库

图9-67所示为箱式刀库，其刀具储存在纵横排列的格子上，由纵、横向移

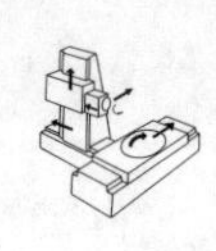

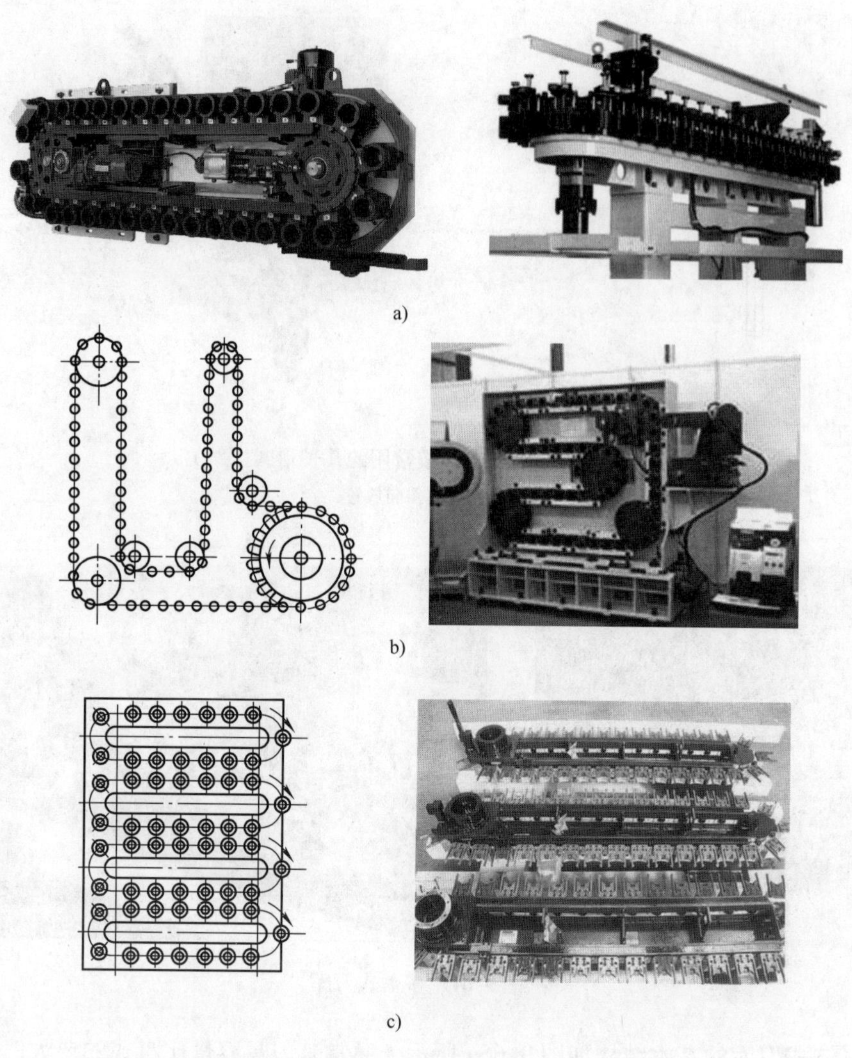

a)

b)

c)

图9-65　链式刀库

a）单环链式刀库　b）链带折叠链式刀库　c）多环链式刀库

动的取刀机械手完成选刀动作，先将选取的刀具送到固定的换刀位置刀座上，再由换刀机械手交换刀具。由于刀具排列密集，所以箱式刀库空间利用率最高，刀库容量较大。

箱式刀库分单面式和多面式两种形式。单面式刀库（见图9-67a）布局不灵活，通常刀库安置在工作台上，应用较少；多面式刀库（见图9-67b）为减少换刀时间，换刀机械手通常利用前一把工具加工工件的时间，预先取出要更换的刀具，显然这对数控系统提出了更高的要求。多面式刀库占地面积小，结构紧凑，

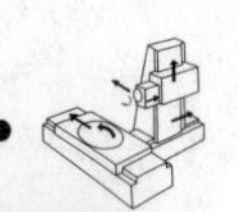

在相同的空间内可以容纳的刀具数量较多。但由于它的选刀和取刀动作复杂，现已较少用于单机加工中心，多用于FMS（柔性制造系统）的集中供刀系统，如图9-68所示。

图9-66　斗笠式刀库

这种模块化、高柔性化刀库的刀具容量可达到570把，刀库机器人快速移动速度可达到200m/min，换刀重量可达到75kg，镗刀直径可达到950mm，可自动检测刀具倾覆力矩和重量，并进行上下刀过

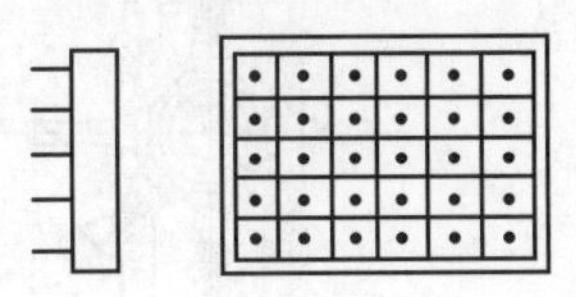

a)

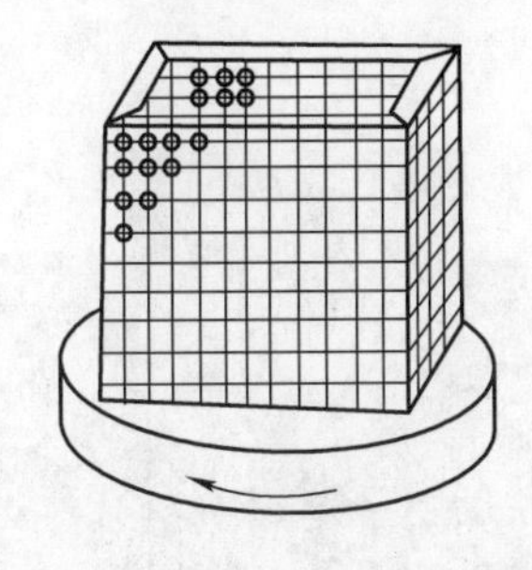

b)

图9-67　箱式刀库

a）单面式　b）多面式

图9-68　模块化、高柔性化刀库

程优化、预存储优化等，保证了刀库的最大柔性。刀库配置了2×7个刀位的高效和符合人体工程学的刀具上下料站。操作者可以在机床加工的同时进行刀具的上下料，刀库机器人和操作者完全互相独立运行。所有刀库都可以在订购时进行

单独配置，在使用多年后也可以根据需要非常便捷地进行重新配置和扩展，体现了高柔性化的特点。

5. 转塔式刀库

转塔式刀库的刀具储存在同一转塔上，如图9-69所示。这种刀库利用转塔的转位来更换主轴头，以实现自动换刀，储刀位置即为主轴位置。因储存刀具数量有限，其主要用于小型加工中心，如图9-70所示。

转塔式刀库的主要优点是省去了自动松夹、卸刀装刀、夹紧以及刀具搬运等一系列复杂的操作，减少了换刀时间，提高了换刀的可靠性。其缺点是主轴部件的刚性差且主轴的数目不可能太多。

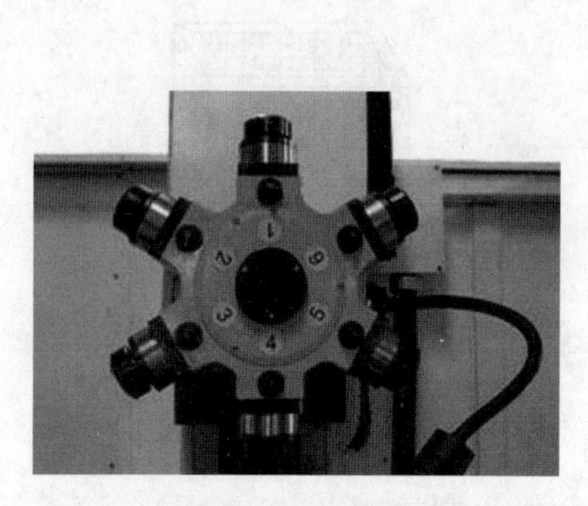

图9-69 转塔式刀库

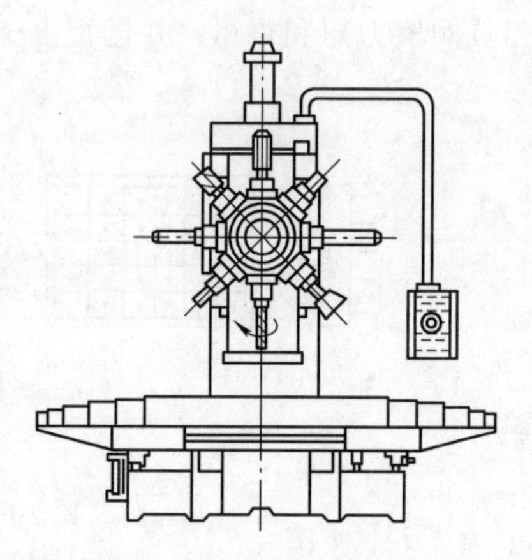

图9-70 转塔式刀库的应用

9.3.2 自动选刀

按数控装置的刀具选择指令，将加工所需的刀具自动地从刀库中选择出来称为自动选刀。自动选刀有顺序选刀和任意选刀两种方式。

1. 顺序选刀

刀具的排列方式是将刀具按加工工序的顺序，依次全部放入刀库的每一个刀座内。刀具放入刀库时顺序不能搞错。当加工工件改变时，刀具在刀库上的排列顺序也要改变。这种选刀方式的缺点是在同一工件上相同的刀具不能重复使用，因此刀具的数量较多，降低了刀具和刀库的利用率；优点是它的控制以及刀库的运动等比较简单。

2. 任意选刀

目前绝大多数的数控系统都具有刀具任选功能。任意选刀方式是预先把刀库中每把刀具（或刀座）都编上代码，使用时按照编码选刀，刀具在刀库中不必按照工件的加工顺序排列，所以任意选刀也叫编码选刀。

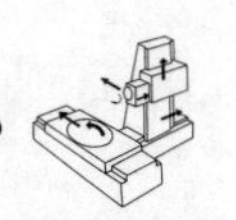

任意选刀有刀具编码式、刀座编码式、附件编码式、计算机记忆式四种方式。

(1) 刀具编码式　这种选刀方式采用的是一种特殊的刀柄结构，并对每把刀具进行编码。换刀时通过编码识别装置，根据换刀指令代码，在刀库中寻找所需要的刀具。采用这种编码方式可简化换刀动作和控制线路，缩短换刀时间，应用较广泛。

由于每一把刀都有自己的代码，因而刀具可以放入刀库的任何一个刀座内，这样不仅刀库中的刀具可以在不同的工序中多次重复使用，而且换下来的刀具也不必放回原来的刀座。这对装刀和选刀都十分有利，不但可使刀库的容量相应减小，而且可避免由于刀具顺序差错而发生事故。但每把刀具上都带有专用的编码系统，刀具长度加长时制造困难、刚度降低，刀库和机械手的结构复杂。

刀具编码识别有两种方式：接触式刀具识别和非接触式识别。

1) 接触式刀具编码识别。接触式刀具识别编码的刀柄结构如图9-71所示。

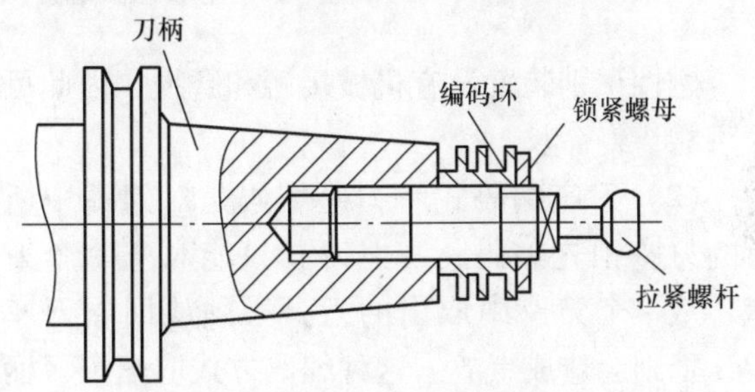

图9-71　接触式刀具识别编码的刀柄结构

在刀柄尾部的拉紧螺杆上套装着一组等间隔的编码环，并由锁紧螺母将它们固定。编码环的外径有大小两种不同的规格，大直径表示二进制的“1”，小直径表示“0”。通过对两种圆环的不同排列，可以得到一系列的代码，如七个编码环就能够区别出127种刀具 (2^7-1)。通常全部为零的代码不允许使用，以免和刀座中没有刀具的状况相混淆。

当刀具依次通过编码识别装置时，编码环的大小就能使相应的触针读出每一把刀具的代码，从而选择合适的刀具，如图9-72所示。

接触式编码识别装置结构简单，但可靠性较差，寿命较短，而且不能快速选刀。

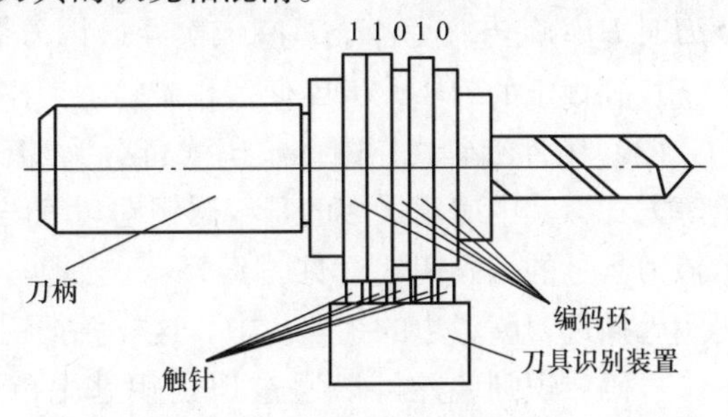

图9-72　接触式刀具识别装置

2) 非接触式刀具编码识别。非接触式刀具编码识别采用磁性或光电识别法。磁性识别法是利用磁性材料和非磁性材料磁感应的强弱不同，通过感应线圈读取代码。编码环分别由软钢和塑料制成，软钢代表“1”，塑料代表“0”，将它们按规定的编码排列。

当编码环通过感应线圈时，只有对应软钢圆环的那些感应线圈才能感应出电信号“1”，而对应于塑料的感应线圈状态保持不变（电信号为“0”），从而可读出每一把刀具的代码，如图9-73所示。

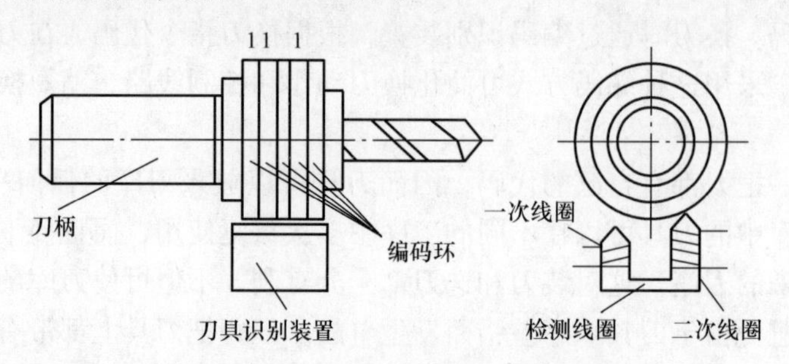

图9-73　非接触式磁性识别装置

磁性识别装置没有机械接触和磨损，因此可以快速选刀，而且结构简单，工作可靠，寿命长。

（2）刀座编码式　刀座编码是对刀库中所有的刀座预先编码。一把刀具只能对应一个刀座，从一个刀座中取出的刀具必须放回原刀座中，否则会造成事故。这种编码方式取消了刀柄中的编码环，使刀柄结构简化，长度变短，刀具在加工过程中可重复使用，但必须把用过的刀具放回原来的刀座，送取刀具麻烦，换刀时间长。

这种编码方式对每个刀座都进行编码，刀具也编号，并将刀具放到与其号码相符的刀座中，换刀时刀库旋转，使各个刀座依次经过识刀器，直至找到规定的刀座，刀库便停止旋转。刀座编码的结构如图9-74所示。

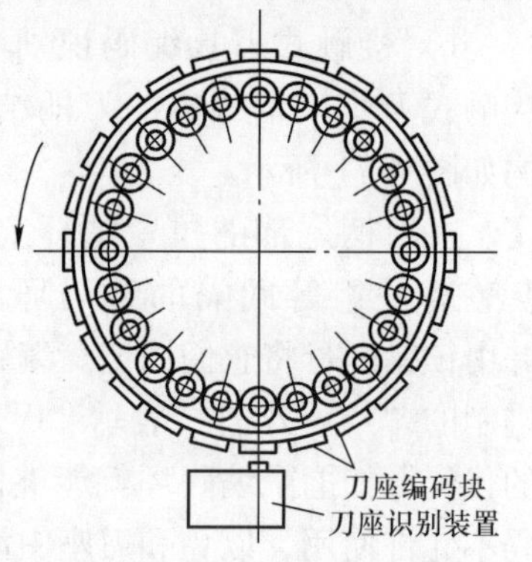

图9-74　刀座编码的结构

（3）附件编码式　附件编码式可分为编码钥匙、编码卡片、编码杆和编码盘等方式，其中应用最多的是编码钥匙。编码钥匙式是先给各刀具都缚上一把表示该刀具号的编码钥匙（见图9-75），当把各刀具存放到刀库的刀座中时，将编码钥匙插进刀座旁边的钥匙孔中，这样就把钥匙的号码转记到刀座中，给刀座编上了号码。识别装置可以通过识别钥匙上的号码来选取该钥匙旁边刀座中的刀具。

这种编码方式的优点是在更换加工零件时只需将钥匙从刀座中取出，刀座上的代码便会自行消失，灵活性大，对于刀具管理和编程都十分有利，不易发生人为差错。缺点是刀具必须对号入座。

（4）计算机记忆式　目前加工中心上大量使用的是计算机记忆式选刀。这

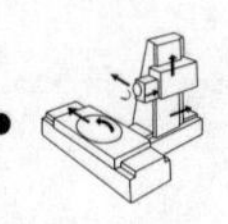

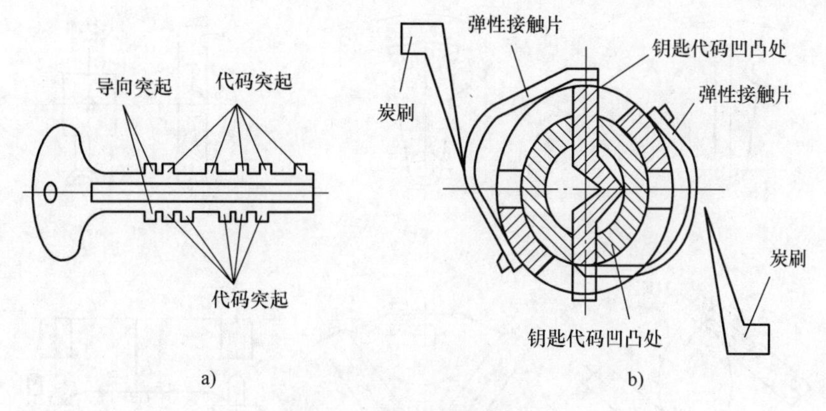

图9-75 编码钥匙方式
a）编码钥匙 b）编码钥匙孔

种方式能将刀具号和刀库中的刀座位置（地址）对应地存放在计算机的存储器或可编程序控制器的存储器中。不论刀具存放在哪个刀座上，新的对应关系重新存放，这样刀具可在任意位置（地址）存取，刀具不需设置编码元件，结构大为简化，控制也十分简单。在刀库机构中通常设有刀库零位，执行自动选刀时，刀库可以正反方向旋转，每次选刀时刀库转动不会超过1/2圈。

9.3.3 刀具交换装置

数控机床的自动换刀装置中，实现刀库与机床主轴之间刀具传递和刀具装卸的装置称为刀具交换装置。自动换刀的刀具可紧固在专用刀夹内，每次换刀时将刀夹直接装入主轴。刀具的交换方式通常分为有机械手换刀和无机械手换刀两大类。

1. 有机械手换刀

机械手刀库换刀是随机地址换刀，每个刀套上无编号。机械手换刀灵活、迅速、可靠，所以这种换刀方式应用最为广泛。机械手的结构形式多种多样，换刀动作也有所不同。

（1）机械手的形式与种类 在自动换刀数控机床中，机械手的形式是多种多样的，常见的有如图9-76所示的几种形式。

1）单臂单爪回转式机械手。机械手的摆动轴线与刀具中心平行，机械手的手臂可以回转不同的角度来进行自动换刀，如图9-77所示。该方式换刀具花费的时间长，用于刀库换刀位置的刀座中心线与刀具中心相平行的场合。

这种机械手的手臂可以回转不同的角度进行自动换刀，由于手臂上只有一个夹爪，在刀库或主轴上均靠这个夹爪来装刀或换刀，所以换刀时间较长。

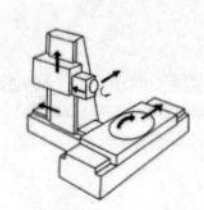

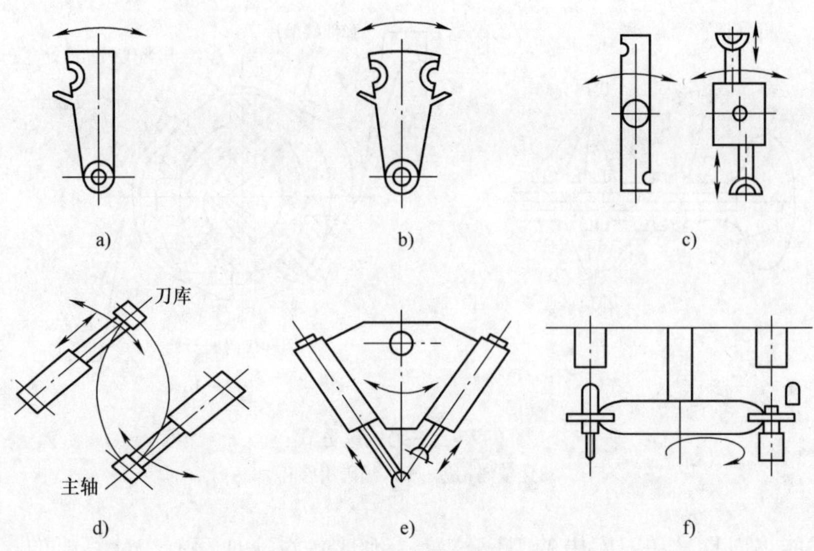

图9-76　机械手形式

a）单臂单爪回转式机械手　b）单臂双爪摆动式机械手　c）双臂回转式机械手
d）双机械手　e）双臂往复交叉式机械手　f）双臂端面夹紧式机械手

2）单臂双爪摆动式机械手。这种机械手的手臂上有两个卡爪，如图9-78所示。两个卡爪分工不同，一个卡爪执行从主轴上取下“旧刀”送回刀库的任务，另一个卡爪则执行由刀库取出“新刀”送到主轴的任务，其换刀时间较单臂单爪回转式机械手要短。

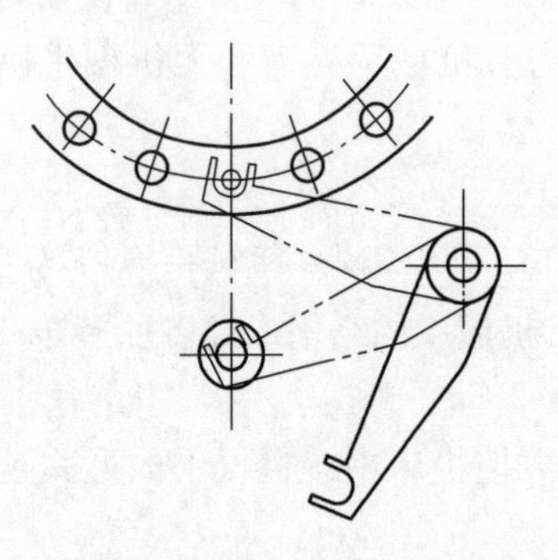

图9-77　单臂单爪回转式机械手

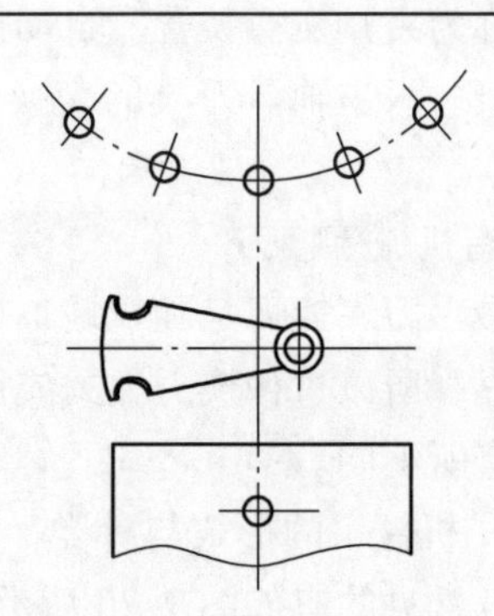

图9-78　单臂双爪回转式机械手

3）双臂回转式机械手。双臂回转式机械手也叫扁担式机械手，是目前加工中心机床上最为常用的一种形式，这种机械手的两臂各有一个卡爪，可同时抓取刀库及主轴上的刀具，在回转180°之后同时将刀具归回刀库及装入主轴，换刀

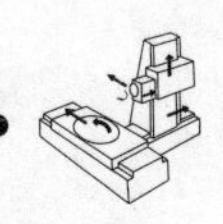

时间要比前两种都短，如图9-79所示。

4）双机械手。这种机械手相当于两个单臂单爪机械手，换刀时两者相互配合完成自动换刀。其中，一个机械手用于取下“旧刀”归回刀库，另一个机械手用于从刀库取出“新刀”插入机床主轴上，如图9-80所示。

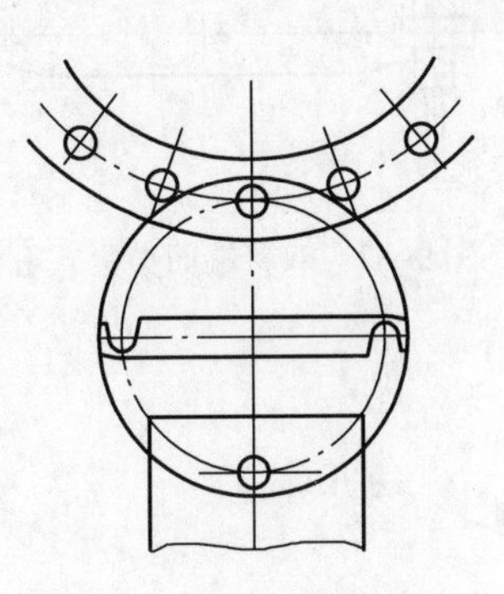

图9-79 双臂回转式机械手

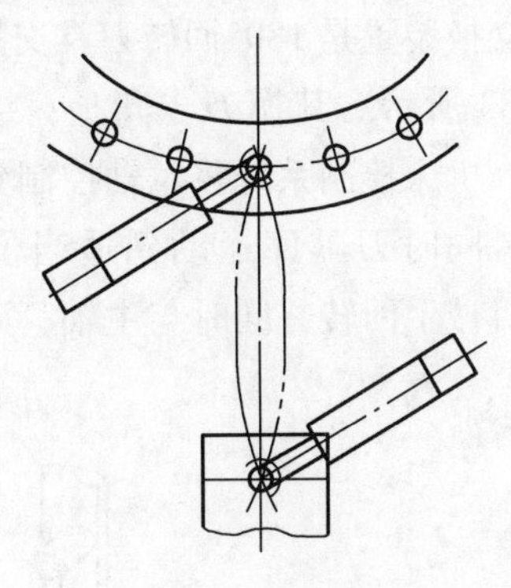

图9-80 双机械手

5）双臂往复交叉式机械手。这种机械手两臂可往复运动，并交叉成一定角度。两个手臂分别称作装刀手和卸刀手。其中，卸刀手用于从主轴上取下“旧刀”归还刀库，装刀机械手则用于从刀库取出“新刀”装入主轴。整个机械手可沿某导轨直线移动或绕某个轴回转，以实现刀库与主轴之间的运送刀具工作，如图9-81所示。

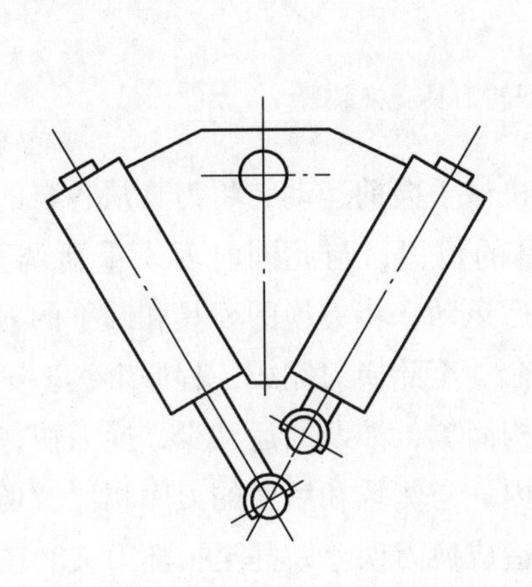

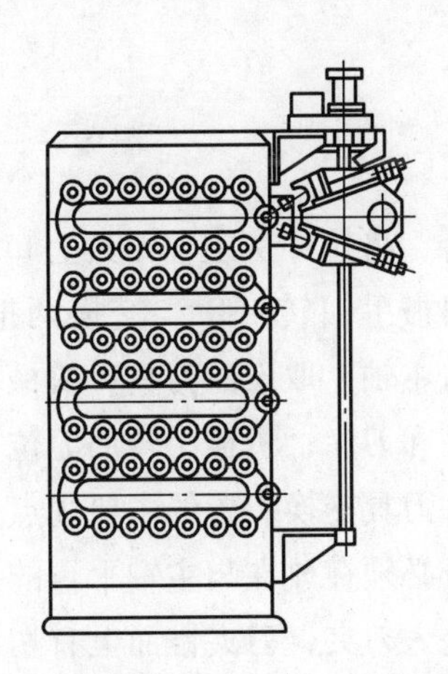

图9-81 双臂往复交叉式机械手

6）双臂端面夹紧式机械手。这种机械手只是在夹紧部位上和前几种不同。前几种机械手均靠夹紧刀柄的外圆表面来抓取刀具，而这种机械手则是夹紧刀柄的两个端面，如图9-82所示。

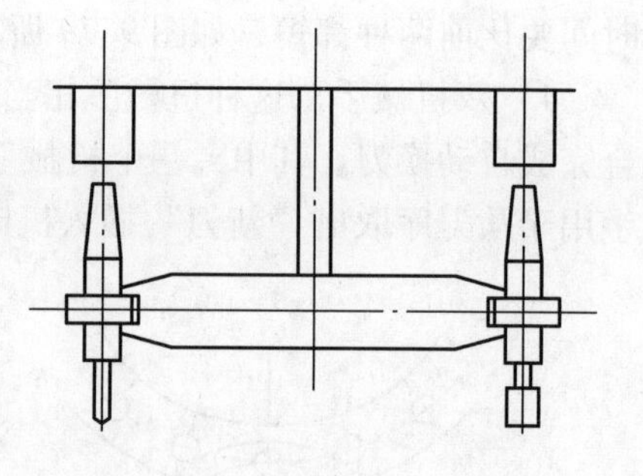

图9-82　双臂端面夹紧式机械手

（2）换刀形式　两种最常见的换刀形式如下：

1）180°回转刀具交换装置。最简单的刀具交换装置是180°回转刀具交换装置，如图9-83所示。其换刀步骤是：接到换刀指令后，机床控制系统将主轴控制到指定换刀位置；同时刀具库运动到适当位置完成选刀，机械手回转并同时与主轴、刀具库的刀具相配合；将拉杆从主轴刀具上卸掉，机械手向前运动，将刀具从各自的位置上取下；机械手回转180°，交换两把刀具的位置，与此同时刀库重新调整位置，以接受从主轴上取下的刀具；机械手向后运动，将夹换的刀具和卸下的刀具分别插入主轴和刀库；机械手转回原位置待命。至此换刀完成，程序继续。

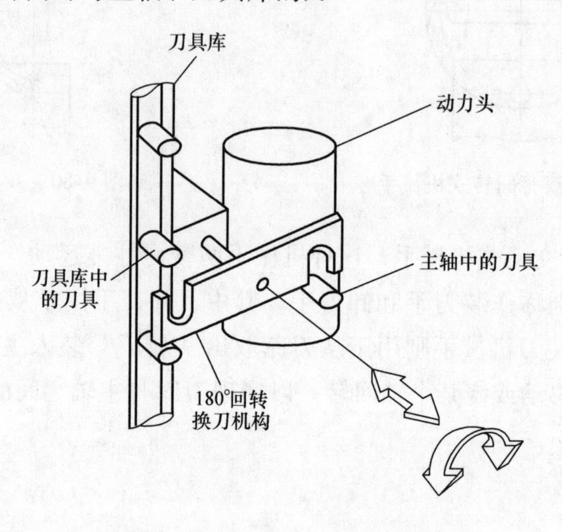

图9-83　180°回转刀具交换装置

这种刀具交换装置的主要优点是结构简单，涉及的运动少，换刀快；主要缺点是刀具必须存放在与主轴平行的平面内，与侧置和后置的刀库相比，切屑及切削液易进入刀夹，刀夹锥面上有切屑会造成换刀误差，甚至损坏刀夹和主轴，因此必须对刀具另加防护。这种刀具交换装置既可用于卧式机床也可用于立式机床。

2）回转插入式刀具交换装置。回转插入式刀具交换装置是最常用的换刀形式之一，是回转式刀具交换装置的改进形式。这种装置刀库位于机床立柱一侧，

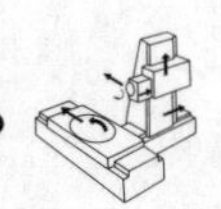

避免了切屑造成主轴或刀夹损坏的可能。但刀库中存放的刀具中心线与主轴中心线垂直，因此机械手需要三个自由度。机械手沿主轴中心线的插拔刀具动作由液压缸实现，绕竖直轴90°摆动进行的刀库与主轴间刀具的传送由液压马达实现；绕水平轴旋转180°完成刀库与主轴上刀具交换的动作由液压马达实现。其换刀分解动作如图9-84所示。

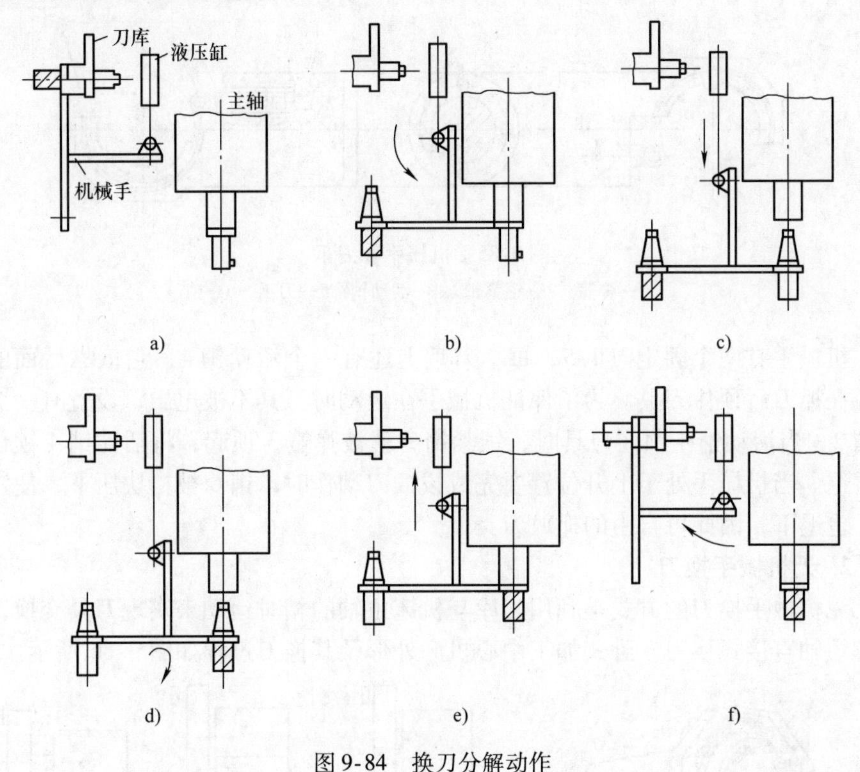

图9-84 换刀分解动作

① 抓刀爪伸出，抓住刀库上的待换刀具，刀库刀座上的锁板拉开，如图9-84a所示。

② 机械手带着待换刀具绕竖直轴逆时针方向转90°，与主轴中心线平行，另一个抓刀爪抓住主轴上的刀具，主轴将刀具松开，如图9-84b所示。

③ 机械手前移，将刀具从主轴锥孔内拔出，如图9-84c所示。

④ 机械手绕自身水平轴转180°，将两把刀具交换位置，如图9-84d所示。

⑤ 机械手后退，将新刀具装入主轴，主轴将刀具锁住，如图9-84e所示。

⑥ 抓刀爪缩回，松开主轴上的刀具。机械手绕竖直轴顺时针转90°，将刀具放回到库相应的刀座上，刀库上的锁板合上，如图9-84f所示。

最后，抓刀爪缩回，松开刀库上的刀具，恢复到原始位置。

为了防止刀具掉落，各种机械手的刀爪都必须带有自锁机构，如图 9-85 所示。

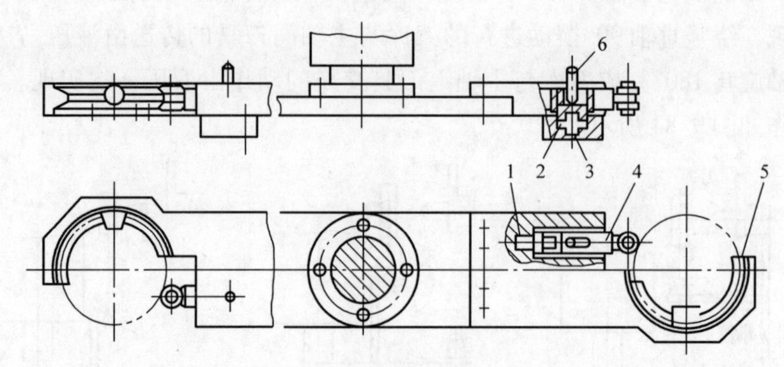

图 9-85　机械手和刀爪

1、3—弹簧　2—锁紧销　4—活动销　5—刀爪　6—销

机械手有两个固定刀爪 5，每个刀爪上还有一个活动销 4，它依靠后面的弹簧 1 在抓刀后顶住刀具。为了保证机械手在运动时刀具不被甩出，设置有一个锁紧销 2，当活动销 4 顶住刀具时，锁紧销 2 就被弹簧 3 顶起，将活动销 4 锁住不能后退。当机械手处于上升位置要完成拔插刀动作时，销 6 被挡块压下，使锁紧销 2 也退下，因此可自由的抓放刀具。

2. 无机械手换刀

无机械手换刀的方式是利用刀库与机床主轴的相对运动来实现刀具交换，也叫作主轴直接式换刀。卧式加工中心机床外形及其换刀过程如图 9-86 所示。

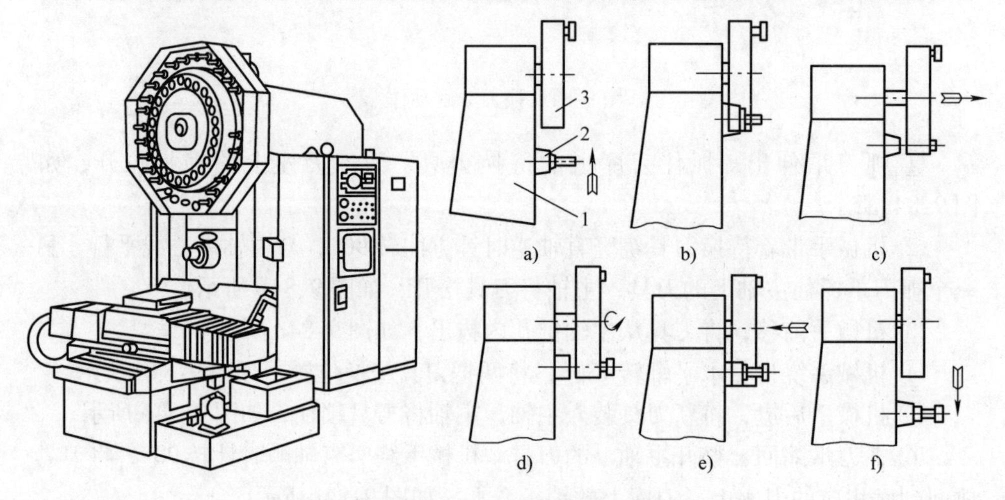

图 9-86　卧式加工中心机床外形及其换刀过程

1—主轴箱　2—主轴　3—刀库

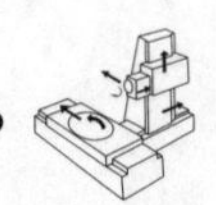

1）加工工步结束后执行换刀指令，主轴实现准停，主轴箱沿 y 轴上升。这是机床上方刀库的空档刀位正好处在换刀位置，装夹刀具的卡爪打开，如图 9-86a所示。

2）主轴箱上升到极限位置，被更换刀具的刀体进入刀库空刀位，被刀具定位卡爪钳住，与此同时主轴内刀体自动夹紧装置放松刀具，如图 9-86b 所示。

3）刀库伸出，从主轴锥孔内将刀具拔出，如图 9-86c 所示。

4）刀库转位，按照程序指令要求将选好的刀具转到主轴最下面的换刀位置，同时压缩空气将主轴锥孔吹净，如图 9-86d 所示。

5）刀库退回，同时将新刀具插入主轴锥孔，主轴内刀具夹紧装置将刀体拉紧，如图 9-86e 所示。

6）主轴下降到加工位置后起动，开始下一步的加工，如图 9-86f 所示。

无机械手换刀方式的优点是结构简单、紧凑，由于换刀时机床不工作，所以不会影响加工精度。

无机械手换刀方式的缺点是受刀库结构尺寸限制，装刀数量不能太多；机床加工效率低。因此，这种换刀方式常用于小型加工中心。

9.4 VDL－1400A 立式加工中心

9.4.1 VDL－1400A 立式加工中心简介

VDL－1400A 立式加工中心（见图 9-87）是新一代数控机床，采用 FANUC－0i 控制系统，可进行直线插补和圆弧插补操作。该机床独特的直线滚动导轨副（x、y 轴）加淬火硬轨贴塑导轨副（z 轴）设计，不仅适用于板类、盘类、壳体类和精密零件的加工，而且适用于模具加工。机床带有 ATC 交换装置、全封闭式防护罩、自动润滑系统、切削液喷淋系统、自动排屑装置、手动喷枪及便携式手动操作装置（MPG），零件一次装夹后可完成铣、镗、钻、扩、铰、攻螺纹等多工序加工，自动化程度高，可靠性强，操作简单，机电一体化程度高。

1. 主要特点

1）机床底座、立柱、主轴箱体、十字滑台和工作台等基础件全部采用高强度铸铁，组织稳定，可永久确保品质。铸件结构均经过机床动力学分析和有限元分析，合理的结构程度与加强肋的搭配保证了基础件的高刚性。宽实的机床底座、箱形腔立柱、负荷全支撑的十字滑台可确保加工时的重负载能力。

2）主电动机功率为11kW/15kW，通过高扭力同步带传动，主轴最高转速可

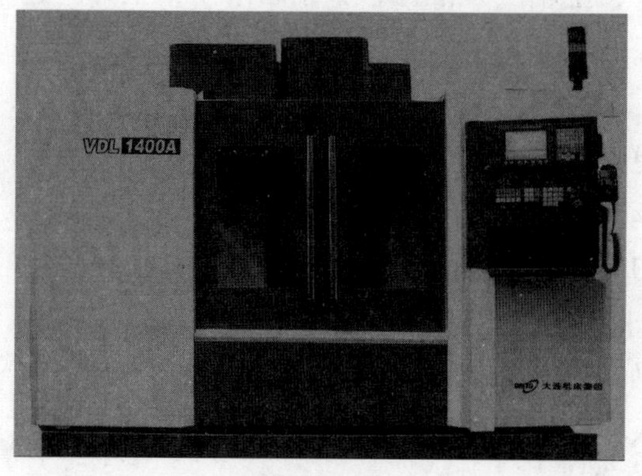

图9-87　VDL-1400A立式加工中心

达6000r/min。采用日本NSK精密主轴轴承，高性能油脂润滑，辅之独特、经济的主轴头冷却系统，可有效地控制主轴高速温升。主轴组件利用动态平衡校正设备直接校正主轴动态平衡，使主轴在高速运转时避免产生共振现象，可确保最佳的加工精度。

3）x、y轴进给均采用进口日本THK直线滚动导轨支撑，配之高精度滚珠丝杠副，滚珠丝杠经预拉伸后，大大增加了传动刚度并消除了快速运动时产生的热变形影响，因而确保了机床的定位精度和重复定位精度。y轴配置了三导轨支撑。机床z轴根据其垂直运动的特殊性，设计为淬火硬轨配进口塑料导轨的复合滑动导轨副，可提供主轴稳固的支撑，特别是在重切削时可使整个主轴箱系统保持足够的抗振性。

主轴箱移动（z轴）配有中央导引设计的平衡锤装置，即使在高速移动时配重也不产生晃动。配重与主轴箱重量比例精确，可获得最佳的加工特性，且使z轴驱动电动机具有良好的负载特性。

4）刀库选择带快速换刀机械手的刀库（24把刀具），刀盘就近选刀，换刀动作为气动和电动控制，无污染，便于维护，刀具交换快速可靠，换刀时间仅为3.5s。

5）机床配有全封闭防护罩，美观、安全，滴水不漏，有利于保护环境。密封式导轨防护罩采用的是我国台湾名牌厂家产品，可有效地保护移动部件的使用寿命。自动排屑装置简洁、实用、可靠，配之手动喷（水）枪，特别易于清除铁屑。

6）CNC控制系统采用FANUC 0i-MC全数字式AC伺服系统，软件功能丰富，功能强大，数控系统可配备第4轴接口、工件/刀具测量接口、标准RS-

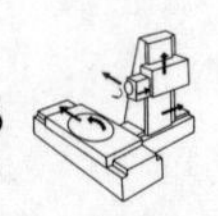

232接口及DNC运行接口，可根据用户要求配置第4轴（数控转台），以实现4轴联动。

2. 技术参数

VDL－1400A立式加工中心的主要技术参数见表9-2。

表9-2 VDL－1400A立式加工中心的技术参数

项目	单位	技术参数
工作台规格（长×宽）	mm	1450×620
工作台最大载重	kg	1200
x坐标行程	mm	1400
y坐标行程	mm	600
z坐标行程	mm	675
主轴中心线至立柱正面距离	mm	660
主轴端面至工作台上平面距离	mm	100～775
x、y、z向切削速度	mm/min	1～10000
x、y、z向快速进给速度	m/min	20/20/18
主轴转速范围	r/min	45～6000
主轴锥孔		No. 50
主轴功率	kW	11/15
伺服电动机功率（$x/y/z$）	kW	4/4/7
刀库容量（刀臂式）	把	24
刀柄		BT50/BT50×45°
刀具最大重量	kg	15
刀具最大直径	mm	ϕ125/ϕ250（邻/空）
换刀时间（刀对刀）	s	3.5
工作台T形槽（槽数×槽宽×槽距）	mm	5×18×100
定位精度	mm	x：0.032；y、z：0.025
重复定位精度	mm	x：0.010；y、z：0.008
数控系统		FANUC 0i－MD
气源压力	MPa	0.5～0.8
机床轮廓尺寸（长×宽×高）	mm	3080×2400×2780
机床重量	kg	8500

9.4.2 VDL－1400A立式加工中心操作说明

VDL－1400A立式加工中心操纵台由显示器、MDI、标准机床操作面板和手持盒等组成。图9-88所示为其操作面板，操作面板功能介绍见表9-3。

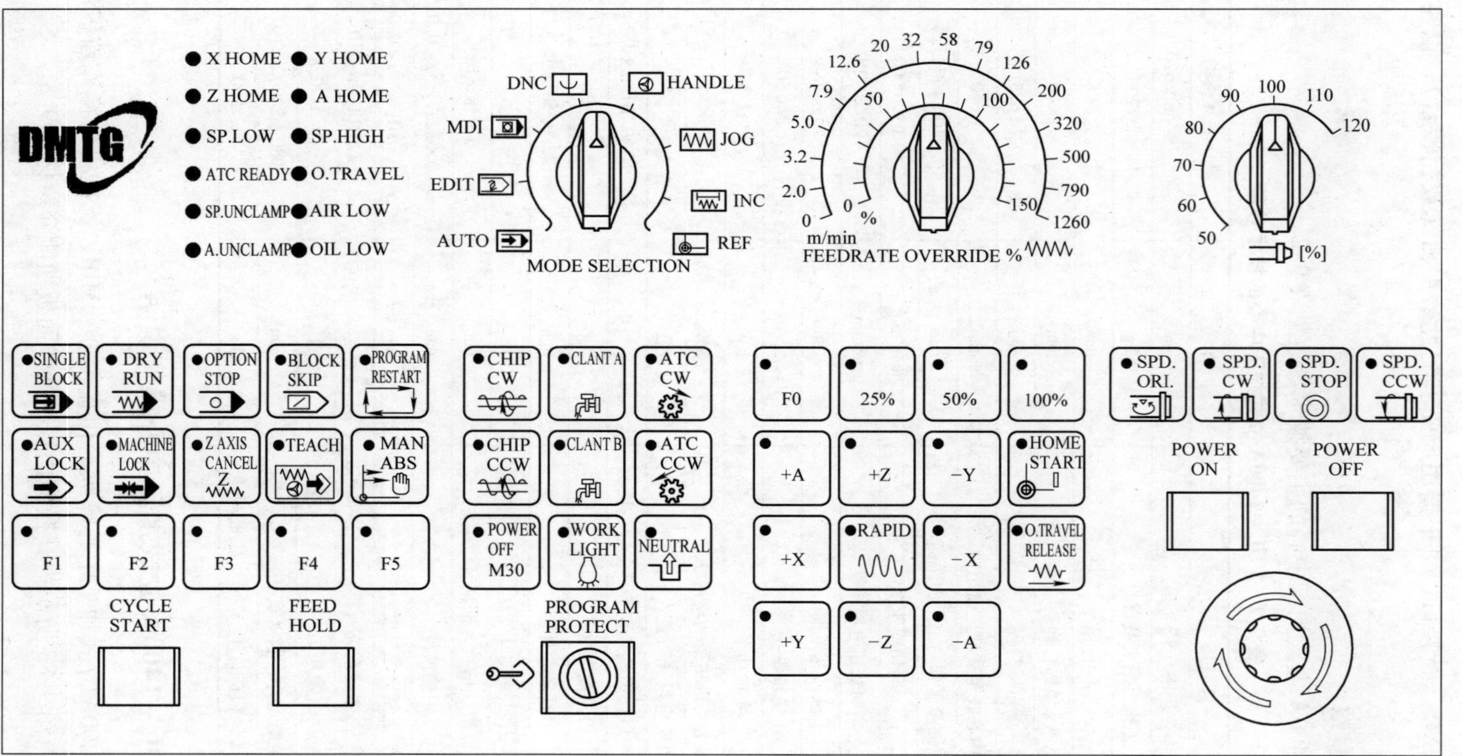

图 9-88　VDL－1400A 立式加工中心操作面板

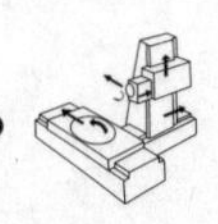

表 9-3　VDL－1400A 立式加工中心操作面板功能介绍

<table>
<tr><th>序号</th><th>按键</th><th>含义</th></tr>
<tr><td>1</td><td>● X HOME　● Y HOME
● Z HOME　● A HOME</td><td>x、y、z、A 轴参考点指示灯：
［ON］表示各坐标已达参考点位置</td></tr>
<tr><td>2</td><td>●
SP. LOW</td><td>主轴低档指示灯：
［ON］表示主轴位于低档</td></tr>
<tr><td>3</td><td>●
SP. HIGH</td><td>主轴高档指示灯：
［ON］表示主轴位于高档</td></tr>
<tr><td>4</td><td>●
ATC READY</td><td>ATC READY 灯：
［ON］表示 ATC 状态正常，可执行 ATC 动作
［OFF］表示 ATC 状态不正常，无法执行 ATC 动作</td></tr>
<tr><td>5</td><td>●
O. TRAVEL</td><td>紧急停止指示灯：
［ON］表示紧急停止</td></tr>
<tr><td>6</td><td>●
SP. UNCLAMP</td><td>主轴松刀指示灯：
［ON］表示主轴刀具已松开
［OFF］表示主轴刀具已夹紧</td></tr>
<tr><td>7</td><td>●
AIR LOW</td><td>气压不足警告灯：
［ON］灯亮时需检查气压或管路
［OFF］气压正常</td></tr>
<tr><td>8</td><td>●
A. UNCLAMP</td><td>第 4 轴松刀指示灯：
［ON］表示转台已松开
［OFF］表示转台已夹紧</td></tr>
<tr><td>9</td><td>●
OIL LOW</td><td>油量不足警告灯：
［ON］灯亮时需检查油量或油压
［OFF］油量和油压正常</td></tr>
<tr><td>10</td><td>F0　25%　50%　100%</td><td>快速进给速度调整按钮：
<table>
<tr><th rowspan="3">快速进给速度/(m/min)</th><th colspan="4">按钮</th></tr>
<tr><th>F0</th><th>25%</th><th>50%</th><th>100%</th></tr>
<tr><th colspan="4">对应的进给速度/(m/min)</th></tr>
<tr><td>10</td><td>0</td><td>2.5</td><td>5</td><td>10</td></tr>
<tr><td>20</td><td>0</td><td>5</td><td>10</td><td>20</td></tr>
</table>
在下列情况下，使用快速进给速度调整：
自动运转时：G00，G28，G30
手动运转时：快速进给，参考点复归</td></tr>
<tr><td>11</td><td>m/min：0　2.0　3.2　5.0　7.9　12.6　20　32　58　79　126　200　320　500　790　1260
%：0　50　100　150
FEEDRATE OVERRIDE %</td><td>手动进给速度开关：
以手动或自动操作各轴的移动时，可通过调节此开关来改变各轴的移动速率</td></tr>
</table>

（续）

序号	按键	含义
12	90 100 110 80 120 70 60 50 [%]	主轴倍率选择开关： 自动或手动操作主轴时，旋转此开关可调节主轴的转速
13	+A +Z −Y +X RAPID −X +Y −Z −A	进给轴选择按钮： JOB方式下，按下欲运动的轴的按钮。被选择的轴会以JOB倍率进行移动，松开按钮则轴停止移动
14	HOME START	原点复归开关： ［ON］必须在参考原点复归模式下使用此键
15	O.TRAVEL RELEASE	超程解除开关： ［ON］当按下此按钮时，可以解除超程引起的急停状态
16	CYCLE ATART　FEED HOLD	循环起始与进给保持按钮： ［循环起始］按钮在自动运转和MDI方式下使用，开关ON后可进行程序的自动运转；用［暂停］按钮可使其暂停
17		紧急停止按钮： 运转中遇有危险的情况，立即按下此按钮，机械将立即停止所有的动作，欲解除时，顺时针方向旋转此按钮，即可恢复待机状态

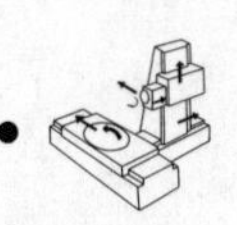

（续）

序号	按键	含义
18	DNC　HANDLE　MDI　JOG　EDIT　INC　AUTO　REF　MODE SELECTION	操作方式选择按钮： AUTO：自动方式，可自动执行存储在 NC 里的加工程序 EDIT：编辑方式，可进行加工程序的编辑、修改等 MDI：手动数据输入方式，可在 MDI 页面进行简单操作修改参数等 DNC：在线加工方式，可通过计算机控制机床进行加工 HANDLE：手轮方式，此方式下手摇脉冲发生器生效 JOG：JOB 进给方式，在此方式下按下各轴选择按钮，选定的轴将以 JOB 进给速度移动，如果同时按下 RT 按钮，则快速叠加 INC：增量进给方式 REF：参考点返回方式，可进行各坐标轴的参考点返回
19	●SINGLE BLOCK	单程序段开关： [ON] 在自动运转时，仅执行一单节的指令动作，动作结束后停止 [OFF] 连续性地执行程序指令
20	● DRY RUN	空运行开关： [ON] 以手动进给速率开关设定进给速率，会替换原程式设定的进给速率
21	●OPTION STOP	选择停止开关： [ON] 当 M01 已被输入程序，按此按钮，则当 M01 执行完后，机械会自动停止运转 [OFF] 程序内容中选择停止的指令（M01）视同无效，而机械不做暂时停止的动作
22	●BLOCK SKIP	程序段跳过开关： [ON] 单段指令前加“/”则视同有效，直接执行下一段 [OFF] 单段指令前加“/”仍会执行

（续）

序号	按键	含义
23	PROGRAM RESTART	程序再启动： ［ON］程序再启动功能生效 ［OFF］程序再启动功能无效
24	AUX LOCK	辅助功能闭锁开关： ［ON］按此按钮，功能M、S、T或B视同无效
25	MACHINE LOCK	机床闭锁： ［ON］三轴机械被锁定，无法移动，但程序指令坐标仍会显示
26	Z AXIS CANCEL Z	Z轴闭锁开关： ［ON］在自动运转时，Z轴机械被锁定
27	TEACH	教导功能开关： ［ON］此功能可在手动进给试切削时编写程序
28	MAN ABS	手动绝对值： ［ON］在自动操作中介入手动操作时，其移动量进入绝对记忆中 ［OFF］在自动操作中介入手动操作时，其移动量不进入绝对记忆中
29	CHIP CW	排屑正转开关： ［ON］排屑螺杆依顺时针方向转动（连续控制） ［OFF］排屑螺杆不动作
30	CHIP CCW	排屑反转开关： ［ON］排屑螺杆依逆时针方向转动（电动控制） ［OFF］排屑螺杆不动作
31	POWER OFF M30	M30自动断电： ［ON］程序中遇到M30后，机床将在设定的时间内自动关闭总电源

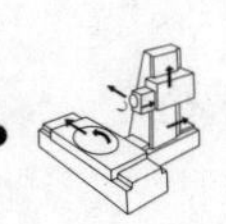

（续）

序号	按键	含义
32	● CLANT A	切削液1控制开关： ［ON］切削液1流出 ［OFF］切削液1停止
33	● CLANT B	切削液2控制开关： ［ON］切削液2流出（冲洗电动机起动） ［OFF］切削液2停止
34	● WORK LIGHT	工作灯开关： ［ON］工作灯亮 ［OFF］工作灯灭
35	● ATC CW	刀库正转开关： ［ON］ATC刀库依顺时针方向转动 ［OFF］ATC刀库不动
36	● ATC CCW	刀库反转开关： ［ON］ATC刀库依逆时针方向转动 ［OFF］ATC刀库不动
37	● NEUTRAL	主轴手动齿轮换档（保留选项）
38	PROGRAM PROTECT	程式保护开关： ［ON］防止未授权人员修改程序 ［OFF］允许程式修改
39	● SPD. ORI.	主轴定向开关： ［ON］主轴返回定向位置

（续）

序号	按键	含义
40	● SPD. CW	主轴正转开关： ［ON］主轴依设定的 RPM 值，做顺时针方向旋转
41	● SPD. STOP	主轴停止开关： ［ON］主轴立即停止动作
42	● SPD. CCW	主轴反转开关： ［ON］主轴依设定的 RPM 值，做逆时针方向旋转
43	POWER ON　POWER OFF	电源 ON/OFF 开关： ［ON］系统上电 ［OFF］系统断电
44	F1　F2　F3　F4　F5	备用按钮： 可根据用户的特殊要求使用这些按钮，正常情况下不用

9.4.3　编程简介

程序的编制参考本书第9章中的相关内容，这里仅介绍常用的和制造商自定义的M代码，见表9-4。

表9-4　常用的和制造商自定义的M代码

M代码	功　能	M代码	功　能
M00	程序停止	M09	切削液关闭（M07、M08、M10和M38停止）
M01	程序选择性停止		
M02	程序结束	M10①	外部吹气停止
M03	主轴顺时针旋转	M13①	主轴正转且切削液开
M04	主轴逆时针旋转	M14①	主轴反转且切削液开
M05	主轴停止	M19	主轴定向
M06	自动换刀	M29	刚性攻螺纹
M07①	刀具内冷启动	M30	程序结束并返回
M08	切削液打开	M40①	第四轴夹紧

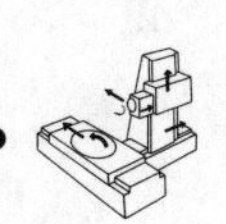

（续）

M代码	功　能	M代码	功　能
M41①	第四轴放松	M82	主轴松刀
M45	排屑启动	M83	刀臂旋转180°换刀
M46	排屑停止	M84	主轴夹刀
M58①	冲屑开启	M85	刀臂归原位
M59①	冲屑关闭	M86	刀套向上
M80	刀套向下并主轴定向	M98	子程序调用
M81	刀具顺时针旋转抓刀	M99	子程序调用返回

① 该代码为选择项目。

9.4.4 报警信息及处理方法

机床报警号的内容说明及对策见表9-5。

表9-5 机床报警号的内容说明及对策

代码	报警号	英文内容	中文内容	对策
A0.0	1000①	DOOR NOT LOCK PLS OPEN DOOR	门未关	关闭防护门
A0.1	1001	CHECK POT UP LS&SOL	刀套向上的检测开关或电磁阀不正常	检查开关和电磁阀
A0.2	1002	Z AXIS NOT IN 2 POSITION	z轴不在换刀点	使z轴返回换刀点
A0.3	1003	Z AXIS CANCLELED	z轴取消	恢复z轴
A0.4	1004	ATC NOT READY	刀具交换装置未准备好	检查并准备好刀具交换装置
A0.5	1005	ARM OP OVER TIME	刀具交换过时	TMR中设定，确认超时原因
A0.6	1006	TOOL NO. NOT SETTING	指令的刀具号码错误	重新指令正确的刀具号码
A1.0	1008	CHECK POT DOWN LS&SOL	刀套向下的检测开关或电磁阀不正常	检查开关及电磁阀
A1.2	1010	CHECK TOOL UNCLAMPLS	刀具放松的开关有误	检查刀具放松的开关
A1.3	1011	CHECK TOOL CLAMPLS	刀具夹紧的开关有误	检查刀具夹紧的开关
A1.4	1012	CHECK ARM BRAKE SENSOR 1&MS. OL	机械手停止开关不正常	检查机械手

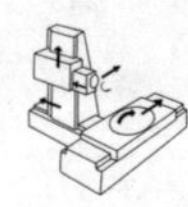

（续）

代码	报警号	英文内容	中文内容	对策
A1.5	1013[1]	4TH AXIS CLAMPED	无此功能，未配置第4轴	检查第4轴开关状态
A1.6	1014	CHECK ARM U/C SENSOR 2&MS. OL	手抓刀开关有误	检查手抓刀开关
A1.7	1015	LUBE ALARM CANNOT CYCLE START	润滑油液位低，不能循环起动	添加润滑油
A2.0	1016	AIR ALARM CANNOT CYCLE START	空气压力低，不能循环起动	检查压缩空气压力
A2.1	1017	TOOL NO. ≥25	指令刀具号≥25	重新指令刀具号
A2.2	1018	MAG NOT ORIENT	刀库不在位	检查刀库极限开关
A2.4	1020	ARM SENOR，K7，Q7 FAULT	手臂开关状态有误	检查手臂开关信号
A2.5	1021	ATC COUNTER ERROR	刀库计数错误	检查计数开关状态
A2.6	1022	ARM IN TEST MODE	手臂处于调整状态	取消调整状态
A2.7	1023	MAG RUN OVER TIME	刀库运行超时	排除超时原因
A3.0	1024[1]	CHIP2 – MOTOR OVERLOAD	排屑电动机2过载	排除过载原因
A3.1	1025[1]	DOOR OPEN	侧门打开	关闭侧门
A3.4	1028[1]	H/L GEAR POSITION ERROR	高/低档开关有误	检查开关信号
A3.5	1029[1]	GEAR CHANGE OVER 10SEC	换档超时	排除超时原因
A4.3	1035	CHIP – MOTOR OVERLOAD	排屑电动机过载	排除过载原因
A4.4	1036	MAG – MOTOR OVERLOAD	刀库电动机过载	排除过载原因
A4.5	1037	COOL – MOTOR OVERLOAD	冷却电动机过载	排除过载原因
A4.6	1038	WASH – MOTOR OVERLOAD	冲屑电动机过载	排除过载原因
A4.7	1039	ARM – MOTOR OVERLOAD	机械手电动机过载	排除过载原因

① 此警报仅在具有该功能的机床上才会出现，如1029/1029只在具备高低档的机床上才可能出现。

9.4.5　加工中心安全操作规则

1）必须遵守加工中心安全操作规程。

2）工作前应按规定穿戴好防护用品，扎好袖口，不准戴围巾、戴手套、打领带、围围裙，女工发辫应挽在帽子内。

3）开机前检查刀具补偿、机床零点、工件零点等是否正确。

4）各按钮相对位置应符合操作要求。认真编制、输入数控程序。

5）要检查设备上的防护、保险、信号、位置、机械传动部分、电气、液压、数显等系统的运行状况，在一切正常的情况下方可进行切削加工。

6）加工前先进行机床试运转，检查润滑、机械、电气、液压、数显等系统

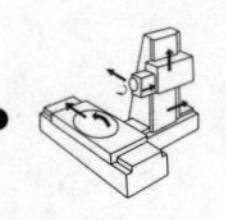

的运行状况，在一切正常的情况下方可进行切削加工。

7）机床按程序进入加工运行后，操作人员不准接触运动着的工件、刀具和传动部分，禁止隔着机床转动部分传递或拿取工具等物品。

8）调整机床、装夹工件和刀具以及擦拭机床时必须停车进行。

9）工具或其他物品不许放在电器、操作柜及防护罩上。

10）不准用手直接清除铁屑，应使用专门工具清扫。

11）发现异常情况及报警信号应立即停车，请有关人员检查。

12）不准在机床运转时离开工作岗位，因故要离开时，应将工作台放在中间位置，使刀体退回，必须停车，并切断主机电源。

第10章　数控电火花线切割加工

10.1　数控电火花线切割概述

数控电火花切割机床利用电蚀加工原理，采用金属导线作为工具电极切割工件。机床配有计算机做数字程序控制，能按加工要求自动控制切割任意角度的直线和圆弧。这类机床主要适用于切割淬火钢、硬质合金等特殊金属材料，加工一般金属切削机床难以正常加工的细缝槽或形状复杂的零件，在模具行业的应用尤为广泛。图10-1所示为数控电火花线切割机床加工的工件示例。

图10-1　数控电火花线切割机床加工的工件示例

10.1.1　电火花线切割加工原理

电火花线切割加工是在电火花成形加工基础上发展起来的，两者基本原理一样，都是利用电极间脉冲放电时的电火花腐蚀原理来实现零部件的加工，不同的是电火花线切割加工不需要制造复杂的成形电极，而是利用移动的细金属丝（钼丝或黄铜丝）作为工具电极，工件按照预定的轨迹运动，“切割”出所需要的各种尺寸和形状。电火花线切割加工原理示意图如图10-2所示。

工件3装夹在机床的坐标工作台1上，电极丝5卷绕在贮丝筒9上（一般快走丝线割机用钼丝，慢走丝线切割机用黄铜丝）。电极丝连续地沿其自身中心线行进，并在张紧状态下由上、下四个导轮6支撑着通过加工区。高频脉冲电源4的正极接工件，负极接工具电极（即电极丝5）。当脉冲电压击穿电极丝和工件之间的极间间隙时，两者之间随即产生火花放电而蚀除工件。在控制系统的控制下，电极丝以一定的速度往返运动，它不断地进入和离开放电区域；供液系统在电极丝与工件之间浇注液体介质（工作液）；工作台1带着工件3按照数控程序的指令做纵向和横向的运动。只要有效地控制电极丝相对工件运动的轨迹和速

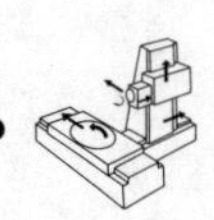

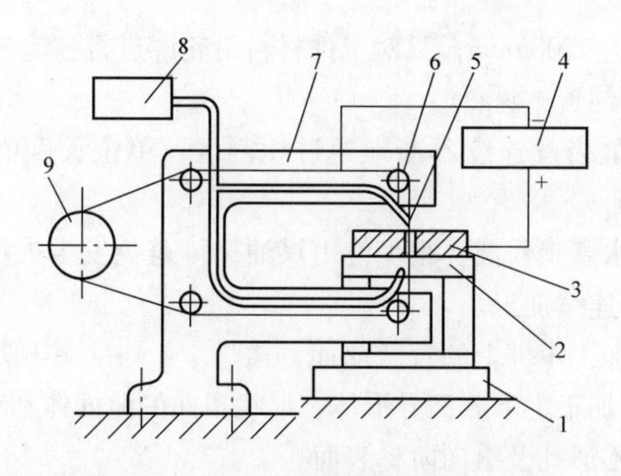

图 10-2　电火花线切割加工原理示意图

1—工作台　2—夹具　3—工件　4—脉冲电源　5—电极丝　6—导轮
7—丝架　8—工作液箱　9—贮丝筒

度，就能切割出一定形状和尺寸的工件。

10.1.2　电火花线切割加工的形成条件

电火花线切割加工能正常运行，必须具备下列条件：

1）工具电极与工件的被加工表面之间必须保持一定间隙，间隙的宽度由工作电压、加工量等加工条件而定。

2）电火花线切割机床加工时，必须在有一定绝缘性能的液体介质中进行，如煤油、皂化油、去离子水等。要求较高绝缘性是为了利于产生脉冲性的火花放电，液体介质还有排除间隙内电蚀产物和冷却电极的作用。工具电极和工件被加工表面之间应保持一定间隙，如果间隙过大，极间电压不能击穿极间介质，则不能产生电火花放电；如果间隙过小，则容易形成短路连接，也不能产生电火花放电。

3）必须采用脉冲电源，即火花放电必须是脉冲性、间歇性，在脉冲间隔内使间隙介质消除电离，使下一个脉冲能在两极间击穿放电。

10.1.3　电火花线切割加工的特点

1）不需要设计和制造成形工具电极，大大降低了加工费用，缩短了生产周期。

2）直接利用电能进行脉冲放电加工，工具电极和工件不直接接触，无机械加工中的宏观切削力，适用于加工低刚度零件及细小零件，如薄壁、窄槽、异形孔、微型齿轮等。

3）无论工件硬度如何，只要是导电或半导电的材料都能进行加工。

4）切缝可窄达0.005mm，只对工件材料沿轮廓进行“套料”加工，材料利用率高，能有效节约贵重材料。

5）移动的长电极丝连续不断地通过切割区，单位长度电极丝的损耗量较小，加工精度高。

6）一般采用水基工作液，很少使用煤油，可避免发生火灾，安全可靠，可实现昼夜无人值守连续加工。

7）通常用于加工零件上的直壁曲面，通过 $x-y-U-V$ 四轴联动控制，也可进行锥度切割和加工上下截面异形体、形状扭曲的曲面体和球形体等零件。

8）不能加工不通孔及纵向阶梯表面。

10.1.4　电火花线切割加工的应用范围

电火花线切割加工为新产品试制、精密零件及模具制造开辟了一条新的工艺途径，主要应用于以下几个方面。

1）加工模具。电火花线切割适用于加工各种形状的冲模，通过调整不同的间隙补偿量，只需一次编程就可以切割凸模、凸模固定板、凹模及卸料板等，模具配合间隙、加工精度通常都能达到要求。此外，还可以加工挤压模、粉末冶金模、弯曲模、塑压模等通常带锥度的模具。

2）加工电火花成形加工用的电极。电火花线切割可用于切割一般穿孔加工的电极以及带锥度型腔加工的电极，对于铜钨、银钨合金之类的材料，用电火花线切割加工特别经济。同时也适用于加工微细复杂形状的电极。

3）加工零件。可用于加工材料试验样件、各种型孔、特殊齿轮或凸轮、样板、成形刀具等复杂形状零件及高硬材料的零件，可进行微细结构、异形槽的加工；试制新产品时，可在坯料上直接切割出零件；加工薄件时，可多片叠在一起加工。

10.2　数控电火花线切割机床

10.2.1　数控电火花线切割机床简介

1. 电火花线切割机床的分类

电火花线切割机床一般按照电极丝运动速度分为快走丝线切割机床和慢走丝线切割机床。快走丝线切割机床业已成为我国特有的线切割机床品种和加工模式，应用广泛；慢走丝线切割机床是国外生产和使用的主流机种，属于精密加工设备，代表着线切割机床的发展方向。表10-1列出了快、慢走丝线切割机床的主要区别。

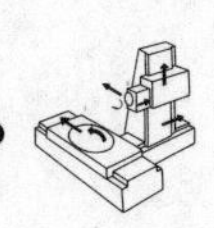

表 10-1　快、慢走丝线切割机床的主要区别

比较项目	快走丝线切割机床	慢走丝线切割机床
走丝速度/(m/s)	≥2.5，常用值为 6 ~ 10	<2.5，常用值为 0.25 ~ 0.001
电极丝工作状态	反复供丝，反复使用	单向运行，一次性使用
加工精度/mm	±(0.02 ~ 0.005)	±(0.005 ~ 0.002)
表面粗糙度/μm	3.2 ~ 1.6	1.6 ~ 0.1
重复定位精度/mm	±0.01	±0.002
电极丝材料	钼、钨钼合金	黄铜、铜、以铜为主体的合金或镀覆材料
电极丝直径/mm	0.03 ~ 0.25， 常用值为 0.12 ~ 0.20	0.003 ~ 0.30， 常用值为 0.20
穿丝方式	只能手工	可手工，可自动
工作电极丝长度	数百米	数千米
电极丝张力/N	上丝后即固定不变	可调，通常为 2.0 ~ 25
电极丝振动	较大	较小
进丝系统结构	较简单	复杂
脉冲电源	开路电压 80 ~ 100V， 工作电流 1 ~ 5A	开路电压 300V 左右， 工作电流 1 ~ 32A
单面放电间隙/mm	0.01 ~ 0.03	0.01 ~ 0.12
工作液	线切割乳化液或水基工作液	去离子水，个别场合用煤油
工作液电阻率/(kΩ · cm)	0.5 ~ 50	10 ~ 100
导丝机构型式	导轮（寿命较短）	导向器（寿命较长）
机床价格	便宜	昂贵
切割速度/(mm/min)	20 ~ 160	20 ~ 240
电阻丝损耗/mm	均布于参与工作的电极丝全长，加工 (3 ~ 10) $mm \times 10^4 mm^2$ 时，损耗 0.01mm	不计
最大切割厚度/mm	钢 500，铜 610	400
最小切缝宽度/mm	0.09 ~ 0.01	0.014 ~ 0.0045
数控装置	开环、步进电动机形式	闭环、半闭环、伺服电动机
程序形式	3B、4B 程序，国际 ISO 代码程序	国际 ISO 代码程序

2. 电火花线切割机床的组成

无论是快走丝机床还是慢走丝机床，其基本组成是相同的，主要包括工作台、走丝机构、供液系统、脉冲电源和控制系统（控制柜）五大部分，如图 10-3、图 10-4 所示。

（1）工作台　工作台又称切割台，由工作台面、中拖板和下拖板组成。工作台面用以安装夹具和被切割工件，中拖板和下拖板分别由电动机拖动，通过齿

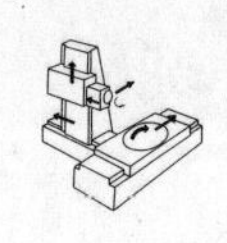

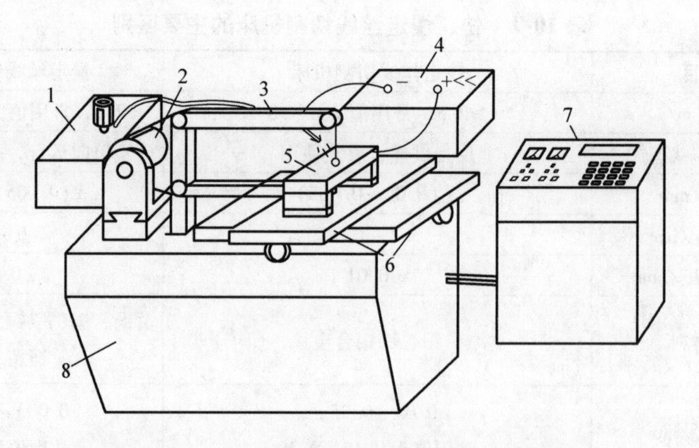

图 10-3　快走丝电火花线切割机床的组成

1—供液系统　2—走丝机构　3—电极丝　4—脉冲电源

5—工件　6—十字拖板　7—数控柜　8—机床床身

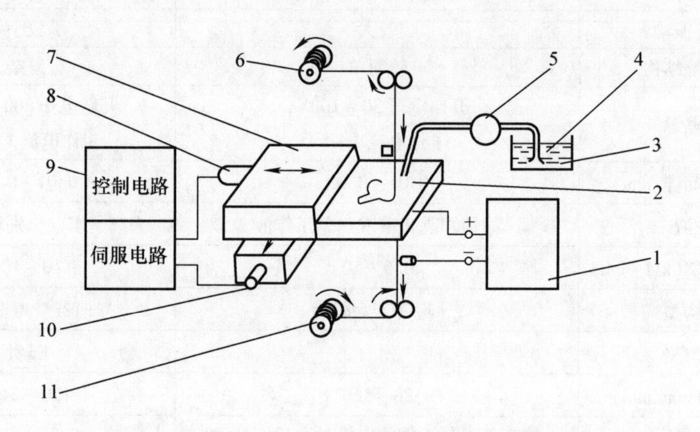

图 10-4　慢走丝电火花线切割机床的组成

1—脉冲电源　2—工件　3—工作液箱　4—去离子水　5—泵　6—放丝卷筒

7—工作台　8—x 轴电机　9—数控柜　10—y 轴电机　11—收丝卷筒

轮变速及滚珠丝杠传动，将电动机的旋转运动变为工作台的直线运动，通过两个坐标方向各自的进给移动，可合成获得各种平面图形曲线轨迹。

（2）走丝机构　走丝机构主要由贮丝筒、走丝电动机、丝架和导轮等部件组成。走丝机构使电极丝以一定的速度运动并保持一定的张力。

（3）供液系统　供液系统为机床的切割加工提供足够、合适的工作液，一般由工作液泵、液箱、过滤器、管道和流量控制阀等组成。线切割加工中应用的工作液种类很多，有煤油、乳化液、去离子水、蒸馏水、洗涤液、酒精等，应根据具体条件加以选用。快走丝机床通常采用浇注式供液方式，而慢走丝机床有些

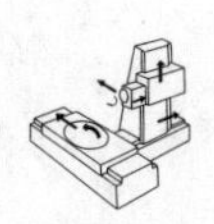

采用浸泡式供液方式。

（4）脉冲电源　脉冲电源就是产生脉冲电流的能源装置。电火花线切割脉冲电源是影响线切割加工工艺指标最关键的设备之一。为了满足切割加工条件和工艺指标，对脉冲电源有以下要求：①脉冲峰值电流要适当（1～5A）；②脉冲宽度要窄（2～60μs）；③脉冲频率要尽量高；④有利于减少电极丝损耗；⑤参数调节方便，适应性强。

（5）控制系统　机床的控制系统存放于控制柜中，对整个切割加工过程和切割轨迹做数字程序控制。

10.2.2　BDK7740 数控电火花线切割机床

BDK7740 数控电火花线切割机床是以钼丝、钨钼丝作为工具电极，利用电蚀加工的原理对工件进行腐蚀加工的特种机床。它通过编制的加工程序，可加工由直线、圆弧、椭圆等多种曲线组成的任意复杂形状的金属冲模、零件与样板等。该机床适用于切割淬火钢、硬质合金、导电陶瓷、钛合金、非铁金属、不锈钢等韧性材料及超硬材料。

1. 机床的主要技术指标

BDK7740 数控电火花线切割机床的主要技术指标见表 10-2。

表 10-2　BDK7740 数控电火花线切割机床的主要技术指标

<table>
<tr><th colspan="2">项目</th><th colspan="2">技术参数</th></tr>
<tr><td colspan="2">工作台面尺寸（长×宽）</td><td colspan="2">1300mm×700mm</td></tr>
<tr><td rowspan="4">工作台行程</td><td>纵向（x 向）</td><td colspan="2">400mm</td></tr>
<tr><td>横向（y 向）</td><td colspan="2">500mm</td></tr>
<tr><td>手轮每转圈</td><td colspan="2">4mm</td></tr>
<tr><td>手轮每转一格</td><td colspan="2">0.02mm</td></tr>
<tr><td colspan="2">加工精度</td><td colspan="2">0.015mm</td></tr>
<tr><td colspan="2">加工表面粗糙度</td><td colspan="2">Ra≤2.5μm（20mm/min）</td></tr>
<tr><td colspan="2">最大切割厚度（z 向）</td><td colspan="2">普通可调线架为 100～500mm（可调）
大锥度可调线架为 100～300mm（可调）</td></tr>
<tr><td colspan="2">最大切割锥度</td><td colspan="2">6°</td></tr>
<tr><td colspan="2">最大切割速度</td><td colspan="2">>120mm/min</td></tr>
<tr><td colspan="2" rowspan="2">贮丝筒</td><td>直径</td><td>160mm</td></tr>
<tr><td>最大往复行程</td><td>180mm</td></tr>
<tr><td colspan="2" rowspan="3">电极丝直径</td><td>电极丝材料</td><td>钼丝、钨钼丝</td></tr>
<tr><td>电极丝直径</td><td>0.10～0.25mm</td></tr>
<tr><td>电极丝速度</td><td>变频调速</td></tr>
</table>

（续）

项目	技术参数
工作液	DIC－206；DX－2a 型电加工专用乳化液
保护功能	断线自动关断走丝电动机
工作电源	交流三相五线，220V/50Hz
功耗	≤3kW
机床尺寸（长×宽×高）	1760mm×1400mm×1500mm

2. 机床主要结构

（1）床身　床身起支撑安装作用，是支撑坐标工作台、走丝机构和丝架的基体。它的四角设有四个地脚，旋转地脚上的花盘螺母可以调节机床水平。当机床移动时可将花盘螺母拧到底，使中间的钢球露出，便于运动。

（2）工作台　坐标工作台主要由拖板、精密滚珠丝杠副、高精度直线滚动导轨副、x 和 y 向电动机组成。

拖板由中拖板、工作台板和下拖板组成。下拖板固定于床身上；中拖板沿下拖板导轨做 x 方向运动，其侧面有 500mm 行程标尺，可观测工作拖板在 x 方向的位置；工作台板可沿中拖板上的导轨做 y 方向运动，同时又随中拖板做 x 方向运动，工作台板上有 400mm 行程标尺，可指示工作拖板 y 向位置。

导轨分承重导轨和导向导轨。承重导轨采用平行滚柱形式，导轨间圆柱滚柱直径差小于 0.001mm，分别置于滚柱保持器中，以保证工作拖板运动灵活，平稳可靠。导向导轨为高平直度侧导轨，每侧采用两个高精度的滚动轴承，通过滚动轴承沿侧导轨的滚动来保证工作拖板的导向精度，中拖板上有偏心轴，可调整工作拖板间的垂直度。

工作台移动有手动和自动两种。机床 x、y 向电动机在解锁状态下直接移动手柄，可使工作台移动，手轮每转一圈为丝杠螺距 4mm，每移动一格为 0.02mm。自动进给是由操作者编程输入计算机，由计算机自动进行插补运算，并发出进给信号，控制 x、y 向电动机运动，通过传动系统实现工作台自动移动；控制台每发出一个进给信号，x、y 向电动机转一步，通过 x、y 向电动机直接带动精密滚珠丝杠副，使拖板运动 1μm。

工作台面上有回液槽，在加工时工作台面上的工作液可通过回液槽流回工作液箱，经过沉淀过滤后循环使用。工作台上装有有机玻璃防护罩，上丝臂有磁性挡水帘用于防止工作液飞溅。

（3）线架　线架结构示意图如图 10-5 所示。

线架安装在贮丝筒与工作台之间。为满足不同厚度工件的要求，机床采用可变跨距结构的线架，以确保上、下导轮与工件的最佳距离，减小电极丝的抖动，提高加工精度。线架采用铸件结构，可提高线架的刚度。线架的下悬臂固定在立

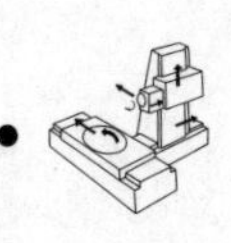

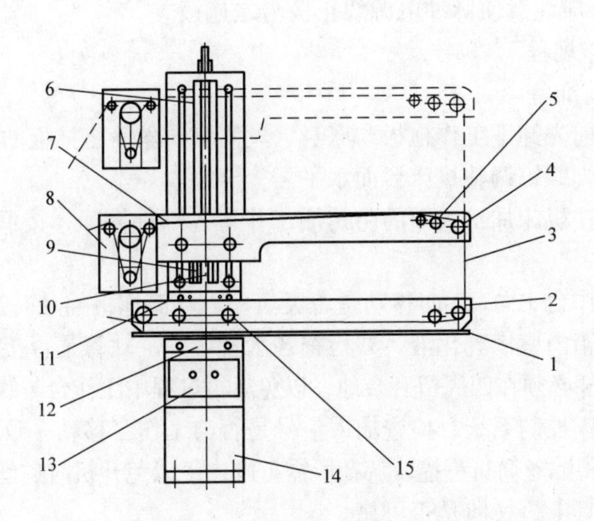

图 10-5　线架结构示意图

1—水槽　2—下悬臂　3—电极丝　4—导轮组件　5—双导电轮组件　6—丝杠　7—上悬臂　8—电极丝张紧装置　9—电线　10—水管　11—定位块　12—定位座　13—冷却阀面板　14—立柱　15—调节螺钉

柱上，上悬臂可沿立柱导轨上、下升降。根据加工工件的厚度调整上悬臂的位置时，应将其上两个内六角圆柱头螺钉松开，再用扳手旋转立柱顶部的四方轴到所需位置后，将两内六角圆柱头螺钉锁紧（不要松动外六角螺钉）。两臂前后有挡水板，前挡水板由于上丝频繁，采用磁性方式，操作方便。导轮采用陶瓷导轮、钢导轮，具有精度高、寿命长、绝缘性能好、防止轴承放电、工作稳定等特点。

悬臂靠丝筒侧上部有一后导轮，用以使钼丝、钼钨丝规则地排列于贮丝筒上，起导丝作用。上、下悬臂在靠导轮侧有高频电源进电块，远离导轮的硬质合金块为断丝保护块。绕丝后应仔细观察电极丝是否与各硬质合金块接触良好，若硬质合金块上磨出沟槽应进行位置调整或更换。

工作液水嘴可在水嘴小孔处形成高压水喷在被加工工件上，使工件冷却并带走切削蚀除物。若发现水嘴堵塞，可拆下清洗。

（4）工作液循环系统　在机床右侧放置有一工作液箱，加工时起动工作液泵，工作液就通过管道水阀从丝架上、下水嘴喷出，然后通过工作台回液槽，沿管道流回工作液箱。回流的脏液在液箱内经二次隔板沉淀过滤后可重复使用。根据加工情况，应在工作 80～120h 后更换工作液。

（5）安装台　该机床设有纵、横两个夹具作为工件安装台，用以支撑工件。被加工零件用压板装夹在夹具安装台上，横向夹具由 T 形螺钉固定于工作台上，纵向夹具可在横向夹具的 T 形槽中移动，固定于合适位置。当单独使用其中一条横向夹具时，应注意使脉冲电源线正极与之连接。

3. 机床操作规程

（1）操作前准备

1）在开机前先卸下工作拖板与床身、丝筒座与丝筒座拖板的固定装置。

2）通过地脚螺钉调整机床台面水平。

3）去除涂在机床加工表面的防锈油，并将各部件擦净，按润滑要求加足润滑油。

4）检查工作台 x 向、y 向移动是否灵活，贮丝筒拖板摇动时运动是否灵活。

5）工作液箱内盛满乳化液，并检查各水管接头、软管是否接牢。

6）装夹工件必须在四周留有余地，以免运行过程中工作台与线架发生碰撞。

7）接好机床控制系统，检查输入信号是否与工作台移动一致。

8）开机前将贮丝筒行程撞块调在所需范围内，以免开机时贮丝筒拖板冲出。

9）检查工具电极换向是否可靠。

（2）操作规程

1）打开计算机及显示器，按编程操作要求输入加工程序。

2）打开驱动电源开关，用鼠标单击“模拟”键，机床 x、y、U、V 四轴应按规定方向联动。

3）装夹好待切割工件，起动运丝装置。运丝电动机转动，加油润滑贮丝筒拖板导轨及贮丝桶齿轮组。起动工作液泵，线架下喷水嘴应有工作液喷出（工作液必须顺钼丝流动）。

4）根据切割工件厚度、表面粗糙度、速度要求，调节好高频电源参数，打开高频电源开关。

5）用鼠标单击“加工”键。机床系统进入加工状态。

6）先用较慢的速度进给，待工具电极进入工件后对高频参数再次微调，直至加工电流、电压稳定为止。

7）工件加工完毕后，系统报警自动关机。

8）切割完毕后依次关断脉冲电源、工作液泵、贮丝筒及电源，或直接关断电源开关。

（3）机床安全操作规范　数控电火花线切割加工机床安全操作规范主要从两方面考虑：一方面是人身安全，另一方面是设备安全。具体有以下内容：

1）操作者必须熟悉数控电火花线切割加工机床的操作，禁止未经培训的人员擅自操作机床。

2）初次操作机床者必须仔细阅读数控电火花线切割加工机床操作说明书，并在实训教师指导下操作。

3）实训时，衣着要符合安全要求：要穿绝缘的工作鞋，女工要戴安全帽，

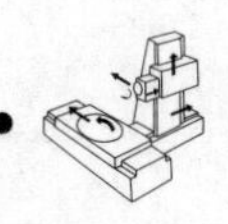

长发要盘起。

4）加工中严禁用手或者手持导电工具同时接触加工电源的两端（即电极丝与工件），以防触电。

5）手工穿丝时，注意防止电极丝扎手。

6）工件及装夹工件的夹具高度必须低于机床线架高度，否则加工过程中工件或夹具会撞上线架而损坏机床。

7）支撑工件的工装必须在工件加工区域外，否则加工时会连同工件一起切割掉。

8）重量大的工件在搬移、安放的过程中要注意安全，在工作台上要轻放轻移。

9）加工之前应该安装好机床的防护罩，并尽量消除工件的残余应力，以防切割过程中工件爆裂伤人。

10）机床附近不得放置易燃、易爆物品，以防因工作液一时供应不足产生的放电火花引起事故。

11）防止工作液等导电物进入机床的电器部分。一旦发生因电器短路造成火灾时，应首先切断电源，立即用合适的灭火器灭火，不能用水灭火。机床周围需存放足够的灭火器材，操作者应知道如何使用灭火器材。

12）机床电气设备的外壳应采用保护措施，防止漏电，可使用触电保护器来防范触电的发生。

13）机床运行时，不要把身体靠在机床上。不要把工具和量具放在移动的工件或部件上。

14）用过的废电极丝要放在规定的容器内，防止混入电路和运丝系统中，造成电器短路、触电和断丝等事故。

15）在加工过程中，操作者不能离岗或远离机床，要随时监控加工状态，对加工中的异常现象应及时采取相应的处理措施。

16）在加工中发生紧急问题时，可按紧急停止按钮来停止机床的运行。

17）应经常检查导轮、进电块、轴承等是否因磨损而出现沟槽，如果影响到加工稳定性和加工精度，应及时更换。

18）加工开始后的半小时要时刻观察工作液是否偏离工具电极，如果出现偏离现象须及时调整。

19）工作结束后，拔下插头，切断总电源，清理场地，打扫卫生。

4. 常见故障及排除方法

在加工过程中可能会出现各种各样的故障，为了便于迅速排除，现将常见故障现象、故障原因及排除方法列于表10-3。

表10-3　常见故障现象、故障原因及排除方法

故障现象		故障原因	排除方法
断丝	刚开始切割即断丝	进给不稳，切入速度太快或电流过大	刚切入时速度应稍慢，电流要小些
		工作液没有及时喷出	查找冷却系统故障，及时排除
		电极丝在筒上缠绕松紧不一造成局部严重抖丝以致断裂	应马上收紧电极丝，排除抖丝现象
		挡丝棒没有发挥作用，造成电极丝叠丝	调整挡丝棒位置
		工件表面有毛刺、氧化层及锐边	清除工作表面毛刺及氧化层等
	在切割过程中突然断丝	丝筒换向时断丝主要是高频电源没有同步切断，致使烧断电极丝	及时排除高频电源不切断的故障
		工件材料组织不均匀产生变形，夹断电极丝	工件材质要力求均匀，尽量消除工件内应力
		工件厚度与电规准选择配合不当	正确选择电规准
		工作液使用不当，太稀、太脏或流量太小	合理选择工作液，并经常保持工作液清洁
		电极丝使用时间过长、老化、发脆	更换电极丝
抖丝		电极丝松动	收紧或更换电极丝
		导轮磨损，丝筒跳动大	调整丝筒精度
		由于长期使用，使轴承与导轮精度降低	更换轴承与导轮
		上下导轮总成没调整好	调整导轮总成
松丝		电极丝绕丝后未收紧	重新收紧电极丝或更换电极丝
工件表面有明显丝痕		电极丝松动或抖动	按松丝方法排除
		导轮窜动大或上下不对中	消除导轮窜动，使电极丝在导轮槽中间位置
		工作台及丝筒拖板轴向间隙未消除	调整丝杠与丝杠螺母间隙
		跟踪不稳定	调节电规准及高频跟踪
		工作液选择不当或太脏	更换工作液
导轮跳动有啸叫声或转动不灵活		导轮轴向间隙大	调整间隙
		工作液进入轴承	用汽油清洗轴承
		由于长期使用，轴承精度降低，导轮磨损	更换轴承与导轮

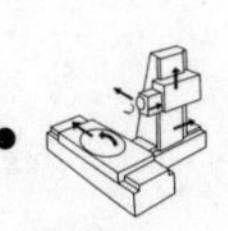

（续）

故障现象	故障原因	排除方法
加工精度不符	线架导轮径向跳动与轴向窜动超差	精心调整导轮，使之符合要求
	传动齿轮啮合间隙大	调整步进电动机安装位置，使间隙均匀
	上、下工作台垂直度不好	应重新调整
	步进电动机静态力矩过小造成失步	需检查步进电动机及24V驱动电压是否正常
工件表面烧伤	高频电源电规准选择不当	调整电规准
	自动调频不灵敏	检查控制箱
	工作液供应不足或太脏	更换工作液
贮丝筒不换向，导致机器总停	行程开关SQ3或SQ2损坏	换行程开关
贮丝筒在换向时常停转	电极丝太松	收紧电极丝
	断丝保护电路故障	换断丝保护继电器
丝筒不转（按下走丝开关按钮SB1无反应）	外电源无电压	检查外电源并排除故障
	电阻R1烧断	更换电阻R1
	桥式整流器损坏，造成熔体丝FU1熔断	更换整流器、熔体丝FU1
丝筒不转	电刷磨损或转子上有污垢	更换电刷，清洁电动机转子
	电动机电源进线断	检查进线并排除
工作灯不亮	熔体丝FU2断	更换熔体丝FU2
工作液泵不转或转速慢	工作液泵接触器KM3不吸合	按下SB4按钮，KM3线圈两端若有115V电压则更换KM3，若无115V电压则检查控制KM3线圈电路
	工作液泵电容损坏或容量减少	换同规格电容或并联一只足够耐压的电容

10.3 数控线切割加工工艺的制订

10.3.1 数控电火花线切割加工的步骤

数控电火花线切割加工的步骤主要包括分析图样、准备工作环节、加工和检验，具体内容如图10-6所示。

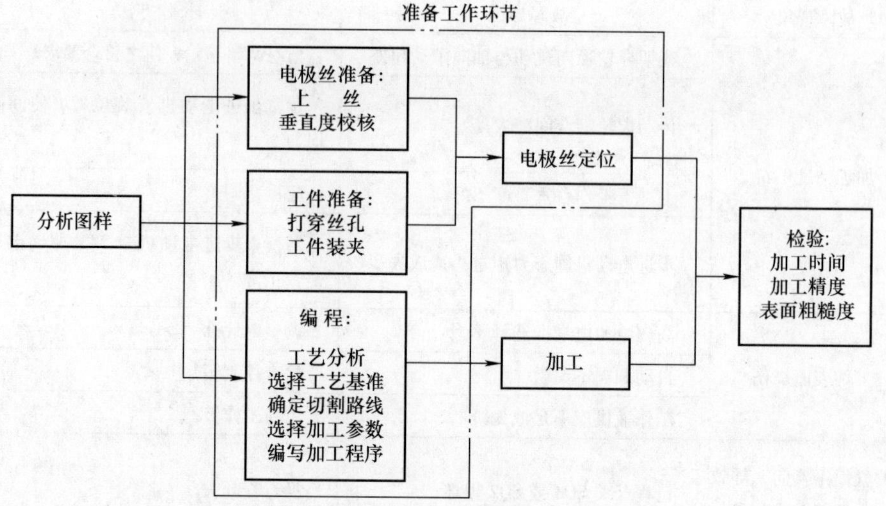

图10-6　数控电火花线切割加工的步骤

10.3.2　分析零件图

不适合或不能使用电火花线切割加工的工件有如下几种:

1）表面粗糙度和尺寸精度要求很高，切割后无法进行手工研磨的工件。

2）窄缝小于电极丝直径加放电间隙的工件，或图形内拐角处不允许带有电极丝半径加放电间隙所形成的圆角的工件。

3）非导电材料。

4）厚度超过丝架跨距的零件。

5）加工长度超过 x、y 向拖板行程长度，且精度要求较高的工件。

10.3.3　准备工作环节

1. 电极丝准备

（1）上丝操作　上丝的过程是将电极丝从丝盘绕到快走丝线切割机床贮丝筒上的过程。不同机床的上丝操作可能略有不同，下面以BDK7740数控电火花线切割机床为例说明上丝要点。

1）将“丝速调整旋钮”SC置1档（见图10-7），使丝筒以比较慢的速度运转，做好上丝前的准备。

2）用较大的螺钉旋具穿在工具电极盘内孔上，将贮丝筒旋至上丝位置，将电极丝按图10-8所示顺序依次穿过（贮丝筒→后导轮→上进电块→上导轮→下导轮→下进电块→断丝保护块），经贮丝筒下穿过固定在丝筒电机侧的M3螺钉上。

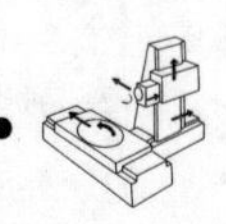

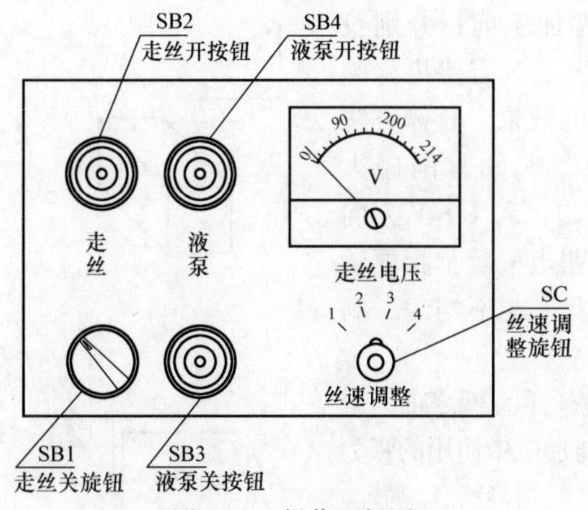

图 10-7　操作面板图

注：SB1 旋钮指示指向右面，丝筒电动机关，同时丝筒失去制动力；恢复旋钮指示指向左面，丝筒恢复制动力。

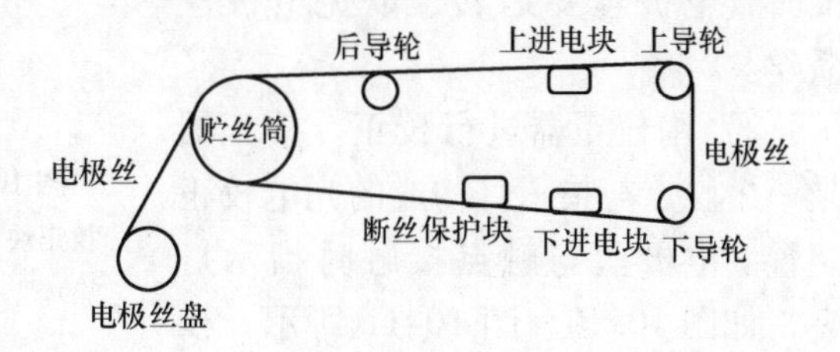

图 10-8　上丝顺序

3）按下“走丝开按钮”SB2，贮丝筒运转，即开始上丝。向右旋转一下“走丝关旋钮”SB1，再恢复到原位置，走丝电动机制动停转，上丝结束。

（2）垂直度校核　在进行精密零件加工或切割锥度等情况下需要重新校正电极丝对工作台平面的垂直度。电极丝垂直度找正的常见方法有两种，一种是利用找正块，另一种是利用校正器。

1）利用找正块进行火花法找正。找正块是一个六方体或类似六方体，如图 10-9a所示。在校正电极丝垂直度时，首先目测电极丝的垂直度，若明显不垂直，则调节 U、V 轴，使电极丝大致垂直工作台；然后将找正块放在工作台上，在弱加工条件下，将电极丝沿 x 方向缓缓移向找正块。

当电极丝快碰到找正块时，电极丝与找正块之间产生火花放电，用肉眼观察产生的火花：若火花上下均匀（见图 10-9b），则表明在该方向上电极丝垂直度良好；若下面火花多（见图 10-9c），则说明电极丝右倾，需将 U 轴的值调小，直至火花上下均匀；若上面火花多（见图 10-9d），则说明电极丝左倾，需将 U 轴的值调大，直至火花上下均匀。同理，调节 V 轴的值，使电极丝在 V 轴垂直度良好。

在用火花法校正电极丝的垂直度时，需要注意以下几点：

① 找正块使用一次后，其表面会留下细小的放电痕迹，下次找正时，要重新换位置，不可用有放电痕迹的位置碰火花校正电极丝的垂直度。

② 在精密零件加工前，分别校正 U、V 轴的垂直度后，需要再检验电极丝垂直度校正的效果。具体方法是：重新分别从 U、V 轴方向碰火花，看火花是否均匀，若 U、V 方向上火花均匀，则说明电极丝垂直度较好；若 U、V 方向上火花不均匀，则重新校正，再检验。

③ 在校正电极丝垂直度之前，电极丝应张紧，张力与加工中使用的张力相同。

④ 在用火花法校正电极丝垂直度时，电极丝要运转，以免电极丝断丝。

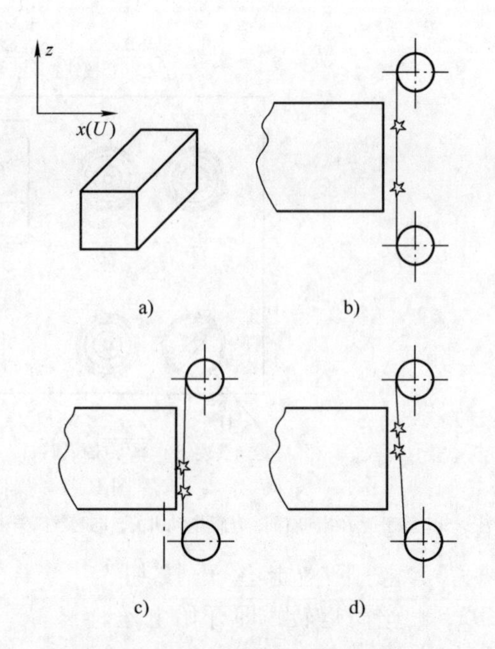

图 10-9　用火花法校正电极丝垂直度

a）找正块　b）垂直度较好　c）垂直度较差（右倾）　d）垂直度较差（左倾）

2）用校正器进行校正。校正器是一个触点与指示灯构成的光电校正装置。电极丝与触点接触时指示灯亮，如图 10-10、图 10-11 所示。校正器的灵敏度较高，使用方便且直观。其底座用耐磨不变形的大理石或花岗岩制成。

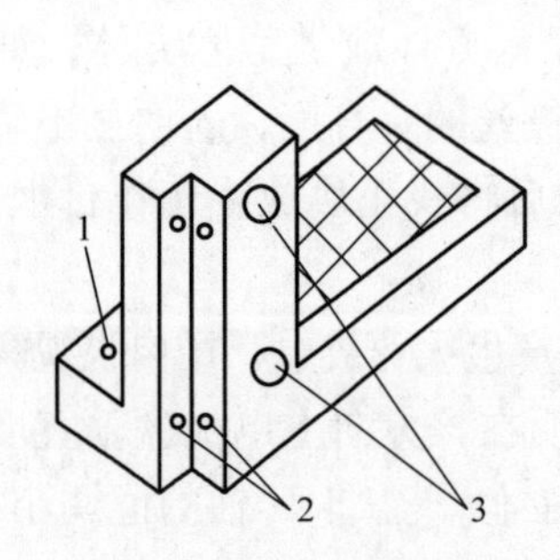

图 10-10　垂直度校正器

1—导线　2—触点　3—指示灯

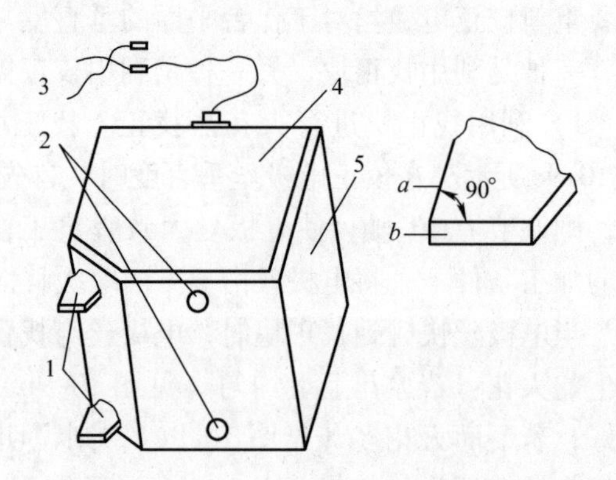

图 10-11　DF55 - J50A 型垂直度校正器

1—上下测量头（a、b 为放大的测量面）　2—上下指示灯　3—导线及夹子　4—盖板　5—支座

使用校正器校正电极丝垂直度的方法与火花法大致相似，主要区别是：火花法是观察火花上下是否均匀，而用校正器则是观察指示灯。若在校正过程中，指示灯同时亮，则说明电极丝垂直度良好，否则需要校正。

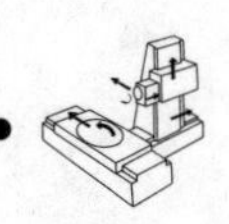

在使用校正器校正电极丝的垂直度时，要注意以下几点：

① 电极丝停止走丝，不能放电。

② 电极丝应张紧，电极丝的表面应干净。

③ 若加工零件精度高，则电极丝垂直度在校正后需要检查，其方法与火花法类似。

2. 工件准备

（1）工件毛坯的准备　毛坯的准备工序是指凸模或凹模在线切割加工之前的全部加工工序。

1）凹模的准备工序：

① 下料：用锯床切断所需材料。

② 锻造：改善内部组织，并锻成所需的形状。

③ 退火：消除锻造内应力，改善加工性能。

④ 刨（铣）削：刨六面，并留磨削余量0.4~0.6mm。

⑤ 磨削：磨出上下平面及相邻两侧面，对角尺。

⑥ 划线：划出刃口轮廓线和孔（螺纹孔、销钉孔、穿丝孔等）的位置。

⑦ 加工型孔部分：当凹模较大时，为减少线切割加工量，需将型孔漏料部分铣（车）出，只切割刃口高度；对淬透性差的材料，可将型孔的部分材料去除，留3~5mm切割余量。

⑧ 孔加工：加工螺纹孔、销钉孔、穿丝孔等。

⑨ 淬火：达设计要求。

⑩ 磨削：磨削上下平面及相邻两侧面，对角尺。

2）凸模的准备工序。凸模的准备工序可根据凸模的结构特点，参照凹模的准备工序，将其中不需要的工序去掉即可，但应注意以下几点：

① 为便于加工和装夹，一般都将毛坯锻造成平行六面体。对尺寸、形状相同，断面尺寸较小的凸模，可将几个凸模制成一个毛坯。

② 凸模的切割轮廓线与毛坯侧面之间应留足够的切割余量（一般不小于5mm）。毛坯上还要留出装夹部位。

③ 在有些情况下，为防止切割时模坯产生变形，要在模坯上加工出穿丝孔。切割的引入程序从穿丝孔开始。

（2）打穿丝孔

1）穿丝孔的作用。在线切割加工中，穿丝孔的主要作用有：

① 对于切割凹模或带孔的工件，必须先有一个孔用来将电极丝穿进去，然后才能进行加工，如图10-12所示。

② 减小凹模或工件在线切割加工中的变形。由于在线切割过程中工件坯料的内应力会失去平衡而产生变形，因此会影响加工精度，严重时切缝甚至会夹

住、拉断电极丝。综合考虑内应力导致的变形等因素，可以看出，图10-13a、b所示的切割方法都不好，图10-13c所示的切割方法最好。在图10-13d所示的切割方法中，由于零件与坯料工件的主要连接部位被过早地割离，余下的材料被夹持部分少，工件刚性大大降低，容易产生变形，因而会影响加工精度。

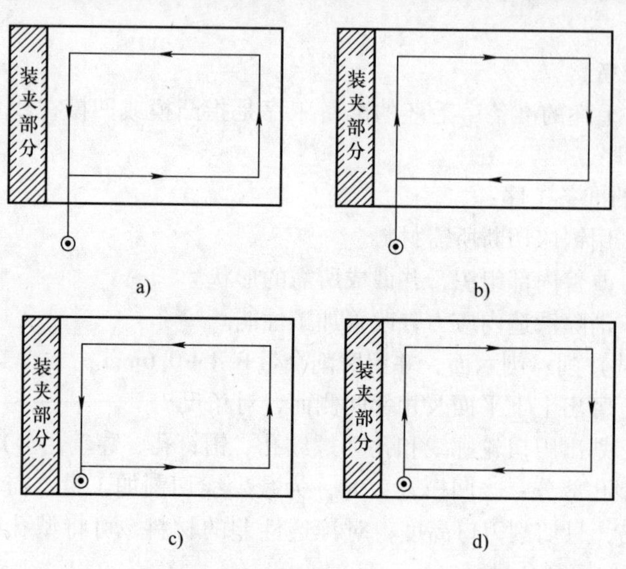

图10-12　切割凹模时穿丝孔位置及切割方向比较

a）不好　b）不好　c）最好　d）不好

2）穿丝孔的加工。穿丝孔的加工方法取决于现场的设备。在生产中，穿丝孔常常用钻头直接钻出来，对于材料硬度较高或工件较厚的工件，则需要采用高速电火花加工等方法来打孔。

3）穿丝孔位置和直径的选择。穿丝孔的位置与加工零件轮廓的最小距离和工件的厚度有关（一般不小于3mm），工件越厚，则最小距离越大。在实际生产中，穿丝孔有可能打歪，如图10-13a所示。若穿丝孔与欲加工零件图形的最小距离过小，则可能导致工件报废；若穿丝孔与欲加工零件图形的位置过大（见图10-13b），则会增加切割行程。图10-13中，双点画线为加工轨迹，圆形小孔为穿丝孔。对于小型工件，穿丝孔宜选在工件待切割型孔的中心；对于大型工件，穿丝孔可选在靠近切割图样的边角处或已知坐标尺寸的交点上，以简化运算过程。

穿丝孔加工完成后，一定要注意清理里面的毛刺，以免加工中发生短路而导致加工不能正常进行。

（3）工件装夹

1）悬臂式装夹。悬臂式装夹如图10-14所示，其具有简单方便，通用性强

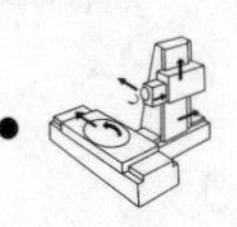

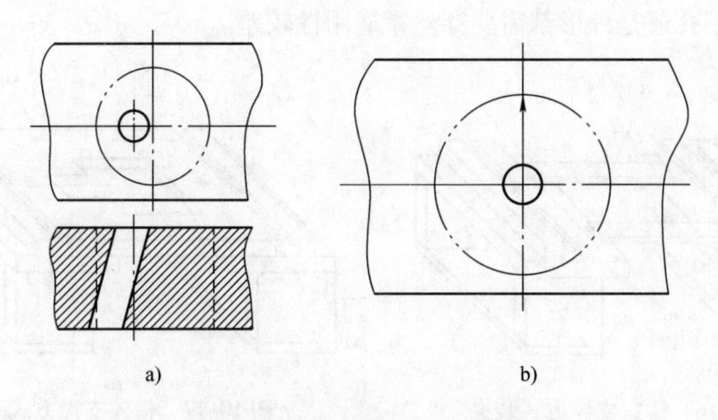

图 10-13　穿丝孔的大小与位置

a）穿丝孔与加工轨迹太近　b）穿丝孔与加工轨迹太远

等优点。但由于工件平面难与工作平台找平，工件悬伸端易受力挠曲，故易出现切割出的侧面与工件上、下平面间有垂直度误差。该方法通常只在工件加工要求低或悬臂部分短的情况下使用。

2）两端支撑方式装夹。两端支撑方式装夹如图 10-15 所示，工件两端固定在两相对工作台面上，装夹简单方便，支撑稳定，定位精度高。该方法要求工件长度大于两工作台面的距离，故不适合装夹小型工件，且工件刚性要好，中间悬空部分不会产生挠曲。

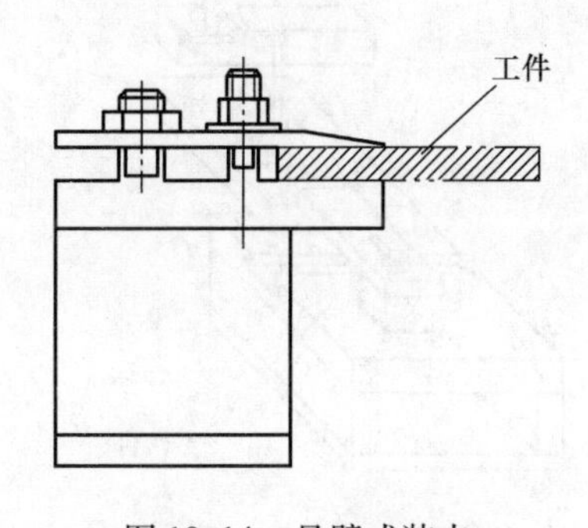

图 10-14　悬臂式装夹

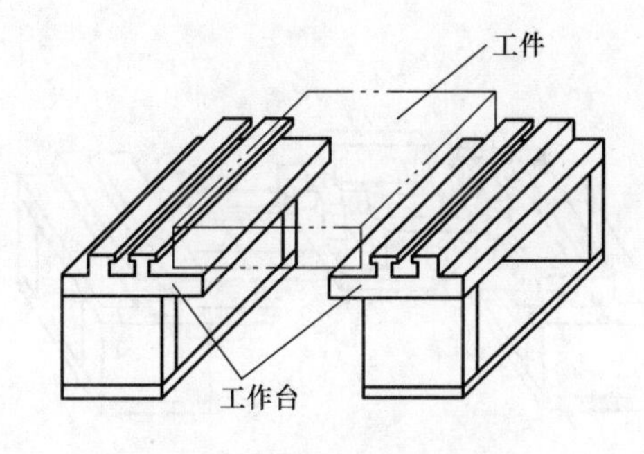

图 10-15　两端支撑方式装夹

3）桥式支撑方式装夹。桥式支撑方式装夹如图 10-16 所示，其是先在两端支撑的工作台面上架上两根支撑垫铁，再在垫铁上安装工件（垫铁的侧面也可作为定位面使用）。该方法方便灵活，通用性强，对大、中、小型工件都适用。

4）板式支撑方式装夹。板式支撑方式装夹如图 10-17 所示，其是根据常规工件的形状和尺寸大小，制成带各种矩形或圆形孔的平板作为辅助工作台，将工件安装在支撑板上。该方法装夹精度高，适用于批量生产各种小型和异型工件，但无论切割型孔还是外形都需要穿丝，通用性较差。

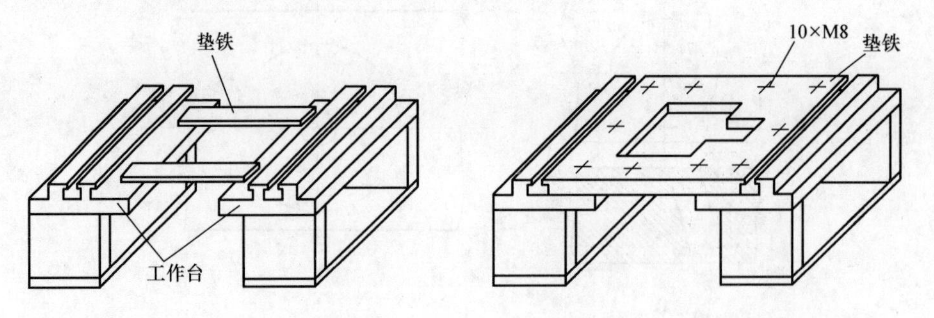

图 10-16　桥式支撑方式装夹　　　　图 10-17　板式支撑方式装夹

5）复式支撑方式。复式支撑方式如图 10-18 所示，在工作台面上装夹专用夹具并校正好位置，再将工件装夹于其中。该方法对于批量加工可大大缩短装夹和校正时间，提高效率。

（4）工件的调整

1）用百分表找正。用磁力表架将百分表固定在丝架或其他位置上，百分表的测量头与工件基面接触，往复移动工作台，按百分表指示值调整工件的位置，直至百分表指针的偏摆范围达到所要求的数值，如图 10-19 所示。找正应在相互垂直的三个方向上进行。

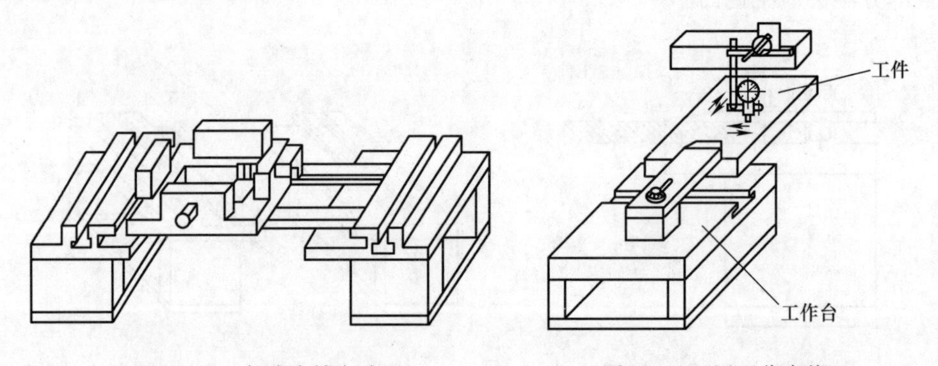

图 10-18　复式支撑方式　　　　图 10-19　用百分表找正

2）划线法找正。工件的切割图形与定位基准之间的相互位置精度要求不高时可采用划线法找正（见图 10-20）。利用固定在丝架上的划针对准工件上划出的基准线，往复移动工作台，目测划针、基准间的偏离情况，将工件调整到正确位置。

3. 工艺分析

（1）选择工艺基准　为提高线切割生产率，保证加工质量，应根据零件的

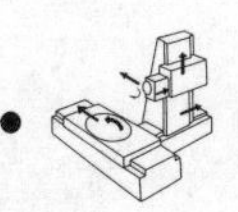

外形特征和加工要求，选择合适的工艺基准。

1）应尽量使定位基准和设计基准重合，以保证将工件正确、可靠地装夹在机床或夹具上。

2）对于一些外形是矩形的零件，通常以底平面作为主要定位基准，当其上具有相互垂直而且又同时为底平面的相邻侧面时，应选择这两个平面作为电极丝的定位基准。

3）对于一些有孔（腔）的矩形、圆形或其他异形的零件，一般可选择与上、下两平面垂直的平面作为主要定位基准。

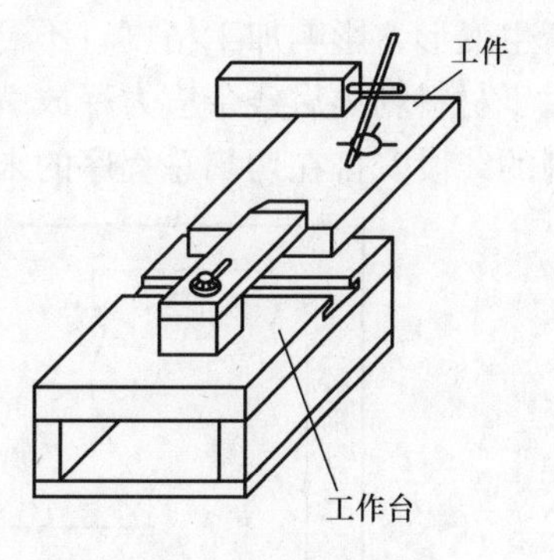

图 10-20　划线法找正

大多数情况下，零件的外形基准面在线切割加工前的机械加工中已准备好，若淬硬后基准面变形很大，则应重新修磨基准面。在线切割之前还应进行消磁处理。

（2）确定切割路线　加工时，工件内部应力的释放会引起工件的变形，因此选择切割路线时应尽量避免破坏工件或毛坯结构的刚性，必须注意以下几点：

1）避免从工件端面由外向里开始加工，以防止破坏工件的强度，引起变形（见图 10-12、图 10-21）。

图 10-21　避免从工件端面由外向里开始加工
a）不合理　b）合理

2）不能沿工件端面加工，这样放电时电极丝单向受电火花冲击力，使电极丝运行不稳定，难以保证尺寸和表面精度。

3）加工路线距端面距离应大于 5mm，以保证工件结构强度少受影响而发生变形。

4）加工路线应向远离关键夹具的方向进行加工，最后再转向接近工件夹具处进行加工。图 10-22a 所示是顺时针切割路线，在切割完第一条边后，原来主要连接部位被剥离，余下的材料与夹持部分连接较少，工件刚度大为降低，容易

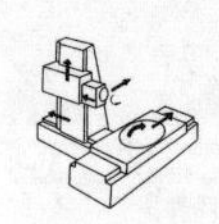

产生变形，影响加工精度，不合理；图10-22b所示是逆时针切割路线，可减少由于材料剥离后残余应力释放引起的工件变形。因此，最好将工件与夹持部分分割的线段安排在切割总程序的末端。

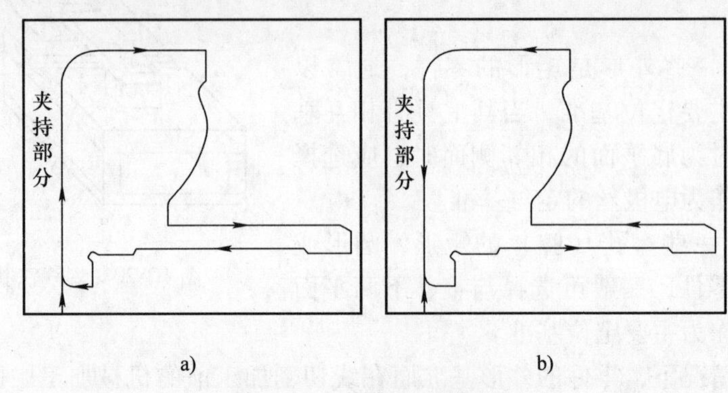

图10-22　切割路线的确定

a）不合理　b）合理

5）当在一块毛坯上要切出两个以上零件时，不应该连续一次切割出来，而应从不同穿丝孔开始加工，如图10-23所示。

图10-23　切出两个以上零件的切割路线

a）不合理　b）合理

（3）选择加工参数

1）脉冲参数的选择。线切割加工一般都采用晶体管高频脉冲电源。脉冲电源参数主要包括电压、电流、脉冲宽度、脉冲间隔这四个主要参数，它们之间有密切的关系：

① 适当提高电压，有助于提高稳定性和加工速度，提高加工精度。

② 增大脉冲电流，也有助于提高稳定性和切削速度，但表面粗糙度值增大，电极丝损耗也会增加。

③ 增大脉冲宽度，不仅有助于提高稳定性和切削速度，而且也有助于降低电极丝损耗，但表面粗糙度值增加。

④ 缩小脉冲间隔，可增大加工电流和切削速度，表面粗糙度值也会增大。

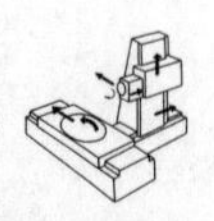

因此，要获得较小的表面粗糙度时，所选用的电参数要小；若要获得较高的切削速度，脉冲宽度可选大些，但电流不要太大。应根据不同的加工对象选择合理的脉冲参数，表10-4为快走丝线切割加工脉冲参数的选择，仅供参考。

表10-4 快走丝线切割加工脉冲参数的选择

应用	脉冲宽度	电流峰值/A	脉冲间隔	空载电压/V
快速切割或加大厚度工件 $Ra>2.5\mu m$	20~40	大于12	为实现稳定加工，一般选择3~4以上	一般为70~90
半精加工 $Ra=1.25\sim2.5\mu m$	6~20	6~12		
精加工 $Ra<1.25\mu m$	2~6	4.8以下		

2）电极丝的选择。常用电极丝有钼丝、钨丝、黄铜丝和包芯丝等。钨丝抗拉强度高，直径在0.03~0.1mm范围内，一般用于各种窄缝的精加工，但价格昂贵。黄铜丝适用于慢速走丝加工，加工表面粗糙度和平直度较好，蚀屑附着少，但抗拉强度差，损耗大，直径在0.1~0.3mm范围内，一般用于慢速单向走丝加工。钼丝抗拉强度高，适用于快速走丝加工，所以我国快速走丝机床大都选用钼丝作为电极丝，直径在0.08~0.2mm范围内。

电极丝直径的选择应该根据切缝宽窄、工件厚度和拐角大小来选择。加工带尖角、窄缝的小型模具零件宜选择较细的电极丝，加工大厚度工件或大电流切割时应选择较粗的电极丝。

3）工作液的选配。工作液对切割速度、表面粗糙度、加工精度等都有较大影响，加工时必须正确选配。常用的工作液主要有乳化液和去离子水。

① 慢速走丝线切割加工，目前普遍使用去离子水。

② 对于快速走丝线切割加工，目前最常用的是乳化液。乳化液是由乳化油和工作介质配制（乳化油的质量分数为5%~10%）而成的。工作介质可用自来水，也可用蒸馏水、高纯水和磁化水。

③ 对加工表面粗糙度和精度要求比较高的工件，配比可适当浓些，以使加工表面均匀。

④ 对要求切割速度快或大厚度工件，配比可淡点，这样加工比较稳定且不易断丝。

⑤ 工作液用蒸馏水配制，对材料Cr12的工件，配比淡点可减轻工件表面的条纹，使工件表面均匀。

（4）编写加工程序 目前生产的数控线切割加工机床都有计算机自动编程功能，即可以将线切割加工的轨迹图形自动生成机床能够识别的程序。

10.3.4 加工及检验

1. 操作步骤

1）起动机床与检查。起动机床主机电源后，合上机床控制柜电源开关，启动计算机，进入线切割控制系统。

2）解除机床主机上的急停按钮；按机床的润滑要求加注润滑油；机床空载运行2min，检查其工作状态是否正常。

3）程序编辑及检验。按所加工零件的尺寸、精度、工艺等要求，在线切割机床自动编程系统中编制线切割加工程序，并送至控制台；或手工编制加工程序，并通过软驱读入控制系统。

4）在控制台上对程序进行模拟加工，以确认程序准确无误。

5）装夹与找正工件。

6）开启运丝筒进行送丝。

7）开启工作液。

8）选择合理的电参数。

9）手动或自动对刀。

10）单击控制台上的“加工”键，开始自动加工。

11）加工完毕后，按“Ctrl + Q”组合键退出控制系统，并关闭控制柜电源。

12）拆下工件，清理机床。

13）关闭机床主机电源。

2. 加工过程控制

在加工过程中，调整变频进给旋钮，在调整到最佳状态时，其电压表指针和电流表指针的摆动都比较小，甚至不动，这时加工最稳定。加工过程中如果电流表指针经常向小的方向摆动，则表示有瞬时开路，可提高变频进给速度；反之，如果电流表指针经常向大的方向摆动，则表示有瞬时短路，应减慢变频进给速度。若以电压表来判断则相反。在换向切断脉冲电源的瞬时，电压达到最大值、电流为零是正常现象。

（1）断丝后的继续加工处理　在快走丝机床加工过程中若突然断丝，应先关闭高频电源和加工开关；然后关闭工作液泵、走丝电动机；把变频粗调旋钮放置在“手动”；开启加工开关，让十字拖板继续按规定程序走完，直到回到起始点位置；接着去掉断丝。若剩下电极丝还可使用，则直接在工件穿丝孔中重新穿丝，并在人工紧丝后重新进行加工。若在加工工件即将完成时断丝，也可考虑从末尾进行切割，但是这时必须重新编制程序，且在两次切割的相交处及时关闭高频电源和机床，以免损坏已加工的表面，然后把电极丝松下，取下工件。

（2）意外断电后的处理　在加工过程中，有时会出现控制台故障或突然电源切断的现象。若是控制台出现故障，则切割的图形会与要求不符合。如果割错的部分是在废料上，则工件还可挽救，否则工件只得报废。若是突然断电，则此时控制台面板上的数据已全部清除，但是工件仍可挽救。在上述两种可以挽救的情况下，首先应松下电极丝，然后按断丝方法处理，并在返回起始点后重新加工。

3. 检验

按图样要求检验。

第 11 章 柔性制造系统（FMS）

11.1 柔性制造系统概述

柔性制造系统（Flexible Manufacturing System，FMS）是适应多品种、小批量自动化生产需求，集成了计算机技术、数字控制技术、网络通信技术及现代生产管理技术为一体的现代制造技术。这种技术可以提高生产效率，缩短交付周期，保证产品质量，降低过程能耗。

我国有关标准将柔性制造系统定义为：由数控加工设备、物料运储装置和计算机控制系统组成的自动化制造系统，它包括多个柔性制造单元，能根据制造任务或生产环境的变化迅速进行调整，适用于多品种、中小批量生产。

国际生产工程研究协会将柔性制造系统定义为：是一个自动化的生产制造系统，在最少人的干预下，能够生产任何范围的产品族，系统的柔性通常受到系统设计时所考虑的产品族的限制。

11.2 柔性制造系统分类

柔性制造系统的适用范围广，依据规模级别大小不同可划分为四种类型：

（1）柔性制造单元（Flexible Manufacturing Cell，FMC）。由一台或数台数控机床或加工中心、工业机器人构成的加工单元。该单元根据需要可以自动更换刀具和夹具，加工不同的工件。其具有较高的设备柔性，适用于形状比较复杂、工序比较简单、工时相对较长的小批量工件加工。

（2）柔性制造系统 FMS。由两台或两台以上的数控机床或加工中心为基础，用自动化物流系统将这些机床连接起来，通过分布式计算机控制系统使得数控机床与自动化物流系统协同配合，能在不停机的情况下，满足多品种任务的加工，适用于形状复杂、工序较多、中小批量的工件加工。

（3）柔性自动生产线（Flexible Manufacturing Line，FML）。把多台可以调整的机床（多为专用机床）用自动化物流系统连接起来组成的生产线。该生产线可以加工批量较大的不同规格零件。

（4）柔性制造工厂（Flexible Manufacturing Factory，FMF）。通过计算机控制

系统将多条FMS和自动化仓储系统连接起来，包括从订货、设计、加工、装配、检验、运送最后到发货的全盘自动化制造过程。

11.3　柔性制造系统的基本组成

如图11-1所示，柔性制造系统的基本组成包括：

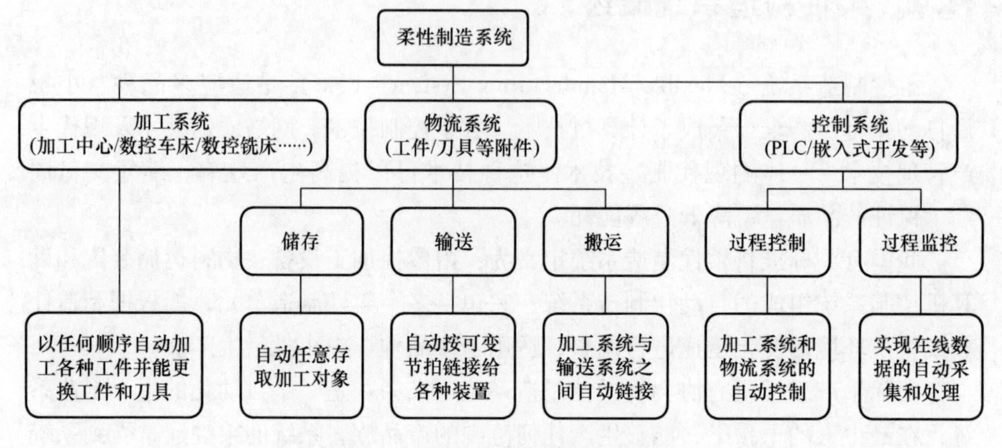

图11-1　柔性制造系统的基本组成

(1) 加工系统。指以成组技术为基础，把外形尺寸（形状不必完全一致）、重量大致相似，材料相同，工艺相似的零件集中在一台或数台数控机床或专用机床等设备上加工的系统。

对于加工箱体类零件为主的FMS，通常配备有数控加工中心、CNC铣床等；对以加工轴类零件为主的FMS，通常配有CNC车削中心、CNC车床和CNC磨床等。

(2) 物流系统。指由工件装卸站、托盘缓冲站、物料运输装置（如传送带、无人引导小车、工业机器人等）和自动化立体仓储等组成，主要用来执行工件、刀具等的供给与传送的系统。

(3) 控制系统。控制和协调自动化加工系统和物流系统的全部活动，并且对加工和运输作业进行监视和反馈相关状态信息，以便进行实时修正，保证系统高效运行。

如图11-2所示，FMS的控制系统通常采用三级递阶控制结构形式。底层是设备层，由CNC加工中心、数控铣床、自动化立体仓库、工业机器人等组成，上层向设备层发出控制指令，设备层执行指令，并将现场数据和监控工况反馈给上层系统。中间层为单元控制层，由上位机、组态王等控制软件组成，其功能是

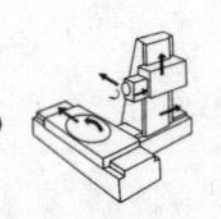

向设备层下达控制指令，控制、调度底层各个加工设备和物流设备，通过对整个系统进行实时监控。上层为管理层，负责制定生产计划及调度作业，还有各站的状态指示（正常或异常），监控各站的运行状态，且对整个生产流水线进行综合管理。

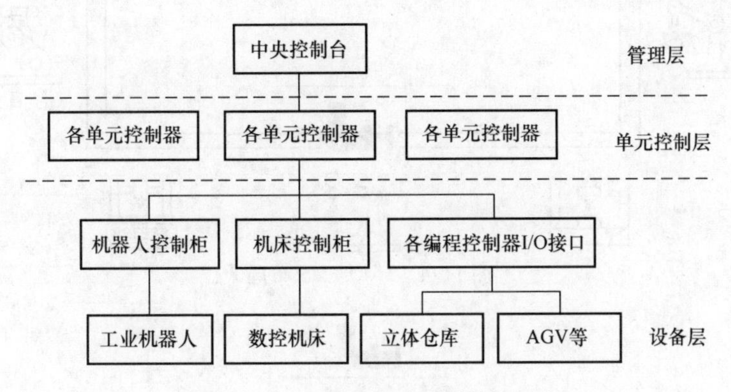

图 11-2　FMS 系统梯阶控制结构形式

11.4　柔性制造系统的布局方式

基于物料传输路线的不同，FMS 的布局方式有以下三种。

（1）直线型（见图 11-3）。机床沿着一条直线排列，工件采用小车或传送带进行传递和运输。此种布局结构简单、控制方便，但存储能力弱、柔性较差，适合工件品种较少但工件生产批量较大的加工制造情况。

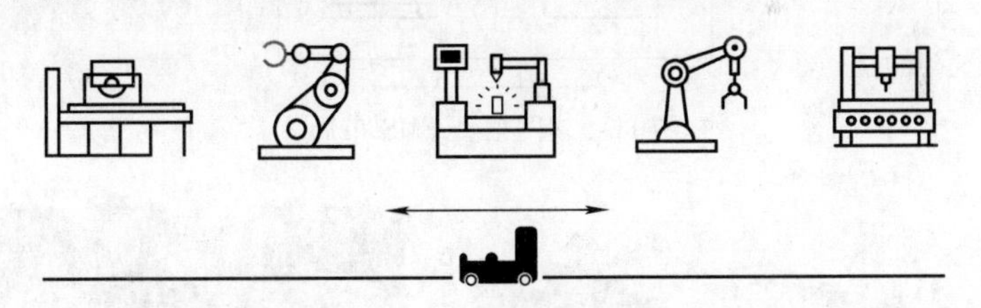

图 11-3　直线型 FMS 布局

（2）环型（见图 11-4）。机床布置在环形运输线的外侧或内侧，可以提高设备的利用率，容错能力强。当某一机床发生故障时，不影响整个系统的生产。

（3）网络型（见图 11-5）。使用环型布局的教学型柔性制造系统如图 11-6 所示。此系统使用无人小车 AGV 实现物料传输，各机床设备可以根据车间要求进行个性化布局；此种布局柔性好、设备利用率和容错能力最高。但是运输小车的控制调度比较复杂。

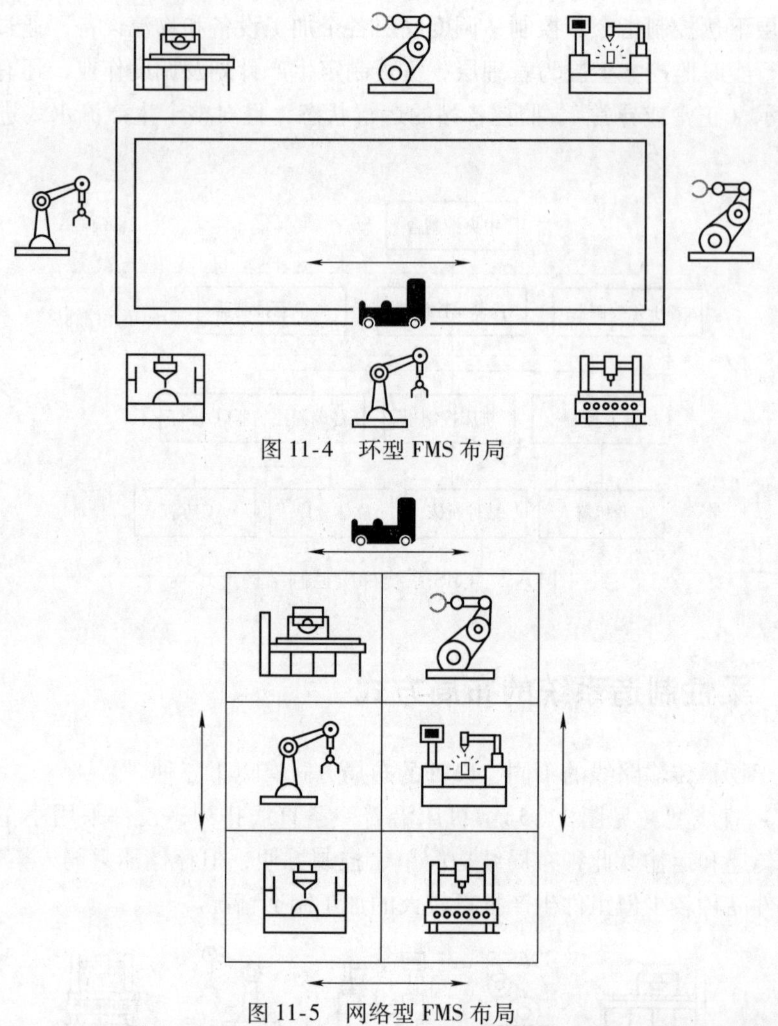

图 11-4　环型 FMS 布局

图 11-5　网络型 FMS 布局

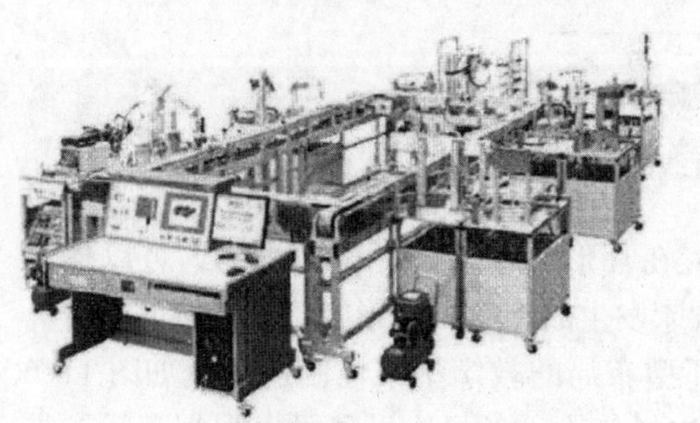

a) 传输带+机器人

b) AGV

图 11-6　使用环型布局的教学型柔性制造系统

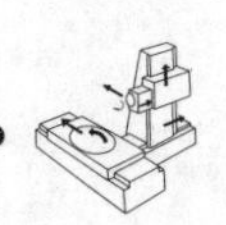

11.5　柔性制造系统的工作原理

图 11-7 是一种较典型的 FMS，4 台加工中心直线布置，工件储运系统由托盘缓冲站、托盘交换器、装卸站等组成。立体仓库由立体货架、AGV 和堆垛机等组成。单元控制器、工作站控制器和设备控制装置组成三级计算机控制。其工作原理可描述为：

① 柔性制造系统接到上一级控制系统的有关生产计划信息后，进行数据信息的处理、分配并按照所给的程序对物流进行控制。

② 物料库和夹具库根据生产的品种及调度计划信息提供相应品种的毛坯，选出加工所需要的夹具。毛坯的随行夹具由输送系统送出。

③ 工业机器人或自动装卸机按照信息系统的指令和工件及夹具的编码信息，自动识别和选择所装卸的工件及夹具，并将其安装到相应的机床上。

④ 机床的加工顺序识别装置根据送来的工件及加工程序编码，并进行检验。

⑤ 全部加工完毕后，由装卸及运输系统送入自动化立体仓库，同时把加工质量、数量信息送到监视和记录装置，随行夹具被送回夹具库。当需要改变加工产品时，只要改变传输给信息系统的生产计划信息、技术信息和加工程序，整个系统即能迅速、自动地按照新要求来完成新产品的加工。中央计算机实现控制系统中物料的循环、执行进度安排、调度和传送协调等功能。它不断地收集每个工位上的统计数据和其他制造信息，以便有利于系统快速地做出系统决策。

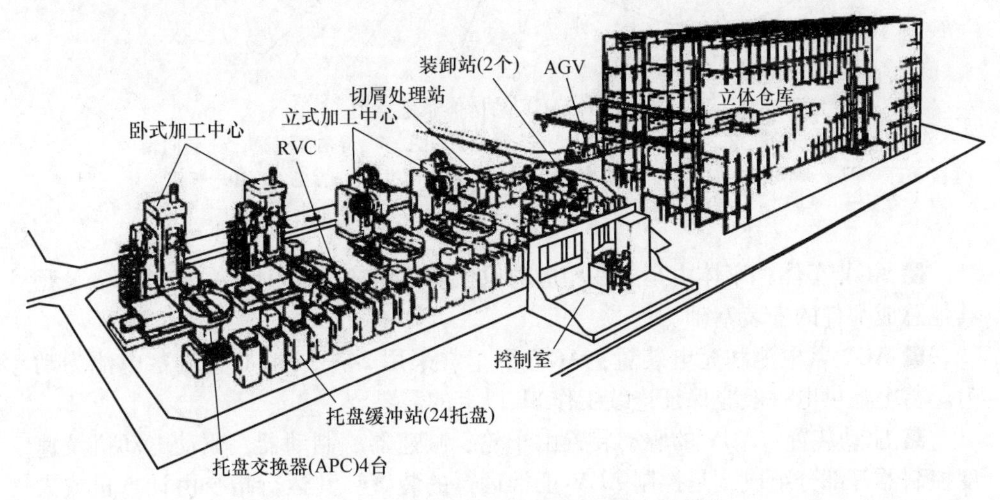

图 11-7　含自动化立体仓库的 FMS 示意图

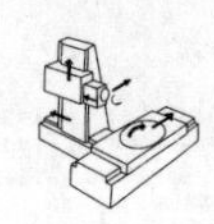

11.6 自动导引运输车（AGV）

自动导引运输车（Automated Guided Vehicle，AGV）是装备有电磁或光学等自动导引装置，能够沿规定的导引路径行驶，将物料自动从起始点运送到目的地，具有安全保护以及各种移载功能的无人驾驶运输车。AGV是柔性制造系统的关键设备，在自动化物流作业中具有重要作用。

AGV系统通常由3大部分组成：行走机构、传感系统和控制系统。行走机构是AGV实现运动的基础，决定AGV的运动空间和自由度。传感系统决定其导航方式，主流使用激光传感器、超声波传感器、光电传感器、磁传感器、CCD摄像机、红外传感器或者GPS定位。AGV结构体系示意图如图11-8所示。

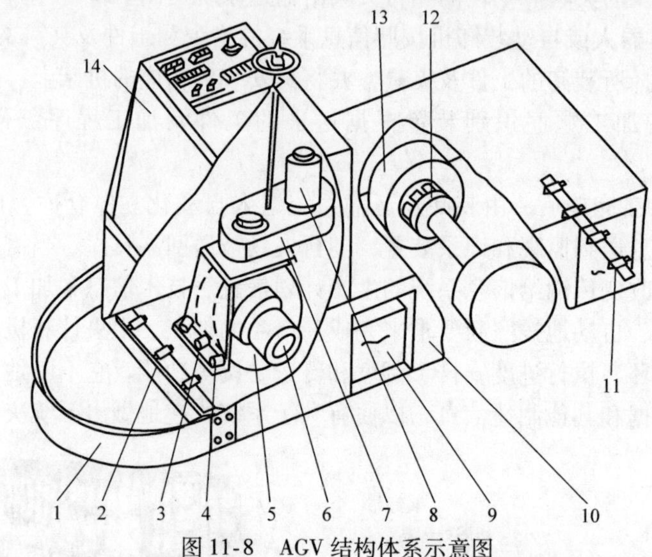

图11-8　AGV结构体系示意图

1—安全挡圈　2、11—认址线圈　3—失灵控制线圈　4—导向探测器　5—转向轮
6—驱动电动机　7—转向机构　8—导向伺服电动机　9—蓄电池　10—车架
12—制动器　13—驱动车轮　14—车上控制器

■ AGV车体：车体由车架和相应的机械装置组成，是AGV的基础部分，是其他总成部件的安装基础。

■ AGV蓄电池和充电装置：AGV小车常采用24V或48V直流蓄电池为动力。蓄电池供电一般应保证连续工作8h以上的需要。

■ 驱动装置：AGV的驱动装置由车轮、减速器、制动器、驱动电动机及速度控制器等部分组成，是控制AGV正常运行的装置。其运行指令由计算机或人工控制器发出，运行速度、方向、制动的调节分别由计算机控制。为了安全，在断电时制动装置能靠机械实现制动。

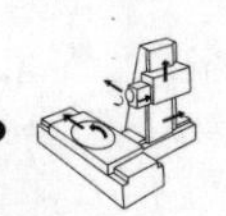

■ 导向装置：接受导引系统的方向信息，通过转向装置实现转向动作。

■ AGV 车上控制器：接受控制中心的指令并执行相应的指令，同时将 AGV 本身的状态（如位置、速度等）及时反馈给控制中心。

■ 通信装置：实现 AGV 与地面控制站及地面监控设备之间的信息交换。

■ AGV 安全保护装置：安全系统包括对 AGV 本身的保护、对人或其他设备的保护等方面。

■ 多重安全保护：主动安全保护装置和被动安全保护装置。

■ 移载装置：与所搬运货物直接接触，实现货物转载的装置。

■ 信息传输与处理装置：其主要功能是对 AGV 进行监控，监控 AGV 所处的地面状态，并与地面控制站实时进行信息传递。

11.7　基于 Flexsim 的仿真实验

11.7.1　案例描述

某汽车核心零件机加产线采用 U 形布局方式，如图 11-9 所示。零件的加工

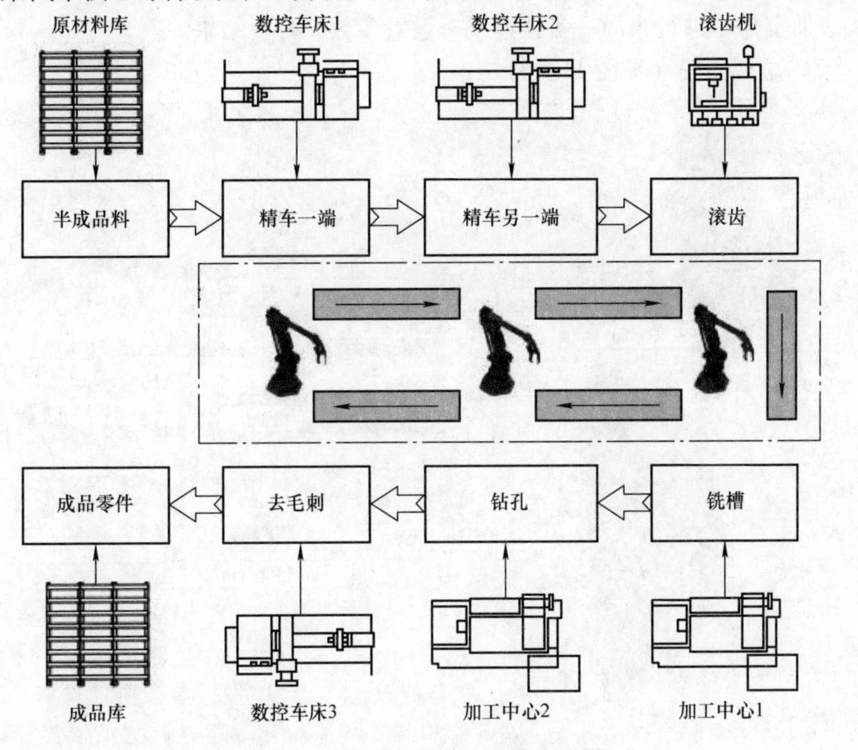

图 11-9　某机加产线 FMS 的布局图

工艺可分为基准面加工、滚齿加工、铣槽、钻孔和去毛刺等；加工设备采用数控车床（SKT21z）完成零件端面精车加工，滚齿机（GE25A）完成零件成型滚齿，五坐标系数控加工中心（NM545/500）完成零件槽孔铣钻加工。某零件的加工工艺流程见表11-1。

表11-1　某零件的加工工艺流程

序号	工序名称	精度要求
1	毛坯料出库	—
2	精车一端	长度、厚度、轴向、径向圆跳动
3	精车另一端	长度、厚度、对称度、平行度
4	滚外齿	表面粗糙度、跨棒距、齿圈径向跳动
5	铣轴向槽1、轴向槽2	齿距
6	钻轴向孔、端面孔	孔深、位置度
7	去毛刺	—
8	半成品料入库	—

11.7.2　仿真分析

（1）建模步骤

添加实体—进行布局—实体连线—设置参数—分析结果。

（2）总模型图（见图11-10）

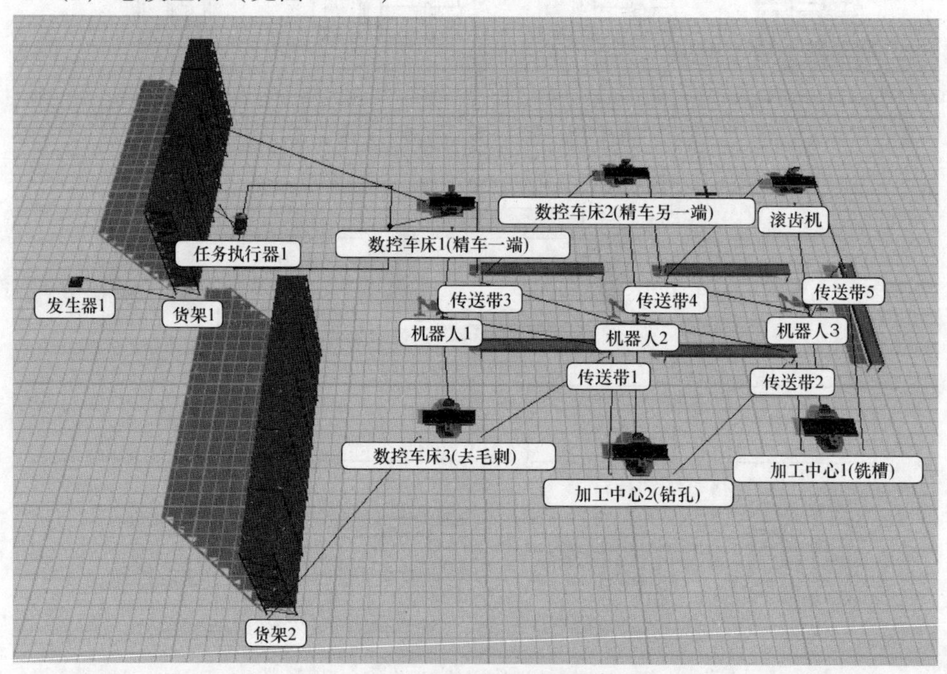

图11-10　总模型图

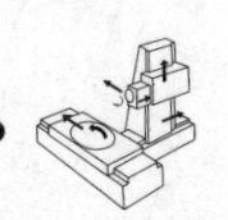

（3）连接端口

A连接：发生器1连到货架1，货架1连到数控车床1（精车一端），数控车床1（精车一端）连到传送带3，传送带3连到数控车床2（精车另一端），数控车床2（精车另一端）连到传送带4，传送带4连到滚齿机，滚齿机连到传送带5，传送带5连到加工中心1（铣槽），加工中心1（铣槽）连到传送带2，传送带2连到加工中心2（钻孔），加工中心2（钻孔）连到传送带1，传送带1连到数控车床3（去毛刺），数控车床3（去毛刺）连到货架2。

S连接：机器人3和滚齿机、传送带4、5及加工中心1连接，机器人2与传送带1、传送带2、传送带3、加工中心2和数控车床2连接，机器人1和数控车床1、传送带1和数控车床3连接。

（4）设置参数

a. 发生器的参数设置

如图11-11所示，在［发生器］对话框的“发生器”选项卡中设置“到达方式”为“到达时间间隔”，“临时实体种类”为Box，“到达时间间隔”为30s。在“触发器”选项中选择“设置实体颜色”，“设置实体”为快速移动，“颜色”为红色。

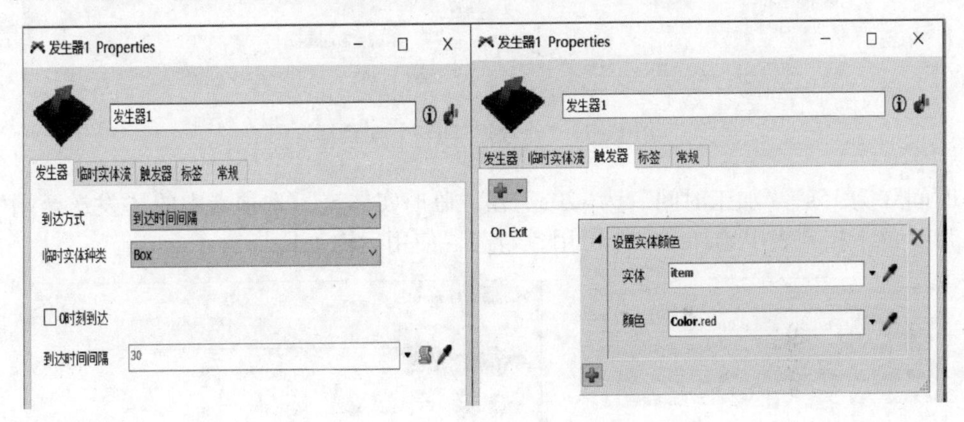

图11-11　［发生器］对话框

b. 数控车床1、数控车床2处理器组的参数设置

如图11-12所示，在［数控车床1］对话框的“处理器”选项卡中设置“预置时间”为15s，“加工时间”为60s。在“临时实体流”选项卡中的“发送至端口”下拉列表中选择第一个可用，勾选“使用运输工具”。

如图11-13所示，在［数控车床2］对话框的“处理器”选项卡中设置“预置时间”为15s，“加工时间”为60s。在“临时实体流”选项卡中的“发送至端口”下拉列表中选择第一个可用，勾选“使用运输工具”。

c. 滚齿机处理器组的参数设置

如图11-14所示，在［滚齿机］对话框的“处理器”选项卡中设置“预置

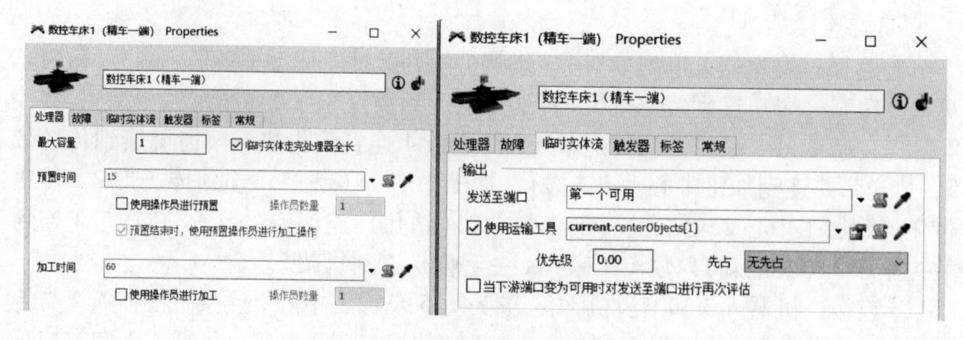

图 11-12　［数控车床 1］对话框

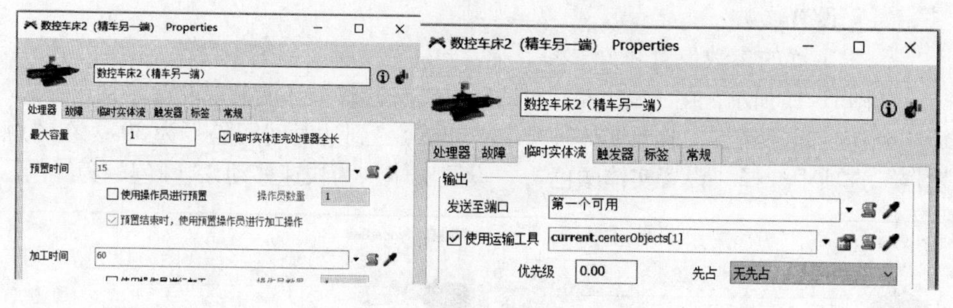

图 11-13　［数控车床 2］对话框

时间”为 15s，“加工时间”为 120s。在“临时实体流”选项卡中的“发送至端口”的下拉列表中选择第一个可用，勾选“使用运输工具”。

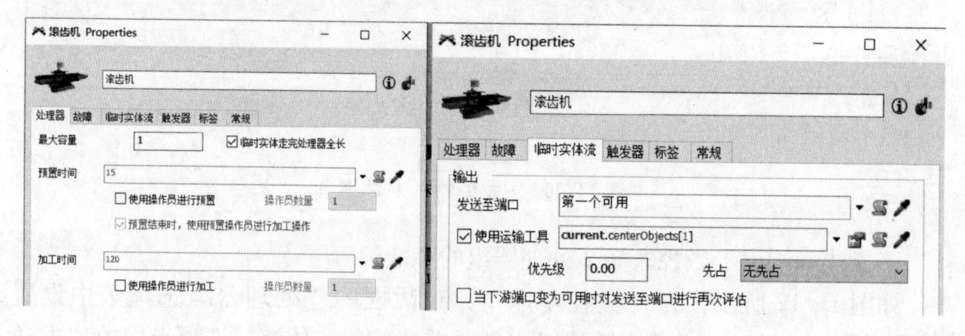

图 11-14　［滚齿机］对话框

d. 加工中心 1、加工中心 2 处理器组的参数设置

如图 11-15 所示，在［加工中心 1］对话框的“处理器”选项卡中设置“预置时间”为 10s，“加工时间”为 435s。在“临时实体流”选项卡中的“发送至端口”下拉列表中选择第一个可用，勾选“使用运输工具”。

如图 11-16 所示，在［加工中心 2］对话框的“处理器”选项卡中设置

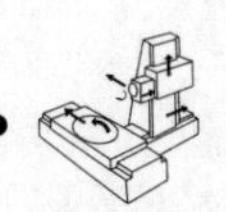

“预置时间”为 10s，“加工时间”为 40s。在“临时实体流”选项卡中的“发送至端口”下拉列表中选择第一个可用，勾选“使用运输工具”。

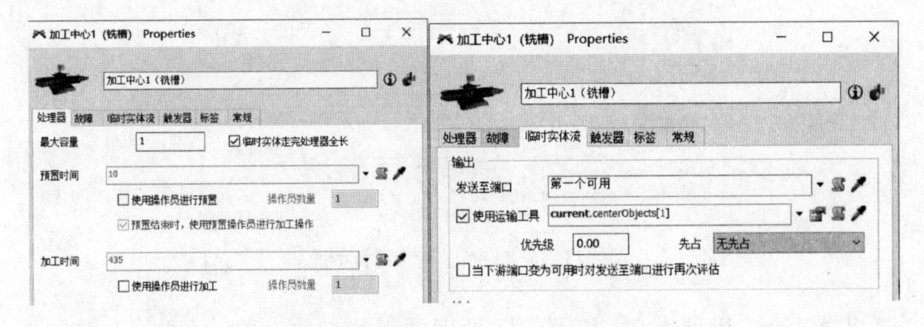

图 11-15　[加工中心 1] 对话框

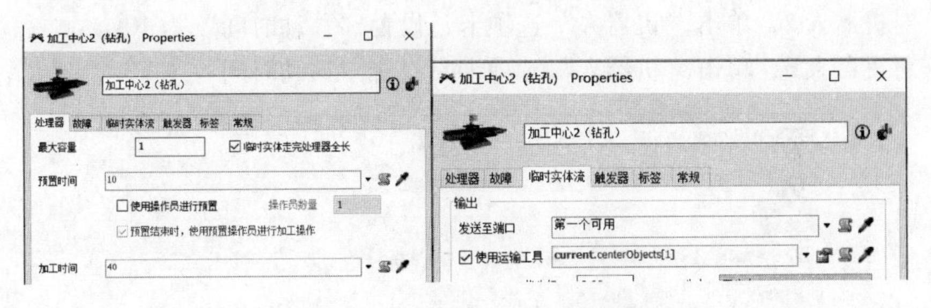

图 11-16　[加工中心 2] 对话框

e. 数控车床 3 处理器组的参数设置

如图 11-17 所示，在 [数控车床 3] 对话框的“处理器”选项卡中设置“预置时间”为 10s，“加工时间”为 26s。在“临时实体流”选项卡中的“发送至端口”下拉列表中选择第一个可用，勾选“使用运输工具”。

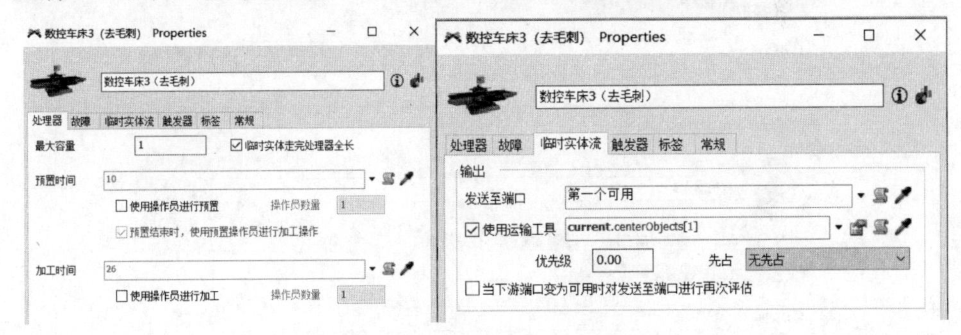

图 11-17　[数控车床 3] 对话框

f. 传送带 1、传送带 2、传送带 3、传送带 4、传送带 5 处理器组的参数设置

对传送带 1、2、3、4、5，在选项卡中的“临时实体流”“发送至端口”下

拉列表中选择随机端口，勾选“使用运输工具”如图11-18所示。

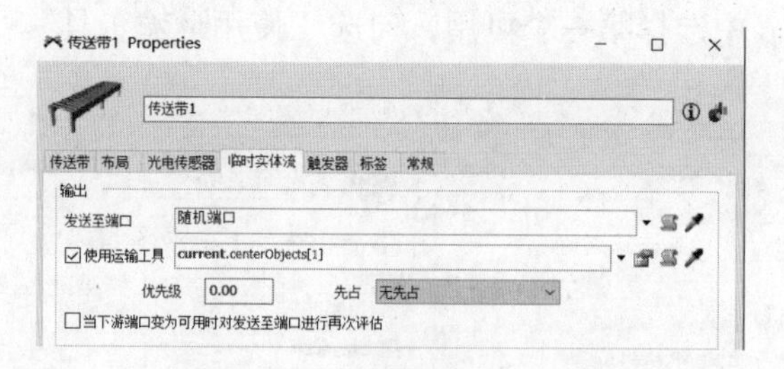

图11-18 ［传送带］对话框

g. 机器人1、机器人2、机器人3处理器组的参数设置（见图11-19）。对机器人1，单击“机器人”选项卡，设置“移动时间”为8s。对机器人2，单击“机器人”选项卡，设置“移动时间”为10s。对机器人3，单击“机器人”选项卡，设置“移动时间”为25s。

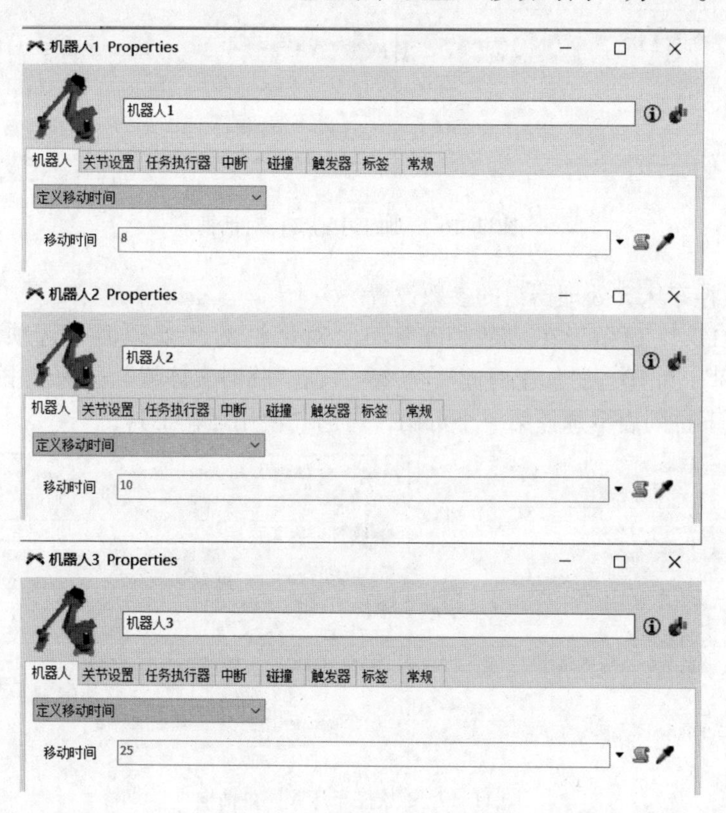

图11-19 ［机器人］对话框

（5）仿真运行结果（见图11-20）

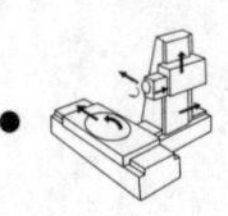

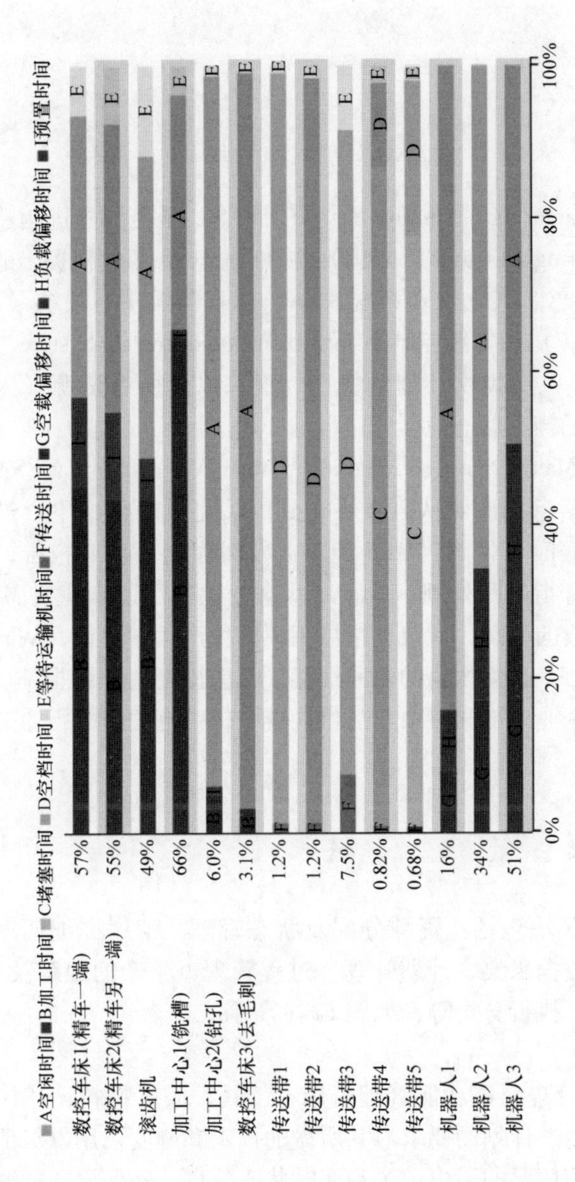

图 11-20　仿真运行结果

第12章　制造执行系统（MES）

12.1　MES概述

制造执行系统（Manufacturing Execution System，MES）是美国先进制造研究机构（Advanced Manufacturing Research，AMR）在20世纪90年代初提出的，是一套面向车间执行层的生产信息化管理系统，介于企业资源计划系统（Enterprise Resource Planning，ERP）和集散控制系统（Distributed Control System，DCS）中间，可为操作人员/管理人员提供计划的执行、跟踪以及所有资源（人、设备、物料、客户需求等）的当前状态。

制造执行系统协会（Manufacturing Execution System Association，MESA）将MES定义为：MES能通过信息传递对从订单下达到产品完成的整个生产过程进行优化管理。当工厂发生实时事件时，MES能对此及时做出反应、报告，并用当前的准确数据对它们进行指导和处理。这种对状态变化的迅速响应使MES能够减少企业内部没有附加值的活动，有效地指导工厂的生产运作过程，从而使其既能提高工厂及时交货能力，改善物料的流通性能，又能提高生产回报率。MES还通过双向的直接通信在企业内部和整个产品供应链中提供有关产品行为的关键任务信息。

12.2　功能模块介绍

MES软件的主要功能模块包括：资源分配及状态管理、工序详细调度、生产单元分配、文档控制、数据采集、计划管理、过程管理、生产的跟踪及历史、人力资源管理、维修管理、执行分析等，如图12-1所示。

各模块功能简述如下：

（1）资源分配及状态管理。该功能管理机床、工具、人员物料、其他设备以及其他生产实体，满足生产计划的要求对其所做的预定和调度，用以保证生产的正常进行；提供资源使用情况的历史记录和实时状态信息，确保设备能够正确安装和运转。

（2）工序详细调度。该功能提供与指定生产单元相关的优先级、属性、特征等，基于有限能力的调度，通过考虑生产中的交错、重叠和并行操作来准确计

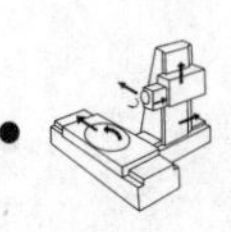

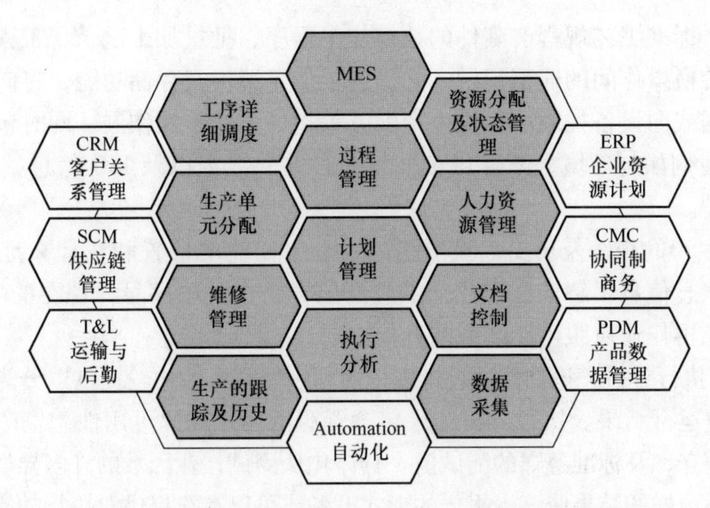

图 12-1 MES 系统功能模块（注：白色模块为关联系统）

算出设备上下料和调整时间，实现良好的作业顺序，最大限度减少生产过程中的准备时间。

（3）生产单元分配。该功能以作业、订单、批量、成批和工作单等形式管理生产单元间的工作流。通过调整车间已制订的生产进度，对返修品和废品进行处理，用缓冲管理的方法控制任意位置的在制品数量。当车间有事件发生时，要提供一定顺序的调度信息并按此进行相关的实时操作。

（4）过程管理。该功能监控生产过程、自动纠正生产中的错误并向用户提供决策支持以提高生产效率。通过连续跟踪生产操作流程，在被监视和被控制的机器上实现一些比较底层的操作；通过报警功能，使车间人员能够及时察觉到出现了超出允许误差的加工过程；通过数据采集接口，实现智能设备与制造执行系统之间的数据交换。

（5）人力资源管理。该功能以分为单位提供每个人的状态。通过时间对比，出勤报告，行为跟踪及行为为基础的费用为基准，实现对人力资源的间接行为的跟踪能力。

（6）维修管理。该功能为了提高生产和日程管理能力的设备和工具的维修行为的指示及跟踪，实现设备和工具的最佳利用效率。

（7）计划管理。该功能是监视生产提供为进行中的作业向上的作业者的议事决定支援，或自动的修改，这样的行为把焦点放在从内部起作用或从一个作用到下一个作业计划跟踪、监视、控制和内部作用的机械及装备；从外部包含为了让作业者和每个人知道允许的误差范围的计划变更的警报管理。

（8）文档控制。该功能控制、管理并传递与生产单元有关工作指令、配方、工程图纸、标准工艺规程、零件的数控加工程序、批量加工记录、工程更改通知以及各种转换操作间的通信记录，并提供了信息编辑及存储功能，将向操作者提供操作数据或向设备控制层提供生产配方等指令下达给操作层，同时包括对其他重要数据（例如与环境、健康和安全制度有关的数据以及ISO信息）的控制与完整性维护。

(9) 生产的跟踪及历史。该功能可以看出作业的位置和在什么地方完成作业，通过状态信息了解谁在作业，供应商的资财，关联序号，现在的生产条件，警报状态及再作业后跟生产联系的其他事项。

(10) 执行分析。该功能通过过去记录和预想结果的比较提供以分为单位报告实际的作业运行结果。执行分析结果包含资源活用，资源可用性，生产单元的周期，日程遵守，及标准遵守的测试值。具体化从测试作业因数的许多异样的功能收集的信息，这样的结果应该以报告的形式准备或可以在线提供对执行的实时评价。

(11) 数据采集。该功能通过数据采集接口来获取并更新与生产管理功能相关的各种数据和参数，包括产品跟踪、维护产品历史记录以及其他参数。这些现场数据，可以从车间手工方式录入或由各种自动方式获取。

12.3　MES分类

传统的MES大致可分为两大类：

(1) 专用MES（Point MES）。主要是针对某个特定的领域而开发的管理系统，如车间维护、生产监控、车间调度或是工艺管理等特定的应用。优点：对特定问题，提供最合适的解决方案，且容易实现；缺点是没有全面考虑问题，不能数据共享。

(2) 集成MES（Integrated MES，I－MES）。该类系统起初是针对一个特定的、规范化的环境而设计的，如航空、装配等行业，在功能上它已实现了与上层事务处理和下层实时控制系统的集成。

12.4　MES应用案例

2000年ISA启动编制的ISA－95标准是目前广泛采用的MES标准，开发人员需要依据该标准开发满足行业和产品特征的MES软件。但是目前还没有适合于所有场合的标准MES产品，甚至没有针对一个行业的标准MES产品。本节以某企业机加产线的MES系统为例，给出了硬件架构和软件架构，对典型功能模块的界面设计以及各模块间的交互进行介绍。车间产线仿真布局如图12-2所示。

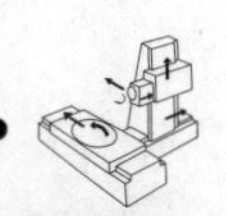

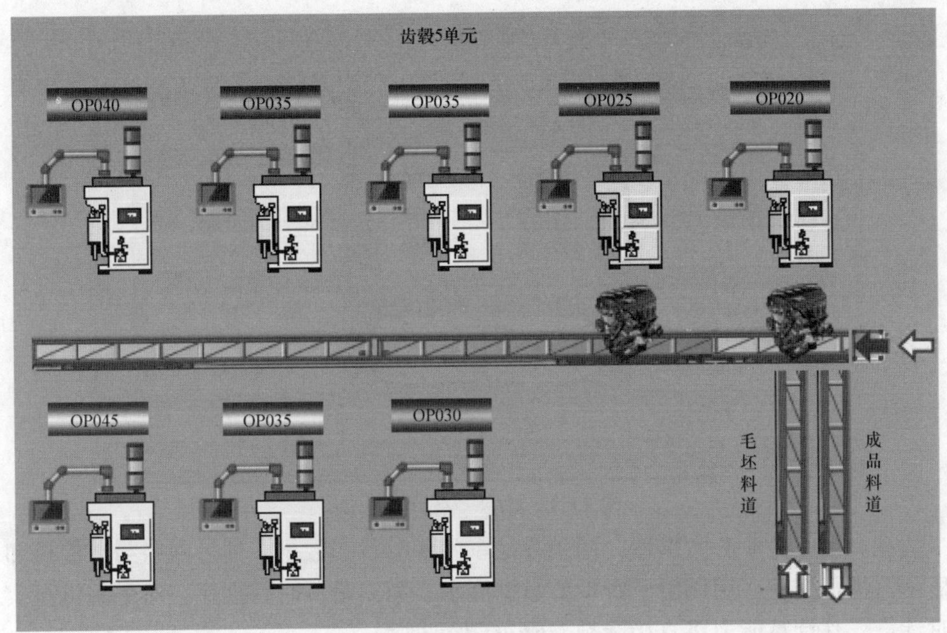

图 12-2　车间产线仿真布局

12.4.1　环境配置

MES 采用面向服务的体系架构（Service Oriented Architecture，SOA），可将各独立的功能通过模块或服务之间定义好的接口进行耦合。这种相对能自由松耦合的架构模式不仅增强了系统之间各模块的独立性，也利于系统后续的优化升级。该系统实现技术选择原则如下。

1）架构：采用 B/S 架构。

2）数据库：支持 Oracle 数据库。

3）客户端操作系统：优先选用 Win7/Win10。

4）服务端操作系统：Windows 2016 标准版或企业版（64 位）。

5）浏览器：优先选用 Chrome。

12.4.2　软件架构设计

MES 总体功能架构如图 12-3 所示。

12.4.3　硬件架构设计

如图 12-4 所示，MES 的硬件架构是以工业以太网为中心设计的。首先对车间内的各个数控机床，均配置工控机，将其设为网络中的一个节点，通过交换机连接到以太网，并通过与服务器建立连接与服务器进行交互。其次，服务器有两

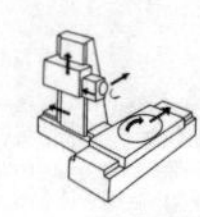

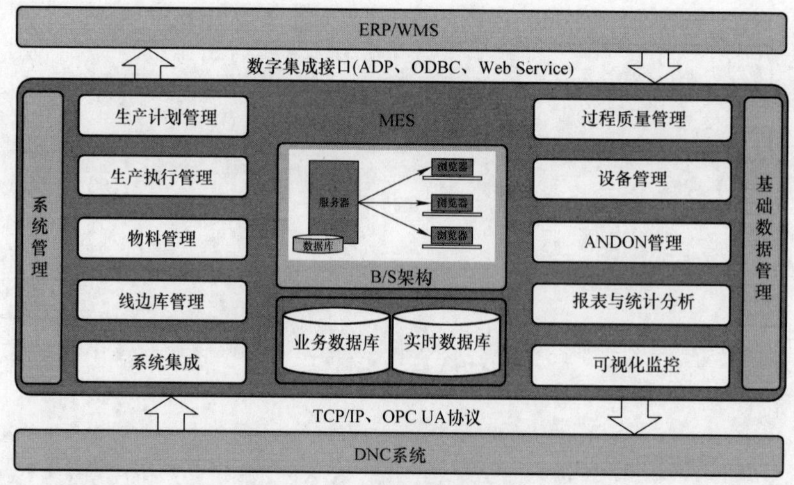

图 12-3　MES 总体功能架构

个功能。第一是业务数据库，用于存储车间各类状态数据，通过网络与工控机和显示器进行交互，用以电子看板的数据展示；第二是实时数据库，对采集进行实时计算，其计算能力将直接影响 MES 的执行效率。

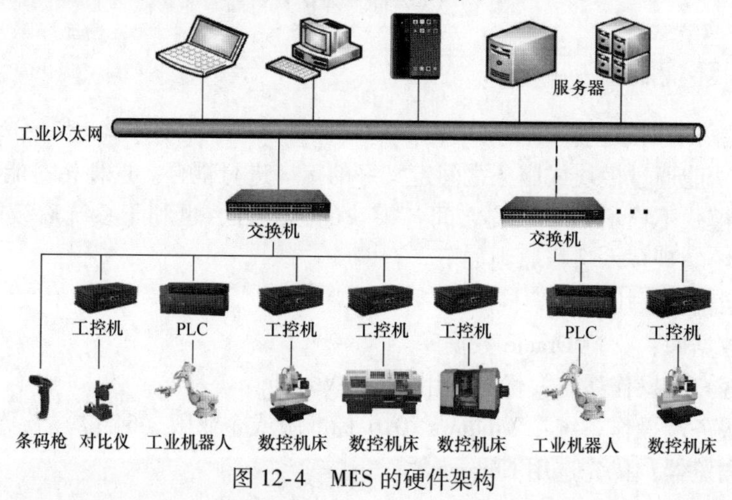

图 12-4　MES 的硬件架构

12.4.4　主要功能模块界面展示

（1）工艺管理

【功能描述】工艺人员录入标准工序的基本信息，可通过手工录入的方式或 Excel 导入的方式录入到系统中。或者工艺人员根据生产需要制定工艺信息，可通过手工录入的方式或 Excel 导入的方式录入到系统中，进而为车间调度分解车间工序计划和物料拉动提供依据，同时可上传工艺文件，供操作人员查看。界面原型如图 12-5 所示。

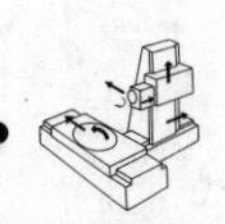

工艺信息

+录入 编辑 批量删除 查看 Excel导入 Excel导出

		编码	名称	版本	状态	发布时间	截止日期	描述	操作
1	☐	fast002	齿圈加工	1.0	新建	2021-05-04	2021-05-14	齿圈加工工艺流程	删除 发布 配置
2	☐	fast001	齿毂加工	1.1	新建	2022-05-13	2022-05-28	齿毂加工工艺流程	删除 发布 配置

图 12-5　工艺管理界面原型

（2）生产工单管理

【功能描述】生产计划员或调度员制定生产工单，可通过手工录入的方式或 Excel 导入的方式录入到系统中，工单可以选择工单执行的工艺路线、物料信息等，如图 12-6 所示。

订单号：　计划开始时间：　状态：新建　查询　重置

+录入 编辑 批量删除 查看 Excel导入 Excel导出 下发

		排序	订单号	物料编号	物料名称	执行单元	计划数量	单位	计划开始时间	计划结束时间	工时(小时)	状态	供应商代码	班次
1	☐	523004	COC202105311406420444	2402401XPW01A	后桥-PW01A-普通3.9	减速器线	45	台	2021-06-09 10:44:00	2021-06-10 02:44:00	24	新建	xxxx	一班
2	☐	523006	COC202106011803270457	2402401XPW01A	后桥-PW01A-普通3.9	减速器线	36	台	2021-06-03 13:56:00	2021-06-04 01:08:00	19	新建	xxxx	一班
3	☐	523007	COC202106011305160454	2402401XPW01A	后桥-PW01A-普通3.9	减速器线	32	台	2021-06-10 20:20:00	2021-06-11 05:24:00	17	新建	xxxx	一班

图 12-6　生产工单管理界面原型

（3）生产执行管理

【功能描述】选择流转卡：操作人员上班后，登录 MES 即可查看到，当班次需要加工的 MES 工单号、零件图号、已完成数量、剩余数量，当前班次的完成数量、不合格数量等信息。

工艺文件查看：查看该工单所使用的工艺文件信息。

完工：当零件工序流转卡加工完成，单击“完工”，MES 记录当前流转卡的该工序下的状态。用于统计班组产量。同时，将零件工序流转卡传递给下一工序。

开工扫码：针对机加单元线生产前，操作工扫描每一个毛坯料箱中的<零件工序流转卡>二维码，条码枪接入产线管控系统，人工操作，采集工单、零件工序流转卡信息。

生产执行管理界面原型如图 12-7 所示。

（4）零件工序流转卡

【功能描述】毛坯出库时，WMS 需要将毛坯件批次号传输到 MES 中，此模块可以查询各零件工序流转卡毛坯批次号。含有毛坯批次号的零件工序流转卡允许预览并打印。

零件工序流转卡界面原型如图 12-8 所示。

零件工序流转卡管理界面如图 12-9 所示。

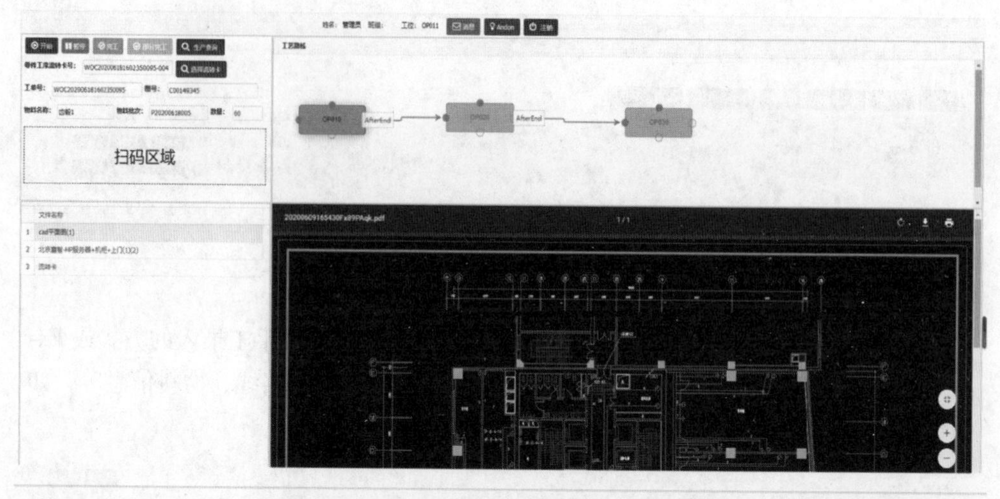

图12-7　生产执行管理界面原型

零件工序流转卡

+录入　编辑　批量删除　查看　Excel导入　Excel导出　查看　打印流转卡

	工单号	流转卡编码	执行单位	物料编号	物料名称	物料批次号	计划数量	已完成数量	计划开始时间	计划结束时间	实际开始时间	实际结束时间	操作
1	WX20200503	WX20200503-001	FAST001-001	C859458	套管	20200403	60	32	2022-05-09	2022-05-11	2022-05-10	2022-05-12	删除
2	WX20200504	WX20200503-003	FAST001-002	C859458	套管	20200403	60	40	2022-05-10	2022-05-15			删除

图12-8　零件工序流转卡界面原型

零件工序流转卡

生产批次：WX20200503
产品总成：CG0001
物料名称：套管
流转卡编号：WX202005034353-001
工单编号：WX202005034353
订单数量：60

工序流转过程								
日期	工序号	物料编号	工序名称	工艺	数量	加工者	首检确认	返工
5/12	15	C0015402				Fast001		
5/13	15	C0015402				Fast002		

图12-9　零件工序流转卡管理界面

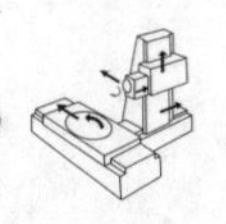

(5) 线边库库存查询

【功能描述】随着毛坯物料的入库和出库操作，线边库存实时更新。查询各库区中库位空闲状态以及各个库位的工单信息。

线边库库存查询界面原型如图 12-10 所示。

线边仓名称:　库位编号:　批次:　派工单号:　零件代号:　查询　重置

	线边库编号	线边仓名称	库位编号	库位行	库位列	物料编码	物料名称	批次	数量	单位	入库时间	ERP工单号	派工单号	零件代号	操作
1	LS-MP-001	毛坯线边库	LS-MP-001-001	1	1	XY-X7321	毛坯	D19E066	300	件	2020-03-15	XY9800684	XY9800684-001	11641171	删除　工序流转卡
2	LS-MP-002	毛坯线边库	LS-MP-001-002	1	2	XY-X7321	毛坯	D19E066	240	件	2020-03-15	XY9800684	XY9800684-002	11641172	删除　工序流转卡

图 12-10　线边库库存查询界面原型

线边库库存可视化界面如图 12-11 所示。

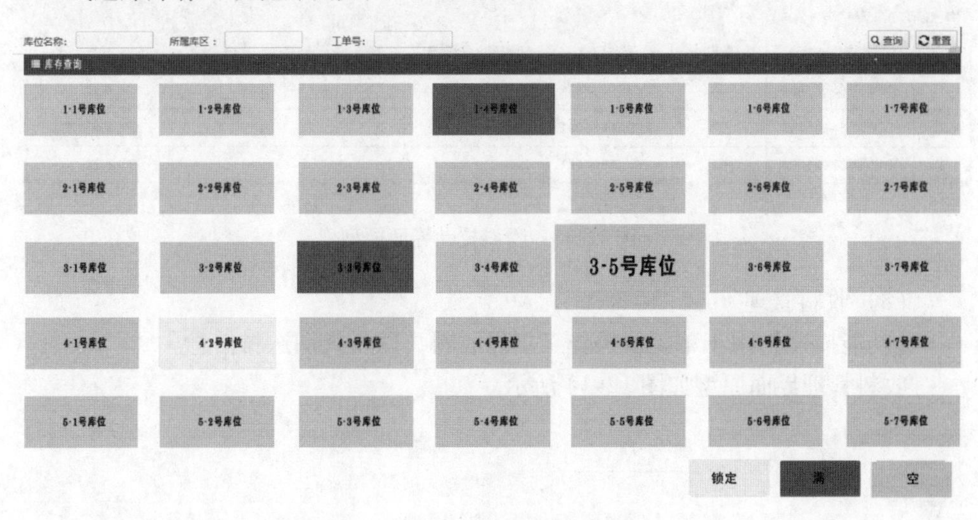

图 12-11　线边库库存可视化界面

(6) 线边库入出库管理

【功能描述】对线边库入出库的操作并记录信息，列表展示入出库记录。

线边库入出库管理界面原型如图 12-12 所示。

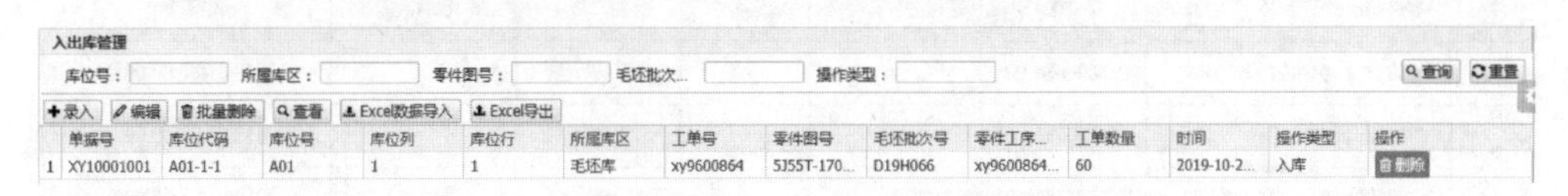

入出库管理

库位号:　所属库区:　零件图号:　毛坯批次...　操作类型:　查询　重置

录入　编辑　批量删除　查看　Excel数据导入　Excel导出

	单据号	库位代码	库位号	库位列	库位行	所属库区	工单号	零件图号	毛坯批次号	零件工序...	工单数量	时间	操作类型	操作
1	XY10001001	A01-1-1	A01	1	1	毛坯库	xy9600864	5J55T-170...	D19H066	xy9600864...	60	2019-10-2...	入库	删除

图 12-12　线边库入出库管理界面原型

(7) 物料拉动

【功能描述】MES 向 AGV 发叫料/送料指令时，AGV 接收工单信息、物料位置信息以及呼叫单元线信息，然后执行送料。在物料需求查询功能中，可以查看工单毛坯件的已配送数量信息和未配送料数量信息。

物料拉动界面原型如图12-13所示。

物料管理>物料需求看板

生产线 　　　查询

工单信息查询

序号	ERP工单号	MES工单号	计划数量	已配送数量	未配送数量	生产线
1	XY9800864-001-001	XY9800864-001	1000	500	500	齿毂4单元线
2	XY9800864-001-002	XY9800864-002	600	400	200	齿毂4单元线
3	XY9800864-001-003	XY9800864-003	600	300	300	齿毂4单元线

物料信息查询

序号	零件周转卡编号	数量	零件图号	零件毛坯批次号	所属库区	库位	状态
1	XY9800864-001-001	60	XY9800864-001				在途
2	XY9800864-001-002	60	XY9800864-001				已呼叫未出库
3	XY9800864-001-003	60	XY9800864-001				在途

图12-13　物料拉动界面原型

（8）收料管理

【功能描述】用于单元线操作工扫码收料，以及查询送料信息。

收料管理界面原型如图12-14所示。

物料管理>收料管理

扫描区域 　　　确认　提交

生产任务信息

ERP工单号　MES派工单号　计划数量　来料数量总计

零件流转卡来料信息

序号	零件周转卡编号	数量	零件图号	零件毛坯批次号	收料班次	生产线	收料人	收料时间
1	XY9800864-001-001	60	XY9800864-001		A	齿毂4单元线		2019/07/07 00:00:00
2	XY9800864-001-002	60	XY9800864-001		A	齿毂4单元线		2019/07/07 00:00:00
3	XY9800864-001-003	60	XY9800864-001		A	齿毂4单元线		2019/07/07 00:00:00

图12-14　收料管理界面原型

（9）ANDON配置

【功能描述】软ANDON配置管理。

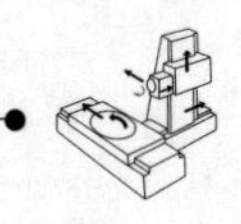

ANDON 配置界面原型如图 12-15 所示。

首页　表单数据列表[安灯管理]

录入　编辑　批量删除　查看　Excel数据导入　Excel导出

	安灯编码	安灯名称	简称	描述	操作
1	cut_tool_andon	刀具安灯	CT		删除
2	material_andon	物料安灯	MT		删除
3	EQ_andon	质量安灯	EQ		删除
4	quanlity_andon	质量安灯	QA		删除
5	process_andon	工艺安灯	PRO		删除

图 12-15　ANDON 配置界面原型

（10）ANDON 分析

【功能描述】异常处理完毕后，对异常过程数据和异常处理过程数据统计分析

ANDON 分析界面原型如图 12-16 所示。

首页　按灯记录

工位:　按灯类型:　查询　重置

查看　Excel导出

	工位	按灯类型	原始状态	最终状态	操作人	创建日期
1	OP1010_差速器...	呼叫报警	处理中	处理完成	管理员	2020-01-15 16:1...
2	OP1010_差速器...	呼叫报警	接收	处理中	管理员	2020-01-15 16:1...
3	OP1010_差速器...	呼叫报警	报警	接收	管理员	2020-01-15 16:1...
4	OP1010_差速器...	设备报警	正常	报警	管理员	2020-01-15 16:0...
5	OP1010_差速器...	呼叫报警	正常	报警	管理员	2020-01-15 16:0...
6	OP1010_差速器...	质量报警	正常	报警	管理员	2020-01-15 16:0...
7	OP2040_主齿轴...	呼叫报警	报警	接收	管理员	2020-01-15 13:5...
8	OP2040_主齿轴...	呼叫报警	正常	报警	管理员	2020-01-15 13:5...
9	OP2040_主齿轴...	设备报警	正常	报警	管理员	2020-01-15 13:5...
10	OP2040_主齿轴...	设备报警	报警	正常	管理员	2020-01-15 13:5...
11	OP1030_一字轴...	质量报警	接收	处理中	管理员	2020-01-15 13:5...
12	OP2050_主齿内...	质量报警	报警	接收	管理员	2020-01-15 13:5...
13	OP2070_合件压机	缺料报警	报警	接收	管理员	2020-01-15 13:5...
14	OP2070_合件压机	缺料报警	正常	报警	管理员	2020-01-15 13:5...
15	OP2050_主齿内...	质量报警	正常	报警	管理员	2020-01-15 13:5...
16	OP2040_主齿轴...	设备报警	正常	报警	管理员	2020-01-15 13:5...
17	OP1030_一字轴...	质量报警	报警	接收	管理员	2020-01-14 15:5...
18	OP1030_一字轴...	质量报警	正常	报警	管理员	2020-01-14 15:2...
19	OP1030_一字轴...	质量报警	报警	正常	管理员	2020-01-14 15:2...
20	OP1030_一字轴...	质量报警	正常	报警	管理员	2020-01-14 15:2...

图 12-16　ANDON 分析界面原型

ANDON 综合分析界面如图 12-17 所示。

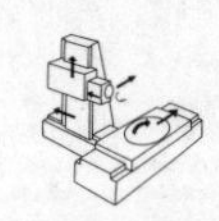

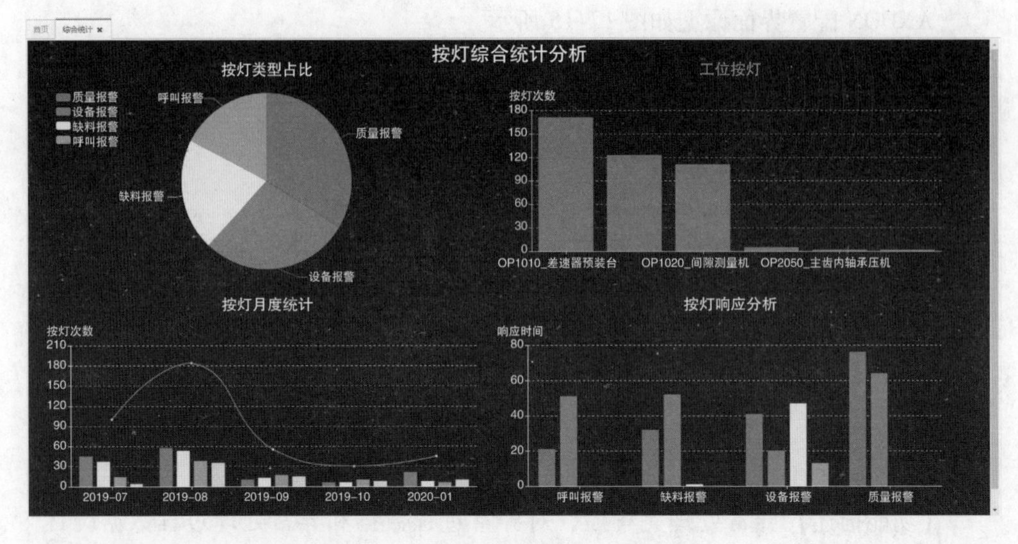

图 12-17　ANDON 综合分析界面原型

(11) 生产看板

【功能描述】生产看板是以多图的样式集中显示，展示于首页界面。

生产看板界面原型如图 12-18 所示。

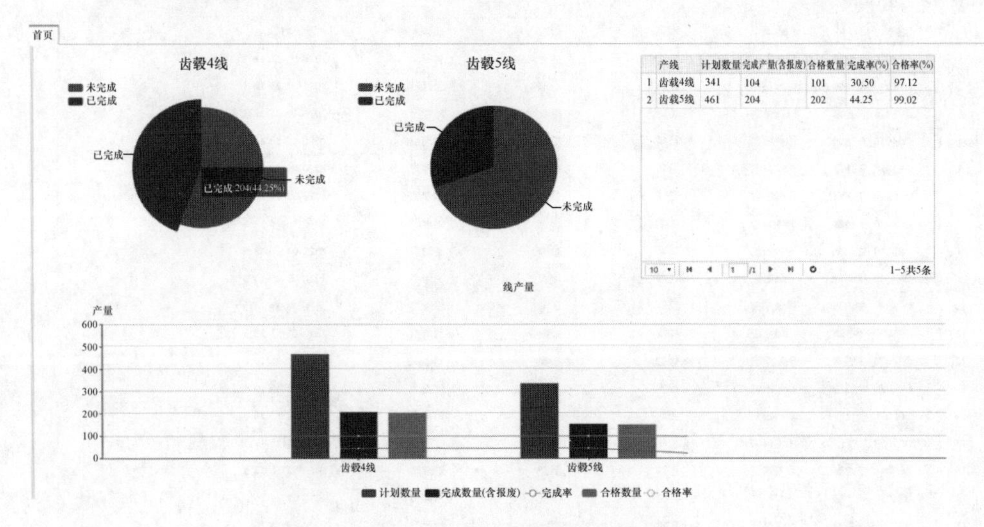

	产线	计划数量	完成产量(含报废)	合格数量	完成率(%)	合格率(%)
1	齿毂4线	341	104	101	30.50	97.12
2	齿毂5线	461	204	202	44.25	99.02

图 12-18　生产看板界面原型

第 13 章　慧鱼创意机器人模型初探

13.1　慧鱼创意组合模型

慧鱼创意组合模型（fischertechnik）是一款用于工程技术智趣拼装的组合模型，是由德国发明家 Arthur Fischer 博士于 1964 年在其专利“六面拼接体”（如图 13-1 所示，慧鱼构件的工业燕尾槽设计使六面都可拼接，独特的设计可以让设计者随心所欲地实现组合和扩充）的基础上发明的。它涵盖了机械、气动、电子、控制、传感器技术、机器人技术、新能源技术等多学科技术，以机械、电子、气动元件作为基本构件，加入控制器、传感器、驱动器、控制软件和控制程序，可实现工业生产设备、大型机械设备操作的模拟，技术原理的过程还原，也是技术含量很高的工程技术类智趣拼装模型。

图 13-1　慧鱼构件的工业燕尾槽设计

慧鱼创意组合模型作为展示科学原理和技术过程的理想载体，能够为创新实践教学、实验实训教学、科研创新、生产流水线提供可行性验证，也是体现世界最先进教育理念的学具，为创新教育和创新实验提供了最佳载体。

在国内，已有超过 500 所高校使用慧鱼创意组合模型开展教学科研、科技创新活动，引导学生在实践中学习工程技术知识，培养学生创新实践能力和综合素质，提升学生的科学素养，让学生在验证理论知识的同时，实现理论知识和实践的统一。

国际上也有一大批知名企业引进慧鱼创意组合模型产品以论证生产流水线，如德国的西门子、宝马，美国的 IBM 等，如图 13-2 所示。

工程实训课程主要是考查学生运用所学专业知识进行机电系统设计、加工、装配的能力，由于慧鱼创意组合模型集机械、电子、液压、气动、控制技术于一身，可以将慧鱼创意组合模型引入实训课堂，用于训练和培养学生的综合系统设计能力和创新能力。教师设置综合实训项目，项目尽可能结合生产实际并涵盖

图13-2　国际知名企业引进慧鱼创意组合模型产品以论证生产流水线

机、电、液、气、控制于一体，如数控铣床、数控车床、数控钻床、立体仓库、三自由度工业机器人模型（见图13-3）等，以2~3名学生为一个团队小组，团队小组根据实训项目任务书的要求进行作品创意构思与结构设计，并利用慧鱼创意组合设计包设计和组装作品实物、编写作品控制程序、连接作品电路、调试作品控制程序，并实现任务书要求实现的功能。

图13-3　基于慧鱼的三自由度工业机器人模型

实训期间，要求学生编写作品设计说明书、制作项目答辩PPT、录制与剪辑影像，目的是培养学生的文字应用与编辑能力、影像和PPT制作与编辑能力。

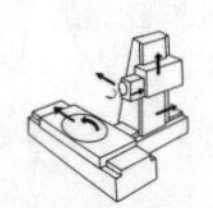

实训结束后，安排学生现场答辩和路演。答辩和路演环节需向指导教师、全体学生演示作品，目的是培养学生现场随机应变能力、沟通交流能力。以“慧鱼创意组合模型”作为载体开展工程实训项目，有助于培养学生的实践能力、创新能力、综合应用知识能力、团队协作能力，极大地促进了学生综合素质能力的提升。

13.2　基本构件

慧鱼机器人采用模块组合技术，其主要特点是以大量结构和功能各异的零件为搭建基本单元，进行机构拼装，其中，基本构件主要用于支撑、固定和连接，是搭建慧鱼机器人最基础最常用的零部件。基本构件采用燕尾槽插接的方式连接，可多次拆装。为了能组合成各种结构模型，慧鱼集团技术部门已开发出1000 余种零件，以下是为实现特定的功能而经常使用的 10 种零件类型。

13.2.1　六面拼接体

六面拼接体（见图 13-4）主要用于支撑和固定机器人框架，可以从六个面进行拼装，主要根据不同长度进行种类细分，有的拼接体中间开孔，常用于与轴类零件组装。

图 13-4　六面拼接体

13.2.2　板型构件

板型构件主要用来平滑表面、制作平台和外形装饰，板的厚度比较薄，呈片状，种类可根据不同长度和宽度进行细分，如图 13-5 所示。

13.2.3　块型构件

块型构件比板型构件稍厚，能实现多个面的拼装，主要用于固定和小型机器

图 13-5　板型构件

人框架搭建，如图 13-6 所示，组合使用不同薄厚、大小和角度的块，能制作出特殊的外形效果。

图 13-6　块型构件

13.2.4　轮型构件

轮型构件（见图 13-7）主要用作滑轮和轮毂，可根据直径和材质来细分，此外，有些轮结构所具有的特殊外形还可以用来实现特别的功能。

13.2.5　轴

轴（见图 13-8）主要用来连接各种运动部件，主体结构是断面为圆形的细长杆、棒状，可根据不同长度进行细分。此外，还有一种固定了小齿轮的轴以及蜗杆，如图 13-9 所示，常用于与电动机的减速齿轮箱配套使用，是传递动力时必不可少的构件。

图 13-7　轮型构件

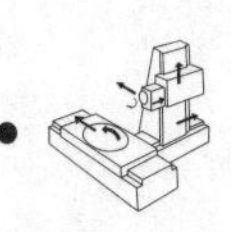

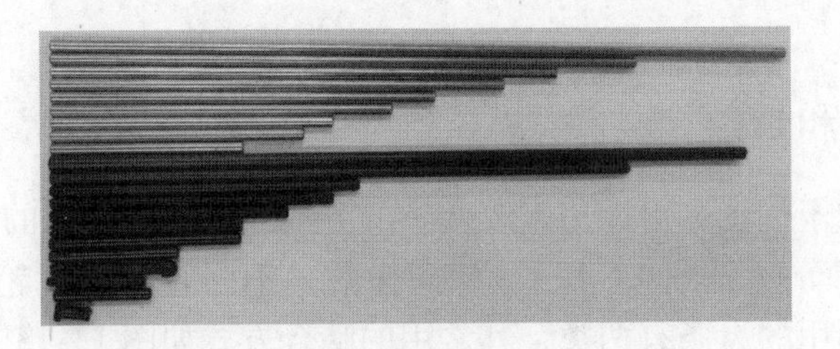

图 13-8　轴

图 13-9　带齿轮的轴

13.2.6　轴套与紧固件

轴套与紧固件（见图 13-10）都是内孔为圆形的零件，轴套是可以套在轴上自由活动的短圆柱，挡圈可以紧固在轴上，防止装在轴上的其他零件窜动。慧鱼构件中，还有一种特殊的紧固件，如图 13-11 所示，左列与右列的零件成对使用，带内外螺纹，通过旋转紧扣在轴上，可以将自身或齿轮等基础构件固定在轴上，随轴转动，安装时一定要注意旋紧，否则会有打滑的现象出现。

图 13-10　轴套与紧固件

图 13-11　成对使用的紧固件

13.2.7　齿轮和齿条

齿轮主要用于传动，可以用来改变轴的方向或改变轴转动的速度，主要根据模数和直径来细分（见图13-12），相同模数、不同直径的齿轮可以相互啮合。与齿轮相对应使用的齿条有两类，其常用的啮合方式如图13-13所示。

图13-12　齿轮和齿条

图13-13　齿轮齿条的两种啮合方式

13.2.8　孔条

孔条（见图13-14）是一种中间分布有均匀装配孔的条状构件，经常用来支撑轴和连接杆件，或用作弧形造型和装饰，如负重较轻，也可用作支撑柱承担六面拼接体，使用范围广泛。

图13-14　孔条

13.2.9　连接件

连接件的个体通常比较小，在结构制作中起衔接和加固的作用，如图13-15

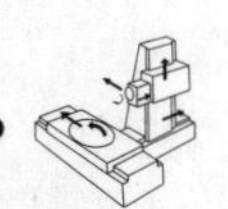

所示，可以连接六面拼接体、块、轴等不同的慧鱼构件，有固定连接和活动连接两种，可用于轴的延长、关节活动和构件固定。

图 13-15　连接件

13.2.10　连杆件

连杆件为细条状，有均匀分布装配孔和仅在两端存在装配孔两种，如图 13-16 所示，可根据不同长度进行细分，主要用来实现各种机构，如连杆机构、凸轮机构等，以活动连接最为普遍，有时也可搭成三脚架用来稳固结构。

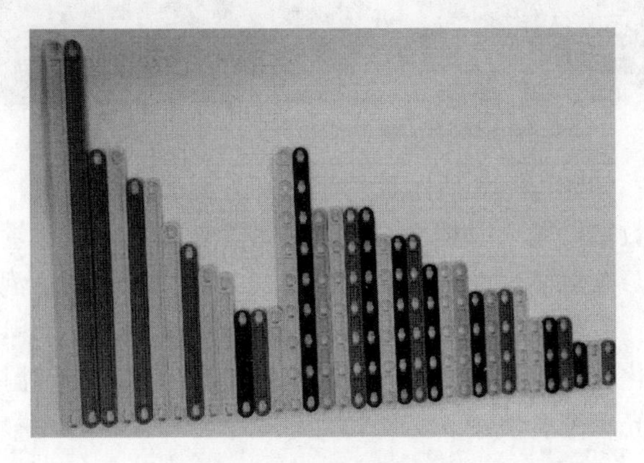

图 13-16　连杆件

13.3　电气元件

机器人的外形不限于人的形状，如自动化小车、工业流水线上的装配机械手、室内温控系统、烘手器、自动门都可以称为机器人。机器人一般由控制系统、检测装置、执行系统和驱动装置组成，而控制系统、检测装置、执行系统和驱动装置等关键部位是由电气元件组成的，下面介绍慧鱼机器人常用的几种电气元件。

13.3.1　传感器

传感器是一种检测装置，能感受到被测量的信息，并能将检测到的信息按一定规律变换成电信号或其他形式的信息输出，以满足信息的传输、处理、存储、显示、记录和控制等要求。在研究自然现象和规律以及生产活动中，需要传感器获取外界信息，可以说传感器是机器人的感觉器官。通过传感器，机器人可以进行感知，从而做出反应，这对机器人起着至关重要的作用。下面介绍几种慧鱼构件中常用的传感器。

触动传感器：一种按钮开关，简称开关，如图13-17所示，其按键有按下和弹出两种工作位置，数字量输入，有3个接线孔，两种接入方式，1、3号孔接入时为常开，即按键按下电路导通、按键弹出电路断开，1、2号孔接入为常闭，即按键按下电路断开、按键弹出电路接通。

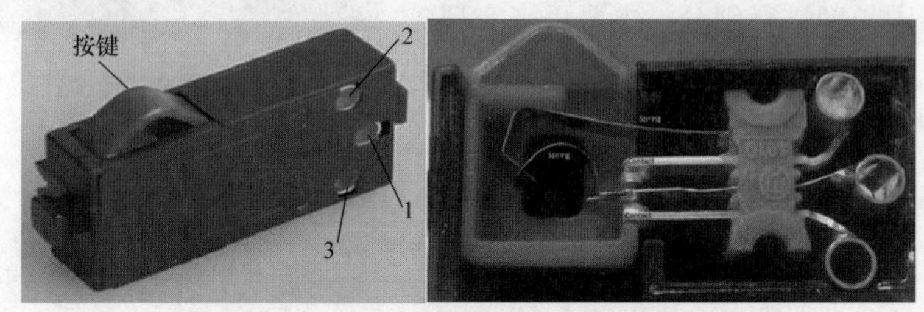

图13-17　触动传感器及其内部结构

光电传感器：如图13-18所示，用于感知外界光线的强度，可数字量输入也可模拟量输入，数字量输入时用于判断光路是否被阻断，模拟量输入时通过不同的数值分辨光强。监测亮度时经常与发光管（一种带透镜的灯泡）配合使用。

温度传感器：一种负温度系数热敏电阻（NTC），如图13-19所示，用于感知外界温度的变化，模拟量输入，可通过不同的数值反映当前温度的高低。改变温度时经常与发光管配合使用。

图13-18　光电传感器

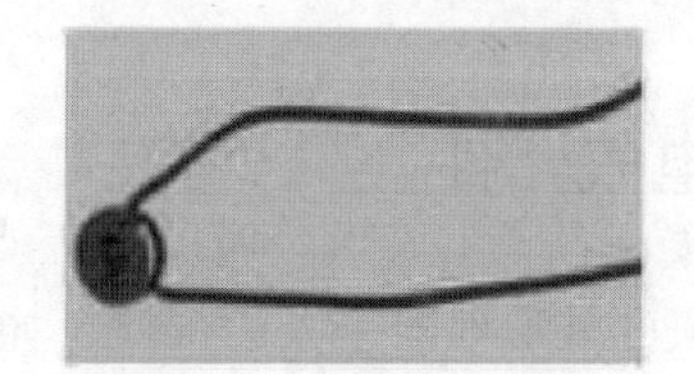

图13-19　温度传感器

轨迹传感器：它包含两组独立的识别模块，每个模块包含一个发射装置和一个接收装置。如图13-20所示，红色线接9V电源，绿色线接地，蓝色与黄色线接信号端。通电后，发射端发出红外线，红外线遇到物体反射，接收端接收反射回来的红外线，浅色（如白、红、黄、浅绿）反射红外线较多，传感器识别的返回值为“1”；深色（如黑、蓝、紫、灰）反射红外线较少，接收端识别不到反射信号，传感器识别的返回值为“0”。轨迹传感器测量范围为5～30mm，最佳使用距离为15mm。

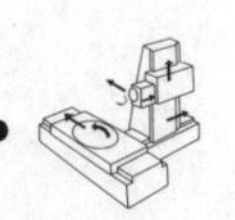

超声波传感器：主要是应用了超声波测量距离原理，包含发射端和接收端，红色线接 9V，绿色线接地，黑色线接信号端，如图 13-21 所示。超声波传感器有效测量范围为 0～400cm，精度为 1cm，超出测量范围时显示 1023。

图 13-20　轨迹传感器

图 13-21　超声波传感器

13.3.2　用电器

慧鱼机器人通过上述传感器感知周围环境，经过思考后再做出相应的动作，它离不开用电能进行工作的装置，它们消耗电能转换为其他形式的能量，如提供驱动力的主要元件电动机。下面介绍几种慧鱼机器人常见的用电器。

（1）指示灯　一种电灯泡，如图 13-22 所示，其将电能转换为光能和热能，接控制器的输出端口，分普通型和聚光型两种，前者简称灯泡，常与不同颜色的灯罩组合，用控制灯的亮灭来表达信息，后者简称发光管，主要配合传感器使用，用于辅助得到环境数据。

（2）迷你电动机　一种直流电动机，简称小马达，如图 13-23a 所示，通电旋转，将电能转换为机械能，接控制器输出端口，可由程序控制转动、停止以及转动的方向。迷你电动机怠速 9500r/min，最大电流 0.65A，最大转矩 0.4N · cm，需增大转矩后连接各种传动机构，实现不同的运动。图 13-23b 所示为动力输出时经常与迷你电动机搭配使用的减速齿轮箱。图 13-23a 经常与齿轮配合实现旋转运动，图 13-23b 实现在齿条上直线移动。

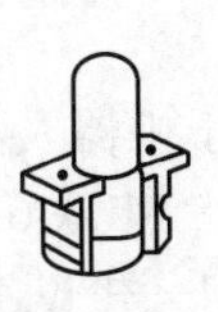

图 13-22　指示灯

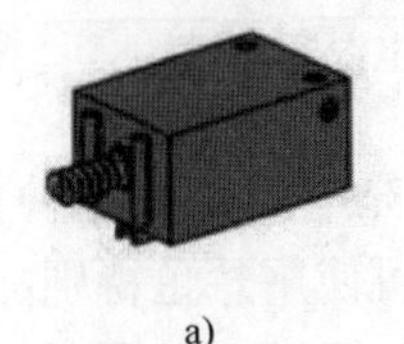

a)

b)

图 13-23　迷你电动机与减速齿轮箱

（3）编码电动机　其尺寸为60mm×30mm×30mm，内置独立计数器，最大工作电压为9V，最大工作电流为0.5A，最大转速为1800r/min。配合ROBO TXT控制器使用，可以调整1~8级速度，如图13-24所示。

图13-24　编码电动机

13.3.3　电源

电源，是机器人活动的能量供给单元。慧鱼机器人使用的是直流9V的电源，主要使用两种形式供电。

（1）采用直流9V稳压电源适配器　这种供电形式电压和电流比较稳定，主要在联机调试的情况下使用。控制器供电时，直流稳压电源可以直接与TXT控制器相连，ROBO TXT控制器需要转换插头，如图13-25所示。此外，适配器也可以与可调直流变压器连接，如图13-26所示，输出0~9V的直流电，为慧鱼机器人提供电力支持。

图13-25　直流9V稳压电源适配器

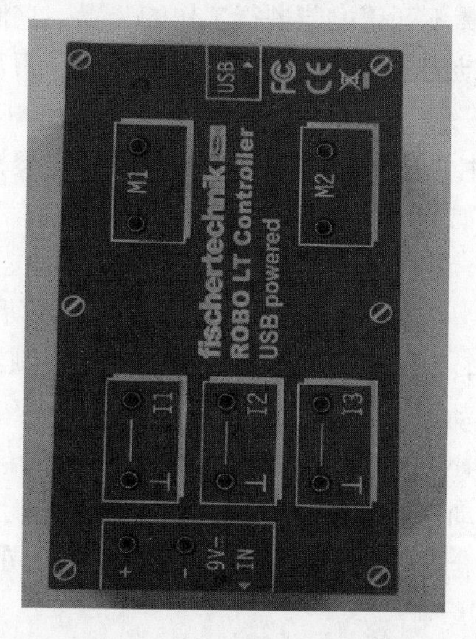

图13-26　可调直流变压器

（2）使用电池组或可充电电池　这种供电形式利于机器人活动，主要应用在移动机器人领域，此时可使用慧鱼特别配制的电池盒，串联6节1.5V碱性电池得到直流9V的电量，如图13-27所示，如频繁使用，建议配置可充电电池盒，如图13-28所示。

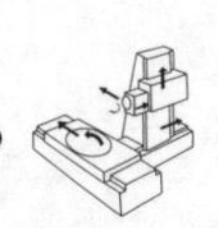

图 13-27　慧鱼特别配制的电池盒

图 13-28　可充电电池盒

13.4　气动零件

慧鱼机器人常用的气动元件包括储气罐、气缸、气管、气动电磁阀等，如图 13-29所示。

储气罐用于存储压缩气体，气体需要通过气管输送至气动机构的各部位。慧鱼气动电磁阀是一种电控气动控制元件，它接控制器的输出端，控制气路的通断，如图 13-30 所示，使用气动电磁阀的目的在于控制气缸中气体的流动方向，使气缸进行伸缩运动。电磁阀有三个连接点和两个开关位置，也称为二位三通电磁阀。

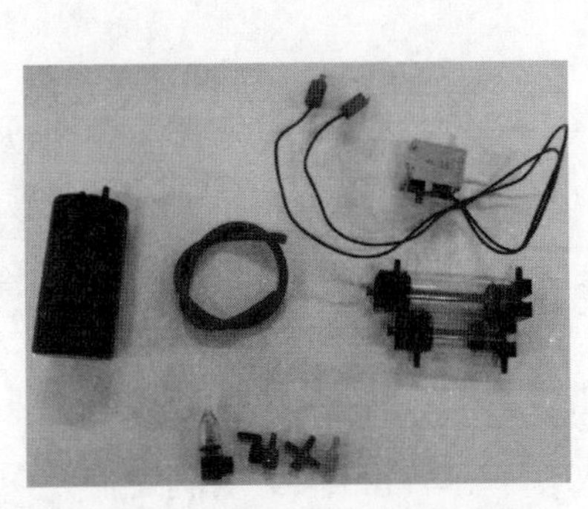

图 13-29　慧鱼机器人主要气动元件

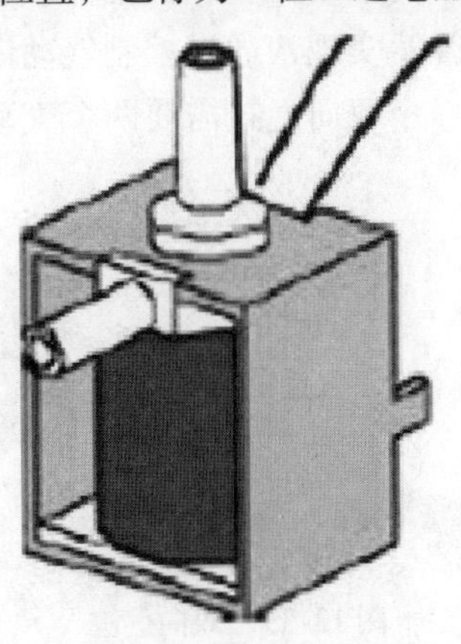

图 13-30　气动电磁阀

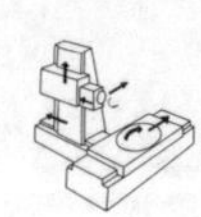

如图13-31所示，电磁线圈通电后，线圈产生磁场，使磁心下移，P口和A口接通，压缩空气由P口流向A口。未通电时，弹簧推动磁心上移，P口和A口切断，A口与R口接通，将气缸中的气体由R口排出。

电磁阀可以通过双面胶带连接到30mm的梁上。这样做可以将电磁阀连接到结构上，使其保持稳定，如图13-32所示。该图中的电磁阀是一个三位二通电磁阀，它允许流体从一个端口进入，并从另一端口排出。三位二通电磁阀名字中的“三”代表有3个端口，从电磁阀的外观上可以看到两个端口（1和2），第3个端口隐藏在电磁阀的底部覆盖物之下。当压缩空气从端口3排出时，该覆盖物起到消声器和扩散器的作用。当电磁阀得电时，端口1和端口2导通，当电磁阀断电时，端口2和端口3导通，用于慧鱼机器人的气动控制。

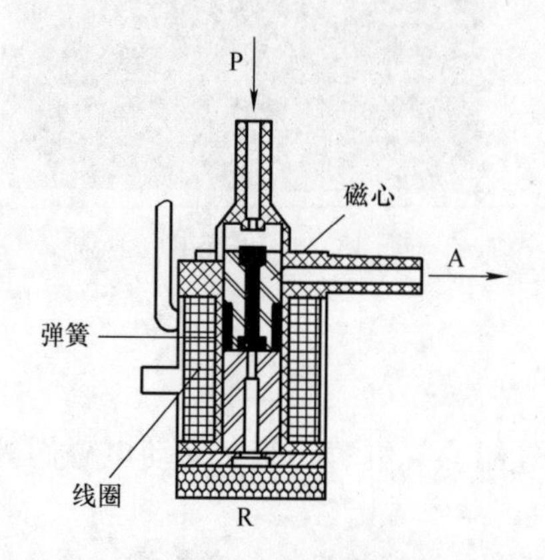

图13-31　电磁阀原理

图13-32　电磁阀

慧鱼气缸有双向和单向两种，如图13-33和图13-34所示，前者通过压缩空气可以双向推动活塞，实现伸或缩的运动，后者只能从一个方向供气驱动，返回运动由弹簧实现，通过控制气动电磁阀的通断电，只能实现气缸一端充放气，所以驱动一个双向气缸需要两个气动电磁阀。

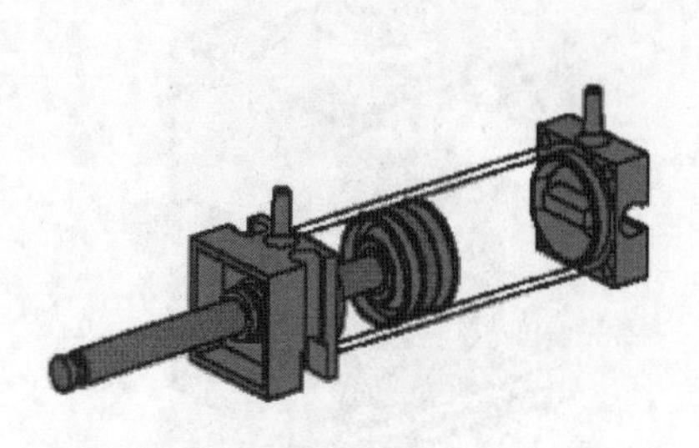

图13-33　双向气缸

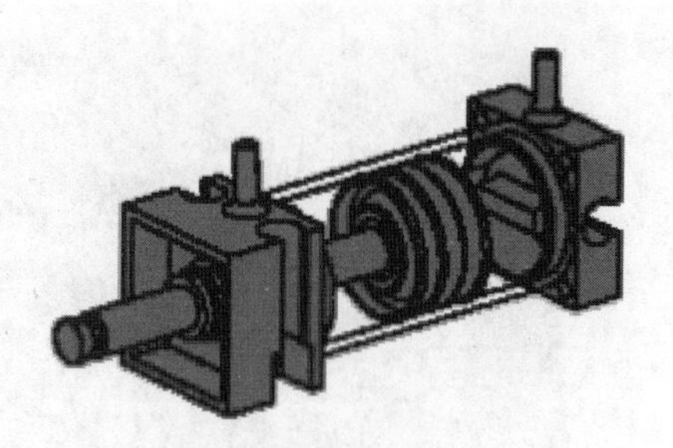

图13-34　单向气缸

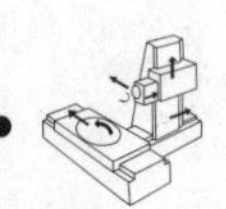

隔膜式空气气泵（隔膜式空气压缩机）（见图 13-35）可以产生压力为 0.7～0.8MPa 的压缩空气。压缩空气推动气缸中的活塞运动，为慧鱼综合模型提供驱动力。

图 13-35　气泵

如图 13-36 所示，气泵有两室，由一个隔膜隔开，凸轮机构带动活塞做往复运动，空气压力引起弹性隔膜变形，空气通过进/出口阀进出气缸。

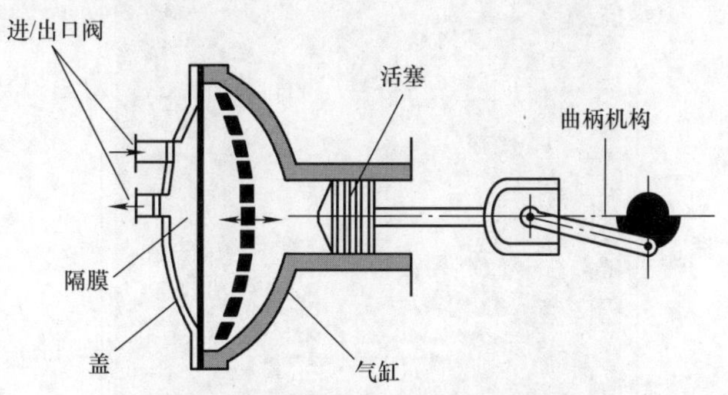

图 13-36　隔膜式气泵原理示意图

如图 13-37 所示，气泵、气阀和气缸需要配合使用，才能实现气动控制。连接实物模型，可观察气泵如何为慧鱼综合模型提供动力。

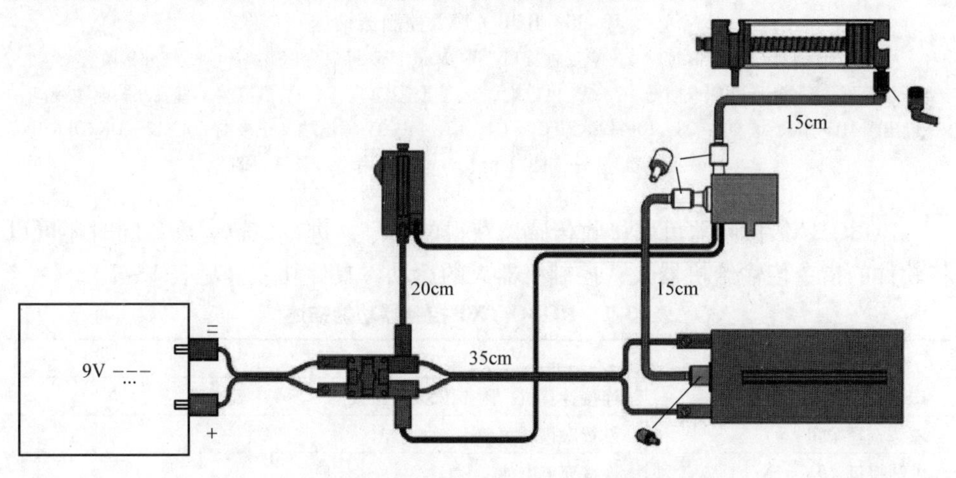

图 13-37　气泵、气阀和气缸配合使用原理示意图

接通电源后，气泵开始工作，接触开关控制气阀通断，气阀控制气流的通断。按下开关后，气阀导通，气泵中压缩气体通过气阀进入气缸，活塞进行往复

直线运动，为慧鱼综合模型提供动力。

13.5　TXT 控制器

1. ROBO TXT 控制器

ROBO TXT 控制器是慧鱼机器人的核心，其结构如图 13-38 所示。

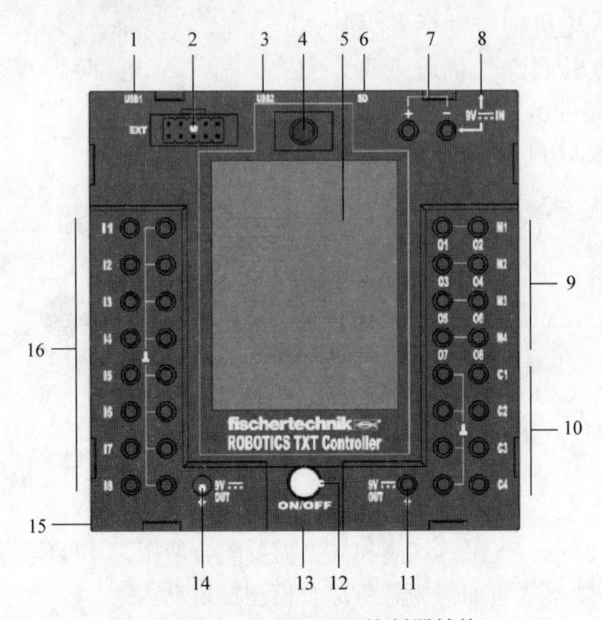

图 13-38　ROBO TXT 控制器结构

1—USB-A 接口（USB-1）　2—扩展板接口　3—Mini USB 接口（USB-2）　4—红外接收管　5—触摸屏　6—Micro SD 卡插槽　7—9V 供电端，充电电池接口　8—9V 供电端，直流开关电源接口　9—输出端 M1～M4，或 O1～O8　10—输入端 C1～C4　11、14—9V 输出端（正极端子）　12—ON/OFF 开关　13—扬声器　15—纽扣电池仓　16—通用输入端 I1～I8

ROBO TXT 控制器可以接收传感器获得的信号，进行逻辑运算；同时还可以将软件的指令传输给机器人，控制机器人的运动，具体功能详见表 13-1。

表 13-1　ROBO TXT 控制器功能描述

名称	功能
USB2.0 接口	连接计算机，附带 USB 连接线
左侧选择按钮	设置触摸屏菜单 3
电池接口，9V = IN	连接充电电池
显示屏	显示控制器状态，下载程序等信息
开关	接通或断开开关
右侧选择按钮	设置显示屏菜单

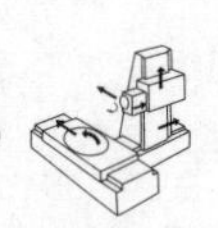

（续）

名称	功能
直流电插口，9V = IN	连接电源
EXT2 拓展口	可连接更多控制器
输出端 M1 ~ M4	可以连接 4 个电动机，也可以连接 8 个灯泡或电磁铁
输入端 C1 ~ MC4	快速计数端口，也可作为数字输入端口
9V = OUT	可为颜色传感器、轨迹传感器、超声波传感器提供 9V 直流工作电压
摄像头接口	连接摄像头
通用输出口	连接数字量传感器和模拟量传感器
Ext1 拓展口	可连接更多控制器

2. 设置 ROBO TXT 控制器

在使用 ROBO TXT 控制器的过程中，主要是用左、右两个红色按钮进行选择、确定，其设置菜单见表 13-2。

表 13-2　ROBO TXT 控制器设置说明

图示	说明
ROBO TX -> Local -> No program file loaded -> Master -> Ext. Start Menu	Local（本地）：显示控制器工作状态 No program file loaded：没有载入文件 Master（主控）：显示主控控制器信息 Ext.（扩展设备）：显示扩展控制器信息 Start（启动）：启动或者停止程序 Menu（菜单）：进入主菜单
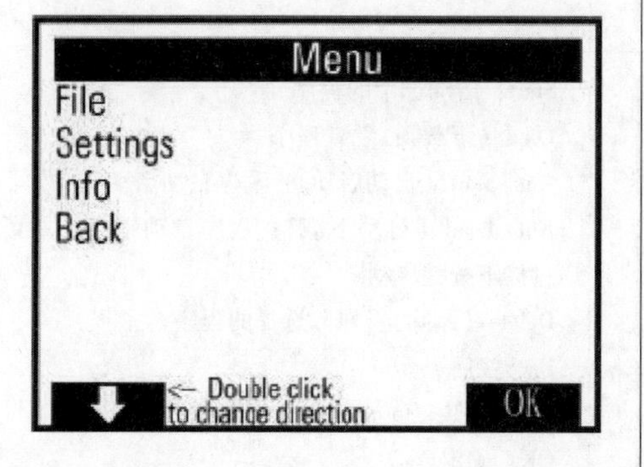	File（文件）：引导至“文件”菜单 Settings（设置）：引导至“设置”菜单 Info（信息）：引导至“信息”界面 Back：后退 Double click to change direction：双击切换 OK：确定

（续）

图示	说明
File R/Program name 1 (AS)F/Program name 2 Delete Auto Load/Auto Start Clear Program Memory Back <– Double click to change direction　OK	R/Program name1：表示文件存在内存中 （AS）F/Program name2：表示文件存在闪存中 Delete Auto Load/Auto Start：文件前有“（AL）”或者“（AS）”，表示该文件自动下载或者自动启动 Clear Program Memory（清空程序存储器）：清除载入存储器的程序文件 Back：后退 Double click to change direction：双击切换 OK：确定
Info Firmware:　V x.x.x Name:　ROBO TXT Bluetooth:　xx:xx:xx:xx:xx:xx Back <– Double click to change direction　OK	Firmware（固件）：显示固件的版本号 Name（名称）：显示设备的名称 Bluetooth：唯一的蓝牙识别号 Back：后退 Double click to change direction：双击切换 OK：确定
Settings Role:　Master Language:　English Bluetooth:　ON Restore defaults: Back <– Double click to change direction　OK	Role（属性）：引导至“属性”菜单 Language（语言）：引导至“语言”菜单 Bluetooth（蓝牙）：引导至“蓝牙”菜单 Restore defaults（恢复默认设置）：恢复出厂设置 Back：后退 Double click to change direction：双击切换 OK：确定
X/Program name Start Load Auto Start Auto Load Delete Back <– Double click to change direction　OK	Start：启动选中的程序 Load（下载）：下载程序 Auto Start（自动启动）：程序自动启动 Auto Load（自动下载）：程序自动下载，并可通过按下按键启动 Delete（删除）：删除选择的程序 Back：后退 Double click to change direction：双击切换 OK：确定

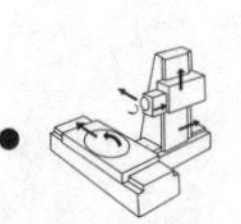

（续）

图示	说明
Bluetooth Bluetooth: ON Device discoverable Yes Device connectable Yes Paired devices: 0 Restore defaults: Back <— Double click to change direction　OK	Bluetooth：接通或者关闭蓝牙功能 Device discoverable（可发现设备）：识别蓝牙设备 Device connectable（可连接设备）：允许其他设备和控制器进行蓝牙连接 Paired devices（配对的设备）：显示通过蓝牙和控制器连接的设备数 Restore defaults：恢复出厂设置 Back：后退 Double click to change direction：双击切换 OK：确定

13.6　慧鱼机器人模型常见搭建方法

本节介绍慧鱼机器人机构制作，包括常用装配和组合方法以及导线的制作步骤。安装中要注意如下事项：①机械构件装配时要确保构件到位，不滑动；②电子构件装配时要注意电子元件的正负极性，导线接线稳定可靠，没有松动；③整个作品完成后还要考虑外形的美观，布线整齐规范。

1. 慧鱼机器人常用装配和组合方法

装配主要分为两种：按照搭建手册装配和按照常用构件组合方法自由装配，因为搭建手册上给出的结构都已经系统地验证过，所以通过这种方式制作出来的机器人，具有统一化、标准化的特点，易于上手，不容易在结构上出现重大缺陷，不足之处在于缺乏个性化，样式比较单一。而当需要制作个性化的、特殊结构的机器人时，通常要采用后一种方法。有条件的读者可以通过慧鱼配套的搭建手册，迅速地搭建出机器人的机构。以搭建手册为出发点，边动手实践边学习其结构和原理，最终超越手册，制作出有创意、有特色的“个性化”机器人作品。

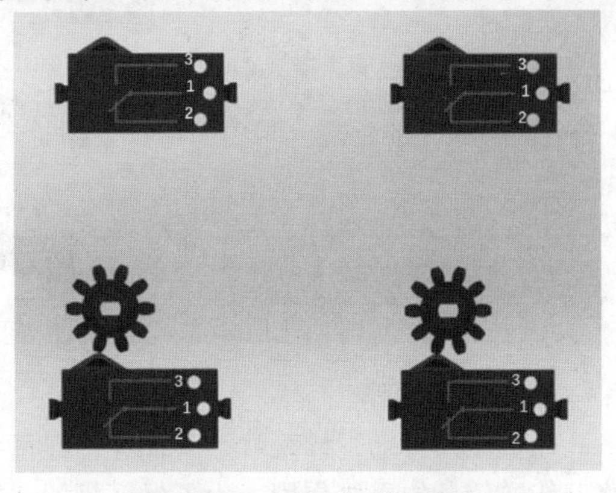

图 13-39　开关以及使用开关进行脉冲计数的脉冲计数器

根据不同的需要，对慧鱼零件进行自由组合和装配，是很考验大学生综合素质的制作方法。部分常用的组合以及一些需要注意区别的零件（见图 13-39 ~ 图 13-47），如何合理地装配在一起，需要在实践中不断地摸索。

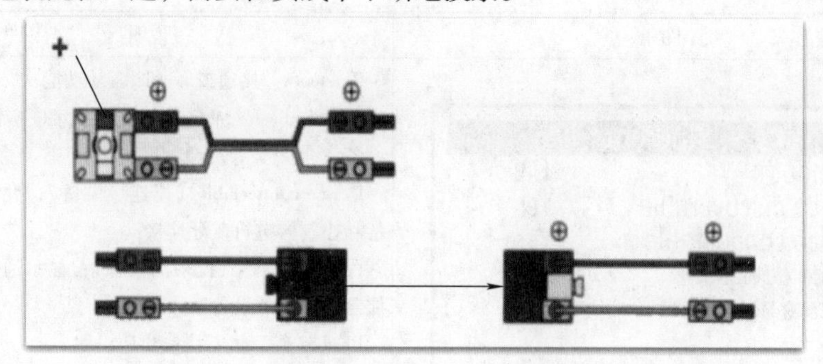

图 13-40 光电传感器的接线以及与发光管的组合方式

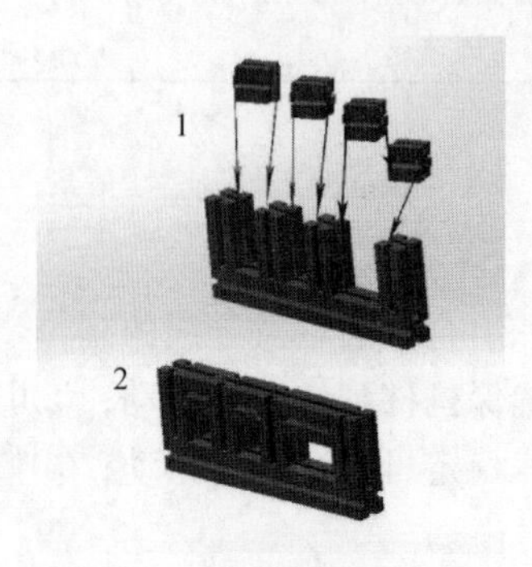

图 13-41 多种六面拼接体的组合和固定

图 13-42 灯、发光管、光电传感器与底座的组装及拆卸

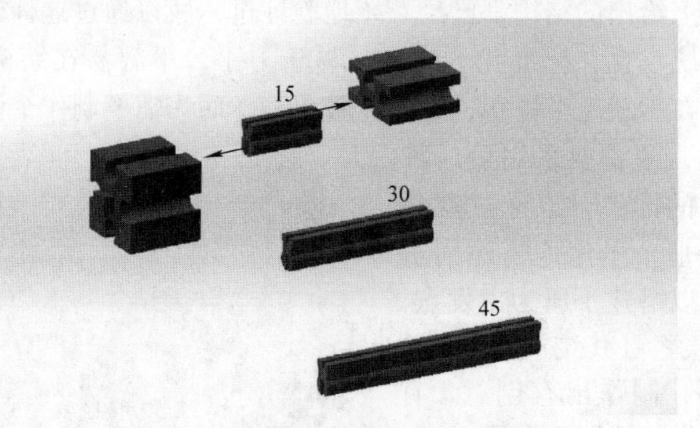

图 13-43 不同的凹槽形状与衔接位置

2. 导线的制作

在机器人身上，导线就是其神经，连接各类电气元件与控制器，起着连通电路、传递信息的重要作用，为了保证机器人能够正常运行，质量可靠的导线是必不可少的。慧鱼机器人可按照如下步骤制作导线。

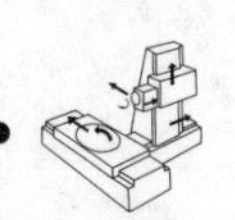

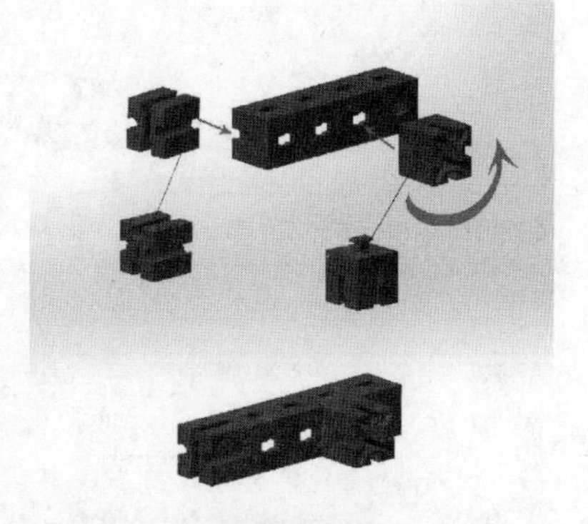

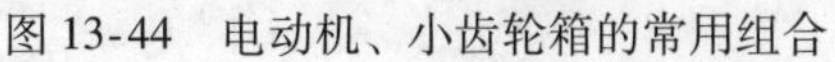

图 13-44　电动机、小齿轮箱的常用组合

图 13-45　六面拼接体和它相似的块

图 13-46　可以与小齿轮箱进行组合的不同构件

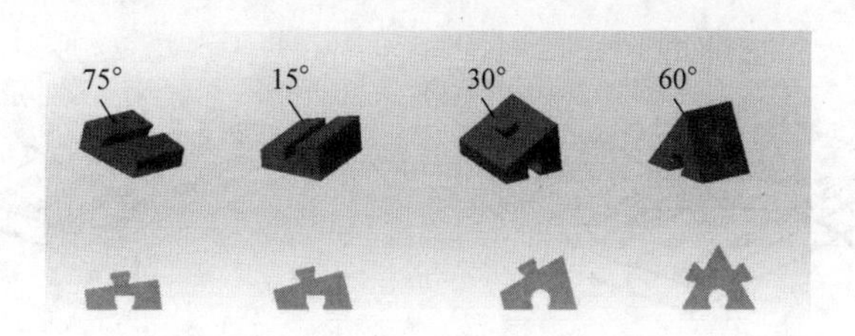

图 13-47　角度不同的 4 种楔形块

1）确定导线的长度和数量。请参考每个组合包中的操作手册推荐的导线长度，也可以根据自己模型的实际位置选择恰当的长度。

2）导线两头分叉 3cm 左右。

3）两头分别剥去塑料护套，露出约 4mm 左右的铜线，把铜线向后弯折，插入线头旋紧螺钉。

4）重复以上步骤，完成接线，如图 13-48 所示。

3. 基本走线方法

为了保证机器人外表的整洁美观，更重要的是防止散乱的导线阻碍机器人的

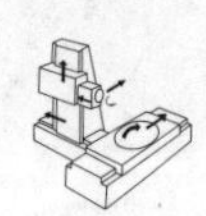

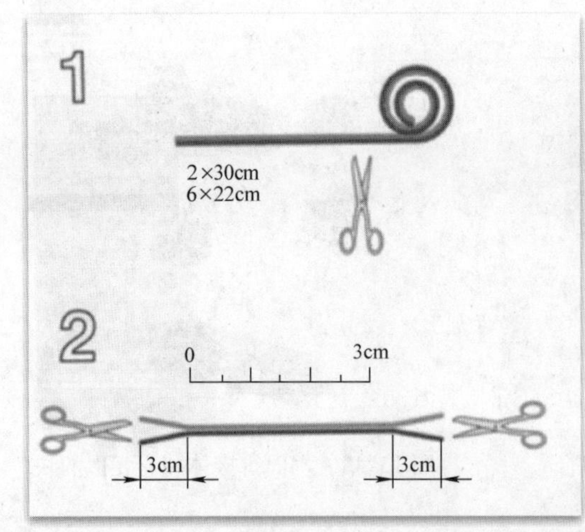

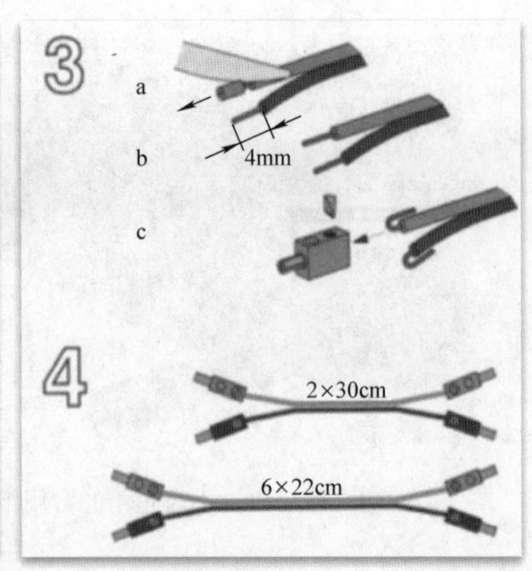

图 13-48　导线制作步骤

正常运动，通常对线的布局有所要求。几种常用的走线方法如图 13-49 所示。

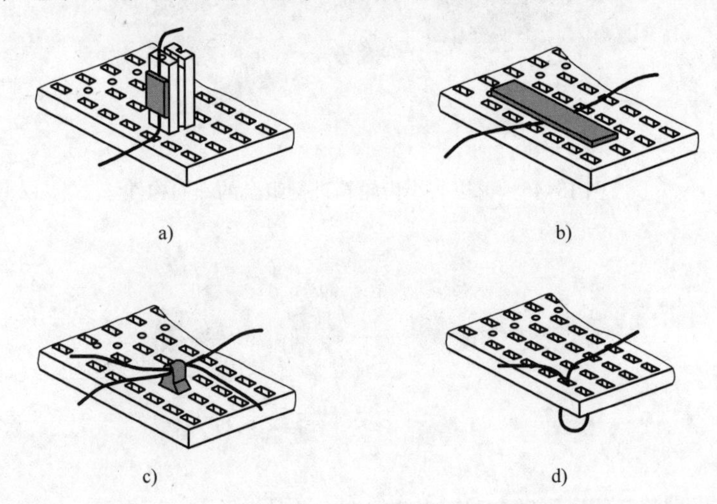

图 13-49　几种常用的走线方法

a）导线沿着构件的凹槽走　b）导线在搭建基板上走　c）导线穿过线卡　d）导线在搭建基板下穿过

13.7　实例：焊接机器人慧鱼模型搭建步骤

焊接机器人是从事焊接（包括切割与喷涂）的工业机器人。根据国际标准化组织的定义；工业机器人属于标准焊接机器人的定义；工业机器人是一种多用途的、可重复编程的自动控制操作机（manipulator），它具有三个或更多可编程

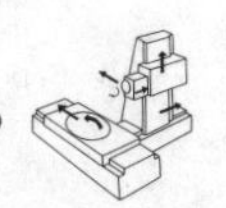

的轴，用于工业自动化领域。焊接机器人主要包括机器人和焊接设备两部分，其中，机器人由机器人本体和控制柜（硬件及软件）组成，而焊接设备，以弧焊及点焊为例，则由焊接电源（包括其控制系统）、送丝机（弧焊）、焊枪（钳）等部分组成。

根据以上分析，设计和搭建焊接机器人慧鱼模型，其搭建步骤如下：

Step1：先选出第 1 步骤所要的构件，放入元件盒，如图 13-50 所示。

按照图 13-51 所示装配完成第 1 步。

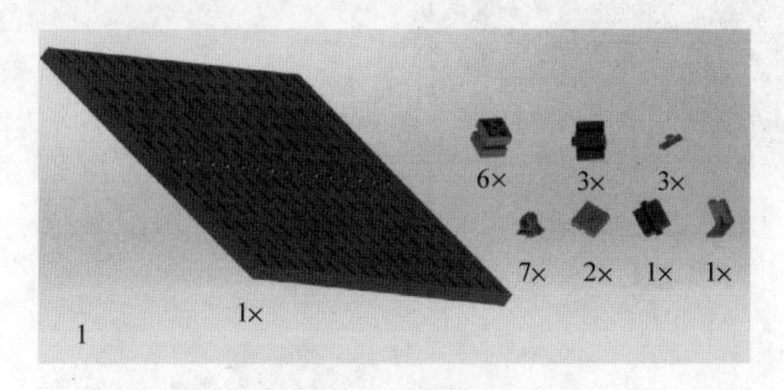

图 13-50　Step1（一）

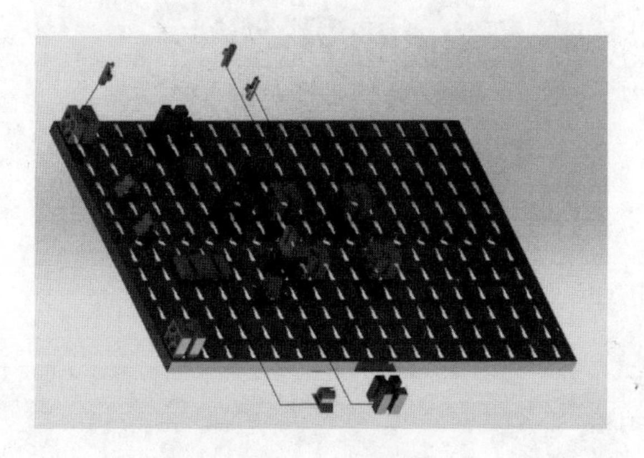

图 13-51　Step1（二）

Step2：再选出第 2 步骤所要的构件，放入元件盒。此时已完成装配部分为黑白色，按照图 13-52所示装配完成第 2 步。

Step3：选出第 3 步骤所要的构件，放入元件盒，如图 13-53 所示。按照图 13-54所示装配完成第 3 步。

Step4：选出第 4 步骤所要的构件，放入元件盒。按照图 13-55 所示装配完成第 4 步。

Step5：选出第 5 步骤所要的构件，放入元件盒。按照图 13-56 所示装配完成第 5 步。

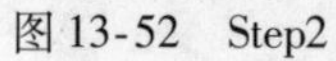

图13-52　Step2

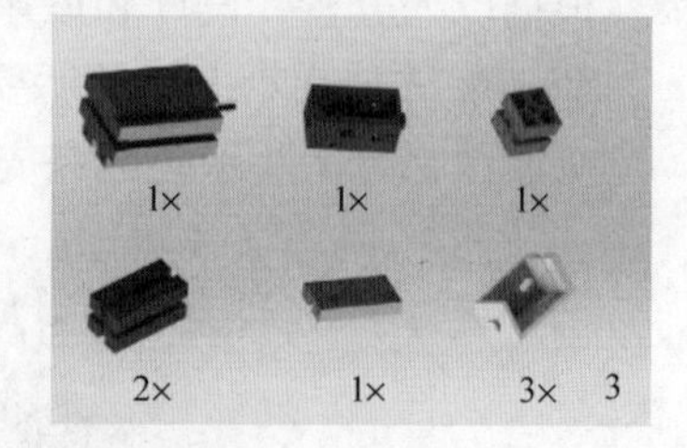

图13-53　Step3（一）

图13-54　Step3（二）

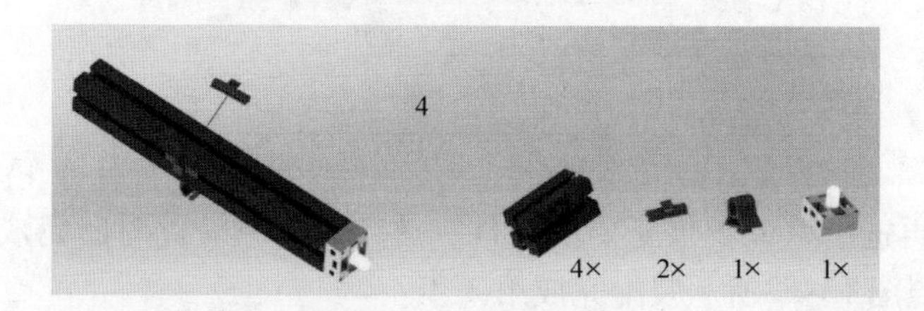

图13-55　Step4

Step6：选出第6步骤所要的构件，放入元件盒。按照图13-57所示装配完成第6步。

Step7：按图13-58所示正确接线。

在焊接机器人慧鱼模型搭建过程中要注意如下事项：①确保构件到位，不滑动。②I1、I2、I8应接1和3孔，M2为聚光灯泡。同时注意接线稳定可靠，没

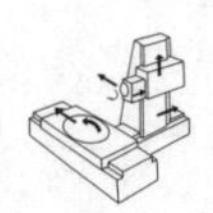

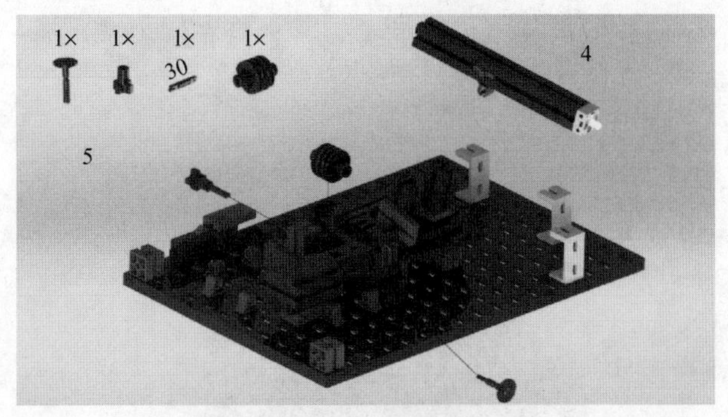

图 13-56　Step5

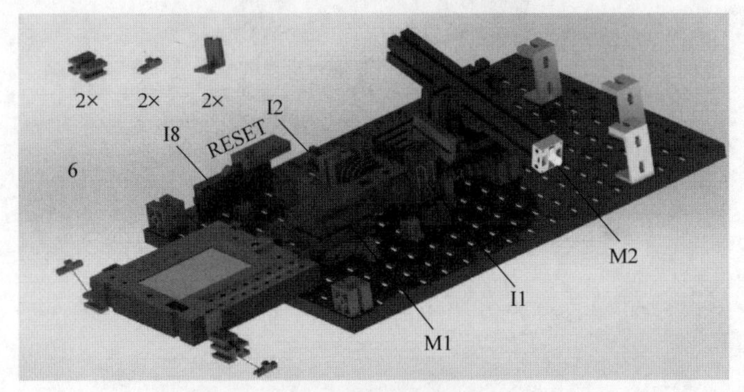

图 13-57　Step6

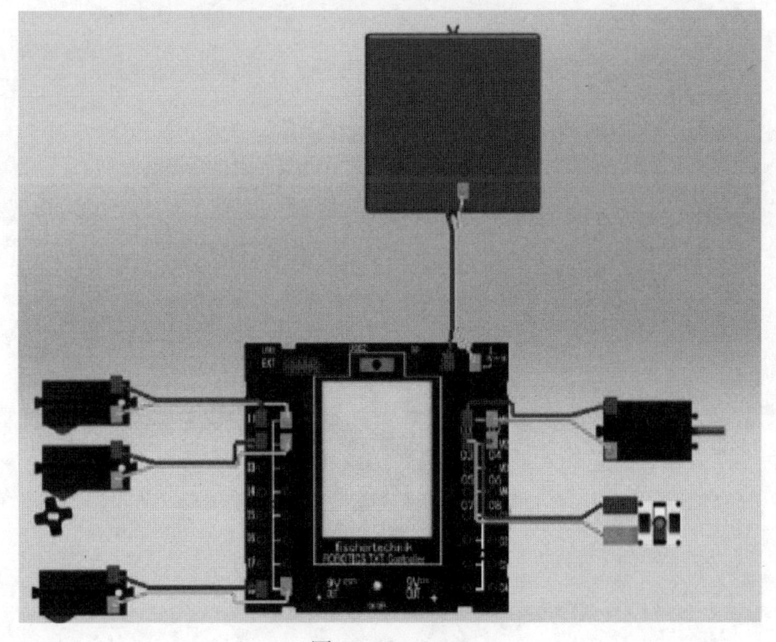

图 13-58　Step7

有松动。③整个模型完成后注意模型的美观，整理布线规范。

13.8　实践与思考

1. 如图13-59所示，搭建一个四连杆模型。

图13-59　四连杆模型

2. 为模型设计驱动装置，分析电动装置和气动装置的特点。

第 14 章　慧鱼创意机器人控制系统设计

14.1　安装 ROBO Pro 软件

ROBO Pro 软件是专门针对 ROBO TXT 控制器设计的一款编程软件，为了简化编程过程，ROBO Pro 软件采用图形化编程方法，初学者通过一段时间的学习，就可以掌握编程，实现机器人的自动化控制。打开 ROBO Pro 软件安装文件，双击“Setup424”（安装），如图 14-1 所示。

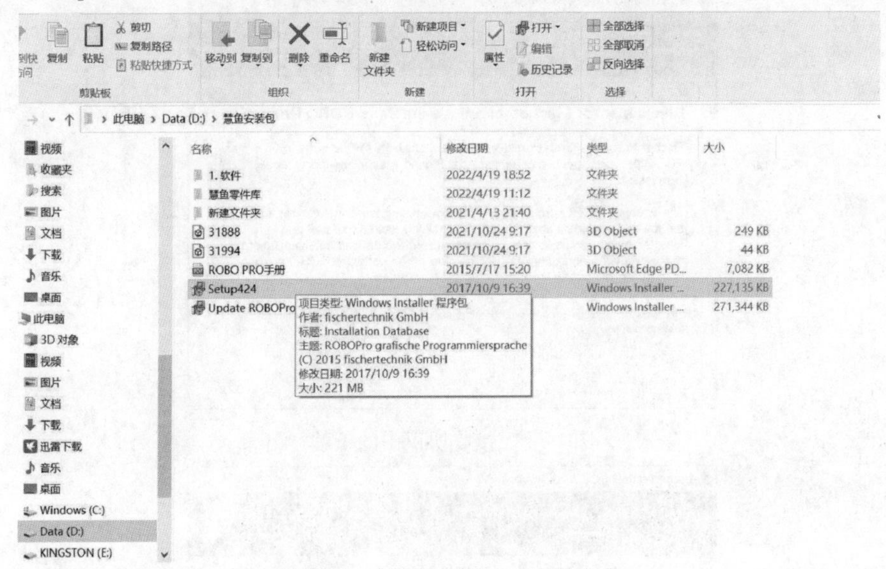

图 14-1　打开 ROBO Pro 安装文件

安装 ROBO Pro 步骤如图 14-2 ~ 图 14-5 所示。

当安装的软件版本较低时，还需要对程序进行升级。如图 14-6 所示，选择 Update ROBO Pro4. 6. 6 文件夹下的“Update ROBOPro313”程序，升级步骤与安装方法相同。

这里以 Windows 7 系统为例说明 ROBO TXT 控制器驱动的安装方法。具体步骤如图 14-7 ~ 图 14-10 所示。首先接通 ROBO TXT 控制器电源，使用 USB 数据线连接控制器与计算机。然后进入“设备管理器”界面，在“其他设备”中出现“ROBO TXT Controller”，右击该文件，在弹出的快捷菜单中选择“更新软件驱动程序”命令。

图 14-2　ROBO Pro 软件安装提示

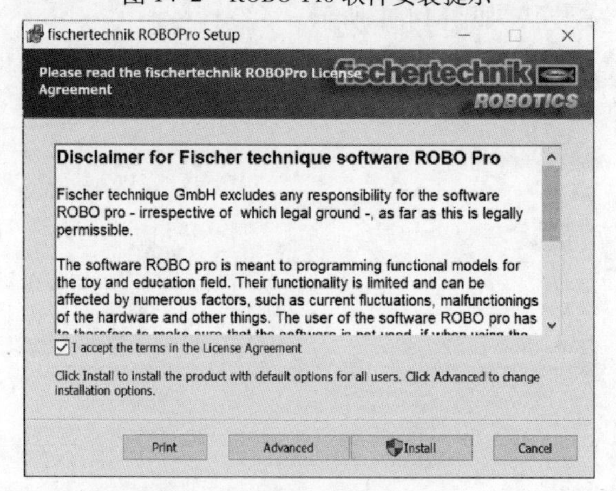

图 14-3　接收协议中的条款

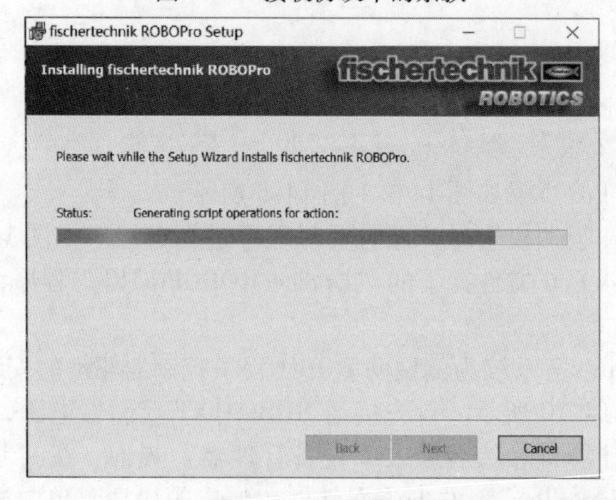

图 14-4　正在安装

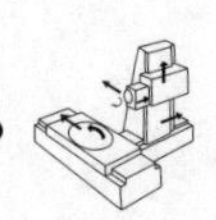

图 14-5　完成安装

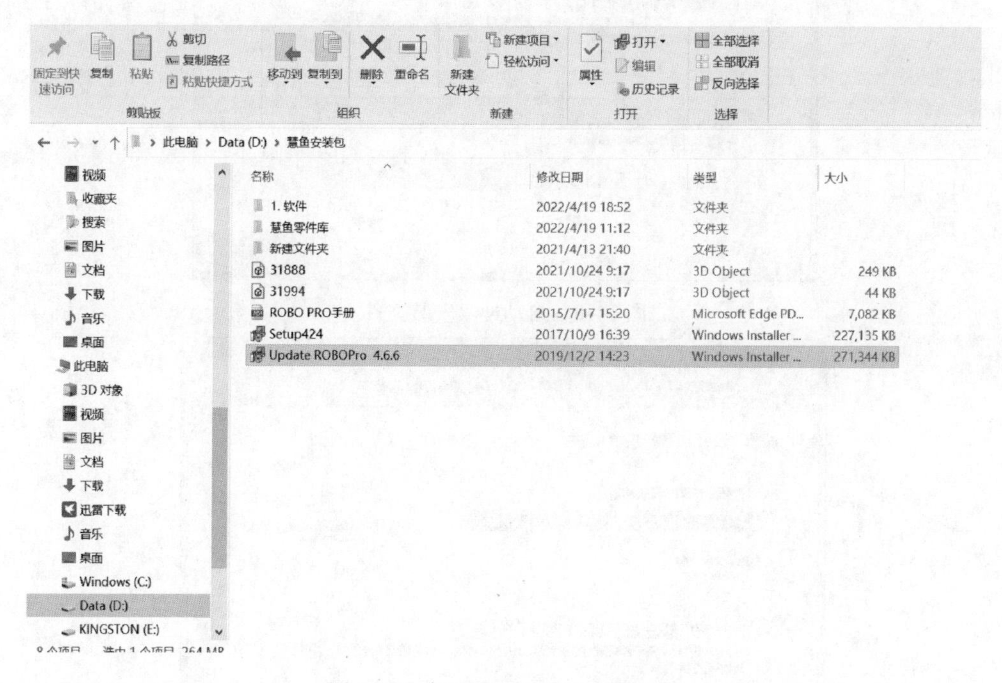

图 14-6　打开 ROBO Pro 升级文件

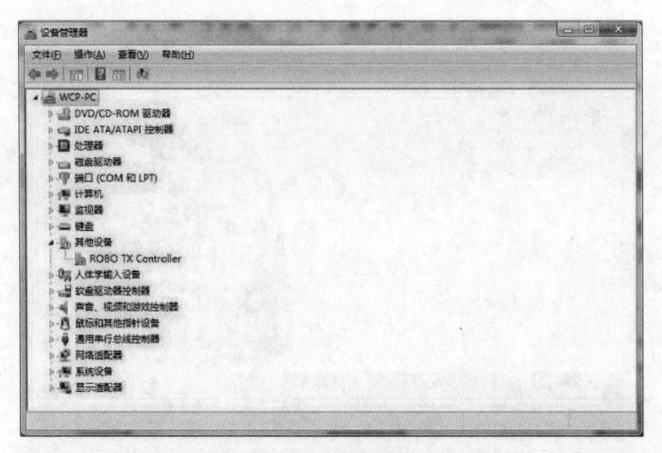

图 14-7　打开“设备管理器”窗口

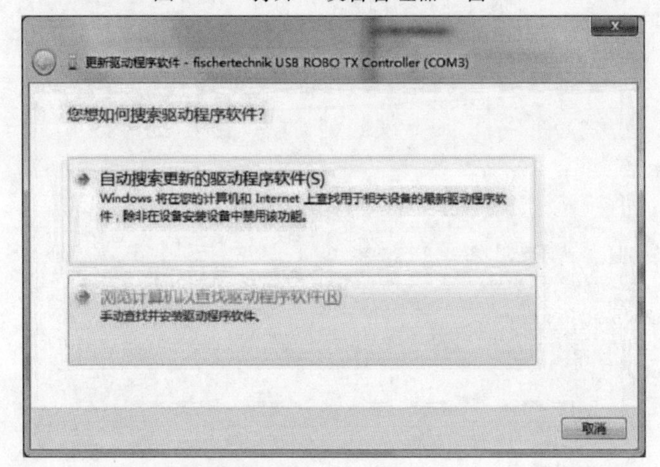

图 14-8　自动搜索安装文件

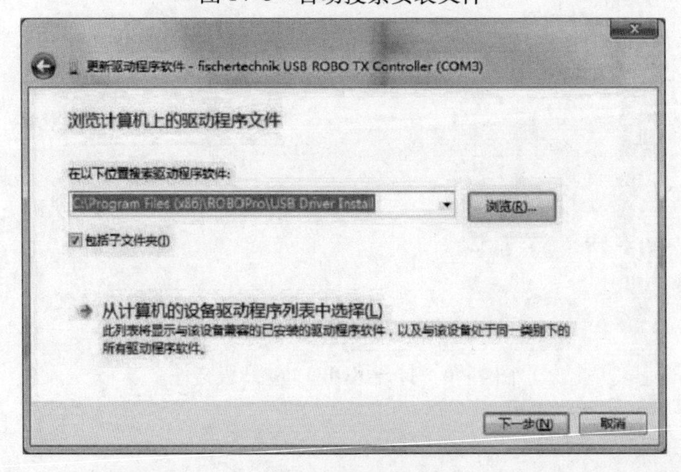

图 14-9　选择安装位置

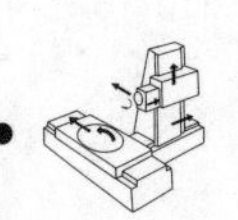

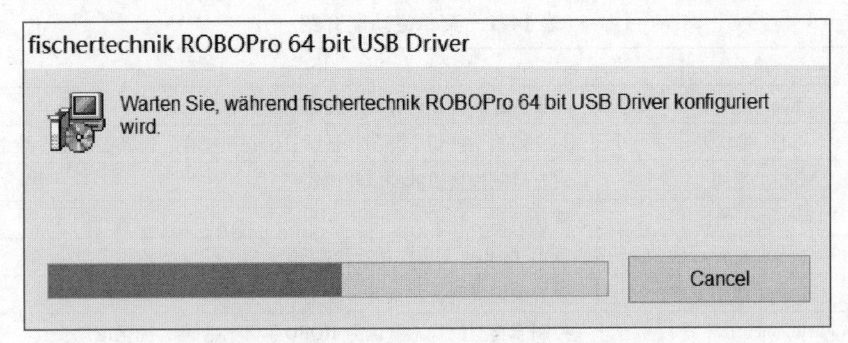

图 14-10　正在安装 ROBO TXT 控制器的驱动

14.2　ROBO Pro 软件界面

如图 14-11 所示，ROBO Pro 软件界面由菜单栏、工具栏、编程模块栏、编程窗口及状态栏组成。

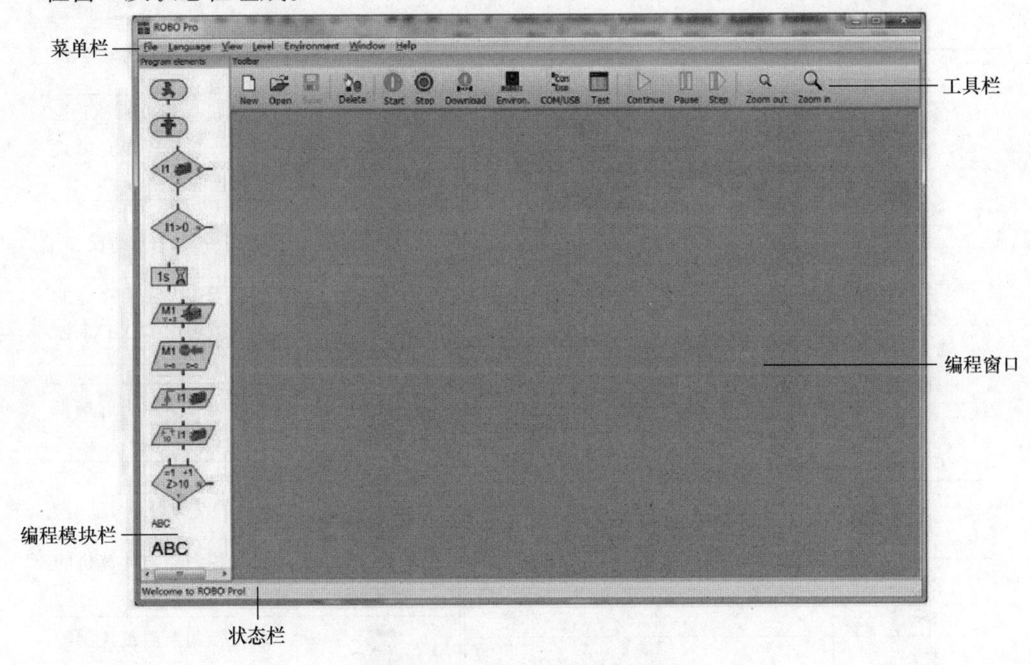

图 14-11　ROBO Pro 软件界面

14.2.1　菜单栏

菜单栏包括文件、编辑、绘图、语言和查看等 10 个选项，具体功能详见表 14-1。

表 14-1　菜单栏功能介绍

菜单	说　明
File1 文件 1	包含新建、打开、存储、打印、用户自定义库等
Edit1 编辑 1	包含撤销、剪切、复制、粘贴、子程序操作、选择程序备份数量
Draw1 绘图 1	对已绘制连接线的编辑与设置
Language1 语言 1	选择语言
View1 查看 1	设置 Toolbar 工具栏显示状态
Level1 级别 1	设置编程级别，共有五个级别
Environment1 环境 1	控制器类型设置，默认为 ROBO TXT 控制器，无须改动
Bluetooth1 蓝牙 1	设置蓝牙连接
Window1 窗口 1	设置编程窗口的显示方式
Help1 帮助 1	包括查看软件属性、帮助、访问官网及下载更新

14.2.2　工具栏

工具栏将菜单栏中常用的命令以单独的形式体现出来，见表 14-2。

表 14-2　工具栏介绍

工具	说明	工具	说明
New	新建一个编程窗口	Start	在联机（ROBO TXT 控制器与计算机连接）模式下运行当前程序
Open	打开一个 ROBO Pro 程序	Stop	终止所有运行的程序
Save	保存当前的 ROBO Pro 程序	Download	下载程序，将编写好的程序下载到 ROBO TXT 控制器
TXT/TX Environ.	切换控制器编程环境	Delete	删除编程窗口中的编程模块或子程序模块
New sub	新建一个子程序	Bluetooth	设置蓝牙通信
Copy	复制当前子程序	COM/USB	设置控制器与计算机的连接方式
Delete	删除当前子程序	Test	联机模式下测试控制器端口
Continue	在调试模式下执行程序	Zoom out	缩小编程模块
Pause	在调试模式下暂停程序	Zoom in	放大编程模块
Step	在调试模式下单步执行程序		

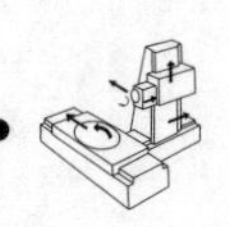

14.2.3　编程模块栏

在 level1（一级）中，编程模块栏只显示最基本的模块。在 level2（二级）及以上级别中，编程模块栏分栏显示，上部为编程模块组，下部为编程模块，如图 14-12 所示。

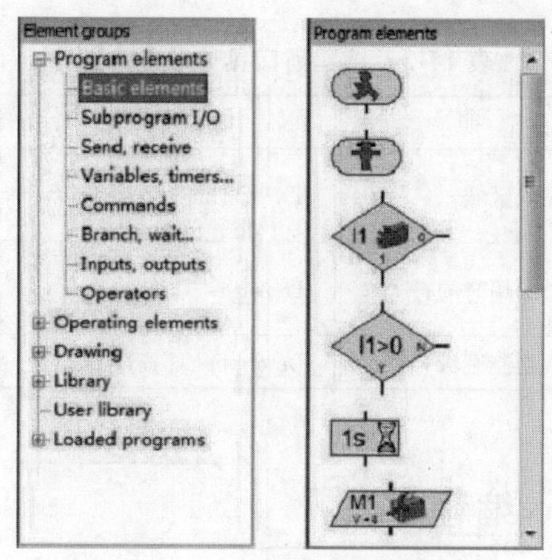

图 14-12　编程模块组与编程模块

14.2.4　编程窗口

如图 14-13 所示，打开 ROBO Pro 软件时，创建一个新文件。

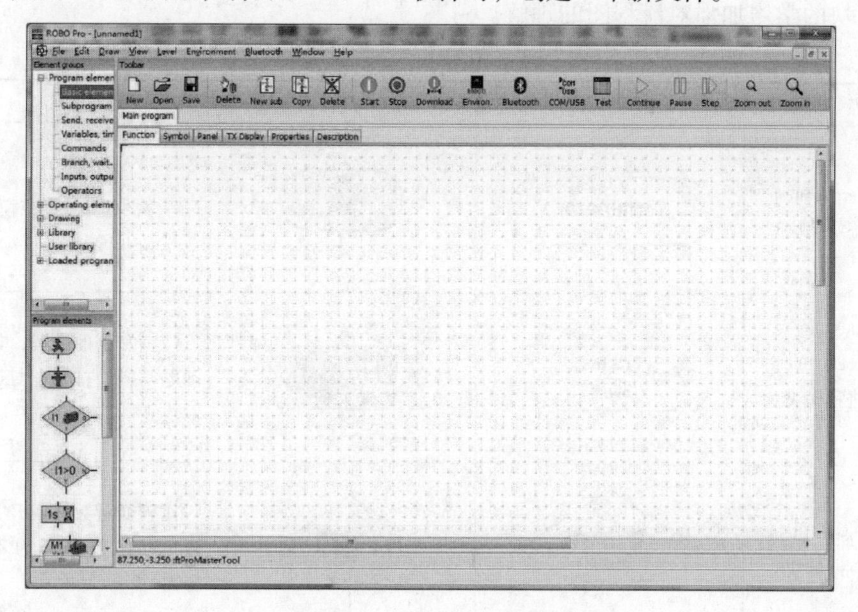

图 14-13　ROBO Pro 软件界面

如图 14-14 所示，编程窗口上方出现“Main program”界面，具体功能说明详见表 14-3。

图 14-14　主界面工具栏

表 14-3　编程窗口具体功能介绍

选项标签	说　明	选项标签	说　明
Function（功能）	主程序显示区域	TXT Display（显示屏）	编辑控制器显示屏的区域
Symbol（符号）	子程序被引用时的符号	Properties（属性）	设置主程序或子程序属性
Panel（面板）	控制面板绘制区域	Description（描述）	描述程序的功能

14.3　ROBO Pro 编程方法

ROBO Pro 软件采用了模块组成的流程图进行编程，流程图是图像化的逻辑算法，使用简单的几何符号和箭头表达事物之间的逻辑关系。

常用的流程图符号见表 14-4 后续的章节中，通过对 ROBO Pro 软件中的命令模块的学习加强对流程图的理解。

表 14-4　常用流程图符号说明

名　称	图　示	ROBO Pro 图标	说　明
Terminator（终端模块）	Terminator		程序的起始或结束模块
Process Block（进程模块）	Process Block	M1 V=8	代表发生的进程，如启动电动机、打开电灯、读取数值等
Decision Block（判断模块）	Decision Block	I1 0 1	比较变量数值或开关位置后，将程序分为不同分支

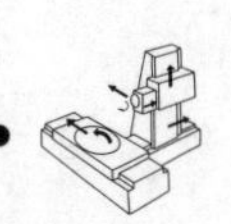

（续）

名　称	图　示	ROBO Pro 图标	说　明
Data Block （数据模块）	Data Block	1s	变量赋值或者延时
Flow Lines （流线）	Flow Lines	M1 V = 8	展示各模块的逻辑顺序

图 14-15 所示为 Mike 一周的生活记录流程图，请仔细阅读流程图并回答问题。请问 Mike 每天早晨做些什么？周一到周五早晨错过公交车他怎么办？

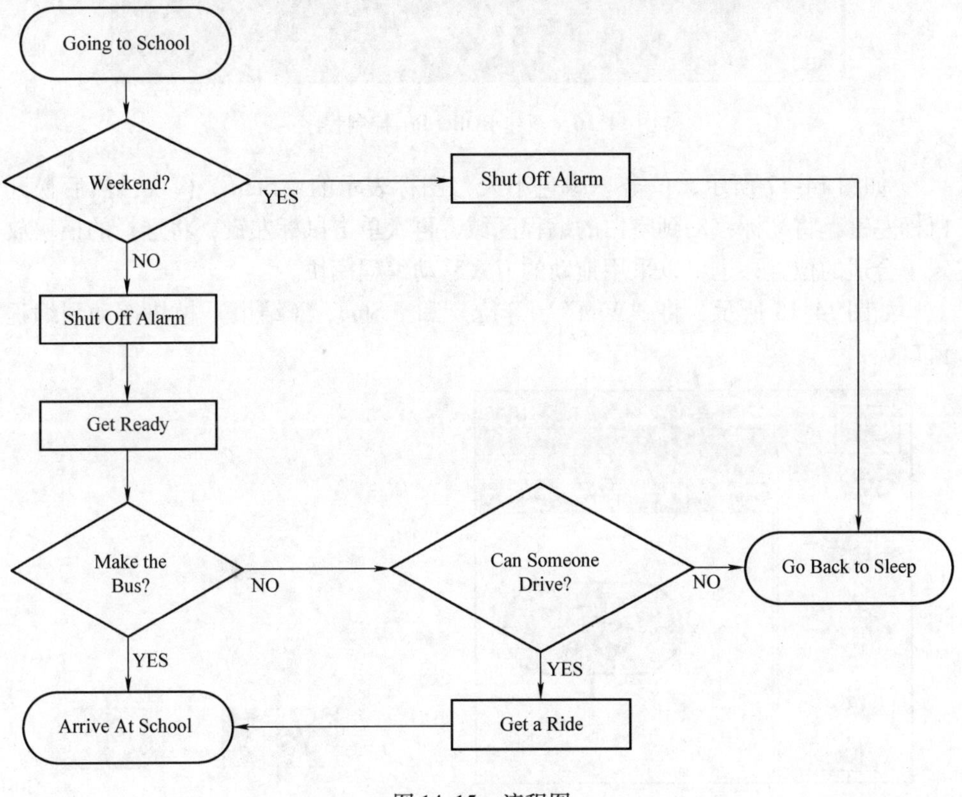

图 14-15　流程图

如图 14-16 所示，打开 ROBO Pro 软件，单击菜单栏上的“File”菜单，选

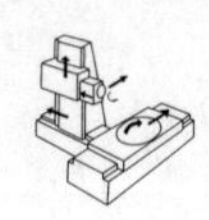

择“New”（新建）命令。

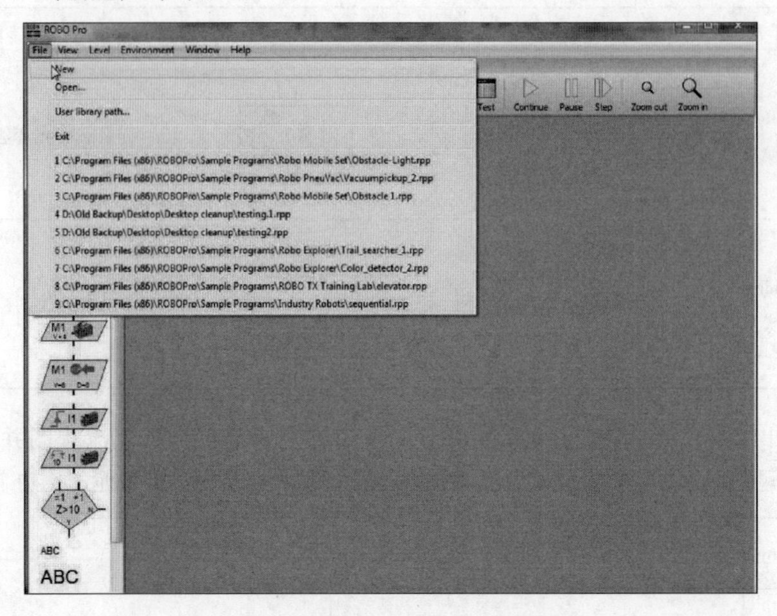

图 14-16　新建 ROBO Pro 控制程序

如图 14-17 所示，单击“绿色小人”图标表示的“Start”模块，然后松开鼠标左键，将光标移动到空白的编程区域，再次单击鼠标左键，将选择的模块放置于合适的位置；也可以采用拖动的方式移动编程模块。

如图 14-18 所示，将“Wait”（等待）和“Stop”（结束）模块拖动到编程窗口。

图 14-17　开始模块

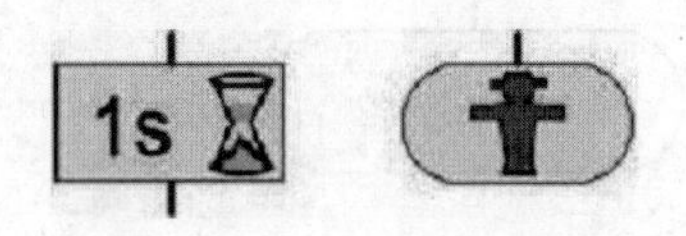

图 14-18　等待模块和结束模块

如图 14-19 所示，将光标放到开始模块的流线出口，光标变成小手形状，单

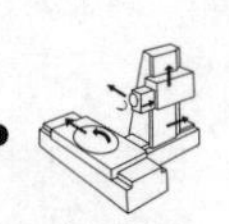

击并移动光标就可以拖动流线的箭头。如果编写有错误，可以选择需要删除的流线，单击“Delete”按钮。

如图 14-20 所示，右击“Wait”模块，弹出快捷菜单，选择“属性”命令，出现“属性”对话框，在“Time”（时间）栏中填入“10”，“Time unit”（时间单位）设置为“1s”，单击“OK”按钮，完成 10s 等待命令的设置。

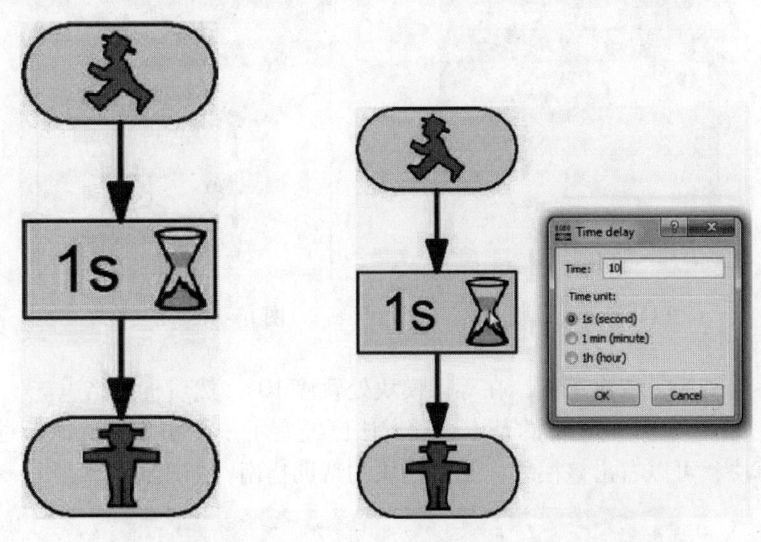

图 14-19　连接命令模块　　　　图 14-20　设置等待模块

注意：开始和结束模块的属性无须更改，使用默认设置。

如图 14-21 所示，这个简单的程序基本编写完成，可以编辑几个注释来说明各模块的功能。选择“Drawing functions”（功能描述）模块，绘图功能只能使用字母、数字及一些常用符号描述。

如图 14-22 所示，分别描述“Start”“Wait”和“End”（结束）模块功能。

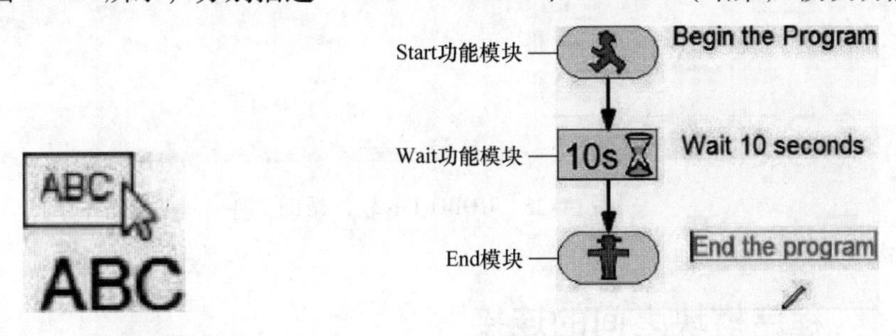

图 14-21　功能描述模块　　　　图 14-22　描述程序功能

如图 14-23 所示，单击工具栏上的“COM/USB”按钮，测试这个简单的程序。在“Port”（接口）栏中，选择“Simulation”（模拟）单选按钮，其余选项不变，单击“OK”按钮。

如图14-24所示，单击工具栏上的“Start”按钮，可以在没有连接控制器的情况下，模拟运行这个简单的程序。

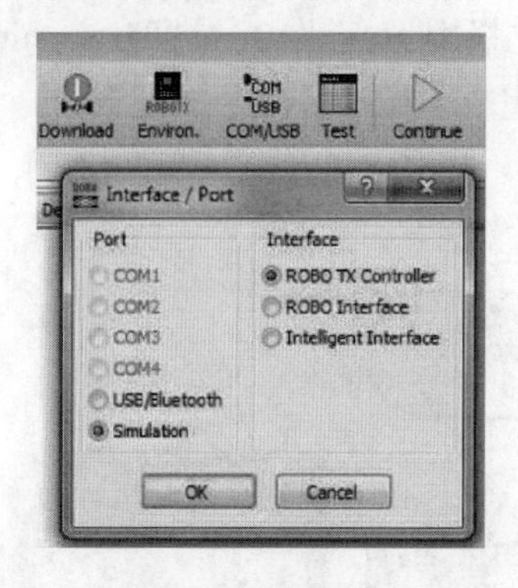

图14-23　选择接口

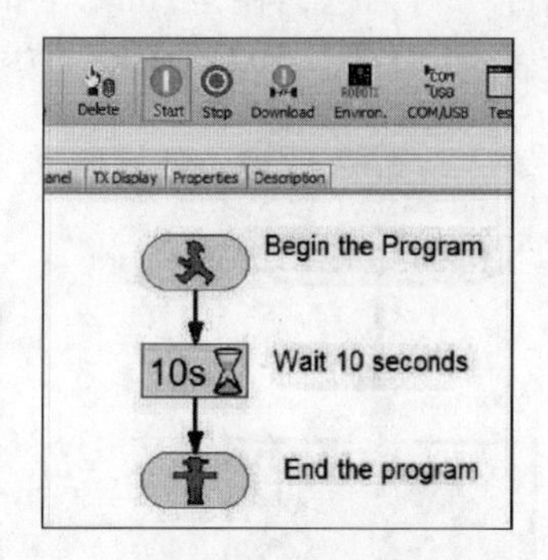

图14-24　启动程序

程序启动后，依次运行，在等待模块处暂停10s，然后程序结束。

现在对ROBO Pro软件的基本编程方法已经有了一个初步的认识，对于复杂的编程模块，可以右击该模块，弹出模块的帮助指南，如图14-25所示。

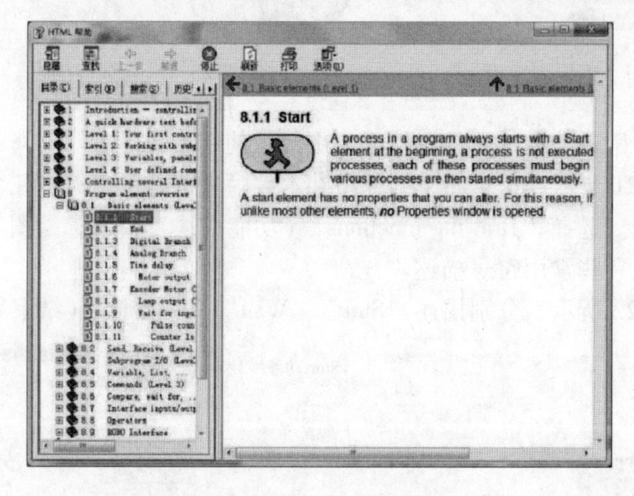

图14-25　ROBO Pro软件帮助文件

14.4　程序模块之间的连接

利用ROBO Pro软件，不仅能进行控制程序的编写，还可以联机进行元件的检测，该功能在准备组装制作选择元件时十分有用；在作品最终结构成型之前就

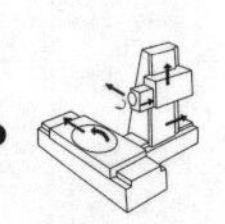

对一些关键的部位进行检测，及时地更换不合格的元件，可以降低返工的概率，避免因元件失灵而影响到后期程序控制的效果，所以建议在程序编写甚至是机构设计之前，先将所用到的元件都检测通过。当然如果忘了也没有关系，因为通过检测面板，即使在程序编写的过程中，也可以随时检测每个元件是否工作正常。

1. 连接 ROBO TXT 控制器

按照图 14-26 所示步骤即可快速连接使用 ROBO TXT 控制器：

1）通过 USB 线，连接控制器与计算机。

2）通过转换插头连接9V 电源适配器与控制器 9V－IN 插口。

3）通/断开关置于 ON 档启动控制器。

4）液晶屏会出现短暂的欢迎界面和控制器硬件信息，然后会出现状态窗口，状态窗口是进入控制器菜单的初始界面。

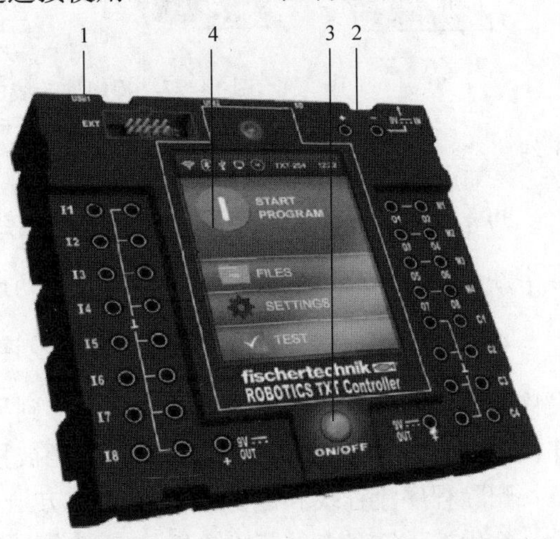

图 14-26　ROBO TXT 控制器连接步骤

2. 程序连接线的使用

将光标移动到要连接的程序模块的出口引线上，当光标出现带“十”字形时单击左键。然后将光标移动到其他模块入口的引线上，此时光标会自动吸附，再单击一次左键。也可以先单击入口，再单击出口进行连线。如果模块相互间相隔仅一两个格子，则大多数的入口与出口都将由程序自动连接。但“分支”模块的 0 出口要返回到入口，可以通过相继在处点击鼠标来完成，如图 14-27 所示。如果线没有被正确连接到一个接点或另一条线，将会在箭头处出现一个小的绿色矩形。在此情况下，应该通过移动或删除及重画线条来重新建立连接。否则，程序运行到了这一点就不会再运行下去了。

如果需要移动了某一模块，ROBO Pro 会试图以一种合理的方式调整连接线。如果对某线不满意，可以方便地通过鼠标左键点击这条线，并按住鼠标键不放来移动这条线。根据鼠标点在这条线上的位置，线的某一角或某一边缘处便会被移动。以下是不同鼠标的用法：

1）如果光标处于一根垂直线上，则可以通过按住左键来拖动整条垂直线；

2）如果光标处于一根水平线上，则可以通过按住左键来拖动整条水

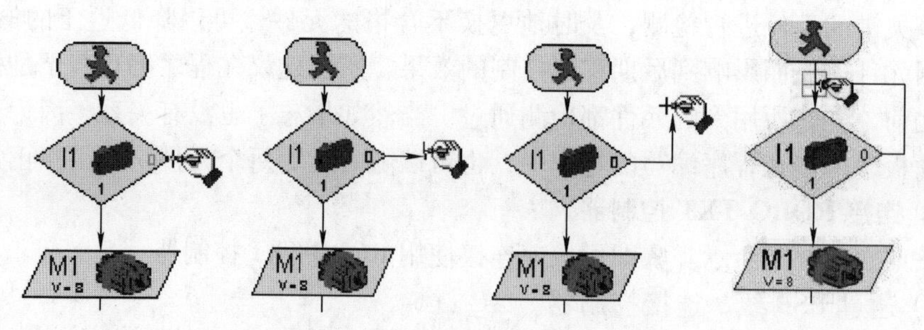

图 14-27　程序连接线的使用与操作

平线。

3）如果光标处于一根斜线上，则当在线上单击右键时，会在线上插入一个新的点，然后可以通过按住左键来拖动这条线来确定这个新点的位置。

4）如果光标处于线的端点附近或连接线的夹角处，可以通过按住左键来移动这一点。只能将此连接线的端点移到另一个合适的程序模块的接线端。这样，两个端点就连上了；否则，端点不能被移动。

删除程序流程线和删除程序模块的方法一样。左击这条线，使它显示为红色。然后按下键盘上的删除 <Del> 键来删除这条线。如果同时按住 <Shift> 键，然后连续单击那些线，也可以选中多根线。除此之外，还可以通过框起这些线，来选中它们，然后再按下 <Del> 键，删除所有红色的线。

14.5　ROBO Pro 编程常见问题及解决方法

常见问题1：在画图的过程中光标指针变成一支画笔却不能画线，单击鼠标时提示“A connection must start at a pin or another connection”错误怎么办?

解决方法：出现这个错误的原因是，在画线的过程中不小心三击鼠标（快速地单击鼠标左键三次或三次以上）所致，解决方法是，直接选取工具栏中“删除”按钮删除最后所画的线条，或者单击鼠标右键，选择“end tool”。

常见问题2：编写的程序线条在调整时突然出现以直线方式贯穿模块之间，调整时自动变为斜线，无法调整成横平竖直怎么办?

解决方法：出现这个问题的原因是线条的末端画在了模块的入口（或出口）点上，而不是入口（或出口）线上。解决问题的方法是，将光标指针移动到线条的末端，当出现“×”号时拖动光标指针，将线条末端移动到入口（或出口）线的中间部分即可。

常见问题3：编写程序完毕后发现程序模块摆放的不是很合理或美观，应如

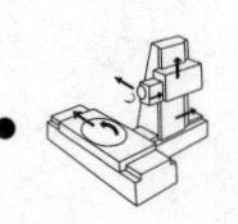

何调整？

解决方法：首先直接拖动模块，将模块摆放整齐，模块间的距离根据中间是否有分支决定。有分支时距离至少留两格，然后再调整线条位置，鼠标指针遇到不同的线条时会变成不同的形状，可以调整水平线条、垂直线条，以及线条上点的位置。也可移动线条的起点和终点，但移动这两点时必须接到模块的入口线或出口线上，而不能移到空白处。

常见问题 4：当模块较多，窗口无法显示整个程序怎么办？

解决方法：第一可以通过工具栏的放大镜来调整视图，但模块要相应变小。第二可以先竖直排一列之后，再在其右边排第二列、第三列等。呈队列状。

常见问题 5：无论怎样设置，或重新连接，计算机重启，TXT 控制器重新接电，都不能正确连接 TXT 控制器，怎么办？

解决方法：出现这个问题可能是 TXT 控制器的 USB 驱动丢失，应重新安装 USB 驱动再连接。

常见问题 6：连接 TXT 控制器与计算机后但无法测试 TXT 控制器，驱动及设置均正常。

解决方法：出现这个问题时应仔细观察 TXT 控制器的程序指示灯，如果程序绿色指示灯一直在闪烁，表明 TXT 控制器里的程序正在运行，这时应按一下程序启动开关 Prog 键，停止运行程序，再测试 TXT 控制器。产生这种情况的原因是，上次在下载程序时选中了“接通电源后程序自动运行”选项。

常见问题 7：连接 TXT 控制器测试程序时突然出现警告框“正在获得 USB 设备列表”。

解决方法：产生这种情况的原因可能是，接触不良引起 TXT 控制器突然断电，重点检查 TXT 控制器电源连接线两端的插头与插孔之间是否松动，如果较松，可用小平口旋具插入插头，使其间隙增大，重新将插头插入插孔。

14.6　实例：焊接机器人控制系统设计

焊接机器人运行质量的要求很高，这就要求焊接机器人不仅要有足够的负载能力，而且还要有稳定可靠的控制系统。因为焊接机器人需要点位控制，在点与点之间移位时速度要快捷，动作要平稳，定位要准确，以减少移位的时间，提高工作效率。本节在第 13 章第 7 节（13.7 节）焊接机器人慧鱼模型搭建步骤的基础上，进行机器人慧鱼模型控制系统设计与调试。

1. 编程要求

焊接机器人通过三个焊接点把一个盖子焊接在盒子上，焊接头用聚焦灯泡模拟，三个焊接点用三个黄色构件表示。机器人依次移动到三个焊点处焊接，最后回到起始位置。

编程提示：

- 使机器人回到起始位置（复位，即 I1 = 1），等待 2s。
- 用脉冲计数器模块使机器人到达位置 1，I2 用来统计脉冲数。
- 编写“闪烁”子程序：打开聚焦灯 M2，又马上关闭（模拟焊接时的闪烁），做成循环，用“循环计数器”模块统计循环计数，设为 10 次，然后退出子程序。
- 对位置 2、3 做同样的处理。
- 程序回到起始位置循环。

2. 编程步骤：

打开编程软件 ROBO Pro，单击工具栏中“新建”按钮，新建一个程序。然后按以下步骤进行编程。

Step1：单击菜单“级别”，将级别设置为“级别 2：运用子程序”，单击编程模块前的 +，展开菜单并单击“子程序 I/O”。单击工具栏中“创建一个新的子程序”按钮 New sub，在出现的对话框名称中输入“复位”，单击“确认”按钮。然后通过左边的子程序模块分别插入“入口”和“出口”模块，按图 14-28 所示编写“复位”子程序。用同样的方法插入并编写子程序“闪烁”。

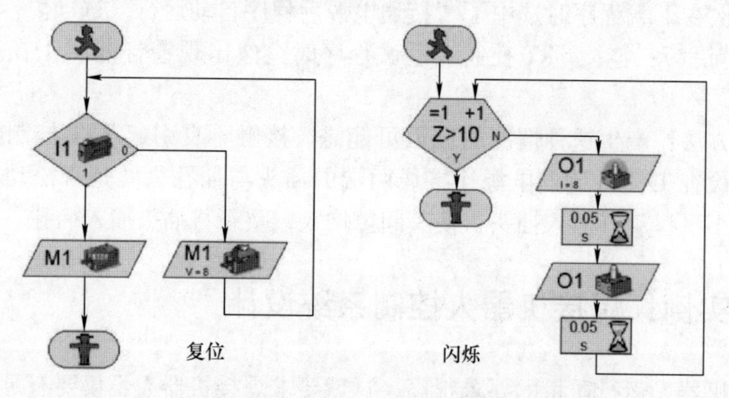

图 14-28　编写“复位”子程序

Step2：单击“主程序”标签，回到主程序。插入开始模块。

Step3：单击左边模块工具箱中的“已加载的程序”前的“+”，选取其下方的主程序“unname1”，下方出现“主程序”“复位”“闪烁”。单击“复位”子程序并插入到主程序中，放置到开始模块下方。

Step4：单击左边模块工具箱中的“基本模块”，插入延时模块，设为“2，单位：1s”。

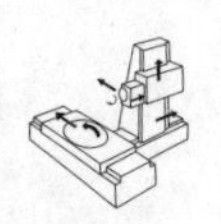

Step5：插入马达输出模块，设为“M1，马达，逆时针转”，其他为默认值。

Step6：插入脉冲计数器模块，设为“52，I2”，其他为默认值。

Step7：插入马达输出模块，设为“M1，马达，停止”，其他默认值。

Step8：单击主程序“unname1”，下方出现“主程序”“复位”“闪烁”。单击“闪烁”子程序并插入到主程序中。

Step9：框选⑤~⑧4 个模块，按键盘上的 <Ctrl + C> 复制，再按 <Ctrl + V> 粘贴，将粘贴内容移动到右边空白处，再按一次 <Ctrl + V> 粘贴，同样移到右边空白处（或者单击菜单 - 编辑 - 复制 - 粘贴）。将粘贴的 2 次脉冲数分别右击修改为 40、52。

Step10：按图 14-29 所示程序连线。

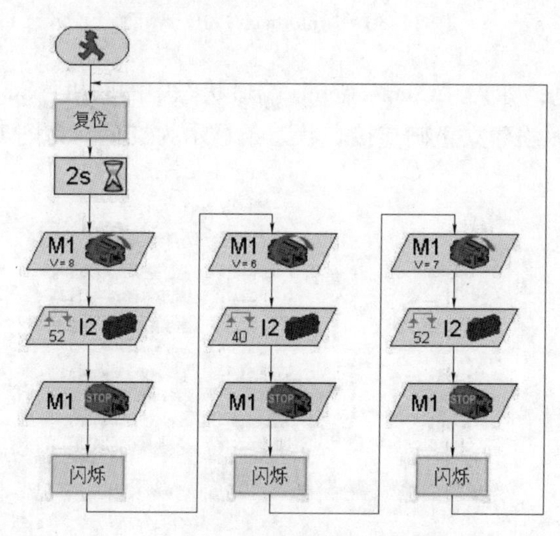

图 14-29　按程序连线

3. 焊接机器人调试

要想知道焊接机器人程序编写是否正确，必须对其进行调试。调试之前先把焊接机器人的 TXT 控制器接上电池，然后用 USB 专用数据线和计算机连接起来。最后在 ROBO Pro 中对当前使用的 TXT 控制器进行设置。单击工具栏中的 COM/USB 按钮，弹出“Interface/Port”界面，如图 14-30 所示。

可以选择端口和 TXT 控制器的类型。在这里选择 ROBO TXT 控制器和 USB。单击“OK”按钮，关闭窗口。然后单击工具栏中的“test” 按钮，打开测试 TXT 控制器窗口。窗口下方的绿条显示了计算机和 TXT 控制器的连接状态。如果“Connection”端口状态中的联机：Running 表明已与 TXT 控制器正确连接。

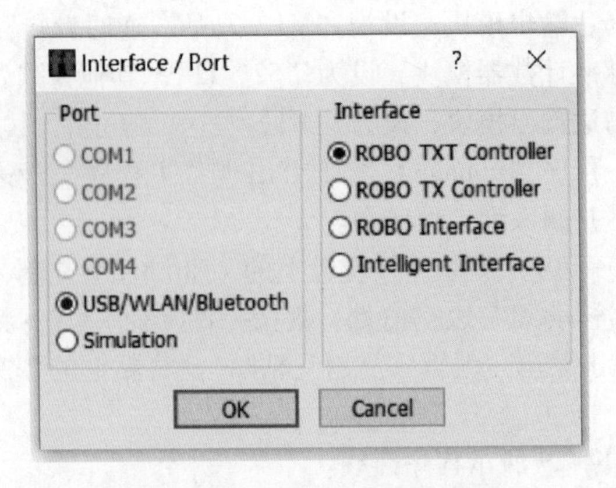

图 14-30　“Interface/Port” 界面

状态条显示为绿色；如果 “Connection” 端口状态中的联机：Stopped 表明计算机和 TXT 控制器还无法建立正确连接。状态条显示为红色，如图 14-31 所示。

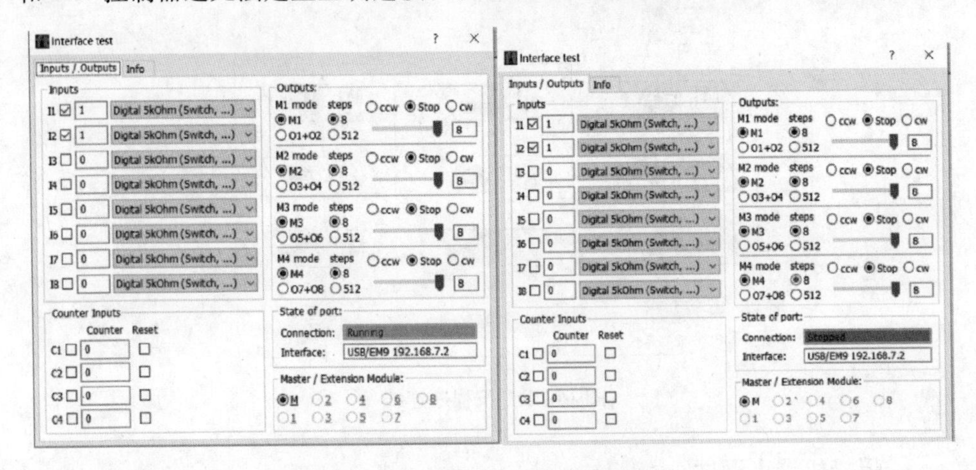

图 14-31　选择端口和 TXT 控制器类型

一旦连接正确建立了，就可以通过测试 TXT 控制器窗口来测试 TXT 控制器和与它相连的模型。测试窗口显示了 TXT 控制器的各种输入和输出：

注意：焊接臂如果在起始位置，马达旋转时，焊接臂可能会朝 I1 方向旋转，这样将会卡住而会认为马达不转，为避免此现象发生而烧毁马达。应先松开齿轮箱与马达的装配，拨动蜗轮，使焊接臂处在离 I1 有一定距离的地方，再装紧齿轮箱。

在这里先测试马达 M1，分别勾选 M1 逆时针转、停止、顺时针转，检查马达工作是否与程序设计一致（程序中 M1 逆时针出发，顺时针复位），测试时间应控制 1s 以内。同时观察脉冲开关 I2 是否随马达的转动而不停地被勾选。再测

试 M2 灯，勾选 M2 逆时针、停止，检查灯 M2 是否能亮和停止。分别按下 I1、I8，观察 I1、I8 前面的勾选框是否有变化。

单击工具栏中的“Start”按钮 Start ，在程序没有错误的情况下，焊接机器人首先会复位，直到 I1 = 1，马达停止，2s 后，焊接臂出发，到达黄色构件 1，马达停止，灯 M2 闪烁，模拟焊接。然后焊接臂继续前进，到达黄色构件 2，马达停止，灯 M2 闪烁，焊接臂继续前进，到达黄色构件 3，马达停止，灯 M2 闪烁，最后返回到复位开关 I1，重复该过程。如果焊接臂的焊接头（灯 M2）没有正确达到焊点处（如提前或滞后），则应在程序中相应的脉冲计数器里将脉冲数进行修改（“提前”将数字增大，“滞后”将数字减小），直到焊接机器人工作完全正常。测试程序正确无误后，单击工具栏中的“停止”按钮，停止运行程序。

4. 焊接机器人程序下载

单击工具栏中“Download”按钮 Download ，然后单击“Flash”和“Start program after download”单选按钮，不选择“源后程序自动运行”，单击“OK”按钮，如图 14-32 所示。之后弹出“Download progress”对话框（见图 14-33），下载完成。

图 14-32　“Download”对话框

5. 运行焊接机器人

1）程序下载后，拔掉 USB 数据线，按住 TXT 控制器上的 Prog 键（程序选择/启动键），直到灯 1 亮（绿灯 1，在 Prog 键下方）后释放，再点按一下 Prog 键，启动程序。（长按 Prog 键选择程序，短按 Prog 键启动程序，灯 1 表示选择

Flash1 中的程序，灯 2 表示选择 Flash2 中的程序。）

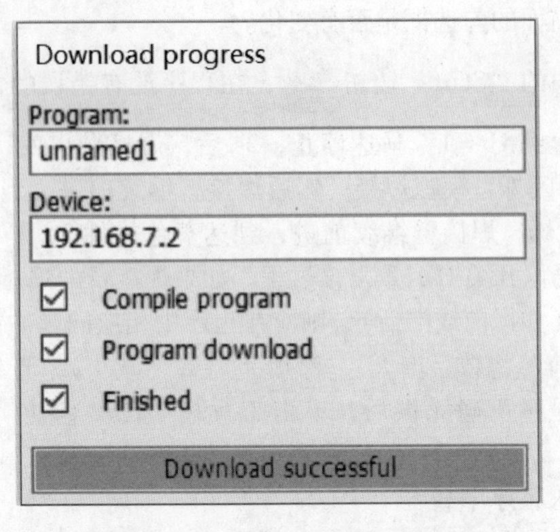

图 14-33 “Download grogress”对话框

2）程序启动后，焊接臂应首先复位，2s 后出发到达位置 1，马达停止，灯闪烁 10 次，再继续前进到位置 2，马达停止，灯闪烁 10 次，再继续前进到位置 3，马达停止，灯闪烁 10 次。最后返回到复位，再开始新的焊接过程。

3）运行完毕，按一下 Prog 键，停止运行程序。

参考文献

[1] 杨树川，董欣等. 金工实习 [M]. 武汉：华中科技大学出版社，2013.
[2] 吴建华. 金工实习 [M]. 天津：天津大学出版社，2009.
[3] 京玉海，冯新红，等. 金工实习 [M]. 天津：天津大学出版社，2009.
[4] 张康熙，郝红武. 金工实习教程 [M]. 西安：西北工业大学出版社，2009.
[5] 廖维奇，王杰，等. 金工实习 [M]. 北京：国防工业出版社，2007.
[6] 侯伟，张益民，赵天鹏. 金工实习 [M]. 武汉：华中科技大学出版社，2013.
[7] 刘军明，刘琛. 金工实习 [M]. 北京：煤炭工业出版社，2012.
[8] 尚可超. 金工实习教程 [M]. 西安：西北工业大学出版社，2007.
[9] 吕振林，周永欣，等. 铸造工艺及应用 [M]. 北京：国防工业出版社，2011.
[10] 曹亚军. 数控铣床及加工中心操作与编程疑难问答 [M]. 沈阳：辽宁科学技术出版社，2012.
[11] 段传林. 数控加工中心操作入门 [M]. 合肥：安徽科学技术出版社，2008.
[12] 黎卿涛. 加工中心操作工 [M]. 重庆：重庆大学出版社，2007.
[13] 廖建，翟勇，等. 数控机床编程与加工：数控铣床、加工中心分册 [M]. 武汉：华中科技大学出版社，2006.
[14] 王志斌. 数控铣床编程与操作 [M]. 北京：北京大学出版社，2012.
[15] 段传林. 数控线切割操作入门 [M]. 合肥：安徽科学技术出版社，2008.
[16] 熊熙. 数控加工实训教程 [M]. 北京：化学工业出版社，2003.
[17] 吕雪松. 数控电火花加工技术 [M]. 武汉：华中科技大学出版社，2012.
[18] 景维华，曹双. 机器人创新设计——基于慧鱼创意组合模型的机器人制作 [M]. 北京：清华大学出版社，2016.
[19] 曲凌. 慧鱼创意机器人设计与实践教程 [M]. 上海：上海交通大学出版社，2007.